变电检修
现场技术问答

BIANDIAN JIANXIU
XIANCHANG JISHU WENDA

河北省电力公司　组编

中国电力出版社
CHINA ELECTRIC POWER PRESS

内 容 提 要

《变电检修现场技术问答》是按照国家电网公司生产技能人员模块化培训课程体系的要求，依据《国家电网公司生产技能人员职业能力培训规范》，结合变电检修现场实际以问答形式组织编写而成。

全书共分十三章，主要包括变压器检修，高压断路器检修，高压隔离开关检修，全封闭组合电器（GIS）检修，高压开关柜检修，互感器、避雷器、无功补偿装置等其他变电设备检修，变电站直流系统检修，电气试验，变电设备状态检修，带电检测与在线监测，变电设备检修反事故措施，电力系统、智能电网、倒闸操作、专业管理，机械基础、起重搬运、电工基础、电机基础、绝缘材料、电气识绘图、电力安全等其他专业知识。

本书作为变电检修岗位培训用书，可供变电检修技术人员及相关管理人员使用，也可作为相关专业人员自学参考。

图书在版编目（CIP）数据

变电检修现场技术问答／河北省电力公司组编．—北京：中国电力出版社，2013.7（2020.12 重印）
ISBN 978－7－5123－4516－4

Ⅰ.①变…　Ⅱ.①河…　Ⅲ.①变电所－检修－问题解答
Ⅳ.①TM63－44

中国版本图书馆 CIP 数据核字（2013）第 116791 号

中国电力出版社出版、发行
（北京市东城区北京站西街 19 号　100005　http：//www.cepp.sgcc.com.cn）
三河市万龙印装有限公司印刷
各地新华书店经售
*
2013 年 7 月第一版　　2020 年 12 月北京第六次印刷
787 毫米×1092 毫米　16 开本　30.5 印张　658 千字
印数 9801—10800 册　　定价 **98.00** 元

《变电检修现场技术问答》
编 委 会

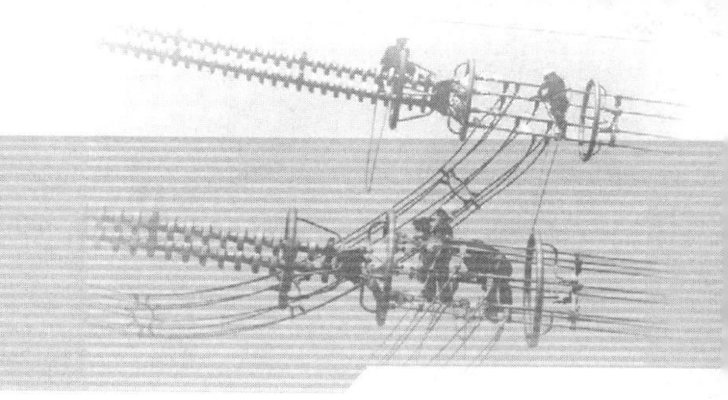

序

员工素质是企业高效运营和科学发展的决定要素。电力企业技术密集、服务广泛，安全生产和优质服务的保证，管理水平和竞争能力的提升，必须依靠高素质的员工队伍。河北省电力公司始终高度重视队伍建设，以标准化建设、班组建设、技术创新为载体，激励员工立足岗位"想事琢磨事"，倡导"发现问题就是成绩、解决问题就是创新"，鼓励员工在学习、思考和实践中持续提升个人素质和工作质量。

岗位是员工培训最重要的平台。有效的培训应该紧扣实际、贴近实践，激发员工兴趣，让员工感到实用、管用，能够把知识和实践紧密结合起来。《变电检修现场技术问答》就是按照这样的思路编写的。作为电网运营管理的重要环节，变电检修工作涉及的设备多、现场多、技术复杂。本书对变电设备检修工作进行了全面梳理，通过一问一答的形式，介绍了检修现场常见的技术问题及工作方法，涵盖了基础知识、基本技能、操作技巧以及现场经验和问题处理策略，贯穿了变电设备及检修工作各环节，内容丰富，即学即用，具有很强的系统性、实践性和操作性。相信这本书对从事变电检修的员工提升技能、做好工作将带来实实在在的帮助。

随着坚强智能电网全面快速发展，电网运维管理要求不断提高。希望广大变电检修专业人员在实际工作中，加强业务学习，积极思考，总结经验，主动研究新方法、新技巧，不断创造出好做法、好经验，并及时融入此书、推广应用，推动变电检修工作水平不断提升，为建设"一强三优"现代公司作出新的更大的贡献。

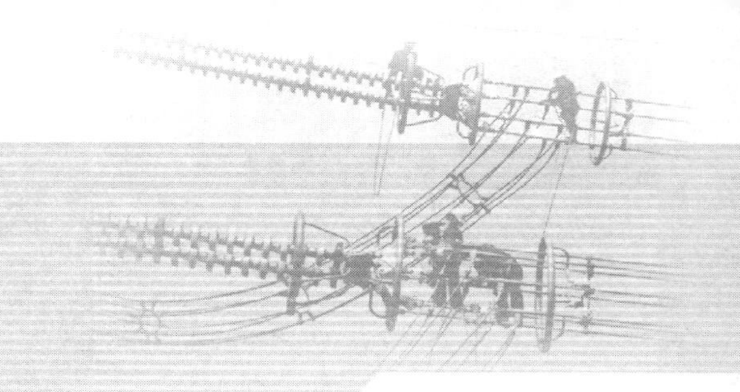

前 言

变电检修工作对确保电网的安全、稳定、可靠运行起着关键作用，而提高现场技术人员的岗位技能和综合素质是开展变电检修工作的基础。

编者立足于服务现场实际和岗位技术技能提高，历时2年多，通过不断搜集现场素材，征求行业专家意见，不断改进和完善，归纳汇总了变电设备检修专业相关知识点，并将知识点细化分割，涵盖了变电设备检修、电气试验、专业管理、基础知识等内容，使之成为一本全面、系统、适时、实用的现场培训教材。

本书共分十三章，介绍了变压器检修，高压断路器检修，高压隔离开关检修，全封闭组合电器（GIS）检修，高压开关柜检修，互感器、避雷器、无功补偿装置等其他变电设备检修，变电站直流系统检修，电气试验，变电设备状态检修，带电检测与在线监测，变电设备检修反事故措施，电力系统、智能电网、倒闸操作、专业管理，机械基础、起重搬运、电工基础、电机基础、绝缘材料、电气识绘图、电力安全等其他专业知识。

本书特点鲜明，针对性强，不同于以往类似教材。一是立足"大检修"、"大运行"体制建设后变电检修专业的新变化，针对变电检修专业在岗人员以及"运维一体化"实施后的运维人员编写的专业培训教材；二是覆盖面广，本书内容涵盖了基础知识、专业知识、专业技能、专业管理等知识，设备涵盖了变压器、断路器、电压互感器、电流互感器、避雷器、无功补偿装置、隔离开关、开关柜等变电站全部一次设备，专业涵盖了变电检修、电气试验、状态检修以及运行维护等专业，同时对新技术、新工艺也进行了阐述；三是本书收集了大量现场检修遇到的实际难题，精炼了现场一线检修人员多年检修经验，同时结合相关规程标准进行了规范升华，体现了理论与实际紧密结合的鲜明特点，特别适合变电检修在岗人员学习培训。

本书知识面较广，实用性较强，不仅可以作为变电设备检修试验人员和专业管理人员的现场培训教材，还可以作为运行人员、电力工程类大中专院校现场技能学习的参考书。

本书在编写过程中，得到了国家电网公司、国网电力科学研究院、国网技术学院专家和其他省市兄弟单位同行专家的大力支持，并邀请了国家电网公司、中国电力科学研究院、国网冀北电力有限公司、国网辽宁省电力有限公司、西安西开高压电气股份有限公司、保定天威集团保变电气股份有限公司等单位专家进行了审查，提出了大量宝贵意见，编者按照专家的意见逐一进行了修改补充，在此一并表示衷心感谢！编写过程中参考了大量相关文献书籍，在此对原作者表示深深的谢意！

由于经验和理论水平所限，书中难免出现疏漏和不妥之处，敬请读者批评指正。

编 者

2013年7月1日

目　录

第五章　高压开关柜检修 …… 202

第九章　状态检修 ………………………………………………………… 283

第十一章　反事故措施

第十二章 相关知识

第一章 Chapter 1

变压器检修

第一节 变压器基础知识

1. 什么是变压器？电力变压器一般包括哪些主要部分？

答：变压器是借助于电磁感应，以相同的频率，在两个或更多的绕组之间变换交流电压和电流的一种静止的电器。通常各绕组的电压和电流值并不相同。电力变压器一般包括铁芯、绕组、油箱、绝缘套管和冷却系统等主要部分。

2. 变压器的重要参数包括哪些？什么是绕组的额定电压比？

答：变压器的重要参数包括额定容量、绕组的额定电压、额定电压比、绝缘水平、空载损耗及空载电流、负载损耗和短路阻抗、总损耗、绕组连接组标号、零序阻抗、绕组温升等。绕组的额定电压比是指一绕组的额定电压与另一绕组的额定电压之比，后者额定电压不超过前者。

3. 变压器的额定容量是指什么？它是如何确定的？

答：变压器的额定容量用以表征变压器所能传输能量的大小，以视在功率表示。

双绕组变压器的额定容量即绕组的额定容量；多绕组变压器应对应每个绕组的额定容量加以规定，其额定容量为最大的绕组额定容量；当变压器容量因冷却方式而改变时，其额定容量是指最大的容量。

4. 电力变压器按绕组绝缘和冷却介质可分为哪几类？什么是油浸式变压器？

答：可分为液体浸渍、气体和干式变压器。油浸式变压器是指铁芯和绕组浸在绝缘油中的变压器。

5. 变压器的组件包括哪几类？

答：按变压器组件在变压器运行中的作用，可以分为以下几类：

（1）对变压器运行起到安全保护的组件，包括气体继电器、油位计、压力释放阀、多功能保护装置等。

（2）油保护装置，包括储油柜、吸湿器等。

（3）变压器冷却装置，包括散热器、风冷却器、水冷却器等。

（4）各类套管。

（5）调压装置即分接开关，分为无励磁分接开关和有载分接开关。

6. 变压器按调压方式分为哪几类？

答：变压器按调压方式分为无励磁调压变压器和有载调压变压器。无励磁调压变压器是指变压器须在没有励磁的条件下，用无励磁分接开关来改变变压器的分接位置，以改变变压器的变压比；有载调压变压器能在不断开电压和电流的情况下，用有载分接开关来改变变压器绕组的分接位置，进而改变变压器的变压比。

7. 变压器型号“SFPSZ－63000/110”代表什么意义？

答：第1个字符“S”表示三相；第2个字符“F”表示风冷；第3个字符“P”表示强迫油循环；第4个字符“S”表示三绕组；第5个字符“Z”表示有载调压；第1段数字“63 000”表示容量为63 000kVA；第2段数字“110”表示高压侧额定电压为110kV。

该型号意义是：110kV三相三绕组强迫油循环风冷有载调压变压器，额定容量为63 000kVA。

8. 变压器的内绝缘和主绝缘各包括哪些部位的绝缘？

答：变压器的内绝缘包括绕组绝缘、引线绝缘、分接开关绝缘和套管下部绝缘。变压器的主绝缘包括绕组及引线对铁芯（或油箱）之间的绝缘、不同电压侧绕组之间的绝缘、相间绝缘、分接开关对油箱的绝缘及套管对油箱的绝缘。

9. 在变压器中，什么是全绝缘？什么是分级绝缘？

答：全绝缘是指绕组的所有出线端都具有相同的对地工频耐受电压的绕组绝缘。分级绝缘是指绕组的接地端或绕组的中性点的绝缘水平比线端低的绕组绝缘。

10. 何为纵绝缘？变压器绕组纵绝缘包括哪些方面？

答：纵绝缘是指同相绕组上具有不同电位的不同点和不同部位之间的绝缘，主要包括绕组匝间、层间、段间及线段与静电板间的绝缘。

11. 什么是绝缘配合？

答：绝缘配合就是根据设备所在系统中可能出现的各种电压（正常工作电压和过电压），并考虑保护装置和设备绝缘特性来确定设备必要的耐电强度，以便把作用于设备上的各种电压所引起的设备绝缘损坏和影响连续运行的概率，降低到经济上和运行上能接受的水平的方法。

12. 在应用多层电介质绝缘时要注意什么问题？

答：在由不同介电系数的电介质组成的多层绝缘中，系数大的电介质中场强E值小，系数小的电介质中场强E值大。因此，在应用多层电介质绝缘时，引入系数大的电介质会使系数小的电介质中的电场强度上升，因此有可能使系数小的电介质遭到损伤。

13. 什么是绝缘材料老化？造成老化的主要因素是什么？

答：绝缘材料在使用过程中，由于各种因素的长期作用，会发生化学变化和物理变化，使电气性能和机械性能变差，称为老化。影响绝缘材料老化的因素很多，主要是热的因素。使用时温度过高，会加快绝缘材料的老化，因此对各种绝缘材料都规定了它们在使用过程中的极限温度，以延缓绝缘材料的老化过程，保证绝缘材料的使用寿命。

14. 电压过高对运行中的变压器有哪些危害？

答：规程规定运行中的变压器的电压不得超过额定电压的5%。电压过高会使变压器铁芯的激磁电流增大，有时会使铁芯饱和，产生谐波磁通，进而使铁芯的损耗增大并使铁芯过热；过高的电压还会加速变压器的老化，缩短变压器的使用寿命。

15. 采取哪些措施可以提高变压器绕组对冲击电压的耐受能力？

答：一般可采取以下措施：

（1）加静电环，即向对地电容提供电荷以改善冲击波作用于绕组时的起始电压分布。

（2）增大纵向电容。这种方法是采用纠结式绕组、同屏蔽式绕组及分区补偿绕组（递减纵向电容补偿）等。

（3）加强端部线匝的绝缘。

16. 三相变压器的联结方式有几种？各有什么特点？

答：（1）星形联结。对于高压绕组而言最经济，且具备以下特点：如中性点可以利用；允许直接接地或经阻抗接地；允许降低中性点的绝缘水平（即分级绝缘）；可在每相中性点处设置分接头，分接开关也可以位于中性点处；允许接单相负载，中性点可载流等优点。但这种联结没有3次谐波电流的循环回路。

（2）三角形联结。对大电流低压绕组而言更经济，与星形联结绕组配合使用可以降低零序阻抗。

（3）曲折星形联结。把每相绕组分成两半，分别套在不同的铁芯柱上，反串起来组成一相绕组，然后再按星形联结形成特种的星形联结。具有以下特点：允许中性点接载流负载且有较低的零序阻抗；可用作接地变压器形成人工中性点；可降低系统中电压不平衡，并能运行中防止中性点位移；能降低冲击过电压，可用于多雷区配电变压器。

17. 什么是变压器的星形联结？什么是变压器的中性点端子？

答：星形联结是指，多相变压器各相绕组的一端，或组成多相组的单相变压器具有相同额定电压绕组的一端接成一个公共点（中性点），其他端子接到相应的线路端子。对于多相变压器及单相变压器的多相组，中性点端子是指在星形联结或曲折形联结中连接中性点的端子。对于单相变压器，中性点端子是指连接系统中性点的端子。

18. 什么是三相变压器的联结组别？如何表示？

答：变压器的联结组别是表示变压器高、低压绕组按一定联结方式配合时，高、低压绕组电压的相位关系。采用时钟表示法，具体规定是以高压侧线路相量（$\dot{U}_{AB}$）作为时针的长针，并把其固定在 0（12）点位置不动，把低压侧相应的线电压相量（$\dot{U}_{ab}$）作为时针的短针，所指的小时数就是联结组别的点数。由于高低压相对应的线电压的相位差总是 30°的整数倍，可以用低压线电压相量滞后于高压线电压相量的角度除以 30°，得到联结组别的点数。电力变压器常用的标准联结组别有 Yyn0、Yd11 和 YNd11 三种。

19. 画出变压器 Yyn0 和 Yd11 联结组的接线图和相量图。

答：如图 1－1 所示。

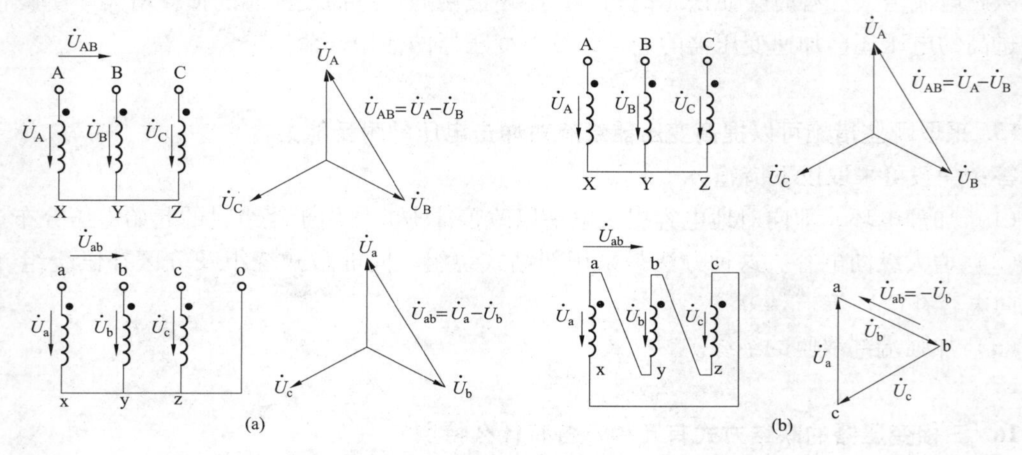

图 1－1　电力变压器常用联结组别

（a）Yyn0 联结组别；（b）Yd11 联结组别

20. 为何 Yd 或 Dy 联结三相变压器可以防止电压畸变？

答：对于一台变压器而言，要求其输出的电压应是正弦变化的交流电压，因此它的感应电动势必须是正弦的，继而要求磁通也必须是正弦的。但是，由于铁损或磁通饱和的影响将使磁通波形变为非正弦的平顶波，然而，由励磁电流产生的 3 次谐波分量可以弥补由于铁损或磁通饱和造成的波形畸变，三角形联结方式可以为 3 次谐波提供通路，从而可以保证感应出的相电动势波形接近于正弦。三角形联结绕组无论在高压侧还是低压侧效果是一样的，在有些需要接成 Yy 联结的大容量变压器中，专门装设一个三角形联结的绕组，该绕组可接或不接负载，若不接就只能提供产生 3 次谐波电流的通路，以防止相电动势发生畸变。

21. 变压器铁芯的主要作用是什么？其结构特点有哪些？

答：变压器铁芯的主要作用是为变压器交变主磁通提供流通回路，主要包括铁芯柱和铁轭。为了减小磁阻，一般变压器的铁芯都是由硅钢片叠成，硅钢片厚度通常为 0.35～0.5mm，表面覆有绝缘层。

22. 简述变压器铁芯的结构。

答：变压器铁芯结构可分为壳式和芯式两大类，其中芯式铁芯应用较普遍。芯式铁芯可分为单相双柱、单相三柱、三相三柱、三相五柱等。电力变压器通常采用三相一体形式，一般采用三相三柱或三相五柱铁芯。特大型变压器因为体积大运输困难，一般由三台单相变压器组成，其铁芯常采用单相三柱式。

变压器铁芯一般由夹件、铁芯绑扎带、紧固螺杆（拉板）、绝缘件、横梁、垫脚等将叠积的硅钢片固定成一个牢固的整体。

23. 在变压器中，什么是主磁通？什么是漏磁通？

答：变压器中主磁通是指在铁芯中成闭合回路的磁通。漏磁通是指要穿过铁芯外的空气或油路才能形成闭合回路的磁通。

24. 铁芯制造工艺如何影响变压器的空载性能？变压器铁芯为什么必须扎紧？

答：铁芯制造工艺直接影响变压器的空载性能。磁性钢片的机械加工，如铁芯片冲剪、毛刺处理、接缝大小、铁芯片的加紧和弯曲都影响空载损耗和空载电流。变压器铁芯扎紧后可防止叠片松散变形，使铁芯柱、铁轭保持固定的形状和机械强度，减小气隙和磁阻。

25. 铁芯采用绑扎方式与采用穿心螺杆夹紧相比有何优点？

答：与采用穿心螺杆夹紧相比，采用绑扎方式工艺简单、压力均匀，由于不冲孔，铁芯截面不减小和不增加附加损耗，空载电流和空载损耗较小。

26. 变压器采用三相五柱式铁芯有什么好处？

答：三相五柱式变压器是指除了三相绕组有三根铁芯柱以外，两侧还有两根空余没有绕组的旁轭铁芯柱。因增加旁轭，上下铁轭的截面积及高度可缩小至芯柱的 $1/\sqrt{3}$，此外，零序磁通可通过旁轭与上下铁轭形成通路，从而降低变压器零序阻抗。

27. 为什么变压器铁芯及其他所有金属构件要可靠接地？

答：变压器在试验或运行中，由于静电感应，铁芯和接地金属件会产生悬浮电位。由于在电场中所处的位置不同，产生的电位也不同。当金属件之间或金属件对其他部件的电位差超过其间的绝缘强度时，就会放电。因此，金属件及铁芯要可靠接地。

28. 变压器铁芯为什么只能一点接地？

答：当铁芯两点（或多点）接地时，若两个（或多个）接地点处于不同的叠片级上，因处在交变磁场中，会产生一个感应电动势，并经大地形成回路产生一定的电流。这个电流将导致局部过热，严重的将烧毁接地片甚至铁芯。

29. 变压器铁芯绝缘损坏会造成什么后果？

答：如因外部损伤或绝缘老化等原因，使硅钢片间绝缘损坏，会增大涡流，造成局部过热，严重时还会造成铁芯失火。另外，穿心螺杆绝缘损坏，会在螺杆和铁芯间形成短路回路，产生环流，使铁芯局部过热，可能导致严重事故。

30. 硅钢片漆膜的绝缘电阻是否越大越好?

答: 硅钢片漆膜的绝缘电阻不是越大越好。因为铁芯对地应是通路（用500V 绝缘电阻表测量上铁轭最宽处与有接地片的上夹件应是通路）。如漆膜绝缘电阻太大，有可能造成铁芯不能整个接地。

31. 为什么变压器过载运行只会烧坏绕组，铁芯不会彻底损坏?

答: 变压器过载运行时，一、二次侧电流增大，绕组温升提高，可能造成绕组绝缘损坏而烧损绕组。因为外加电源电压始终不变，主磁通也不会改变，铁芯损耗不大，故铁芯不会彻底损坏。

32. 试述多根并绕的导线为什么要换位? 换位导线的优点是什么?

答: 变压器绕组的线匝经常采用数根并联导线绕成。由于并联的各导线在漏磁场中所处的位置不同，感应的电动势也不相等；导线的长度不同，电阻也不相等，这些都将使并联的导线间产生循环电流，从而增加导线的损耗，若要消除并联导线中的环流，并联的导线必须换位。

换位导线的优点是:

（1）导线绝缘所占空间减小，提高绕组的空间利用。

（2）每根扁线的尺寸减小，降低涡流损耗。

（3）导线已经换位，绕制时不必再进行换位，绕制方便。

33. 什么是同极性端?

答: 在同一个交变主磁通作用下感应电动势的两线圈，在某一瞬时，若一侧线圈中某一端电位为正，另一侧线圈中也会有一端电位为正，这两个对应端称为同极性端（或同名端），用符号“·”表示。

34. 变压器绕组分接头为什么能起调节电压的作用?

答: 电力系统的电压是随运行方式及负荷大小的变化而变化的，电压过高或过低，都会影响设备的使用寿命。因此为保证供电质量，必须根据系统电压变化情况进行调节。改变分接头就是通过改变线圈匝数，来改变变压器的变比，从而改变输出电压，以实现调压作用。

35. 为什么变压器调压分接头一般从高压侧抽头?

答:（1）变压器高压绕组一般在外侧，抽头引出连接方便。

（2）高压侧电流较小，引出线和分接开关的载流部分导体截面较小，对接触电阻要求较低。

36. 电力变压器无励磁分接开关如何分类?

答:（1）按结构方式可分为五类，包括盘形、鼓形、条形、笼形、筒形（管型），分别对应代号P、G、T、L、C。

（2）按相数分为三相（代号S）、单相（代号D）和特殊设计的两相（代号L），三个单相无励磁分接开关可由一个操动机构联动。

（3）按调压方式分为线性调（Y接或△接）、正反调（Y接或△接）、单桥跨接（中部）、双桥跨接。

（4）按操作方式分为手动操作和电动操作（代号D）两类。

（5）按触头结构分为夹片式（代号A）、滚动式（代号B）和楔形式（代号C）。

（6）按安装结构分为立式（L）和卧式（W）。

（7）按安装方式分为箱顶式和钟罩式。

（8）按调压部位分为中性点调压、中部调压、线端调压三类。

37. 变压器套管的作用是什么?有哪些要求?

答: 变压器套管的作用是将变压器内部高、低压引线引到油箱外部，不但作为引线对地绝缘，而且担负着固定引线的作用。套管是变压器载流元件之一，在变压器运行中，长期通过负载电流，当变压器外部发生短路时通过短路电流。因此，对变压器套管有以下要求:

（1）必须具有规定的电气强度和足够的机械强度。

（2）必须具有良好的热稳定性，并能承受短路时的瞬间过热。

（3）外形小、质量小、密封性能好、通用性强，并且便于维修。

38. 套管按绝缘材料和绝缘结构分为哪几种?电容式套管内的电容屏起什么作用?

答: 套管按绝缘材料和绝缘结构分为三种:

（1）单一绝缘套管，又分为纯瓷、树脂套管两种。

（2）复合绝缘套管，又分为充油、充胶和充气套管三种。

（3）电容式套管，又分为油纸电容式和胶纸电容式两种。

电容式套管内的电容屏能使套管径向和轴向电场分布趋于均匀，从而提高绝缘的击穿电压。

39. 试述复合式绝缘套管结构。套管型号BF-400/300代表什么意义?

答: 复合式套管由上瓷套、下瓷套组成绝缘部分，导电杆穿过瓷套中心，利用导电杆下端和上端的螺母将上、下瓷套串装在油箱箱壁套管安装孔的外沿上。

套管型号BF-400/300中，B代表变压器，F代表复合式，斜线前的400代表额定电压，斜线后的300代表额定电流。

40. 油纸电容式套管为什么要高真空浸油?

答: 油纸电容式套管芯子是由多层电缆纸和铝箔卷制的整体，如按常规注油，屏间容易残存空气，在高电场作用下，会发生局部放电，甚至导致绝缘层击穿，造成事故。因而必须高真空浸油，以除去残存的空气。

41. 套管与引线的连接方式主要包括几种？试述对采用定位套固定方式的套管接头过热的处理方法。

答：套管与引线的连接方式主要包括杆式连接、板式连接和穿缆式连接三种。

采用定位套固定方式的发热套管，先拆开将军帽，若将军帽、引线接头丝扣有烧损，应重新对螺纹丝扣进行修理，确保丝扣配合良好。然后在定位套和将军帽之间垫一个和定位套截面大小一致、厚度适宜的薄垫片，重新安装将军帽，使将军帽在拧紧情况下，正好可以固定在套管顶部法兰上。

引线接头和将军帽丝扣公差配合应良好，否则应予以更换，以确保在拧紧的情况下，丝扣之间有足够的压力，以减小接触电阻。

42. 为什么变压器套管的穿缆引线应包扎绝缘白布带？

答：当穿缆引线裸露时与套管的导管相碰将形成回路，在交变磁通作用下会产生环流，烧坏引线和导管。因此变压器套管的穿缆引线应包扎绝缘白布带，以防止裸引线与套管的导管相碰形成回路，造成环流发热。

43. 什么是涡流？在生产中有何利弊？

答：交变磁场中的导体内部（包括铁磁物质），将在垂直于磁力线方向的截面上感应出闭合的环形电流，称为涡流。

利：利用涡流原理可制成感应炉来冶炼金属；利用涡流可制成磁电式、感应式电工仪表；电能表中的阻尼器也是利用涡流原理制成的。

弊：在电机、变压器等设备中，由于涡流存在将产生附加损耗，同时磁场减弱造成电气设备效率降低，使设备的容量不能充分利用。

44. 制造变压器油箱盖时，怎样防止大电流套管附近局部过热？

答：局部过热是由于套管导杆附近的磁场强度很大，使套管法兰及附近油箱因涡流作用而发热。可采用非导磁性材料加工法兰，也可以在套管间油箱壁加隔磁焊缝，从而避免局部过热。

45. 油浸式变压器油箱的作用是什么？

答：油浸式变压器的油箱是保护变压器器身的外壳和盛装变压器油的容器，又是变压器外部部件的装配骨架，同时通过变压器油和油箱将器身损耗产生的热量以对流和辐射的方式散发至大气中。

46. 何为油箱磁屏蔽？

答：在大容量变压器中，为降低各种结构件（油箱、铁轭、夹件、线圈压板等）中的杂散损耗，常采用磁屏蔽（磁分路）结构，即在结构件的表面上沿漏磁场方向放置电工钢带叠积起来的条形垫片组，为漏磁场提供一个高导磁率、低损耗的磁通路径，从而降低进入结构件中的漏磁通，有效减少结构件中的涡流损耗和磁滞损耗。

47. 变压器在运行中有哪些损耗？

答：变压器运行时的损耗主要有铁损耗和铜损耗。铁损耗的大小与外施电压有关，只要外施电压不变，不论空载还是满载，可以认为损耗不变，变压器的铁耗可以近似等于空载损耗，可用空载试验的方法测得。铜损耗大小与绕组中流过的电流的大小有关，即随负荷大小的变化而变化，额定负荷时，变压器的铜损耗可近似等于负荷损耗，并用短路试验的方法测得，任意负荷时变压器的铜损耗等于负荷系数（负荷电流与额定电流的比值）的平方乘以额定电流时的负荷损耗。

48. 绕组的负载损耗由哪两部分组成？

答：绕组的负载损耗包括基本损耗和附加损耗。基本损耗即电阻损耗，附加损耗是由于漏磁通以及制造尺寸偏差造成的损耗。

49. 变压器为什么要进行冷却？

答：变压器工作时，因铁损和铜损而产生热量，连续温升过高会导致绝缘材料老化，进而引发短路，故需要进行冷却（不包括自冷式变压器）。

50. 平行油道是怎样形成的？主要作用是什么？

答：（1）连续式绕组和纠结式绕组在饼间存在间隙，可构成平行油道。

（2）为改善铁芯散热条件，在铁芯叠片级间，一般设有绝缘件支撑，构成平行油道。

油道的主要作用是冷却。

51. 在大容量变压器铁芯中为什么要设置油道？如何检查？

答：交变磁通在铁芯中引起涡流损耗和磁滞损耗，引起发热。为使铁芯的温度不致太高，在大容量的变压器的铁芯中往往设置油道。铁芯浸在变压器油中，当油从油道中流过时，可将铁芯中产生的热量带走。检查时应注意油道间隙是否均匀，有无堵塞。

52. 为什么变压器跳闸后，应及时切除油泵？

答：变压器故障跳闸后，为避免内部故障部位产生的炭粒和金属微粒随油流扩散，增加修复难度，应立即切断潜油泵电源。

53. 为什么将A级绝缘变压器绕组的温升规定为65℃？

答：一般油浸式变压器的绝缘多采用A级绝缘材料，耐热强度为105℃。在国标中规定变压器使用条件最高气温为40℃，因此绕组的温升限值为65℃。

54. 如何防止电机损坏影响变压器的散热能力？

答：冷却器的风扇叶片应校平衡并调整角度，并注意定期维护，保证正常运行。对振动大、磨损严重的风扇电机应进行更换。

55. 变压器油温和油位有什么密切的关系？油位偏差主要是由哪些原因造成的？

答：变压器油温和油位应符合厂家划定的“油温—油位”标准曲线。若变压器油位对应温度与“油温—油位”标准曲线偏差较大，主要是由以下原因造成的：

（1）变压器本体内残存气体未排放干净或储油柜中有空气。

（2）变压器油箱或附件漏油。

（3）油位计或温度计故障。

（4）油枕胶囊（或隔膜）破损。

（5）局部过热。

56. 造成变压器油枕喷油、油位指示错误、保护装置误动的原因有哪些？主要是什么原因造成的？

答：造成变压器油枕喷油、油位指示错误的原因包括储油柜内部气体未排空、呼吸器堵塞、胶囊未完全展开、波纹式膨胀器卡涩等。造成以上问题的主要原因是储油柜安装不当。

57. 变压器强油循环冷却器能否全停？

答：强油循环冷却器不能全停，否则会使变压器油箱内油循环中止，使变压器铁芯、绕组无法正常散热。

58. 变压器空载运行时，为什么功率因数不会很高？

答：变压器空载运行时，一次绕组电流就称为空载电流，一般空载电流的大小不会超过额定电流的10%，变压器空载电流$\dot{I}_0$可以分解为两个分量：建立主磁通$\dot{\phi}_m$所需要的励磁电流$\dot{I}_\mu$和由磁通交变造成铁损耗从而使铁芯发热的铁耗电流$\dot{I}_{Fe}$。其中励磁电流$\dot{I}_\mu$与主磁通$\dot{\phi}_m$同相位，称为空载电流的无功分量；铁耗电流$\dot{I}_{Fe}$与一次绕组$\dot{E}_1$的相位相反，超前主磁通$\dot{\phi}_m$90°，称为空载电流$\dot{I}_0$的有功分量。其中铁耗电流与励磁电流相比非常小，所以一次绕组电流就近似认为是励磁电流，在相位上滞后一次绕组电压90°，所以空载运行时功率因数不会很高。

59. 变压器负载运行时，绕组折算的准则是什么？

答：折算是用与一次匝数和一次绕组完全相同的假想绕组来替代原有的二次绕组，虽然折算前后二次绕组匝数改变了，但是变压器二次绕组折算之前的能量关系、电磁关系和磁动势大小并不受影响，这是绕组折算的基本准则。

60. 画出变压器的“T”型等效电路。

答：变压器的“T”型等效电路如图1－2所示。

61. 自耦变压器运行有哪些主要优缺点？

答：主要优点：（1）电能损耗少，效率高。

（2）能制成单台大容量的变压器。

（3）在相同容量情况下，体积小、重量轻、运输方便，而且节省材料，成本低。

主要缺点：

（1）阻抗百分数小，所以系统短路电流大。

（2）低压绕组更容易过电压，所以中性点必须直接接地。

（3）调压问题处理较困难。

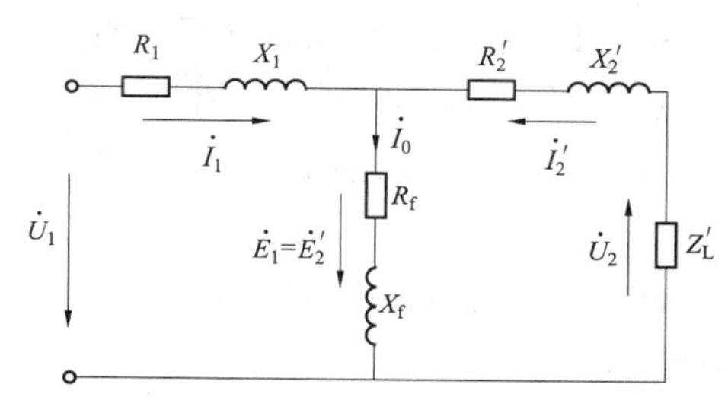

图 1－2　变压器的“T”型等效电路

62. 自耦变压器的中性点为什么必须接地？

答：当系统中发生单相接地故障时，如果自耦变压器的中性点没有接地，就会使中性点位移，使非接地相的电压升高，甚至达到或超过线电压，并使中压侧绕组过电压。为了避免上述现象，所以中性点必须接地。接地后的中性点电位就是地电位，发生单相接地故障后中压侧也不会过电压。

63. 变压器油在变压器中的主要作用是什么？

答：变压器中油在运行时主要起冷却散热作用；对绕组起绝缘和保养作用（保持良好绝缘状态）；油在高压引线处可防止电晕生成；在有载分接开关接触点起消弧作用。

64. 为什么新油抵现场后，要经处理并取样分析合格后，才能注入设备？

答：变压器油的运行可靠性取决于油的某些特性参数，这些特性参数将直接影响电气设备的整个运行工况。为了有效发挥变压器油的绝缘、导热、信息采集以及消弧等多方面的作用，必须加强质量控制，待取样分析合格后，方能注入设备。

65. 为什么要严格控制运行年久的变压器的绝缘油质量？

答：一些变压器油中添加了抗氧化剂、抗静电剂等物质，在运行中，这些添加剂会逐渐消耗，并可能使油质发生劣化或带电度上升。因此应注意运行时间长的变压器的油质变化。

66. 水分对变压器有什么危害？

答：水分能使油中混入的固体杂质更容易形成导电路径而影响油耐压；水分容易与别的元素化合成低分子酸而腐蚀绝缘，使油加速氧化。

67. 对于运行中的变压器，如何防止水分、空气或油箱底部杂质进入变压器器身？

答：对装有排污阀的储油柜，应结合小修进行排污放水。从储油柜补油或带电滤油时，应先将储油柜的积水放尽。不得从变压器下部进油，防止水分、空气或油箱底部杂质进入变压器器身。

68. 变压器油氧化与哪些因素有关？在变压器油中添加氧化剂的作用是什么？

答：影响变压器油质氧化的主要因素是变压器油中溶解的氧气、高温、催化作用、电场和日光等。在变压器油中添加氧化剂可减缓油的劣化速度，延长油的使用寿命。

69. 变压器油老化后酸值（酸价）、黏度、颜色有什么变化？怎样用经验法简易判别油质的优劣？

答：变压器油老化后酸价增高、黏度增大、颜色变深。

用经验法可简易判别油质的优劣程度，主要根据：

（1）油的颜色。新油、优质油为淡黄色，劣质油为深棕色。

（2）油的透明度。优质油透明，劣质油浑浊（含机械杂质、游离炭等）。

（3）油的气味。新油、优质油无气味或略有火油味，劣质油带有焦味（过热）、酸味、乙炔味（电弧作用过）等其他异味。

70. 试述测定变压器油酸值的实际意义。

答：酸值用以表示油中含有酸性物质的数量，中和1g油中的酸性物质所需的氢氧化钾的毫克数称为酸值。酸值包括油中所含有机酸和无机酸，但在大多数情况下，油中不含无机酸。因此，油酸值实际上代表油中有机酸的含量。新油所含有机酸主要为环烷酸。在贮存和使用过程中，油因氧化而生成的有机酸为脂肪酸。酸值对于新油来说是精制程度的一种标志，对于运行油来说，则是油质老化程度的一种标志，是判定油品是否能继续使用的重要指标之一。

71. 为什么要对运行年久、温升过高或长期过载的变压器进行油中糠醛含量及绝缘纸的聚合度测定？

答：变压器中的绝缘物质（固体）经过长时间运行或温升过高、长期过载后会产生糠醛，同时，绝缘纸的聚合度会下降。测定变压器油中的糠醛含量和绝缘纸的聚合度，可以鉴定绝缘老化程度，以便及时采取相关改造措施，防止设备事故的发生。

72. 为什么要对变压器油进行过滤？

答：过滤的目的是除去油中的水分和杂质，提高油的耐电强度，保护油中的纸绝缘，也可以在一定程度上提高油的物理、化学性能。

73. 变压器油箱的一侧安装的热虹吸过滤器有什么作用？

答：变压器油在运行中会逐渐脏污和被氧化，为延长油的使用期限，使变压器在较好的条件下运行，需要保持油质良好。

热虹吸过滤器内部装有吸附剂，可通过油的热对流，过滤掉油中的水分、有机酸、游离碳等杂质，可以使变压器油在运行中经常保持质量良好而不快速老化。这样，油可多年不需专门进行再生处理。

74. 变压器油枕的作用是什么？变压器油枕主要有几种形式？

答：变压器油有热胀冷缩的物理特性。加装油枕后，热胀不致使油从变压器中溢出，冷缩不致使油量不足，从而实现油量补偿；同时，油枕使绝缘油和空气的接触面大大减小，因而使变压器内不易受到潮气的侵入，避免油变质。

变压器油枕主要包括波纹式、胶囊式、隔膜式、内外联通式等形式。

75. 如何防止气体进入变压器内部影响变压器绝缘？

答：变压器投入运行前必须多次排除在套管升高座、油管道中的死区、冷却器顶部等处的残存气体。强油循环变压器在投运前，要启动全部冷却设备使油循环，停泵排除残留气体后方可带电运行。更换或检修各类冷却器后，不得在变压器带电情况下将新装和检修过的冷却器直接投入，防止安装和检修过程中，在冷却器或油管路中残留的空气进入变压器。

76. 变压器油位标上+40℃，+20℃，-30℃三条刻度线的含义是什么？

答：油位标上+40℃表示安装地点变压器在环境最高温度为+40℃时满载运行中油位的最高限额线，油位不得超过此线；+20℃表示年平均温度为+20℃时满载运行时的油位高度；-30℃表示环境为-30℃时空载变压器的最低油位线，不得低于此线，若油位过低，应加油。

77. 吸湿器的作用是什么？吸湿器（呼吸器）中使用的硅胶达到饱和状态时，烘干温度和时间为多少？

答：吸湿器的作用是当油温下降时，使进入油枕的空气所带潮气和杂质得到过滤。吸湿器硅胶达到饱和状态后，烘干温度为120℃，时间为5~8h。

78. 变压器的安全保护和检测元件主要有哪些？

答：每台变压器主要配备下列保护及检测元件：

（1）变压器气体继电器。轻瓦斯动作于信号，重瓦斯动作于变压器两侧断路器跳闸。

（2）压力释放装置。当油箱压力超过允许值时能可靠动作并发出报警信号。

（3）指针式油位计。

（4）冷却器油流（压）监视设备。

（5）温度检测器。测量变压器油温、绕组温度。

79. 试述气体继电器的原理。

答：气体继电器安装于变压器与储油柜的联管上，当变压器内部出现轻微故障时，因油分解而产生的气体被截留在气体继电器内腔上部，迫使油面下降。开口杯随油面降到某一限定位置时，磁铁使干簧触点闭合，接通信号电路，发出“轻瓦”信号。若变压器因漏油而使油面降低时，同样会发出信号。当变压器内部发生严重故障时，将会产生大量的气体，油气混合物迅速向上运动，流经气体继电器时，冲击“重瓦”挡板使其偏转。当“重瓦”挡板偏转至一定位置时，磁铁使干簧触点闭合，接通跳闸回路，切断与变压器连接的所有电源，从而起到保护变压器的作用。

第二节　变压器本体检修

1. 根据国家电网公司《输变电设备状态检修导则》，变压器检修项目分为几类？

答：根据国家电网公司《输变电设备状态检修导则》，变压器检修项目分为A、B、C、D四类。A类检修为本体的解体性检修，B类检修为主要部件的检修，A、B类检修不设定周期，根据设备状态评价结果和风险评估结果确定。C类检修为结合停电试验进行的维护性工作，通常与周期性试验结合进行。D类检修是指变压器的日常巡视检查和维护保养，不设定周期。

2. 变电站主变压器的A类检修项目包括哪些？

答：变电站主变压器的A类检修项目是指变压器在运行中出现异常情况，怀疑或经判断确定变压器内部存在故障时，进行的吊罩或吊芯检修。变压器A类检修项目除器身、分接开关及油箱内部检查外，同时兼有所有B、C、D类检修项目，其主要内容如下：

（1）吊开钟罩（芯）检修器身。

（2）绕组、引线及磁（电）屏蔽装置的检修。

（3）铁芯、铁芯紧固件（穿心螺杆、夹件、拉带、绑带等）、压钉、压板及接地片的检修。

（4）油箱的检修。

（5）有载分接开关或无励磁分接开关的检修。

（6）更换全部密封胶垫和组件试漏。

（7）对器身进行干燥处理。

（8）对变压器油进行处理或换油。

（9）外绝缘防污闪措施补充或修复。

3. 何为吊芯？何为吊罩？

答：对平顶式油箱结构的变压器，需将器身从油箱中吊出进行检修，称为吊芯。钟罩式油箱结构的变压器将上节油箱吊起即可进行器身检修，称为吊罩。

4. 变压器吊罩（吊芯）时对器身温度和环境温、湿度有哪些要求？

答：器身温度不宜低于环境温度，否则空气中的水分会在器身内、外表面形成凝结水，使变压器的器身受潮。

露天吊芯应在晴朗的天气进行，空气相对湿度应小于75%。当空气相对湿度小于75%时，芯子在空气中暴露应小于12h；空气相对湿度小于65%时，暴露小于16h。应有防止灰尘和雨水浇在器身上的有效措施。若周围气温高于芯子温度，为防止芯子受潮，在吊出芯子前应静放一些时间，必要时也可将芯子加热至高于周围温度10℃。

5. 变压器吊罩（吊芯）检修时的安全措施有哪些？

答：变压器吊芯（吊罩）检修时的安全措施：

（1）明确停、带电设备范围，明确分工。

（2）核实起吊设备，详细检查起重工具、绳索和挂钩。

（3）注意拆除有碍起吊工作的附件，如有载分接开关连杆、定位装置等。拆下的附件应放在干燥清洁的地方并做好标记。

（4）起吊工作应由一人统一指挥，注意与带电设备的距离，防止起吊中碰伤绕组及其他附件。

（5）工作人员身上不得带与工作无关的物品，防止异物掉入绕组中。

（6）器身检查后，认真清点工具和材料，不得漏在器身上。

（7）做电气试验时，注意防止人员触电，焊接工作注意防火。

（8）吊芯工作应在天气良好时进行，并做好防风防尘、防雨的准备，相对湿度为75%及以下时，器身暴露时间不得超过12h，相对湿度小于65%时，器身暴露时间不得超过16h。

6. 采用钟罩式油箱的变压器，在吊罩前应拆卸哪些部件以防设备受损？

答：应拆卸套管、无励磁分接开关操作杆、油枕和气体继电器、散热器和母管、风机、油泵，并将钟罩式安装的有载分接开关油室吊持下放到其下方的器身支架上。

7. 试述变压器吊芯应做哪几个方面的检查？

答：（1）检查铁芯有无放电及烧伤痕迹；接地片是否良好。拧紧轭铁螺杆及方铁。打开接地片，用绝缘电阻表摇测夹件对铁芯及油箱的绝缘电阻，应不小于1MΩ。

（2）检查绕组外观及绝缘状况、压紧程度、有无变形；撑条、垫块、油道是否正常。

（3）检查引线绝缘外观有无断裂，焊接头是否良好，绝缘距离是否合格，支架是否牢固。

（4）检查分接开关的绝缘外观及固定状况，转动是否灵活，动静触头表面光洁度及弹簧弹性，外部位置指示是否与分接位置相符。

（5）检查并紧固全部螺钉和紧固件。对器身各部位进行清扫，必要时用油冲洗。

（6）清理油箱底部的油泥、水分，清理油箱锈蚀并做防锈措施。

8. 变压器铁芯多点接地的基本型式有哪些？

答：变压器铁芯接地的基本型式有三种：

（1）通过接地套管在油箱外部接地。

（2）通过下节油箱接地。

（3）对于桶式油箱变压器通过吊螺杆接地。

9. 铁芯多点接地的原因有哪些？

答：（1）铁芯夹件肢板距心柱太近，硅钢片翘起触及夹件肢板。

（2）穿心螺杆的钢套过长，与铁轭硅钢片相碰。

（3）铁芯与下垫脚间的纸板脱落。

（4）悬浮金属粉末或异物进入油箱，在电磁引力作用下形成桥路，使下铁轭与垫脚或箱底接通。

（5）温度计座套过长或运输时芯子窜动，使铁芯或夹件与油箱相碰。

（6）铁芯绝缘受潮或损坏，使绝缘电阻降为零。

（7）铁压板位移与铁芯柱相碰。

10. 在变压器安装过程中，如何防止铁芯出现多点接地？

答：安装时应注意检查钟罩顶部与铁芯上夹件的间隙，如有碰触，应及时消除。用于运输中临时固定变压器器身的定位装置，安装时应将其脱开。穿心螺栓的绝缘应良好，并注意检查铁芯穿芯螺杆绝缘外套两端的金属座套，防止座套过长触及铁芯造成短路。

11. 如何处理铁轭螺杆接地故障？

答：如属铁轭绝缘损坏、位移，可用新的铁轭绝缘垫换上；如属螺杆绝缘套管破碎，使螺杆与轭部硅钢片碰在一起，可用同规格的绝缘杆换上。

12. 为什么变压器解体检修时，要检查绕组压钉的紧固情况？

答：变压器长期运行后，由于机械力的作用和绝缘物水分的散失，绕组绝缘尺寸收缩，会使变压器的轴向紧固松动，从而降低变压器绕组的机械强度和稳定性，承受不住变压器二次侧短路时的电动力。因此，在解体检修时必须检查压钉的压紧情况。

13. 对绕组围屏和隔板的检查标准是什么？

答：（1）围屏清洁无破损，绑扎紧固完整，分接引线出口处封闭良好，围屏无变形、无发热和树枝状放电痕迹。

（2）围屏的起头应放在绕组的垫块上，接头处一定要错开搭接，并防止油道堵塞。

（3）支撑围屏的长垫块应无爬电痕迹，若长垫块在中部高场强区时，应尽可能割短相间距离最小处的辐向垫块2～4个。

（4）相间隔板完整并固定牢固。

14. 绕组故障主要有哪些？

答：绕组故障主要包括：

（1）绕组绝缘电阻低，吸收比小。

（2）绕组三相直流电阻不平衡。

（3）绕组局部放电或闪络。

（4）绕组短路故障。

（5）绕组接地故障。

（6）绕组断路故障。

（7）绕组击穿和烧毁故障。

（8）绕组绕错、接反和连接错误。

15. 绕组绝缘受潮的后果是什么？

答：绕组受潮后，绝缘电阻降低，并导致绕组发热和绝缘老化，造成绕组绝缘击穿或烧毁。

16. 运行中的变压器油色谱异常，宜怎样分析判断？

答：运行中的变压器油色谱异常、怀疑设备存在放电性故障时，首先应采取多种手段排除受潮、油流带电、有载分接开关与本体油腔间渗漏等原因。

这是因为，局部放电测量所施加的电压很高，容易使设备缺陷扩大。在没有备品时，缺陷的扩大将会使变压器无法继续运行。因此进行局部放电测量应慎重。

17. 如何通过手指按压法检查绕组表面绝缘状态？

答：（1）一级绝缘。绝缘有弹性，用手指按压后无残留变形，属良好状态。

（2）二级绝缘。绝缘仍有弹性，用手指按压时无裂纹、脆化，属合格状态。

（3）三级绝缘。绝缘脆化，呈深褐色，用手指按压时有少量裂纹和变形，属勉强可用状态。

（4）四级绝缘。绝缘已严重脆化，呈黑褐色，用手指按压时即酥脆、变形、脱落，甚至可见裸露导线，属不合格状态。

18. 对绕组引线的检查标准是什么？

答：（1）引线绝缘包扎应完好，无变形、变脆，引线无断股卡伤情况。

（2）对穿缆引线，为防止引线与套管的导管接触处因存在电位差而产生电流烧伤，应将引线用白布带半迭包绕一层；220kV 引线接头焊接处去除毛刺，表面光洁，包金属屏蔽层后再加包绝缘。

（3）早期采用锡焊的引线接头应尽可能改为磷铜或银焊接。

（4）接头表面应平整、清洁、光滑无毛刺，并不得有其他杂质。

（5）引线长短适宜，不应有扭曲现象。

（6）引线绝缘的厚度应符合绝缘要求。

19. 为什么在绝缘上作标记不用普通铅笔而用红蓝铅笔？

答：普通铅笔芯主要成分是石墨，石墨是导体，在绝缘零件上用普通铅笔作标记易引起表面放电。红蓝笔芯主要成分是石蜡，石蜡是非导体，不会引起放电。

20. 对绕组故障的修复有何要求？

答：首先根据绕组故障出现的异常现象，判断出故障类别和严重程度，视具体情况采取现场急救抢修、修理厂局部修理，或更换损坏部件的大、中修。变压器故障修复后，必须按照规程规定进行相关的试验和检查，确认合格后，方可接入电网。接入电网后尚需进一步测定相序，在相序正确的前提下，方可试运行。

21. 绝缘支架变形的原因有哪些？

答：（1）材质不良。

（2）较粗的引线与支架上静触头连接时施加侧向力，造成支架板条变形。

（3）回装钟罩式油箱的上节油箱后，向上吊装有载分接开关油室，油室所连绕组分接线产生拉力，造成绝缘支架变形。

22. 变压器器身上的绝缘支架上能否使用金属螺栓，所用螺栓如何防松动？

答：不应使用金属螺栓，应用绝缘螺栓。所用绝缘螺栓应用两个螺母备紧防松动。

23. 简述电容式套管拆卸解体的步骤。

答：（1）将套管垂直安放在支架上，拆下尾部均压罩，从尾部将油全部放出。

（2）拆接线座、垫圈，取下膨胀器，再拆接地小套管。

（3）用支架托住套管黄铜管尾端，拧紧弹簧压板螺母，使弹簧压缩，当导电管上的紧固螺母脱离弹簧压板时，取下紧固螺母。

（4）依次取下弹簧压板、弹簧、弹簧承座以及上瓷套。

（5）吊住黄铜管拆除管体尾部支架。以人力抬起瓷套，拆下底座，再落下瓷套，吊出电容芯。

24. 为什么要定期采用红外热成像技术检查运行中套管引出线连板的发热情况及油位？

答：定期采用红外热成像技术进行设备状态检测，可以及时、准确地发现发热部位和油位异常。定期对套管进行红外检测可以预防套管故障的发生。

25. 对于采用螺栓式末屏引出方式的套管，如何防止末屏断线？

答：对于采用螺栓式末屏引出方式的套管，在试验时要注意防止螺杆转动，以避免内部末屏引出线扭断。试验结束后应及时将末屏恢复接地并检查接地是否可靠。常接地式末屏应用万用表检查，如发现末屏有损坏应及时处理。

26. 为什么巡视设备时，应检查记录油纸电容式套管的油位情况？

答：油纸电容式套管发生渗漏油会使油面过低，极易造成内部受潮，继而引发绝缘缺陷，甚至导致套管爆炸。因此，巡视设备时应检查记录套管油位情况，注意保持套管油位正常。套管渗漏油时，应及时处理，防止内部受潮损坏。

27. 为什么油纸电容型变压器套管不宜在现场大修？

答：这是因为，少油量设备对大修的工艺要求较高，若现场设备工艺无法严格遵循制造厂的要求，容易给套管留下隐患。此外，套管电容芯严重受潮、绝缘劣化或存在放电故障，即使在制造厂也须全部更换电容芯绝缘，一般的真空干燥或局部修理，难以保证质量。

28. 如何判断油纸电容式套管内的末屏断线？

答：可使用介质损耗测试仪或万用表电容档测量套管出线端与末屏引出套管端子间的电容量，若电容量与铭牌相差超过一个数量级，则可判断末屏断线。

29. 套管法兰盘处发生电晕或放电时如何处理？

答：套管法兰盘处发生电晕或放电时，可在法兰盘压钉下加压铜片或铅皮垫消除。

30. 对变压器套管的例行检查项目有哪些？

答：（1）检查套管外部及其安装法兰等处有无明显的渗漏痕迹。

（2）检查套管外部有无明显的裂纹、破损、放电痕迹、严重脏污等异常现象。

（3）检查套管油位计是否指示在正常范围内，油位有无突变。套管油色正常，不应有发黑、浑浊现象。检查油位计内不应有潮气凝结。

31. 主变压器低压侧引线（一般为10kV）排装设软连接过渡的作用是什么？

答：在主变压器低压侧引线排装设软连接过渡，可在热胀冷缩中起到保护套管的作用。

32. 如何检查变压器无励磁分接开关？

答：（1）触头应无伤痕、接触严密，绝缘件无变形及损伤。

（2）各部零件紧固、清洁，操作灵活，指示位置正确。

（3）定位螺钉固定后，动触头应处于定触头的中间。

33. 安装DW型无励磁分接开关时，开关帽指针指示不正，应如何处理？

答：（1）拧下开关帽的定位螺栓，把开关转到接触良好的位置。

（2）取下开关帽，拧下帽内调整花盘的固定螺丝。

（3）将开关帽和调整花盘临时装到操作杆上，找正开关帽指针与开关字盘的位置。

（4）小心取下开关帽及调整花盘（保持位置不动），翻过来便可看到调整花盘有一个孔与开关帽某一个孔对正，上好固定螺丝。

（5）重新装好开关帽，反复操作开关，看开关指示是否正确，若位置仍不正，再微调花盘的螺丝孔即可。

34. 为什么变压器（包括高压互感器）要真空注油？变压器真空注油时，应注意什么？

答：110kV及以上主变压器（包括高压互感器），由于电压高，内部绝缘很厚，如不采取真空注油，则油不易浸透到绝缘中去，其中空气、水分不易排出。因此，110kV及以上主变压器（包括高压互感器），在真空干燥或吊芯检修后，需采取真空注油工艺。

变压器真空注油时应注意以下几点：

（1）残压应低于133Pa（1mmHg）。

（2）箱壁变形幅度不超过箱壁厚度的 2 倍。

（3）变压器各处应无渗漏点。

35. 真空干燥变压器为什么要充分预热再抽真空？为什么升温速度不宜过快？

答：预热的目的是要提高器身的温度至 100℃ 以上，使水分蒸发，如果没有预热或预热时间过短，抽真空后器身升温较慢，将影响干燥。但升温过快，会使器身受热不均，器身上蒸发的水分遇冷铁芯会凝结成水，附着在铁芯上。另外，升温过快，绝缘表面很快干燥收缩，而内层水分仍蒸发不出去，往往造成厚层绝缘件开裂。

36. 真空滤油机操作注意事项有哪些？

答：（1）在现场使用时，应尽量靠近变压器或油箱，以减少管路阻力，保证进油量。

（2）连接管路，包括储油罐，应事先彻底清洁，管路连接紧固密封，严防管路进气或跑油，以免发生事故。

（3）启动净油机时，必须待真空泵、油泵和加热器运行正常并保持内部循环良好后，方可处理待净化油品。

（4）在处理过程中，严格监视滤油机的运行工况（如真空度、油流量、油温等），还要定期检测油品处理前后的质量，以监视净油机的净化效率。

（5）待净化油中如含有大量的机械杂质和游离水分，需先用其他过滤设备充分滤除，以免影响滤油机的效率或堵塞过滤元件。

（6）冬季在户外作业时，管路、真空罐等部件应采取保温措施，避免油黏度增大而导致油泵吸入量不足。

（7）真空滤油机的净化效率主要取决于真空和油温，因此必须保证足够的真空和合适的工作温度，油温一般控制在 60℃ 以下，防止油质氧化或引起油中抗氧化剂的挥发损耗。

（8）循环过滤次数视油中水分、含气量和净油机效率而定，一般不可少于 2 ~3 次。

（9）真空滤油机现场作业，应同时做好防火防爆措施。过滤变压器油时，流速不宜过大，避免产生静电。在变、配电站内滤油时还应遵守电业安全工作规程中的有关要求。

37. 常用滤油机的种类及其容量有哪些？

答：常用滤油机构按型式可分为板框式、离心式、真空式。按出油量（L/min）大致可分为 10、25、50、150、300 等容量，可根据需要选择。

38. 使用压力式滤油机应注意哪些事项？

答：（1）检查电源接线是否正确，接地是否良好。

（2）极板与滤油纸放置是否正确。压紧极板不要用力过猛，机身放置平稳。

（3）使用时应随时监视压力及油箱油位，发现油泵声音异常，应立即停用并进行检查。

（4）用完后将机箱内存油清理干净，断开电源。

39. 处理劣化的变压器油有哪些方法?

答:(1) 采用压力式滤油机过滤。

(2) 真空喷雾法。

(3) 白土过滤法。

(4) LMC－33 分子筛微球过滤法。

(5) 吸附过滤法。

(6) 真空净化法。

40. 变压器油密封胶垫为什么必须用耐油胶垫?

答:变压器油能溶解普通橡胶胶脂及沥青脂等有机物质,使密封垫失去作用,因此必须使用耐油的丁腈橡胶垫。

41. 怎样控制橡胶密封件的压缩量才能保证密封质量?

答:橡胶密封垫是靠橡胶的弹力来密封的,如压缩量过小,压缩后密封件弹力小;如压缩量过大,超过橡胶的极限而失去弹力,易造成裂纹,从而起不到密封作用,或影响胶垫的使用寿命。因此,密封的压缩量应控制在平垫垫厚的1/3 左右、胶棒直径的1/2 左右。

42. 变压器油箱涂漆后,如何检查漆膜弹性?如何检查外表面漆膜粘着力?

答:用锐利的小刀刮下一块漆膜,若不碎裂、不粘在一起,能自然卷起,即认为弹性良好。用刀在漆膜表面划个十字形裂口,顺裂口用刀剥,若很容易剥开,为粘着力不佳。

43. 变压器进行A 类检修后,应验收哪些项目?

答:(1) 检修项目是否齐全。

(2) 检修质量是否符合要求。

(3) 存在缺陷是否全部消除。

(4) 电气试验、油化验项目是否齐全,结果是否合格。

(5) 检修、试验及技术改进资料是否齐全,填写是否正确。

(6) 有载调压开关是否正常,指示是否正确。

(7) 冷却风扇、循环油泵试运转是否正常。

(8) 瓦斯保护传动试验动作应正确。

(9) 电压分接头是否在调度要求的档位,三相应一致。

(10) 变压器外表、套管及检修场地是否清洁。

44. 对变压器进行检查维护的目的是什么?

答:变压器在运行过程中,常常因为外界异常因素或自身质量问题而产生缺陷,变压器带缺陷运行又常常导致设备故障,因此,必须通过检查维护,及时发现并消除缺陷,从而提高变压器运行可靠性。

45. 变压器及组部件的检查维护项目分为哪两类？

答：变压器及组部件的检查维护项目可分为例行检查和定期检查两类。例行检查一般是为及时掌握变压器的运行情况，在变压器运行过程中进行的经常性检查项目。除例行检查外，还有一些检查项目因周期较长或必须在变压器停运后方可进行，故归入定期检查范围。需停电进行的定期检查项目一般与变压器预试等停电工作相结合。

46. 为何在线圈下面水平排列的裸露引线，宜加包绝缘？

答：对线圈下面水平排列的裸露引线加包绝缘，是为防止金属异物碰触引起短路。

47. 可采用哪些方法提高变压器绕组抗短路能力？同时应注意哪些问题？

答：可采用半硬铜、自黏性换位导线以及用硬绝缘筒绕制线圈等措施提高变压器抗短路能力。对于制造厂在变压器内采用高机械强度的环氧等材料，应以不增大绕组绝缘的介质损耗值和局部放电量为前提，以防止因提高抗短路强度而降低绝缘性能。加密线圈的内外撑条也应以不影响变压器散热性能为前提条件。

48. 变压器的 B 类检修项目包括哪些？

答：变电站主变压器的 B 类检修项目是指在不吊罩或不吊芯的条件下，对主变压器主要部件进行的检修。变压器 B 类检修同时包含所有 C 类、D 类检修项目，其主要内容如下。

（1）油箱的外部检查、检修。

（2）储油柜柜体、胶囊（或波纹膨胀器检修）、油位计检修。

（3）冷却器检修（散热器、潜油泵、油流继电器、风机、风控系统、阀门、塞子及管道）。

（4）套管检修。

（5）安全保护装置的检修。

（6）套管 TA 及接线端子的检查。

（7）有载分接开关的切换开关及电动机构的检修。

（8）变压器箱体及附件防腐补漆。

49. 变压器 C 类检修的内容包括哪些？

答：变压器 C 类检修项目是指在停电条件下进行的不涉及主变压器本体及主要部件拆装的检修项目。变压器 C 类检修同时包含所有变压器 D 类检修项目。变压器 C 类检修项目包括：

（1）油箱的外部清扫、检查。

（2）散热器或强油风冷却器检查、试验、清洗。

（3）储油柜柜体、胶囊（或波纹膨胀器）、油位计检查维护，放出储油柜集污器中的污油。

（4）油泵、油流继电器、风机、阀门、塞子及管道的检查、试验。

（5）套管检查，调整油面。

（6）安全保护装置检查：包括储油柜（含胶囊）、压力释放阀（包括安全气道）、气体继电器、压力继电器、速动油压继电器、集气盒等。

（7）检修油保护装置。

（8）测温装置的校验。

（9）本体端子箱、风控箱的检查、清扫和试验。

（10）有载分接开关试验，电动机构箱维护。

（11）对套管瓷套的防污闪措施进行检查和维护。

（12）外绝缘清扫。

（13）导电接头检查。

（14）灭火装置检查、试验、检修。

（15）检查接地引下线及其连接情况。

（16）在线监测、在线滤油装置的检查。

50. 变压器渗漏主要包括哪两类？造成的原因是什么？

答：变压器渗漏主要主要包括密封性渗漏和焊缝性渗漏两种类型。密封性渗漏一般与密封件、密封面、装配等方面的质量缺陷有关，而焊缝和砂眼的渗漏则是由油箱等部件制造过程中的材料或工艺缺陷引起。

51. 目前常用的油箱检漏方法主要有哪些？

答：（1）在油箱及各部件上涂敷检漏剂，直接观察渗漏。

（2）在接缝处涂肥皂水，看是否起泡。

（3）对小的油箱及散热器可充以压缩空气浸在水中试验。

（4）对于不能加压的焊件可在焊缝正面涂检漏剂，背面涂煤油，观察30min应无渗漏痕迹。

（5）压缩空气试验，主要通过观察压力下降的速度来判断。

52. 为什么变压器可以带油进行补焊？变压器带油补焊应注意什么问题？

答：对带油的变压器焊接补漏时，由于油的对流作用，电焊产生的热量可迅速散开，焊点附近温度不高，且补漏电焊时间较短，油内不含大量氧气，故油不易燃烧。带油补焊只要控制得当，是不会引起火灾的。变压器带油补焊一般禁止使用气焊。电焊补焊应使用较细的焊条。要防止穿透着火，施焊部位必须在油面100mm以下。

53. 在对变压器进行补焊时，为什么要抽真空？

答：若施焊部位油压较大，渗漏油速度较快，在焊接时容易着火。所以可对本体适度抽真空或放油产生负压，使施焊点内外压力近似相等。

54. 变压器渗漏油的防治措施有哪些？

答：（1）选择耐油、耐高温的密封垫。

（2）选择密封性能好的板材、管材、阀门。

（3）密封件安装前，对密封面清洁度、密封件尺寸规格进行认真检查。

（4）规范密封垫更换工艺，合理控制压缩量。

（5）采用电焊堵漏。

（6）对运行设备可采用快速密封胶进行临时封堵。

（7）设备投运前检查呼吸器呼吸是否通畅，各部位阀门是否正确开启，以及有载分接开关传动部位的密封情况。

（8）检查低压线排尺寸、结构是否合适，低压套管端部受力是否平衡。

（9）检查高压套管端部有无松动。

第三节　有载分接开关检修

1. 什么是变压器的有载调压？

答： 变压器的有载调压是指在不切断负载电流的情况下，利用有载分接开关变换某一侧绕组分接头，从而改变高、低压绕组匝数比进行调压的方法。

2. 有载分接开关的基本原理是什么？

答： 因为有载分接开关在不切断负载电流的条件下，切换绕组分接头位置。所以，在切换瞬间，需同时连接两个分接头。相邻分接头间一个级电压被短路后，产生一个很大的循环电流。为了限制循环电流，在切换时必须接入一个过渡电路，通常是接入电阻。其阻值应能把循环电流限制在允许的范围内（一般小于变压器绕组额定电流）。因此，有载分接开关的基本原理概括起来就是，采用过渡电路限制循环电流，达到切换分接头而不切断负载电流的目的。

3. 何为星形接线中性点调压？请画出基本电路原理图。

答： 星形接线中性点调压，即通过改变星形接线绕组的中性点位置，改变绕组匝数，以达到调节电压的目的。该方式可将三相分接开关做成统一整体，分接开关只需承受调压绕组工作分接处的线间电压，对绝缘强度要求不高，三相绕组的分接转换可同步完成。电路原理图如图 1－3 所示。

4. 主分接是指什么？

答： 主分接是指与额定量（额定电压，额定电流、额定容量）相对应的分接。

5. 什么是正反向有载调压？请画出电路原理图。

答： 正反向有载调压，即主绕组与极性选择器相连，可正接或反接调压绕组，达到增加电压或降低电压的目的，使调压范围扩大一倍。电路原理图如图 1－4 所示。

6. 什么是极性选择器，极性选择器连接在变压器绕组的什么位置？

答： 极性选择器是将分接绕组的一端或另一端连接到主绕组上的一种转换选择器。极性选择器连接在主绕组末端与调压绕组的正极性或负极性端之间。

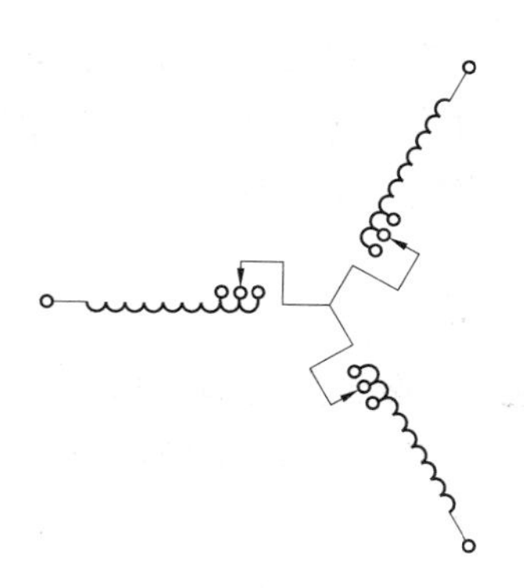

图 1－3　星形接线中性点调压基本电路原理图

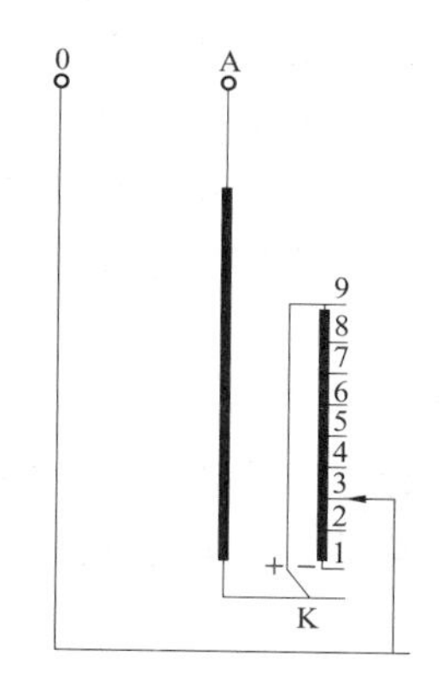

图 1－4　正反向有载调压电路原理图

7. 国产 SYXZ－110/200－2×7 型有载分接开关，型号中各字母的意义是什么？假设开关型号中字母部分为“SYXZZ”，则第二个出线的“Z”代表什么？

答：型号中字母含义依次是，“S”代表三相，“Y”代表有载调压，“X”代表星形接法中性点调压，“Z”代表电阻式过渡，“110”代表额定电压，“200”代表额定最大通电过电流，“2”代表有转换选择器（没有为“1”），“7”代表分接选择器级数。

如果开关型号中字母部分为“SYXZZ”，则第二个出线的“Z”代表复合式有载分接开关。

8. 什么是有载分接开关“10191W 选择电路”？“10191W”的含义是什么？

答：10191W 选择电路是指调压电路的细调侧 10 个分接和选择电路中对应位置相连接，选择器实际位置为 19 个，调压级数也为 19，即为 19 级有载分接开关，有一个中间位置。

“10191W”中，前面两位数字表示细调分接数，第 3、4 位数字表示分接位置数，最后一个数字表示中间位置数，符号 W 表示正反调压。如果为 G 则表示粗细调压。

9. 什么是有载分接开关“14271G 选择电路”？

答：14271G 选择电路是指调压电路的细调侧，要抽出 14 个分接头，分别和选择电路中的对应位置相连接，开关的实际位置为 27 级，有一个中间位置 14，“G”表示粗细调压。

10. 分析有载分接开关极性选择器动作时，偏移电压的产生及限制方法？

答：极性选择器动作时，调压绕组有一瞬间与主绕组在电气上分离，处于悬浮状态。这时调压绕组得到一个由对地耦合电容或邻近绕组间耦合电容所确定的新电位，这个新电位与调压绕组原来的电位是不同的，这两者电位差称为偏移电位。偏移电位在极性选择器的“＋”、“－”触头处呈现恢复电压。当偏移电压达到某一临界值时，可能在极性选择器动触头与“＋”或“－”触头间产生火花放电，严重时会造成绝缘击穿和调压绕组烧毁。

当复合式开关的偏移电压达到 15kV，组合式开关达到 35kV 时，需要安装电位电阻来限制偏移电压。将电位电阻一端接于调压绕组的中间档位，另一端接在分接开关的中性线上，避免在极性选择器动作时调压绕组处于悬浮状态，从而限制了偏移电压。

11. 什么是有载分接开关的过渡电路?

答：有载分接开关在切换分接过程中，为了保证负载电流的连续，必须要在某一瞬间同时连接两个分接，为了限制桥接时的循环电流，必须串入阻抗，才能使分接切换得以顺利进行。在短路的分接电路中串接阻抗的电路称为过渡电路。串接的阻抗称为过渡阻抗，可以是电抗或电阻。

12. 大容量的变压器有载分接开关，其过渡电阻连接在什么位置？如何测取?

答：过渡电阻连接在主通断触头与过渡触头之间，夹持相邻主通断触头、过渡触头即可测取。

13. 什么是触头组？包括哪些触头?

答：触头组是同时起作用的动、定触头对或动、定触头对的组合。触头组包括主触头、主通断触头、过渡触头。主触头是指承载通过电流的触头组，它在变压器的绕组与触头连接回路中没有过渡阻抗，也不能通断任何电流。主通断触头是指任何不经过渡阻抗与变压器绕组直通的，并能通断电流的触头组。过渡触头是指任何通过过渡阻抗与变压器绕组和触头组相串联的触头组。

14. 何为过渡波形？测取有载分接开关过渡波形能发现哪些部位的故障?

答：过渡波形是指在分接开关切换过程中，输出电流的波形变化。测取过渡波形能发现快速机构、触头、接触电阻等部位的故障。

15. 复合型和组合型有载调压装置有何区别?

答：复合型有载分接开关本体，将切换开关和选择器合并为一体，又称为选择开关，即选择开关兼有切换触头并设置在同一个绝缘筒内。

组合型有载分接开关的切换开关和选择器是分开的，切换开关单独放在绝缘筒内，选择器放在与器身相连的油箱内。

16. 组合式有载分接开关由哪五个主要组成部分？各有什么作用?

答：(1) 切换开关：用于切换分接位置。

(2) 选择器：用于切换前预选分接头。

(3) 转换选择器：用于换向或粗调分接头。极性选择器是转换选择器的一种。

(4) 操动机构：是分接开关的动力部分，有驱动、连锁、限位、计数等作用。

(5) 快速机构：按预定的程序快速切换。

17. 组合式有载分接开关过渡电阻烧毁的原因有哪些?

答：(1) 过渡电阻质量不良或有短路，电阻值不能满足要求。

(2) 由于快速机构故障，如弹簧拉断或紧固件损坏，使切换开关触头停在过渡位置，过渡电阻长期通过电流。

（3）缓冲器不能正常动作，使触头就位后又弹回，过渡电阻长时间通电。

（4）由于制造工艺或安装不良，使主触头不就位而过渡电阻长时间通电。

18. 有载分接开关快速机构的作用是什么？切换开关切换时间延长或不切换的原因是什么？如何处理？

答：有载分接开关切换动作时，由于分接头之间的电压作用，在触头接通或断开时会产生电弧，快速机构能提高触头的灭弧能力，减少触头烧损，还可缩短过渡电阻的通电时间。切换开关切换时间延长或不切换的原因是储能弹簧疲劳、拉力减弱、断裂或机械卡死，应调换弹簧或检修传动机械。

19. 拆卸 M 型有载分接开关的切换开关对操作位置有什么要求？操作中应注意哪些问题？

答：不宜在两端极限位置及其相邻位置拆卸切换开关，可以在除极限位置之外的任何操作位置拆卸切换开关，但应记录取出开关时的实际操作位置。根据厂家建议，应尽量在校准位置取出切换开关，即电机传动装置的位置指示盘上箭头标示位置。

拆卸时应先断开电源，以防触电及电动机误转。拆卸过程要小心谨慎，防止异物落入切换开关或油箱中。工作中要保持清洁。

20. 组合式有载分接开关检修主要包括哪些项目？

答：（1）检查过渡电阻是否有裂纹、烧断、过热及短路现象，电阻值与产品出厂铭牌数据相比，其偏差值不大于 ±10% 。

（2）检查动、静触头是否正确可靠接触，烧蚀磨损厚度小于 4mm。

（3）检查快速机构的主弹簧、复位弹簧、爪卡是否变形或断裂，弹簧压力是否合适。

（4）检查各触头编织软连接线有无断股。

（5）检查切换开关触头是否就位，动作顺序是否正确。

（6）各紧固部件是否松动，紧固部位应牢固。

（7）检查绝缘表面是否损坏，是否有放电、过热痕迹。

（8）清擦桶底及芯子，换注合格油。

21. 如何拆卸 M 型有载分接开关切换开关的扇形接触器外壳？

答：拆卸扇形接触器外壳，必须先把切换开关调定到中间位置，在该位置上每个扇形分流开关的两辅助弧触头是闭合的。

把切换开关调到中间位置的方法是：用操作扳手松开弹簧储能器并旋转驱动轴，直到绕紧滑块和击发滑块达到中间稳定位置为止，然后可用扳手卸下扇形接触器外壳的螺钉（8 个 M6 ×20 螺栓）。

22. 何为选择开关？对选择开关的吊芯检查有何要求？

答：选择开关是将分接选择器和切换开关的任务结合在一起，能承载和通断电流的一种开关装置，又称为复合式有载分接开关。对选择开关吊芯检查时，应检查动、静触头间的磨损情况，各部位接头及其紧固件是否松动，拨盘、拨钉、定位钉、绝缘传动轴是否弯曲，测量各分接位置触头间的接触电阻。

23. V 型有载分接开关中心抽油管有何作用？有何检查要求？

答：V 型有载分接开关中心抽油管的作用是抽油、中心定位。要求上下密封良好，整体无变形，各部分无损伤、开裂。

24. 复合式有载分接开关主要事故类型有哪些？

答：（1）主触头或导流环变形，造成接触不良。

（2）快速机构轴销断裂造成拒动。

（3）操动机构内低压控制电器及辅助元件质量不稳定，造成分接开关拒动、连动、位置失灵等。

（4）主弹簧疲劳或开裂，造成切换不到位。

（5）触头弹簧疲劳或行程不够，造成接触不良。

25. 如何检查有载分接开关触头及其连线？

答：分接开关的触头及其连线应完整无损、接触良好、连接正确牢固，必要时测量接触电阻及触头的接触压力、行程。铜编织线应无断股现象。

26. 如何测得分接开关接触压力？

答：在定触头和动触头上接上万用表（或信号灯），有测力计沿着触头的压力方向，缓慢地拉（或顶）起触头，当万用表指针开始动作时（或灯刚熄灭时）测力计上指示的力即为触头的接触压力。

27. 对更换有载分接开关灭弧触头有何规定？

答：若触头烧蚀、磨损超过 4mm，则应更换。一个触头烧蚀、磨损量超出标准，则同组触头全部更换。

28. 有载分接开关常见故障有哪些？

答：有载分接开关常见故障：传动轴断裂；选择开关触头间接触不良；操动机构失灵造成的拒动和滑档现象；限位开关失灵；切换开关拒动、中止或动作滞后；内部紧固件松动和脱落；内部渗漏油。

29. 造成有载分接开关故障的主要原因有哪些？

答：（1）辅助触头中的过渡电阻在切换过程中被击穿烧断。

（2）分接开关密封不严，进水造成相间短路。

（3）由于触头滚轮卡住，使分接开关停在过渡位置，造成匝间短路而烧坏。

（4）分接开关油箱缺油。

（5）调压过程中遭遇穿越故障电流。

30. 有载分接开关有局部放电或爬电痕迹的原因是什么？如何处理？

答：原因是紧固件或带电部位有尖端放电，紧固件松动或悬浮电位放电。应处理尖端部位，加固紧固件，消除悬浮放电。

31. 变压器分接开关触头接触不良或有油垢有何后果？

答：分接开关触头接触不良或有油垢，会造成直流电阻增大，触头发热，严重的可导致开关烧毁。

32. 连同变压器绕组测量直流电阻时呈不稳定状态的原因是什么？如何处理？

答：原因是由于运行中长期不动作或长期无电流通过的动、静触点，在接触面形成一层膜或油污等造成接触不良。应结合变压器停电检修，进行3个循环的分接变换（1个手动操作循环和2个电动操作循环）。

33. 有载分接开关断轴的原因是什么？如何处理？

答：原因是分接开关与电动机构连接错位或分接选择器严重变形。应进行连接校验，检查机构箱与开关本体位置是否一致。若连接校验正常，检查分接选择器是否受力变形，消除变形后更换转轴。

34. MR有载分接开关定期检修包括哪些工作内容？应注意哪些问题？

答：MR有载分接开关定期检查包括以下工作内容：

（1）拆卸及重新安装切换开关（即吊出、重新装入）。

（2）检查并清洗切换开关油箱及部件。

（3）测量触头磨损量应小于4mm。

（4）测量过渡电阻，较出厂值变化不大于10%。

（5）测量切换开关的动作顺序。

（6）清洗切换开关油枕。

（7）更换切换开关油［中性点调压分接开关的油：含水量不大于40ppm、耐压不小于30kV/2.5mm；单极分接开关的油：含水量不大于30ppm、耐压不小于40kV/2.5mm］。

（8）检查保护继电器、驱动轴、电机传动机构。安装油滤清器及电压调节器的MR有载分接开关，也必须进行检查。

在工作中应尽量缩短切换开关部件暴露在空气中的时间，最长不超过10h。要保持各部件清洁。工作小心谨慎，检查迅速准确。

35. 110kV和220kV电压等级的M型、V型有载分接开关定期检修前，应做哪些准备工作？

答：定期检修前应做好以下准备工作：

（1）准备好所需设备及部分材料：

1）盛装排放脏油的容器。

2）盛装新油用的容器，同时准备好合格的新油。

3）油泵。

4）起吊设备。吊车或其他起重设备的最大起重量达到1.3t，拔出高度满足要求。

5）工作台。

6）清洗用刷子及吸收剂、干净不脱毛的抹布。

（2）工具：

1）一般通用工具：双头开口扳手（扳手尺寸8/10、14/17、17/19、22/24mm各一件），环形扳手为14mm和17mm，内六角螺钉扳手（扳手尺寸4、5、8mm各一件）。

2）检查专用工具，即随开关一起发货的专用工具。

（3）备件，全部使用原厂家的备件。

36. 如何正确冲洗有载分接开关芯体及其油室？

答：清洗切换开关油室与芯体：排尽污油，用合格绝缘油冲洗，清除内壁与芯体上的游离碳，再次用合格绝缘油进行冲洗。

37. ABB公司UC型有载分接开关的切换开关吊检后如何复位？

答：切换开关吊检后下放至桶底时，驱动销被顶持在驱动盘上表面。需摇动电动机构箱手柄，使切换开关油室底部的驱动盘旋转，当驱动盘拨槽对准切换开关拨销后，切换开关自然下沉就位。

38. 有载分接开关的电动机构有哪些性能特点？

答：（1）采用性能好、质量稳定的电气元件，确保电动机构性能可靠、质量稳定。

（2）连动保护跳闸。机构中加装时间继电器，保证在电动机构发生连动时将电动机构电源切断，确保开关不出现失控。

（3）对于有超越连动要求的电动机构，可通过接入中间超越触点来实现。超越触点利用远方位置信号发送器上增加的触点实现。

（4）相序保护功能。为保证电动机构的电机按预定的方向转动，对电动机三相电源的相序有一定的要求。如果相序不对，则通过相序保护回路使空气开关跳闸，切断主回路及控制回路，电机停转。

（5）控制电压临时失压后自动再启动保护。如果在电动机构运行时间内控制电压消失后又重新恢复，电动机构仍按原来已经控制的方向自动再启动，一旦再启动，分接变换动作便由仍闭合的方向记忆凸轮开关完成。

（6）机构箱内加装加热器，长期接在电源上，保证电气元件干燥，绝缘良好。

39. 有载分接开关操动机构运行前应进行哪些项目的检查？

答：（1）检查电动机轴承、齿轮等部位是否有良好的润滑。

（2）做手动操作试验，检查操动机构的动作是否正确和灵活，位置指示器的指示是否与实际相符，到达极限位置时电气和机械限位装置是否正确可靠地动作，检查电气回路能否断开。

（3）接通临时电源进行往复操作，检查刹车是否正确、灵活，顺序触点及极限位置电气闭锁触点能否正确动作。

（4）远距离位置指示器指示是否正确。

40. 请画出有载分接开关电动机构中，具备电机正反向控制、接触器闭锁、电气限位、手摇保护功能的主回路接线图。

答：有载分接开关电动机构的主回路图如图 1－5 所示。

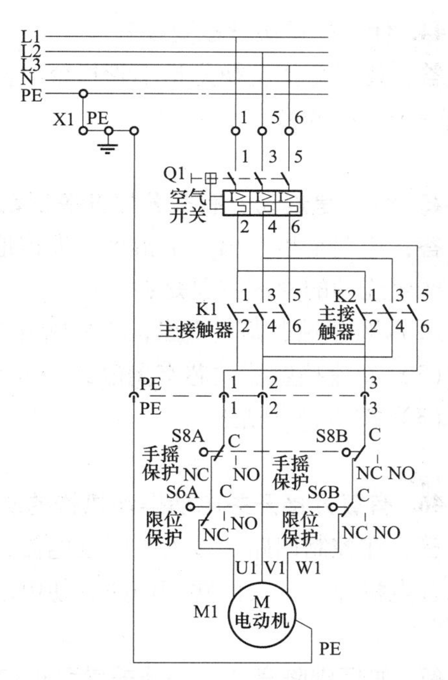

图 1－5　有载分接开关电动机构的主回路图

41. 如何正确拆装有载分接开关的传动轴？连接传动轴前，对分接开关本体工作位置和电动机构指示位置有何要求？

答：拆动分接开关操动机构垂直转轴前，应将分接开关预置在整定工作位置，复装连接仍应在整定工作位置进行。凡是电动机构和分接开关分离复装后，均应做连接校验。连接传动轴前，分接开关本体工作位置和电动机构指示位置应一致。连接校验前必须先切断电动机构操作电源，手摇操作进行连接校验。确认连接正确后固定转轴，方可投入使用。同时应测量变压器各分接位置的变比及连同绕组的直流电阻。

42. 以 MR 有载分接开关或长征电器一厂的 ZYl 有载分接开关为例，说明如何进行“分接开关和操动机构的连接校验”？

答：分接开关与操动机构连接后，要求从切换开关动作瞬间到操动机构动作完成之间的时间间隔，对于两个旋转方向应是相等的。校验步骤如下：

（1）把分接开关及操动机构置于整定位置。

（2）用手柄向 $1 \to N$ 方向摇，当听到切换开关动作响声时，开始记录并继续转，直到操动机构分接变换指示盘上的绿色带域内的红色中心标志出现在观察窗中央时为止，记下旋转圈数 m。

（3）反方向 $N \to 1$ 摇动手柄回到原整定位置，同样按上述方法记下圈数 K。

（4）若 $m = K$，说明连接无误。若 $m \neq K$ 且 $|m - K| > 1$ 时，需要进行旋转差数的平衡，需把操动机构垂直传动轴松开，然后用手柄向多圈数方向摇动 $|m - K|/2$ 圈，最后再把垂直传动轴与操动机构重新连好。

（5）按上述步骤再次进行连接校验和脱轴整定，一直到 $|m-K|<1$，较小的不对称是允许的。

43. 变压器的有载调压装置动作失灵是什么原因造成的？

答：（1）操作电源电压消失或过低。

（2）电机绕组断线烧毁。

（3）连锁触点接触不良。

（4）转动机构脱扣及销子脱落。

44. 什么是逐级分接变换？

答：逐级分接变换是指不管指令的发出方式如何，在一个指令发出之后，都只能可靠地完成一个分接变换。

45. 什么是连动？有载分接开关操动机构产生连动现象是什么原因？

答：连动是指发出一个指令，失控地连续完成一个以上分接变换。

产生连动的原因主要是：

（1）顺序触点调整不当，不能断开或断开时间过短。

（2）交流接触器铁芯有剩磁或结合面上有油污。

（3）按钮触点粘连。

46. 有载分接开关电动操动机构的防连动保护一般是怎样实现的？

答：在控制回路中接入时间继电器，当动作时间超过一级或两级操作时间后，时间继电器闭合电机保护开关的跳闸回路，使电动机构停止动作。

47. 如何排除有载分接开关操动机构的连动故障？

答：可检查交流接触器失电是否延时返回或卡滞，顺序开关触点动作顺序是否正确。清除交流接触器铁芯油污，必要时予以更换。调整顺序开关动作顺序或改进电气控制回路，确保逐级控制分接变换。

48. 有载分接开关无法控制操作方向的原因是什么？如何处理？

答：原因是电动机电容器回路断线、接触不良或电容器故障。应检查电动机电容器回路，并处理接触不良、断线，或更换电容器。

49. 有载分接开关电动机构仅能一个方向分接变换的原因是什么？如何处理？

答：原因是：

（1）限位机构未复位，应用手拨动限位机构，在滑动接触处加少量油脂润滑。

（2）拒动回路的接触器烧毁不能吸合，应更换接触器。

（3）顺序开关的方向记忆凸轮位移，使发生拒动的回路形不成通路，应调整方向记忆凸轮。

50. 有载分接开关在运行中电气极限保护不起作用是由哪些原因造成的？怎样处理？

答：（1）微动开关位置不合适。当电动机转到极限位置时，微动开关不打开。如属这种情况，应重新调整；如微动开关损坏，则应更换。

（2）二次操作线（航空插头）相序错误，倒相时只能倒电源侧，不能倒操作箱内部接线，否则会造成电气极限开关失灵。

51. 有载分接开关机构箱内极限位置保护装置的动作顺序是怎样的？

答：极限位置保护装置应符合以下的动作顺序：

（1）控制回路的电气限位开关动作；

（2）电动机主回路的电气限位开关动作；

（3）机械掣动装置动作。

52. 有载分接开关电动机构正、反两个方向分接变换均拒动的原因是什么？如何处理？

答：原因是无操作电源或缺相，手摇闭锁开关触点未复位，电流闭锁回路启动。应检查三相电源是否正常，检查手摇闭锁开关触点接触是否良好，检查电流闭锁回路是否启动。

53. 有载分接开关手摇操作正常，而就地电动操作拒动的原因是什么？如何处理？

答：原因是无操作电源或电动机控制回路故障，如手摇闭锁开关弹簧片未复位，造成闭锁开关触点未接通。应检查操作电源和电动机控制回路的正确性，消除故障后进行整组联动试验。

54. 有载分接开关远方控制拒动，而就地电动操作正常的原因是什么？如何处理？

答：原因包括远方控制回路故障、“就地/远方”转换旋柄故障。可首先排除“就地/远方”转换旋柄故障。若旋柄开关无问题，则是远方控制回路故障，应检查远方控制回路的正确性，消除故障后进行整组联动试验。

55. 有载分接开关远方控制和就地电动或手动操作时，电动机构动作，控制回路与电动机构分接位置指示正常一致，而电压表、电流表均无相应变动，其原因是什么？如何处理？

答：原因是分接开关拒动、分接开关与电动机构联结件松脱，应检查开关头盖与芯体的机械连接是否可靠，在确认分接开关位置与电动机构指示位置一致后，重新连接并做连接校验。

56. 有载分接开关电动操动机构动作过程中，空气开关跳闸的原因是什么？如何处理？

答：（1）电源相序错误或凸轮开关组安装移位，应检查电源相序或用灯光法分别检查各个凸轮顺序开关的分合程序，调整安装位置。

（2）电动机过载，查明过载原因进行消除。

（3）K3 接触器故障，烧毁常闭触头，造成制动失效，停档过位，空气开关跳闸，应更换 K3 接触器。

57. 有载分接开关油枕油位异常升高或降低直至接近变压器主油枕油位的原因是什么？如何处理？

答：如调整分接开关储油柜油位后，仍继续出现类似故障现象，应判断为油室密封缺陷，造成油室中油与变压器本体油互相渗漏。油室内放油螺栓未拧紧，亦会造成渗漏油。

检查时，保持变压器本体油枕油位正常，排净有载分接开关油室内油，并擦拭干净，利用本体侧油压检查油室上沿密封面、静触头、桶底有无出油点。然后，更换密封件或进行密封处理。有放气孔或放油螺栓的应紧固螺栓，更换密封圈。

58. 对有载分接开关的瓦斯保护装置有何要求？

答：运行中分接开关的油流控制继电器或气体继电器应有校验合格并取得有效的测试报告。若使用气体继电器替代油流控制继电器，运行中多次分接变换后发出“轻瓦”动作信号，应及时放气。若分接变换不频繁而发信频繁，应作好记录，及时汇报并暂停分接变换，查明原因。若油流控制继电器或气体继电器动作跳闸，必须查明原因，并按照有关规定办理。在未查明原因及消除故障前，不得将变压器投入运行。

59. 有载分接开关油室与油枕所连瓦斯继电器是否宜接轻瓦信号？为什么？

答：有载分接开关油室与油枕所连瓦斯继电器不宜接轻瓦信号。因为有载分接开关切换时会产生电弧，使绝缘油分解产生有机气体。切换产生的有机气体会被截留在瓦斯继电器内腔上部，使继电器频繁误发轻瓦动作信号。

60. 有载分接开关油室顶盖上的防爆盖（或防爆膜）起到什么作用？防爆膜上一般作何标识？

答：防爆盖是人为地在油室顶盖上制造的一个薄弱环节，一旦油室压力超过整定值时，顶破爆破盖，释放油室的压力，从而起着避免油室破坏的作用。防爆膜一般标以“禁止踩踏”的文字。

61. 有载分接开关油枕有无胶囊？为什么？

答：有载分接开关油枕无胶囊，因为有载分接开关切换时会产生电弧，使绝缘油分接产生有机气体。若开关油枕通过胶囊呼吸，则切换产生的有机气体会被胶囊阻隔，无法释放，造成有载分接开关油室过压。

62. 有载分接开关的切换开关，在切换过程中产生的电弧使油分解，所产生的气体中有哪些成分？

答：产生的气体主要由乙炔（C_2H_2）、乙烯（C_2H_4）、氢气（H_2）组成，还有少量甲烷和丙烯。切换开关油箱中的油被这些气体充分饱和。

63. 对运行中分接开关油室内绝缘油的击穿电压有何要求？

答：运行中分接开关油室内绝缘油的击穿电压应不低于35kV。当击穿电压低于30kV时，应停止自动电压控制器的使用。当击穿电压低于25kV时，应停止分接变换操作，并及时处理。

64. 如何进行有载分接开关的滤、换油？

答：换油时，先排尽油室及排油管中污油，然后再用合格的绝缘油进行清洗。注油后应静止一段时间，直至油中气泡全部逸出为止。如带电滤油，应中止分接变换，其油流控制继电器或气体继电器应暂停接跳闸，同时应遵守带电作业有关规定，采取措施确保油流闭路循环，控制适当的油流速度，防止空气进入或产生危及安全运行的静电。

65. 对有载分接开关的带电滤油装置有何要求？

答：运行中分接变换操作频繁的分接开关，宜采用带电滤油或装设“在线”净油器，同时应加强带电或“在线”净油器的运行管理与维护并正确使用。

66. 如何利用有载开关在线滤油装置对有载开关进行补油？

答：补油前应停用有载分接开关重瓦跳闸信号，调整油路阀门，对加油软管进行充油排气。加油时，应控制注油速度，观察压力表压力。加油后，检查瓦斯继电器内有无气体，挡板是否动作，若无异常，则可恢复重瓦跳闸信号。

67. 如何对有载分接开关抽真空？

答：在变压器抽真空时，应将分接开关油室与变压器本体连通，将变压器本体与分接开关油室同时抽真空。有防爆膜的分接开关应拆除防爆膜，并换以封板。如果分接开关储油柜不能承受此真空值，应将通到储油柜的管道拆下，关闭所有影响真空的阀门及放气栓。

68. 请按图1－6中管路标记，指明各个字母标记的含义。

答：“S”表示抽油管，“Q”表示回油管，“R”表示瓦斯连管，“E_2”表示有载分接开关头盖上联通变压器本体侧油箱的法兰。

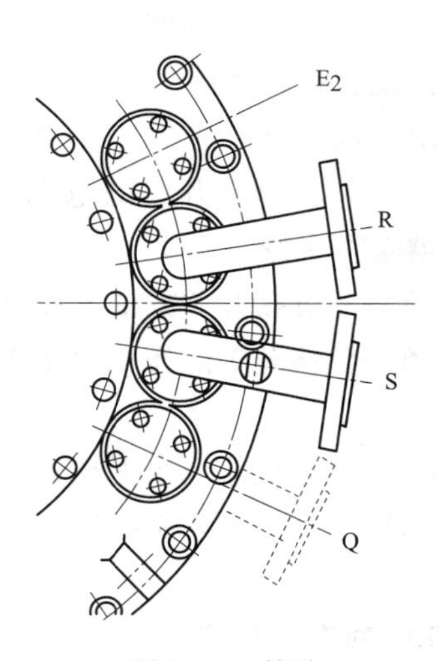

图1－6　管路

69. 分接开关巡视检查项目有哪些？

答：（1）电压指示应在规定的电压偏差范围内。

（2）控制器电源指示灯显示正常。

（3）分接位置指示器应指示正确。

（4）分接开关储油柜的油位、油色、吸湿器及其干燥剂均应正常。

（5）分接开关及其附件各部位应无渗漏油。

（6）计数器动作正常，及时记录分接变换次数。

（7）电动机构箱内部应清洁，润滑油油位正常，机构箱门关闭严密，防潮、防尘、防小动物，密封良好。

（8）分接开关加热器应完好，并按要求及时投切。

（9）有载分接开关切换时传动部分和切换开关切换的声音正常。

70. 如何将有载调压变压器与无载调压变压器并联运行？

答：有载调压变压器与无载调压变压器并联运行时，应预先将有载调压变压器分接位置调整到与无载变压器相应的分接位置，然后切断操作电源再并联运行。

71. 对有载分接开关的电流闭锁有何要求？

答：分接开关控制回路应设有过电流闭锁装置，其整定值取配置的变压器额定电流的1.2倍，电流返回系数应大于或等于0.9，其过电流闭锁动作应正确可靠。

72. 新装或进行A类检修后的有载调压变压器在投运前，应进行哪些项目的检查与验收？

答：新装或进行A类检修后的有载调压变压器在投运前，由安装（检修）单位的施工人员与运行人员共同对分接开关进行以下项目的检查与验收：

（1）对分接开关的安装（检修）资料及调试报告、记录等进行检查与验收，并应有合格可以投运的结论。

（2）外观检查。分接开关储油柜的阀门应在开启位置；油位指示正常；吸湿器良好；外部密封无渗漏油；电动机构箱应清洁、防尘、防雨、防小动物、密封措施完好；进出油管标志明显；过压力保护装置完好无损；电动机构箱与分接开关的分接位置指示正确一致。

（3）电气控制回路检查。电气控制回路接线正确，接触良好，接触器动作灵活，不应发生误动、拒动和连动。驱动电机的熔断器应与其容量相匹配（按制造厂规定配置），一般选用电机额定电流的2~2.5倍。控制回路的绝缘性能应良好。

（4）检查分接开关的电动机构箱安装是否水平，垂直转轴是否垂直、动作是否灵活，加热器是否良好。

（5）对分接开关的油流控制继电器或气体继电器进行整组动作试验。

（6）分接开关的压力释放装置应符合产品技术要求，并应有合格证，运行中接信号回路。

（7）手摇操作一个循环，检查项目应符合标准规定。

（8）电动操作两个循环，检查项目应符合标准规定。

73. 对有载分接开关机构箱的维护项目有哪些？

答：（1）每年清扫1次，清扫检查前先切断操作电源，然后清理箱内尘土。

（2）检查机构箱密封与防尘情况。
（3）检查电气控制回路各触点接触是否良好。
（4）检查机械传动部位连接是否良好，是否有适量的润滑油。
（5）使用500～1000V 绝缘电阻表测量电气回路绝缘电阻值应大于1MΩ。
（6）刹车电磁铁的刹车皮应保持干燥，不可涂油。
（7）检查加热器是否良好。
（8）值班员验收时手摇及远方电气控制正反两个方向至少操作各1个分接变换。

第四节 变压器附件检修

1. 对无励磁分接开关的检查要求是什么？

答：（1）开关绝缘筒或护板完好无损，无烧痕。
（2）动、静触头无发热、烧痕；接触良好，接触电阻不大于500μΩ（每相，每档）。
（3）开关内金属转轴与操作柄的金属拨叉接触良好，无悬浮，必要时加装弹簧片。
（4）开关固定牢固。
（5）开关位置指示正确（按制造厂说明书进行调整）。

2. 对储油柜（油枕）检修有何要求？

答：（1）一般油管伸入部分高出底面20～50mm。
（2）内壁刷绝缘漆，外壁刷油漆，要求平整有光泽。
（3）安全气道和储油柜间应互相连通，油位计内部无油垢，红色浮标清晰可见。
（4）密封良好无渗漏，应耐受0.05MPa 油压6h 无渗漏。
（5）油位指示准确清晰。

3. 变压器采用胶囊式储油柜时，在对油枕油腔排气时，为什么要关闭储油柜下部的板门？

答：变压器胶囊式储油柜在调同步时，关闭储油柜下部的板门的目的是防止油枕胶囊的充气压力作用于本体，造成本体油箱过压、压力释放器动作喷油。

4. 对储油柜（油枕）胶囊的检修有何要求？

答：（1）内部洁净无水迹。
（2）胶囊无老化开裂现象，密封性能良好。
（3）胶囊洁净，联管口无堵塞。
（4）为防止油进入胶囊，胶囊管出口应高于油位计与安全气道连管。
（5）密封良好，无渗漏。

5. 对磁力油位计的检修有何要求？

答：（1）注意不得损坏连杆。
（2）传动齿轮无损坏，转动灵活。

（3）连杆摆动45°时指针应旋转270°，从“0”位置指示到“10”位置，传动灵活，指示正确。

（4）当指针在最低油位“0”和最高油位“10”时，分别发出信号。

（5）密封良好无渗漏。

6. 为什么应定期检查吸湿器的油封、油位及吸湿器上端密封是否正常，干燥剂是否干燥、有效？

答：这是为了防止潮湿的空气进入油枕胶囊内形成积水，在胶囊破裂的情况下，流入本体造成变压器绝缘受潮，引发故障。

7. 强油循环变压器运行中出现油流继电器指示异常时，应如何检查？

答：油流继电器在运行时会因油流冲击造成抖动，易导致金属件疲劳损坏。因此，运行中油流继电器指示异常时，应注意检查油流继电器挡板是否损坏脱落。

8. 对油流继电器检修有何要求？

答：（1）挡板转动灵活，转动方向与油流方向一致。

（2）挡板铆接牢固。

（3）返回弹簧安装牢固，弹力充足。

（4）各部件无损坏，洁净。

（5）内部清洁，无灰尘，无锈蚀。

（6）主动磁铁与从动磁铁同步转动，无卡滞。

（7）当挡板旋转到极限位置时，微动开关应动作，常闭触点打开，常开触点闭合。

（8）各部件连接紧固，指示正确，密封良好。

（9）绝缘电阻值应大于或等于0.5MΩ。

9. 强油循环风冷却器油流继电器动合、动断触点接错后有什么后果？

答：强油循环风冷却器油流继电器动合、动断触点接错后产生的后果为：

（1）冷却器正常工作时，工作信号指示灯反而不亮。

（2）冷却器虽然正常工作，但备用冷却器却启动。

10. 潜油泵常见故障有哪些？

答：（1）滤网被堵塞或破损。

（2）间隙磨损增大。

（3）密封不良。

（4）绕组故障。

（5）轴承故障。

（6）引线盒瓷套管破碎。

（7）定子扫膛等。

11. 在运行中应怎样更换变压器的潜油泵?

答：在运行中更换变压器的潜油泵应该：

（1）更换潜油泵前，气体继电器跳闸回路应停运。

（2）拆下损坏的潜油泵电源线，关好潜油泵两端的蝶阀，放出潜油泵中的存油。确认蝶阀关好后，拆下潜油泵。

（3）测量待装油泵线圈直流电阻，三相互差不大于2%；用500V绝缘电阻表测试绕组绝缘电阻应不低于1MΩ。

（4）从上端口试转叶轮，检查转动是否灵活，有无刮壳现象。若潜油泵底部无视窗，可先接电源线，短时通电检查转向。

（5）安装潜油泵时，要放好密封垫。法兰及管道偏差较大时，要仔细纠正，防止密封不均匀。

（6）稍微打开潜油泵出口蝶阀及泵上放气堵，对潜油泵进行充油放气，然后，将两侧蝶阀打开。

（7）接通电源，启动潜油泵，检查转向是否正确，声音是否正常，油流继电器是否正确动作。

（8）检查外壳有无漏油点。

（9）油泵经过1～2h运行后，检查变压器气体继电器内有无气体，若无异常，将气体继电器投入正常运行。

12. 在变压器运行中更换净油器硅胶要注意什么问题?

答：（1）运行中更换硅胶应停重瓦斯跳闸信号。

（2）选用大颗粒的硅胶，硅胶粒直径大于净油器滤网孔径。

（3）换硅胶前及时关闭净油器两侧阀门。

（4）换硅胶时要注意检查滤网。

（5）工作完毕后，先打开下侧阀门，从净油器上部排气塞处充分放气。

（6）对净油器充分排气后，恢复阀门位置。

（7）工作结束后，检查气体继电器内有无气体，若无异常，将气体继电器投入正常运行。

13. 对风扇电机的检修标准有哪些?

答：（1）后端盖完好无损坏。

（2）后轴承室内径允许公差比后轴承外径大0.025mm。

（3）前端盖无损伤。

（4）退出时，不得损伤前轴头。

（5）前端盖洁净，其轴承室内径允许公差比前轴承外径大0.025mm。

（6）轴承运行超过5年应更换。

（7）短路条、短路环无断裂，铁芯无损伤。

（8）前后轴应无损伤，直径允许公差为±0.006 5mm。

（9）定子绕组应表面清洁、无匝间、层间短路，中性点及引线接头均应连接牢固。

（10）绕组引线接头牢固，并外套塑料管，牢固接在接线柱上，接线盒密封良好。

（11）定子铁芯绝缘应良好，无老化、烧焦、锈蚀及扫膛现象。

（12）绝缘电阻值应≥0.5MΩ。

14. 对风扇电机的组装有何要求?

答:（1）转子洁净，轴承挡圈无破损。

（2）装配后新轴承应转动灵活，滚动间隙不大于0.03mm，轴承应紧套在轴台上。

（3）轴承嵌入轴承室内，转动灵活。

（4）定子内外整洁，密封胶涂抹均匀。

（5）总装配后，用手拨动转子，应转动灵活，无扫膛现象。

（6）螺栓紧固。

（7）叶片与导风筒之间应有不少于3mm的间隙；密封良好。

15. 对风扇电机的修后检查有何要求?

答:（1）绝缘电阻值应大于或等于0.5MΩ。

（2）三相互差不超过2%。

（3）三相电流基本平衡，风扇电机运行平稳、声音和谐、转动方向正确。

（4）漆膜均匀，无漆瘤、漆泡，喷漆后擦净铭牌上的黄油。

16. 对冷却器的风扇叶片有何要求?

答: 冷却器的风扇叶片应与风机匹配，连接牢固，防护可靠；应无变形、缺损，转动应平衡。

17. 变压器安装或更换冷却器时，如何防止异物进入变压器主体内部造成故障?

答: 变压器安装或更换冷却器时，必须用合格绝缘油反复冲洗油管道、冷却器和潜油泵内部，直至冲洗后的油试验合格并无异物为止。如发现异物较多，应进一步检查处理。

18. 为什么对于延伸式结构的冷却器，冷却器与箱体之间宜采用金属波纹管连接?

答: 对于延伸式结构的冷却器，采用金属波纹管连接后，可以消除长油管因温度变化引起的长度变化，防止管路扭曲或渗漏。

19. 对吸湿器的检修有何要求?

答:（1）玻璃罩清洁完好。

（2）新装吸附剂应经干燥，颗粒不小于3mm。

（3）还原后应呈蓝色。

（4）胶垫质量符合标准规定。

（5）加油至正常油位线，能起到呼吸作用。

（6）运行中吸湿器安装牢固，不受变压器振动影响。

20. 如何防止净油器装置内的活性氧化铝或硅胶粉末进入变压器？

答：为防止净油器装置内的活性氧化铝或硅胶粉末进入变压器，运行维护单位应定期检查滤网和更换吸附剂。

21. 对安全气道的检修有何要求？

答：（1）检修后进行密封试验，注满合格的变压器油，并倒立静置4h不渗漏。

（2）隔板焊接良好，无渗漏现象。

（3）防爆膜片应采用玻璃片，禁止使用薄金属片。

（4）联管无堵塞；接头密封良好。

（5）内壁无锈蚀、绝缘漆涂刷均匀有光泽。

22. 对压力释放阀的检修有何要求？

答：（1）拆下零件妥善保管，孔洞用盖板封好。

（2）清除积尘，保持洁净。

（3）各部连接螺栓及压力弹簧应完好，无锈蚀、无松动。

（4）开启和关闭压力应符合规定。

（5）触点接触良好，信号正确。

（6）密封良好不渗油。

（7）防止内部积聚气体因温度变化发生误动。

（8）应采用耐油电缆。

23. 对气体继电器的检修有何要求？

答：（1）继电器内充满变压器油，在常温下加压0.15MPa，持续30min无渗漏。

（2）内部清洁无杂质。

（3）对流速一般要求：自冷式变压器0.8～1.0m/s，强油循环变压器1.0～1.2m/s，120MVA以上变压器1.2～1.3m/s。

（4）对7500kVA及以上变压器联结管径为$\phi 80$，6300kVA以下变压器联结管径为$\phi 50$。

（5）气体继电器应保持水平位置；联管朝向储油柜方向应有1%～1.5%的升高坡度；联管法兰密封胶垫的内径应大于管道的内径；气体继电器至储油柜间的阀门应安装于靠近储油柜侧，阀门的口径应与管径相同，并有明显的“开”、“闭”标志。

（6）气体继电器的安装，应使箭头朝向储油柜，继电器的放气塞应低于储油柜最低油面500mm，并便于气体继电器的抽芯检查。

（7）二次线采用耐油电缆，并避免漏水和受潮；气体继电器的轻、重瓦斯保护动作正确。

24. 对气体继电器的运行维护有哪些规定？

答：（1）应定期全面检查气体继电器各部件状态，严格按规程检验，做到方法正确、整定准确、动作可靠。

（2）气体继电器应有可靠有效的防雨、防潮、防振动措施，以防环境原因造成瓦斯保护误动。

（3）变压器运行中，若需将气体继电器集气室的气体排出时，为防止误碰探针，造成瓦斯保护跳闸可将变压器重瓦斯保护切换为信号方式；排气结束后，应将重瓦斯保护恢复为跳闸方式。

25. 当气体继电器发出轻瓦斯动作信号时，如何判断故障情况？

答：瓦斯继电器应定期校验。当气体继电器发出轻瓦斯动作信号时，应立即检查气体继电器，及时取气样检验，以判明气体成分，同时取油样进行色谱分析，查明原因及时排除。

26. 对阀门及塞子的检修有何要求？

答：（1）经0.05MPa油压试验，挡板关闭严密、无渗漏，轴杆密封良好，指示开、闭位置的标志清晰、正确。

（2）阀门检修后应做0.15MPa压力试验不漏油。

（3）各密封面无渗漏。

27. 针对采用金属波纹管储油柜的变压器，如何防止重瓦斯误动？

答：金属波纹管储油柜导轮若卡涩后突然运动，有可能引起重瓦斯误动，因此要防止卡涩，保证呼吸顺畅。

第二章 Chapter 2

高压断路器[1]检修

第一节 高压断路器基础知识

1. 什么是高压开关设备？主要包括哪些设备？

答：高压开关设备是指高压开关与控制、测量、保护、调节装置以及辅件、外壳和支持等部件及其电气和机械的联结组成的总称。高压开关设备是电力系统一次设备中唯一的控制和保护设备，是接通和断开回路、切除和隔离故障的重要控制设备。

高压开关设备主要包括高压断路器、负荷开关、隔离开关、接地开关、熔断器、重合器、分段器、交流金属封闭开关设备（开关柜）、预装式变电站、气体绝缘金属封闭开关设备（GIS）、组合电器等。

2. 什么是断路器？什么是高压断路器？

答：断路器（俗称开关）是指能够关合、承载和开断正常回路条件下的电流，并能关合、在规定的时间内承载和开断异常回路条件（如短路条件）下的电流的机械开关装置。

高压断路器是指额定电压为3kV及以上的断路器。它不仅可以切断或闭合高压电路中的空载电流和负荷电流，而且当系统发生故障时，通过继电保护装置的作用，切断过负荷电流和短路电流，它具有相当完善的灭弧结构和足够的断流能力，又称高压开关。

3. 断路器的基本结构包括哪几部分？各部分有什么作用？

答：断路器基本结构及作用如下：

（1）通断元件。通断元件包括断路器的灭弧装置和导电系统的动、静触头等，实现断路器的导通和开断。

（2）支持元件。支持元件用来支撑断路器器身，包括断路器外壳和支持瓷套。

（3）底座。用来支撑和固定断路器。

（4）操动机构。用来操动断路器分、合闸。

（5）传动系统。将操动机构的分、合运动传动给导电杆和动触头。

---

[1] 高压断路器系指10kV及以上电压等级断路器（无特殊说明者），高压断路器简称断路器，俗称开关。

4. 电力系统对交流高压断路器有哪些要求?

答:(1)绝缘能力。高压断路器长期运行在高电压下,需有一定的绝缘承受能力,能够长期承受断路器额定电压及以下电压,并能短时承受允许范围内的工频过电压、操作过电压和雷电过电压,而其绝缘性能不发生路劣化。要求高压断路器对地及断口间具有良好的绝缘性能,在额定电压以及允许的过电压下不致发生绝缘破坏,在额定电压下长期运行时,绝缘寿命在允许范围内。

(2)通流能力。断路器长期承受额定电流及以下电流,其温升不超过规定允许值。并能短时承受规定范围内的短路电流,其电气和机械性能不发生劣化。要求高压断路器在合闸状态下为良好导体,不仅对正常负荷电流,而且对规定的异常电流(如短路电流)也能承受其发热和电动力作用。

(3)关合、开断能力。断路器在规定时间内可靠开断其标称额定短路电流及范围内的电流,而不发生复燃和重击穿,在规定时间内能可靠关合规定范围内的故障电流而不致发生熔焊,能承受其电动力影响而不致发生机械破坏。必要时还要开断和关合空载长线或电容器组等电容负荷,以及开断空载变压器或高压电动机等小电感电流负荷。

(4)断路器的动作特性应满足电力系统稳定的要求,尽可能缩短切除故障时间,减轻短路电流对其他电力设备的冲击,提高输电能力和系统的稳定性。

(5)断路器能够在允许的外部环境中长期运行,其性能应不发生劣化,且使用寿命不受影响。

(6)断路器具备一定自保护功能、防跳功能、防止非全相合闸功能、合分时间自卫功能、重合闸功能等。

(7)断路器监视回路、控制回路应能与保护系统、监控系统可靠接口。

(8)断路器的使用寿命能够满足电力系统要求,包括机械寿命和电气寿命,如现在一般要求断路器机械上可以连续操作3000次以上,开断额定短路电流20次以上,断路器整体寿命在20年以上等。

5. 断路器的主要作用是什么?

答:(1)控制作用。根据电网运行要求,将一部分电气设备及线路投入或退出运行状态,转为备用或检修状态。

(2)保护作用。在电气设备或线路发生故障时,通过继电保护装置及自动装置使断路器动作,将故障部分从电网中迅速切除,防止事故扩大,保证电网的无故障部分得以正常运行。

6. 断路器的主要功能包括哪些?

答:(1)导电。在正常的闭合状态时应为良好的导体,不仅对正常的电流,而且对规定的异常电流(如短路电流)也应能承受其发热和电动力的作用,保持可靠地接通状态。

(2)绝缘。相与相之间、相对地之间及断口之间具有良好的绝缘性能,能长期耐受最高工作电压,短时耐受大气过电压及操作过电压。

(3)开断。在闭合状态的任何时刻,应能在不发生危险过电压的条件下,开断工作电流，并能在尽可能短的时间内安全地开断规定的异常电流。

（4）关合。在开断状态的任何时刻，应能在断路器触头不发生熔焊的条件下，闭合工作电流，并能在短时间内安全地闭合规定的异常电流。

7. 高压断路器如何分类？

答：（1）按照断路器灭弧介质可分为油断路器、压缩空气断路器、SF_6断路器、真空断路器等。

（2）按照断路器装设地点可分为户外高压开关设备，户内高压开关设备。

（3）按照断路器的总体结构和其对地的绝缘方式不同可分为瓷柱式（支持瓷套式或敞开式）和罐式。

（4）根据断路器在电力系统中工作位置可分为发电机断路器、输电断路器和配电断路器。

（5）按照SF_6高压断路器的触头开距分类，单压式SF_6断路器分为定开距和变开距。

（6）按照断路器所用操作能源形式可分为手动机构、直流电磁机构、弹簧机构、液压机构、气动机构、电动机操动机构等。

（7）按照SF_6高压断路器的灭弧特点可分为自能式、压气式和混合式等，其中混合式包括“旋弧＋热膨胀”，“压气＋热膨胀”等。

8. 什么是E2级、El级、Cl级、C2级、M2级、M1级断路器？

答：E2级断路器：在其预期的使用寿命期间，主回路中开断用的零件不要维修，其他零件只需很少的维修（具有延长的电寿命的断路器）。很少的维修是指润滑，如果适用时，补充气体以及清洁外表面，适用于额定电压3.6kV及以上、40.5kV及以下的配电断路器。El级断路器：一种不属于E2级断路器范畴内的、具有基本的电寿命的断路器。

Cl级断路器：一种在规定的型式试验验证容性电流开断过程中具有低的重击穿概率的断路器。C2级断路器：一种在规定型式试验验证容性电流开断过程中具有非常低的重击穿概率的断路器。

M2级断路器：用于特殊使用要求的、频繁操作的和设计要求非常有限的维护且通过特定的型式试验（具有延长的机械寿命的断路器，机械型式试验为10 000次操作）验证的断路器。M1级断路器：一种不属于M2级断路器范畴内的、具有基本的机械寿命（2000次操作的机械型式试验）的断路器。

关于电寿命、机械寿命和容性电流开断过程中的重击穿概率，断路器的不同等级的组合是可能的，对于这些断路器的设计，不同等级的标志应按照字母的顺序组合，例如C1－M2。

9. 国内高压开关设备的产品型号如何规定？并举例说明。

答：国产高压开关设备命名主要包括以下几部分：

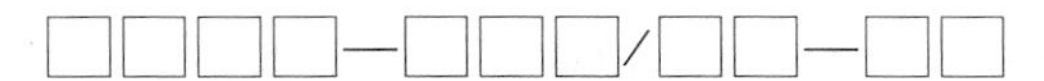

第1个字符：表示产品名称，如S—少油，D—多油，K—压缩空气，Z—真空，L—六氟化硫，ZF—封闭式组合电器，ZH—复合式组合电器，ZC—敞开式组合电器，G—隔离开

关，J—接地开关，C—操动机构等。

第2个字符：表示使用场合或者操动机构储能形式，如N—户内，W—户外；对于操动机构：T—弹簧，D—电磁，Y—液压，O—气动，J—电动机，S—人力等。

第3个字符：表示设计序列，如1、2、3等。

第4个字符：表示改进顺序号，如A、B、C、D等。

第5个字符：表示额定电压，单位为kV。

第6个字符：表示派生产品标志：如D—隔离开关带接地，K—带快分等。

第7个字符：表示某种特殊性能，如G—高海波，W—污秽，Q—耐震等。

第8个字符：表示操动机构类别，如CY、YT等。

第9个字符：表示额定电流火接地开关热稳定电流，单位kA。

第10个字符：表示开断电流或隔离开关热稳定电流，单位kA。

第11个字符：表示企业自定义符号。

10. 通常情况下，断路器需要给定的额定参数包括哪些？并解释各参数。

答：(1) 额定电压：是指开关设备和控制设备所在系统的最高电压上限。额定电压的标准值如下：额定电压252kV及以下，系列包括3.6、7.2、12、24、40.5、72.5、126、252kV；额定电压252kV以上，系列包括363、550、800、1000kV。

(2) 额定绝缘水平：用相对地额定雷电冲击耐受电压表示。

(3) 额定频率：标准值为50Hz。

(4) 额定电流和温升：开关设备和控制设备的额定电流是在规定的使用和性能条件下，开关设备和控制设备应该能够持续通过的电流的有效值。温升符合GB 1984—2003《高压交流断路器》的规定。

(5) 额定短时耐受电流：在规定的使用和性能条件下，在规定的短时间内，开关设备和控制设备在合闸位置能够承载的电流的有效值。额定短时耐受电流的标准值应当从GB762中规定的R10系列中选取，并应该等于开关设备和控制设备的短路额定值。额定短时耐受电流等于额定短路开断电流。

(6) 额定峰值耐受电流：在规定的使用和性能条件下，开关设备和控制设备在合闸位置能够承载的额定短时耐受电流第一个大半波的电流峰值。额定峰值耐受电流应该等于2.5倍额定短时耐受电流，按照系统的特性，也可能需要高于2.5倍额定短时耐受电流的数值。额定峰值耐受电流等于额定短路关合电流。

(7) 额定短路持续时间：开关设备和控制设备在合闸位置能承载额定短时耐受电流的时间间隔。额定短路持续时间的标准值为2s。如果需要，可以选取小于或大于2s的值，推荐值为0.5、1、3s和4s。如果断路器接在预期开断电流等于额定短路开断电流的回路中，过电流脱扣器整定到最大延时并按照其额定操作顺序进行操作时，断路器能够在相应的开断时间内承载产生的电流，则对于自脱扣断路器不需要规定额定短路持续时间。

(8) 合闸和分闸装置以及辅助回路的额定电源电压：合、分闸装置和辅助、控制回路的额定电源电压应该理解为，当设备操作时在其回路端子上测得的电压。如果需要，还包括制造厂提供或要求的与回路串联的辅助电阻或元件，但不包括连接到电源的导线。交流

220、380V，直流为24、48、110、220V。

（9）合闸和分闸装置以及辅助回路的额定电源频率：标准值为DC、AC 50Hz。

（10）操作、开断和绝缘用的压缩气源和/或液源的额定压力：除非制造厂另有规定，标准值为0.5、1、1.6、2、3、4MPa。

（11）额定短路开断电流：依据GB 1984—2003《高压交流断路器》规定的使用和性能条件下，断路器所能开断的最大短路电流。额定短路开断电流有两个值表征（交流分量有效值和直流分量百分数），如果直流分量不超过20%，额定短路开断电流仅由交流分量的有效值表征。

（12）与额定短路开断电流相关的瞬态恢复电压：与额定短路开断电流相关的瞬态恢复电压是一种参考电压，它构成了断路器在故障条件下应能承受的回路预期瞬态恢复电压的极限值。瞬态恢复电压的波形随着实际回路的布置变化而不同。

（13）额定短路关合电流：在额定电压以及规定的使用和性能条件下，高压断路器能保证正常关合的最大短路峰值电流。

（14）额定操作顺序：额定操作顺序分为两种，一种是"O—t—CO—t'—CO"，通常，$t=3\text{min}$，不用于快速自动重合闸的断路器；$t=0.3\text{s}$，用于快速自动重合闸的断路器（无电流时间）；$t'=3\text{min}$。另一种是"CO—t''—CO"，其中，$t''=15\text{s}$，不用于快速自动重合闸的断路器。

O表示一次分闸操作；CO表示一次合闸操作后立即（即无任何故意的时延）进行分闸操作；t、t'和t''是连续操作之间的时间间隔，t和t'应以分钟或秒表示。t''应以秒表示。如果无电流时间是可调的，应规定调整的极限。

（15）额定时间参量：可以对下列参量规定额定值：分闸（空载）、开断时间、合闸时间（空载）、分—合时间（空载）、重合闸时间（空载）、合—分时间（空载）、预插入时间（空载）。

11. 高压断路器主要调整参数包括哪些？解释各个调整参数。

答：（1）总行程：在分、合闸操作中，高压断路器动触头起始位置到终止位置的距离。

（2）触头开距：处于分闸位置的开关装置的一极的触头间或任何与其相连的导电部件间的总的间距。

（3）超行程：在合闸操作中，高压断路器触头接触后动触头继续运动的距离（插入式触头）。

（4）分闸速度：高压断路器在分闸过程中动触头的运动速度，实施时常以某尽量小区段的平均值表示。

（5）触头刚分速度：高压断路器分闸过程中，动触头与静触头分离瞬间的运动速度，测试有困难时，常以刚分后10ms内的平均值表示。

（6）合闸速度：高压断路器在合闸过程中，动触头的运动速度。实施时常以某尽量小区段的平均值表示。

（7）触头刚合速度：高压断路器在合闸过程中，动触头与静触头接触瞬间的运动速度，测试有困难时，常以刚合前10ms的平均值表示。

（8）合闸时间：从接到合（闸）指令瞬间起到所有极触头都接触瞬间的时间间隔。对装有并联电阻的断路器，需把与并联电阻串联的触头都接触瞬间的合闸时间和主触头都接触瞬间的合闸时间作出区别。除非另有说明，合闸时间就是直到主触头都接触瞬间的时间。合闸时间的长短，主要取决于断路器的操动机构及传动机构的机械特性。

（9）关合时间：从接到合（闸）指令瞬间起到所有极触头都接触瞬间的时间间隔。对装有并联电阻的断路器，需把与并联电阻串联的触头都接触瞬间前的合闸时间和主触头都接触瞬间前的合（闸）时间作出区别，除非另有说明，合（闸）时间就是指直到主触头都接触瞬间的时间。

（10）（固有）分闸时间：从高压断路器分（闸）操作起始瞬间（即接到分闸指令瞬间）起到所有极触头分离瞬间的时间间隔。对具有并联电阻的断路器，需把直到弧触头都分离瞬间的分闸时间和直到带并联电阻的串联触头都分离的分闸时间作出区别。除非另有说明，分闸时间就是指直到主触头都分离瞬间的时间，时间的长短主要和断路器及所配操动机构的机械特性有关。

（11）开断时间：从高压断路器接到分（闸）指令瞬间起到各极均熄弧的时间间隔，即等于高压断路器的分闸时间和燃弧时间之和。

（12）合闸相间同步：断路器接到合闸指令，首先接触相的触头刚接触起，到最后相触头接触为止的时间，一般相间合闸同步不大于5ms。

（13）分闸相间同步：用来反映三相触头分开时间差异的。这一性能的衡量，是以断路器接到分闸指令，自首先分离相的触头刚分开起，到最后分离相的触头刚分开为止这一段时间的长短来表示。一般分闸相间同步应不大于3ms。同一相内串联几个断口时，有断口间分闸同步要求，断口间分闸同步应不大于2ms。

（14）重合闸时间：高压断路器分闸后经预定时间自动再重合的操作顺序称为自动重合闸。重合闸操作中，从接到分闸指令瞬间起到所有极的动、静触头都重新接触瞬间的时间间隔为重合闸时间。

（15）无电流时间：在自动重合闸过程中，从断路器所有极的电弧最终熄灭起到随后重合闸时任一极首先通过电流为止的时间间隔。

（16）金属短接时间（合—分时间）：在合闸操作过程中，从首合极各触头都接触瞬间起到随后的分闸操作时所有极中弧触头都分离瞬间的时间间隔。金属短接时间的长短要满足断路器自卫能力的要求，原则上应大于其分闸时间和预击穿时间之和。

12. 高压断路器常用术语主要有哪些？解释其含义。

答：（1）复燃：高压断路器在开断过程中，在电流过零且熄弧后，在1/4工频周期以内触头间非剩余电流的电流重现。

（2）重燃：高压断路器在开断过程中，在电流过零且熄弧后，在1/4工频周期及以外触头间非剩余电流的电流重现。

（3）动合触头（常开触头）：当高压断路器的主触头合时闭合而分时断开的控制触头或辅助触头。

（4）动断触头（常闭触头）：当高压断路器的主触头分时闭合而合时断开的控制触头或

辅助触头。

（5）自能灭弧室：主要利用电弧本身能量灭弧的灭弧室。

（6）外能灭弧室：主要利用外加能量灭弧的灭弧室。

（7）防跳装置：跳跃现象是指断路器合闸后操作把手在未复归状态，若此时发生故障使断路器跳闸，由于合闸脉冲未解除，促使断路器再次合闸，如果合闸脉冲始终不能解除，断路器将出现多次的跳—合现象。长时间跳跃会缩短断路器的使用寿命以致造成断路器的毁坏，因此，在断路器机构内（机械防跳）及二次控制回路（电气防跳）加装防跳装置。

（8）脱扣器：指与高压断路器机械连接的一种装置，用它来释放保持装置以使其分闸或合闸。

（9）自由脱扣：当合闸操作起始后需要立即转为分闸操作时，即使合闸指令继续保持着，其动触头也能返回，且保持在分闸位置。

（10）首开相系数：三相断路器开断时，电流首先过零的一相为首开相，首开相开断的电流是单相的，对于不同形式的短路，首开相开断过程中工频恢复值是不同的，首开相触头间的工频恢复电压与系统相电压幅值之比称为首开相系数。一般认为，对中性点直接接地系统，首相开断系数取1.3；对中性点不直接接地系统，首相开断系数取1.5。至于两相异端接地故障属特殊情况，其工频恢复电压等于相电压的$\sqrt{3}$倍。

13. 变开距灭弧室结构的主要特点是什么？

答：变开距灭弧室结构的主要特点：气吹时间较长，压气缸内的气体利用比较充分，利用喷嘴吹弧，吹弧效果较好；开距大，断口电压可以做得较高，介质强度恢复较快，但是断口间电场均匀度较差，绝缘喷嘴在电弧作用下可能被灼伤，影响断口性能；电弧拉的较长，电弧能量较大；可动部分行程较小，超行程和金属短接时间较短。图2－1为变开距灭弧室工作原理图。

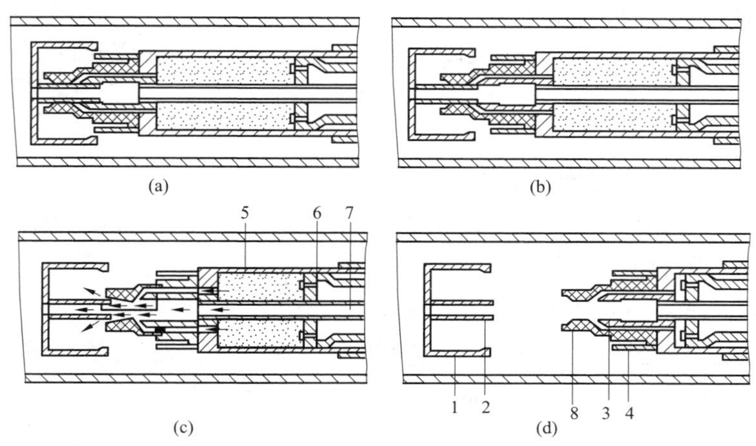

图2－1　变开距灭弧室工作原理图

（a）合闸状态；（b）压气过程；（c）吹弧过程；（d）分闸状态

1—静主触头；2—静弧触头；3—动弧触头；4—动主触头；5—压气室；6—压气活塞；7—提升杆；8—灭弧喷嘴

14. 定开距灭弧室结构的特点是什么？

答：定开距灭弧室结构的特点：吹弧时间短促，压气缸内气体利用较差；开距小，断口间电场比较均匀，绝缘性能较稳定；电弧长度一定，能量较小，有利于灭弧；行程较大，超行程和金属短接时间较长。图 2－2 为定开距灭弧室工作原理图。

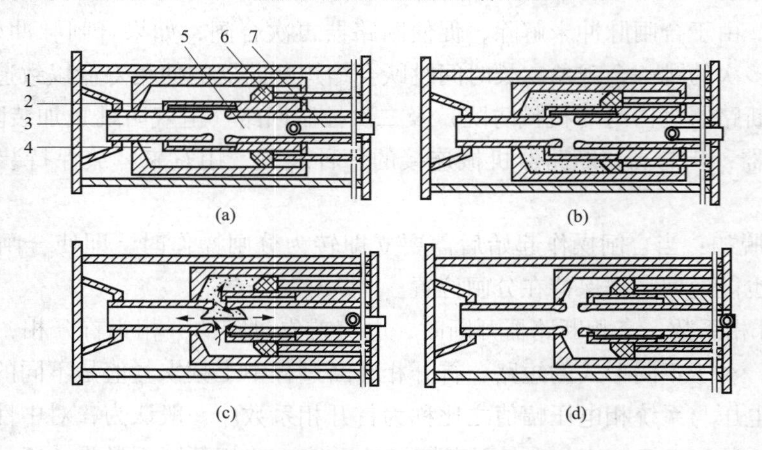

图 2－2　定开距灭弧室工作原理图

（a）合闸状态；（b）压气过程；（c）吹弧过程；（d）分闸状态

1—压气缸；2—动触头；3、5—静触头；4—压气室；6—固定活塞；7—绝缘拉杆

15. 什么是自能式灭弧室？什么是变开距自能式灭弧室？

答：自能式灭弧室是指依靠短路电流电弧自身的能量来建立熄灭电弧所需要的部分吹气压力的灭弧室。

变开距自能式灭弧室是在变开距灭弧室的基础上改进而成的。灭弧原理是：当开断短路电流时，依靠短路电流电弧自身的能量来建立熄灭电弧所需的部分吹气压力；另一部分吹气压力靠机械压气建立；开断小电流时，靠机械压气建立的气压熄弧。所以，配置的操动机构基本上仅提供分断短路电流时动触头运动所需的能量。图 2－3 为变开距“自能式”灭弧室工作原理图。

16. 变开距自能式灭弧室断路器的特点是什么？

答：（1）具有比较好的可靠性。由于操作功率小，可采用故障率较低、不受气候、海拔环境条件限制的弹簧操动机构。

（2）在正常工作条件下，几乎不需要维修。

（3）安装容易，体积小，耗材少，对瓷套的强度要求低，轻巧，结构简单。

（4）由于需要的操动功率小，因而对构架、基础的冲击力小。

（5）具有较低的噪声水平，可安装在居民住宅区。

（6）不仅适合于大型变电站，也适合边缘山区和农村小型变电站使用。

17. 什么是电弧？简述断路器内部电弧的形成过程。

答：电弧是指大多数载流子为原电子发射产生的电子的一种自持气体放电。

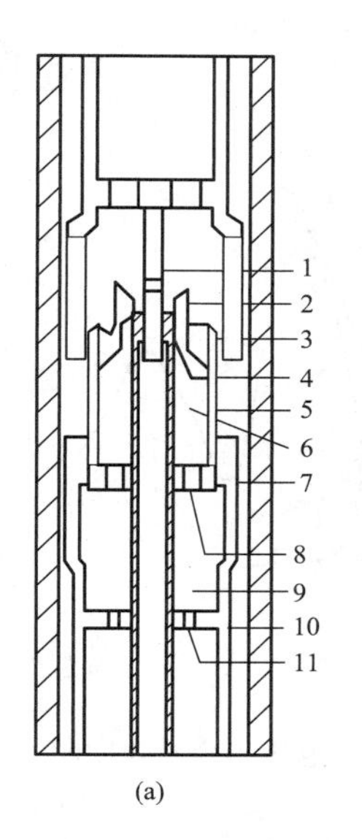

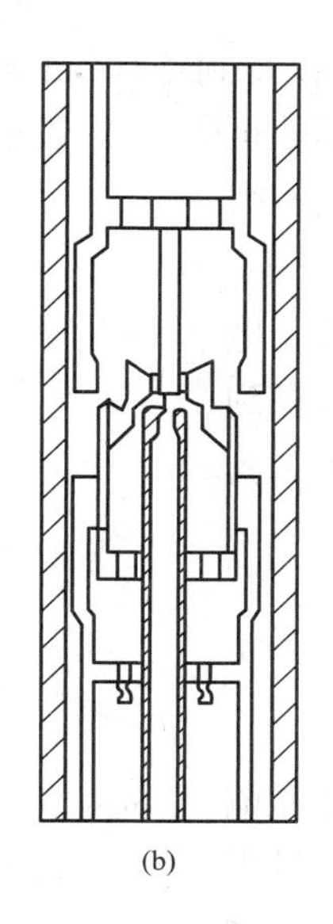

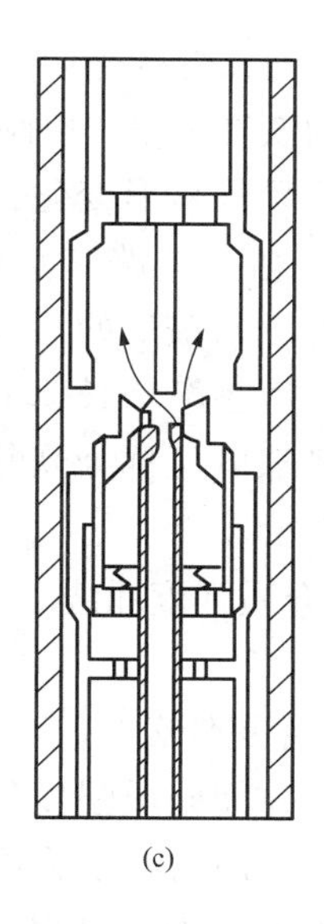

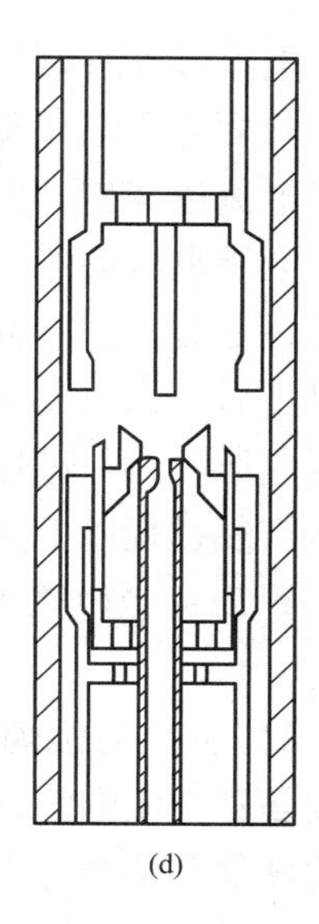

图 2－3　变开距“自能式”灭弧室工作原理图

（a）合闸状态；（b）开断短路电流过程；（c）开断小电流过程；（d）分闸状态

1—静弧触头；2—喷嘴；3—静主触头；4—动弧触头；5—动主触头；6—压力室；

7—主电流触头；8—止回阀；9—辅助压力室；10—圆筒；11—止回阀

断路器内部电弧的形成过程：断路器触头刚分离时突然解除接触压力，阴极表面立即出现高温炽热点，产生热电子发射；同时，由于触头的间隙很小，使得电压强度很高，产生强电场发射，从阴极表面逸出的电子在强电场作用下，加速向阳极运动，发生碰撞游离，导致触头间隙中带电质点急剧增加，温度骤然升高，产生热游离并且成为游离的主要因素，此时，在外加电压作用下，间隙被击穿，形成电弧。

18. 简述电弧放电的基本特征。

答：（1）电弧由三部分组成，包括阴极区、阳极区和弧柱区。

（2）电弧温度很高，功率很强。

（3）电弧是一种自持放电现象。

（4）电弧是一束游离的气体。

（5）电弧是等离子体，质量极轻，极容易改变形状。

19. 什么是交流电弧？有什么特点？

答：交流电路中产生的电弧叫交流电弧。特点：电弧电压和电弧电流的大小及相位都是随时间作周期性变化，每一周期内有两次过零值；电流过零时电弧自动熄灭，而后随着电压的增大电弧又重新点燃，即交流电弧的伏安特性；由于弧柱的受热温升或散热降温都有一定过程，跟不上快速变化的电流，电弧温度的变化总是滞后于电流的变化，即电弧的热惯性。

20. 什么是弧隙介质强度和弧隙恢复电压？

答：弧隙介质能够承受外加电压作用而不致使弧隙击穿的电压称为弧隙的介质强度。当电弧电流过零时电弧熄灭，而弧隙的介质强度要恢复到正常状态值还需一定的时间，此恢复过程称之为弧隙介质强度的恢复过程，以耐受的电压 U_j（t）表示。

电流过零前，弧隙电压呈马鞍形变化，电压值很低，电源电压的绝大部分降落在线路和负载阻抗上。电流过零时，弧隙电压正处于马鞍形的后峰值处。电流过零后，弧隙电压从后峰值逐渐增长，一直恢复到电源电压，这一过程中的弧隙电压称为恢复电压，其电压恢复过程以 U_{hf}（t）表示。

图2－4为恢复电压与介质强度曲线。

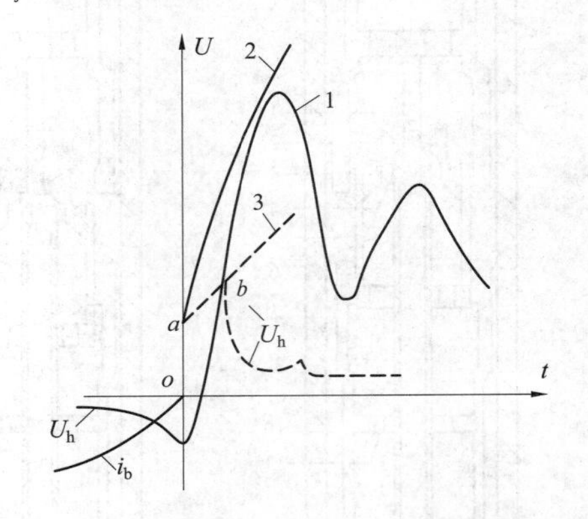

图2－4　恢复电压与介质强度曲线

1—弧隙恢复电压曲线；2、3—弧隙介质强度曲线

21. 交流电弧熄灭的条件是什么？

答：交流电弧过零后弧隙间介质强度的恢复和电压的恢复是两个对立的过程。因为介质强度恢复过程主要是弧隙内部带电粒子不断减少的过程，而电压恢复过程恰相反，它使弧隙中的气体产生新的游离而使带电粒子不断增加。那么可以简单地确定交流电弧熄灭条件为：交流电弧电流过零后，如果弧隙介质强度恢复的速度超过了弧隙电压恢复的速度，则电弧熄灭；反之，电弧重燃。

22. 电弧有什么危害？有什么好处？

答：（1）电弧的存在延长了开关电器开断故障电路的时间。

（2）电弧产生的高温将使触头表面熔化和蒸化，烧坏绝缘材料，对充油设备还可能引起着火、爆炸等危险。

（3）电弧在电动力、热力作用下能移动，易造成飞弧短路和伤人，使事故扩大。

电弧在智能式灭弧装置中，能够提供部分能量，从而减小机构输出能量。

23. 电弧中自由电子的主要来源有哪些？

答：（1）热电子发射。当断路器的动、静触头分离时，触头间的接触压力及接触面积逐渐缩小，接触电阻增大，使接触部位剧烈发热，导致阴极表面温度急剧升高而发射电子，形成热电子发射。

（2）强电场发射。分闸的瞬间，由于动、静触头的距离很小，触头间的电场强度就非常大，使触头内部的电子在强电场作用下被拉出来，就形成强电场发射。

（3）碰撞游离。从阴极表面发射出的电子在电场力的作用下高速向阳极运动，在运动过程中不断地与中性质点（原子或分子）发生碰撞。当高速运动的电子积聚足够大的动能时，就会从中性质点中打出一个或多个电子，使中性质点游离，这一过程称为碰撞游离。

（4）热游离。弧柱中气体分子在高温作用下产生剧烈热运动，动能很大的中性质点互相碰撞时，将被游离而形成电子和正离子，这种现象称为热游离。弧柱导电就是靠热游离来维持的。

24. 电弧的去游离过程主要包括哪两种形式?

答:(1)复合。复合是正、负带电质点相互结合变成不带电质点的现象。由于弧柱中电子的运动速度很快,约为正离子的1000倍,所以电子直接与正离子复合的几率很小。一般情况下,先是电子碰撞中性质点时,被中性质点捕获变成负离子,然后再与质量和运动速度相当的正离子互相吸引而接近,交换电荷后成为中性质点。还有一种情况就是电子先被固体介质表面吸附后,再被正离子捕获成为中性质点。

(2)扩散。扩散是弧柱中的带电质点逸出弧柱以外,进入周围介质的现象。扩散有三种形式:① 温度扩散,由于电弧和周围介质间存在很大温差,使得电弧中的高温带电质点向温度低的周围介质扩散,减少了电弧中的带电质点。② 浓度扩散,电弧和周围介质存在浓度差,带电质点从浓度高的地方向浓度低的地方扩散,使电弧中的带电质点减少。③ 利用吹弧扩散,在断路器中采用高速气体吹弧,带走电弧中的大量带电质点,起到扩散作用。

25. 影响电弧去游离的因素有哪些?

答:(1)电弧温度。电弧是热游离维持的,降低电弧温度就可以减弱热游离,减少新的带电质点的产生,同时,也减小带电质点的运动速度,加强复合作用。通过快速拉长电弧,用气体或油吹动电弧,或使电弧与固体介质表面接触等,均可以降低电弧的温度。

(2)介质的特性。电弧燃烧时所在介质的特性在很大程度上决定了电弧中去游离的强度,这些特性包括导热系数、热容量、热游离温度、介电强度等。若这些参数值大,则去游离过程就越强,电弧就越容易熄灭。

(3)气体介质的压力。气体介质的压力对电弧去游离的影响很大。气体的压力越大,电弧中质点的浓度越大,质点间的距离越小,复合作用越强,电弧越容易熄灭。在高度的真空中,由于发生碰撞的几率减小,抑制了碰撞游离,而扩散作用却很强。因此,真空是很好的灭弧介质。

(4)触头材料。当触头采用熔点高、导热能力强和热容量大的耐高温金属时,减少了热电子发射和电弧中的金属蒸汽,有利于电弧熄灭。

(5)除了以上原因外,去游离还受电场、电压等因素的影响。

26. 断路器常用的基本灭弧方法有哪些?简单介绍灭弧原理。

答:(1)提高触头的分闸速度。迅速拉长电弧,有利于迅速减小弧柱中的电位梯度,增加电弧与周围介质的接触面积,加强冷却和扩散的作用。

(2)采用多断口。在熄弧时,多断口把电弧分割成多个相串联的小电弧段。多断口使电弧的总长度加长,导致弧隙的电阻增加;在触头行程、分闸速度相同的情况下,电弧被拉长的速度成倍增加,使弧隙电阻加速增大,提高了介质强度的恢复速度,缩短了灭弧时间。采用多断口时,加在每一断口上的电压成倍减少,降低了弧隙的恢复电压,有利于熄灭电弧。

(3)吹弧。用新鲜而且低温的介质吹弧时,可以将带电质点吹到弧隙以外,加强扩散,并代之以绝缘性能高的新鲜介质,同时,由于电弧被拉长变细,使弧隙的电导下降。吹弧还使电弧的温度下降,热游离减弱,复合加快。按吹弧气流产生的方法可以分为:

1）用油气吹弧。

2）用压缩空气或六氟化硫气体吹弧。

3）产气管吹弧。按吹弧的方向分为：① 纵吹；② 横吹；③ 纵横吹。

（4）短弧原理灭弧。在交流电路中，当电流自然过零时，所有短弧几乎同时熄灭，而每个短弧都在新阴极附近产生 150～250V 的起始介质强度。在直流电路中，每一短弧的阴极区有 8～11V 电压降。如果所有串联短弧阴极区的起始介质强度或阴极区的电压降的总和永远大于触头间的外施电压，电弧就不再重燃而熄灭。

（5）利用固体介质的狭缝狭沟灭弧。触头间产生电弧后，在磁吹装置产生的磁场作用下，将电弧吹入灭弧片构成的狭缝中，把电弧迅速拉长的同时，使电弧与灭弧片的内壁紧密接触，对电弧的表面进行冷却和吸附，产生强烈的去游离。

（6）用耐高温金属材料制作触头。触头材料对电弧中的去游离也有一定影响，用熔点高、导热系数和热容量大的耐高温金属制作触头，可以减少热电子发射和电弧中的金属蒸汽，从而减弱了游离过程，有利于熄灭电弧。

（7）用优质灭弧介质。灭弧介质的特性，如导热系数、电强度、热游离温度、热容量等，对电弧的游离程度具有很大影响，这些参数值越大，去游离作用就越强。

27. 什么是近阴极效应？何种灭弧方法利用了近阴极效应？

答：在电流过零瞬间，介质强度突然出现升高的现象，称为近阴极效应。这是因为电流过零后，弧隙的电极极性发生了改变，弧隙中剩余的带电质点的运动方向也相应改变，质量小的电子立即向新的阳极运动，而比电子质量大 1000 多倍的正离子则原地未动，导致在新的阴极附近形成了一个只有正电荷的离子层，这个正离子层电导很低，大约有 150～250V 的起始介质强度。在低压电器中，常利用近阴极效应这个特性来灭弧，如利用短弧原理灭弧法。

28. 什么是近区故障？什么是近区故障开断？近区故障开断有什么特点？

答：近区故障是指发生在离断路器出线端较短距离（通常为零点几至几千米）的架空线上的短路故障。近距故障开断是指近区故障短路电流的开断。在开断近区故障时，断口恢复电压的起始部分上升速度很快，而断口的介质强度恢复跟不上，因而电弧不易熄灭，造成开断困难。

29. 什么是临界开断电流？

答：临界开断电流是指比额定短路开断电流小得多且较难以开断的电流（一般小于 10% 额定短路开断电流）。此时燃弧时间最长，且比额定短路开断电流时的燃弧时间显著加长（主要针对自能式灭弧的断路器）。

30. 什么是电气触头？电气触头如何分类？

答：电气触头是指两个或两个以上导体，以其接触使导电回路连续，其相对运动可分、合导电回路，而在铰链或滑动接触情况下还能维持导电回路的连续性。电气触头有以下分类形式：

（1）按接触面的形式分类：① 点接触；② 线接触；③ 面接触。

（2）按结构形式分类：① 固定触头，又分可拆卸连接和不可拆卸的连接；② 可断触头，又分对接式和插入式；③ 可动触头。

（3）从功能上可将触头分为：① 主触头，开关主回路中的触头，在合闸位置承载主回路电流；② 弧触头，旨在其上形成电弧并使之熄灭的触头，有些断路器的主触头也兼作弧触头；③ 控制触头，设置在开关的控制回路，并由该开关用机械方式操作的触头；④ 辅助触头，接在开关辅助回路中，并由该开关用机械方式操作的触头。

（4）从触头所处的位置可将触头分为：① 静触头；② 动触头；③ 中间触头（主要是指分合闸操作过程中与动触杆一直保持接触的滑动触头）。

31. 断路器触头结构主要有哪几种实用形式？各自有什么特点？

答：（1）对接式，也叫端接式触头。其结构简单，加工方便，断开速度快，有利于减小断路器分闸时间。但接触面没有自清洗作用，接触电阻不稳定，接触面易被电弧烧伤，耐电动斥力性能不好，合闸时触头易弹跳甚至发生熔焊，要求的接触压力高，因而要求的操动机构合闸功率也大。

（2）梅花形，也叫玫瑰形触头，是线接触形式，分合闸过程中接触面作相对运动，自清洗作用好，接触电阻稳定，电动稳定性高，不会出现合闸弹跳。在触指端部易于加焊耐弧块或加装引弧环来保护主触指，但结构复杂，加工量大，由于插入行程较大，断路器分闸时间较长。

（3）指形，也叫片状触头。在合分过程中接触面有相对运动，自清洗作用好，电动稳定性好，不会产生触头弹跳，结构上可以形成较大接触面，使用于额定电流较大的断路器中作主回路触头用，不易构成灭弧触头。

（4）滚动式触头，只适合用作中间触头，在分合操作中滚擦损耗小，接触面有较好自清洗作用。

32. 常用的触头材料有哪些？真空断路器触头有何特点？

答：常用的触头材料有：纯银、银基合金、银氧化物（在银中添加其他金属氧化物）等。真空断路器采用的是一种特殊性能的强电触头，应有足够高的耐电压强度，较小的截流和极低的含氧量，抗熔焊性要特别好，主要品种有铜铋铈合金、铜铈银合金等。

33. 电气设备对触头材料的基本要求是什么？

答：（1）触头材料电阻率要小，硬度适中，能承受较大的接触压力以减小接触电阻。

（2）触头材料的化学性质稳定，表面不易生成化合物，耐电弧性能好，触头分合时由放电引起的磨损变形小。

（3）应尽量选用熔点高或升华性好的材料，以防止触头闭合时因温度过高而导致熔焊。

34. 电气设备对电气触头有什么要求？

答：（1）要求触头结构简单可靠，尺寸紧凑，摩擦力小，便于维修。

（2）有良好的导电性能和接触性能，即触头必须有低的电阻值。

（3）防氧化，通过规定的电流时，表面不过热。

（4）触头的耐弧性能好，能可靠开断规定容量的电流及有足够的抗熔焊和抗电弧烧伤性能。

（5）满足通过短路电流时的动、热稳定要求。

35. 对接式触头装配中的弹簧起什么作用？

答：触头弹簧用来保证合闸状态时动静触头间有足够的接触压力，以减少接触电阻，并在合闸终了时起合闸缓冲作用，而在分闸时又可用来提高刚分速度。

36. 什么是接触电阻？

答：接触电阻是指电流通过触点时在接触处产生的电阻。它是收缩电阻与膜电阻之和。收缩电阻是指电流通过接触面时，因电流线急剧收缩而产生的电阻增量。膜电阻是指触点表面膜所产生的电阻。

37. 影响断路器触头接触电阻的因素有哪些？对于不同材质的触头如何防止氧化？

答：影响断路器触头接触电阻的因素：

（1）材料性质。

（2）接触形式，包括点接触、线接触和面接触。

（3）触头间的压力，压力越大接触面积越大，接触电阻越小。

（4）触头间的接触面积。

（5）触头表面加工状况。

（6）触头表面氧化程度。

触头一般由铜、黄铜和青铜等材料制成。这些材料在空气中极易氧化。为了防止氧化，通常在触头表面镀上一层锡或铅锡合金。在户外装置或潮湿场所使用的大电流触头，最好在触头表面镀银。银在空气中不易氧化。镀银触头的接触电阻比较稳定。对钢制触头，其接触表面应镀锡，并涂上两层漆加以密封。

38. 为什么触头要保证有足够的动稳定和热稳定？

答：当触头短时间内通过大电流时，如短路电流、电动机的启动电流等，所产生的热效应和电动力具有冲击特性，对触头能否正常工作造成很大威胁。可能带来诸如触头熔焊和短时过热、触头接触压力下降、关合时触头弹跳等不良后果。因此，开关电器必须采取有效措施，保证在通过短路电流时有足够的动稳定和热稳定。

39. 为什么要对断路器触头的运动速度进行测量？

答：（1）断路器分、合闸时，触头运动速度是断路器的重要特性参数，断路器分、合闸速度不足将会引起触头合闸振颤，预击穿时间过长。

（2）分闸时速度不足，将使电弧燃烧时间过长，致使断路器内存压力增大，轻者烧坏触头，使断路器不能继续工作，重者将会引起断路器爆炸。

（3）如果已知断路器合、分闸时间及触头的行程，就可以算出触头运动的平均速度，但这个速度有很大波动，因为影响断路器工作性能最重要的是刚分、刚合速度及最大速度。因此，必须对断路器触头运动速度进行实际测量。

40. 断路器的触头在开断时会产生电磨损，什么是电磨损？

答：断路器在分断过程中，触头在电弧的高温作用下，接触表面被破坏，引起金属触头的损失和变形，通常称为触头的电磨损。

41. 在什么情况下需要对开关设备进行回路电阻测试？

答：（1）断路器、隔离开关 A 类、B 类、C 类检修之后。

（2）断路器灭弧室更换后。

（3）断路器传动部分部件更换后。

（4）断路器、隔离开关安装后。

（5）其他必要情况时。

42. 什么是辅助开关（开关装置的）？断路器的辅助触头有哪些用途？

答：辅助开关是指包含由开关装置进行机械操作的一个或几个控制（或）辅助触头的开关。断路器靠本身所带动合、动断辅助触头（触点）的变换开合位置，来接通断路器机构合、跳闸控制回路和音响信号回路，达到断路器断开或闭合电路的目的，并能正确发出音响信号，启动装置和保护闭锁回路等。当断路器的辅助触头用在合、跳闸回路时，均应带延时。

43. 为什么断路器的跳闸辅助触点要先投入后切开？

答：串在跳闸回路中的开关触点叫做跳闸辅助触点。先投入是指断路器在合闸过程中，动触头与静触头未接近之前（20mm 位置），跳闸辅助触点就已经接近，做好跳闸的准备，一旦断路器合入故障时即能迅速断开。后切开是指断路器在跳闸过程中，动触头离开静触头之后跳闸辅助触点再断开，以保证断路器可靠跳闸。

44. 为什么断路器的分、合闸控制回路一定要串联辅助开关触点？

答：（1）断路器合闸时分闸回路接通，通过红灯亮监视分闸回路完好性，断路器分闸时合闸回路接通，通过绿灯亮监视合闸回路完好性。

（2）合闸线圈和分闸线圈设计都是短时通电的，分合闸后，必须由辅助开关触点断开分合闸回路，以免烧毁线圈或继电器节点。

（3）同一时刻，分合闸回路只能有一个接通，防止合闸命令和分闸命令同时作用于合闸线圈和分闸线圈。

45. 高压断路器并联电阻的作用是什么？

答：为了限制合闸或分闸以及重合闸过程中的过电压，改善断路器的使用性能。并联电阻片一般由碳质烧结而成，外形和避雷器阀片相似，但其热容量要大得多。具有并联电阻的断路器，每相都有主触头和辅助触头两对触头。并联电阻与辅助断口置于同一瓷套；或自成独立元件，串联后并联在灭弧室两端。

46. 高压断路器上使用的密封结构有哪些类型？

答：高压断路器及其配用的液压、气动机构上的密封结构很重要，主要类型有：

（1）使用可塑性或有较好弹性的致密性材料加工成各种形状的密封垫（圈），形成静密封或滑动密封。

（2）用具有一定硬度和弹性的金属材料加工成卡套接头，以构成金属硬性密封。

（3）采用固体浇合填料（如水泥、氧化铅等）使瓷件和金属法兰处形成固定密封。

47. 断路器使用的密封垫（圈）有哪几种结构形式？

答：（1）平板形密封圈。

（2）O 形密封圈。

（3）O 形和平板形组合密封圈。

（4）V 形密封圈。

（5）骨架和自调芯唇口形密封圈。

48. 安装密封垫圈有哪些要求？

答：密封垫圈不变形、不起泡、无裂纹、无毛刺、弹性好，密封面应平整清洁，垫圈应放正，压紧时对角均匀上紧，压缩量符合产品技术文件要求。

49. 什么是平板形密封？有什么特点？使用于哪些部位？

答：平板形密封是依靠将平板形密封圈（垫）轴向压缩（厚度方向）而产生径向扩展，利用材质固有弹性而形成密封面结构。

平板密封常用橡胶板制作，特点是受力面积大，结构简单，加工方便。缺点是所需压缩力很大（特别是当密封垫宽度较大，如大于 30mm 时）。如果压力不够，密封性能将较差。另外，材料消耗量大，几乎是“O”形密封圈的 5 倍以上。一般可不设定位槽，使用在瓷套对瓷套、瓷套对金属法兰之间作平面静密封，可防止由于受力过于集中而损坏瓷套。

50. O 形密封圈有哪些特点？适用于哪些部位？

答：O 形密封圈结构简单，消耗材料少，既可作为静态端面密封和侧面密封，还可以作为滑动密封。O 形密封圈的密封性能与密封面的加工精度和压缩量等因素有关，结构上应设有定位槽。在高压断路器上，O 形密封圈使用最广。

51. O 形密封圈压缩量与密封效果有什么关系？

答：若密封圈压缩量过小，则达不到密封效果；反之，压缩量过大，则会使得密封圈发生永久性变形而失去密封作用。在活动密封中，过大的压缩量也会因磨损过大影响密封性能。密封圈的压缩量选取 20% 为宜。如果以加大压缩量来获得短时密封效果是不可取的，往往会缩短密封圈的寿命。

52. O 形密封结构中，密封脂的作用是什么？如何选用密封脂？

答： 主要是利用密封脂来填充密封面上的微小加工缺陷，以改善密封性能，并防止密封面锈蚀，同时，还能使 O 形密封圈与氧气、SF_6气体隔绝，防止 O 形密封圈老化及被腐蚀。

选用密封脂注意：凡是使用硅元素的密封脂，只准涂在 O 形密封圈外侧与法兰密封面，内侧禁止使用，防止 SF_6气体的电弧分解物和硅起化学腐蚀作用。

53. SF_6气体密封胶涂敷及 O 形密封圈的安装注意事项？

答：（1）确认密封槽、法兰面不允许锈斑或划伤（目视检查）。

（2）对于 O 形密封圈圆周，用手模或目视确认其没有划伤，O 形圈只能用酒精擦洗。

（3）连续紧固作业必须在涂敷后 30min 内进行，用手将溢出的密封胶涂敷均匀。应避免流入密封圈内侧与 SF_6气体接触。因为有些密封胶含有 SiO_2成分，SiO_2能与断路器内的 SF_6分解物（如 HF）发生化学反应产生腐蚀作用，将会造成断路器内部杂质含量增高，对断路器的安全运行是很不利的。

图 2－5 为 O 形密封圈安装示意图。

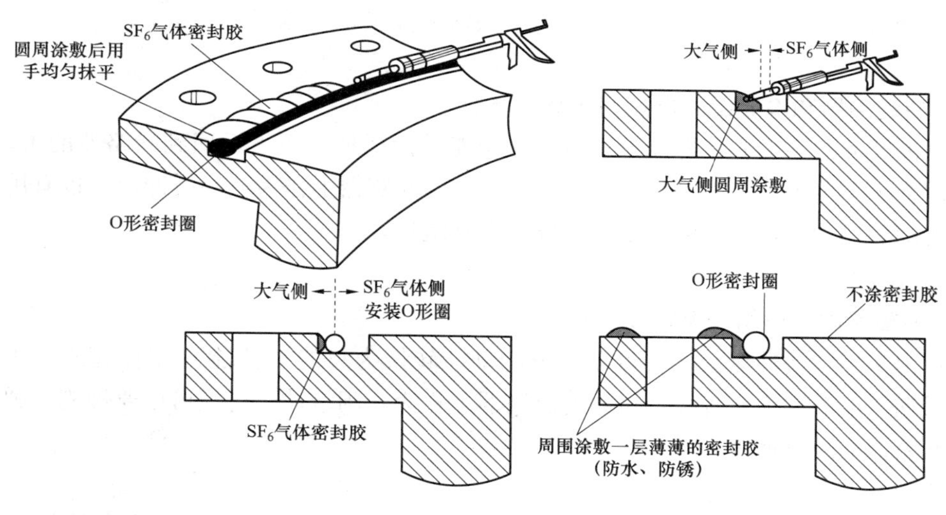

图 2－5　O 形密封圈安装示意图

54. 高压断路器为什么要装设缓冲器？作用是什么？

答： 高压断路器的运动部件具有动作速度快、惯性大的特点，为此，一般要求装设合闸缓冲器和分闸缓冲器。其作用是吸收合闸或分闸接近终了时的剩余动能，使运动部件从高速运动状态很快变为静止状态。

55. 高压断路器常用的缓冲装置有哪几种？

答：（1）油缓冲器，将动能转变为热能吸收掉。

（2）弹簧缓冲器，将动能转变为势能储存，必要时再释放。

（3）橡胶垫缓冲器，实际上是将动能转变为热能吸收，结构最简单。

（4）油或气的同轴缓冲装置，在合分闸的后期，使某一运动部件在充有压力油或气的狭小空间内运动，从而达到阻尼的目的。

56. 断路器的油缓冲器在检修和安装时有哪些要求？

答：（1）清洁。

（2）牢固可靠。

（3）动作灵活。

（4）无卡阻、回跳现象。

（5）注入的油要合格且油位符合要求。

57. 油缓冲器的缓冲性能与哪些因素有关？

答：当活塞的截面确定以后，影响缓冲性能的因素有：

（1）活塞和壳体之间的间隙大小或排油孔截面的大小，间隙或者排油孔截面小，排油速度慢，则缓冲能力就大。

（2）油的黏度，当排油截面一定时，油的黏度越大，则缓冲能力就越大。

（3）缓冲器的活塞行程。行程越大，所吸收的能量也就越多。

58. 油缓冲器和橡胶缓冲器适用于哪些场合？

答：油缓冲器和橡胶缓冲器可以将制动的能量消耗掉，而不返回到断路器的可动部分，所以它适合于采用手动、电磁和弹簧等操动机构的断路器上作为分闸缓冲用，也有用在配有液压、气动等操动机构的断路器上作为分、合闸缓冲。

59. 弹簧缓冲器适用于哪些场合？

答：由于弹簧缓冲器只能将可动部分的动能转换为势能（位能）储存起来，所以适用于配用手动、电磁和弹簧等操动机构的断路器上作为合闸缓冲，这样可以兼做刚分弹簧，从而提高断路器的刚分速度。

60. 断路器调整后为什么要先进行慢分慢合操作？慢分慢合操作有什么条件要求？

答：断路器在调整状态时，如果进行快分快合操作，不能判断断路器行程、间隙是否得当、机械是否卡涩等问题，有可能造成断路器损坏，所以开关设备调整后应进行慢分慢合操作。

断路器只有在退出运行，两侧隔离开关已拉开，且不承受高压电情况下，才允许进行慢分慢合操作，此种操作只能在断路器检修调试中进行。

61. 什么叫断路器的“跳跃”？对防跳跃装置的功能有什么要求？防止“跳跃”的措施是什么？

答：断路器的“跳跃”是指断路器在手动或自动合闸后，如果控制开关来不及复归，或控制开关触点、自动装置触点卡住，此时如设备或线路发生永久性短路故障，保护动作使断路器自动跳闸，则会出现多次“跳—合”的现象。

对防跳跃装置的功能要求是：当断路器在合闸过程中，如遇故障，即能自行分闸，即使合闸命令未解除，断路器也不能再度合闸，以避免无谓的多次分、合故障电流。

防止“跳跃”的措施是采用机械防跳或电气防跳。

62. 回路控制中的防“跳跃”功能是怎样实现的？

答：防跳跃继电器是接在合闸回路和分闸回路中的，在合闸指令和分闸指令同时存在的情况下，以分闸优先的原则实现分闸。防跳跃继电器由分闸继电器直接启动，其动断触点断开合闸回路。防跳跃继电器通过合闸指令保持在励磁状态，完全断开了合闸回路，直到合闸指令完全解除才能够返回。

63. 断路器发生“跳跃”时，针对液压机构如何进行处理？

答：（1）检查分闸阀杆，如变形，应及时更换。

（2）检查管路连接，接头连接是否正确。

（3）检查保持阀进油孔是否堵塞，如堵塞及时清扫。

64. 对脱扣机构有哪些要求？电磁和弹簧操动机构上的脱扣器有哪些类型？

答：对脱扣机构的主要要求有：

（1）要有稳定的脱扣力，因此要求摩擦系数稳定，接触表面的硬度要高，磨损要小。

（2）能耐机械振动和冲击，以防止误动。

（3）脱扣力要小。

（4）动作时间要尽可能短。

对于电磁和弹簧操动机构上的脱扣器，常用的脱扣机构形式有锁钩式、滚轮锁扣式和四连杆过死点自锁机构。

65. 断路器和操动机构铭牌上强制标注的有哪些参数？

答：在断路器铭牌上强制标注的参数有制造厂、型号或系列号、额定电流（A）、额定电压（kV）、额定雷电冲击耐受电压（kV）、额定短路开断电流（kA）、额定操作顺序、制造年份和标有发布日期的相关标准。其他参数按照特定条件要求进行标注。

在操动机构铭牌上强制标注的参数有制造厂、型号或系列号和标有发布日期的相关标准。其他参数按照特定条件要求进行标注。

66. 从功能上分，高压断路器一般设有哪些机构？

答：（1）操动机构，用作断路器动作的能源转换并执行合、分闸操作任务。

（2）提升机构（变直机构），是指直接带动断路器触头系统运动的机构，它能使动触头按照一定的轨迹运动，通常为直线运动或近似直线运动。机构由拐臂、连杆和导向装置中的滑块组成，当拐臂尺寸小于连杆时，称曲柄滑块提升机构，当拐臂尺寸大于连杆时，称摇臂滑块提升机构。滑块提升机构的结构，应考虑使导向装置上受的力尽量小些，以免运动时摩擦阻力太大。

（3）传动机构，是指连接操动机构和提升机构的中间环节。

67. 高压断路器中常采用哪几种机械传动方式？

答：常用的传动方式有：杠杆传动、四连杆机构传动、齿轮（包括蜗轮蜗杆）传动、链条轮或凸轮传动。

68. 断路器控制回路有哪些基本要求？

答：（1）能够由手动利用控制开关对断路器进行分、合闸操作。

（2）能够满足自动装置和继电保护装置的要求。被控制设备备用时，能够由安全自动装置通过断路器将该设备自动投入运行；当设备发生故障时，继电保护装置能够将断路器自动跳闸，切除故障。

（3）能够反映断路器的实际位置及监视控制回路的完好。断路器无论在正常工作或故障动作、控制回路出现断线故障时，能够通过控制开关的位置、信号灯及相应的声光信号反应其工作状态。

（4）分、合闸的操作应在短时间内完成。由于合闸线圈、分闸线圈都是按短时通过工作电流设计的，因此分、合断路器后应立即自动断开，以免烧坏线圈。

（5）能够防止断路器在极短时间内连续多次分、合闸的跳跃现象发生。

69. 对220kV断路器非全相继电器有什么要求？

答：断路器非全相继电器不能与断路器本体或操动机构箱放在一起，防止断路器动作时产生振动造成非全相继电器误动。应放在独立的端子箱内。

70. 对断路器绝缘拉杆有何特殊要求？

答：绝缘拉杆受潮会引发沿面闪络而酿成断路器爆炸事故，新装、解体检修的断路器，绝缘拉杆在安装前必须进行外观检查，不得有开裂起皱、接头松动和超过允许限度的变形。如发现运行断路器绝缘拉杆受潮，应及时烘干处理，不合格者应予更换。

71. 如果开关设备额定开断电流不能满足要求，应采取哪些技术措施？

答：根据可能出现的系统最大运行方式，每年定期核算开关设备安装地点的短路电流。如果开关设备额定开断电流不能满足要求，应采取以下措施：

（1）合理改变系统运行方式，限制和减少系统短路电流。

（2）采取加装电抗器等限流措施限制短路电流。

（3）在继电保护方面采取相应措施，如控制断路器的跳闸顺序等。

（4）更换为短路开断电流满足要求的断路器。

72. 预防开关设备机械损伤的措施有哪些?

答:(1)认真对开关设备的各连接拐臂、联板、轴、销进行检查,如发现弯曲、变形或断裂,应找出原因,更换零件并采取预防措施。

(2)断路器的缓冲器应调整适当,性能良好,防止由于缓冲器失效造成开关设备损坏。

(3)开关设备基础不应出现塌陷或变位,支架设计应牢固可靠,不可采用悬臂梁结构。

73. 对长孔固定的瓷柱式断路器有何特殊要求?

答:对长孔固定的瓷柱式断路器对准位置,用力矩扳手紧固。安装时应严格按照使用说明书中标明的紧固力矩值操作。

第二节 SF_6 断路器

1. 什么是 SF_6 断路器?SF_6 断路器如何分类?

答:SF_6断路器是指触头在 SF_6 气体中关合、开断的断路器。SF_6断路器有以下几种分类方式:

(1)根据电压等级、作用及是否要求单相重合闸,可分为单相操动式和三相联动式。

(2)根据结构形式的不同,又可分为支柱式 SF_6断路器(称 P·GCB)、气体绝缘金属封闭组合电器(称 GIS)用断路器、落地罐式 SF_6断路器(称 T·GCB)、插接式开关系统(称 PASS)用断路器等。

(3)根据所配置操动机构类型的不同,可分为液压机构式、气动机构式、弹簧机构式 SF_6断路器。

(4)根据单相断口的多少,可分为单断口和多断口;在多断口 SF_6断路器的灭弧室上,又有带并联电容和带并联电阻之分。

2. SF_6断路器有哪些优点和缺点?

答:优点:

(1)SF_6气体的绝缘强度高,决定了 SF_6断路器单个断口所能承受的电压要比其他形式的断路器要高,500kV 的单断口断路器已经有运行。

(2)SF_6气体的熄弧性能好,决定了 SF_6断路器的灭弧能力强,这样它的开断能力要优于其他形式的断路器,单断口开断电流已经能够达到100kA,这是其他形式的断路器无法达到的。

(3)SF_6气体在燃弧时的导电性能比较好,电弧电压比较低,小电流的情况下也能够稳定地燃弧,所以,在切断小电流时很少发生截流现象(交流电流在过零点之前突然降为零值的那个瞬时值),这样就不会造成过电压,给设备造成损坏。

(4)SF_6气体在熄弧后介质强度的恢复速度比较快,能承受比较快的瞬时恢复电压,所以在切断空载线路时不会发生多次重击穿,在切断近区故障时特别有利,就是说它不仅开断短路电流的性能强,在一些特别的开断情况下,SF_6断路器的开断性能也是很好的。

(5)由于 SF_6气体中不含氧的成分,而且燃弧时电弧能量小,所以,它对内部金属部件，包括触头、导电杆等的氧化作用就很小，触头在燃弧时的烧蚀也比较轻微，而 SF_6气体在电弧作用下分解后又能够很快地重新复合，所以整个 SF_6断路器能满容量开断的次数比其他形式的断路器大大增加，相应的检修周期延长。

（6）由于 SF_6断路器增大了单个断口的额定电压和开断电流，所以它的体积就相应得减小了，尤其是可以把整个变电站集成起来，做成全封闭的气体绝缘变电站，即 GIS；它的结构特别紧凑，占地面积很小，只相当于常规变电站的百分之几到百分之十几，而且电压等级越高，效果越明显，这一点在山区和人口稠密的大城市十分有利；此外，它的噪声和污染小，防污染能力强，又没有爆炸和引起火灾的危险。

（7）便于在工厂中装配，运输和安装。

缺点：

（1）价格昂贵，一次投资大。

（2）技术标准、工艺要求高，一般要求安装、调试、A 类和 B 类检修由制造厂家进行或专业技术人员指导下进行作业。

（3）试验项目、条件、标准等要求严格，检修技术标准、条件工艺等要求高。

（4）SF_6的分解物有毒，放入大气后会污染环境，对 SF_6气体的使用、管理、回收、处理等要求严格。

3. SF_6断路器附件包括哪些？

答：SF_6断路器附件是指 SF_6断路器及其操动机构配置的具有一定特殊功能的附属部件。主要包括 SF_6断路器上的压力表、压力继电器、安全阀、气体密度表、气体密度继电器、并联电容、并联电阻、净化装置、防爆装置等。

4. SF_6 断路器装设哪些 SF_6气体信号装置？

答：通常装设下列 SF_6气体信号装置：

（1）SF_6气体压力降低信号，也叫补气报警信号，一般比额定工作气压低 5% ~10% 。

（2）分、合闸闭锁及信号回路，一般该值比额定工作气压低 8% ~15% 。

5. 什么是 SF_6的状态参数曲线？有哪些主要参数？

答：SF_6 的状态参数曲线是一族曲线，每条线对应一个气体密度。当 SF_6气体的状态发生变化时，它没有完全符合理想气体的状态方程，这主要因为它的分子量较大，当气体压力增大时，气体的密度相应增大，分子间的相互吸引作用开始显露，所以在实际工作中常用 SF_6 的状态参数曲线来表示。

主要参数有：

（1）SF_6的熔点：温度 $T = -50.8℃$，压力 $P = 2.3kg/cm^2$，此时 SF_6三态共存，即气态、液态、固态三种状态同时存在。

（2）SF_6沸点：温度 $T = -63.8℃$，压力为一个大气压，此时 SF_6可以直接由固体变成气体。

（3）将饱和蒸汽曲线向上延伸，可以得到 SF_6气体的临界温度 $T = 45.6℃$，临界压力

$P=38.5kg/cm^2$，临界温度和临界压力表示 SF_6 气体可以被液化的最高温度和所需的最小压力。

图 2－6 为 SF_6 气体压力—温度曲线。

$A-F-B-SF_6$ 为饱和蒸汽压力曲线，其右侧是气态区域，$A-F-F'$ 线上方是液态区域，$F'-F-B$ 线上方时固态区域，$F-SF_6$ 的熔点（凝点），参数见图；$B-SF_6$ 的沸点，即饱和蒸汽压力为一个大气压（0.1MPa）时的温度，参数见图；，本图用法：找到压力和温度对应的坐标交点，画出密度曲线，气体温度变化时，压力沿曲线移动；A－F 线右侧为气态区域，密度曲线与此线的交点即为出现液态时的 P、T 参数。

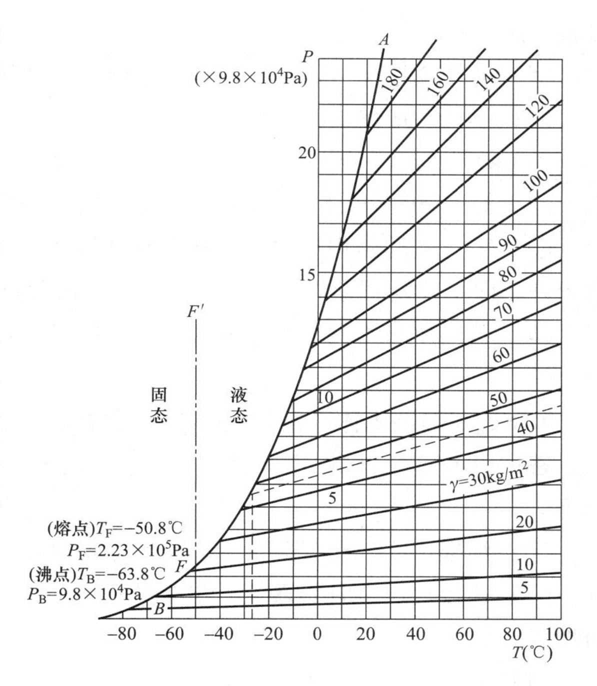

图 2－6　SF_6 气体压力—温度曲线

γ—密度，kg/m^3；T—温度，℃；P—压强，MPa

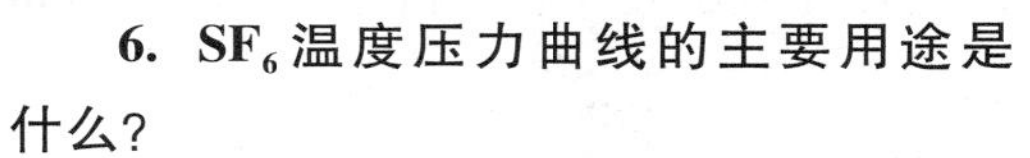

6. SF_6 温度压力曲线的主要用途是什么?

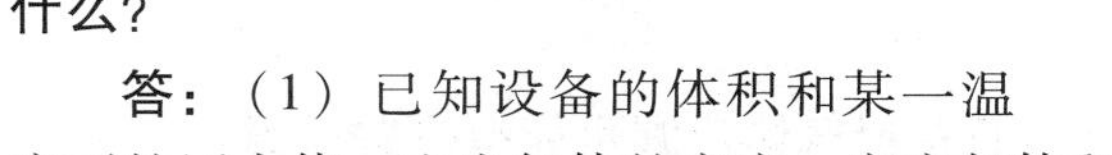

答：（1）已知设备的体积和某一温度下的压力值，查出气体的密度，密度与体积的乘积便是所充气体的质量。

（2）根据温度和压力，可以求出可能液化的温度。

（3）已知在某一温度下的额定压力，可以求出不同温度下的充气压力。

图中 KTS 曲线表示气态转变成液态或固态的临界线，也就是饱和蒸气压力曲线，曲线右侧为气态区域，左侧为液态和固态区域。

7. 压力释放装置如何分类?

答：分为两类：一种是压力释放阀，以开启压力和闭合压力表示其特征；另一种是防爆膜，一旦开启后不能够再闭合。

8. 对 SF_6 断路器装设的压力释放装置的要求是什么?

答：（1）当外壳和气源是采用固定连接时，所采用的压力调节装置不能可靠地防止过压力时，应装设适当尺寸的压力释放阀，防止压力调节措施失效时内部压力过高，其压力升高不应超过设计压力的 10%。

（2）当外壳和气源不是采用固定连接时，应在充气管道上装设压力释放阀，以防止充气时压力升高到高出外壳设计压力的 10%，此阀也可以装设在外壳本体上。

（3）一旦压力释放阀动作，当压力降低到设计压力的 75% 之前，压力释放阀应能够可靠地重新关闭。

（4）当采用防爆膜压力释放装置时，其动作压力与外壳设计压力的关系要适当配合好，以减少防爆膜不必要的爆破。

（5）防爆膜应能够保证在使用年限内不会老化开裂。

（6）制造厂应提供压力释放装置的压力释放曲线。

（7）压力释放装置的布置和保护罩的位置，应能确保排出压力气体时，不危及巡视通道上的运行人员安全，SF_6 断路器上的防爆膜一般装设在灭弧室瓷套的顶部的法兰处。

（8）若气室的容积足够大，在内部故障电弧发生的允许时限内，压力升高为外壳承受所允许，而不会发生爆炸，可不装设压力释放装置。

（9）若用户与制造厂家达成协议时，可以不装设压力释放装置。

9. SF_6断路器本体严重漏气处理前应做哪些工作？

答：（1）应立即断开该开关的操作电源，在手动操作把手上挂“禁止操作”的标识牌。

（2）汇报调度，根据命令，采取措施将故障开关隔离。

（3）在接近设备时要谨慎，尽量选择从“上风”接近设备，必要时要戴防毒面具、穿防护服。

（4）室内 SF_6气体开关泄漏时，除应采取紧急措施处理，还应开启风机通风至少 15min 后方可进入室内。

10. SF_6断路器的年漏气量是怎么规定的？SF_6断路器气体泄漏可能有哪些原因？

答：年漏气量是断路器气体密封性能的指标之一，目前我国 SF_6 断路器年漏气量标准是要求年漏气量不大于 0.5%。

导致气体泄漏可能的原因有：

（1）密封不严。密封面加工方式不合适；装配环境不符合要求，尘埃落入密封面；密封圈老化；密封面紧固螺栓松动。

（2）焊缝渗漏。

（3）压力表渗漏。

（4）瓷套破损或者瓷套和法兰胶装部位渗漏。

11. 在什么情况下需要进行检漏？

答：（1）运行中设备发生明显气体泄漏（短时间内，密度继电器经常出现补气信号）。

（2）分解检修后重新组装的密封面和接头。

（3）调换压力表，密度继电器或密度表及阀门后的接头密封。

（4）现场安装工作结束后，在现场拆装及组装过的密封面。

12. SF_6断路器易漏的部位主要有哪些？

答：有各检测口、焊缝、SF_6气体充气嘴、法兰连接面、压力表（密度表）连接管和滑动密封底座、操动机构、导电杆环氧树脂密封处及压力表连接管路。

13. SF_6电气设备检漏时有哪些注意事项？

答：（1）检漏时，小心触电，注意与带电设备的安全距离。

（2）检漏时，站位在上风口，从上风口部位依次检漏。

（3）使用检漏仪检漏，对检漏仪进行校验，并正确使用检漏仪，注意保证检漏仪探头的防护，同时，可以备用一个探头。

（4）对法兰面有双道密封的机构，应将法兰上供检测用的孔上的堵头螺丝取掉，方可进行定性检漏或挂瓶定量检漏。

（5）当发出补气信号后，初次可带电补气，并加强监视。若一个月内又出现补气信号，应停电后对各密封面及接头进行检漏，并检查密度继电器动作的正确性、可靠性。若发现密度继电器触点误动或触点定值有变化，应重新整定或更换。

14. 对于SF_6断路器，定性检漏和定量检漏通常采用哪些方法？

答：定性检漏通常采用检漏仪检漏。用高灵敏度（不低于1×10^{-8}）的气体检漏仪沿着外壳焊缝、接头结合面、法兰密封、转动密封、滑动密封面、表计接口等部位，用不大于2.5mm/s的速度在上述部位缓慢移动，检漏仪无反应，则认为气室的密封性能良好。

定量检漏应在充气到额定气压24h后进行定量检漏。运量检漏是在每个隔室进行的，通常采用局部包扎法。GIS的密封面用塑料薄膜包孔，经过24h后，测定包扎腔内SF_6气体的浓度并通过计算确定年漏气率。

15. 什么是气体密度？如何监视SF_6气体密度？

答：气体密度是指某种气体在某一特定条件下单位体积的质量。SF_6断路器的绝缘和灭弧性能在很大程度上取决于SF_6气体的纯度和密度，为了能够达到经常监视其密度的目的，SF_6断路器应装设SF_6气体密度表和密度继电器，监视、控制和保护断路器。

16. 压力表、密度继电器和密度表有什么区别？

答：压力表是起监视作用的；密度继电器是起控制和保护作用的，密度表是压力表和密度继电器的集成，同时具有监视、控制和保护作用。

17. 什么是密度继电器？为什么SF_6断路器要采用这种继电器？

答：密度继电器或密度型压力开关，又可叫温度补偿压力继电器。它反映SF_6气体密度的变化。正常情况下，即使SF_6气体密度不变，但其压力却会随着环境温度的变化而变化。因此，如果用普通压力表来监视SF_6气体的泄漏，那就分不清是由于真正存在泄漏还是由于环境温度变化而造成SF_6气体的压力变化。因此，对于SF_6气体断路器必须用只反映密度变化的密度继电器来保护。

18. SF_6气体密度表的计量单位是什么？密度表在SF_6断路器中所起的作用是什么？

答：按照密度的定义，SF_6气体密度表指示值应该是密度的单位。但是，目前国内外生产和使用的密度表的指示值都是借用压力的单位MPa。

密度表在 SF_6 断路器中所起的作用是：

（1）当气体密度下降到规定的报警（补气）压力值时，动作发出报警（补气）信号。

（2）当气体压力下降到规定的闭锁值时，动作闭锁分、合闸操作回路。

19. 根据密度继电器的结构图（见图 2－7），描述密度继电器的工作原理。

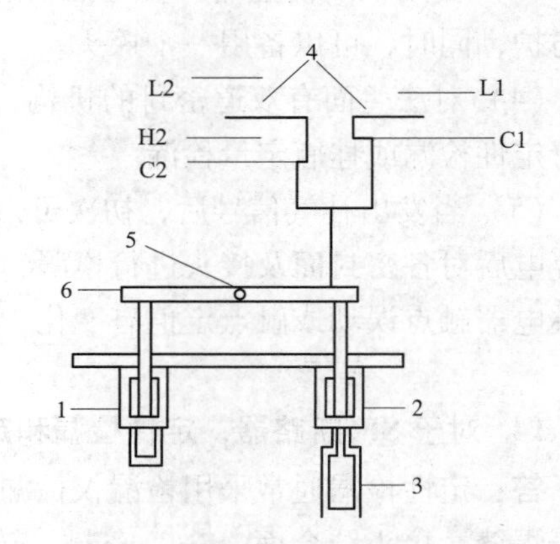

图 2－7 密度继电器结构简图

1、2—波纹管；3—标准 SF_6 气体；4—微动开关电触点；5—轴；6—杠杆；C1－L1—报警的电触点；C2－L2—闭锁电触点

答：在断路器内 SF_6 气体体积是不变的，而 SF_6 气体随环境温度及通过电流的变化，其压力也在变化，密度则不变，故压力表难以显示 SF_6 气体密度的变化。为准确判断气体密度的变化情况，采用以温度补偿原理来监测 SF_6 气体密度的继电器。

在继电器内部装设两只金属波纹管 1、2 分别充以密度不同的 SF_6 气体，波纹管 1 的内腔与断路器相通。当断路器充以额定压力的 SF_6 气体时，波纹管被压缩，与之相连的微动开关处于打开位置。当断路器内所充的 SF_6 气体密度因泄漏而减小时，波纹管被拉长。当下降到规定的报警值时，推动微动开关 C1－L1 动作，发出报警；当下降到规定闭锁值时，推动微动开关 C2－L2 动作，闭锁分、合闸回路。可见，密度继电器直接反映了 SF_6 气体密度的变化。

20. 使用密度表（密度继电器）的注意事项有哪些？

答：（1）SF_6 气体密度表（密度继电器）型号较多，但都应进行动作特性检测，检测时应使用 SF_6 气体校验仪或在断路器上和 SF_6 气体压力表配合进行。

（2）SF_6 断路器在运行时，密度表读数误差的大小取决于断路器的负荷电流和回路电阻所引起的温升的大小。

（3）密度表只有在断路器退出运行时，且断路器内外温度达到平衡后，才能够准确测量出 SF_6 气体的密度（压力）值。

（4）在拆卸密度表时，一定要缓慢拔出（或插入），防止指针因压力突然变化而大幅度摆动，而损伤指示系统，影响指示精度。

（5）在现场的实际工作中，给断路器充 SF_6 气体时，经常误认为多充 SF_6 气体，可以防止发补气和闭锁信号，确实，如果气体的压力充高些，会减小发补气和闭锁信号的几率，但是会加重断路器的各密封处的负担，有可能使断路器的密封处损坏，发生漏气现象，所以不提倡将 SF_6 气体压力充高现象，应严格控制在标准以内。

21. SF_6 密度表校验仪试验中仪器测试值是相对压力值吗？

答：一般校验仪测试的压力值为相对压力值，当被校验的密度表其报警值、闭锁值及压力指示值用绝对压力值表示时，应把绝对压力值（MPa）减去 0.1MPa（1 个大气压）转化为相对压力值。

22. SF_6断路器运行中的密度表读数与哪些因素有关？

答：（1）SF_6断路器运行中的密度表读数，从原理上讲只与SF_6气体的质量和体积有关。但由于断路器内部的容积是固定不变的，在SF_6断路器退出运行时，其读数的大小只与SF_6气体的质量有关，不产生误差。

（2）在对断路器充气时，其读数的大小与SF_6气体的质量和进气温度有关，将产生误差，实际密度与密度表读数之间的误差的大小，取决于环境温度与进气温度之间的温差的大小。

（3）在SF_6断路器运行时，其读数的大小与SF_6气体的质量和运行中产生的平均温升有关；实际密度与密度表读数之间的误差的大小取决于环境温度与SF_6气体的平均温度之间的温差的大小。

23. SF_6密度表校验是指什么？

答：SF_6断路器密度表的校验，就是利用密度表校验仪自动折算至20℃时的SF_6气体压力值，显示出各种温度和压力下的密度值，与仪器模拟的各种压力进行比较，以观察电触点的接触情况，能否在低压的规定值内发信号或闭锁断路器，来判断SF_6断路器密度表的好坏。在一般密闭容器中，一定温度下的SF_6气体压力可代表SF_6气体密度，故而为了统一标准，习惯上把20℃时的SF_6气体压力当作其对应密度的代表值。所以，SF_6气体密度表均以20℃时的SF_6气体压力作为标准值。SF_6气体密度表的检验，实际上就是测试20℃时的动作压力。

24. 简述密度表的动作检测内容。

答：（1）检测内容：在现场对密度表性能的检测主要内容有：① 报警（补气）启动压力值；② 闭锁启动压力值；③ 闭锁返回压力值；④ 报警（补气）返回压力值。

（2）所测压力参数应符合制造厂的要求，并应注意微动开关的启动与返回压差应小于或等于0.02MPa，所测压力应参照SF_6气体温度—压力曲线并修正到20℃时值。

25. 试述SF_6气体密度表校验流程。

答：（1）确认一次电气回路已经停运。

（2）断开密度表控制回路的电源（二次回路电源）。

（3）断开密度表和开关本体的气源连接。

（4）在拆卸密度表时，一定要缓慢拔出，防止指针突然归零，影响密度表的指示精度。

（5）断开密度表的触点输出线和开关控制回路的电气连接。

（6）检测密度表输出端子对地的绝缘，端子对地大于20MΩ。

（7）将密度表的气路和校验仪的气路连接。

（8）将密度表的触点输出和校验仪连接。

（9）温度平衡至少30min，确保密度表的环境温度和校验仪的温度感应一致。

（10）给密度表加压力至额定工作压力附近。

（11）缓慢降压，记录触点动作瞬间的压力值和温度值。误差 = 降压过程的测量值（P_{20}）－工厂设定值，压力单位采用MPa，采用绝对压力表示，所以检验所得到的P_{20}值需加上0.1MPa修正。

（12）清理安装接口。

（13）装前更换密封圈，并应在密封圈上均匀涂抹润滑脂。

（14）将密度表的螺母拧至预插入位，然后缓慢拧紧螺母，以防止压力的突然增加而损伤密度表的指示系统，拧紧密度表的螺母至规定的力矩。

（15）密度表的电缆线按线号与其接线端子号对应接入。

（16）拧紧密度表电缆锁母，装上接线盒盖，做好封堵。

26. SF_6气体密度表的校验可以采用哪些方法？各有什么优缺点？

答：（1）利用SF_6设备充气过程对SF_6密度表进行检验。GB 50150—2006《电气装置安装工程电气设备交接试验标准》中有关SF_6气体密度表的要求为：在充气过程中检查气体密度表及压力动作阀的动作值，应符合产品技术条件的规定。对单独运到现场的设备，应进行校验。这种方法主要用于安装现场，当SF_6设备安装完成后，对本体进行充气时，利用充气过程对密度表进行校对（触点的动作情况/压力表的指示数值）。方法如下：用万用表短接密度表的报警（闭锁）触点，充气，当报警触点不通时读取此时的压力值，根据压力－温度曲线换算后与标准压力进行比较。

这种方法简单实用，节省气体，可以初步判断密度表的好坏，但存在以下几个问题：

1）SF_6气体密度表主要使用在降压过程中，这种利用充气过程进行检验与实际情况不符合，影响准确度。

2）受温度影响大。SF_6储气瓶内的SF_6气体是以液态形式存放的，当设备充入SF_6气体时，由液态转化为气态，吸收能量，在很短的时间内充入到设备内的SF_6气体的温度与环境温度相差很大，而SF_6密度表长时间的处于室外，与环境温度相同，这样等同于是用不同温度的SF_6气体对密度表进行检验，很难保证检验的准确性。

3）利用SF_6压力表的读数作参考值，进行比较的检验方法，误差大。但若密度表的指针不能准确指示压力值时，其测得的密度表动作值将不准确。

（2）利用SF_6设备放气过程对SF_6密度表进行检验。此种操作的方法同上，但存在以下问题：若将SF_6气体放到报警或闭锁以下需要泄漏大量SF_6气体，是不允许的。若用回收装置进行回收SF_6气体，程序比较复杂。若设备条件允许可关闭密度表与设备本体之间的阀门，慢慢释放密度表内的微量SF_6气体，校对其触点的动作情况与压力表的指示值、标准值的关系。利用SF_6压力表的读数作参考值，进行比较的检验方法，误差大。但若密度表的指针不能准确指示压力值时，其测得的密度表动作值将不准确。

（3）用专用密度表校验仪对SF_6密度表进行检验。此种方法应用较多，也比较准确。此种方法是：通过使用各种不同的设备接口，把测试仪与各种不同设备上的密度表检验接口连接起来，使测试仪气路与SF_6电气设备的密度控制气路及压力表气路连通，形成一个封闭气路，通过比较SF_6电气设备上的密度表与测试仪上的精密压力传感器所测量的数值，以检验

SF_6电气设备上的密度表的精确度、准确度和可靠性以及误差。

它是利用 SF_6气体的放气过程对其进行检验，但不是利用 SF_6设备本体的气体，而是制作成一种专用装置在现场进行。检验时，利用设备本体的专用阀门将 SF_6密度表与本体隔离（若无专用阀门须将密度表拆下），然后与 SF_6气体密度表检验设备连接，进行检验。在精确测量 SF_6气体密度表动作时的压力并同时记录环境温度，通过换算得到20℃时的动作压力。

此种测试方法的优点是：测量 SF_6气体密度表触点的动作情况/表的指示数值精确度高，配套设备完善，密封性能好，不会造成气体外泄。其选用0.5级以上的压力表/传感器与敏感度为0.1℃的温度传感器。由于 SF_6气体为非理想气体，其压力变化特性与理想气体压力的变化特性相差比较大，所以不能采用理想气体特性来进行换算，而必须采用 SF_6气体压力/温度特性函数来进行换算，实现对在各种环境下的 SF_6气体密度表的检验工作。其缺点为设备价格较高，一般直接从专门的生产厂家购置。

27. 密度表动作原因有哪些？如何处理？

答：当密度表动作时，主要有以下几种原因：

（1）密度表动作值出现失误，造成误发信号。

（2）因断路器漏气造成密度表发出信号。

（3）二次电气接线出现故障。

（4）温度特性压力差太大，即断路器与波纹管内的 SF_6气体因不同的温度变化造成压差增大而误发信号。处理方法如下：当设备在运行中出现密度表动作的情况时，要正确判明情况并及时采取相应措施。首先应检查断路器的密度表值，测量实际温度并对照给出的温度压力曲线及压力表读数进行比较，判定断路器是否漏气；如果断路器未漏气，则应检查二次电气接线是否出现故障，同时应检查密度表波纹管内 SF_6气体与断路器内 SF_6是否有不同的温度变化；如确认是密度表本身出现问题，应更换。

当判断为 SF_6断路器漏气时，可分为：

（1）断路器一般规定允许年漏气率为0.5%，断路器长期微渗，会造成气体压力降低，如果是这种情况，则按规定进行补气。运行中的设备在补气时停电有困难，则可以带电进行，但应防止气体压力进一步下降，引起闭锁或强分出现。

（2）如果设备出现气体严重泄漏，应及时安排停电，利用检漏仪找出漏点，处理后补气至额定压力值。

28. 分析运行中密度表读数波动的原因？

答：（1）由于负荷电流较大且波动较大引起的。这是因为密度表只能补偿由于环境温度变化而带来的压力变化，而不能补偿由于断路器内部温升引起的压力变化。运行中，如果密度表的读数在额定值上方波动且同负荷电流的变化一致，可认为属正常现象。

（2）密度表安装在断路器的外部，在其温度补偿时补偿为环境温度，而断路器中的 SF_6气体的温度由于瓷套导热慢的原因会滞后于环境温度的变化，这就导致在一天时间内密度表的指示会有所偏移，通常上午外界环境温度升高时压力指示偏低；下午外界环境温度降低时压力指示偏高。

29. 六氟化硫电气设备中，气体含水量如何表示？SF_6气体微量水分的测量有什么要求？

答：SF_6气体断路器中水分含量是采用质量百分比（g/L）或体积万分比（μL/L）来表示（参见 GB/T 12022—2006《工业六氟化硫》）。SF_6气体微量水分的测量要求：

（1）SF_6新气含水量测试标准为应≤0. 000 5g/L。

（2）六氟化硫设备在20℃时气体湿度的允许值（按设备生产厂提供的温、湿度曲线换算）。有电弧分解物的隔室：150μL/L（交接验收值），300μL/L（运行允许值）；无电弧分解物的隔室：250μL/L（交接验收值），500μL/L（运行允许值）。

（3）SF_6气体含水量的测定应在断路器充气至额定压力24h后。

30. 为什么对SF_6断路器必须严格监督和控制气体的含水量？

答：（1）含水量较高时，很容易在绝缘材料表面结露，造成绝缘下降，严重时发生闪络击穿。含水量较高的气体在电弧高温作用下被分解，SF_6气体与水分产生多种反应，产生WO_3、CuF_2、WOF_4等粉末状绝缘物，其中CuF_2有强烈的吸湿性，附在绝缘表面，使沿面闪络电压下降，HF、H_2SO_3等具有强腐蚀性，对固体有机材料和金属有腐蚀作用，缩短设备寿命。

（2）含水量较高的气体，在电弧作用下产生其他化合物，影响到SF_6气体的纯度，减少SF_6气体介质复原数量，还有一些物质阻碍分解物的还原，断路器的灭弧能力受到影响。

（3）含水量较高的气体在电弧作用下分解成化合物SO_2、SOF_2、WO_2等，均为有毒有害物质，而SOF_2、SO_2的含量会随水分的增加而增加，直接威胁到人身安全。

31. SF_6气体的水分有哪些可能的来源？

答：（1）新气水分不合格。

（2）充气时带入水分。

（3）绝缘件带入水分。

（4）吸附剂带入水分。

（5）透过密封件渗入水分。

（6）设备渗漏。

（7）充气前断路器含水量不合格。

（8）产品结构设计不合理。

32. SF_6断路器含水量超标如何进行处理？

答：进行水分超标处理前，作业人员必须认真阅读SF_6气体回收装置说明书，并熟练掌握操作顺序和方法及操作注意事项，操作时必须严格按照所列条款进行。

第一步：回收断路器内SF_6气体，压缩回收气体至空钢瓶中，待专业部门净化处理。

第二步：按照规程要求抽真空。一般来说，处理微水含量超标问题时大多不破坏断路器的密封，所以无需对断路器的密封进行核查，只需保证抽真空时间、真空度，抽真空时间越长、真空度越高，对降低气体水分含量越有利。

第三步：充入高纯氮气。抽真空静置时间达到要求后，继续抽真空30min，切断真空泵电源，充入高纯氮气进行干燥，一般充氮气至正压即可。静置12h，测量氮气的水分含量满足规程要求。否则，应循环进行抽真空，再用高纯氮气冲洗一次，直至氮气含水量达到要求后才可进行下面程序。

第四步：循环抽真空。氮气含水量合格后，放掉氮气至零表压，循环抽真空过程，真空度达到 133Pa 后，继续抽真空 1h。

第五步：充入 SF_6 气体。切断真空泵电源，充入 SF_6 气体至额定压力（考虑到水分含量测试需要耗掉一部分气体，一般充气压力都高于额定压力）。静置 24h 后，测量 SF_6 气体含水量，应不大于 150μL/L。

若 SF_6 气体微水含量严重超标，达到 1500～2000μL/L 以上，则应考虑更换断路器气室内的吸附剂，此时需要破坏断路器本体的密封，处理程序同上述步骤，但应对断路器的密封状况进行测试。

注意：对因断路器密封不良、罐体某一部位存有砂眼、管路及 SF_6 表计渗漏等原因造成 SF_6 气体泄漏而引起的微量水分超标，在处理前应仔细查找漏点或更换 SF_6 表计，把泄漏问题解决后再处理水分问题，否则，微水超标的问题得不到根本解决。

33. 描述 SF_6 设备检修抽真空的步骤。

答：（1）真空度达到 133Pa 开始计算时间，维持真空泵运转至少在 30min 以上。

（2）停泵并与泵隔离，静观 30min 后读取真空度 A。

（3）再静观 5h 以上，读取真空度 B，当 $B-A \leqslant 67$Pa（极限允许值 133Pa）时抽真空合格，否则应先检测泄漏点。

（4）抽真空要有专人负责，要绝对防止误操作而引起的真空泵油倒灌事故。

（5）被抽真空气室附近有高压带电体时，应注意主回路可靠接地，以防止因感应电压引起的 GIS 内部元件损坏。

34. SF_6 设备检修对抽真空设备有什么要求？

答：（1）必须选择合适的、能达到 133Pa 以下真空度的真空泵；控制抽真空管道的长度，其口径要足够大，以免影响真空度。

（2）真空泵应设置电磁逆止阀和相序指示灯。

35. 现场采用抽真空和充入高纯氮冲洗的方法进行微水超标处理时，需要用到哪些设备和材料？

答：设备：SF_6 气体回收装置（由真空泵、压缩机、储存罐、干燥净化系统、制冷机组以及各类阀门、仪表等组成）、专用充气工具（包括管路、接头等）。

材料：空钢瓶、SF_6 气体、高纯氮。SF_6 气体应按照国标要求进行抽检，进行 SF_6 气体分析，其余的 SF_6 气体只做微量水分测试，微水含量不大于 0.000 5g/L；高纯氮的纯度不小于 99.9%。

36. 含水量超标处理有哪些注意事项？

答：（1）抽真空时应有专人负责，防止误操作引起真空泵液压油倒罐；若抽真空过程中突然断电，应及时关闭真空泵阀门，防止真空泵电磁阀故障导致液压油倒罐。

（2）真空机泵宜选用交流220V，避免真空泵运转方向反向，可避免真空泵油倒灌，且应在真空泵进口配置电磁阀，在意外断电时关闭真空泵进气口，起到防真空泵油倒灌的保护作用。

（3）抽真空处理时，必须选用功率符合要求的抽真空设备，严禁用一台抽真空设备对220kV及以上的断路器两相甚至三相同时进行抽真空处理，以免影响到真空处理效果。

（4）真空泵操作顺序：合上真空泵电机电源→打开真空泵阀门→打开断路器阀门→达到真空度后→关闭断路器阀门→关闭真空泵阀门→切断真空泵电源。

（5）抽真空设备必须用经校验合格的数字式真空计，严禁使用水银真空计，防抽真空操作不当水银被倒吸入电气设备内部，应使用指针式真空表或电子液晶体真空表。抽真空时严禁用抽真空的时间长短来估计真空度，抽真空所连接的管路长度符合要求，并采用管径大小及强度符合要求的管路。

（6）回收及充入气体时，作业人员应严格按照有关要求，采取好防护措施，以防SF_6气体中毒，如接触罐体阀门处的分解物应戴防毒口罩和防护手套，并及时用水冲洗。

（7）压缩回收气体至空钢瓶时，速度不能过快，注意不要随意触摸气瓶，防止造成人员皮肤烫伤。

（8）在充装作业时，为防止引入外来杂质，充气前所有管路、连接部件均需根据其可能残存的污物和材质情况用稀盐酸或稀碱浸洗，冲净后加热干燥备用。连接管路时操作人员应佩戴清洁、干燥的手套。接口处擦净吹干，管内用SF_6新气缓慢冲洗即可正式充气。

（9）环境温度较低时，液体不易气化，可用气瓶专用加热袋对气瓶加热，加速液态气体的气化，保持连续充气，严禁使用明火烘烤气瓶；当气瓶压力降低至9.8×10^4Pa（0.1MPa或1个大气压）时，应立即停止充气，防止气瓶底部气体中的杂质进入断路器中。

（10）为防止环境因素对处理过程的影响，所有上述作业严禁在雨雾等湿度较大的天气中进行。

37. 影响SF_6含水量测量准确度的因素主要有哪些?

答：（1）环境温度影响。环境温度不同，SF_6设备元件、材料吸附水分的能力不同，露点制冷能力不同，吸附剂吸附能力不同。

（2）连接气路的材料、接头的影响。

（3）SF_6气体压力的影响。

（4）测量次数的影响。

（5）钢瓶放置方式的影响。

（6）仪器灵敏度的影响。

38. SF_6气体水分含量的测量方法有哪些?

答：（1）重量法（仲裁法）。SF_6试样通过已知质量的无水高氯酸镁水分吸收管，由吸收管的增量值计算水分含量。

（2）电解法。用涂敷了磷酸的两电极形成一个电解池，在两电极间施加一直流电压，气体中的水分被池内作为吸湿剂的 P_2O_5 膜层连续吸收，生成磷酸，并被电解为氢和氧，同时 P_2O_5 得以再生。当吸收和电解达到平衡后，进入电解池的水分全部被 P_2O_5 膜层吸收，并全部被电解，电解电流就是水分含量的量度。

（3）露点法。当一定体积的气体在恒定的压力下均匀降温时，气体和气体中水分的分压保持不变，直至气体中的水分达到饱和状态，该状态下的温度就是气体的露点。通常是在气体流经的测定室中安装镜面及其附件，通过测定在单位时间内离开和返回镜面的水分子数达到动态平衡时的镜面温度来确定气体的露点。一定的气体水分含量对应一个露点温度；同时一个露点温度对应一定的气体水分含量。因此测定气体的露点温度就可以测定气体的水分含量。由露点值可以计算出气体中微量水分含量，由露点和所测气体的温度可以得到气体的相对水分含量。

39. 对 SF_6 气体的标志、标签有什么要求？

答：（1）每批出厂的 SF_6 都应附有一定格式的质量证明书，内容包括生产厂名称、产品名称、批号、气瓶编号、净质量、生产日期和标准编号。

（2）气瓶应喷涂油漆，标明厂家名称、产品名称、批号、气瓶编号及产品商标。气瓶的漆色、字样、标签等应符合相关规定。

40. SF_6 气体包装、运输和储存有什么要求？

答（1）工业 SF_6 应充装在洁净、干燥的气瓶中。气瓶容积一般为 40 L，也可根据用户需要选用相应容积的气瓶。气瓶设计压力为 7MPa 时，充装系数不大于 1.04kg/L。气瓶设计压力为 8MPa 时，充装系数不大于 1.17kg/L；气瓶设计压力为 12.5MPa 时，充装系数不大于 1.33kg/L。气瓶应带有安全帽和防振胶圈。

（2）充装气体前应检查气瓶检验期限、外观缺陷、阀体与气瓶连接处的密封性。

（3）SF_6 气瓶应放置在阴凉干燥、通风良好、敞开的专门场所，直立保存，并应远离热源和油污的地方，防潮、防阳光曝晒，并不得有水分或油污粘在阀门上。

（4）装运应符合有关规定。运输时可以卧放；搬运时，把气瓶帽旋紧，轻装轻卸，严禁抛滑或敲击、碰撞。

（5）新气应按照制造厂不同批号分类集中保管；气瓶的安全帽、防振圈齐全，安全帽应旋紧；存放气瓶必须竖立放置储存，标志向外，不得与其他气瓶混放。

41. 运行中 SF_6 气体质量如何进行监督与管理？

答：（1）设备安装室应定期进行室内通风换气，并定期进行六氟化硫和氧气含量的检测。空气中的含氧量应大于 18%。

（2）运行人员经常出入的户内设备场所每班至少换气 15min，换气量应达 3～5 倍的空间体积，抽风口应安置在室内下部。对工作人员不经常出入的设备场所，在进入前应先通风 15min。

（3）在户内设备安装场所的地面层应安装带报警装置的氧量仪和六氟化硫浓度仪。空气中氧含量应大于18%，氧量仪在空气中含氧量降至18%时应报警。六氟化硫浓度仪在空气中 SF_6 含量达到1000μL/L时发出警报。如发现不合格时应通风、换气。

（4）设备运行中如发现表压下降，补气报警时应分析原因，必要时对设备进行全面检漏，并进行有效处理，若发现有漏气点应立即处理。

（5）SF_6 气体中湿度是影响设备安全运行的关键指标，若发现湿度超出标准，应使用气体回收装置进行干燥、净化处理。

（6）六氟化硫电气设备中加入吸附剂的量，可取气体充入质量的1/10。

42. SF_6电气设备解体时有哪些安全保护？

答：（1）对欲回收利用的 SF_6 气体，需进行净化处理，达到新气标准后方可使用。对排放的废气，事前需作净化处理（如采用碱吸收的方法），达到国家环保规定标准后，方可排放。

（2）设备解体前，应对设备内 SF_6 气体进行必要的分析测定，根据有毒气体含量，采取相应的安全防护措施。设备解体工作方案，应包括安全防护措施。

（3）设备解体前，用回收净化装置净化 SF_6 运行气，并对设备抽真空，用氮气冲洗3次后，方可进行设备解体检修。

（4）解体时，检修人员应穿戴防护服及防毒面具。设备封盖打开后，应暂时撤离现场30min。

（5）在取出吸附剂，清洗金属和绝缘零部件时，检修人员应穿戴全套的安全防护用品，并用吸尘器和毛刷清除粉末。

（6）将清出的吸附剂、金属粉末等废物放入酸或碱溶液中处理至中性后，进行深埋处理，深度应大于0.8m，地点选在野外边远地区、下水处。

（7）SF_6 电气设备解体检修净化车间要密闭、低尘降，并保证有良好的地沟机力引风排气设施，其换气量应保证在15min内全车间换气一次。排出气口设在底部。

（8）工作结束后使用过的防护用具应清洗干净，检修人员要洗澡。

43. 处理 SF_6电气设备紧急事故时有哪些安全防护？

答：（1）当防爆膜破裂及其他原因造成大量气体泄漏时，需采取紧急防护措施，并立即报告有关上级主管部门。

（2）室内紧急事故发生后，应立即开启全部通风系统，工作人员根据事故情况，佩戴防毒面具或氧气呼吸器，进入现场进行处理。

（3）发生防爆膜破裂事故时应停电处理。

（4）防爆膜破裂喷出的粉末，应用吸尘器或毛刷清理干净。

（5）事故处理后，应将所有防护用品清洗干净，工作人员要洗澡。

（6）SF_6 气体中存在的有毒气体和设备内产生的粉尘，对人体呼吸系统及黏膜等有一定的危害，一般中毒后会出现不同程度的流泪、打喷嚏、流涕，鼻腔咽喉有热辣感，发音嘶哑、咳嗽、头晕、恶心、胸闷、颈部不适等症状。发生上述中毒现象时，应迅速将中毒者移至空气新鲜处，并及时进行治疗。

（7）要与有关医疗单位联系，制订可能发生的中毒事故的处理方案和配备必要的药品，以便发生中毒事故时，中毒者能够得到及时的治疗。

44. 对 SF_6 断路器充、补 SF_6 气体时有哪些安全注意事项？

答：（1）对电气设备充 SF_6 气体，必须由经过专业技术培训的人员操作。

（2）应小心移动和连接气瓶，充气装置中的软管和电气设备的充气接头应连接可靠。

（3）从 SF_6 气瓶中引出 SF_6 气体时，必须使用减压阀降压。

（4）运输和安装后第一次充气时，充气装置中应包括一个安全阀，以免充气压力过高引起绝缘子爆炸。

（5）避免装有 SF_6 气体的气瓶靠近热源或受阳光曝晒。

（6）气瓶轻拿轻放，避免气瓶受到撞击。

（7）使用过得 SF_6 气瓶应关紧阀门，带上瓶帽，防止剩余气体泄漏。

（8）在对户外电气设备充注 SF_6 气体时，工作人员应在上风方向操作；对户内电气设备充注 SF_6 气体时，要开启通风系统，尽量避免和减少 SF_6 气体泄漏到工作区域。要求用检漏仪监测，工作区域空气中 SF_6 气体含量不得超过 $1000\mu L/L$。

（9）对于设备充气接头在操动机构内部的设备，进行带电补气时，要注意误碰，导致机构误动。

45. SF_6 电气设备充、补气工艺流程有哪些注意事项？

答：（1）充入电气设备的 SF_6 气体应符合相关规定。

（2）充气前，先测试 SF_6 气体钢瓶内的含水量，应不大于 $5\mu g/g$。

（3）对新安装的电气设备，必须在进气前对电气设备的运输压力及水分进行测定，并确认该电气设备未受潮的情况下方可充注新气。

（4）在充装作业时，为防止引入外来杂质，充气前所有管路、连接部件均需根据其可能残存的污物和材质情况用稀盐酸或稀碱浸洗，冲净后加热干燥备用。连接管路时操作人员应佩戴清洁、干燥的手套。接口处擦净吹干，管内用 SF_6 新气缓慢冲洗即可正式充气。

（5）对设备抽真空是净化和检漏的重要手段。充气前设备应按照标准抽真空。

（6）分解检修后的充气一般先充入 0.05～0.1MPa 压力的 SF_6 气体，静止 24h 后进行含水量测量，合格后方可充至额定压力值。

（7）分解检修后的充气过程中校验密度表的闭锁复归值/动作值，报警复归值/动作值。

（8）电气设备充 SF_6 气体时，对国产气体宜采用液相法充气（将钢瓶放倒，底部垫高约 30°），使钢瓶的出口处于液相。对于进口气体，可以采用气相法。

（9）当气瓶内压力降至 0.1MPa 时，要停止充气；充、补气后，应称钢瓶的质量，以计算断路器内气体的质量，瓶内剩余气体质量应标出。

（10）环境温度较低时，液态 SF_6 气体不易气化，可用 1000W 碘钨灯对钢瓶加热，保证充气压力。

（11）SF_6电气设备分解和充气时，环境相对湿度不高于80%。

（12）对电气设备内部的 SF_6 气体应测量其纯度，SF_6 纯度应大于95%或 SF_6 气体中的空气含量应小于0.05%，这对于罐式断路器或GIS尤其重要。

（13）充气后，电气设备内部的压力应按照 SF_6 气体温度曲线折算到20℃时的标准进行修订。

（14）充、补气后至少24h，才可进行含水量的检测。

（15）充装完毕后，对设备密封外，焊缝以及管路接头进行全面检漏，确认无泄漏则可认为充装完毕。

（16）如果是密度表发出的补气信号，应查明是密度表误发信号，还是断路器出现漏气，以利于正确处理。

（17）不同型号断路器规定的压力值不同，有绝对压力值与相对压力值之分，充气时应注意。充气后应等待足够的时间使断路器内部温度与环境温度达到平衡后，读取压力值，进行适当调整，最终达到额定压力。

（18）对于罐式断路器或GIS组合电气设备，充气工作结束后应对其进行工频耐压试验。

46. 分析 SF_6气体压力降低发信号原因？如何处理？

答：首先检查 SF_6气体表压力并将其换算到当时环境温度下，如果低于报警压力值，则为 SF_6气体泄漏，否则可排除气体泄漏的可能。检查密度继电器触点是否进水、受潮导致短路，检查二次回路有无故障。

第一种情况：SF_6气体泄漏。检查最近气体填充后的纪录，如气体密度以大于0.01MPa/年的速度下降，必须用检漏仪检测，更换密封件和其他已损坏的部件。具体方法：如泄漏很快，可充气至额定压力。

（1）检看压力表，同时用检漏仪查找管路接头漏点。

（2）用包扎法逐相逐个密封部位查找漏点。

主要泄漏部位及处理方法：

（1）焊缝。处理方法：补焊。

（2）支持瓷套与法兰连接处、法兰密封面等。处理方法：更换法兰面密封或瓷套。

（3）灭弧室顶盖，提升杆密封，三连箱盖板处。处理方法：处理密封面、更换密封圈。

（4）管路接头、密度继电器接口、压力表接头。处理方法：处理接头密封面更换密封圈，或暂时将压力表拆下。

（5）如发现 SF_6气体泄漏，应检测微水含量。

第二种情况：二次回路或密度表故障。依次检查密度表信号触点及二次回路相应触点，密度表故障的应更换。

第三种情况：密度表设计不合理。部分厂家生产的密度表在密封上不良，出现受潮甚至进水，导致内部节点短路。处理方法：改变密度表安装位置，对密度表接头部位加涂密封胶。

47. 防止 SF_6 气体分解物危害人体的措施有哪些？

答：（1）当 SF_6 气体分解物逸入 GIS 室时，工作人员要全部撤出室内，并投入通风机。

（2）故障半小时后，工作人员方能进入事故现场，并要穿防护服，戴防毒面罩。

（3）若不允许 SF_6 气体分解物直接进入大气，则应用小苏打溶液的装置过滤后再排入大气。

（4）处理固体分解物时，必须用吸尘器，并配有过滤器。

（5）在事故 30min～4h 之内，工作人员进入事故现场时，一定要穿防护服，戴防毒面罩，4h 以后方能脱掉。进入 GIS 设备内部清理时仍要穿防护服、戴防毒面罩。

（6）凡用过的抹布、防护服、清洁袋、过滤器、吸附剂、用过的苏打粉等均应用塑料袋装好，放在金属容器里深埋，不允许焚烧。

（7）防毒面罩、橡皮手套、鞭子等必须用小苏打溶液洗干净，再用清水洗净；工作人员裸露部分均应用小苏打水冲洗，然后用肥皂洗净抹干。

（8）为了防止工作人员触电，工作人员操作隔离开关时，应戴橡皮手套站在绝缘平台上操作。

48. SF_6 气体回收充气装置主要由哪些系统组成？SF_6 气体回收充气装置主要形式有哪些？说明回收储存原理。

答：SF_6 气体回收充气装置主要由回收系统、充气系统、净化系统、抽真空系统、储气罐以及控制系统等组成。

SF_6 气体回收充气装置按制造地可分为进口与国产两种，按回收储存原理可分为高压液化法及冷冻液化法两种，按回收系统是否有油可分为无油回收及有油回收两种。

在国际上，SF_6 气体回收充气装置的回收储存原理主要有两种：① 采用冷冻液化法原理，即在 SF_6 气体回收的过程中，在一定的 SF_6 气体压力下，利用制冷机组使 SF_6 气体温度降低至该压力下的饱和蒸汽温度，SF_6 气体开始液化为液体，并以液体形式进行储存，优点是回收速度快、液化速度快。② 采用高压液化法原理，即在 SF_6 气体回收的过程中，在当时的环境温度下，利用压缩机将 SF_6 气体压力提高至该温度下的饱和蒸汽压力，SF_6 气体开始转化为液体，并以液体形式进行储存。

49. 描述 SF_6 电气设备分解前气体回收工艺流程。

答：（1）利用 SF_6 气体回收装置回收气体至压力表指针为负值。

（2）利用真空泵对 SF_6 电气设备抽真空至 100Pa，充入高纯氮气至额定压力值，并放出高纯氮至零表压后抽真空到 100Pa，充入高纯氮气至额定压力值，再次放出高纯氮至零表压（充氮气两遍对 SF_6 电器内部冲洗）。

（3）开启封板或顶盖，检修人员撤离 30min 后，方可进行分解工作。

（4）回收的 SF_6 气体利用回收装置进行净化处理，并使之成为液态。

50. SF_6 气体压力有绝对压力与表压力两种方法，它们之间的换算公式是什么？

答：表压力 = 绝对压力 − 大气压力。

51. SF_6电气设备（含 SF_6 断路器）内装设吸附剂有何作用？

答：（1）吸附设备内部 SF_6气体中的水分。

（2）吸附 SF_6气体在电弧高温作用下产生的有毒分解物。

52. SF_6断路器常用的吸附剂有哪几种？

答：常用的有活性炭、活性氧化铝、分子筛三种，这些吸附剂都是多孔性物质，具有很强的吸附能力。可以吸收水分和 SF_6分解物，实践证明：在灭弧室中安放适当吸附剂，有毒气体可以大大减少。

53. 如何对 SF_6断路器中安放的吸附剂进行配置？

答：由于一种吸附剂对某一成分吸附饱和后，仅能再吸附另一成分允许吸附量的一半乃至几分之一，因此与其利用一种吸附剂同时吸附两种以上物质，不如根据各种吸附剂的不同吸附特性采用两种以上吸附剂分担不同的作用，即做成几个吸附层。在 SF_6设备中，一般将分解气体吸附剂作为上流层，水分吸附剂作下流层。

54. SF_6断路器更换吸附剂有哪些注意事项？

答：（1）吸附剂在安装前原则上应按规定进行活化处理，吸附剂的活化处理，一般用干燥的方法。干燥温度及时间按制造厂规定。

（2）装吸附剂速度越快越好，若气室内有几处装吸附剂的地方，应分别同时进行。应选择晴天且相对湿度小的条件下装吸附剂，装入吸附剂至抽真空的时间要控制在 1h 之内；较长的母线筒时间可适当延长，但不得超过 5h，装吸附剂后应立即抽真空。

（3）产生分解气体的设备中更换下来的吸附剂不要再生，应利用 20% 的氢氧化钠溶液浸泡 12h 后深埋。

（4）吸附剂应防潮、防水，置于阴凉干燥处保管。

55. SF_6断路器报废时，如何对气体和分解物进行处理？

答：SF_6断路器报废时，应使用专用的 SF_6气体回收装置，将断路器内的 SF_6气体进行过滤、净化、干燥处理，达到新气标准后，可以重新使用。这样既节省资金，又减少环境污染。

对于从断路器中清出的吸附剂和粉末状固体分解物等，可以放入酸或碱溶液中处理至中性后，进行深埋处理。深埋深度应大于 0.8m，地点应选择在野外边缘地区、下水处。所有废物都是活性的，很快就会分解和消失，不会对环境产生长期影响。

56. SF_6气体管理包括哪几方面？

答：（1）气体纯度管理。SF_6新气由于各种因素，存在一定的杂质。因此在充气前应进行抽样复检，其纯度不应小于 99.8%（质量比）。

（2）气体气压管理。为适应 SF_6 断路器的检修周期长的要求，必须进行 SF_6断路器的防漏和检漏，确保年漏气率小于 0.5%，在巡视中如发现异常（如表压下降带有刺激臭味，自感不适）应立即向主管部门汇报，追查原因，采取相应措施。

（3）气体水分管理。SF_6中水分含量是影响设备安全可靠运行的关键指标应予以特别关注。要求新装或解体检修后一年内复测一次，以后三年检测一次，其微水含量要求解体检修后，有电弧分解物的隔室不大于150μL/L，运行中不大于300μL/L；无电弧分解物的隔室不大于250μL/L，运行中不大于500μL/L。检验样品应液相取样，取祥时将样品气瓶倒置或倾斜，使气瓶口处于最低点。

57. 如何检验SF_6新气？

答：（1）使用单位有权按照标准的规定对收到的工业SF_6进行验收。验收应在货到之日起的一个月内进行。

（2）购进新气应按批号进行抽样检查。应符合SF_6气体质量标准和生物毒性试验无毒性，如果有不符合或疑问，不允许使用，抽样的气瓶应送往有资质的SF_6气体检测中心进行复检并确认气体的质量。

（3）气体抽样检验数按照GB/T 12022—2006《工业六氟化硫》规定进行。总量1瓶时抽检1瓶；总量2～40瓶时抽检2瓶；总量41～70瓶时抽检3瓶；总量大于70瓶时抽检4瓶。注意每批气瓶总量均指出厂批号气的数量（同一来源稳定充装的工业SF_6构成一批，每批产品的重量不超过5t）。

（4）气瓶进库存放时间超过半年以上者，在使用前应再次进行抽检，以防在放置期间可能引起的气体成分改变。一般以复测水分及纯度为主，若发现气体质量已不符合标准，则应用气体回收装置进行净化处理，经检验合格方可使用。

（5）检验结果中如有一项指标不符合标准要求时，应重新自两倍量的包装中采样进行复验，复验结果即使有一项指标不符合本标准要求时，则整批产品为不合格。

58. SF_6断路器的检漏工作，一般分为哪几种类型？

答：SF_6断路器的检漏工作，一般分为三种类型。

（1）测定整台设备年漏率。测定整台设备年漏率仅在设备安装或解体检修后必要时经局部定量漏气率测定合格后进行。

（2）局部定量漏气率的测量。局部定量漏气率的测量主要是为了掌握每一个密封面的气体泄漏情况，并将其控制在标准以内。

（3）定性检漏。主要是为了掌握设备是否存在较大的泄漏。

59. 通常SF_6断路器检修作业前的检查和试验内容有哪些？

答：（1）对断路器本体作外部检查，内容包括瓷套有无裂纹、基础螺栓和接地螺栓是否松动，各个密封部位有无漏气现象，SF_6气体密度表指示是否正常，并做好记录。

（2）检查操动机构各部件有无损坏变形，可调部位是否产生移动，并进行电动（或手动）分、合操作，观察其动作有无异常情况。

（3）根据需要可进行的试验：测量导电回路的电阻，电气绝缘试验（包括绝缘电阻），按具体情况测录部分机械特性数据。

（4）断路器在进行检查和试验后，应切除操动机构的分、合闸电源。切除储能电动机的电源，以避免损坏，使断路器处于分闸状态，并应在弹簧能量均已释放后，才能进行检修。

60. SF_6高压断路器检修如何分类？分别包括哪些项目？

答：按工作性质内容及工作涉及范围，将 SF_6高压断路器检修工作分为四类：A 类检修、B 类检修、C 类检修、D 类检修。其中，A、B、C 类是停电检修，D 类是不停电检修。

A 类检修是指 SF_6高压断路器的整体解体性检查、维修、更换和试验。检修项目包括现场全面解体检修、返厂检修。

B 类检修是指 SF_6高压断路器局部性的检修，部件的解体检查、维修、更换和试验。检修项目包括本体部件更换、本体主要部件处理、操动机构部件更换。本体部件更换，如极柱、灭弧室、导电部件、均压电容器、合闸电阻、传动部件、支持瓷套、密封件、SF_6气体、吸附剂、其他。本体主要部件处理，如灭弧室、传动部件、导电回路、SF_6气体、其他。操动机构部件更换，如整体更换、传动部件、控制部件、储能部件、其他。

C 类检修是对高压断路器常规性检查、维护和试验。检修项目包括预防性试验；清扫、维护、检查、修理；检查高压引线及端子板、基础及支架、瓷套外表、均压环、相间连杆、液压系统、机构箱、辅助及控制回路、分合闸弹簧、油缓冲器、并联电容、合闸电阻。

D 类检修是对 SF_6高压断路器在不停电状态下进行的带电测试、外观检查和维修。检修项目包括瓷瓶外观目测检查；对有自封阀门的充气口进行带电补气工作；对有自封阀门的密度继电器/压力表进行更换或校验工作；防锈补漆工作（带电距离够的情况下）；更换部分二次元器件，如直流空开；检修人员专业巡视；带电检测项目。

61. 维护运行中的 SF_6断路器应注意哪些事项？

答：（1）检修人员必须掌握 SF_6介质和 SF_6设备的基础理论知识和有关技术规程。

（2）必须配备专职的断路器的化学监督人员，配备必要的仪器设备和防护用品。

（3）密度继电器逆止阀在拆装时，有可能导致逆止阀受到侧向力而受损，降低逆止作用。盖板打开一次，O 形密封圈就必须更换，安装时必须清理干净，涂低温润滑脂，其盖板两侧螺栓必须均匀拧紧，松紧要适度，防止密封圈一头突起，无法到位，引起破损产生漏气。另要防止密封圈受挤压失去弹性、老化、起皱、受损，产生漏气。

（4）补气时，新气必须经过检测和分析，合格后才可使用，充气前所有管路必须冲洗干净。

（5）检测人员进行检漏时，所测部位无感应电压，否则必须接地。对 SF_6 气体可能有沉积的部位进行检漏时，必须先用风扇吹后进行。对一些难以确定漏气部位的断路器，可用塑料布将怀疑部件包扎起来，待 SF_6气体沉积下来以后再进行检测。

62. SF_6断路器常见故障有哪些？怎么处理？

答：SF_6断路器常见故障及处理方法见表 2 - 1。

表 2-1　SF_6断路器常见故障及处理方法

序号	常见故障	故障原因	处理方法
1	泄漏	1. 密封面紧固螺栓松动 2. 焊缝渗漏 3. 压力表渗漏 4. 瓷套管破损	1. 紧固螺栓或更换密封件 2. 补焊、刷漆 3. 更换压力表 4. 退还厂方或厂方维护站，更换新瓷套管
2	绝缘不良，放电闪络	1. 瓷套管污秽较多或有其他异物 2. 瓷套管炸裂或绝缘不良	1. 清理污秽及其他异物 2. 更换合格瓷套管
3	本体内部卡死，某相完全不能动作	多数是绝缘拨叉脱落或断裂所致	退还厂方，或由厂方维护站解体检修

SF_6断路器操动机构常见故障及处理方法见表 2-2。

表 2-2　SF_6断路器操动机构常见故障及处理方法

序号	常见故障	故障原因	处理方法
1（拒合）	合闸铁芯和机构已动作	1. 主轴与拐臂连接用圆锥销被切断 2. 合闸弹簧疲劳 3. 脱扣连板动作后不复归或复归缓慢 4. 脱扣机构未锁住	1. 更换新销钉 2. 更换新弹簧 3. 检查脱扣联板弹簧有无失效，机构主轴有无窜动 4. 调整半轴与扇形板的搭接量
	铁芯动作，但顶不动机构	1. 合闸铁芯顶杆顶偏 2. 机构不灵活 3. 电机储能回路未储能 4. 驱动棘爪与棘轮间卡死	1. 调整连板到顶杆中间 2. 检查机构联动部分 3. 检查储能电机行程开关及其回路是否正常 4. 调整电机凸轮到最高升程后，调整棘爪与棘轮间隙至 0.5mm，不卡死为宜
	合闸铁芯不能动作	1. 失去电源 2. 合闸回路不通 3. 铁芯卡滞	检查原因并予以消除
	合闸跳跃	扇形板与半轴搭接太少	适当调整，使其正常
2（拒分）	1. 分闸铁芯已经动作 2. 分闸铁芯不能动作	1. 分闸拐臂与主轴销钉切断 2. 分闸弹簧疲劳 3. 扇形板与半轴搭界太多	1. 更换新销钉 2. 更换新弹簧 3. 适当调整使其正常
		1. 分闸回路不通 2. 分闸铁芯卡滞 3. 失去电源	检查原因并予以消除
3	分、合速度不够	1. 分合闸弹簧疲劳 2. 机构运动不正常 3. 本体内部卡滞	1. 更换新弹簧 2. 检查原因并予以消除 3. 解体检查

63. LW＊－35 型断路器本体解体检修时，密封面的处理工艺要求是什么？

答：（1）密封槽面不能由划伤痕迹，不能有锈迹，必要时，可用 800 号水砂纸及金相砂纸打磨光洁。

（2）用丙酮或无水酒精，清洗密封面，用无纤维高级卫生纸反复揩拭干净。

（3）所有拆下的密封圈必须全部更换，新密封圈用无纤维高级卫生纸纸蘸丙酮或无水酒精清擦，应无气泡或划痕。

（4）分别在密封槽内涂适量的密封脂。

（5）对密封圈外侧的法兰面涂中性凡士林或 2 号低温润滑脂，法兰连接缝及螺栓可用 703 密封胶密封。

（6）法兰连接或封盖时，应用力矩扳手对角均匀紧固螺栓。

64. 试述 LW＊－35 型断路器灭弧室解体重点检查的部件有哪些？

答：（1）动、静触头的触指不应变形，弹簧不变形、断裂（弹簧一般要进行更换），触指的镀银层不应脱落，触指磨损不应严重，否则应更换。

（2）定开距灭弧室的导电杆应光洁、平直，表面镀银层磨损不应超过 70%，否则应更换。

（3）定开距灭弧室的滑动触头应不变形、无严重磨损，弹簧一般应更换，与压气缸的接触面应光洁，无明显凹痕。

（4）喷嘴是灭弧的关键部件，如果出现严重烧伤、开裂、孔径变大或不圆等情况，应予以更换。轻微烧损，可用 800 号水砂纸修磨光洁。

（5）活塞组件应符合下列要求：止回阀阀片应平整，弹簧不变形、开启、关闭动作灵活。活塞与压气缸不变形、不开裂、内外表面光洁，活塞环（密封圈、聚四氟乙烯环），解体后应更换。内外活塞环及导管组件与压气缸内壁配合应严密，配合后摩擦系数不宜过大，手推拉活塞杆应能拉动。动、静弧触头烧伤大于 3mm，外径严重烧损应更换。动、静弧触头应紧固，并应有防松顶丝，顶丝上应滴少许黏接剂防松。导向装置表面光洁、无碎裂，与操作杆连接良好，轴销及衬套磨损应不大于 0.2mm，连杆和导向装置的密封应更换，组装时在其空间应涂满专用油脂。连杆和导向装置运动应灵活。变开距灭弧室的喷口、主动触头、弧触头、压气缸与操作连杆的组合装配时，应连接紧密、牢固，相互间应垂直，长度符合要求。组合中任一零件损坏应整体更换，定开局灭弧室可更换单一零件。

（6）仔细检查灭弧室瓷套，应无碎裂损坏，法兰与瓷套浇合处良好，两端的瓷平面应平整、光洁。内壁可用丙酮或无水酒精清洗干净。

（7）静触头座法兰和活塞体法兰应清洗干净，油脂、油漆、密封脂均应除去，法兰面与密封槽无划痕，应不留有尘埃、纤维等。

65. LW8－35（A）开关合不上的主要原因有哪些？如何调整？

答：主要原因：

（1）半轴与扇形板扣接量小。

（2）分闸储能后扇形板没有复位到脱离半轴位置。

调整部位：

（1）调整半轴与扇形板的扣接量为2～4mm。

（2）调整机构与开关间的（拉杆）长度，使得扇形板复位到脱离半轴位置并保持2～6mm的间隙，使得半轴自由复位。

66. LW6型断路器抽真空和充SF_6气体有哪些特殊要求？

答：（1）由于三联箱与支柱及断口的SF_6气体系统是经细管连通（俗称小连通）的，抽真空和充SF_6气体时，必须从五通接头下分别引出两根管子。一极接于三联箱上，另一根接于支柱下部密度继电器上。

（2）为防止自封接头不通，致使断口与支柱之间气路不通，因而抽真空时应进行检验，以保证回路畅通。充SF_6气体时，当压力充到规定值后，应静止一段时间，可通过观察压力变化或者采取称所充入SF_6气体的质量来进行判断。

（3）该系列断路器由于采用双道密封圈，提供了挂瓶条件，因而可采用挂瓶检漏方法。

67. LW6型断路器提升杆转动原因、危害及处理措施是什么？

答：原因：该断路器的传动系统为：工作缸活塞杆—接头—提升杆—接头三联箱传动机构。提升杆与接头之间为螺扣连接。在断路器进行分、合闸操作时，工作缸的活塞在液压油的作用下受到轴向推力的同时，有可能还受到旋转力的作用，从而带动提升杆进行旋转。上接头与三联箱传动机构之间为固定连接，由于双断口的限制，上接头不可能发生旋转。因此提升杆将从接头螺扣中慢慢旋出。

危害：在旋转圈数较少的情况下，将引起触头行程发生变化，进而影响速度、时间等参数，造成三相分合闸不同期。在旋出圈数较多甚至提升杆脱落时，该相断路器拒动，造成断路器非全相分合闸。如果在分闸过程中由于扣接强度不够而引起提升杆脱落，断路器将由于不能灭弧而引起爆炸。

处理措施：在工作缸与活塞杆之间加装防转法兰，同时在提升杆与接头连接处加销钉，将工作缸活塞引起的旋转限制在提升杆的防转法兰以下，保证提升杆不发生转动。

第三节　真空断路器

1. 什么是真空？什么是真空度，单位是什么？

答：真空是用来描述低于大气压力或大气质量密度的稀薄气体状态。

真空度就是表示真空状态下气体的稀薄程度。通常用压力值来表示。真空度单位：托（Torr），$1Torr = 1mmHg = 13.6g/mm^2 = 1.33 \times 10^3 bar = 133.32Pa$。气体的绝对压力值越低，真空度越高（如某真空灭弧室微量漏气，说明真空度是降低了）。

2. 真空区域如何划分？真空灭弧室的真空属于哪个区域？

答：根据真空的概念，凡是绝对压力低于工程大气压时，即为真空状态。真空状态可以划分为几个区域，国内通常是这样划分的：

（1）粗真空：真空压力在 $1.01\times10^{5}\sim1.33\times10^{2}$Pa。

（2）低真空：真空压力在 $1.33\times10^{2}\sim1.33\times10^{-1}$Pa。

（3）高真空：真空压力在 $1.33\times10^{-1}\sim1.33\times10^{-6}$Pa。

（4）超高真空：真空压力在 $1.33\times10^{-6}\sim1.33\times10^{-10}$Pa。

（5）极高真空：真空压力小于 1.33×10^{-10}Pa。

真空灭弧室真空度的范围属于在高真空区域内，通常抽成约 10^{-4}Pa（10^{-6} Torr）。

3. 什么是真空断路器？什么是真空电弧？

答：真空断路器[1]是指触头在高真空的泡内分合的断路器。

真空断路器在分断电路时，触头间形成金属液桥，在高温、高电流密度的作用下金属被熔化和蒸发，向触头间隙喷出大量金属蒸汽，继而形成金属蒸汽电弧，即真空电弧。

4. 真空电弧包括哪两种类型？两种电弧如何转换？

答：真空电弧分为扩散型真空电弧和聚集型真空电弧两类（两者区别主要取决于开断电流的大小、触头结构及触头材料）。

（1）扩散型真空电弧（见图 2－8）。在小电流下（如数千安以下），阴极上存在许多高温的小面积（又称为阴极斑点）。这些阴极斑点是一些温度很高、电流密度极大的小面积，并处于不断地游动、分裂、熄灭和再生的过程中。这种存在许多阴极斑点且不断向四周扩散的真空电弧叫做扩散型真空电弧。扩散型电弧阴极斑点的高速运动对真空断路器的灭弧性能十分有利，因为就阴极斑点所经过的电极表面的任何一点来说，都被加热极短一段时间，只有极薄的一层金属被熔化，阴极斑点一离开，熔化的金属表层能在微秒级时间内凝固，从而使电弧过零灭弧成为可能。

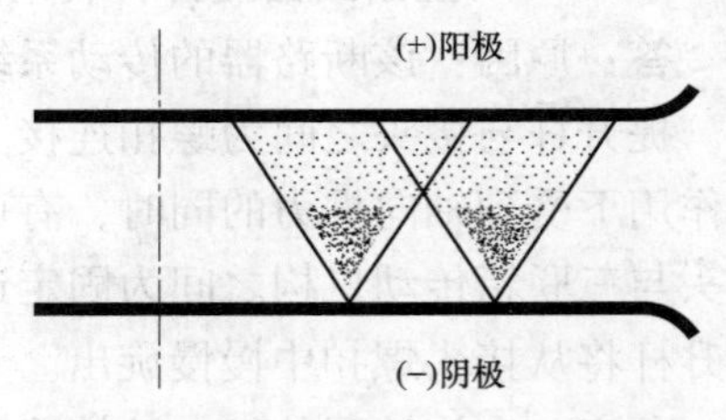

图 2－8　扩散型真空电弧

（2）聚集型真空电弧。真空电弧的电流超过数千安后，电弧外形发生明显变化，阴极斑点不再向四周扩散，它们相互吸引而聚集成一个或几个斑点团。这种阴极斑点团移动速度很慢，阳极和阴极被局部加热，表面严重熔化，这种电弧叫做聚集型真空电弧。这种电弧由于在工频交流电流过零后，过量的金属蒸气仍会发射并存在，因而使灭弧成为不可能。

交流聚集型电弧与扩散型电弧的转换。聚集型电弧电流过峰值后逐渐减小，经过一段时延后，电弧回复到扩散形态。对于已制成的灭弧室，开断电流越大，聚集型电弧燃烧时间越长，时延则越长，反之时延则越短。当时延迟到电弧电流过零时，聚集型电弧还未转换为扩散型电弧，那么会发生开断失败。

[1] 本书中，如果没有特殊说明，真空断路器是指额定电压 12～40.5kV，频率 50Hz 的三相高压真空断路器，其配用的真空灭弧室简称灭弧室（或开关管）。

5. 真空断路器有哪些优点和缺点?

答: 优点:

(1) 分断能力高，熄弧能力强，燃弧时间短，全分断时间也短。

(2) 触头电磨损小，电寿命长，触头不受外界有害气体侵蚀。

(3) 触头开距小，减少操动机构的操作功，机械寿命长。

(4) 结构简单，维修工作量小，真空灭弧室与触头不需检修。

(5) 体积小，质量轻。

(6) 环境污染小。开断是在密闭的容器内进行，电弧生成物不会污染周围环境，操作时也没有严重噪声，没有易燃易爆介质，无爆炸和火灾危险。

(7) 适合用于频繁操作和快速切断场合，特别适合于切断电容性负荷电路。

缺点:

(1) 容易产生操作过电压。在开断感性电流时，会出现电流截断现象造成过电压；在开断容性电流时，因重击穿造成过电压；进而造成设备维护量增加，费用上升。

(2) 运行中不易监测真空度。

(3) 配用的合成绝缘子在运行中易积灰尘，对环境要求相对较高。

6. 真空断路器的基本要求有哪些?

答: (1) 机械性能稳定，例如合闸弹跳时间，希望在寿命全程中保持同一状态，避免出现“初期无弹跳，后期出问题”的现象。

(2) 足够的机械强度，断路器本身具有足够的动稳定性。真空开关在工作时将受到各种作用力，包括正常的分、合闸作用力，开断短路电流的电动力，操动机构的各种内应力，地震力及其他外力等力的作用。要求真空开关在寿命期间内能够承受这些力的作用，不致因机械磨损导致损坏。

(3) 高电压区和低电压区的分割，最好是前后布置，有利于运行人员的人身安全。

(4) 操动机构的检查、调整、维修要有足够空间，方便用户。

(5) 易于实现防误连锁。

(6) 绝缘安全可靠，具有一定的过载能力。真空开关的绝缘能力，应该既考虑额定工作电压的长期作用，也考虑短时过电压的作用。在过电压的作用下，要求真空开关的绝缘不致损坏而造成系统的短路，绝缘性能在过电压作用下能够及时恢复。

(7) 限制截流值和重燃值，避免真空开关本身和其他高压设备因过电压受到损坏。

(8) 在正常负载电流下，能长期正常工作。主要包括额定电流下的接触电阻发热和开断短路断流的热效应等，真空开关应该具备良好的散热条件和足够的热容量，避免因温升过高而受到损坏。

7. 真空断路器的一般结构要求有哪些?

答: (1) 同型号真空断路器所配用的真空灭弧室，其安装方式、端部连接方式及连接尺寸应统一，以保证真空灭弧室的互换性。

(2) 真空灭弧室随同真空断路器出厂时的真空灭弧室内部气体压强不得大于 1.33 ×

10^{-3}Pa，其上应标明编号及出厂年月。

（3）真空断路器应装设操作次数的计数器。

（4）真空断路器上应设有易于监视真空灭弧室触头磨损程度的标记。

（5）真空断路器操动机构应具有防跳装置，对电磁操动机构应具有脱扣自我保护功能，在操动方式中不允许采用手动直接合闸（手动直接合闸仅限于机械调试中使用）。

（6）真空断路器应装设分、合闸按钮和分、合闸指示器。

（7）真空断路器接地金属外壳上应装有导电性能良好、直径为不小于12mm的防锈接地螺钉。接地点附近应标有接地符号。

（8）真空断路器的二次回路（包括电流互感器和电压互感器）应有导线和接线端子相连，且二次回路应与主回路隔离。

（9）操动机构的二次回路及元件应能耐受工频试验电压2kV，1min。

（10）操动机构的各种线圈（电动机绕组和接触器除外）的匝间绝缘应能耐受2.5倍额定电压（直流线圈）或3.5倍额定电压（交流线圈）1min感应耐压试验。试验时可用提高频率法将电压施加在线圈端子上，但必须保证线圈温升不得超过DL/T 402《高压交流断路器订货技术条件》中的规定值。

（11）对真空断路器的绝缘拉杆施加直流电压20kV测试泄漏电流，应符合产品技术条件规定值。

（12）户外真空断路器的箱壳内应采取防止凝露的措施，操动机构应密封防潮、防雨。

（13）用SF_6作为真空灭弧室外绝缘或防凝露措施的户外真空断路器，其年漏气率应不大于3%。

8. 真空断路器的额定短路开断电流的开断次数有什么要求？

答：（1）额定短路开断电流为20kA及以下时，其开断次数由下列数值中选取：30、50、75、100次。

（2）额定短路开断电流为25～31.5kA时，其开断次数由下列数值中选取：20、30、50、75、100次。

（3）额定短路开断电流为40～63kA时，其开断次数由下列数值中选取：8、12、16、20次。

9. 真空断路器如何分类？

答：（1）按使用场所可分为户内、户外，分别用ZN、ZW表示。

（2）按动触头所处位置可分为上动式和下动式。

（3）按绝缘支撑方式可分为落地积叠式、分立绝缘子及落地支撑式（落地手车柜）、分立绝缘子悬臂式（固定柜）、中置式（目前最流行和最先进的一种）。

10. 图2－9是ZN65A－12/T4000型高压真空断路器结构图，请写出图中标示各部件名称。

答：1—绝缘子；2—上出线端；3—下出线端；4—软连接；5—导电夹；6—万向杆端轴承；7—轴销；8—杠杆；9—主轴；10—绝缘拉杆；11—机构箱；12—真空灭弧室；13—触

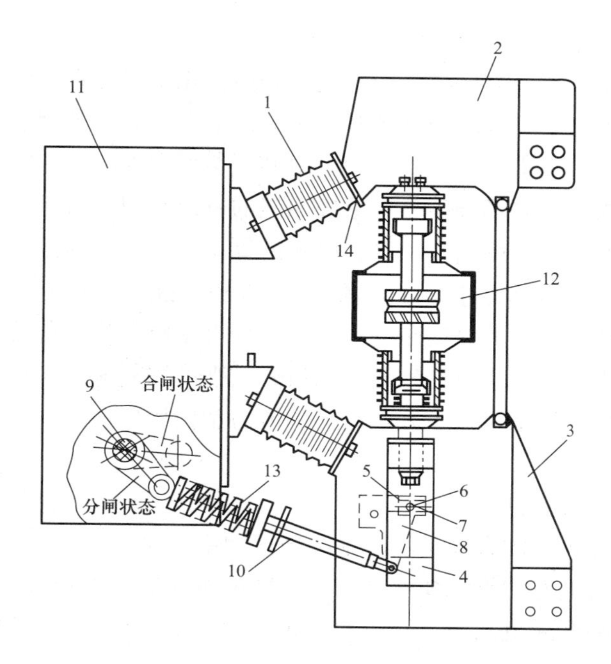

图 2－9　ZN65A－12/T4000 型高压真空断路器结构图

头弹簧；14—均匀环。

11. 图 2－10 是 ZN65A－12/T4000 型高压真空断路器操动机构原理图，请写出图中标示各部件名称。

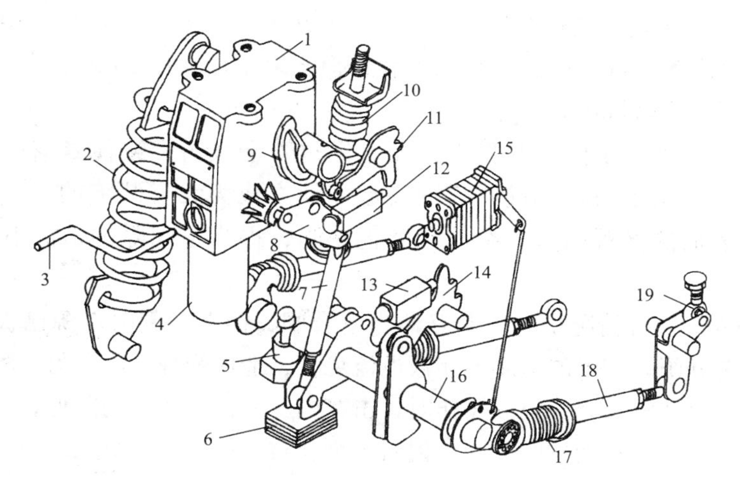

图 2－10　ZN65A－12/T4000 型高压真空断路器操动机构原理图

答： 1—减速箱；2—合闸弹簧；3—手动把手；4—电动机；5—油缓冲器；6—橡皮缓冲器；7—连杆；8—杠杆；9—凸轮；10—分闸弹簧；11—合闸掣子；12—合闸电磁铁；13—分闸电磁铁；14—分闸掣子；15—辅助开关；16—主轴；17—触头弹簧；18—绝缘拉杆；19—万向杆端轴承。

12. 简述真空断路器灭弧室工作原理?

答: 真空灭弧室是利用高真空作为绝缘灭弧介质，靠密封在真空中的一对触头来实现回路的通断功能的一种电真空器件。当其断开一定数值的电流时，动静触头在分离的瞬间，电流收缩到触头刚分离的一点上，出现电极间电阻剧烈增大和温度迅速提高，直至发生电极金属的蒸发，同时形成极高的电场强度，导致极强烈的发射和间隙击穿，产生真空电弧，当工频电流接近零时，同时触头开距增大，真空电弧的等离子体很快向四周扩散，电弧电流过零后，触头间隙的介质迅速由导电体变为绝缘体，于是电流被分断。（由于触头的特殊构造，燃弧期间触头间隙会产生适当的纵向磁场，这个磁场可使电弧均匀分布在触头表面，维持低的电弧电压，从而使真空灭弧室具有较高的弧后介质强度恢复速度、小的电弧能量和小的腐蚀速率。这样，就提高了真空灭弧室开断电流的能力和使用寿命。）

13. 简述真空间隙的绝缘特性。

答:（1）真空间隙析出的金属是引起绝缘破坏的主要原因。

（2）要保持真空灭弧室的绝缘强度，其真空度不能低于0.0133Pa。

（3）在实用的触头开断范围内，真空的绝缘强度比变压器油、SF_6及空气的绝缘强度都高得多。

（4）真空间隙的绝缘强度和间隙大小、电场均匀程度有关，受电极材料的性质及表面情况的影响很大。

14. 影响真空间隙击穿强度的因素主要有哪些?

答:（1）电极的材料、电极形状及表面状况、电极间隙的长度。

（2）真空度。对于较短的真空间隙，当真空度在$1.33 \times 10^{-6} \sim 1.33 \times 10^{-2}$Pa之间变化时，击穿电压基本上不随真空度的变化而变化，但当真空度在$1.33 \times 10^{-2} \sim 1.33$Pa范围内时，击穿电压随真空度降低迅速下降。

（3）老炼作用。老炼是使新的真空灭弧室经过若干次击穿或使暴露的表面经受离子轰击的一种过程，是用来消除或钝化表面突起而使之成为无害缺陷的一种手段。经过老炼，消除了电极表面的微观凸起、杂质和其他缺陷，提高了间隙的击穿电压并使之接近稳定。

（4）操作条件。一种情况是真空断路器带电合闸，而在分闸时电源已被切断，则因合闸时的熔焊现象在分闸时产生的毛刺不能被电流烧去，造成绝缘下降；另一种情况是老炼处理后的断路器备用时间较长，在空载操作时，击穿电压往往有明显的降低，这是因为触头闭合形成冷焊而分开时又拉出新丝的原因，但对硬金属材料影响不明显。

15. 老炼如何分类?

答: 老炼分为电压老炼和电流老炼两种。电压老炼是在高电压作用下间隙产生多次小电流火花放电或长期通过预放电电流。经老炼后的灭弧室如经过一定时期存放，老炼作用会部分甚至全部消失。电流老炼是让间隙之间燃烧直流或交流真空电弧，其作用主要是除气和清洁电极，因而可以改善开断性能。

16. 波纹管如何分类？真空灭弧室中的波纹管起什么作用？

答： 常用波纹管有液压成形和膜片焊接两种形式，如图 2－11 所示。波纹管常用的材料有不锈钢、磷青铜、铍青铜等，不锈钢性能最好。

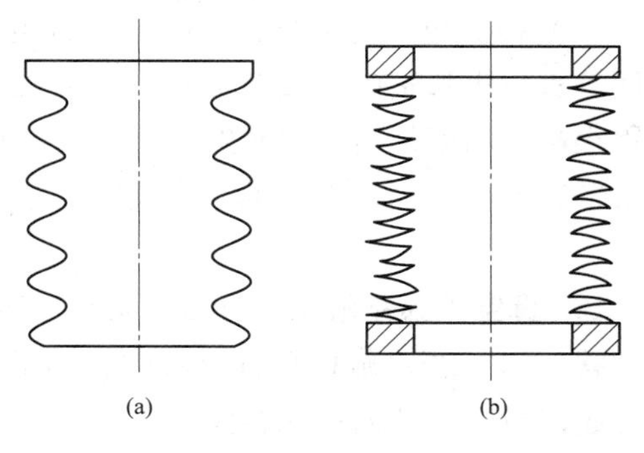

图 2－11　不同形式的波纹管

（a）液压成形；（b）膜片焊接

波纹管的作用不仅能将真空灭弧室内的真空状态与外部的大气状态隔离开来，而且能使动触头连同导电杆在规定范围内运动。

真空断路器的每次合分操作都会使波纹管产生一次机械变形。因此，它是最易损坏的部件。波纹管的疲劳寿命决定真空灭弧室的机械寿命。真空灭弧室的机械寿命：真空断路器为 1 万～8 万次（特殊要求的 10 万次），负荷开关为 10 万～30 万次，真空接触器为 100 万～500 万次。

17. 什么是真空灭弧室的屏蔽罩？起什么作用？

答： 真空灭弧室的屏蔽罩包括围绕触头的主屏蔽罩、波纹管屏蔽罩和均压用屏蔽罩等多种。

（1）主屏蔽罩可用铜或者不锈钢两种材料制作，铜具有较高导热率和优良的凝结能力，但是铜熔点低，和电弧生成物有较大的亲和力，且屏蔽罩内壁上附有的金属屑会使燃弧后灭弧室内的电场分布不均匀，选用不锈钢材质则可以克服以上缺点。

（2）固定主屏蔽罩的方式有带电和悬浮两种方式。由于带电方式使绝缘外壳上的电位分布极不均匀，因而有可能造成电弧向屏蔽罩转移。此外，燃弧后的介质强度恢复速度与电流极性有关，使开断性能不稳定，因此多采用悬浮电位固定法，具体方案见图 2－12。

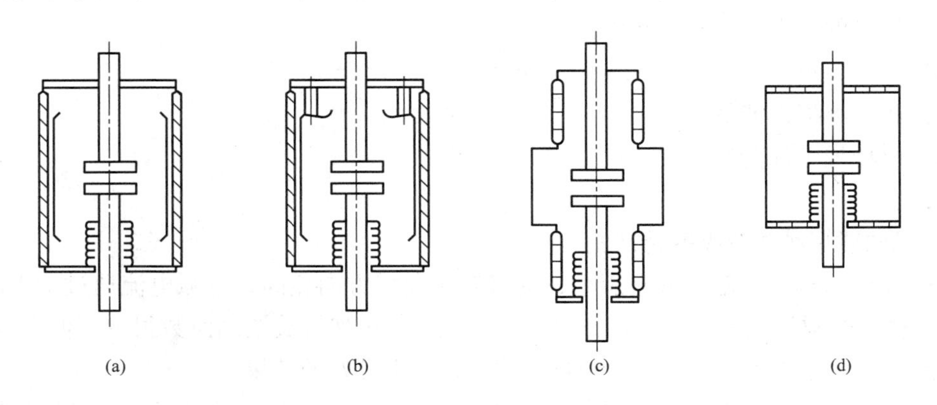

图 2－12　几种常用的主屏蔽罩固定方式

（a）中间封接式；（b）瓷柱式；（c）外屏蔽罩式；（d）绝缘端盖式

主屏蔽罩的作用：

（1）防止燃弧过程中电弧产生物喷溅到绝缘外套的内壁，从而降低绝缘外壳的绝缘强度。

（2）改善灭弧室内部电场分布的均匀性，有利于降低局部场强，促进真空灭弧室小型化。

（3）冷凝电弧生成物，吸收一部分电弧能量，有助于弧后间歇介电强度的恢复。试验表明，真空灭弧室中电弧能量的70%左右消耗在主屏蔽罩上，因而燃弧时主屏蔽罩的温度升得很高。温度越高表面凝聚电弧生成物的能力就越差，应采用导热性能好的材料来制作主屏蔽罩，如无氧铜、不锈钢、镍或玻璃等材料，其中铜最常用。

18. 真空灭弧室触头为什么要具有一定的自闭合力？

答：（1）当动触杆垂直放置时，动触杆在下方时，在自身重力作用下下落，将波纹管压死超出行程，从而损坏波纹管，造成波纹管漏气。

（2）水平放置时，在运输过程中由于振动，将造成焊接部位损坏漏气。

19. 真空灭弧室的触头有哪些形式？对触头材料有什么要求？

答：真空灭弧室的触头常用的触头形式有：

（1）圆柱形触头。

（2）螺旋槽触头，在大容量的真空灭弧室中应用十分广泛，开断能力可高达40～60kA。

（3）杯状触头，在相同触头直径下，杯状触头开断能力比螺旋槽触头要大一些，而电气寿命也较长。

（4）纵向磁场触头，是利用在触头间隙呈现纵向磁场的结构来提高开断能力的触头。

触头材料要求：

（1）足够的适合于切断额定电流和短路电流的能力。

（2）低截流水平。

（3）抗熔焊性好，并要求有小的熔焊强度。

（4）耐压性能好。

（5）良好的导电性能和导热性能。

（6）低含气量。

（7）耐电磨损性能好。

（8）机械加工性能好。

20. 纵向磁场触头有哪些特点？

答：（1）结构上，触头开有斜槽，动静触头斜槽方向相同，电弧电流通过上下斜槽时，相当于流过一个螺旋线圈，其磁场方向与轴线重合，虽然螺旋线圈匝数很少，但因被开断的电弧电流比较大，磁场强度也会达到较大的值，产生良好的效果。

（2）触头表面电弧电流分布均匀，载流大；截流值小，过电压幅值低；直径小，便于小型化，应用较广。

纵向磁场触头机构图见图2－13。

21. 什么是真空断路器的电磨损？电磨损对其有什么影响？电磨损值如何检测和处理？

答：真空断路器的电磨损是指由于真空断路器灭弧室的触头经多次开断电流后产生的磨

损烧蚀。电磨损造成触头厚度减小，波纹管行程变大，对其灭弧性能将形成不良影响。制造厂对各种型号真空灭弧室触头的电磨损值都有明确规定。当其值超出触头允许磨损厚度，灭弧室就不能继续使用。

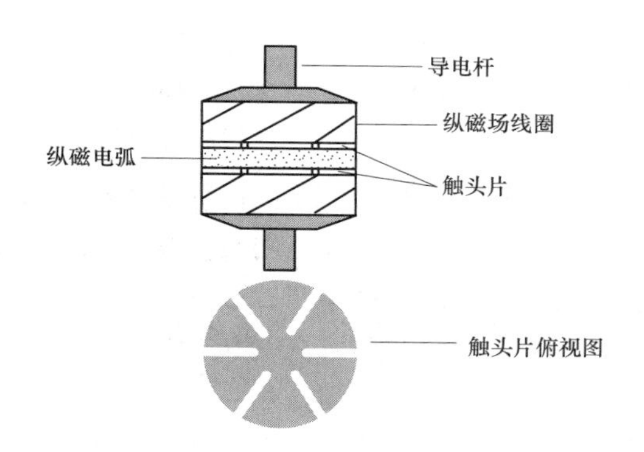

图 2－13　纵向磁场触头机构图

为了准确掌握触头的累计电磨损值，断路器在第一次安装调试中就必须测量出动导电杆露出某一基准线的长度，并作好记录，以此作为历史参考。在以后每次检修测量开距时，需要复测该长度，并与第一次测量原始值比较，其差值就是触头的电磨损值，超过标准值时需更换灭弧室（真空泡）。

22. 什么是合闸时触头的弹跳时间？交接试验有什么要求？

答：合闸弹跳时间是指断路器在合闸时，触头从第一次接触开始到触头稳定接触时刻的时间。

交接试验要求：

（1）合闸过程中触头接触后的弹跳时间，40.5kV 以下断路器不应大于 2ms，40.5kV 及以上断路器不应大于 3ms。

（2）测量应在断路器额定操作电压及液压条件下进行。

（3）实测数值应符合产品技术条件的规定。

23. 造成真空断路器合闸弹跳可能有哪些原因？如何减小或消除合闸弹跳？

答：真空断路器合闸弹跳的产生有四种可能性：

（1）合闸冲击刚性过大，致使动触头发生轴向反弹。

（2）动触杆导向不良，晃动量过大，磁场被破坏。

（3）传动环节间隙过大，特别是触头弹簧的始压端到导电杆之间传动间隙。

（4）触头平面与中心轴的垂直度不够好，接触时产生横向滑移，此时在示波图或测试仪器中反应为弹跳。

为了减小或消除合闸弹跳，结构设计中要考虑整机结构冲击刚性不能过大，如真空泡动触杆导向结构间隙控制。如果因灭弧室触头端面垂直度不好而产生弹跳（滑移），则可将灭弧室分别转动 90°、180°、270°，再进行试装，使得上、下接触面吻合。在处理合闸弹跳过程中，所有螺钉都应拧紧，以免受振颤的干扰。其他情况不能消除时，需更换灭弧室。

24. 什么是真空断路器的额定开距？真空断路器开距大小对性能有什么影响？

答：额定开距是指断路器处于分闸时，真空灭弧室两触头之间的距离（或真空断路器真空灭弧室的动触头由合闸状态至分闸状态所走的位移）。

真空断路器开距大小与真空断路器的额定电压和耐压水平有关，一般额定电压低时触头开距小些，但开距太小会影响分断能力和耐压水平；开距大，虽然可以提高耐压水平，但会使真空灭弧室的波纹管寿命下降。通常，在满足运行的耐压要求下开距尽量小一些。12kV真空断路器的开距通常为8～12mm，40.5kV的则为20～25mm。

25. 什么是真空断路器的接触行程？有什么作用？

答：接触行程就是断路器触头碰触开始，触头压簧施力端继续运动至合闸终结的距离。亦即触头弹簧的压缩距离，故又称压缩行程。接触行程不包括触头弹簧的预压缩量程，它实际上是触头弹簧的第二次受压行程。

接触行程有两方面作用：一是令触头弹簧受压而向对接触头提供接触压力；二是保证在运行磨损后仍然保持一定接触压力，使之可靠接触。真空断路器的实际结构中，触头弹簧设计成即使处于分闸位置，也有相当的预压缩量，即预压力。这是为使合闸过程中，当动触头尚未碰到静触头而发生预击穿时，动触头有相当力量抵抗电动力，而不至于向后退缩；当触头碰接瞬间，接触压力陡然跃增至预压力数值，防止合闸弹跳，足以抵抗电动斥力，并使接触初始就有良好状态，随着接触行程的继续运动，触头间的接触压力逐步增大，接触行程终结时，接触压力达到设计值。

26. 真空断路器触头接触压力有什么作用？

答：为保证动静触头间良好的电接触，必须施加一个外加压力。这个外加压力由断路器触头弹簧被压缩保证，有以下作用：

（1）保证动、静触头的良好接触，并使其接触电阻小于规定值。

（2）为满足额定短路状态时的动稳定要求，触头压力应大于额定短路状态时的触头间的斥力，以保证在该状态下动静触头完全闭合，不受损坏。

（3）抑制合闸弹跳。使触头在闭合碰撞时得以缓冲，把碰撞的动能转为弹簧的势能，抑制触头的弹跳。

（4）为分闸提供一个加速力。当接触压力大时动触头得到较大的分闸力，容易拉断合闸熔焊点（冷焊力），提高分闸初始的加速度，减少燃弧时间，提高分断能力。

27. 合闸速度对真空断路器有什么影响？

答：合闸速度即平均合闸速度，主要影响触头的电磨蚀。如合闸速度太低，则预击穿时间长，电弧存在的时间长，触头表面电磨损大，甚至使触头熔焊而粘住，降低灭弧室的电寿命。但速度太高，容易产生合闸弹跳，操动机构输出功也要增大，对灭弧室和整机机械冲击大，影响产品的使用可靠性与机械寿命。

28. 真空断路器分闸速度是否越快越好？

答：理论上讲，分闸速度（平均分闸速度）越快越好，分闸速度主要取决于合闸时动触头弹簧和分闸弹簧的储能大小。为了提高分闸速度，可以增加分闸弹簧的储能量，也可以增加合闸弹簧的储能量。同时应测量分闸反弹，防止因分闸能量过大造成分闸反弹过大，引起电弧重燃。

29. 真空断路器合分闸不同期性对断路器有什么影响?

答: 合闸的不同期性太大容易引起合闸的弹跳，因为机构输出的运动冲量仅由首合闸相触头承受；分闸的不同期性太大可能使后开相燃弧时间加长，降低开断能力。合闸与分闸的不同期性一般是同时存在的，所以调好合闸的不同期性，分闸的不同期性基本能得到保证。

30. 什么是真空断路器的气密系统？如何保证气密性?

答: 由玻璃或陶瓷制成的气密绝缘外壳、动端盖板、定端盖板，不锈钢波纹管组成了气密绝缘系统。为了保证玻璃、陶瓷与金属之间有良好的气密性，除了封接时要有严格的操作工艺外，还要求材料本身的透气性尽量小和内部放气量限制到极小值。不锈钢波纹管的作用不仅能将真空灭弧室内部的真空状态与外部的大气状态隔离开来，而且能使动触头连同动导电杆在规定的范围内运动，以完成真空开关的闭合与分断操作。

31. 用哪些方法鉴定真空灭弧室的真空度?

答:（1）火花计法。这种方法比较简单，只使用于玻璃外壳真空灭弧室。使用时，让火花探漏仪在灭弧室表面移动，在其高频电场作用下内部有不同的发光情况。若管内有淡青色辉光，则真空度在 10^{-3}Torr 以上；如呈红兰色光，说明真空泡失效；如泡内已处于大气状态，则不会发光。

（2）观察法。此法只能定性的对玻璃外壳真空灭弧室进行观察。真空灭弧室内部真空度的劣化常常伴随着电弧颜色的改变及内部零件的氧化。

（3）工频耐压法。这是运行中常采用的鉴定方法。当触头处于分闸状态时，施加 28kV 以上（对 10kV 等级灭弧室）的工频试验电压，就能判断其真空度的好坏。

（4）真空度测试仪。利用专用的真空度测试仪定量测定其真空度。

32. 对真空断路器有何特殊要求?

答: 积极开展真空断路器真空度测试，预防由于真空度下降引发的事故。因为真空度低于 6.6×10^{-2}Pa 时仍有一定的耐压水平，但绝缘水平下降迅速，用工频耐压方法不能准确判断真空度是否合格，所以应积极开展真空断路器真空度测试项目。应在设备交接时要求施工单位提供《真空断路器真空度测试报告》。

33. 简述真空断路器测试真空度注意事项。

答:（1）用真空度测试仪测试应正确选取管型，断路器真空灭弧室的管径不同，相同真空度下的离子电流也不同，所以管型的选择很重要，否则会影响测试的准确性；测试时，要将发射脉冲的测试夹子夹在动触头一端，否则会造成测试不准。

（2）测试完成后，应先关闭电源，再通过放电电阻对磁场和电场的端子放电，放电完全后再拆该测试线，防止发生人员触电。

（3）工频耐压法测试真空度时，应注意测试仪器应有保护装置，并确保仪器的可靠接地，防止耐压通不过时发生仪器、表计损坏或人身伤害。

（4）工频耐压法测试时，应注意与真空断路器相连的其他设备的断口距离是否能满足施加电压的要求，尤其是对固定柜式真空断路器应格外注意，若距离不够，应采取措施防止该断口被击穿。

（5）应加强试验人员的安全意识和标准化操作，防止发生其他不安全的行为。

34. 什么是截流？什么是真空断路器的截流现象？截流现象和哪些因素有关？截流现象有什么危害？

答：截流是指交流电流在过零点之前突然降为零值。真空断路器的截流现象，是指在某一电流值时，由于弧柱扩散速度过快，阴极斑点附近的蒸汽压力和温度剧降，使金属质点的蒸发不能够维持弧柱的扩散，则电弧骤然熄灭。

截流现象相关因素：随着开断电流的增大，截流值减小，当电流值超过几千安时，一般就不会出现截流现象；另外，触头开断的速度越高，截流值越大。

截流现象危害：电弧能量被突然截断，截断的能量以其他形式表现出来，如过电压，截流值越高，过电压越高，主要危害被断路器控制的设备，因为出现截流，表明断路器已与系统断开，既然已断开，被截流的能量只能在被断开的设备上表现出来。

35. 真空断路器操作过电压有哪几类？分析原因。

答：（1）截流过电压，是指由于截流现象，电感负载上的剩余电磁能量产生的过电压。目前由于触头材料改进，截流值大大降低，单相截流过电压很少发生。但是，真空断路器在控制电动机时，由于电机绝缘强度较低，仍需考虑单相截流问题，尤其是三相同时截流造成的过电压。

（2）切断电容性负荷时过电压。这是因为熄弧后间隙发生重击穿引起，由于真空间隙耐压强度不稳定和直流耐压水平较低，存在一定的重击穿，从而出现过电压。

（3）高频多次重燃过电压。真空断路器在开断感性电流（如电动机启动电流）时，即使没有截流也会发生过电压，这是由于真空断路器的高频重燃而引起的。

36. 有哪些抑制真空断路器操作过电压的方法？

答：（1）采用低电涌真空灭弧室。这是用低截流的触头材料与纵向磁场触头组成的灭弧装置，可降低截流过电压，又可以提高开断能力。

（2）负荷端并联电容。这样既可降低截流过电压，也可以减缓恢复电压的上升陡度。保护时，一般可在高压端并联 0.1～0.2μF 的电容器。

（3）负荷并联电阻—电容。它不仅能降低截流过电压及其上升陡度，而且能使高频重燃振荡过程强烈衰减，对抑制多次重燃过电压有较好效果。

（4）安装避雷器。它只能限制过电压的幅值。用氧化锌非线性电阻构成无间隙避雷器。如将氧化锌电阻与火花间隙串联，可改善氧化锌电阻的工作条件。

（5）串联电感。用它可降低过电压的上升陡度和幅值。

37. 真空断路器到达现场后的保管应符合哪些要求？

答：（1）真空断路器到达现场后的保管应符合产品技术文件的要求。

（2）存放在通风、干燥及没有腐蚀性气体的室内，存放时不得倒置。

（3）真空断路器在开箱保管时不得重叠放置。

（4）真空断路器若长期保存，应每6个月检查1次，在金属零件表面及导电接触面涂防锈油脂，用清洁的油纸包好绝缘件。

（5）保存期限如超过真空灭弧室上注明的允许储存期，应重新检查真空灭弧室的内部气体压强。

38. 户外交流高压真空断路器安装作业前开箱检查的内容是什么？

答：安装作业前（产品到达目的地后），应将其放在干燥通风场所，不宜倒置，并尽快进行验收检查。如检查中发现异常情况应及时做好记录、报告并及时与制造厂联系尽快处理更换或补供。开箱检查内容如下：

（1）检查厂家提供的安装使用说明书、合格证、出厂试验报告、安装图纸等文件资料，应齐全，并妥善保管，不得丢失。

（2）检查零部件、附件及备件应齐全。

（3）核对产品铭牌、产品合格证中技术参数是否与订货单相符，装箱单内容是否与实物相符。

（4）打开包装箱后，产品外表面无损伤、瓷套有无破损、胶装处无松动。

（5）检查断路器各紧固件是否牢固、传动件是否灵活。

（6）填写开箱检查记录和设备验收清单。

39. 户外真空断路器更换安装作业前需做哪些准备工作？

答：（1）安装前资料查阅和准备。

（2）安装方案确定。包括现场勘查，编写作业指导书，拟定安装方案，确定安装项目，编排工期进度。

（3）准备备品备件、工器具、材料，并运至安装现场。

（4）安装环境（场地）准备，包括装设遮栏和悬挂标识牌，按照指定位置摆放工器具。

40. 简述户外真空断路器安装作业步骤。

答：（1）更换安装前应将旧断路器全部拆除，并已完成了基础浇注施工。真空断路器出厂时其技术参数已调至最佳工作状态，整体安装时不得随意调整和分解断路器与机构的任何零部件。

（2）安装支架。主要检查项目：基础的中心距及高度误差符合设计要求；预留孔或预埋铁板中心线的误差符合设计要求；预埋螺栓中心线的误差符合设计要求。

（3）断路器整体安装。整体安装应按产品的技术规定和重量选用吊装器具、吊点和吊装程序；各部件按照相关工艺要求安装。

（4）调整试验。包括储能电动机和机构；机械操作试验；特性试验；回路电阻测量；绝缘试验。

（5）验收检查。

41. 室内真空断路器安装前检查哪些项目？安装时有哪些要求？

答：安装前应检查项目：

（1）检查是否有零部件损伤。

（2）检查真空灭弧室是否完好。

（3）检查紧固件和电气连接部件。

（4）对断路器的运动部分和摩擦面应加油润滑。

安装时要求：

（1）安装底架或平台时必须平整并保证水平，要用螺钉固定断路器并应均匀紧固，以便尽量减少安装应力。

（2）进行电气连接时，连接铜排的接触面必须光洁平直，并应涂适量凡士林，且连接应可靠。对于小车式结构，要检查插头的固定是否可靠，且接插对位应正确。

（3）进行电气和机械操作试验时，应先手动储能和分合闸操作，操动机构动作应灵活可靠，且无卡滞现象；然后进行电动操作，按规定的操作电压大小进行机械操作试验，并测量各项机械和电气参数，其值应符合标准。

42. 真空断路器更换后验收检查哪些项目？

答：（1）检查各紧固件是否牢靠、传动件是否灵活、外表清洁完整。

（2）检查储能电动机在规定时间内可靠储能。

（3）检查机构机械操作（10 次）应动作可靠，分、合闸指示正确，辅助开关动作应准确可靠，触点无电弧烧损。

（4）检查电气连接，应可靠且接触良好。

（5）检查绝缘部件、瓷件，应完整无损。

（6）检查油漆，应完整、相色标志正确，接地良好。

（7）电气试验符合要求。

43. 对于在动导电杆上安装导向套的真空断路器应该注意哪些问题？

答：（1）通常导向套要伸到灭弧室波纹管处，为了防止波纹管内壁被导向套擦伤，波纹管和导向套外壁之间的间隙不能太小。

（2）为了保证良好的导向，导向套应有一定的长度。

（3）在导向套上开设有排气孔。

（4）为了防止电流流过波纹管，导向套用绝缘材料制成。同时也要考虑选择与导电杆构成低摩擦阻力的材料，如聚四氟乙烯、石墨尼龙等。

44. 如何更换真空灭弧室？

答：（1）拆除真空灭弧室传动拐臂后，取掉防尘圆盖。

（2）先拆下绝缘支杆，然后拧下上出线端与灭弧室连接的 4 个螺栓，同时拧下绝缘子压板与上出线连接的螺母，然后卸下上出线（见图 2 – 14）。

（3）拆下绝缘拉杆与拐臂连接的轴销，拧下软连接与下出线端、导电夹连接的螺栓，再将固定板拆下。然后，将灭弧室下的万向杆端轴承与拐臂连接的带槽销卸下，将定位板的4个螺栓松开，最后双手握住灭弧室往上提即可卸下（见图2－15）。

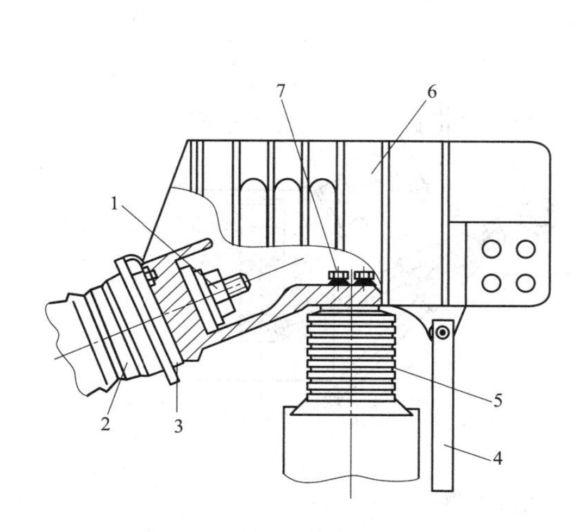

图2－14　拆上出线端示意图

1—螺母；2—绝缘子；3—绝缘子压板；

4—绝缘支杆；5—灭弧室；

6—上出线端；7—螺栓

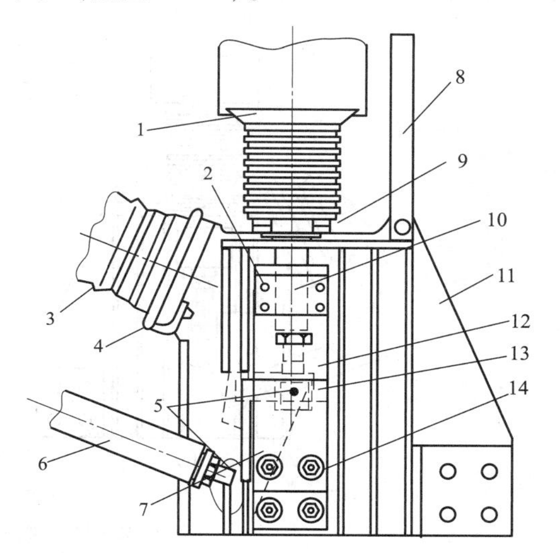

图2－15　拆真空灭弧室示意图

1—灭弧室；2、14—螺栓；3—绝缘子；4—均压环；

5—带槽销；6—绝缘拉杆；7—拐臂；8—绝缘支杆；

9—定位板；10—导电板；11—下出线座；

12—软连接；13—固定板

（4）更换新灭弧室的导电杆应采用钢丝刷刷出金属光泽后涂上工业凡士林油。

（5）双手握紧新灭弧室装入固定板及导电夹的孔中。

（6）装上上出线端，注意三相垂直及水平位置不超过1mm，拧紧螺钉及螺母。

（7）装上轴销。

（8）拧紧固定板及导电夹螺钉。

（9）装上两侧软连接。

45. 对于触头弹簧装设在绝缘拉杆上的真空断路器，如何测量和调整真空断路器的触头开距和超行程？

答：（1）导电杆的总行程一般通过调节分闸限位螺钉的高度来达到规定值。

（2）触头开距测量及调整。开距太小会引起开断能力和耐压水平的下降，开距大则会引起开断能力的下降。对于额定电压10kV的真空断路器触头开距一般选择8～12mm，40.5kV真空断路器触头开距一般选择20～25mm。在灭弧室动、静触头刚接触时，参照灭弧室固定部件上一点在动触杆上标记一点位置，然后将动触杆分闸到位，参照固定部件同一点在动触杆再标记一点，两点之间距离即为触头开距。旋转动触杆连接件来调整开距。

（3）超行程测量及调整：真空断路器的超行程通常取触头开距的15%～40%。触头开距加上超行程即操动机构的总行程。超行程一般是通过调节绝缘拉杆连接头于灭弧室动导电杆的连接螺纹来达到要求的。调整时，用专用扳手操作断路器，拔出绝缘子端上的金属销，通过旋转与灭弧室动导电杆连接头来调整。

触头开距、超行程的测试。用游标卡尺分别测出合闸和分闸的 X、L 数据（见图 2－16）。触头开距 $=X_1-X_2$，超行程 $=L_{合}-L_{分}$（X_1、L_1 对应合闸时距离，X_2、L_2 对应分闸时距离）。

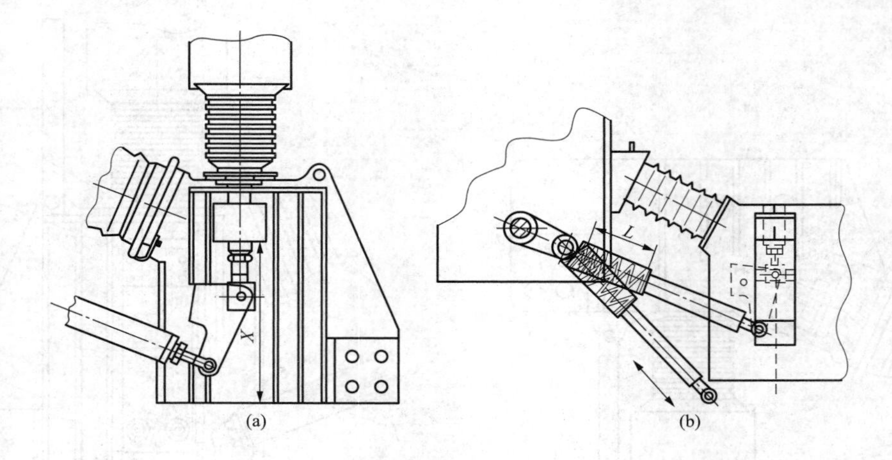

图 2－16　触头开距、超行程测试

（a）X 测量图；（b）L 测量图

46. 真空断路器常见的故障类型有哪些？

答：（1）本体故障：真空灭弧室真空度降低，回路电阻超标，本体绝缘降低。

（2）操动机构故障：二次回路电气故障，储能电动机、分闸线圈、合闸线圈和行程开关等机械部件故障。

47. 真空度降低的原因主要有哪些？

答：（1）真空灭弧室的材质或制作工艺存在问题，真空灭弧室本身存在微小漏点。

（2）真空灭弧室内波纹管的材质或制作工艺存在问题，多次操作后出现漏点。

（3）真空灭弧室内部金属材料含气释放。

48. 真空断路器查找故障前需要做哪些试验项目？

答：（1）测量真空灭弧室的真空度。

（2）测量回路电阻。

（3）测量绝缘电阻。

49. 真空断路器检修（C 类）项目有哪些？

答：检修前应先了解该设备运行中的缺陷，然后主要进行下列检查：

（1）测试主导电回路接触电阻。

（2）检查真空度。

（3）清扫真空断路器隔板、支持绝缘子，并检查有无损坏。

（4）检查并紧固各部位螺栓。

（5）检查各引线线夹、导电回路连接点和接线座中软铜带的连接。
（6）填写好检修记录。

50. 真空断路器检修（B类）项目有哪些？

答：除了全部C类项目之外，还包括：
（1）按真空断路器测试项目及要求进行全部测试项目的测试。
（2）根据测试检查结果确定是否更换真空灭弧室及磨损件。
（3）检查支持绝缘子有无裂痕、损伤，表面是否光洁。
（4）真空灭弧室绝缘外壳是否有损伤。各部位连接螺栓、轴销有无脱落或变形。
（5）检查更换真空灭弧室后的三相触头同期，调整行程、超行程。
（6）填写技术参数调整测试报告、检修记录。

51. 简述真空断路器检修项目的工艺要求。

答：（1）测量真空灭弧室的真空度，一般采用工频耐压法，工频电压在42kV以上。

（2）检查真空灭弧室外观，应光洁、无裂纹、破损。对于采用玻璃泡的，要详细检查真空泡内铜片是否有氧化变色、壳体有无裂纹，如有氧化变色现象或裂纹，则应更换真空泡；若采用陶瓷泡，主要检查其表面是否有裂纹，有细微的裂纹也应将其更换。

（3）检查真空灭弧室两端焊接面，应无明显的变化、移动和脱落。

（4）测量触头的行程与超行程，根据测量结果判断触头磨损情况，一般规定电磨损超过2㎜应对真空灭弧室进行更换。

（5）检查动触头上的软连接夹及软连接，应无松动、裂纹、过热。

（6）检查真空灭弧室各固定螺栓，应无松动。各轴销无脱落、变形磨损、转动灵活润滑良好无锈蚀，两端卡簧齐全，弹性良好。

（7）检查支持绝缘子，应完好、清洁，无裂纹，无放电痕迹。

52. 简述真空断路器本体的检修项目和技术要求。

答：（1）测量真空灭弧室的真空度，应符合标准要求。
（2）测量真空灭弧室的导电回路电阻，符合制造厂技术条件要求。
（3）检查真空灭弧室电寿命标志点是否到达，到达电寿命标志点后立即更换。
（4）检查触头的开距及超行程，开距及超行程应符合制造厂技术条件要求。
（5）对真空灭弧室进行分闸状态下耐压试验，应能通过标准规定的耐压水平要求。

53. 什么是真空断路器的分、合闸速度？真空断路器在安装和检修中，在什么情况下需要测试分、合闸速度？有哪些方法？如何调整分、合闸速度？

答：真空断路器的分、合闸速度，一般都是指触头在闭合前或分离后一段行程内的平均速度（各种型号断路器规定不同）。

真空断路器在出厂调试中分、合闸速度已合格，在安装或检修中一般可不进行测试。当出现下列情况之一时，就必须测试分、合闸速度：

（1）更换真空灭弧室或行程重新调整后。

（2）更换或者改变了触头弹簧、分闸弹簧（指的是弹簧机构）等以后。

（3）传动机构等主要部件经解体重新组装后。

由于真空断路器触头行程很小（通常为10～12cm），因此，通常只能采取附加触点或采用滑线电阻两种测量方法。

分、合闸速度用分闸弹簧来调整。分闸弹簧力大，分闸速度快，而合闸速度相应变慢；分闸弹簧力小，分闸速度减慢，而合闸速度相应加快。

54. 用于投切电容器组断路器有哪些要求？

答：用于电容器投切的开关柜必须有其所配断路器投切电容器的试验报告，且断路器必须选用C2级断路器。用于电容器投切的断路器出厂时必须提供本台断路器分、合闸行程特性曲线，并提供本型断路器的标准分、合闸行程特性曲线。条件允许时，可在现场进行断路器投切电容器的大电流老炼试验。

55. 简述ZN12型真空断路器本体常见故障现象及可能原因。

答：（1）真空度降低，导电回路电阻增大。需更换真空灭弧室。

（2）同期及接触行程合格，三相开距不合格。可能是垫片数量调整不当。

（3）同期不合格。可能是绝缘拉杆调整不当。

（4）接触行程及开距不合格。可能是传动拉杆调整不当。

56. 简述ZN12型真空断路器操动机构常见故障现象及可能原因。

答：（1）短路。送电操作时，表现为断路器不动作，控制开关跳开，导线发热软化。原因可能有：① 操作回路接错；② 机构本身接线有差错；③ 内部接线松脱，构成短路点；④ 布线受外部机械砸伤形成短路点。

（2）断路器拒动。给断路器发出操作信号而不合闸或不分闸。原因可能有：① 操作电源无电压；② 操作回路未接通；③ 合闸线圈或分闸线圈断线，或接头脱落；④ 机构上的辅助开关触点未到位，或接触不良。

（3）合不上闸或合后即分。原因可能有：① 操作电压太低；② 断路器动触杆接触行程过大；③ 辅助开关连锁电触点断开过早；④ 操动机构分闸半轴与掣子扣接量太小。

（4）不能分闸。原因可能有：① 分闸铁芯内有脏物使铁芯受阻动作不灵；② 分闸脱扣半轴转动不灵活；③ 分闸的铜撬板太靠近铁芯的撞头，使铁芯分闸时无加速力；④ 半轴与掣子扣接量太大。

（5）烧分闸线圈。原因可能有：① 辅助开关震松移位，造成分闸后辅助开关的分闸触点没有断开。② 由于上述第（4）条所述原因造成，在断路器分闸操作中辅助开关没有联动旋转至分闸位（可能是机械连接卡滞或松脱）。

（6）烧合闸线圈。原因可能有：① 由于二次线路上的原因造成合闸后直流接触器不能断开；② 直流接触器被异物卡阻，动作后断不开或动作延缓；③ 辅助开关在合闸后没有联动转至分闸位（可能是机构连接受阻或松脱）；④ 辅助开关松动移位，造成合闸后控制接触器的电触点没有的断开。

（7）分闸或合闸电磁铁微动或动作缓慢。可能原因有：① 电磁铁铁芯位置或行程调整不当；② 由两个线圈串联（220V 时）或并联（110V 时）组成的电磁铁芯线圈，相互极性接反；③ 线圈内部产生匝间短路，此时回路中电流很大而电磁力却很小；④ 零部件锈蚀严重；⑤ 铁屑或灰尘落入铁芯间隙或导槽中。

57. ZN65A 断路器频繁出现辅助开关过死点的原因是什么？如何防范？

答：由于合闸行程过大，造成辅助开关拉杆越过死点位置，导致断路器拒动。为了防止辅助开关过死点，在维护中重点检查合闸主轴拐臂与合闸缓冲器之间间隙不大于 2mm，否则，在缓冲器下部加装垫片进行调整。

第四节　操　动　机　构[1]

1. 什么是操动机构？操动机构一般由哪几部分组成？

答：操动机构是指操作开关设备使之合、分的装置。操动机构一般由合闸机构、保持机构、分闸机构、输出装置和辅助设备五部分组成。

（1）合闸机构。即能量转换部分，对于电磁操动机构，是指合闸电磁铁及相应部件；对于弹簧操动机构，它是指储能弹簧和相应的储能机构以及合闸脱扣装置等；对于液压操动机构，是指油泵、储压器、合闸阀及合闸电磁铁等部件。

（2）保持机构（维持机构）。对于机械传动操动机构，它是指维持支架或其他维持装置；对于液压机构，是指保持阀及相应的高压油补充回路。

（3）分闸机构。是指断路器能快速脱扣分闸的机构。对于机械式操动机构，是指分闸脱扣装置及相应的连杆系统；对于液压机构或气动机构，是指分闸阀及相应阀系统。

（4）输出装置。是指电磁、弹簧机构的主轴或液压（气动）机构的活塞杆等。

（5）辅助设备。主要是指辅助开关、中间继电器、接触器等辅助元件组成的信号和保护回路。

2. 常用断路器操动机构主要有几种类型？其分、合闸电流大约是多少？主要应用领域有哪些？

答：常用的断路器操动机构主要有弹簧机构、液压机构、气动机构和液压弹簧机构。分闸电流一般不超过 5A；合闸电流，电磁式机构一般在 100A 以上，而其他机构一般不超过 5A。126kV 以下断路器基本配用弹簧机构；126kV 断路器和 GIS 主要是自能式灭弧断路器，一般配用弹簧机构；252kV 高压开关设备灭弧方式有单压式、自能式和混合式三种，三种机构都有使用；363～550kV 断路器、HGIS、GIS 主要灭弧方式有压气式或混合式，三种机构

[1] 操动机构简称机构，液压式操动机构简称液压操动机构或液压机构，弹簧式操动机构简称弹簧操动机构或弹簧机构，弹簧储能液压式操动机构简称液压弹簧操动机构或液压弹簧机构，气动式操动机构简称气动操动机构或气动机构，电磁式操动机构简称电磁操动机构或电磁机构。

也都有使用；对于需要操作功率较大的定开距灭弧室的高压开关设备，一般配用液压操动机构，对于特高压使用的HGIS等也配用液压操动机构。液压弹簧机构在国内也开始大量采用。

3. 国产操动机构型号命名有哪些规定？

答：国产操动机构型号命名规定：

□ □ □ □ □

第一个字符：表示产品代号（即C）；第二个字符：表示驱动形式，如：S—手动、J—电动机、D—电磁、T—弹簧、Q—气动、Z—重锤、Y—液压；第三个字符：表示设计序号；第四个字符：表示派生代号，如：X—箱内户外式；第五个字符：表示派生结构，如：G—改进式。

4. 简述对高压断路器操动机构的基本要求。

答：（1）合闸操作。操动机构应有足够的合闸功率及较快的合闸速度，不仅能关合正常工作电流，而且在关合短路故障发生预击穿时，能克服短路电流的电动力作用合到位；合闸时，应能使触头平稳过渡到稳定状态，不发生弹跳现象；在合闸终了位置，应能使触头保持在良好的接触状态；在保证合闸稳定性的前提下，尽可能缩短合闸时间。

（2）维持合闸。在合闸过程中，合闸命令的持续时间很短，操动机构的操作力只能在短时间提供。因此，操动机构必须有维持合闸部分，以确保断路器在合闸命令和操作力消失后仍保持在合闸状态。

（3）分闸操作。分闸能量必须在合闸的同时完成储能，能量不受外界条件影响。无论在什么条件下，一旦分闸命令发出后，必须执行并分闸。分闸时间必须在规定的范围内，分闸时间太短，短路电流的直流分量过大，会引起分闸困难；分闸时间太长，会影响系统的稳定性。操动机构不仅能实现自动分闸，在某些特性情况下，还应能手动分闸。

（4）自由脱扣。断路器在合闸过程中，如操动机构又接到分闸命令，这时操动机构不应继续执行合闸命令而应立即分闸。

（5）防跳跃。断路器关合永久性短路故障，相应的保护动作又自动分闸后，即使合闸命令未解除断路器也不能再次合闸。防跳跃主要是防止断路器多次重复关合短路故障。

（6）复位。断路器分闸后，操动机构的每个部件应能自动恢复到准备合闸状态。

（7）闭锁。为了保证断路器的动作可靠，操动机构应具有相应的闭锁装置。常用的闭锁装置有分合闸位置闭锁、弹簧机构的位置闭锁、气动、液压机构的压力闭锁等。分合闸位置闭锁是保证断路器在合闸位置时，操动机构不能进行合闸操作；断路器在分闸位置时，操动机构不能进行分闸操作。弹簧机构的位置闭锁是保证弹簧储能达不到规定要求时，操动机构不能进行分合闸操作。气动、液压机构的压力闭锁时保证气体或液体压力达不到规定要求时，操动机构不能进行分合闸操作。

（8）缓冲。断路器的分合闸速度很高，要求高速运动的零部件立即停下来，不能简单地采用在行程终了处装置止钉的办法，而必须用缓冲装置来吸收运动部分的动能，防止断路器中某些零部件受到冲击而损坏。

5. 操动机构的分闸功能有何技术要求？

答：（1）应满足断路器的分闸速度要求。

（2）不但能电动分闸，且应能手动分闸。

（3）分闸时省力、省功。

6. 操动机构的合闸功能有何技术要求？

答：（1）满足所配断路器的刚合速度要求。

（2）具有足够的合闸力，以克服短路电流所产生的电动反力。

（3）对保持合闸位置的功能要求，主要表现在：

1）合闸功消失后，操动机构必须可靠地将断路器保持在合闸位置，任何短路电流的电动力和机械振动力，均不得引起触头分离。

2）在接到分闸命令后，能可靠地分闸。

7. 对操动机构的保持合闸功能有何技术要求？

答：合闸功消失后，触头能可靠地保持在合闸位置，任何短路电动力及振动等均不致引起触头分离。

8. 对操动机构的防跳跃装置有何技术要求？

答：防跳跃装置的技术要求是当断路器在合闸过程中，如遇故障，即能自行分闸，即使合闸命令未解除，断路器也不能再度合闸，以避免无谓地多次分、合故障电流。

9. 对操动机构的自由脱扣有何技术要求？

答：只要接到分闸命令，不管断路器是在合闸位置，还是合闸过程尚未终了，皆应使断路器跳闸。

10. 对操动机构连锁功能有何技术要求？

答：（1）分合闸应具有连锁，以保证分合操作相互制约。

（2）高、低气压应有连锁，当气压或液压低于（或高于）规定值时，不能进行分合闸操作。

（3）弹簧机构位置应连锁，若弹簧储能不到位，则机构不能进行合闸操作。

11. 操动机构中电磁铁应满足哪些要求？

答：（1）能输出足够的机械功，或符合所要求的吸力特性。

（2）动作时间短。

（3）工作可靠。

第五节　液压操动机构

1. 什么是液压机构？主要由哪几部分组成？

答：液压机构是指利用液体不可压缩原理，以液压油作为传递介质，将高压油送入工作缸两侧来实现断路器分、合闸操作的操动机构。主要元件由储能元件、控制元件、操动元件、辅助元件和电气元件五部分组成。

2. 图 2-17 为 LW10B-252 型液压机构剖面图，请按照图中标示代号写出各部件名称？

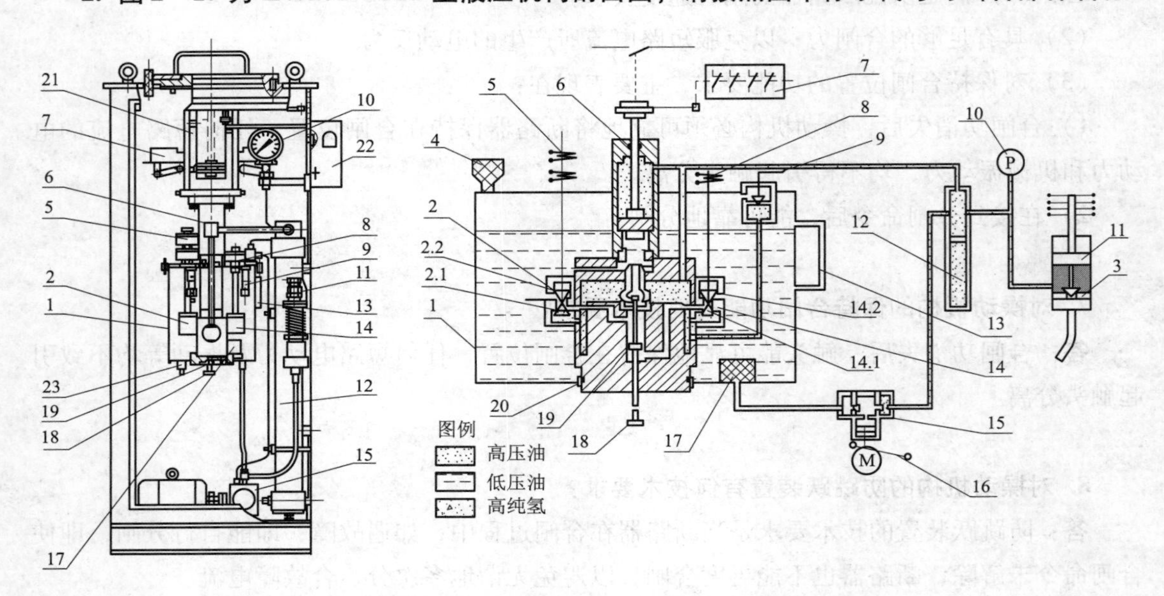

图 2-17　LW10B-252 型液压机构剖面图

答：各部件名称依次为：1—油箱；2—分闸一级阀；2.1、2.2—钢球；3—安全阀；4—油气分离器；5—分闸电磁铁；6—工作缸；7—辅助开关；8—合闸电磁铁；9—高压放油阀；10—压力表；11—压力开关；12—储压器；13—油标；14—合闸一级阀；14.1、14.2—钢球；15—油泵电机；16—手力打压杆；17—过滤器；18—操纵杆；19—二级阀阀杆；20—密封圈；21—连接座；22—密度继电器；23—低压放油阀。

3. 液压机构如何分类？

答：（1）按储能方式，可分为非储能式和储能式两种。一般的，非储能式用于隔离开关，储能式用于 110kV 及以上高压断路器。

（2）按液压作用方向，可分为单向传动式和双压传动式两种。

（3）按液压传动方式，可分为间接（机械—液压混合）传动和直接（全液压）传动两种。

（4）按充压方式，可分为瞬时充压式、常高压保持式、瞬时失压—常高压保持式三种。

常高压保持式液压操动机构是目前采用较为普遍的一种结构形式。

4. 什么是差压式液压操动机构？简述其工作原理。

答：差压式液压操动机构是利用同一工作压力的高压油作用在活塞两侧的不同截面上产生作用力差，从而使活塞运动来驱动断路器进行分合闸操作。工作缸活塞和二级阀芯也都按此差压原理设计。对于常高压保持式液压机构，在分闸侧常充有高压油，而合闸侧则由阀系统进行控制，只在合闸操作及合闸位置时才充入高压油，而在分闸位置时与低压油箱连通。

工作缸活塞或二级阀芯的合闸侧受压面积比分闸侧的面积大得多，只要合闸侧充入高压油，活塞或阀芯就将向合闸方向运动，并始终保持在合闸位置。分闸时，只要合闸侧高压油接通低压油箱，活塞就立即向分闸方向运动。某型号差压式工作缸结构如图 2－18 所示。

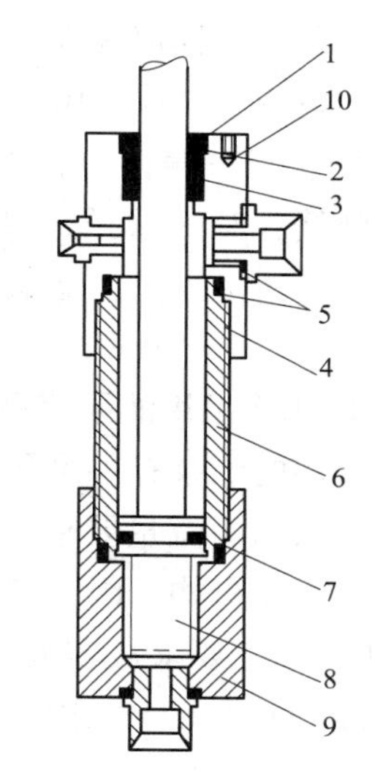

图 2－18　某型号差压式工作缸结构图

1—压盖螺套；2—黄铜垫圈；3—密封圈；4、9—缸帽；5、7—“O”形密封圈；6—缸体；8—活塞；10—螺孔

5. 图 2－19 为双柱塞式油泵机构图，写出各部件名称。

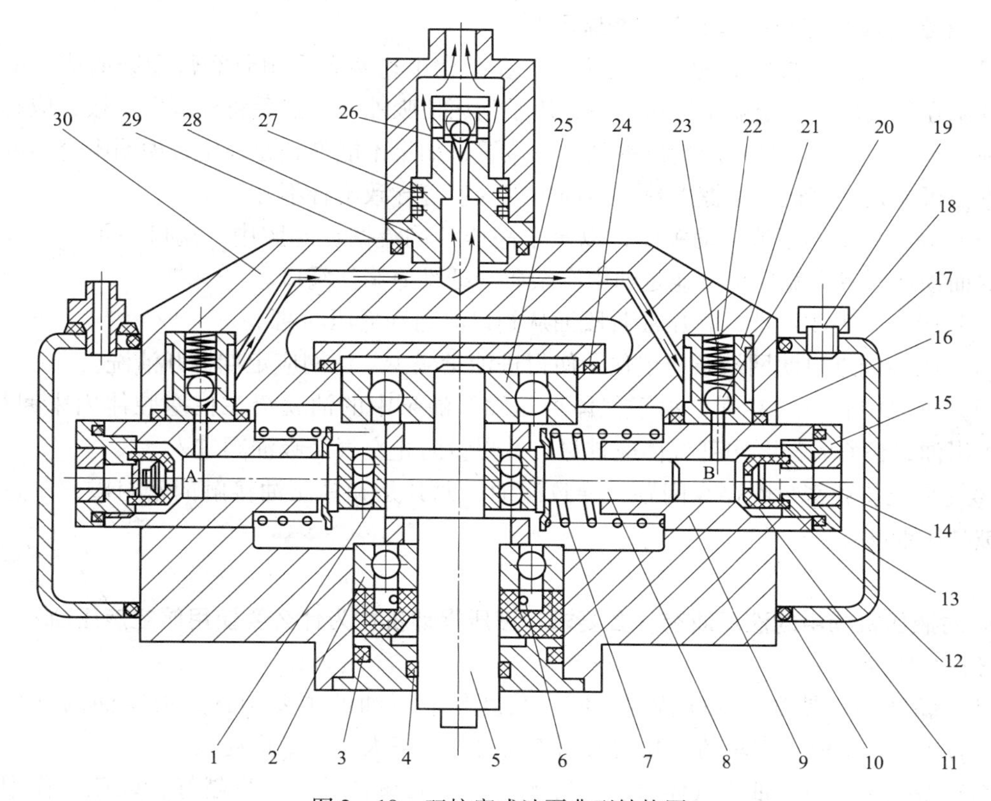

图 2－19　双柱塞式油泵典型结构图

答：各部件名称依次为：1、2—钢球；3、4—密封圈；5—曲轴；6—轴用密封；7—弹簧；8—柱塞；9—缸体；10—密封圈；11—吸油阀座；12—吸油阀片；13—尼龙垫；14—低压油进油腔；15—盖；16、18—密封圈；17—盖；19—排气螺塞；20、26—钢球；21—阀座；22—弹簧；23—球托；24—密封垫；25—轴承；27、29—密封垫；28—阀座；30—泵座；A、B—压油腔。

6. 液压机构常用油泵有哪几种？为什么大多采用柱塞式油泵？

答：常用的油泵有齿轮泵和柱塞泵两种。齿轮泵额定工作压力一般不超过1MPa，只适用于压力不太高而流量要求大的场所。柱塞泵工作压力较高，可达几十兆帕，但打油量较少，使用于液压机构，因为液压机构油压一般都在20MPa以上。储压器的储油容积一般为2500～5000cm^3，要求从零表压打到额定油压时间不超过3～5min，油泵的打油量一般在1500cm^3/min即可满足要求。

7. 柱塞式油泵的打油量是如何计算确定的？

答：油泵转速为1400r/min，每转一周两侧柱塞往复动作一次。一般柱塞直径为1cm，柱塞行程约0.8cm。忽略其他因素，每分钟打油量用Q（cm^3/min）表示，即$Q=(\pi/4)d^2lzn$，d为直径（cm），z为柱塞数量，l为柱塞行程（cm），n为转速（r/min）。

8. 柱塞式油泵打油效率低有哪些原因？

答：（1）柱塞与缸体的配合情况不好。在结构上，两者采用研磨膏配磨而成。配合良好的柱塞在其表面涂一层航空液压油后，用手指堵住吸油口，然后将柱塞向里按，应有较大的反弹力。当释放后，柱塞应能反弹到原来位置，如果不能弹到原来位置说明配合不好。柱塞效率低可能是往复运动摩擦发热、表面出现划痕等导致配合不好。

（2）高压出油阀不能自动关闭，以至于高压油倒流回柱塞腔中。阀口关不严可能是阀口密封面损坏或者太宽，也可能是油中有杂质、纤维等堵住阀口。

（3）吸油阀关闭不严，在压油阶段油从阀口泄漏到低压油路中。

（4）吸油阀进口滤网被杂质堵住，使得进油量减少，滤网应定期拆开清洗。

（5）油泵中有空气存在，由于气体可压缩，油泵中的油就会在柱塞腔体内来回往复，但打不出油，检修时油泵内部气体应排尽，并尽量防止空气经吸油阀进入。

（6）尼龙垫和密封圈存在问题，导致漏油，尤其是和高压油接触的密封圈，一旦漏油容易被高压油吹坏。

9. 对液压机构中的液压油有什么要求？液压操动机构为什么要使用航空液压油？

答：液压油要求：

（1）黏度小，黏度—温度特性平缓。黏度是液压油的主要指标，液压油的标号是以50℃时的运动黏度值来表示的，黏度大则流动时内摩擦大，能量损耗大。

（2）杂质少。液压油中气体杂质、机械杂质、酸碱含量等越少越好，以免工作中磨损或腐蚀机件。

（3）化学性能稳定，长期使用不变质。

（4）如工作缸在高电位，还应具有电性能要求。

液压操动机构是用油作为机械能传递的媒介，但油的黏度对油流影响很大，当油流截面一定时，油的黏度越大，单位时间内的油流量就越小，工作缸活塞的运动速度也就越慢。在20℃以上时，航空液压油的黏度不比变压器油和透明油的黏度小，但在低温下随着温度的降低，黏度增大的速率比变压器油小得多。所以，它能保证在允许的工作环境温度（ –35 ~ 40℃）范围内，分合闸速度变化不太大。另外，航空液压油的润滑性能也比较好，根据我国的地理环境，液压机构一般宜采用10号航空油，而在东北地区宜用20号航空油。

10. 简述液压机构中操作能源形成的转换过程。

答：由电动机、油泵将电能转变为机械能，通过液压油传递、压缩氮气，形成气体势能（储存）。操作时又将气体势能通过液压油及工作缸转化为机械能，完成开关的合、分闸操作。

11. 液压机构的储压筒储存能量的方式有哪几种？

答：主要有氮气储能和弹簧储能两种：

（1）利用氮气来储存能量，即在储压筒活塞的一侧充入规定预充压力的氮气。氮气受压缩时就储存能量，这是目前普遍采用的一种方式。

（2）弹簧储能方式，即结构上使储压筒活塞与专用蝶形弹簧相连。油泵打压时，被压的液压油推动储压筒活塞压缩蝶形弹簧储能。这种结构可避免氮气腔的漏氮问题，提高了可靠性。但对蝶形弹簧的材质要求较高。

12. 液压机构的工作缸作用是什么？工作缸的结构有哪几类？

答：工作缸是液压机构的执行元件，是把液流能量转变成机械功的转换环节。

工作缸的结构主要有活塞式和柱塞式两种。

（1）活塞式工作缸。按照两侧压力控制方式的不同，可以分为直动式和差动式两种。直动式工作缸两侧管道一个接高压，另一个接低压，从而产生单方向的推动；差动式工作缸一侧油管始终接在高压油管道上，另一侧经阀门控制实现高、低压油的切换。

（2）柱塞式工作缸。应用在要求工作行程特别长的场合，只能单方向推动，柱塞返回要依靠外力。

13. 什么是断路器预充压力？如何测量？

答：在表压为零时启动油泵，压力表突然上升到 P_1 值，停泵；打开放油阀，当压力表降到 P_2 值时突然下降到零，则 P_1 和 P_2 的平均值即为当时温度下的预充压力。

P_2 测量方法：先断开油泵电机电源，打开高压放油阀，把储油筒中的油压逐步放掉，当压力表指针突然回零时，记录突然回零前瞬间的压力值。

P_1 测量方法：关闭高压放油阀，启动油泵打压，当压力表的指针突然升至某一高压力时，立即停泵，待压力稳定时，记录压力值。

不同温度下的预充压力换算

$$P = (273 + T)/293P_0$$

式中　T——环境温度；

P_0——20℃时的标准压力值。

14. 液压机构中电触点压力表的作用是什么?

答：压力表的作用是监视氮气预压力及工作压力。其高压触点或低压触点闭合启动中间继电器，通过中间继电器的触点发出压力异常信号，并将油泵电机回路切断，低压触点的中间继电器同时切断开关的分、合闸控制回路，以防低压力下分、合闸，造成事故扩大。

15. 液压机构一般采用什么缓冲方式?

答：液压机构一般采用工作缸利用窄缝间隙制动来实现缓冲。通常把分闸缓冲置于工作缸上，合闸缓冲置于断路器本体中。图 2－20 是工作缸常采用的两种结构。在活塞到达终止位置以前的一段行程里，活塞端部的缓冲头进入缸体凹槽内，使 B 腔中缝经 A 出口流出。窄缝油流的阻力很大，使得油只能通过小环形窄运动系统得以减速，避免了最后的撞击。为了调节制动力的大小，在工作缸的结构上增加调节装置（螺丝 1 和单向阀 2）。单向阀的作用是使活塞反向动作开始阶段（合闸开始阶段）阻力不致太大。

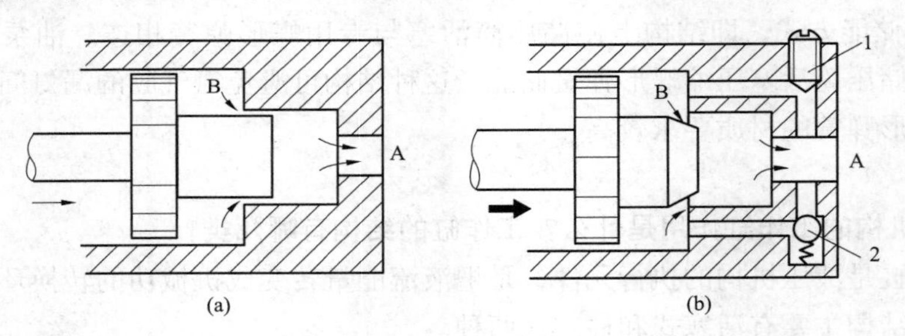

图 2－20　工作缸的缓冲结构

（a）固定间隙缓冲；（b）可调间隙缓冲

16. 在检修时，对液压机构的微动开关如何检查?

答：（1）检查各微动开关动作是否灵活。

（2）检查各微动开关滚子活塞杆接触是否可靠，有无备用行程。

（3）核对微动开关位置与压力值是否对应。

（4）微动开关的固定螺丝及二次螺丝应紧固。

（5）微动开关应有一定的压缩量。

17. 储压器（筒）从结构上分一般有几种形式？对储压器的储能值有什么要求？为什么要对预充压力进行温度校正?

答：储压器（筒）从结构上分单筒式和双筒式两种。单筒式结构简单，体积较小；双筒式体积大，可储存更大的能量。

储压器储存的能量数值正比于工作压力和气体体积的乘积，提高工作压力可以提高储能值，提高压力的困难主要是强度和安全问题。储压器的气体体积大小取决于要求连续操作的次数和允许的最低工作压力值。一般应保证断路器快速自动重合闸的操作循环（分—合—分）之后，压力低于允许的最低值。

由于储压器的工作压力和温度有密切关系，为了保证储压器内预充的气体数量合适，预充压力应根据制造厂给出充气时的压力温度曲线进行校正。

18. 储压筒活塞上部（和氮气接触的一侧）为什么必须加入一定高度的航空液压油？

答： 在储压筒活塞上部加入一定高度的航空液压油，一方面可提高活塞上部氮气和下部液压油之间的密封性能，当活塞上部加入一定高度（一般为2cm）的航空液压油后，形成了油密封层，氮气就不直接作用在橡胶密封圈上而是作用在油层上，气体不易渗漏至活塞下部；另一方面，液压油可以改善活塞上部氮气侧密封圈与筒壁之间的滑润效果，密封圈在油中滑动而不易损坏。

19. 储压筒用气体介质储能时，为什么要选用氮气？

答： 储压筒采用高强度碳素钢管加工制作，对内表面光洁度要求很高，而氮气是一种无色无味气体，充入氮气就可避免腐蚀损坏。另外，储压筒中使用的橡胶密封件，在氮气中老化慢，可提高使用寿命。

20. 如何调整液压机构分、合闸铁芯的动作电压？

答：（1）动作电压的调整借改变分、合闸电磁铁与动铁芯间隙的大小来实现。

（2）缩短间隙，动作电压升高，反之降低。

（3）但过分的加大间隙反而会使动作电压又升高，甚至不能分闸，调整动作电压会影响分合闸时间及相间同期，故应综合考虑。

21. 断路器在运行中液压操动机构液压降到零如何处理？

答： 断路器在运行中由于某种故障使液压操动机构液压降到零时，机构应闭锁，不进行分、合闸，也不进行自动打压。处理时，首先应用卡板将断路器卡在合闸位置，再找原因。当故障排除以后，短接零压微动开关常闭触点及电触点压力表所控制的继电器常闭触点（在泵电动机回路中的触点），泵可以重新启动，打压完成以后，先进行一次合闸操作（此时断路器已卡在合闸位置），再打开卡板，进行正常操作。

若不卡住断路器就打压，则可能造成断路器慢分闸，触头产生电弧不易熄灭，有可能使断路器爆炸。

22. 检查液压机构时，如发现球阀或二级阀密封不良，怎样处理？

答：（1）可用小锤轻击钢球，使阀口上压出一圈约0.1mm宽的圆线，以使接触良好。

（2）二级阀活塞与阀座接触不良时，可用研磨膏研磨。

23. 液压操动机构的油泵打压频繁可能是什么原因？

答：（1）储压筒活塞杆漏油。

（2）高压油路漏油。

（3）微动开关的停泵、起泵距离不合格。

（4）放油阀密封不良。

（5）液压油内有杂质。

（6）氮气损失。

24. 为什么说液压机构保持清洁与密封是保证检修质量的关键？

答：因为液压机构是一种高液压的装置，工作时压力经常保持在几十兆帕以上。如果清洁不够，即使是微小颗粒的杂质侵入到高压油中，也会引起机构中的孔径很小（零点几毫米）的阀体通道（管道）堵塞或卡涩，使液压装置不能正常工作。如果破坏密封或密封损伤造成泄漏，也会失掉压力而不能正常工作。所以，液压机构检修必须保证各部分密封性能可靠，液压油必须经常保持清洁，清洁、密封两项内容贯穿于检修的全过程。

25. 液压机构中的压力表指示是什么压力？根据压力如何判断机构故障？

答：液压机构中的压力表指示液体的压力，液体压力与氮气压力不相等，差值为储压筒活塞与缸壁的摩擦力。压力若少量高于标准值，可能是预充压力较高或活塞摩擦力较大；压力不断升高或者明显高于标准值，是由于活塞密封不良，高压油进入气体所造成；若压力低于标准，是气体外漏造成的，可以用肥皂水试漏气来判定。

26. 压力开关常见故障有哪些？

答：（1）压力开关组件上推动微动开关的接头中心未对好，长期偏压而造成位移，使整定值改变。此时可调整接头中心对准微动开关的揿针。

（2）由于微动开关触点行程小，加之频繁动作，因而可造成触点变形而不能自动返回；或者触点弹片受潮氧化变质，失去原有弹性。此时应更换新的微动开关。

（3）油压长期过高，使微动开关弹簧片疲劳推动作用或动作失灵。

（4）某些触点长期不动作，表面生成氧化膜而使接触不良。

27. 怎么鉴定液压机构压力保持性能的好坏？

答：第一种方法：定期测量储压筒活塞杆在规定时间内的下降行程，并与标准值比较。该行程下降越小，保压性能越好，该方法比较直观。

第二种方法：定期观察时间为12h甚至24h，当机构处在合闸和分闸位置时活塞杆分别下降的距离（特别是机构处在合闸位置时，因为合闸位置阀系统的泄露部位比分闸位置多，泄露量大），并与标准值比较，该方法比较合理。

28. 液压机构压力异常增高和降低可能有哪些原因？如何处理？

答：液压机构压力异常时，应针对不同原因采取相应处理措施，具体如下：

第一种情况：压力异常增高。

（1）储压器的活塞密封圈磨损，使液压油流入氮气侧。应将氮气和油放掉更换密封圈。

（2）停止电机的微动开关失灵。可将微动开关修复或更换。

（3）压力表失灵（无指示）。应更换压力表。

（4）机构箱内的温度异常高。应将加热回路处理好。

第二种情况：压力异常降低。

（1）储压器行程杆不下降而压力降低。漏氮处理：更换漏气处密封圈，重新补充氮气。

（2）压力表失灵。可更换压力表。

（3）储压器行程杆下降而引起的压力降低，原因是高压油回路，有渗漏现象。应找出漏油环节，予以排除。

29. 液压机构拒合、拒分可能有哪些原因？如何处理？

答：（1）辅助开关转换不良。可更换辅助开关或修理触头、调整位置。

（2）分合闸线圈断线或回路接触不良。应更换线圈或紧固接头，查图纸判断接触点。

（3）一级阀顶杆弯曲、卡死，应更换零件。

（4）油压过低，电动闭锁。应检查油压降低原因，检查闭锁回路。

（5）合闸保持回路漏油。检查合闸保持回路，使单向阀关闭严密，保持油路畅通。

（6）传动系统卡死。应修理或更换零件。

30. 什么原因可能造成液压机构合闸后又分闸？

答：（1）分闸阀杆卡滞，动作后不能复位。

（2）保持油路漏油，使保持压力建立不起来。

（3）合闸阀自保持孔被堵，同时合闸阀的逆止钢球复位不好。

31. 液压机构合闸电磁铁动作时，若不能使开关合闸，可能是什么原因？

答：（1）检查直流操作电压是否过低。

（2）合闸电磁铁调整不当或松动变位。

（3）合闸一级阀阀杆过短，球阀打不开，应更换。

（4）合闸电磁铁顶杆或合闸阀杆变形，弯曲造成卡滞。

（5）分闸一级阀密封不严，应检查钢球是否复位和其他严重漏油缺陷。

（6）合闸一级阀逆止阀钢球未复位或带有逆止阀的管接头装反。

（7）工作缸或开关传动机构有卡涩或损坏。

32. 预防液压机构事故的措施主要有哪些？

答：（1）预防漏油措施：① 检修时，应彻底清洗油箱底部并对液压油用滤油机过滤，保证管路、阀体无杂质和泄漏；② 液压机构油泵启动频繁或补压时间过长，应检查原因并及时停电处理；③ 处理储压筒活塞杆漏油时，应同时检查处理微动开关，以保证微动开关位置正确、动作可靠。结合试验，应检查微动开关的通断情况；④ 应选用质量好的密封垫。

（2）为防止液压机构储压筒氮气室生锈，应使用符合规定的高纯氮。

（3）安装或检修液压机构时，应采取措施，防止灰尘、沙粒进入液压油中。

（4）运行中的液压油，应定期过滤。

33. 配置液压操动机构的 SF_6 断路器有哪些自卫防护功能及措施？

答：（1）油泵超时运转闭锁。一般当油泵电动机运转超过 3～5min 时，时间继电器的常闭延时触点打开，切断电机电源。

（2）防慢分闭锁。① 电气闭锁。当断路器处于合闸位置时，如果出现油压非常低或降至零压时，油泵电机将闭锁，不启动。② 慢分阀。有三种方法：方法一是将二级阀活塞锁住或加装了防慢分装置；方法二是在三级阀处设置手动阀，当油压降至零时，将手动阀拧紧，使油压系统保持在合闸位置，当油压重新建立后松开此阀；方法三是设置管状差动锥阀，不论开关在分、合闸位置，只要系统一旦建立压力，该管状锥阀均产生一个维持在分、合闸位置的自保持力。③ 机械法。利用机械手段将工作缸活塞杆维持在合闸位置，待机械故障处理完毕，即可拆除机械支撑。

（3）有两套完全相同且互相独立的分闸回路，有主分闸回路和副分闸回路，动作原理相同，保证了分闸可靠性。

（4）防跳跃措施。在分闸命令和合闸命令同时施加的情况下，防跳跃继电器使分闸优先。防跳跃继电器由分闸命令直接启动，并通过合闸继电器的触点保持在得电位置，它们的触点完全切断合闸线圈回路，使断路器不能实现合闸，直到合闸信号完全解除。

（5）低油压闭锁功能。当油压不足以保证断路器的合闸或油压下降至分闸闭锁值时，经微动开关使有关继电器得电，断开合闸启动回路、主副分闸启动回路，从而实现分合闸闭锁。

（6）SF_6 低压力闭锁功能。当 SF_6 气体压力因漏气降低到一定值时，使分、合闸闭锁继电器得电，将断路器闭锁在原来所在位置。

（7）自动分闸功能。它分为两种情况：① 当 SF_6 气体压力降低至临界值时，三相分闸继电器得电，使断路器三相一致跳闸。② 当油压下降到仅够分闸时，分闸继电器得电，使断路器三相自动分闸，即“强分”。

（8）“非全相”分闸功能。若发生了“非全相”的情况，“非全相”分闸继电器得电启动，经过一段已经整定好的延时，使三相分闸继电器得电，将断路器三相分闸。

34. 起泵和停泵位置开关的行程根据什么原则确定的？

答：起泵位置开关的行程是由储压筒的额定储油量下限来考虑的。储压筒储油应按满足断路器进行“分—0.3s—合”分操作顺序（不考虑补压）而活塞杆不能下降到分闸闭锁位置开关处来考虑。

停泵位置开关的行程与起泵位置开关行程之差，一般按液压机构在正常运行中 48h 起泵一次来考虑。该行程差若偏小，则油泵起停频繁。行程差偏大则对储压筒结构不利，且额定油压的上下偏差值也太大。因此，国产单筒式液压机构起停泵位置开关行程差都选为 1cm 左右；而对于双筒式结构，该数值选择为 5cm 左右。

35. 分合闸闭锁位置开关的行程是根据什么原则确定的?

答:(1)应能保证断路器在运行中当储压筒活塞杆已下降到接近该位置时,储压筒中的储油量和油压应能满足断路器开断额定短路电流的要求。

(2)分、合闸闭锁位置开关必须配合好,两者之间的行程差必须大于一个单合操作时储压筒活塞杆下降的距离。

36. 清洗检查油泵系统有哪些内容?

答:(1)检查滤网是否洁净。

(2)检查逆止阀处的密封圈有无受损以及球阀的密封情况。

(3)检查吸油阀阀片密封状况是否良好,并注意阀片不要装反。

(4)检查外壳密封情况。

(5)柱塞泵应检查柱塞有无划痕以及柱塞的配合情况。

37. 简述滤油器在液压系统中的安装位置。

答:(1)装在泵的吸油口处:泵的吸油路上一般都安装有表面型滤油器,目的是滤去较大的杂质微粒以保护液压泵,此外滤油器的过滤能力应为泵流量的两倍以上,压力损失小于0.02MPa。

(2)安装在泵的出口油路上:此处安装滤油器的目的是用来滤除可能侵入阀类等元件的污染物。其过滤精度通常应为10~15μm,且能承受油路上的工作压力和冲击压力,压力降应小于0.35MPa。同时应安装安全阀以防滤油器堵塞。

(3)安装在系统的回油路上:这种安装起间接过滤作用。一般与过滤器并连安装一背压阀,当过滤器堵塞达到一定压力值时,背压阀打开。

(4)安装在系统分支油路上。

(5)单独过滤系统:大型液压系统可专设一液压泵和滤油器组成独立过滤回路。液压系统中除了整个系统所需的滤油器外,还常常在一些重要元件(如伺服阀、精密节流阀等)的前面单独安装一个专用的精滤油器来确保它们的正常工作。

38. 简述油箱的清洗过程。

答:放掉油箱中的旧油后打开孔盖,用绸布等不起电、不掉毛的物品将油箱内的油污擦掉,再用清洗剂将油箱清洗干净,最后用面团等粘掉油箱内壁的固体颗粒。

39. 液压机构检修(B类)项目有哪些?

答:(1)检查分合闸线圈,必要时进行调换。

(2)检查辅助开关切换情况,必要时应调换。

(3)清洗并检查操作阀,调换密封圈,必要时应更换损坏部件。

(4)检查油泵、安全阀是否正常工作,必要时调换损坏部件。

(5)校核各级压力触点设定值并检查压力开关,必要时应调换。

(6)检查预充氮压力,对活塞杆结构储压器应检查微动开关,若有漏氮及微动开关损坏应及时处理。

（7）液压弹簧机构应检查弹簧储能前后尺寸。

（8）清洗油箱，更换液压油后放气。

40. 液压机构中，什么是防“打压慢分”闭锁装置？机构本身采取什么方法来防止打压慢分？

答：在阀系统的二级阀阀芯上装有防“打压慢分”闭锁装置，当断路器在合闸位置，且液压系统压力降到零时，二级阀芯机构被闭锁在合闸位置。

设备还可以外加防“打压慢分”的机械卡具，运行中如果油压降到零，断路器又不能从系统中退出运行，则在处理泄压故障时可预先用卡具将断路器机构闭锁在合闸位置，待压力已打至正常，卡具不受到外力作用（能轻松地取下）时，再取下卡具。

41. LW10B－252 断路器如何实现慢分慢合？列出两种方法。

答：第一种方法：

慢分—断路器处于合闸位置，将液压系统高压油放至零压，将二级阀阀杆推至分闸位置，起泵打压实现慢分。

慢合—断路器处于分闸位置，将液压系统高压油放至零压，将二级阀阀杆推至合闸位置，起泵打压实现慢合。

第二种方法：

慢分—断路器处于合闸位置，将液压系统高压油放至零压，打压至压力比预充压力稍高，按下分闸铁芯，将二级阀缓慢推至分闸位置，随后起泵打压即可实现慢分。

慢合—断路器处于分闸位置，将液压系统高压油放至零压，打压至压力比预充压力稍高，按下合闸铁芯，将二级阀缓慢推至合闸位置，随后起泵打压即可实现慢合。

42. LW6 型断路器操动机构压力表如何更换？

答：如发现压力表指针不回零等异常现象需要更换时，应首先将压力表阀关闭（顺时针旋转），使其与液压系统隔离；然后更换压力表，更换后应打开压力表阀检查压力指示是否正常以及压力表接头处是否漏油。

43. LW6 型断路器的液压机构运行中出现油泵打压超时信号有哪些可能原因？

答：（1）时间继电器故障，常见的是触点接触不良，时间元件整定时间变小。

（2）油泵打油效率变差，补压时间大于 3min。对于打油效率良好的油泵，当工作油压在 31.6MPa 时，经分－合－分操作后补压到 32.6MPa 的时间都在 1min 左右。如果达到 3min 就说明打油效率已很差，油泵必须检修。

（3）油压由零压开始打压，当打压时间达到 3min 时，油泵将自停并发出超时信号。此时必须将油泵电源断开一下，使时间继电器返回，再启动油泵重新打压，直至油压至规定值时停泵为止。

44. LW6 型断路器液压机构中安全阀的作用是什么？动作压力的调整是怎样的？

答：安全阀的作用：当液压系统由于油泵控制回路故障和环境温度升高等原因使系统压力过高时，安全阀启动泄压，使系统压力基本保持在额定油压附近。安全阀启动压力的调整：启动压力过高时，在组件弹簧上端取出适当垫片；压力过低时在组件弹簧上端加装适当垫片。

第六节　弹 簧 操 动 机 构

1. 什么是弹簧操动机构？主要由哪几部分组成？

答：弹簧操动机构是指利用已储能的弹簧为动力使断路器动作的操动机构。主要由储能机构、电气系统和机械系统三部分组成。

储能机构包括储能电动机、传动机构、合闸弹簧和连锁装置等，在传动轮的轴上可以套装储能的手柄和储能指示器。全套储能机构用钢板外罩保护或装配在同一铁箱里。

电气系统包括合闸线圈、分闸线圈、辅助开关、连锁开关和接线板等。

机械系统包括合、分闸机构和输出轴（拐臂）等。

2. 弹簧操动机构有什么优缺点？

答：优点：

（1）速度快，能快速自动重合闸，可以缩短断路器的合闸时间。

（2）操作电源容量小且交直流都可使用，暂时失去电源仍可操作一次。

（3）根据需要可构成不同合闸功的操动机构，可以配用于10～22kV 各电压等级的断路器。

（4）不需要大功率的储能源，紧急情况下也可手动储能，所以独立性和适应性强。

（5）成套性强，不需要配置其他附属设备，不受环境温度的影响。

缺点：结构较为复杂，强度要求高，机械加工工艺要求比较高。其合闸力输出特性为下降曲线，与断路器所需要的呈上升的合闸力特性不易配合好。

3. 弹簧操动机构的储能弹簧有哪几种结构形式？目前应用情况怎样？

答：弹簧操动机构的储能弹簧主要有三种形式：

（1）压簧。是利用动力压缩而产生，通过机械力释放被压缩的能量；压簧在缠绕时，各圈之间应预留一定间隙，工作时主要受压力。弹簧两端的几圈叫支承圈或叫死圈。如 LW25－125（合闸）等型号。

1）涡轮蜗杆式操动机构：是利用电动机动力使涡轮与连杆转动压缩弹簧，从而实现储能；多用于 GIS 设备隔离开关。

2）液压—弹簧操动机构：它是利用碟簧替代氮气，通过液压油传递将碟形弹簧压缩储存能量，如 LW10B－252/CYT、ZF11－252（L）等型号。

（2）拉簧。拉簧采用密绕而成，各圈之间不留间隙。弹簧两端一般采取加工成挂钩或采用螺纹拧入式接头，当采用拧入式接头时，凡是接头拧入的圈数都叫作死圈。死圈一般不得少于3 圈。如 LW8－40.5（分、合）、ZN28－12（合）、ZN65－12（合）等型号。

（3）扭簧。要制造储存能量大的扭簧，加工比较困难，材质要求比较高，所以目前国产弹簧操动机构还未采用过这种形式，国外已经大量采用。如 ABB 设备。

4. 弹簧操动机构的基本要求有哪些？

答：（1）有足够的操作功。断路器的跳、合闸，特别是合闸，需要很大的操作功。一般 10kV 断路器需要的操作功约为几百焦耳，而 110kV 断路器需要几千焦耳。

（2）具有高的可靠性。断路器工作的可靠性，很大程度上由操动机构决定，所以操动机构不能误动和拒动。

（3）动作迅速。

（4）应有自由脱扣装置。

（5）应能防止断路器发生跳跃。

5. 弹簧操动机构在调整时应遵守哪四项规定？

答：（1）严禁将机构"空合闸"。

（2）合闸弹簧储能时，牵引杆的位置不得超过死点。

（3）棘轮转动时不得提起或放下撑牙，以防止引进电动机轴和手柄弯曲。

（4）当手动慢合闸时，需要用螺钉将撑牙支起，在结束后应将此螺钉拆除，防止在快速动作时损坏机构零件。

6. 什么是弹簧操动机构的反力特性？依据图 2－21 说明弹簧机构的反力特性。

答：反力特性是指合闸过程中，从断路器的驱动端看进去，需要克服的各种阻力（包括弹簧的反作用力、摩擦力、电动力和惯性力等）。

如图：纵坐标表示力 F，横坐标表示触头的移动距离。A 点表示刚合点，OA 表示开距，AB 则为触头合闸弹簧的接触行程。abc 直线为断路器分闸拉簧的拉力特性，Oa 为该簧的预拉力。合闸时，前一段仅有分闸拉簧的反力 ac。当触头距离运动到 A' 点，因高电压作用产生预击穿，出现预击穿电流，产生电动斥力，c 点突升到 d 点。

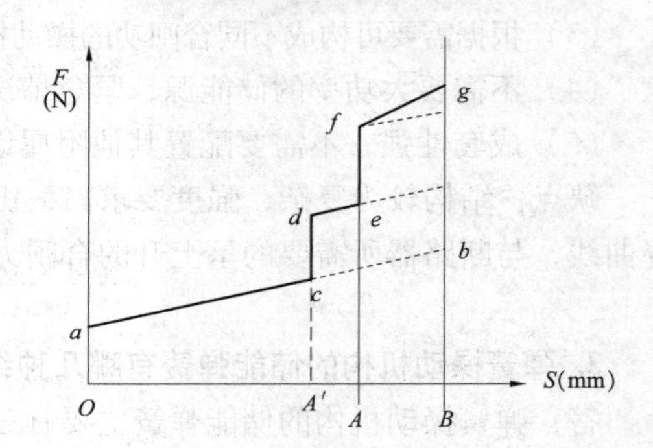

图 2－21　真空断路合闸的反力特性示意图

触头继续运动，de 线段表示电动斥力与拉簧反力之和，de 平行于 acb。动触头到达刚合点 A 后，触头合闸弹簧的预压力突然起作用，使 e 点突升至 f 点，随后接触行程继续行进，f 点移向 g 点，fg 线段表示分闸拉簧反力与合闸压簧反力之和。到达 B 点，合闸过程即告结束。折线 $acdefg$ 即为合闸全过程的反力特性，它与横坐标之间的面积，即为断路器所需的合闸功。操动机构需提供大于此值的功，断路器方能完成合闸动作。

7. 如何改善弹簧操动机构的反力特性，达到与真空断路器匹配？

答：弹簧操动机构的出力特性基本上就是储能弹簧释能的下降特性（见图 2－22 图线

a）。它不能匹配真空断路器的反力特性（电磁操动机构与高压断路器的反力特性最为匹配），见图（2－23）。为改善匹配，设计中采用四连杆机构和凸轮机构来进行特性变换，有的还故意加入重块零件利用惯性来改善特性，使下降特性更趋平坦（见图2－22图线 b）甚至上翘（见图2－22图线 c）。

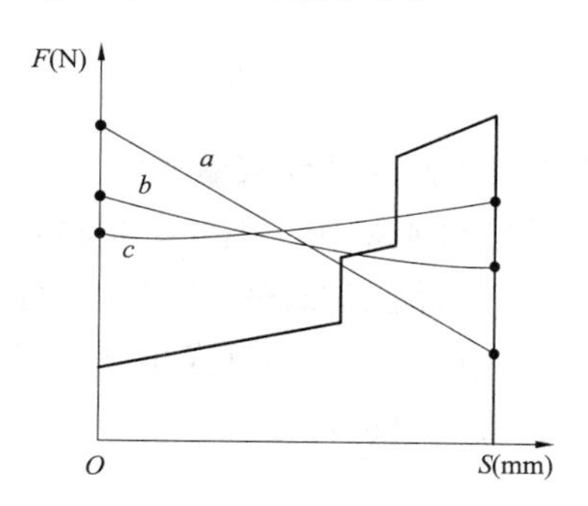

图2－22　弹簧操动机构输出特性与反力特性配合

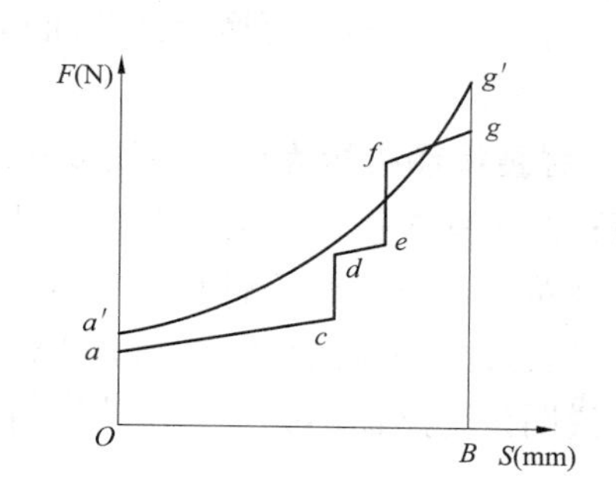

图2－23　电磁机构输出特性与反力特性配合

8. 按照分合闸弹簧的储能方式，弹簧主要包括哪两种类型？各有什么特点？

答：（1）分合闸弹簧同时储能的弹簧操动机构（见图2－24）。分闸弹簧一端为固定端，另一端与合闸弹簧一同固定在储能杆上，合闸弹簧另一端与断路器运动元件相连，储能时分合闸弹簧同时储能。合闸操作时合闸掣子打开，合闸弹簧释放能量；分闸操作时分闸掣子打开，分闸弹簧释放能量。此结构弹簧机构由于合闸弹簧释能后，不能立刻储能，所以不能进行重合闸操作。这类弹簧机构应用于早期柱上开关。

（2）分合闸弹簧分别固定的弹簧操动机构（见图2－25）。合闸与分闸弹簧分开为两体，合闸掣子打开后断路器合闸，同时给分闸弹簧储能，合闸弹簧释能后立刻再次储能，预备下次合闸，该类弹簧机构可实现重合闸操作，是目前应用最广的一种弹簧操动机构。

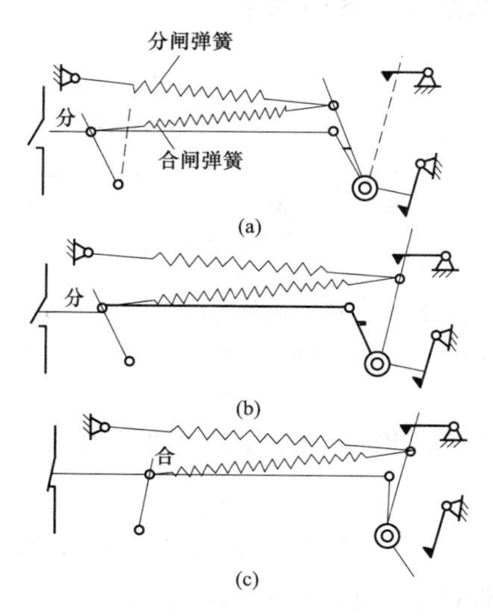

图2－24　分合闸弹簧同时储能的弹簧操动机构

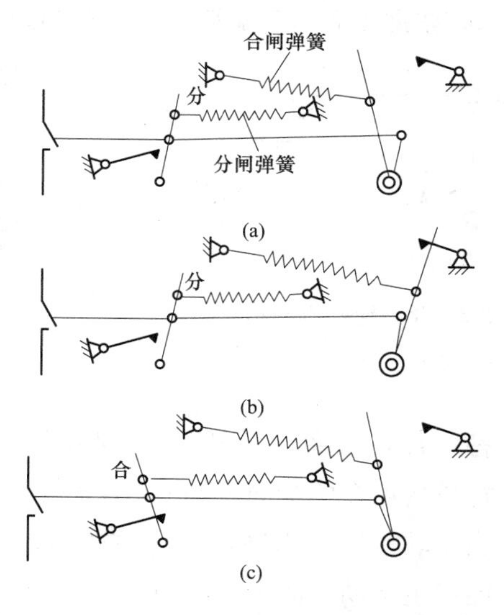

图2－25　分合闸弹簧分别固定的弹簧操动机构

9. 弹簧操动机构检修（B类）项目有哪些？

答：（1）检查分合闸线圈、脱扣打开尺寸及磨损情况，必要时应调换。

（2）检查辅助开关切换情况，必要时应调换。

（3）检查轴、销、锁扣等易损部位，复核机构相关尺寸，必要时应调换。

（4）检查缓冲器，更换缓冲器油和密封件。

10. 弹簧操动机构为什么必须装有未储能信号及相应的合闸回路闭锁装置？

答：由于弹簧操动机构只有当它已处在储能状态后才能合闸操作，因此必须将合闸控制回路经弹簧储能位置开关触点进行连锁。弹簧未储能或正在储能过程中均不能进行合闸操作，并且要发出相应信号，否则会烧毁合闸线圈。另外，在运行中，一旦发出弹簧未储能信号，就说明该断路器不具备一次快速自动重合闸的能力，应及时进行处理。

11. 当合闸后电动机正在对弹簧操动机构储能时，如果断路器接到分闸指令自动分闸，能否进行重合闸？为什么？

答：不能进行重合闸。原因是：① 从机械方面盘形凸轮还没有过死点，合闸弹簧还没有被拉紧到位，不可能由合闸脱扣而重合闸；② 由于合闸弹簧未拉紧，由于微动开关的触点通过控制回闭锁了合闸回路。

12. 什么是四连杆机构？

答：四连杆机构（见图2－26）的基本结构是由O_1 O_2两个固定轴以及杆件O_1A、AB、O_2B组成。杠杆O_1A可绕轴O_1转动，杠杆O_2B可绕轴O_2转动，两个杠杆间用连杆AB相连，轴O_1和O_2间虽无连杆连接，但由于期间距离固定，可看作有一假想的连杆存在，这样，O_1A、AB、O_2B和O_1、O_2构成了四连杆机构。

13. 依据图2－27解释四连杆机构的动作原理，死点和死区的概念。

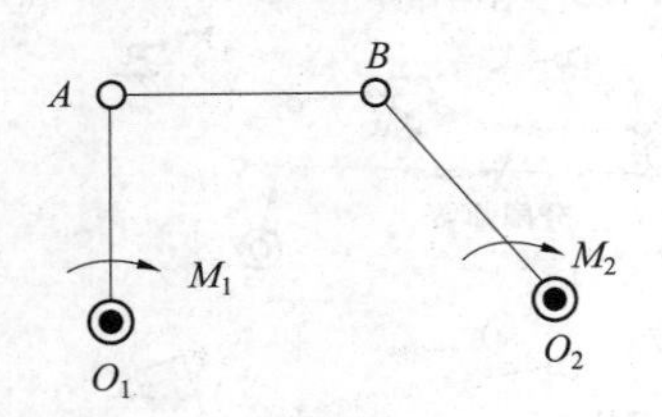

图2－26　连杆机构示意图

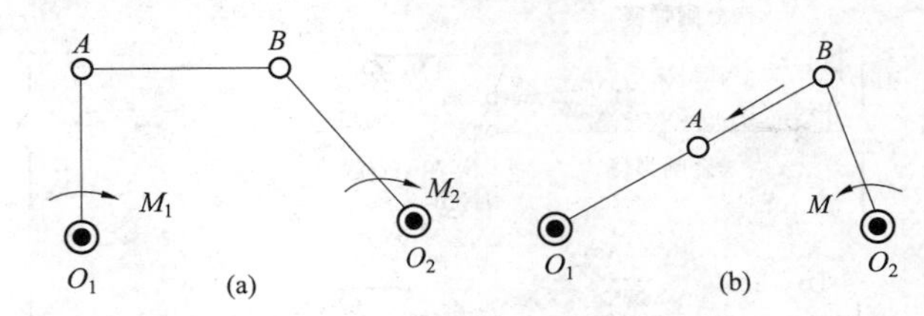

图2－27　连杆机构状态图

（a）转动初始位置状态；（b）转动终止位置状态

答：若O_1A绕O_1旋转，AB则可带动O_2B绕O_2旋转，此时，O_1为主动轴，O_2为从动轴。四连杆机构可在两个固定轴O_1、O_2获得有规律的传动。

当主动杠杆与AB转至成一直线时［见图2－27（b）］，在从动轴上无论加多大力矩，都不能产生运动，因为此时力的作用线将通过主动轴O_1，不能在主动轴上形成力矩，该位置称为机构的死点。事实上，由于摩擦力存在，在死点附近一个区域内部都会出现这种现象，称这个区域为死区。

14. 操动机构在死点附近有什么特点？

答：（1）作用在主动轴上的极小力矩，可以平衡作用在动轴上产生的很大的力矩。断路器在合闸终了时，触头弹簧与开断弹簧将呈现很大的反作用力，因此，常利用机构的死点位置来减小断路器接近合闸位置时的操作力矩。在操动机构中，也可利用死点来减小脱扣机构的电磁铁所需的开断力。

（2）主动杆在很大的位移下，从动杆仅有极小的位移。利用这一特性，可使断路器在接近闭合的最终位置时位移极小。

15. 弹簧操动机构（利用四连杆原理）储能后自行合闸的可能原因有哪些？

答：（1）合闸四连杆受力过“死点”距离太小。

（2）合闸四连杆未复归，可能复归弹簧变形或有蹩劲。

（3）扣入深度少或扣合面变形。

（4）锁扣支架支撑螺栓未拧紧或松动。

（5）L形锁扣变形卡不住。

（6）扣截面变形或者摩擦力过大造成卡死。

（7）牵引杆越过“死点”距离太大撞击力太大。

16. 断路器弹簧操动机构铁芯已启动，而四连杆未动，可能的原因有哪些？

答：（1）线圈端子电压太低。

（2）铁芯运动受阻。

（3）铁芯撞杆变形、行程不足。

（4）四连杆变形，受力过“死点”距离太大。

（5）合闸锁扣扣入牵引杆深度太大。

（6）扣合面硬度不够变形，摩擦力大，“咬死”。

17. 如何实现断路器和弹簧操动机构连接？

答：断路器与机构的连接，断路器已充气至额定压力，检查断路器是否处于分闸位置，机构是否处于未储能状态，连接前应检查各部连杆，不应有弯曲现象，部件应齐全，传动轴套无划伤变形现象，转动部位涂抹二硫化钼。

连接以后，如要求机构处于储能时，应检查凸轮连杆机构的扇形板一定要复位到脱离半轴，以保证半轴自由复位。如果这时扇形板不能复位到正常位置时；说明机构输出轴的分闸位置不正确。

应通过调整机构与断路器之间拉杆长度来调整机构输出轴的分闸位置，并注意观察扇形板与半轴之间的间隙符合要求。

18. 如何实现弹簧操动机构的慢合操作试验？

答：在机构与断路器连接之后，进行慢合试验，以排除整个传动系统的卡阻现象。

实际操作方法：慢合前先将机构的合闸弹簧松开、取下，并且将棘爪上的靠板卸掉，用手力储能的办法使储能轴转到储能位置后，用手推合闸按钮将定位件抬起，然后继续用手力储能手柄渐渐驱动储能轴向合闸方向转动，直到合闸完毕。

在整个慢合过程中，观察连杆有无异常变化情况，手力操作过程中无特大阻力或“跳跃性反力”（即机构的负载应均匀地增大或减少）。在慢合后注意重新装上合闸弹簧和棘爪上的靠板。

19. 如何实现 CT14 型操动机构动作电压的调整？

答：（1）合闸不合格的调整。合闸不合格通常来改变合闸电磁铁铁芯螺栓长短来实现。反复进行调整直至合格。合闸电磁铁拉杆螺钉的调整，调节连接合闸电磁铁铁芯的拉杆长度应使铁芯露出合闸电磁铁长度符合厂家要求。

（2）分闸不合格的调整。凸轮连板机构的半轴位置的调整是改变分闸扣接量来实现的；半轴位置正确与否直接关系到机构动作的可靠性和安全性。机构在合闸位置时，半轴与扇形板扣接量的调整是通过调整螺钉来实现的，调整在 2～4mm 的范围内，半轴由于惯性将继续按顺时针方向转动，这个转动的极限位置是通过调整限位螺钉来控制的，要求半轴转动到极限位置时，半轴的平面与地平面平行。

20. 如何实现合闸连锁板位置的调整？

答：合闸位置连锁板的调整是通过调节拉杆的长度来实现的，要求在机构输出处与分闸的极限位置时连锁板还应向下推动 2～3mm。

21. 如何实现储能维持定位件与滚轮之间扣接量的调整？

答：扣接量的多少关系到与合闸能量释放，这个扣接量使通过调整定位件与手动合闸按钮之间的拉杆长度来实现。一般应使滚轮扣接在定位件圆柱面的中部附近，当合闸电磁铁吸合到底时，应能可靠地将定位件与滚轮解扣。

22. 如何实现转换开关的调整？

答：转换开关与输出轴之间的动作关系由调节它们之间的拉杆长度来实现。调整时应松开与连接的 M6 螺母，改变拉杆长度延长或缩短是其触点接触良好。调整完成后应紧固螺母。

23. 如何实现行程开关的调整？

答：行程开关位置的调整通过行程开关本身及其安装板上安装孔来实现，调整中应保证当挂弹簧拐臂到储能位置时使行程开关触点分断，同时还应保证行程开关的行程有一定的余度（超行程约 2mm），以免损坏行程开关。

24. 弹簧操动机构电动操作有哪些注意事项？

答：（1）SF_6 断路器在真空状态下弹簧操动机构不允许进行合、分闸操作试验，以免损坏断路器灭弧室零部件，影响断路器的正常运行。

（2）为减少弹簧操动机构中的输出力损失，对转动轴销、传动连杆、传动拐臂加适量的润滑油。

（3）现场检修往往是多专业协作，机构在正常检修时应将合闸弹簧已储能量进行释放，防止工作中保护传动或检修机构等位置时误动造成人员伤害。

（4）释放合闸弹簧是对断路器进行一次“合、分”闸操作，操作应将电机电源切断，以防止再次储能。

25. 弹簧操动机构常见故障及故障原因有哪些？如何处理？

答：弹簧操动机构常见故障、故障原因及处理方法如表 2－3 所示。

表 2－3　　弹簧操动机构常见故障、故障原因及处理方法

序号	常见故障	故障原因	处理方法
1 （拒合）	合闸铁芯和机构已动作	1. 主轴与拐臂连接用圆锥销被切断 2. 合闸弹簧疲劳 3. 脱扣连板动作后不复归或复归缓慢 4. 脱扣机构未锁住	1. 更换新销钉 2. 更换新弹簧 3. 检查脱扣连板弹簧有无失效，机构主轴有无窜动 4. 调整半轴与扇形板的搭接量
	铁芯动作，但顶不动机构	1. 合闸铁芯顶杆顶偏 2. 机构不灵活 3. 电机储能回路未储能 4. 驱动棘爪与棘轮间卡死	1. 调整连板到顶杆中间 2. 检查机构联动部分 3. 检查储能电机行程开关及其回路是否正常 4. 调整电机凸轮到最高升程后，调整棘爪与棘轮间隙至 0.5mm，不卡死为宜
	合闸铁芯不能动作	1. 失去电源 2. 合闸回路不通 3. 铁芯卡滞	检查原因并予以消除
	合闸跳跃	扇形板与半轴搭接太少	适当调整，使其正常
2 （拒分）	1. 分闸铁芯已经动作 2. 分闸铁芯不能动作	1. 分闸拐臂与主轴销钉切断 2. 分闸弹簧疲劳 3. 扇形板与半轴搭界太多	1. 更换新销钉 2. 更换新弹簧 3. 适当调整使其正常
		1. 分闸回路不通 2. 分闸铁芯卡滞 3. 失去电源	检查原因并予以消除
3	分、合速度不够	1. 分合闸弹簧疲劳 2. 机构运动不正常 3. 本体内部卡滞	1. 更换新弹簧 2. 检查原因并予以消除 3. 解体检查

26. 以 CT10 型操动机构为例，说明控制回路主要包括哪些功能回路？各功能回路包含哪些元件？各功能回路有什么作用？

答：CT10 型操动机构控制回路主要包括弹簧储能回路、合闸回路、分闸回路、低气压闭锁回路。

（1）弹簧储能回路主要包括行程开关和弹簧储能中间继电器。其作用是监视机构是否储能，并通过继电器触点实现对合闸回路的闭锁功能。

（2）合闸回路主要包括合闸按钮、就地合闸按钮、近远控转换开关、低气压闭锁中间继电器常闭触点、弹簧储能中间继电器常开触点、辅助开关常闭触点、合闸线圈、跳闸位置信号灯等元件。合闸回路主要作用是完成远控和就地控制合闸操作，监视分闸位置。

（3）分闸回路主要包括分闸按钮、就地分闸按钮、近远控转换开关、低气压闭锁中间继电器常闭触点、辅助开关常开触点、分闸线圈、合闸位置信号灯等元件。分闸回路主要作用是远控和就地控制分闸操作，监视合闸位置。

（4）低气压闭锁回路主要包括密度控制器常开触点、低气压闭锁中间继电器。主要作用是监视 SF_6 气体压力，并通过继电器触点实现发信号或者闭锁分合闸回路的功能。

27. 图 2－28 是 CT14 型弹簧机构，请写出各部件名称。

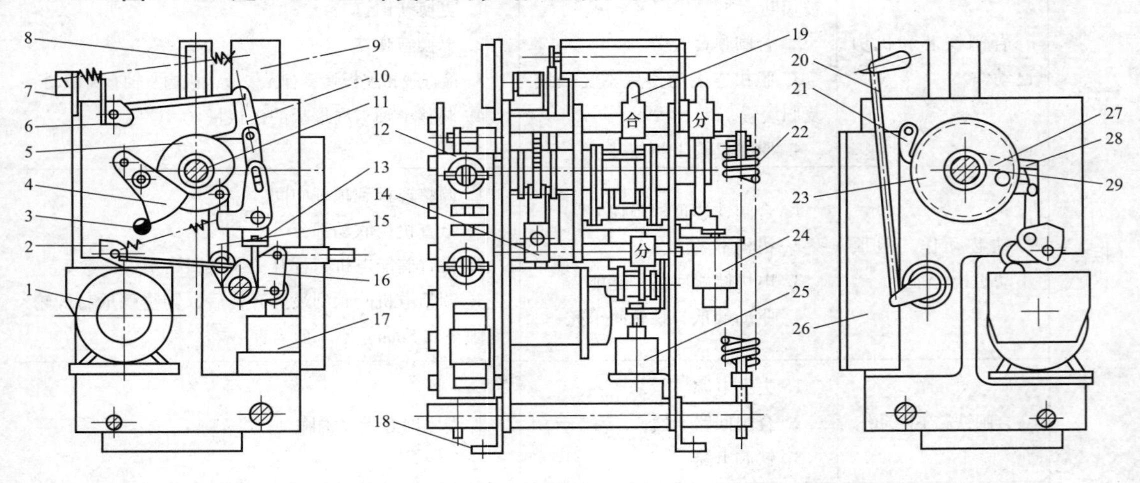

图 2－28　CT14 型弹簧机构结构图

答：各部件名称依次是：1—储能电机；2—分合闸指示；3—半轴；4—扇形板；5—凸轮；6—手动分闸按板；7—计数器；8—行程开关；9—辅助开关；10—定位件；11—储能轴；12—接线板；13—分合闸连锁板；14—驱动块；15—顶杆；16—输出轴；17—缓冲器；18—角钢；19—手动和闸按板；20—拉杆；21—保持棘爪；22—储能弹簧；23—棘轮；24—分闸电磁铁；25—合闸电磁铁；26—角钢；27—驱动板；28—靠板；29—驱动棘爪。

28. 写出图 2－29 中弹簧机构（CT24）各部件名称。

答：各部件名称依次是：1—凸轮；2—分闸弹簧；3—棘轮；4—棘轮轴；5—合闸弹簧；6—储能保持掣子；7—合闸掣子；8—合闸电磁铁；9—掣子；10—分闸电磁铁；11—动铁芯；12—分闸掣子；13—合闸保持掣子；14—拐臂；15—拐臂轴；16—棘爪；17—棘爪轴；18—拐臂；19—A 销；20—B 销；21—灭弧室；22—合闸线圈；23—分闸线圈。

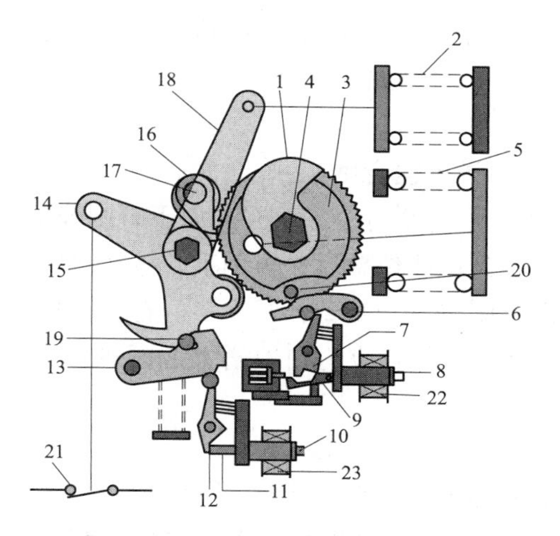

图 2－29　CT24 型弹簧机构结构图
（合闸位置合闸弹簧已储能）

29. 图 2－30 是 CT14 型弹簧机构脱扣装置图，请写出各部件名称，并说明（a）、（b）、（c）、（d）图机构分别处于什么状态。

答：各部件名称依次是：1—复位弹簧；2—半轴；3—连扳；4—扇形板；5—凸轮；6—定位件；7—磙子；8—连扳；9—输出拐臂；10—储能轴。

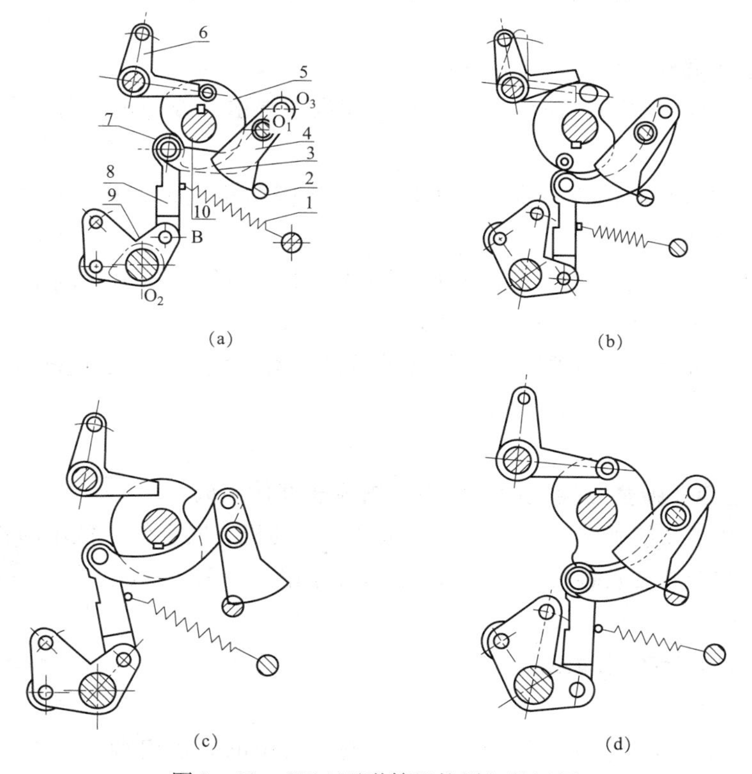

图 2－30　CT14 型弹簧机构脱扣装置图

（a）、（b）、（c）、（d）图机构状态分别是：（a）分闸储能状态；（b）合闸未储能状态；（c）分闸未储能状态；（d）合闸储能状态。

30. CT14 型操动机构如何进行慢合闸？

答：CT14 型操动机构进行慢合闸时，先松开并取下合闸弹簧，并且卸掉棘爪上的靠板。用手力储能的办法使储能轴转到储能位置后，再用手合按钮将定位件抬起。然后继续用手力储能手柄使储能轴渐渐转向合闸位置，直到合闸完毕。在整个慢合过程中，手柄上应无异常阻力或“跳跃性反力”（即机构的负载应均匀地增大或减少）。慢合后应及时复装合闸弹簧和棘爪上的靠板。

31. BLK 型盘簧式操动机构有什么特性？

答：（1）合闸螺旋弹簧直接驱动断路器的操作杆，而不需要任何中间凸轮盘、连接或轴。

（2）合闸螺旋弹簧由一个通用系列的电动机储能。

（3）所有动力元件都安装在一根由箱体支撑的主轴上。

（4）分闸和合闸脱扣装置是相同的，有速动和防振的特点。

（5）缓冲器用于在行程终期阻尼触头系统的运动。

第七节　其他形式操动机构

1. 液压弹簧式操动机构的特点是什么？

答：（1）采用模块结构，通用性强，互换性强，常出现故障的元件在易观察、可拆卸位置。

（2）用标准的精密铸铝合金取代 AHMA 型液压弹簧机构铸钢件，加工制造工艺较好，制造成本低，质量轻。

（3）分合闸速度特性可通过节流孔平滑调节，十分方便，压力管理采用定油量和定压力兼容方式，机械性能稳定，与环境温度无关。

（4）变截面缓冲系统结构紧凑，使得缓冲特性平滑，大大提高了机械可靠性。

（5）采用新型密封系统，性能可靠。

2. AHMA 型液压弹簧储能操动机构主要由哪些部件组成？

答：主要由碟形储能弹簧、高压筒、液压泵、电动机、安全阀、低压油箱、高压油储压腔、机构外壳、辅助开关及各种阀、活塞等组成，如图 2－31 所示。

3. 气动操动机构有什么优缺点？

答：优点：

（1）气动机构以压缩空气作为能源，不需要大功率的直流电源，也不需要敷设大截面的直流电源电缆。

（2）气动机构具有独立的储气罐，当短时失去电源时，储气罐内的压缩空气仍能供给

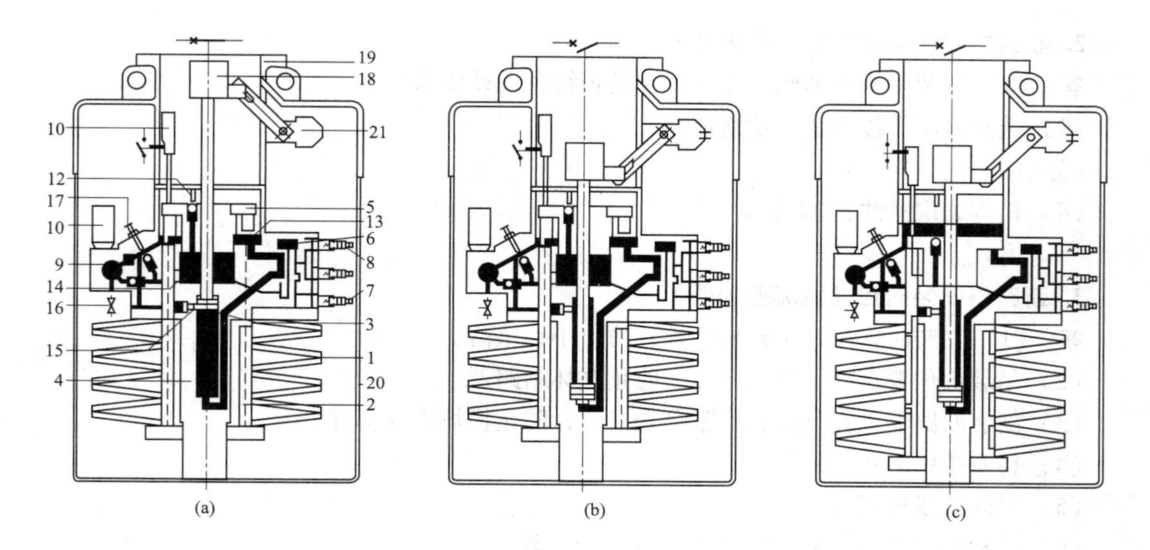

图 2－31　AHMA 型液压弹簧储能操动机构结构图

（a）合闸位置；（b）分闸位置；（c）分闸释能位置

气动机构多次操作。

（3）与液压机构相比，操作压力低，操作功率大。

缺点：结构笨重，操作噪声大，需要空压设备，受环境温度影响大，需要另加汽水分离装置和自动排污装置，对气路系统密封要求高。

4. 对气动机构的压缩机的检修有哪些技术要求？

答：（1）吸气阀上无积炭和污垢、无划伤、阀弹簧无锈蚀、弹性良好。

（2）一级和二级缸零部件无严重磨损，连杆（滚针轴承）与活塞销的配合间隙符合要求。

（3）空气滤清器、曲轴箱应清洁。

（4）电磁阀和逆止阀应动作正确，无漏气现象。

（5）皮带的松紧度合适，且应成一条直线。

（6）若压缩机补气时间超过制造厂规定，应更换。

第八节　断路器安装及检修

1. 选择断路器时应考虑哪些参数的要求？

答：（1）额定电压应与安装处的网络电压相符合。

（2）长期最大负载电流不应大于额定电流。

（3）通过断路器的最大三相短路电流不应大于断路器的额定开断电流。

（4）须注意安装地点、环境应相符。

（5）根据通过的最大短路电流要求满足热稳定和动稳定要求。

2. 断路器安装时应检查哪些内容?

答:(1) 安装前检查基础、几何尺寸是否符合设计要求。

(2) 选择电压等级合适的断路器。

(3) 中心线方向一致。

(4) 机构二次接线正确。

3. 断路器安装时应注意哪些问题?

答:(1) 安装时,吊车小钩要检查,防止小钩坠落。

(2) 吊装部位要正确、防止倾覆、防止损坏断路器。

(3) 新装断路器未充气前,严禁分合开关,防止损坏内部部件。

(4) 检查 TA 变比。

(5) 紧固接线板螺栓。

(6) 三相相序正确,A、B、C 对应黄、绿、红。

(7) 压力表值正确。现场一般新安装和压力低补气时压力稍高于额定值,如额定值 0.5MPa,一般充到 0.52~0.53。

(8) 有的断路器充气口在机构箱内,压力表和本体有阀门连接,注意阀门要打开,防止本体漏气压力低,而表计未测量,不发信号。

4. 安装 SF_6 断路器有哪些技术要求?

答:(1) 熟悉制造厂说明书和图纸等有关的技术资料,编制安装、调试方案,准备好检漏仪器和氮气等。

(2) 本体安装时,各相之间的尺寸要与厂家的要求相符,特别是控制箱的位置。

(3) 套管吊装时,套管四周必须包上保护物,以免损伤套管。

(4) 接触面紧固以前必须经过彻底的清洗,并在运输时将防潮干燥剂清除。

(5) SF_6 管路安装之前,必须用干燥氮气彻底吹净管子,所有管道法兰处的密封应良好。

(6) 空气管道安装前,必须用干燥空气彻底吹净管子,安装过程中,要严防灰尘和杂物掉入管内。

(7) 充加 SF_6 气体时,应采取措施,防止 SF_6 气体受潮。

(8) 充完 SF_6 气体后,用检漏仪检查管接头和法兰处,不应有漏气现象。

(9) 压缩空气系统(氮气),应在规定压力下检查各接头和法兰,不准漏气。

5. 断路器的安装或检修验收工作的关键是什么?

答:验收人员对断路器的安装或检修工作要把好下列"四关":

(1) 把好检修项目关,做到不漏项不缺项。

(2) 把好质量关,做到"三不交"和"三不验收",即检修质量不合格不交不验收,零部件不齐全不交不验收,设备不清洁不交不验收。

(3) 把好工艺关,要求严格遵守工艺标准。

（4）把好技术资料台账关，做到各项记录齐全，填写正确，能如实反映检修情况。

6. 断路器安装调试结束后，应提交整理哪些资料？各包括哪些内容？

答：应提交厂家及施工资料。厂家资料有说明书、合格证、厂家图纸、出厂试验报告等。施工资料有施工记录、安装报告、试验报告、竣工图纸等。

7. SF_6断路器本体和操动机构的联合动作应符合哪些要求？

答：（1）在联合动作前，断路器内部必须充有额定压力的 SF_6 气体。

（2）位置指示器动作应正确可靠，其分、合闸位置应符合断路器的实际分、合状态。

（3）具有慢分、慢合装置的，在进行快速分、合闸前，必须先进行慢分、慢合操作。

8. 如何对断路器进行验收？

答：（1）审核断路器的调试记录。

（2）检查断路器的外观，包括密封情况，瓷质部分，接地应完好，各部分无渗漏等。

（3）机构的二次线接头应紧固，接线正确、绝缘良好；接触器无卡涩，接触良好；辅助开关打开距离合适，动作接触良好。

（4）液压机构应无渗油现象，各管路接头应紧固，各微动开关动作正确，预充压力符合标准；弹簧机构应符合设计要求。

（5）手动分合闸不卡涩，电动分合动作正确，保护信号灯指示正确。

（6）记录验收中发现的问题及缺陷，上报有关部门。

9. 断路器机械特性试验有哪些要求？

答：（1）速度特性测量方法和测量结果应符合制造厂规定。

（2）断路器的分、合闸时间及合—分时间（金属短接时间），主、辅触头的配合时间应符合制造厂规定。

（3）除制造厂另有规定外，断路器的分合闸同期性应满足下列要求：相间合闸不同期≤5ms、相间分闸不同期≤3ms、同相各断口间合闸不同期≤3ms、同相各断口间分闸不同期≤2ms。

10. 绘制机械特性测试控制回路接线图，测试时有哪些注意事项？

答：控制回路接线图如图 2－32 所示，注意事项为：

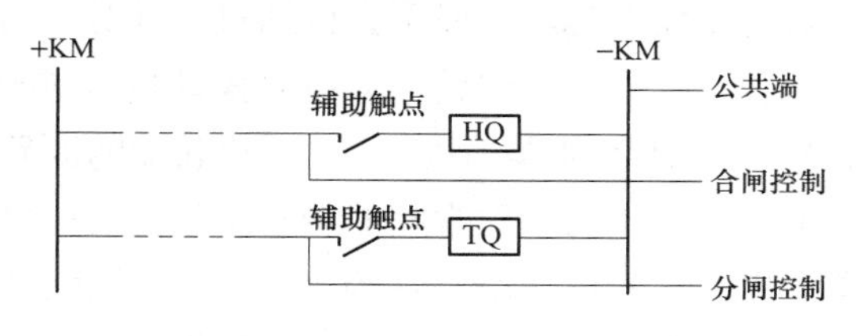

图 2－32　控制回路接线图

（1）使用绝缘拉杆挂断口测试线时，应多人扶持，防止绝缘拉杆倾倒。

（2）接断口线之前，必须先将仪器机壳做好接地，以便接断口线时能够泄掉断口上的感应电压，保护仪器及人身安全。

（3）控制回路线应接在分、合闸线圈辅助触点侧，严禁直接接在分、合闸线圈上，以防烧毁线圈。

（4）实际运行中所有断路器都是在控制电压为额定电压时动作的，所以当外加控制电压保持为额定电压时测得的断路器的动作时间才是正确的。一般加在分闸回路上的电压越高，断路器的分闸时间越短，反之越长。为防止测试误差，应保证施加在分合闸线圈上的电压为额定工作电压。

（5）安装传感器时，应将操动机构能量完全释放（或把断路器的分、合闸动作销子插上），防止安装时断路器误动，造成人员机械伤害；尽量把传感器安装在最靠近动触头的运动部件侧，以免中间转换部分的间隙或非线性影响测试准确度；传感器安装应牢固，任何在断路器动作过程中的晃动都会影响到测试数据的准确性（对于旋转式传感器，注意避开传感器死区）。

（6）断路器机械特性试验应在额定 SF_6压力、额定操动机构压力的情况下进行。

（7）断路器进行分合闸操作时，作业人员应保持互唱，做好监护，严禁断路器的机构箱处有人工作，防止人员受到机械伤害。

（8）各种操动机构的断路器，其时间、速度的调整是互相影响的，调整一个参数的同时，会改变其他参数的数值，因此，调整完毕后，应对断路器的其他参数进行测试。

11. 对于采用不同形式操动机构的高压断路器，机械特性试验数据异常应如何调整？

答：（1）液压操动机构断路器。机械特性参数调整前应先检查操动机构是否存有问题，一般影响同期的因素有：液压油管路中有气体、工作缸启动慢、辅助储压器氮气预压力等；影响速度的因素有：储压器预压力、定径孔的大小、环境温度等。参数的调整应结合上述几方面进行。

（2）弹簧操动机构断路器。断路器的分合闸操作由分、合闸弹簧来完成，时间、同期、速度参数的调整主要通过改变分、合闸弹簧的压缩量或改变分合闸电磁铁配合间隙来实现的。另外，分合闸弹簧是不能无限制的压缩或放松的，制造厂在出厂时都给出了弹簧压缩量的范围，调整时应严格按照要求进行。

（3）气动操动机构断路器。断路器的合闸操作由弹簧、分闸操作由压缩空气完成，现场时间、周期、速度参数调整比较困难。一般可尝试通过改变分、合闸电磁铁配合间隙的大小来实现，若测试数值与产品技术要求相差较大，应对操动机构进行检修或更换。

（4）三相联动的断路器（包括各种操动机构）。三相联动的断路器，若时间、同期、速度某一参数不符合要求，应重点检查调整异常相的传动部件是否卡涩，若传动部件检查无异常，应结合下述几条对异常相断路器进行检查：绝缘拉杆与动触头的连接轴销是否电腐蚀，动作时轴销有一段空行程，造成合闸时间过长，导致不同期；动、静触头合闸接触偏；引弧触头是否烧损；弹跳时间过长等。

12. 画出断路器机械特性测试的试验接线图。

答：断路器机械特性测试的试验接线图如图2－33所示。

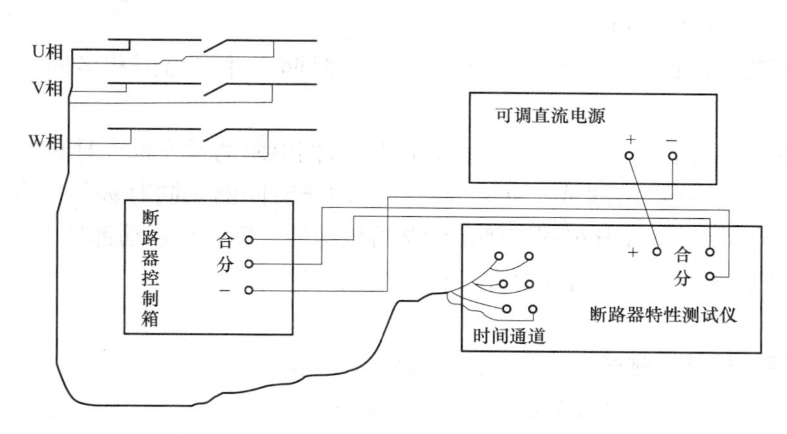

图2－33　断路器机械特性测试接线图

13. 高压开关机械特性测试仪可以测量哪些参数？

答：高压开关机械特性测试仪测量参数通常包括：合（分）闸顺序、三相不同期、同相不同期、合（分）闸时间、弹跳时间、弹跳次数、反弹幅度、行程、开距、超行程、刚合（分）速度、最大速度、平均速度、金属短接时间、无电流时间、电流波形曲线（动态）和时间行程速度动态曲线等。

14. 现场进行机械特性测试前应做好哪些准备工作？

答：（1）熟悉被试品的结构、原理，特别是产品在合闸和分闸操作中本体和操动机构的动作原理。

（2）准备好试验所需要的设备、仪器、登记表、测量工具和导线等，并了解它们的原理、技术特性及使用方法。

（3）断路器内应充以额定压力的灭弧和绝缘气体。

（4）操动机构的接线是否正确和符合图纸要求。

（5）用绝缘电阻表测量机构中回路及电气元件的绝缘电阻以确认操作回路是否具有良好的绝缘性能。

（6）对于液压操动机构，应当检查储压器中所充氮气的压力值是否满足要求。调整好各个信号开关的位置。将机构储能到所规定的极限数值且保持规定时间，以考核高压容器和管路的机构和密封强度。

15. 简述断路器机械特性测试的步骤。

答：（1）断路器动作时间测试。将断路器机械特性测试仪的合、分闸控制线分别接入断路器的二次控制线中，用试验接线将断路器一次各断口的引线接入断路器机械特性测试仪的时间通道。测试步骤如下：

1）将可调直流电源调至断路器额定操作电压，通过控制断路器机械特性测试仪，在额定操作电压及额定机构压力下对断路器进行分、合闸操作，测得各相合、分闸动作时间。

2）三相合闸时间中的最大值和最小值之差即为合闸不同期；三相分闸时间中的最大值与最小值之差即为分闸不同期。

3）如果断路器每相存在多个断口的合、分闸时间，并得出同相各断口合、分闸的不同期。

4）如果断路器带有合闸电阻，则应同时测量合闸电阻的预先投入时间。

（2）断路器动作速度的测试。可结合断路器动作时间测试同时进行，将测速传感器固定可靠，并将传感器运动部分牢固连接至断路器机构的速度测量运动部件上。利用断路器机械特性测试仪进行断路器合、分闸操作，即得测试结果。

16. 断路器机械特性测试应注意哪些事项？

答：（1）机械特性测试仪的输出电源严禁短路。

（2）机械特性测试仪尽可能使用外接电源作为测试电源，防止因为内部电源电力不足而影响测试结果。

（3）如果断路器存在第二分闸回路，则应测量第二分闸的低电压动作特性、分闸动作时间和动作速度。

（4）进行断路器低电压特性测试时，加在分、合闸线圈上的操作电压时间不宜过长，防止烧损线圈。

（5）测试前，应检查设备处于额定状态，并检查设备储能情况。

（6）正确使用测试仪器，仪器应可靠接地，中途离开现场（进行检修时）必须断开操作电源和试验电源。试验完毕，恢复设备初始状态。

（7）测试过程中，未经允许严禁他人操作，防止发生误操作和机械伤害。

17. 试述测量断路器动作速度的重要性。

答：（1）断路器分、合闸时，触头运动速度是断路器的重要特性参数，影响断路器工作性能最重要的是刚分、刚合速度。根据断路器合、分闸时间及触头的行程，计算得出的是触头运动的平均速度，断路器速度在整个运动过程中有很大变化，因此必须对断路器触头运动速度进行实际测量。

（2）断路器合闸速度不足将会引起触头合闸振颤，预击穿时间过长。

（3）分闸时速度不足，将使电弧燃烧时间过长，致使断路器内存压力增大，轻者烧坏触头，使断路器不能继续工作，重者将会引起断路器爆炸。

（4）分、合闸速度过高，将对断路器产生过大的冲击，对断路器造机械损伤，影响设备机械寿命。

18. 试述断路器分闸缓冲器失去作用后的危害性。

答：（1）当分闸缓冲器失油、调整不当，会失去或改变缓冲性能，缓冲器与断路器失去缓冲配合，断路器分闸操作会对内部部件造成较大振动冲击，多次振动冲击后造成连接部件松动、机械强度下降、机械寿命降低，严重时可能损坏灭弧室内部部件，使断路器开断失败。

（2）真空断路器分闸缓冲器失去作用时，会造成分闸反弹幅值超标，引起重燃，造成较高的过电压，对被控设备绝缘造成威胁。

19. 配用弹簧机构时，断路器的速度如何调整？

答：这种断路器的合闸能量是由操动机构储能弹簧供给的，合闸速度由储能弹簧的能量决定。因此，可通过直接改变储能弹簧的压缩（或拉升）长度来调整断路器的合闸速度。

一般配用弹簧机构的断路器都得装设分闸弹簧，断路器的分闸速度是通过分闸弹簧的压缩（或拉升）来调整的。在速度调整时，一般应先调整分闸速度使之合格，然后再调整合闸速度。

20. 断路器低电压分、合闸试验标准是怎样规定的？为什么要有此项规定？

答：标准规定：电磁机构分闸线圈和合闸接触器线圈最低动作电压不得低于额定电压的30%，不得高于额定电压的65%；合闸线圈最低动作电压不得低于额定电压的80%～85%。断路器的分、合闸动作都需要一定的能量，为了保证断路器的合闸速度，规定了断路器的合闸线圈最低动作电压，不得低于额定电压80%～85%。对分闸线圈和接触器线圈的低电压规定是因这个线圈的动作电压不能过低，也不得过高。如果过低，在直流系统绝缘不良，两点高阻接地的情况下，在分闸线圈或接触器线圈两端可能引入一个数值不大的直流电压，当线圈动作电压过低时，会引起断路器误分闸和误合闸；如果过高，则会因系统故障时，直流母线电压降低而拒绝跳闸。

21. 画出分、合闸电磁铁动作电压测试接线原理图，并解释突然加压法。

答：分、合闸电磁铁动作电压测试，规程中规定采用突然加压法。用高压开关试验电源箱输出直流电压，直流电压可调，逐次对线圈施加电压，随着线圈上施加电压的逐渐升高，驱动线圈铁芯杆撞击脱扣器，直至脱扣器动作，记录断路器动作时施加在线圈上的电压值。试验接线原理图如图2－34所示。

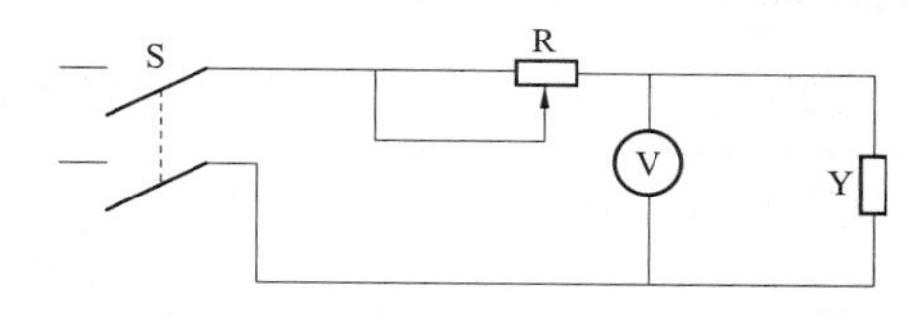

图2－34　分、合闸电磁铁动作电压测试接线原理图

S—开关；R—可调电阻；Y—分、合闸线圈

22. 低电压动作测试应注意哪些问题？

答：（1）应考虑所用直流电源输出电压中交流分量的影响，否则会影响测试结果的准确性。

（2）禁止使用变电站内直流电源；试验前应断开断路器的控制电源，以防试验电源串入变电站直流系统造成其他故障。

（3）试验电压严禁直接加在分、合闸线圈的两端，应加在断路器控制柜中的分、合闸控制回路引出线上。

（4）手动控制加压时间时，每次加压的时间不应过长或过短，时间过短会导致开关不能完全动作，时间过长会影响线圈使用寿命，并可能烧毁线圈；试验电压每次施加的步幅建议为5V。

（5）试验加压过程中作业人员应互唱，做好安全监督工作，并确保断路器本体处不得有其他人员工作，以防造成触电、机械伤害。

（6）试验应在断路器额定状态下进行。

（7）为保证测试结果的准确性，应最少进行3次试验，查看数据的稳定性。

23. 断路器分、合闸电磁铁动作电压在什么情况下需要调整？如何调整？

答：分、合闸电磁铁动作电压不符合要求，判断是否测量或接线对动作电压测试造成的影响；检查电磁铁本身是否有问题，先对电磁铁进行检查，主要检查动静铁芯之间的距离、检查电磁铁芯动作是否灵活、有无卡涩现象；检查控制回路是否有虚接现象。以上检查没问题后，方可进行如下调整。

动作电压的调整由改变分、合闸电磁铁与动铁芯间隙的大小来实现。缩短间隙，动作电压升高，反之降低。但过分的加大间隙反而会使动作电压又升高，甚至不能分闸。该间隙的大小在产品技术说明书中有明确的范围要求，调整完毕后应检查该间隙是否满足技术要求。另外，调整动作电压会影响到断路器的分合闸时间及相间同期，故调整时应综合考虑，并对断路器进行分合闸时间等参数测试，防止盲目调整动作电压而导致其他参数不合格。

24. 断路器的合、分闸动作电压应符合什么要求（包括电磁、气动、弹簧和液压机构）？

答：（1）对于合闸操作的动力式操动机构，当操作能源的电压或气压在表2－4范围内时，应能保证断路器可靠合闸（包括关合额定短路关合电流），而在规定的最高值时应能空载合闸而不产生异常现象。

表2－4　　操作能源的电压或气压范围

断路器关合电流峰值（kA）	操作能源参数		
	直流电压	交流电压	气压
<50	80%～110%额定电压	85%～110%额定电压	85%～110%额定气压
≥50	85%～110%额定电压		

表2－4中规定的电压范围，是指受电元件线圈通电时端钮间的稳态数值。对气动、弹簧和液压机构的合闸线圈的动作电压要求以及对电磁机构的合闸接触器动作电压的要求，应与分闸电磁铁的要求相同。

用来使弹簧储能和驱动压缩机或油泵的电动机及其电气操作辅助设备，当电源电压为85%～110%额定电压范围内时应能可靠操作。

（2）对于分闸操作，由独立直流或交流电源供电的分闸电磁铁以及合闸接触器，其可靠动作电压应为65%～120%额定电压，低于30%时不应产生吸合动作，但可靠分闸的电压应能调整在30%～65%之间。

（3）某些断路器的动作电压特性还应该满足其技术条件的要求。

25. 什么是断路器操动机构的分、合闸电磁铁的最低动作电压？动作电压过高或者过低对断路器有什么影响？

答： 断路器操动机构的分、合闸电磁铁的最低动作电压是指能够使断路器正常动作的线圈上的最低电压值。

动作电压不能过高是因为：在操作电源出现异常情况，电压降低到某一极限数值，断路器会发生拒合或拒分问题；动作电压不能过低是因为：在断路器的分合闸回路中一般都串有分合闸操作指示灯，断路器操作前就有指示灯的电流流过线圈，为了防止此电流引起误动作，以及防止断路器在变电站强电磁干扰条件下出现误动（偷跳）问题。

26. 分析断路器分、合闸时间及同期性测试的必要性。

答： 断路器分闸时间过长，必然会延长断路器切除故障的时间，引起振荡过电压，对电网的安全稳定威胁很大；合闸时间过长，延长了重合闸时间，可能造成电网瓦解的事故。

极间分闸不同期对电网运行安全带来很大的危害，若不同期时间太长，断路器相当于非全相运行，所产生的不平衡电流可能导致继电保护装置误动；极间合闸不同期若相差太大，将直接影响到电网中性点的正常运行，可能出现危害绝缘的过电压。

同极各断口间的不同期，影响断路器本身的安全运行。若同极断口分闸不同期过大，甚至有一个断口的触头没有分开，可能使其开断时触头间承受的恢复电压超过了允许值而熄不了弧导致爆炸；若同极断口合闸不同期过大，将导致合闸时产生的预击穿时间提前（即某一相提前接通），增加了操动机构的合闸负担，甚至会因机构的合闸功不足而降低了刚合速度，在合闸过程中使动、静触头发生熔焊而拒动。

27. 断路器三相同期性对中性点不同形式接地的系统有什么影响？

答：（1）中性点接地系统中，如断路器分、合闸不同期，会产生零序电流，可能使线路的零序保护误动作。

（2）不接地系统中，两相运行会产生负序电流，使三相电流不平衡，个别相的电流超过额定电流值时会引起电机设备的绕组发热。

（3）消弧线圈接地的系统中，断路器分、合闸不同期时所产生的零序电压、电流和负荷电压、电流会引起中性点位移，使各相对地电压不平衡，个别相对地电压很高，易产生绝缘击穿事故。同时零序电流在系统中产生电磁干扰，威胁通信和系统的安全。

28. 什么是断路器的“合—分”时间？

答： 合—分时间：合闸操作中，某一极触头首先接触的瞬间和随后的分闸操作中所有极弧触头都分离瞬间之间的时间间隔。（合—分：就是断路器一次合闸后紧跟一次分闸操作）。

29. 为什么对断路器的“合—分”时间有特殊要求？

答： 断路器的合—分时间是反映断路器的自卫能力，断路器“合—分”时间过长、过短都会导致严重后果。

（1）运行中如果合—分时间过短，小于规定值，有可能造成断路器开断失败。动触头只有合到底，才能保证下一个“分”操作时的“分闸速度”，保证第二个“分”操作时的“开断能力”。一些断路器有要保证 SF_6气缸的回气时间（以满足灭弧室的灭弧条件：SF_6灭弧介质没有完全恢复，温度、压力不能满足要求），以保证“分”的开断特性。

（2）“合—分”时间过长，对系统稳定性起着不利影响。

（3）制造厂应给出分合时间的上、下限。在型式试验中不能大于上限，在运行中不能小于下限。

（4）在断路器投运前、解体检修后测量断路器“合—分”时间。

30. 分、合闸线圈与防跳跃继电器应如何正确匹配？

答：二次回路的接线应保证操作时在分、合闸线圈上的外加电压大于65%额定电压，从而保证断路器能可靠动作。如果回路中所串的防跳继电器线圈电阻过大时，就可能发生拒分现象。

31. 更换分闸线圈时，为什么要考虑保护和控制回路相配合的问题？

答：分闸线圈动作电流应与保护出口信号继电器动作电流相配合，装有防跳跃闭锁继电器时，还应和该继电器电流线圈动作电流相配合。当分闸线圈接入红灯监视回路时，其正常流过分闸线圈的电流值，以及当红灯或其附加电阻或任一短时的电流值均不应使分闸线圈误动作造成事故。

32. 对断路器的分合闸线圈的绝缘电阻有什么要求？

答：对地应大于1MΩ。如果连接其二次回路一起测量绝缘电阻时，其绝缘电阻应不低于0.5MΩ。

33. 解释断路器导电回路电阻的形成原因，导电回路电阻测试有什么意义？

答：断路器导电回路的电阻主要取决于断路器合闸状态时动、静触头间的接触电阻，接触电阻一般由表面电阻和收缩电阻组成。SF_6断路器在运行中，导体的接触面由于金属氧化、硫化等各种原因会在表面产生一层薄膜。薄膜的导电性能较差，又不容易在接触过程中完全消除，因此会使导体接触过渡区域的电阻增大，这种原因引起的接触电阻称为表面电阻（或膜电阻）。另外，当两个导体接触时，因导体表面并非绝对光滑，导体的接触实际是由表面上一些点的接触组成，当导体中的电流通过时在这些接触部位剧烈收缩，实际接触面积小于视在接触面积，而使电阻增加，这种原因引起的接触电阻称为收缩电阻。

接触电阻的存在，增加了导体在通电时的损耗，并使得接触部位的温度升高，其值的大小直接影响到断路器正常工作时的载流能力，并在一定程度上影响到断路器短路电流的切断能力，因此对断路器进行导电回路电阻测试很重要。

另外，对GIS中断路器导电回路电阻的测试还能检验断路器气室与隔离开关气室之间主母线的连接情况。

34. 断路器导电回路电阻测试应符合什么要求？

答：对于敞开式断路器，其回路电阻测量值不大于制造厂规定值的120%；对于GIS中的断路器的回路电阻测量值按制造厂规定。

35. 国标规定测量回路电阻应采用什么方法？

答：回路电阻的测量应采用直流电压降法。测量电流时，不应引起试品发热而使电阻改变。推荐采用不低于100A至被试电器额定电流之间任一数值。

目前实际使用的还有双臂电桥法，这种方法的测量误差较大，因为测量电流极小，不容易去除电阻较大的氧化膜。对于插入式触头，采用双臂电桥法的测量结果偏于保守，而对于对接式触头则测量误差较大。

36. 画出断路器导电回路电阻试验原理图。

答：断路器导电回路电阻试验原理图如图2－35所示。

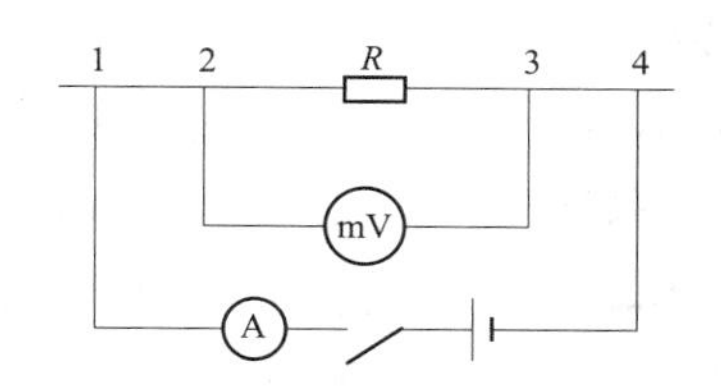

图2－35　导电回路电阻试验原理图

R—主回路待测段；2、3—电压降测试点；1、4点之间为电流施加点

37. GIS断路器导电回路电阻如何进行测试？

答：GIS断路器导电回路电阻的测试一般是通过断路器两侧的接地开关来完成的。若GIS接地开关导电杆与外壳绝缘，引到金属外壳的外部以后再接地，测试时可打开接地开关的活动接地片，合上接地开关，进行测试；若接地开关导电杆与外壳不能绝缘分隔，可先测试导体与外壳的并联电阻R_0和外壳的直流电阻R_1，然后按下式换算被测回路的电阻R

$$R=\frac{R_0R_1}{R_1-R_0}$$

一般来说，为了便于GIS设备的试验，GIS接地开关导电杆都与外壳绝缘。GIS断路器导电回路电阻测试结果中包含了断路器电阻、接地开关电阻及断路器气室与隔离开关气室母线连接的电阻。国内GIS设备生产厂家在出厂试验报告中不提供接地开关的电阻阻值，只提供主回路的电阻阻值（这种测试可在多个回路连接不带电的情况下完成，把电流输出线加在回路的两侧，注意防止所加回路的分流，电压测量线所加的部位就是被测回路的电阻），这在运行中的设备上是无法完成试验的，因此，为便于GIS断路器在运行中发现导电回路的问题，有条件的情况下，建议在断路器投运前对其按照预防性试验导电回路电阻测试方案进行电阻测试，并作为初始数据保留归档，以后每年或按周期进行的试验数据跟初始数据比较，通过历次试验结果的比较来判断GIS断路器导电回路是否存在缺陷问题。

38. 断路器回路电阻测试有哪些注意事项？

答：（1）仪器在测试前应可靠接地，防止测试过程中感应电对仪器造成损坏。

（2）测试时应注意接线方式带来的误差，电压测量线应在电流输出线的内侧，尽量避免电流输出线与电压测量线重合，电压测量线应接到被测回路正确的位置，并且保证电压测量线夹紧面的接触，否则会产生较大的测量误差，影响到测试结果的准确性。

（3）试验前应对断路器进行分、合闸操作几次，这样可以减少导电回路中氧化膜对测试结果的影响。

（4）为减少测试线的电压降对测试带来的误差，应尽量减少测试线的长度，长度够用即可；应尽量选用导线截面积足够大的测试线，一般要求测试线为截面积最小为16mm^{2}的铜线。

（5）测量过程中应防止断路器突然分闸或测量回路突然断开（测试线脱落），否则容易导致仪器的损坏。

39. 分析断路器回路电阻超标的原因，如何进行处理？

答：排除测试干扰，断路器回路电阻值超标的主要原因有：① 运行中断路器SF_6气体分解物多，附着在动、静触头上，导致接触电阻增大；② 断路器在开断电流后，触头发生氧化或烧灼，触头表面接触电阻增大；③ 触头触指运行中接触压力降低；④ 断路器动触头运动行程不符合产品要求，动触头插入深度不满足要求。

断路器回路电阻超标的处理：回路电阻超标应结合断路器的实际情况进行。若触头的烧灼、氧化严重，应检修并更换断路器的动、静触头；若因SF_6气体分解物附着造成的回路电阻增大，应对动、静触头拆解清洗，断路器触头表面镀有银层，注意不要使用砂布打光处理，用砂布反面摩擦即可，防止损坏镀银层而使导电回路的接触电阻增大；触指接触压力降低造成的，应对触指进行维修或更换，使接触压力满足要求。动触头行程不符合要求，结合机械特性试验进行调整。

40. 为什么铜铝接触易产生腐蚀？如何防止？

答：铜铝导体直接接触易产生电化学腐蚀问题。当铜铝接触面有导电水膜形成时，会发生腐蚀现象，两种导体的电化序相差很大，而且两种导体的化学性能较活泼，表面容易形成氧化膜，所以不宜直接连接。防止其电腐蚀的方法有：在铜和铝导体的表面镀银或锡；在铝导体表面喷铜；在铜铝接触面之间垫入锌片；采用铜铝过渡接头。

41. 断路器出现哪些异常情况需要停电处理？

答：（1）支持绝缘子断裂、套管炸裂或绝缘子严重放电。

（2）回路连接处因严重过热变色或烧红。

（3）SF_6断路器气体压力、液压机构的压力、气动机构的气压等压力值出现瞬时闭锁，且短时间不能恢复弹簧操动机构的弹簧闭锁信号不能复归等。

（4）其他异常情况。

42. 什么是型式试验？在什么情况下需要对高压开关设备和控制设备进行型式试验？

答：型式试验是为了验证所设计和制造的开关设备、控制设备及其操动机构和辅助设备的性能是否能够达到行业标准和相应产品标准的要求而进行的测试。对下列情况的断路器应进行型式试验：新产品；转厂试制产品；当所配的操动机构型号或规格改变时；当对产品在设计、工艺或所使用的材料上做重大改变时；批量生产的产品，每隔 8～10 年应进行一次温升、机械寿命及 100% 额定短路电流开断、关合试验，其他项目必要时也可进行。型式试验项目分必试项目和供需双方协议进行试验的项目。前者还包括一些与使用条件有关的特殊项目，如近区故障、失步开断等；后者包括一些专题项目，如污秽条件下的绝缘试验、地震试验、并联开断以及异相接地条件下的短路开断试验。

43. 高压断路器的型式试验如何分类？各类试验的目的是什么？

答： 高压断路器的型式试验按照试验内容分类，各类试验的目的如下：

（1）绝缘试验：考核试品的绝缘强度和绝缘介质的绝缘性能。

（2）机械试验：考核试品的机械强度和动作可靠性。

（3）短时耐受电流和峰值耐受电流试验：考核试品的热容量和在电动力作用下的机械强度。

（4）主回路电阻测量和温升试验：考核试品的长期载流能力。

（5）辅助回路和辅助开关的试验：考核试品二次回路的可靠性。

（6）密封试验、外壳防护等级和内部电弧试验：考核试品的密封性能和防护能力。

（7）无线电干扰试验（110kV 及以上产品）：考核试品对周围无线电信号干扰水平。

（8）环境试验：考核试品在各种环境下的性能。

（9）短时开断及关合能力试验：考核试品在短路条件下的开断及关合能力。按照试验项目分类包括必试项目和协商进行的项目。

44. 出厂试验和现场试验有什么区别和联系？

答： 出厂试验是对每台出厂产品必须进行的试验，也就是每台设备必须经制造厂质检部门进行试验检查合格后才能出厂。产品出厂时必须附有证明产品质量合格的测试数据或文件。现场试验是指产品安装调试后用来检查安装是否正确，产品性能是否符合要求而进行的试验项目。试验项目根据出厂试验项目和现场具体条件决定，试验结果应与出厂试验结果相比较。

45. 断路器交接试验在什么时间进行？目的是什么？试验项目主要有哪些？

答： 断路器的交接试验应在断路器现场安装完好并完成所有的连接后进行。其目的是确认断路器设备在经过运输、储存、现场安装和（或）调整等过程后，无损坏、各个单元的兼容性、正确的装配、装配完整的断路器的正确特性等，通过交接试验，以确定断路器安装调试是否符合要求，是否允许断路器投运。

试验项目主要包括：

（1）设计检查与外观检查。

（2）气体试验。

（3）主回路的绝缘试验。

（4）辅助和控制设备的试验。

（5）主回路电阻的测量。

（6）密封试验。

（7）机械特性和机械操作试验。

（8）套管式电流互感器的试验。

（9）合闸电阻的阻值检查。

（10）交流耐压试验。

（11）并联电容试验。

46. 断路器C类检修的试验项目有哪些？

答：（1）断路器开距、接触行程（超行程）测量。

（2）断路器主回路电阻测量。

（3）断路器机械特性试验。在额定操作压力和额定操作电压下，分别测量断路器的合闸时间、合闸速度、分闸时间、分闸速度、同相断口间的同期及三相间的同期以及辅助开关动作时间与主断口的配合等。

（4）低电压测试。

47. 用于电容器组的真空开关为什么进行老炼试验？

答：电容器组运行中需频繁的投切，因此开关应选用开断时无重燃及适合频繁操作的开关。真空断路器在投切电容器组时易发生重燃，产生重燃过电压，损坏电容器组。真空断路器经过大电流老炼处理可烧掉内部金属毛刺等异物，有效降低重燃发生概率。

48. 高压断路器开断单相电容器组时影响过电压的因素有哪些？

答：（1）击穿的时刻对过电压的影响。

（2）分闸相位与分断速度对过电压的影响。

（3）高频电弧熄灭过程对过电压的影响。

49. 断路器开断空载变压器发生截流时的截流过电压最大值取决于哪些因素？

答：（1）断路器开断的电流越大，截流越大，截流过电压越高。

（2）截流过电压与截流时变压器或电抗器内部的能量损耗有关，损耗越大，磁能转化效率越小，过电压越低。

（3）断路器在开断小电流时的灭弧性能，灭弧性能越好，截流过电压越低。

（4）并联电容越大，截流越大，过电压越高。

（5）特征阻抗越大，截流过电压越高。

50. 断路器灯光监视控制回路的红、绿灯起什么作用？并简述红、绿灯发平光各表示的含义。

答：红绿灯监视断路器处于何种位置以及控制回路是否处于良好状态。红灯亮平光：一方面说明跳闸回路完好，另一方面说明断路器处于合闸位置。绿灯平光：一方面说明合闸回路完好，另外说明处于分闸状态。

51. 抑制断路器操作时产生的过电压一般采取什么措施？

答：采取的措施有：合理装设高抗，合理操作，采用同步装置，使用性能良好的避雷器，以及提高断路器的灭弧能力、动作同期性，在330～550kV断路器上装设合闸电阻、在特高压断路器上装设分闸电阻等。

52. 如何防止开关设备事故？

答：（1）为防止运行断路器绝缘拉杆断裂造成拒动，应定期检查分合闸缓冲器，防止由于缓冲器性能不良使绝缘拉杆在传动过程中受冲击，同时应加强监视分合闸指示器与绝缘拉杆相连的运动部件相对位置有无变化，并定期做断路器机械特性试验，及时发现问题。对于LW6型等早期生产的、采用“螺旋式”连接结构绝缘拉杆的断路器应进行改造。

（2）对气动机构宜加装汽水分离装置和自动排污装置，对液压机构应注意液压油油质的变化，必要时应及时滤油或换油，防止压缩空气中的凝结水或液压油中的水分使控置的气动机构应定期放水，如放水发现油污时应检修空压机。在冬季或低温季节前，对气动机构应及时投入加热设备，防止压缩空气回路结冰造成拒动。

（3）断路器在投运前、检修后及运行中，应定期检查操动机构分合闸脱扣器的低电压动作特性，防止低电压动作特性不合格造成拒动或误动。在操作断路器时，如控制回路电源电缆降过大，不能满足规定的操作电压，应将其更换为截面更大的电缆以减小压降，防止由于电源电缆压降过大造成断路器拒动。设计部门在设计阶段亦应考虑电缆所造成的线路压降。

（4）当断路器大修时，应检查液压（气动）机构分合闸阀的阀针是否松动或变形，防止由于阀针松动或变形造成断路器拒动。

（5）加强操动机构的维护检查，保证机构箱密封良发，防雨、防尘、通风、防潮及防小动物进入等性能良好，并保持内部干燥清洁。

（6）加强辅助开关的检查维护，防止由于松动变位、节点转换不灵活、切换不可靠等原因造成开关设备拒动。

（7）当断路器液压机构打压频繁或突然失压时应申请停电处理。在设备停电前，严禁人为启动油泵，防止因慢分使灭弧室爆炸。

（8）认真对开关设备的各连接拐臂、联板、轴、销进行检查，如发现弯曲、变形或断裂，应找出原因，更换零件并采取预防措施。

（9）断路器的缓冲器应调整适当，性能良好，防止由于缓冲器失效造成开关设备损坏。

（10）根据DL/T 755—2001《电力系统安全稳定导则》及有关规定要求，断路器合—分时间的设计取值应不大于60ms，推荐采用不大于50ms。

（11）应重视对以下两个参数测试工作：

1）断路器合—分时间。测试结果应符合产品技术条件中的要求；

2）断路器辅助开关的转换时间与主触头动作时间之间的配合。

（12）220kV及以上电压等级变电站站用电应有两路可靠电源，新建变电站不得采用硅整流合闸电源和电容储能跳闸电源。

Chapter 3 | 第三章

高压隔离开关[1]检修

第一节 高压隔离开关基础知识

1. 什么是隔离开关?

答: 隔离开关是指在分位置时，触头间有符合规定要求的绝缘距离和明显的断开标识；在合位置时，能承载正常回路条件下的电流及在规定时间内异常条件下的电流的开关设备。当回路电流“很小”时，或者当隔离开关每极的两接线端间的电压在关合和开断前后无显著变化时，隔离开关应具有关合和开断回路的能力。所谓回路电流“很小”，是指这样的电流，像套管、母线、连接线、非常短的电缆的容性电流，断路器上永久性连接的均压阻抗的电流以及电压互感器和分压器的电流。对于额定电压 72.5kV 及以上的隔离开关，可以规定开合母线转换电流的额定性能。

2. 什么是接地开关?

答: 接地开关是指用于将回路接地的一种机械式开关装置。在异常条件下（如短路），可在规定时间内承载规定的异常电流；但在正常回路条件下，不要求承载电流。接地开关可有关合短路电流的能力；接地开关可与隔离开关组装在一起；额定电压 72.5kV 及以上的接地开关可具有开合和承载感应电流的额定值。

3. 隔离开关的用途有哪些?

答:（1）将电气设备与运行中电网隔离，以保证被隔离的电气设备能安全地进行检修维护。

（2）改变运行方式。在双母线运行的电路中，利用隔离开关可将电气设备或线路从一组母线切换到另一组母线上运行。

（3）接通和断开小电流电路。

4. 隔离开关如何分类?

答:（1）按装设地点可分为户内式和户外式。

---

[1] 高压隔离开关系指 10kV 及以上电压等级隔离开关（无特殊说明者），高压隔离开关简称隔离开关，俗称刀闸；接地开关系指 10kV 及以上电压等级接地开关（无特殊说明者），俗称地刀。

（2）按极数可分为单极和三极。

（3）按绝缘支柱数目分为单柱式、双柱式和三柱式。

（4）按隔离开关的动作方式可分为闸刀式、旋转式和插入式。

（5）按有无接地开关（地刀）可分为有接地隔离开关和无接地隔离开关。

（6）按所配操动机构可分为手动式、电动式、气动式和液压式。

5. 说明国产隔离开关型号字符含义，并说明“GW6－220DW/2000－40”的含义。

答： 国产隔离开关型号字母含义：

□□□—□□/□—□□

（1）第1个字符：G—隔离开关，J—接地开关，ZH—组合电器，C—操动机构。

（2）第2个字符：W—户外型，N—户内型。

（3）第3个字符：设计序号。

（4）第4个字符：额定电压（kV）。

（5）第5个字符：W—防污型，TH—湿热带型，TA—干热带型，Z—强震地区，D—带接地开关，G—改进型，K—快分型，T—统一设计，E—带支持导电杆。

（6）第6个字符：额定电流（A）。

（7）第7个字符：额定短路开断电流（kA）。

（8）第8个字符：G—高原型。

“GW6－220DW/2000－40”中各符号含义：G—隔离开关；W—户外安装；D—带接地开关；W—防污型；6—设计系列顺序号；2000—额定电流（A）；220—额定电压（kV）；40—额定短路开断电流（kA）。

6. 隔离开关主要由哪几个部分组成？各部分作用是什么？

答： 隔离开关主要由支持底座、导电部分、绝缘部分、传动机构和操动机构等五部分组成。

（1）支持底座：作用是起支持和固定作用，将导电部分、绝缘子、传动机构、操动机构等固定一体，并使其便于固定在基础上。

（2）导电部分：包括触头、闸刀、接线座，作用是传导电路中的电流。

（3）绝缘部分：包括支持绝缘子、操作绝缘子，作用是保证带电部分与地绝缘。

（4）传动机构：作用是接受操动机构的力矩，并通过拐臂、连杆、轴齿或操作绝缘子，传递给动触头，以完成分合闸动作。

（5）操动机构：作用是通过手动、电动、气动、液压给隔离开关的动作提供能源。

7. 隔离开关电动操动机构通常由哪些部分组成？主要适用于哪些隔离开关？

答： 隔离开关电动操动机构通常由电动机、减速机构、操作回路和传动连杆、拐臂和辅助触点等组成。主要适用于需远距离操作的重型隔离开关、110kV以上的户外隔离开关。

8. 对隔离开关的基本要求有哪些？

答：（1）隔离开关应具有明显断开点，便于确定被检修的设备或线路是否与电网断开。

（2）隔离开关断开点间应有可靠的绝缘，为了保证在发生过电压时，放电将发生在不同的相导电部分或导电部分对地之间，而不能发生在同一相的开断触头间，保证在过电压情况下不带电侧的人身及设备的安全，隔离开关同一相的开断触头之间的距离应大于不同相导电部分间及导电部分对地间的距离。

（3）结构简单、动作可靠灵活，户外隔离开关在冰冻的环境里，能可靠地分、合闸操作，具备一定的破冰能力。

（4）隔离开关应具有足够的热稳定性和动稳定性，尤其不能因电动力的作用而自动断开，否则将引起严重事故。

（5）隔离开关和接地开关间应有可靠的机构连锁，保证先断开隔离开关，才能合接地开关，先拉开接地开关，才能后合隔离开关的操作顺序。

（6）有锁扣装置，隔离开关在通过短路电流时由于受电动力的作用有可能使隔离开关自动分开，所以在隔离开关本身或其操动机构上应有锁扣装置。

（7）隔离开关和断路器之间采取连锁措施，以保证正确的操作顺序，杜绝隔离开关带负荷操作的事故发生。

9. 隔离开关对触头有哪些要求？

答：（1）有自清洗和自调整能力。

（2）有足够长的接触范围。

（3）有可靠的导电性能。

（4）能防止电弧烧伤正常接触表面。

10. 高压隔离开关的每一极用两个刀片有什么好处？

答：根据电磁学原理，两根平行导体流过同一方向电流时，会产生互相靠拢的电磁力，其力的大小与导线之间的距离和通过导线的电流有关，由于开关所控制操作的电路，发生故障时，刀片会流过很大的电流，使两个刀片以很大的压力紧紧地夹住固定触头，这样刀片就不会因振动而脱离原位造成事故扩大的危险，另外，由于电磁力的作用，会使刀片（动触头）与固定触头之间接触紧密，接触电阻减少，故不致因故障电流流过而造成触头熔焊现象。

11. 隔离开关一般配备哪些防误操作装置？

答：（1）防止隔离开关在合闸位置时，误合接地开关。

（2）防止断路器合闸位置时，误拉、误合隔离开关。

（3）防止接地开关合闸位置时，误合隔离开关。

（4）防止断路器合闸位置时，误合接地开关。

（5）必要时，应装有远方闭锁的电磁锁或程序锁。

12. 隔离开关连锁有哪几种方式？

答：隔离开关连锁通常有机械连锁、电气连锁、电磁锁（微机防误闭锁）三种方式。

13. 简述隔离开关（GIS）的记忆功能及其危害。

答：记忆功能是指控制回路发出动作指令后，在电动机回路发生故障或断开情况下，控制回路发出的分合闸指令会一直保持，在电动机回路能够正常动作后，隔离开关会继续按照故障前的指令动作。

隔离开关控制回路不能带有记忆功能，因为当电动机回路接通后继续执行分合闸指令，极易引起误操作。

14. 什么是机械闭锁？变电站常见的机械闭锁有哪几种？

答：机械闭锁是靠机械结构达到预定目的的一种闭锁。变电站常见的机械闭锁一般有以下几种：

（1）线路（变压器）隔离开关与线路（变压器）接地开关之间的闭锁。

（2）线路（变压器）隔离开关和断路器与线路（变压器）侧接地开关之间的闭锁。

（3）母线隔离开关与断路器母线侧接地开关之间的闭锁。

（4）电压互感器隔离开关与电压互感器接地开关之间的闭锁。

（5）电压互感器隔离开关与所属母线接地开关之间的闭锁。

（6）旁路旁母隔离开关与旁母接地开关之间的闭锁。

（7）旁路旁母隔离开关与断路器旁母侧接地开关之间的闭锁。

（8）母联隔离开关与母联断路器侧接地开关之间的闭锁。

（9）500kV 线路并联电抗器隔离开关与电抗器接地开关之间的闭锁。

15. 什么是电气闭锁？变电站常见的电气闭锁有哪几种？

答：电气闭锁是利用断路器、隔离开关辅助触点接通或断开电气操作电源而达到闭锁目的的一种装置。普遍用于电动隔离开关和电动接地开关。变电站常见的电气闭锁包括：

（1）线路（变压器）隔离开关或母线隔离开关与断路器闭锁。

（2）正、负母线隔离开关之间闭锁。

（3）母线隔离开关与母线（分段）断路器、隔离开关闭锁。

（4）所有旁路隔离开关与旁路断路器闭锁。

（5）旁路接地开关与所有母线隔离开关闭锁。

（6）断路器母线侧接地开关与母线隔离开关之间闭锁。

（7）线路（变压器）接地开关与线路（变压器）隔离开关、旁路隔离开关之间闭锁。

16. 隔离开关与断路器的主要区别是什么？操作程序应怎么配合？

答：（1）断路器有灭弧装置，能开断过负荷电流，也能开断短路电流；而隔离开关没有灭弧装置，只能开断很小的空载电流。

（2）断路器和隔离开关的操作顺序为：接通电路时，先合上断路器两侧的隔离开关，再合断路器；切断电路时，先断开断路器，再拉开两侧的隔离开关。严禁在未断开断路器的情况下，拉合隔离开关。为了防止误操作，除严格按照操作规程实行操作票制度外，还应在隔离开关和相应的断路器之间，加装相应的闭锁装置。

17. 为何停电时要先拉开线路侧隔离开关，送电时要先合母线侧隔离开关？

答：停电时先拉线路侧隔离开关，为了防止断路器实际没有断开（假分）时，带负荷拉合母线侧隔离开关，造成母线短路而扩大事故。送电时先合母线侧隔离开关，以保证在线路侧隔离开关发生短路时，断路器仍可以跳闸切除故障从而避免事故扩大。

18. 隔离开关开箱检查应符合哪些要求？

答：（1）产品技术文件应齐全；到货设备、附件、备品备件应与装箱单一致，核对设备型号、规格应与设计图纸相符。

（2）设备应无损伤变形和锈蚀、涂层完好。

（3）镀锌设备支架应无变形、镀锌层完好、无锈蚀、无脱落、色泽一致。

（4）瓷件应无裂纹、破损，瓷瓶与金属法兰胶装部位应牢固密实，并应涂有性能良好的防水胶，法兰结合面应平整、无外伤或铸造砂眼；支柱瓷瓶外观不得有裂纹、损伤，瓷瓶垂直度符合现行国家标准。

（5）导电部分挠连接应无折损，接线端子（或触头）镀银层应完好。

19. 隔离开关安装，导电部分应符合哪些要求？

答：（1）触头表面平整、清洁，并涂以薄层中性凡士林，载流部分的可挠连接不得有折损，连接应牢固，接触应良好，载流部分表面应无严重的凹陷及锈蚀。

（2）触头间应接触紧密，两侧的接触压力应均匀且符合产品技术文件要求，当采用插入连接时，导体插入深度应符合产品技术文件要求。

（3）设备连接端子应涂以薄层电力复合脂，连接螺栓应齐全、紧固，紧固力矩符合现行国家标准。引下线的连接不应使设备接线端子受到超过允许的承受应力。

（4）合闸直流电阻测试应符合产品技术文件要求。

20. 隔离开关操动机构安装调整应符合哪些要求？

答：（1）操动机构应安装牢固，同一轴线上的操动机构安装位置应一致。

（2）电动操作前，应先进行多次手动分、合闸，机构动作应正确。

（3）电动机的转向应正确，机构的分、合闸指示应与设备的实际分、合闸位置相符。

（4）机构动作应平稳、无卡阻、冲击等异常情况。

（5）限位装置应准确可靠，到达规定分、合极限位置时，应可靠地切除电源，辅助开关动作应与隔离开关动作一致、接触准确可靠。

（6）隔离开关过死点、动静触头间相对位置、备用行程及动触头状态，应符合产品技术文件要求。

（7）隔离开关分合闸定位螺钉应按产品技术文件要求进行调整并加以固定。

（8）操动机构在进行手动操作时，应闭锁电动操作。

（9）机构箱应密闭良好、防雨防潮性能良好，箱内安装有防潮装置时，加热装置应完好，加热器与各元件、电缆及电线的距离应大于50mm，机构箱内控制和信号回路应正确并符合现行国家标准。

21. 隔离开关吊装时有哪些要求?

答:（1）将组装好的单极隔离开关吊装在基础槽钢上。

（2）找平、找正后用螺栓固定。

（3）底座水平误差应小于1%。

（4）刀闸重心较高，起吊时应有防止倾翻措施。

22. 户外隔离开关水平拉杆怎样配制?

答: 户外隔离开关水平拉杆配制的具体方法如下:

（1）根据相间距离，锯切两根瓦斯管，其长度为隔离开关相间距离减去连接螺丝及连接板的长度，并使配好的拉杆有伸长或缩短的调整余度。

（2）分别将连接螺丝插入瓦斯管两端，用电焊焊牢，再装上锁紧螺母及连板，焊接时不要使连接头偏斜。

（3）将拉杆两端与拐臂上的销钉固定起来。

23. 隔离开关主触头与其二次回路辅助触点的开、合顺序有什么要求?

答:（1）主刀分离距离达到总行程的80%时，辅助触点切换。

（2）合闸时，主刀接触部位已能承受额定电流时，辅助触点切换。

24. 简述隔离开关验收项目。

答:（1）操动机构、传动装置、辅助开关及闭锁装置应安装牢固、动作灵活可靠、位置指示正确。

（2）合闸三相不同期值，应符合产品技术文件要求。

（3）相间距离及分闸时触头打开角度和距离，应符合产品技术文件要求。

（4）触头接触应紧密良好，接触尺寸应符合产品技术文件要求。

（5）隔离开关分合闸限位应正确。

（6）垂直连杆应无扭曲变形。

（7）螺栓紧固力矩应达到产品技术文件和相关标准要求。

（8）合闸直流电阻测试应符合产品技术文件要求。

（9）交接试验应合格。

（10）隔离开关、接地开关底座及垂直连杆、接地端子及操动机构箱应接地可靠。

（11）油漆应完整、相色标识正确，设备应清洁。

25. 隔离开关交接试验项目中动力式操动机构的试验应符合哪些规定?

答: 操动机构的分、合闸操作，当其电压或气压在下列范围时，应保证隔离开关的主闸刀或接地开关可靠地分闸和合闸。

（1）电动机操动机构，当电动机接线端子的电压在其额定电压的80%～110%范围内时。

（2）压缩空气操动机构，当气压（储气筒气压）在其额定气压的85%～110%范围内时。

（3）二次控制线圈和电磁闭锁装置，当其线圈接线端子的电压在其额定电压的 80% ~ 110% 范围内时。

26. 隔离开关检修对人员有何要求？

答：（1）检修人员必须熟悉隔离开关的结构和动作原理、操动机构原理及操作方法，并经过专业培训合格。

（2）现场解体检修需要时，应有制造厂的专业人员指导。

（3）对各检修项目的责任人进行明确分工，使负责人明确各自的职责内容。

27. 隔离开关检修对环境有什么要求？

答：隔离开关进行解体检修时，对检修现场的环境条件进行核实，现场环境湿度、灰尘、水分的存在都影响隔离开关的性能，故应加强对现场环境的要求，具体要求如下：

（1）大气条件：温度 5℃以上，湿度 80%（相对）。

（2）现场应考虑进行防尘保护措施。避免在有风沙的天气条件下进行检修工作，重要部件分解检修工作尽量在检修车间进行。

（3）有充足的施工电源和照明措施。

（4）有足够宽敞的场地摆放机具、设备和已拆部件。

28. 隔离开关和接地开关检修有哪些分类？检修项目有哪些？

答：（1）A 类检修：① 现场各部件的全面解体检修；② 返厂检修；③ 本体部件更换，包括导电部件、传动部件、支持绝缘子、其他；④ 相关试验。

（2）B 类检修：① 本体主要部件处理，包括传动部件、导电部件、其他；② 操动机构部件更换，包括整体更换、传动部件、控制部件、其他；③ 停电时的其他部件或局部缺陷检查、处理、更换工作；④ 相关试验。

（3）C 类检修：① 按照相关规定进行例行试验；② 清扫、检查、维护；③ 检查项目，包括检查进出线端子和触头、检查构架和基础、检查绝缘子外表面、检查均压环、检查操作连杆、检查电动机运行情况、检查辅助及控制回路、检查机构箱、检查机械闭锁、检查防误装置、绝缘子超声探伤。

（4）D 类检修：① 绝缘子外观目测检查；② 维修、保养；③ 检修人员专业检查巡视；④ 不停电的部件更换处理工作；⑤ 红外热像检测。

29. 简述 35kV 及以下电压等级隔离开关检修作业的技术要求。

答：（1）导电部分。

1）主触头接触面无过热、烧伤痕迹，镀银层应无脱落现象。

2）触头弹簧无锈蚀、分流现象。

3）导电杆应无锈蚀、起层现象。

4）接线座无腐蚀，转动灵活，接触可靠。

5）接线板应无变形、无开裂，镀层应完好。

（2）机构和传动部分。

1）轴承座应采用全密封结构，加优质二硫化钼锂基润滑脂。

2）轴套应具有自润滑措施，应转动灵活，无锈蚀，新换轴销应采用防腐材料。

3）传动部件应无变形、无锈蚀、无严重磨损，水平连杆端部应密封，内部无积水，传动轴应采用装配式结构，不应在施工现场进行切焊配装。

4）机构箱应达到防雨、防潮、防小动物等要求，机构箱门无变形。

5）二次元件及辅助开关接线无松动，端子排无锈蚀，辅助开关与传动杆的连接可靠。

6）机构输出轴与传动轴的连接紧密，定位销无松动。

（3）绝缘部分。

1）绝缘子完好、清洁，无掉瓷现象，上下节绝缘子同心良好。

2）法兰无裂开，无锈蚀，油漆完好。法兰与绝缘子的结合部位应涂防水胶。

（4）连锁部分。对具有主刀闸与接地开关的机械连锁的隔离开关，连锁可靠，具有足够的机械强度，电气闭锁动作可靠。

30. 35kV 及以下电压等级隔离开关检修作业的主要工作流程是什么？

答：（1）准备工作。

1）接受任务后进行现场勘查，收集技术资料，并熟悉图纸和安装检修工艺。

2）编制作业指导书或“三措”（安全措施、技术措施和组织措施），危险点分析及预防措施，并审批。

3）准备工器具，编制材料计划。

4）场地准备。

5）在开工前召开班前会，学习作业指导书，进行安全和技术交底，落实危险点分析及预控措施。

（2）开工作业。

1）办理工作票。

2）安装或检修前的设备检查。

3）作业中的工艺流程及质量标准应符合技术规范要求。

4）作业中应严格执行安全措施要求。

（3）收尾工作。

1）工作结束后应进行班组自检并会同验收人员验收对各项检修、试验项目进行验收。

2）按相关规定，关闭检修和试验电源。

3）清理工作现场，将工器具全部收拢并清点，废弃物按相关规定处理，材料及备品备件回收清点。

4）会同验收人员对现场安全措施及检修设备的状态进行检查，要求恢复至工作许可时状态。

5）工作人员全部撤离工作现场。

6）填写记录报告，并提交技术文件资料，办理工作票终结手续。

7）班会总结，验收资料整理，并存档保管。

31. 隔离开关检修前需进行哪些试验项目？

答：（1）隔离开关在停电前、带负荷状态下的红外测温。

（2）隔离开关主回路电阻测量。

（3）隔离开关的电气传动及手动操作。

32. 隔离开关检修后应进行哪些项目的调整及试验？

答：（1）隔离开关主刀合时触头插入深度。

（2）接地开关合时触头插入深度。

（3）检查刀闸合时是否在过死点位置。

（4）手动操作主刀和接地刀合、分各5次。

（5）电动操作主刀和接地开关合、分各5次。

（6）测量主刀和接地开关的接触电阻。

（7）检查机械连锁。

（8）三相同期。

33. 隔离开关绝缘子检查的技术要求是什么？

答：（1）绝缘子完好、清洁，无掉瓷现象，上下节绝缘子同心度良好。

（2）法兰无开裂，无锈蚀，油漆完好。

（3）法兰与绝缘子的结合部位胶装完好。

（4）超声波探伤无异常。

34. 如何对隔离开关导电回路接触面进行检修？

答：隔离开关的接触面在电流和电弧的作用下，会产生氧化铜膜和烧伤痕迹。在检查时应用锉刀或砂布进行清除和加工，使接触面平整并具有金属光泽，然后再涂一层专用复合脂。

35. 为什么新安装或检修后的隔离开关必须进行回路电阻测试？如何测量？

答：隔离开关运行中发热主要是由于回路电阻超标造成，所以新装和检修试验时必须测量隔离开关的回路电阻。实践证明，通过对接触电阻的测量，可以非常有效地预防接触面过热。采用直流压降法测量回路电阻，电流不小于100A。

36. 对电动隔离开关的控制电源有何要求？

答：要实现点对点电源控制，消灭一个出线间隔所有电动刀闸用一个操作电源同时控制的装置性违章现象。对电动刀闸操作电源实行点对点控制，并在刀闸正常运行时断开操作电源，只在正常操作时才将电源投入，确保电动刀闸不会误动。

37. 接地开关转轴与底座间连接软铜线最小截面是多少？对隔离开关软连接部位有何要求？

答：接地开关转轴与底座间连接软铜线最小截面不得小于25mm^2。软连接部位不得使用软铜绞线，应采用导电带，外部使用时还应外敷钢片。

38. 引起隔离开关刀片发生弯曲的原因是什么？如何处理？

答：引起隔离开关刀片发生弯曲的原因是由于刀片间的电动力方向交替变化或调整部位发生松动，刀片偏离原来位置而强行合闸使刀片变形。处理时，检查接触面中心线应在同一直线上，调整刀片或瓷柱位置，并紧固松动的部件。

39. 隔离开关常见故障有哪些？

答：隔离开关常见故障：导电回路（触头、接线座）过热，绝缘子表面闪络，绝缘子断裂，隔离开关操作失灵，刀片自动断开，刀片弯曲，局部锈蚀卡涩，部件变形等。

隔离开关的锈蚀问题是产品设计中最欠考虑的一方面，由于部件局部锈蚀可以引发操作卡涩、部件变形、瓷瓶断裂等其他故障。

40. 预防隔离开关故障的措施主要包括哪些？

答：（1）加强对隔离开关转动部分、操动机构润滑，防止局部锈蚀造成卡涩、操作失灵等故障的发生。

（2）加强对隔离开关导电回路的红外在线监测，防止导电回路局部过热故障发生。

（3）加强操动机构、传动机构、绝缘子的检查工作，尤其是绝缘子根部胶装部位检查防水胶是否脱落，防止绝缘断裂故障发生。

（4）与隔离开关相连的导线弛度应调整适当，避免产生太大的拉力，造成绝缘子断裂。

（5）检修中检查操动机构齿轮啮合情况，确认机构没有倒转现象；检查并确认主拐臂调整过死点。

41. 分析隔离开关拒分拒合或拉合困难的原因，怎样处理？

答：（1）传动机构的杆件断开或松动、卡涩。如销孔配合不好、间隙过大、轴销脱落、铸铁件断裂、齿条啮合不好、卡死等，无法将操动机构的运动传递给主触头。

（2）分、合闸位置限位止钉调整不当。合闸止钉间隙太小甚至为负值，未合到位被提前限位，致使合不上；合闸止钉间隙太大，当合闸时易使四连杆件越过死点，致使拒分。

（3）主触头因冰冻、熔焊等特殊原因导致拒分或分闸困难。

（4）电动机构电气回路或电动机故障造成拒分、拒合。

处理方法：轻轻扳动操动机构把手，核实卡涩位置。如不能转动，可卸下相间连杆分相检查。然后进行有针对性的处理，对损害的部件予以更换。查找并消除机构电气回路缺陷。

42. 高压隔离开关操作失灵和传动部件损坏变形可能有哪些原因？

答：（1）转动轴承、传动连接设计不合理，主要表现在轴承不密封、使用黄油作为润滑，传动连杆之间的连接没有润滑措施、传动部件之间的配合公差大、轴销强度低且易锈蚀。随着运行时间的增长和操作次数增加，润滑脂干燥或流失，轴承、轴销锈蚀或磨损，造成转动部件卡滞、传动特性改变。

（2）部件加工精度低、公差大、不能保证传动部件之间的精确配合，导致操作特性不稳定、传动不可靠。如传动机构中传动齿条和齿轮啮合不良，造成磨损不能自锁等均是因为部件之间配合不良所致。有些手动机构操作困难大多是部件加工粗糙，相互连接松紧不一所造成。

（3）工厂装配和现场安装质量不好是造成操作失灵的重要原因。目前，大多数高压隔离开关在制造厂内不进行整台开关的组装和调试，操动机构与基座的连接、与三相水平拉杆的连接等都在安装现场进行，其安装调试质量很难保证，因此有许多隔离开关在投运前已经存在操作别劲和传动不灵活的先天不足。

（4）材料选择不合理是导致部件损坏变形重要原因。由于设计选用的材料强度、硬度或者刚度不足，经常发生损坏变形故障。如隔离开关相间水平连杆，制造厂只要求用大尺寸的水煤气管，而对管的质量没有任何要求，导致在运行中频繁发生拉杆变形、拉脱和拉断的现象。又如传动连板和轴销，由于强度和硬度不够，经过多次操作后发生严重磨损，连板的孔变大了、轴销的直径变细了，使隔离开关的行程特性改变，这种传动环节越多，分合闸行程变化越大，就会导致分合闸不到位。

（5）二次回路问题。二次回路的可靠性将直接影响高压隔离开关的动作可靠性。辅助开关或行程开关切换不到位或者触点接触不良均会造成隔离开关拒动，接线端子接触不良、接触器不吸合、电动机烧坏、二次线绝缘破坏等都会造成远方操作失灵。二次回路的关键是各个元件的可靠性，必须选用质量可靠的二次元件。

（6）锈蚀是造成操作失灵的最大隐患。由于锈蚀使转动和传动连接卡涩，或由于锈蚀使零部件机械强度降低，导致部件损坏变形。可以说，处理好锈蚀问题就能大大改善高压隔离开关的操作可靠性。

43. 造成隔离开关绝缘子断裂可能有哪些原因？

答：（1）绝缘子质量问题，是造成绝缘子折断的直接原因。

1）从大量已经折断的绝缘子断面上可以发现，有许多绝缘子内部有生烧现象和气隙，这使绝缘子的抗弯和抗扭强度大大降低。

2）早期绝缘子与法兰胶装部分采用压花工艺，造成内部应力集中，也是导致绝缘子根部断裂的重要原因，后来改为喷砂工艺大有好转。但是绝缘子和法兰的水泥胶装部分存有空隙、偏心和开裂，致使绝缘子受力不均也会导致绝缘子断裂。尤其是胶装部分进水后，在冬季产生结冰，将法兰和绝缘子胀裂。

3）绝缘子直线度、同轴度和平行度偏差过大，也是导致绝缘子断裂的重要因素，它会造成支持绝缘子和旋转绝缘子长期承受一个额外的弯矩作用，同时还会造成操作力矩的加大，对绝缘子产生非常不利的影响。

（2）绝缘子老化也是造成其断裂的原因之一。由于绝缘子长期经受户外大气环境的作用，而且还不同程度地承受着弯矩或扭矩的作用，产生疲劳和老化应该是必然的。绝缘子老化的直接反映就是抗弯和抗扭强度明显降低，一批运行 20 年左右的隔离开关屡屡发生绝缘子断裂事故就说明了绝缘子老化问题。

（3）产品结构设计不合理，尤其是选用的绝缘子抗弯和抗扭强度裕度不足，以及转动和传动部位设计不当是导致绝缘子断裂的主要原因之一。由于产品的机械部件的选材不当、工艺粗糙、传动和传动配合偏差大，再加之部件的锈蚀，使机械操作力随着运行时间的加长而不断加大，造成绝缘子受力过大而发生断裂。

（4）安装质量是影响高压隔离开关操作可靠性的关键环节，也是影响绝缘子使用安全的重要因素。很多隔离开关安装完成后机构传动不畅、操作力矩大，绝缘子受到额外的作用力。运行中安装基础变形、移位，将会使隔离开关倾斜，不但会造成操作失灵而且会引起绝缘子断裂。为了保证高压隔离开关的运行安全，保证其基建安装质量的问题应该引起运行维护部门的特别关注。

（5）发生绝缘子断裂事故除绝缘子质量和产品质量的原因外，还与使用部门的运行维护有很大的关系。长期失修、强行操作，以及端子引线过重、过长，引线弛度不够，运行中受力等，也是导致绝缘子断裂的重要因素。

绝缘子断裂往往是多种因素造成的，所以必须综合治理才能减少或避免此类事故的发生。

44. 高压隔离开关导电回路过热可能有哪些原因？

答：高压隔离开关导电回路过热的原因主要有以下几点：

（1）触头弹簧与触头之间未采取绝缘措施，或虽采取了措施但已损坏，从而导致电流流过弹簧使弹簧退火失去弹性，造成触头间接触不良而发热。由于触头弹簧分流而造成的触头发热非常普遍，关键是弹簧的绝缘措施不当。

（2）触头弹簧长期处于压紧或拉伸的工作状态会发生疲劳，随着运行时间的加长慢慢失去弹性，甚至会产生永久变形，造成接触不良。因此对弹簧的材料质量和热处理工艺必须严格控制。

（3）触头弹簧长短和弹性大小不一也是造成触头发热的原因之一。在制造厂的装配车间可以发现，已经安装的触头有高有低，不能形成一条直线，圆形触头不能构成一个闭合圆，这说明在同一触头装配上所使用的弹簧长短偏差过大或者弹性不同。触头的每个触指在运行中电流的分布会因压力不同而不同，差别越大电流分布越不均匀，长期运行后就会发生接触不良而过热。触头的发热是恶性循环，一个触指接触不好就会蔓延整个触头接触不良。因此制造厂进行触头组装时必须对触头弹簧进行挑选，要使得在一个触头装配中所使的弹簧的长度和弹性基本相同。

（4）固定、活动接触面接触不良。比如触指定位端子与触指座接触不良，触头与导电管的连接欠妥等。因此，需提高产品质量，加强巡视消缺，提高检修质量。

（5）触指或导电杆的镀银层的厚度、硬度及附着力不足是造成镀银层过早剥落、露铜而发热的原因之一。镀银层的附着力差和厚度不均，容易造成镀银层过早脱落露铜而导致过热，镀银层的硬度低也会造成耐磨性能差而过早出现露铜。对于高压隔离开关来说，其触头系统的镀银质量是关键技术指标，镀银层并非越厚越好，镀硬银提高镀银层的耐磨性能是关键。

（6）合闸不到位。合闸不到位或偏位所导致的接触不良，主要是传动系统调试不当的问题，如折叠式隔离开关传动系统调整不当，就会造成合闸后动静触头偏向一边接触而导致接触不良。所以，高压隔离开关的安装和调试质量不但会影响动作可靠性，也会影响其导电性能。

（7）触头系统设计不合理，防污秽能力差、锈蚀，使用凡士林或导电膏等都会影响隔离开关的导电性能。

45. 引起隔离开关接触部分发热可能有哪些原因？如何处理？

答：引起隔离开关接触部分发热的原因可能是：

（1）压紧弹簧或螺丝松动。

（2）接触面氧化，使接触电阻增大。

（3）刀片与静触头接触面积太小，或过负荷运行。

（4）在拉合过程中，电弧烧伤触头或用力不当，使接触位置不正，引起压力降低。

处理方法：

（1）检查、调整弹簧压力或更换弹簧。

（2）用“00”号砂布清除触头表面氧化层，打磨接触面，增大接触面，并涂上中性凡士林。

（3）降负荷使用，或更换容量较大的隔离开关。

（4）操作时，用力适当，操作后应仔细检查触头接触情况。

46. 隔离开关电动操动机构常见故障主要有哪些？

答：（1）电动机主回路故障：

1）电动机缺相。

2）电动机匝间或相间短路。

3）分、合闸交流接触器主触点断线或松动，可动部分卡住。

4）热继电器主触点断线或松动。

5）电动机用小型断路器触点断线或松动。

（2）控制回路公用部分故障：

1）控制用小型断路器触点断线或松动接触不良。

2）急停按钮动断触点断线或松动接触不良。

3）热继电器辅助动断触点断线或松动接触不良。

4）手动机构辅助开关动断触点断线或松动接触不良。

（3）控制回路分闸部分故障：

1）分闸回路不通：① 分闸行程开关接线断线或松动接触不良；② 合闸交流接触器动断触点接线断线或松动接触不良；③ 分闸交流接触器启动线圈触点接线断线或松动接触不良；④ 分闸按钮触点接线断线或松动接触不良；⑤ 转换开关就地操动触点接线断线或松动接触不良；⑥ 热继电器控制用触点卡滞。

2）分闸回路通但保持不住：① 分闸交流接触器动合触点接线断线或松动接触不良；

② 热继电器电流动作值调整得太小，通电后马上就切断控制回路；③ 就地、远方切换开关连接线断线或松动接触不良。

（4）控制回路合闸部分故障：

1）合闸回路不通：① 合闸行程开关接线断线或松动接触不良；② 分闸交流接触器动断触点接线断线或松动接触不良；③ 合闸交流接触器启动线圈触点接线断线或松动接触不良；④ 合闸按钮触点接线断线或松动接触不良；⑤ 转换开关就地操动触点接线断线或松动接触不良；⑥ 热继电器控制用触点卡滞。

2）合闸回路通但保持不住：① 合闸交流接触器动合触点接线断线或松动接触不良；② 热继电器电流动作值调整得太小，通电后马上就切断控制回路；③ 就地、远方切换开关连接线断线或松动接触不良。

（5）分闸终了时电动机不停止或分闸不到位：

1）分闸定位行程开关动断触点短路。

2）分闸定位行程开关弹片调整不合理（动作太灵敏，开关没有完全分开时就把分闸控制回路切断）。

（6）合闸终了时电动机不停止或合闸不到位：

1）合闸定位行程开关动断触点短路。

2）合闸定位行程开关弹片调整不合理（动作太灵敏，开关没有完全合上闸时就把合闸控制回路切断）。

47. 隔离开关有哪些常见异常运行情况？如何处理？

答：（1）隔离开关过热。隔离开关接触不良，或者触头压力不足，都会引起发热。发现隔离开关过热，应报告调度员设法转移负荷，或减少通过的负荷电流，以减少发热量。如果发现隔离开关发热严重，应申请停电处理。

（2）隔离开关瓷件破损。隔离开关瓷件在运行中发生破损或放电，应立即报告调度员，尽快处理。

（3）带负荷误拉、合隔离开关。

1）误分隔离开关。发生带负荷拉隔离开关时，如刀片刚离刀口（已起弧），应立即将隔离开关反方向操作合好。如已拉开，则不许再合上。

2）误合隔离开关。运行人员带负荷误合隔离开关，则不论何种情况，都不允许再拉开。如确需拉开，则应用该回路断路器将负荷切断以后，再拉开隔离开关。

（4）隔离开关拉不开、合不上。运行中的隔离开关，如果发生拉不开的情况，不要硬拉，应查明原因处理后再拉。查清造成隔离开关拉不开的原因并处理后，方可操作。隔离开关合不上或合不到位，也应该查明原因，消除缺陷后再合。

第二节　典型设备检修

1. GN19－10 型隔离开关安装前的开箱检查项目有哪些？

答：（1）安装前应按照装箱单检查零部件及附件、备件是否齐全。

（2）检查铭牌数据是否与订货合同一致。

（3）检查产品外表面有无损伤。仔细检查每支绝缘子是否有破损，胶状处是否松动。

（4）检查各部紧固件是否牢固。

（5）检查接线端子及载流部分是否清洁，接触是否良好。

（6）检查厂家提供的安装使用说明书、合格证、出厂试验报告、安装图纸等文件资料是否齐全。并妥善保管，不得丢失。

（7）填写开箱检查记录和设备验收清单。

2. CS6－1T 型手力操动机构辅助开关如何安装？

答：根据设计图纸，安装操动机构和制作隔离开关与机构之间的连杆。调试连杆的长度，使隔离开关合、分闸时，开度以及拉杆与带电部分的最小距离符合安全净距要求。同时，机构向上操作达到终点时，隔离开关必须到达合闸的终点；手柄向下操作达到终点时，隔离开关必须到达分闸终点。

配置连杆应先点焊，待调好后再焊牢固。需要配置延长轴、支持轴承、联轴器及拐臂等其他传动部件时，安装位置要准确可靠。

3. GN19－10 型隔离开关和 CS6－1T 型手力操动机构安装后应如何进行调试？

答：当隔离开关及操动机构安装后，应进行联合调试，使分、合闸符合标准。

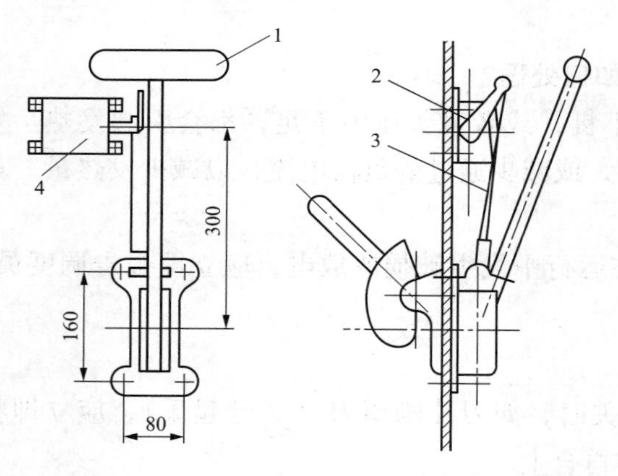

图 3－1　CS6－1T 型手力操动机构及辅助触点

1—手柄；2—辅助触点转臂；3—连杆；4—辅助触点

（1）辅助触点的调整。辅助触点应安装在操作手柄的旁边，固定后，要配制手柄与辅助触点的连杆。调整触点转臂上的一排斜孔（即调整该臂的精确角度）及连杆的长度，使发分闸信号的触点在触刀通过全部行程的 80% 后开始动作，而发合闸信号的触点不得在触刀与静触头闭合前动作。

（2）调节机构扇形板上的连接杠杆孔的位置和连杆的长度，如图 3－1 所示。改变调节杠杆的方位，可使隔离开关的触刀合闸时合足，分闸时，触头打开的净距和开度应符合要求，并将分合闸限位螺栓调到相应的位置。

（3）调整三相的触头合闸同期性。可以通过调整触刀中间操作绝缘子的高度，使不同期程度不超过 3mm。

（4）调整触刀两边的弹簧压力，使接触情况符合要求。用 0.05mm × 10mm 的塞尺检查，线接触的应塞不进去，面接触的塞入深度不超过 4～6mm。

（5）回路电阻符合要求。采用回路电阻仪测试每相回路电阻不应大于 80μΩ。

（6）用 2500V 绝缘电阻表测量瓷瓶的绝缘电阻，应大于 1200MΩ。

隔离开关调试完毕后，应接上导线，并将底座接地。先进行粗调，再经几次试操作进行细调，完全合格后，才能固定隔离开关转轴上的拐臂位置，然后钻孔，打入圆锥销，使转轴和拐臂永久紧固。

4. GW4 型隔离开关由哪几部分组成？结构有什么特点？

答： GW4 型隔离开关为双柱水平旋转式，由底架、支柱绝缘子及导电部分三部分组成。底架为一槽钢，底架两端安装下轴承座，轴承座内有两个圆锥滚子轴承，以保证轴承座上的杠杆灵活转动。隔离开关有不接地、单接地和双接地三种形式。转动杠杆上安装有一实心棒形支柱绝缘子，该绝缘子有普通型和防污型两种。导电部分固定在绝缘子的上端，由主刀闸、中间触头及出线座组成。主刀闸分成两半，接触部分在中间。GW4 型隔离开关配用 CS14－G（或 CS17－G、CS9－G）型手动操动机构或 CJ5（或 CJ6、CJ2－XG）型电动操动机构。GW4 型隔离开关（126kV）单相装配图如图 3－2 所示。

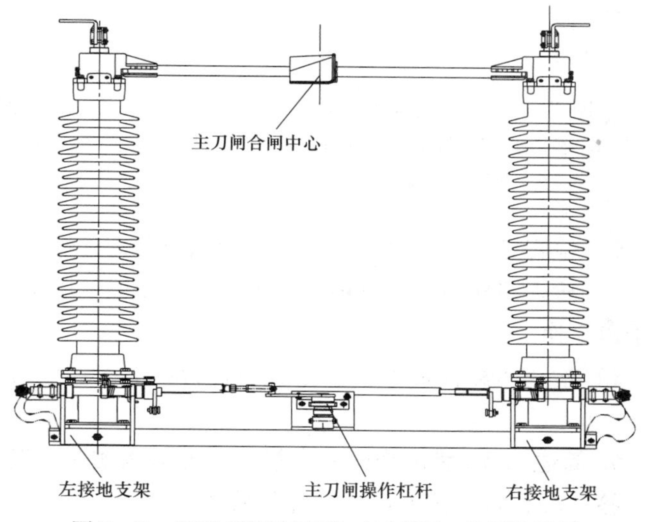

图 3－2　GW4 型隔离开关（126kV）单相装配图

5. 简述 GW4 型隔离开关左触头（触指触头）装配检修步骤。

答：（1）压簧结构触指触头装配图如图 3－3 所示，检修步骤为：

1）检查防雨罩是否完好，如锈蚀严重或开裂应更换。

2）检查触指。如触指内、外导电接触面轻微烧伤应采取措施修理，如镀银层脱落或烧伤严重应更换。

3）检查导电管与触指架的焊接是否完好，如焊缝开裂应采取补焊措施。

4）检查卡板有无锈蚀，如锈蚀严重应更换。

5）检查导电管、触指架等导电接触面有无过热情况，用 00 号砂布清除接触面氧化层。

6）检查圆柱销有无锈蚀、变形，用 00 号砂布除去锈蚀，如严重锈蚀或变形应予更换。

7）检查弹簧有无锈蚀、变形，弹性均匀良好；弹簧绝缘垫（套）无破损。

（2）拉簧结构触指触头装配图如图 3－4 所示，检修步骤为：

1）检查塞，如其螺孔内螺纹损伤应用丝锥套攻。

2）检查防雨罩是否完好，如锈蚀严重或开裂应更换。

3）检查触指，如触指内、外导电接触面轻微烧伤用扁锉修理，如镀银层脱落或烧伤严重应更换。

4）检查导电管与触指架的焊接是否完好，如焊缝开裂应采取补焊措施。

5）检查卡板有无锈蚀，如锈蚀严重应更换。

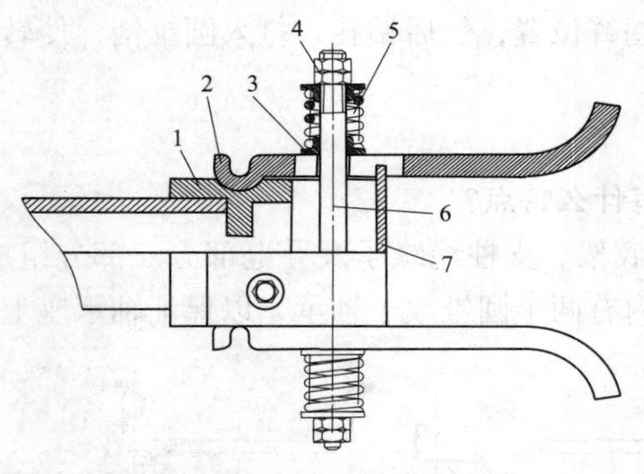

图 3-3　压簧结构触指触头装配图

1—触指座；2—触指；3—垫圈；4—螺母；
5—弹簧；6—螺杆；7—定位板

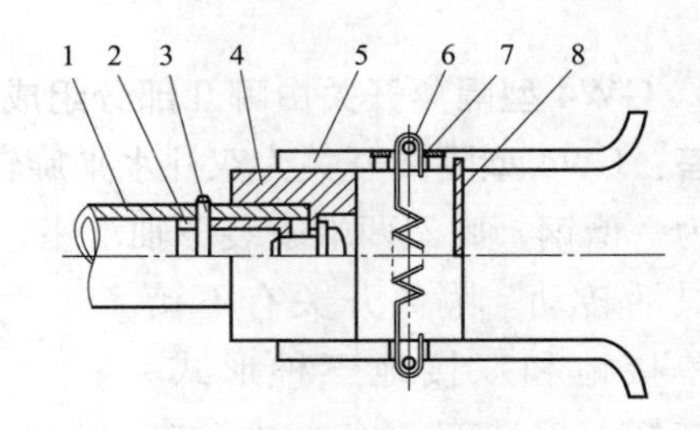

图 3-4　拉簧结构触指触头装配图

1—导电管；2—塞；3—圆柱销；4—触指座；
5—触指；6—销；7—弹簧；8—支架

6）检查导电管、触指架等导电接触面有无过热情况，用00号砂布清除接触面氧化层。

7）检查圆柱销及开口销，有无锈蚀、变形，用00号砂布除去锈蚀，如严重锈蚀或变形应予以更换。

8）检查弹簧有无锈蚀、变形，弹性应均匀良好，弹簧绝缘垫（套）无破损。

6. 简述GW4型隔离开关右触头（非触指触头）装配检修步骤。

答：（1）焊接式右触头装配的检修。

1）检测触头臂。如有轻微弯曲应校正，检查触头导电接触面是否烧伤，如有轻微烧伤，用扁锉修整，如烧损严重应更换。

2）将触头臂装配擦干净，检查触头与导电管的铜焊处是否有开裂、脱焊等情况，如有开裂或脱焊则应重新焊牢。

3）用清洗剂清洗干净，待干后在导电接触面涂适量导电脂。

（2）组装式右触头装配的检修。

1）检查导电管有无损伤，如有轻微变形应校正，用00号砂布除去两端导电接触面的氧化层。

2）检查触头的导电接触面。如有轻微烧伤用扁锉修整，用00号砂布除去触头与导电管接触面上的氧化层。

3）检查螺孔内螺纹。如损伤，应用丝锥套攻。

4）检查圆柱销是否完好。如锈蚀严重或变形应更换。

7. 软铜带导电型接线座装配的检修质量标准是什么？

答：（1）夹板完好，与导电管的接触面应无氧化层，无过热、损伤。

（2）软铜导电带完好，无烧伤、过热现象，其断裂不超过总截面的10%。

（3）导电杆的导电接触面完好，无氧化层、无过热、损伤，连接软铜导电带的内螺纹完好。

（4）出线座与导电管接触面无氧化、过热、烧伤，连接软铜导电带的螺孔完好。

8. GW4 型隔离开关主刀闸手动慢分慢合试验方法是什么？

答：（1）手动操动机构缓慢合闸及分闸，观察三相水平传动杆与拐臂板的连接轴销转动是否灵活，主刀闸系统动作是否灵活，有无卡涩，辅助开关切换位置是否正确。三相能同步到位。

（2）以手动操作主刀闸进行分、合闸，若主刀闸与机构两者的终了位置不一致时，可改变连接器两连板间 θ 角度（连接器改抱夹的，可松开抱夹，机构与主刀闸分、合闸位置对应后紧固抱夹螺栓）。

（3）合闸终止，检查三相主刀闸是否在同一水平线上。

（4）用手柄操作电动机构，使主刀闸分、合 3～4 次，当电动操动机构限位开关刚刚切换时，检查机构限位块与挡钉之间的间隙是否符合要求。

9. 在 GW4 型隔离开关整体调试及试验中，如何测量主刀闸触头插入深度、夹紧度及动静触头相对高度差？其质量标准是什么？

答：（1）手动操动机构缓慢合闸，测量左、右触头插入深度、夹紧度及动静触头相对高度差。

（2）检查右触头接触面中心和左触头接触位置是否符合要求。

（3）左、右触头插入深度不合格，可改变导电管与接线座的接触长度来实现，但是导电管与接线座接触长度不应该小于 70mm。

（4）测量左、右触头夹紧度：隔离开关调整合格后，用 0.05mm × 10mm 的塞尺进行检查左、右触头夹紧度。不合格应更换弹簧或重新检修处理，直到合格时为止。

（5）测量左、右触头相对高度差：用钢板尺在左、右触头合闸位置测量右触头上下外露部分，上、下外露部分应基本一致，如左、右触头相对高度差不合格，可在接线座与瓷柱连接处加垫片来实现。

GW4 型隔离开关左（触指触头）、右触头合闸位置示意图如图 3－5 所示。

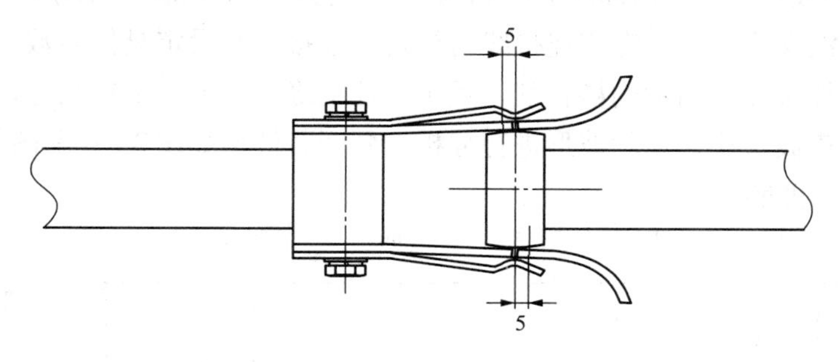

图 3－5　GW4 型隔离开关左（触指触头）、右触头合闸位置示意图

（6）质量标准。

1）左、右触头间应接触紧密；对于线接触塞尺塞不进去为合格，对于面接触，其塞入深度：在接触面宽度为 50mm 及以下时，不应超过 4mm；在接触面宽度为 60mm 及以上，不应超过 6mm。

2）左、右触头接触后应上、下对称，允许上、下偏差符合各种型号的规定。

10. 在 GW4 型隔离开关整体调试及试验中，如何测量主刀闸操动机构电动分、合闸时间？其质量标准是什么？

答：（1）用手动合闸和分闸，当终点限位开关刚刚切换时，检查限位件与挡板之间的间隙，由此位置到终点位置，交流操动机构手柄应能摇动（4.8 ±1）圈，直流操动机构手柄应能摇动（8 ±1）圈。

（2）手动将主刀闸处于半分、半合位置，接通电源，慎重按下合闸或分闸按钮，随之按下急停按钮，模拟点动操作，注意观察主轴转向，确认正确的操动方向。如果方向相反，则须调整电动机的旋转方向，进行电动分、合操作，检查电动机转向与主刀闸分、合闸运动方向是否对应。

（3）以上各步均调整好后，操作电动机构电动机运转正常，正反向旋转自如，无异音。分、合闸停位准确，闭锁可靠。

（4）电动操作隔离开关分、合闸，并记录分、合闸时间；分、合闸时间符合各种型号的规定。

11. 在 GW4 型隔离开关整体调试及试验中，如何进行本体和接地开关连锁调试？

答：（1）机械闭锁的检查，应分别在主刀闸和接地开关三相联动调整好后进行。

（2）将主刀闸合闸，检查机械闭锁板位置，接着合接地开关，观察机械闭锁是否可靠。

（3）将接地开关合闸，检查机械闭锁板间位置；接着合主刀闸，观察机械闭锁是否可靠。

（4）以上两种机械闭锁防止误操作功能验证，应连续试验 5 次以上，来证实机械闭锁措施是否可靠，如发现有失灵，应重新进行调整。

12. 如何对 GW4 型隔离开关支柱绝缘子进行探伤？

答：以支柱瓷绝缘子爬波探伤法为例，用1mm 割口 DAC 曲线作为检测灵敏度，依据 JB/T 9674—1999《超声波探测瓷件内部缺陷》和《超声波检测柱形瓷瓶暂行规定》进行判断。

（1）选择爬波探头，通过专用连接线与探伤仪连接，并设定具体参数。

（2）将爬波探头沾适当量的耦合剂，置于支柱绝缘子与上、下铁法兰口移动一周。

（3）观察超声波检测仪上的波形进行分析、判断，波形如图3－6 和图3－7 所示。如发现不合格的应进行更换。

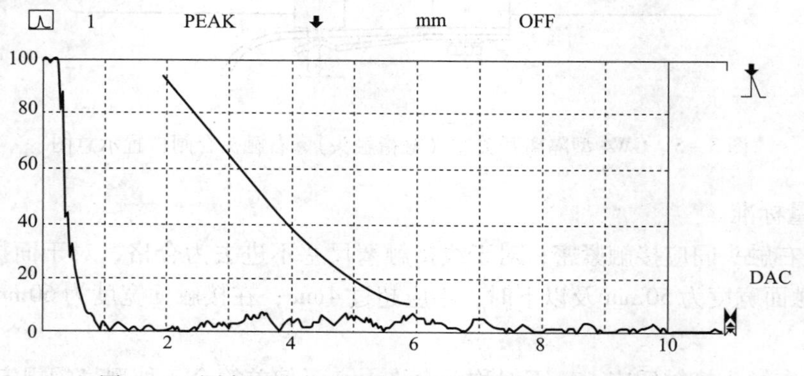

图3－6　隔离开关支柱绝缘子无裂纹的超声探伤检测波形

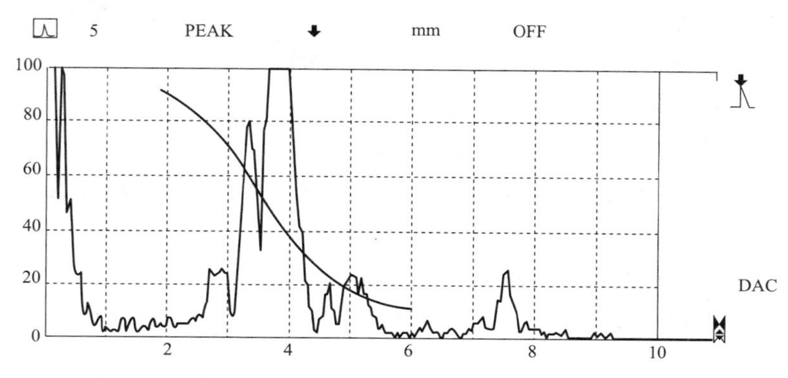

图 3－7　隔离开关支柱绝缘子有裂纹的超声探伤检测波形

（4）填写高压支柱绝缘子超声波检测报告。

（5）用测厚仪测量支柱绝缘子与上、下铁法兰结合部位的声速，声速必须为 6200m/s 及以上。

（6）隔离开关支柱绝缘子无裂纹的超声探伤检测波形如图 3－6 所示。

（7）隔离开关支柱绝缘子有裂纹的超声探伤检测波形如图 3－7 所示。

13. GW4、GW5 型隔离开关导电回路故障主要有哪些？

答：（1）触头过热。

1）触指与触头接触不良，引起触头过热。

2）触指、触头烧损严重，接触不良引起过热。

3）触指弹簧失效，压力不够引起过热。

4）各连接部分松动引起过热。

（2）接线座过热。

1）导电管与接线座接触不良引起过热。

2）接线座内导电带两端接触面接触不良引起过热。

3）出线端子与接线板接触不良引起过热。

14. GW4－35 型隔离开关检修前的检查与试验内容有哪些？

答：为了解高压隔离开关设备在检修前的状态以及为检修后试验数据进行比较，在检修前，应对被修隔离开关进行检查，必要时可做测试。

（1）检查触头接触面无过热、烧伤痕迹，镀银层无脱落现象。

（2）检查导电臂无锈蚀、起层现象。

（3）检查接线座无锈蚀、转动灵活、接触可靠；接线板无变形、开裂现象，且镀层应完好。

（4）检查支柱绝缘子清洁、完好且无裂纹现象。

（5）检查基座固定良好，隔离开关无摇晃现象。

（6）检查传动系统和操动机构是否存在卡涩、费力等现象，闸刀开距是否符合要求。

（7）检查接地开关触头接触面是否符合要求、无锈蚀、机械闭锁是否可靠。

（8）检查机构箱密封良好，内部元器件是否有异常情况。

（9）测量主回路电阻是否超过规定值要求。

15. 简述 GW4－35 型隔离开关本体检修作业步骤，其质量标准是什么？

答：隔离开关本体检修作业步骤：

（1）拆下隔离开关两端引线并固定牢靠。

（2）拆下主刀闸交叉连杆及水平拉杆。注意对极柱、出线座以及左、右导电杆等位置，必要时要做好记号。

（3）拆除基座下端平面固定螺栓，将单相隔离开关整体吊装至地面再进行分解。

（4）依次拆去出线座、导电杆、支柱绝缘子、接地开关、轴承座等进行检查修理。

（5）质量标准：

1）拆卸时勿损伤导电接触面，起吊操作时有防止碰撞的措施，瓷柱平放在预定位置。

2）瓷柱及触头分相放置，并作好标记。

3）引线完整，无断股、散股。

16. GW4－35 型隔离开关导电带连接方向有什么规定？

答：软连接顺时针绕接于左触头（触指触头）装配，软连接逆时针绕接于右触头装配（见图 3－8）。

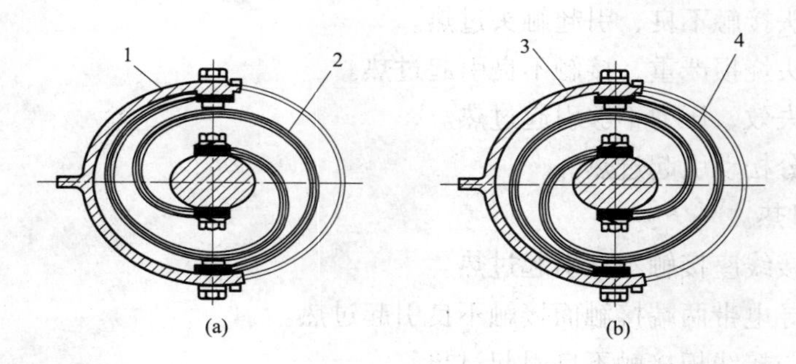

图 3－8　导电带连接

（a）软连接顺时针绕接于左触头装配；（b）软连接逆时针绕接于右触头装配

1、3—接线座；2、4—软导线

17. GW4－35 型隔离开关检修后要进行哪些调试？

答：（1）调整项目及质量标准。用手动操作缓慢进行合闸及分闸，观察三相水平传动杆与拐臂板的连接轴销转动是否灵活，主刀闸系统动作是否灵活，有无卡涩，辅助开关切换位置是否正确；三相并能同步到位；合闸终止，检查三相主刀闸是否在同一水平线上；检查机械连锁可靠；检查隔离开关主刀闸合闸后触头插入深度，左、右触头合闸位置如图 3－9 所示，并调整以下项目符合检修质量标准。

1）绝缘子与底座钢槽垂直，绝缘子垂直偏差≤6mm。

2）中间触头接触对称，上下差≤5mm。

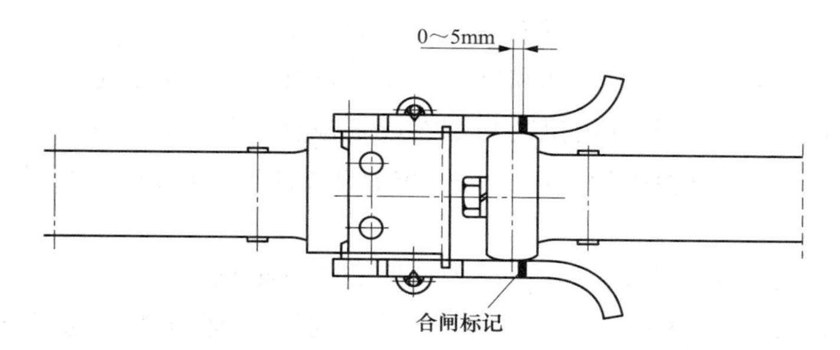

图 3－9　GW4－35 型隔离开关左、右触头合闸位置示意图

3）合闸到终点，触头中心线与触指合闸标记向内偏移 0～5mm。

4）三相合闸不同期性≤10mm。

5）隔离开关主刀闸转角应为 90°±1°。

6）主刀闸和接地开关分、合闸相互闭锁的间隙 0～3mm。

7）主刀闸合闸时在同一轴线上。

8）接线板与导电杆转动角度 92°范围转动灵活。

9）接地开关初始位置与基座夹角≤20°。

（2）试验项目。

1）测量主刀闸的回路电阻：630A 的≤150μΩ，1250A 的≤110μΩ。

2）测量接地开关回路电阻≤180μΩ。

3）机构电动分、合闸时间为（6±1）s。

4）手动操作主刀闸合、分各 5 次动作可靠。用手柄操作电动机构，使主刀闸合、分各 5 次，当电动操动机构限位开关刚刚切换时，检查机构限位块与挡钉之间的间隙是否符合要求。

5）手动操作接地开关合、分各 5 次动作可靠。

6）电动操作主刀闸合、分各 5 次动作可靠。通电前要手动将主刀闸处于半分、半合位置，接通电源，慎重按下合闸或分闸按钮，随之按下急停按钮，模拟点动操作，注意观察主轴转向，确认正确的操动方向。如果方向相反，则需调整电动机的旋转方向，进行电动分、合操作，检查电动机转向与主刀闸分、合闸运动方向是否对对应。

7）电动机构分合闸线圈及二次回路绝缘是否良好。用 1000V 绝缘电阻表测量，其绝缘电阻应不小于 2MΩ。

8）1min 工频耐压合格。

18. 简述 GW4－35 型隔离开关本体安装步骤。

答：（1）安装前应先将动触头和触指之间接触部位擦干净后，再涂适量导电脂，各旋转部位也应涂适量润滑脂。

（2）本体就位。将单相隔离开关本体吊装在构支架上固定，找正水平及相间距离。

（3）吊装时应区别主动相与从动相，主动相有连接拉杆。

（4）如三相整体更换可三相联装后整体起吊。

（5）三相隔离开关安装完毕后应满足：

1）吊装就位时，隔离开关主刀闸和接地开关的打开方向必须符合设计的要求。

2）三相间连杆中心线误差可用拉线与钢卷尺来检查，其误差应≤1mm。

3）同相各支柱绝缘子的中心线应在同一垂直平面内，垂直误差可用线垂和钢板尺检查，应不大于2mm。

4）合闸后，左右触头应解除完好，插入深度应符合要求。

5）隔离开关在分合闸终点位置，绝缘子下部的限位螺钉与挡板之间的间隙应调到0～3mm。

6）调节本相的水平连杆，使两侧支持绝缘子分合闸同步；变动水平连杆位置，使隔离开关处于合闸位置；检查触头合闸解除情况，不应发生没有备用行程的情况，使触头的相对位置及备用行程符合技术规定。

19. GW4－35型隔离开关安装调整后如何进行验收？

答：（1）隔离开关和操动机构所有固定件螺栓紧固可靠。

（2）触头接触表面良好、无污垢，接触表面涂有中性凡士林或导电硅脂。

（3）支柱绝缘子瓷质部分清洁，无裂纹、胶装接口处无缺陷、浇铸连接情况良好，绝缘子的绝缘电阻满足要求。

（4）各转动部分轴销完整，转动灵活，无卡涩现象，且均已加注了合适的润滑脂。

（5）操动机构操作灵活，分、合位置正确，辅助开关切换可靠。

（6）隔离开关检修项目无遗漏，各项调整和试验符合技术要求。

（7）提交技术文件资料，并存档保管。

20. GW4－35型隔离开关传动系统及手力操动机构检修前应进行哪些检查和试验？

答：（1）检查连接杆和连接构件有无锈蚀、变形。

（2）检查轴销、螺栓、开口销是否缺损。

（3）检查手力操动机构箱的密封有无异常。

（4）测量分、合闸不同期。

（5）测量主刀闸和接地开关分、合闸相互闭锁的间隙。

（6）测量接地开关初始位置与基座夹角。

21. GW4－126型隔离开关三极联调主要有哪些技术要求？

答：（1）主刀闸合闸后，导电管应在一条直线上。

（2）主刀闸合闸后，合闸限位螺栓与挡板（或挡块）间隙为1～3mm。定位螺栓紧固，并紧螺母紧固。

（3）主操作拐臂转动180°；主刀闸合闸后，打开角度为（90±1）°（或测量两导电管两端的平行距离在±10mm以内）。

（4）主刀闸分闸后，分闸限位螺栓与挡板（或挡块）间隙为1～3mm。

（5）螺栓应紧固、开口销应齐全。

（6）合闸三相同期允许值不大于10mm。

（7）主刀与接地开关机械闭锁正确、可靠，闭锁板间隙3～8mm。

（8）测量电动机绝缘电阻≥0.5MΩ、二次回路≥2MΩ。

（9）整组调整后先手动分、合闸3次确认无问题后电动操作。

（10）合闸时地刀动静触头应对中。

（11）三相接地开关导电杆在分闸时在同一水平面上。

（12）合闸三相同期允许值不大于20mm。

（13）CJ5电动操动机构检查（如辅助开关触点接触情况、机构密封是否良好、螺栓有无松动等并清理干净）。

（14）CS14手动操动机构检查（如辅助开关触点接触情况、螺栓有无松动等并清理干净）。

22. GW4－126型隔离开关单极装配后需要进行哪些调整？

答：（1）支柱绝缘子应垂直于底座平面（可测量两支柱绝缘子上法兰中心距为1300mm±5mm），每处垫片不超过3片。

（2）主刀合闸后，主刀中间触指与圆柱形触头对称接触，上下误差5mm。

（3）主刀合闸后，主刀中间触指与圆柱形触头主底部间隙为3～8mm。

（4）主刀合闸位置时，主触头用0.05mm×10mm的塞尺检查应塞不进去。

（5）两端接线座应无明显歪斜。

（6）测量回路电阻。

23. 简述CS14－G型手力操动机构检修步骤。

答：（1）手力操动机构的检修应在确认辅助电源（信号、闭锁）断开后进行。

（2）拆除电磁锁连接器及锁。

（3）拆除辅助开关外罩及辅助开关，用毛刷清扫并检查辅助开关的动、静触点是否良好。在触点未接触时检查触点表面是否锈蚀或被电弧烧伤，并推动、静触点，检查弹性是否正常。

（4）拆下手力操动机构与垂直连杆上的圆锥销，取下主轴，进行清洗修整，如铜套有锈污或机构主轴上镀锌层腐蚀，可用金相砂纸打磨光滑，并涂润滑脂后装复。

（5）锁板检查，检查弹簧是否锈蚀变形、轴销是否磨损严重或弯曲。弹簧锈蚀、轴销弯曲或磨损严重时应更换。在受到各种外力冲击或意外碰撞其连杆时，应确保隔离开关位置的可靠锁定。

（6）按分解相反顺序进行装复，并固定牢靠。

（7）质量标准。

1）辅助开关应转动灵活、切换正确、绝缘良好、接线牢固、外壳无锈蚀进水现象。

2）触点未接触时静触点与动触点胶木圆盘应有0.2～2mm间隙，并切换灵活。

3）装配好的主轴转动应轻便、灵活无卡涩，主轴与铜套间隙不应大于0.4mm。

4）手柄转动180°定位可靠。

24. CJ6 电动操动机构主要由哪些元件组成？

答：CJ6 电动操动机构主要由电动机、机械减速系统、电气控制系统及箱壳组成，如图 3 - 10 所示。

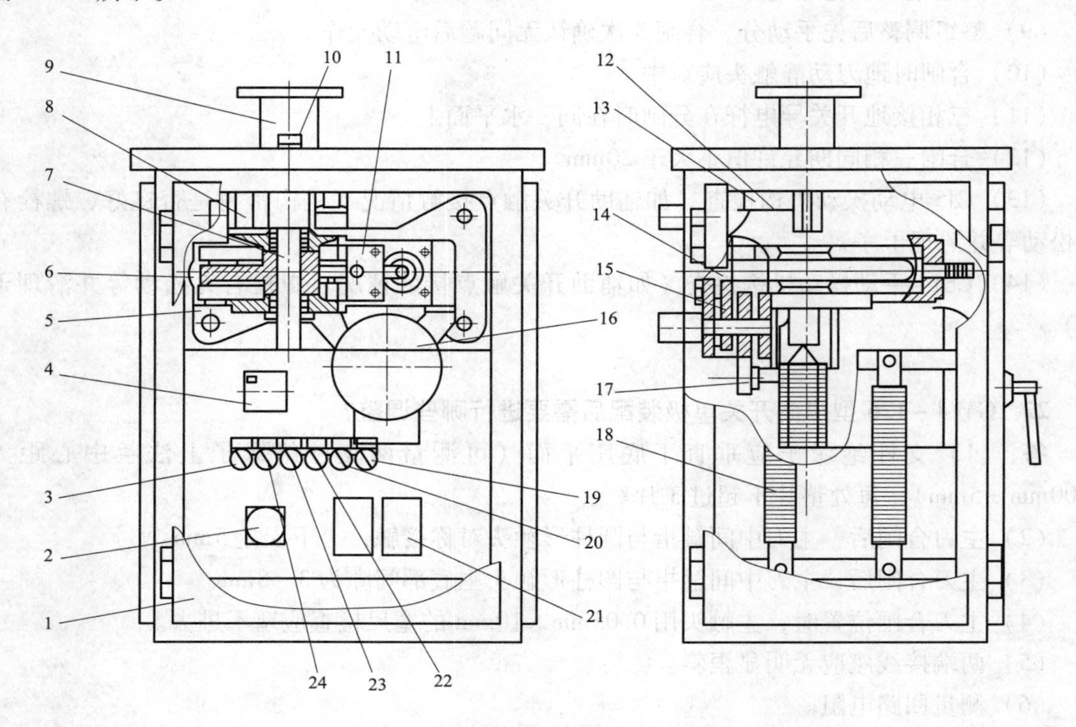

图 3 - 10　CJ6 电动操动机构结构

1—机构箱；2—温度控制器；3—就地/远方选择开关；4—低压熔断器；5—框架；6—蜗轮；7—主轴；8—定位件；9—法兰盘；10—分、合闸指示器；11—手动闭锁开关；12—限位缓冲装置；13—行程开关；14—蜗杆；15—齿轮；16—交流电动机；17—辅助开关；18—接线端子；19—照明开关；20—加热器开关；21—交流接触器；22—合闸按钮；23—分闸按钮；24—停止按钮

25. GW4 型隔离开关传动系统检修工艺要求是什么？

答：（1）所有拆下的零件用清洗剂清洗并擦干。

（2）检查拉杆件有无变形。如变形应校正，用钢丝刷或铲刀清除其锈蚀。

（3）检查连接头是否变形，内螺纹有无锈蚀。如锈蚀严重或变形应更换。

（4）检查各拉杆两端螺纹是否完好，有无锈蚀，连杆与螺纹焊接处有无裂纹。如开裂应补焊，螺纹锈蚀严重应更换。

（5）检查主轴拐臂。如锈蚀用 00 号砂布清除。如拐臂变形应校正，连接头转动轴磨损严重应更换。

（6）检查圆柱销有无变形、锈蚀。如变形或锈蚀严重应更换。

（7）检查轴承座体内、外部表面。如表面有锈蚀，应用 00 号砂布进行处理，存在严重损伤应更换。

（8）用 00 号砂布清除铜套表面的氧化层。

（9）检查轴承有无损坏，转动是否灵活。检查轴承内径与轴承座的公差配合。

（10）检查防雨罩。如锈蚀严重应更换。如轻微锈蚀用钢丝刷清除，并刷防锈漆。

（11）检查底座槽钢。用钢丝刷除锈，刷防锈漆。

（12）检查底座槽钢接地螺栓是否锈蚀。如锈蚀应更换。

（13）检查机械闭锁板，用00号砂布除锈。如有变形应校正。

26. CJ5电动操动机构主要由哪些部分组成？

答：CJ5电动操动机构主要由电动机、机械减速传动系统、电气控制系统和箱体等组成，如图3－11所示。

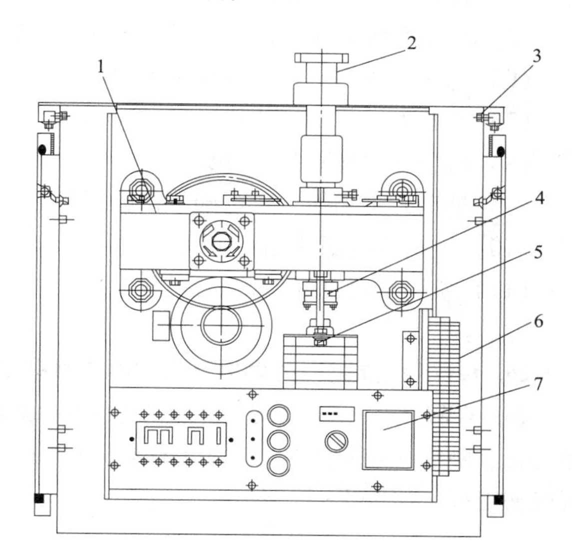

图3－11　CJ5电动操动机构结构图

1—减速箱；2—输出轴；3—箱体；4—辅助开关连接头；5—辅助开关；6—接线端子；7—电路板

27. 简述CJ5电动操动机构的电动机装配分解步骤。

答：（1）断开电动机电源及控制电源。

（2）拆除二次元件装配接线端子与进线电缆导线的固定螺钉，拆下与电动机相连的电源线，松开电缆线夹，从机构箱中抽出进线电缆。在拆下进线电缆前，应做好相应记录。

（3）拆除机构箱与基础相连的4个螺栓，将机构箱拆下并放置在检修平台上。

（4）拆除接线端子板与辅助开关相连的二次接线的螺钉，抽出二次接线。

（5）拆除电动机接线盒上2个固定螺栓，取下罩。拧下其与接线端子板间二次接线固定螺钉，抽出电缆线。

（6）拧下分、合闸接触器上与行程开关相连接的二次接线螺钉，拆下二次接线。

（7）拆除电动机与减速器箱底座下部相连的4个紧固螺栓，从机构箱内拆下L形接线板装配。

（8）松开L形二次接线板与机构箱体相连的4个M6螺栓，从机构箱内拆下L形接线板装配。

（9）松开机构箱内连接套螺栓，取下输出连接轴。

（10）松开机构箱上盖固定螺栓，取下机构箱上盖。

（11）取出输出轴连接套。

（12）拆除输出轴限位挡板M8螺栓。

（13）取下2个限位开关。

（14）拆除电动机固定螺栓，取出电动机。

电动机一般情况下不需要全部解体检修，只是拆下电动机端盖进行检查。如为直流电动机，在拆下碳刷架及碳刷之前，除先做好其相对位置及接线极性的标记外，并做好记录，然后拆除碳刷架及碳刷。

28. CJ5 电动操动机构的电动机装配检修质量标准是什么?

答: (1) 零部件完好、清洁。

(2) 转动盘与分、合闸切换块相对位置正确。

(3) 连接、固定螺栓、钉紧固良好。

(4) 齿轮啮合位置正确。

(5) 传动系统动作灵活，蜗杆及中间轴轴向窜动量不大于0.5mm。

(6) 二次接线正确，接线端子牢固。

(7) 旋转方向与切换位置对应。

(8) 行程开关通断是否可靠。

(9) 辅助开关切换位置正确，接触可靠。

(10) 电动机电源线相序正确。

(11) 机构密封良好。

29. GW5 型隔离开关导电系统主要由哪些部分组成?

答: GW5 型隔离开关导电系统主要由接线夹、接线座、导电杆、软铜导电带、触指臂导电管、触指（左触头）、触头（右触头）、触头臂导电管、软铜导电带、接线座、导电杆、接线夹组成，如图 3－12 所示。

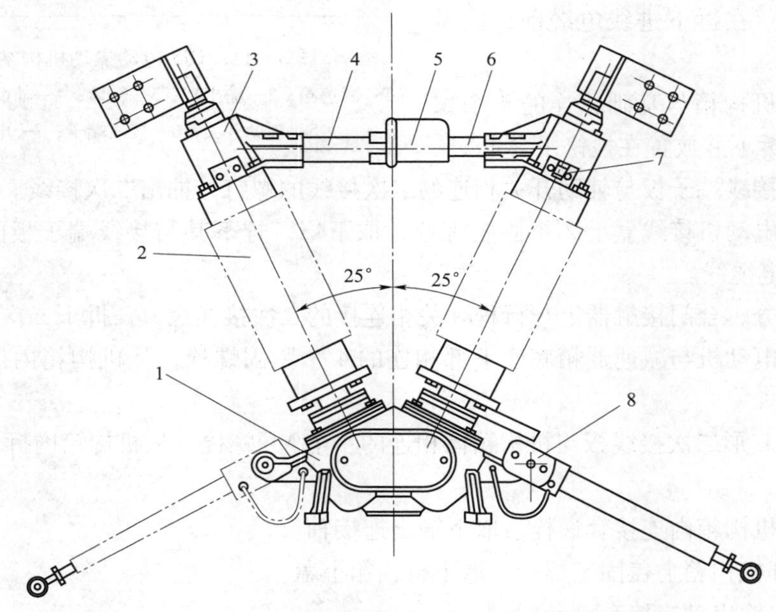

图 3－12　GW5 型隔离开关整体结构图

1—底座；2—支持绝缘子；3—接线座；4—右触头；5—罩；6—左触头；7—接地静触头；8—接地动触杆

30. GW5 型隔离开关转动座装配检修工艺要求是什么?

答: (1) 拆下的零件用清洗剂清洗干净并用布擦净。

(2) 检查轴承有无损坏，转动是否灵活；检查轴承内径与轴承座的公差配合。

(3) 检查轴承座体内、外部表面，如表面有锈蚀，应用 00 号砂布进行处理，存在严重损伤应更换。

（4）检查伞齿轮有无损坏。

（5）检查防雨罩。如轻微锈蚀用钢丝刷清除，并刷防锈漆，如锈蚀严重应予更换。

（6）检查底座螺孔情况，并用丝锥套攻，清除灰尘和铁锈，孔内涂黄油。

（7）检查圆头平键表面。如表面有锈蚀，应用 00 号砂布进行处理，存在严重损伤应更换。

31. GW5 型隔离开关转动底座装配装复时应注意的问题是什么？

答：（1）轴承内应涂二硫化钼，涂的量是轴承应以内腔的 2/3 为宜。

（2）轴承与轴是紧配合，所以装复轴承要用专用工具进行或用比轴承内径稍大的铁管，用手锤慢慢打入。

（3）两个齿轮咬合准确，间隙适当，间隙大可调整齿轮上下位置来改变间隙的大小。

（4）装复后，转动轴承座应灵活。

（5）调试合格后，所有金属表面除锈刷漆。

32. GW5 型隔离开关三相接触同期误差大时应如何调整？

答：（1）改变相间连杆的长度。

（2）利用底座上球面调整环节，松紧其周围的 4 个调节螺钉，同时观察底座内伞齿轮的啮合情况，卡劲时可移动伞齿轮位置，调整时不要使绝缘子柱向两侧倾倒。

33. 简述 GW5 –35 型隔离开关接地开关的安装步骤。

答：（1）将接地开关操动机构（CS）固定在基础支架相应的位置上，安装时必须注意：操动机构正面要便于操作人员检查接地开关分、合位置；安装高度同隔离开关。

（2）将隔离开关主刀闸分闸。

（3）将三相接地开关手动合闸（用绳将刀闸杆固定在支持绝缘子上，防止自由脱落伤人及损坏设备）。

（4）将接头用 M12 螺栓、螺母固定在接地开关的 U 形支架上，再用连接管通过接头将各相接地开关连接起来焊接（点焊）。

（5）接地开关的操作拐臂与机构连接轴在同一垂线上，将操作拐臂焊接在相间连杆上（点焊）。

（6）用拉杆将操作拐臂与机构轴连接起来。

（7）操作接地开关分、合闸，接地开关操作正常，并且与主刀闸闭锁正常。

（8）将点焊部位全部焊牢。

（9）按安装使用说明书安装闭锁装置，观察闭锁装置的动作是否正常，检查机构内的辅助开关动作是否于接地开关分合位置相协调。

34. 简述 GW5 型隔离开关整体调试与试验步骤。

答：（1）GW5 型隔离开关调试项目：

1）隔离开关主刀闸合闸后触头插入深度。

2）动、静触头相对高度差。

3）检查机械连锁。

4）三相不同期。

5）每相两个接线夹顶端之间的距离。

6）隔离开关绝缘子上部两铁法兰之间的距离。

7）隔离开关分闸时触指与触头间的空气间隙。

8）接线夹对底座下平面的垂线距离。

9）隔离开关分闸时左触头对横拉杆的距离。

（2）GW5 型隔离开关试验项目：

1）测量主刀闸的回路电阻。

2）机构电动分、合闸时间。

3）手动操作主刀闸合、分各 5 次。

4）电动操作主刀闸合、分各 5 次。

（3）GW5 型隔离开关接地开关调试项目。

1）接地开关合闸后触头插入深度。

2）接地开关分闸位置闸刀端部至隔离开关底座中心水平距离。

3）接地开关闸刀端部至刀闸杆连接轴销中心之间的距离。

4）隔离开关底座下平面至接地开关闸刀端部（动触头）之间的垂直距离。

（4）GW5 型隔离开关接地开关试验项目。

1）检修后接地开关回路电阻测量。

2）手动操作接地开关合、分各 5 次。

（5）GW5 型隔离开关和接地开关连锁调试。

1）主刀闸合闸时，接地开关合不上闸。

2）接地开关合闸时，主刀闸合不上闸。

35. GW6 型隔离开关主要由哪些部分组成？

答：GW6 型隔离开关是由三个单相组成一组使用的隔离开关，其相间用水平连杆连接。每组隔离开关配一台电动操动机构（或手力操动机构）。每组隔离开关主要由静触头、动触头、导电折架、传动装置、接地开关静触头、操作绝缘子、支柱绝缘子、接地开关导电管和底座装配等组成，如图 3－13 所示。

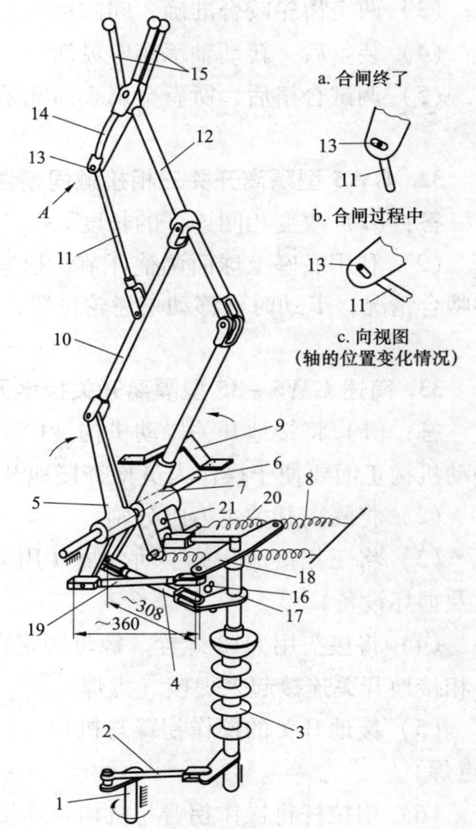

图 3－13　GW6 型隔离开关结构图

1—操作轴；2—连杆；3—操作绝缘子；4—连杆；5—右拐臂；6—轴；7—左拐臂；8—平衡弹簧；9—接线板；10—撑杆；11—调节拉杆；12—导电管；13—轴销；14—弹簧板；15—动触头；16—合闸定位螺钉；17—转轴；18—连板；19、20—螺杆；21—分闸限位螺钉

注意：操作轴 1 与操动机构相连，转动角度

180°；右拐臂 5 套装在转轴 17 上能自由转动；连杆 4 及连杆 19、20，其两端有正反螺纹，松开背紧螺母，转动此杆即可调节连杆长度。

36. GW6 型隔离开关导电折架装复质量标准是什么？

答：（1）各零部件清洁、完整。

（2）导电杆接触面烧伤深度不大于 1mm。

（3）各连接螺栓紧固。

（4）各连接、固定螺栓无锈蚀。

（5）所有连接件连接可靠。

37. 简述 GW6 型隔离开关导电折架和传动装置的连接与调整方法。

答：（1）将装配好的导电折架的下导电管、撑杆分别与传动装置左臂、右臂连接牢固，装复时注意核对尺寸是否符合要求，各连接部分连接必须牢固。

（2）手动将导电折架向合闸方向抬起，装复两根平衡弹簧。

（3）调节平衡弹簧一端紧固螺栓长度，加大或减小弹簧的预拉力，使导电折架在 550～1000mm 范围内，达到轻轻一抬可上升，轻压可下落，向上、下的推力基本一致，平衡弹簧与导电折架的重力矩基本平衡。

（4）在分闸位置时，检查导电折架的高度是否符合有关尺寸规定，若此尺寸偏大，除调整外，还应检查分闸限位螺钉外露长度。GW6 型隔离开关调整折架高度示意如图 3－14 所示。

（5）死点位置的调整。用手力将导电折架送入合闸位置，检查转轴的拐臂，越过死点尺寸是否符合生产厂家规定（图 3－15 中 b 点过 ac 连线），如不符合，应调整图 3－16 所示合闸定位螺钉的外露部分的长度，过死点 4mm ± 1mm。GW6 型隔离开关死点位置调整如图 3－15 所示。

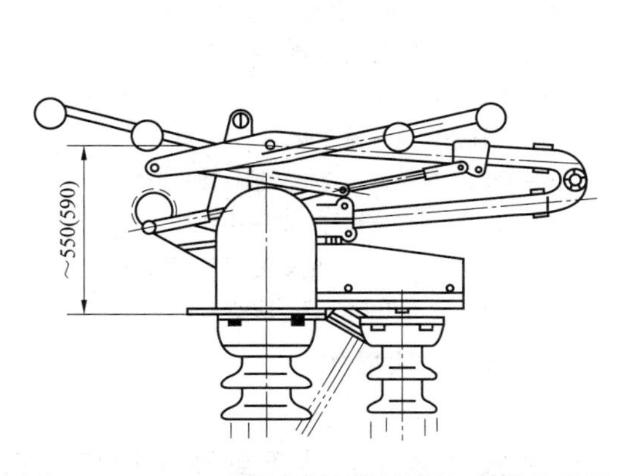

图 3－14　GW6 型隔离开关调整折架高度示意图

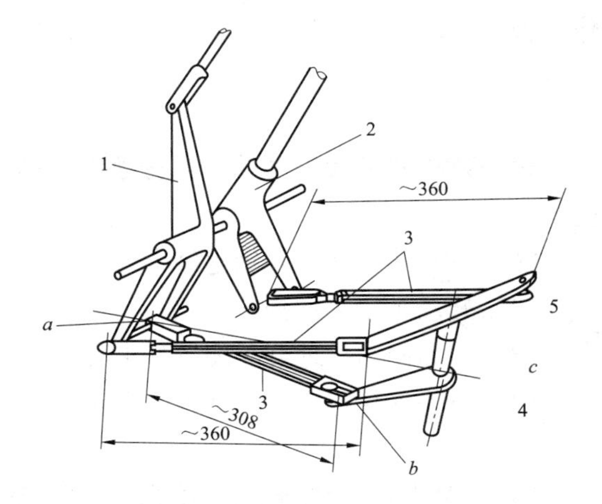

图 3－15　GW6 型隔离开关死点位置调整

1—左臂；2—右臂；3—传动连杆；4—转轴；5—连板

（6）接触压力的测量。

1）以手力将导电折架送入合闸位置，测量其触头的接触压力，测得其触头的接触压力，测得的触头压力应符合规定。

2）检查图 3－16 弹簧板末端轴销，能自动移至长孔中部或另一端，则压力符合要求。如接触压力不合格，可适当伸长或缩短图 3－15 中连杆 3 使之达到要求。

3）动触头每侧压力：110kV：≥295N，220kV：≥259N。

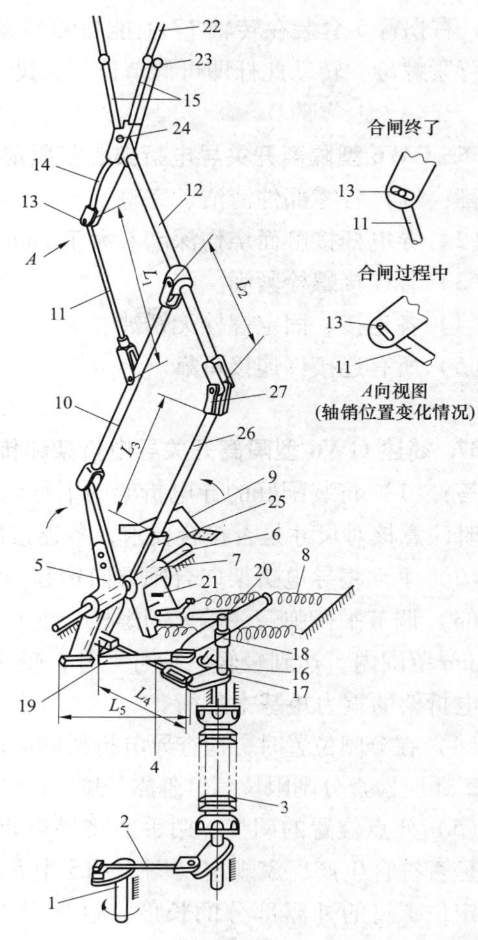

图 3－16　GW6 型隔离开关机械传动原理图

1—操作轴；2—连杆；3—操作绝缘子；4、19、20—传动连杆；5—左臂；6—轴；7—右臂；8—平衡弹簧；9—连接板；10—撑杆；11—调节拉杆；12—上导电管；13—轴销；14—弹簧板；15—动触头；16—合闸定位螺钉；17—转轴；18—连板；21—分闸限位螺钉；22—引弧环；23—固定盘；24—导电关节；25—管夹；26—下导电管；27—活动关节

38. 如何检修 GW7 型隔离开关？

答：（1）消除导电部分尘垢，触指与触头接触面清理干净后涂一薄层医用凡士林油。在检修时若发现接触面有电弧烧痕，应加以修复，严重时则要更换。检查触指弹簧，若弹力不足应更换。

（2）消除支柱绝缘子表面尘垢，检查绝缘子是否破损，胶装是否松动。

（3）检查各轴销及转动部分是否灵活，并在转动部分涂适宜当地气候条件的润滑油脂。

（4）检查各连接紧固螺栓，是否松动。

（5）平衡弹簧及其他表面涂漆的零件，至少两年要刷一次新油漆。

（6）检查手动机构或电磁锁，分、合操作是否灵活，辅助开关能否动作，分合操作是否良好。

39. GW7 型隔离开关传动部分故障有哪些？

答：（1）传动连杆轴销生锈卡死。

（2）转动轴销生锈损坏卡死。

（3）主刀闸与接地开关闭锁板卡死。

（4）垂直连杆进水冬天冻冰，严重时使操动机构变形，无法操作。

40. GW7 型隔离开关合闸后，对动触头有什么技术要求？达不到要求时应如何调整？

答：主刀闸合闸后，要求动触头与静触头之间间隙为 30～50mm，动触头中心与静触头中心高度差小于 2mm。如不满足以上要求，应改变动刀杆长度和在绝缘子柱上加垫调整。

41. 在 GW7 型隔离开关整体调试及试验中，如何测量主刀闸触头插入深度、夹紧度及动静触头相对高度差？

答：GW7（普通）型隔离开关动、静触头合闸位置如图 3－17 所示。

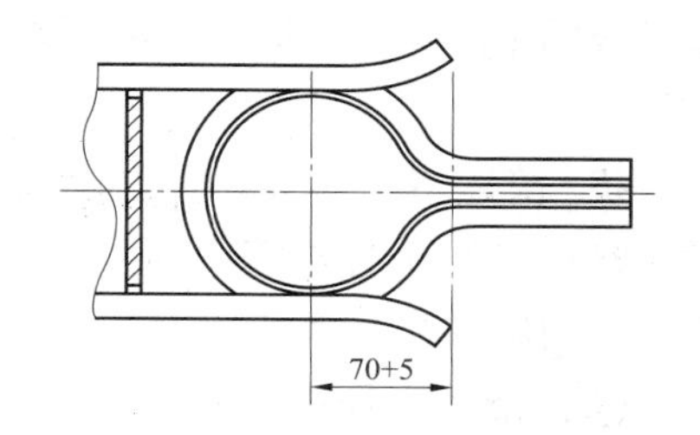

图 3－17　GW7（普通）型隔离开关动、静触头合闸位置

（1）手动操动机构缓慢合闸，测量左、右触头插入深度、夹紧度及动静触头相对高度差。

（2）动触头插入静触头深度及相对高度差不合格，可调节固定导电杆的螺栓来实现，将 4 个固定螺母松开，导电杆便能上、下、前、后移动，由此可改变动、静触头间的插入深度及相对高度差，并使两端触头接触情况一致。如此时动静触头插入静触头深度仍然不合格，可将导电杆上固定动触头的 4 个螺栓松开，动触头便可在导电杆上转动和前后移动，使之达到动静触头插入深度的要求。

（3）测量动、静触头夹紧度。隔离开关调整合格后，用 0.05mm × 10mm 的塞尺进行检查动、静触头夹紧度。不合格应更换弹簧或重新检修处理，直到合格时为止。

（4）质量标准。

1）动、静触头间应接触紧密；对于线接触塞尺塞不进去为合格，对于面接触，其塞入深度：在接触面宽度为 50mm 及以下时，不应超过 4mm；在接触面宽度为 60mm 及以上，不应超过 6mm。

2）动触头与导电杆连接长度不小于 35mm。

42. GW7－220 型隔离开关三相接触同期误差大怎样调整？

答：（1）将本相支持绝缘子找正。

（2）各触头插入深度一致。

（3）调整相间水平拉杆，保证触头尺寸要求。

43. GW22（16）型隔离开关主要由哪些部分组成？

答：GW22（16）型隔离开关主要由静触头装配、主刀闸装配、转动绝缘子及支持绝缘子、组合底座装配、传动系统以及 CJ7 电动操动机构组成。

44. 简述 GW22（16）型高压隔离开关主刀闸的整体联合调整过程。

答：（1）第一从动极调整。将调整好的主动极刀闸分闸到位，将第一从动极检查转动灵活后分闸到位，然后调节好相间连杆长度后将其和主动极相连，手动操动机构检查分合闸情况，上下臂垂直度、加紧位置、同期性调整同主动极的调整方法，如果有分、合闸不到位的情况可以通过调整相间连杆的长度调整位置。上下臂均应垂直，加紧位置符合要求、同期性误差不大于 20mm。

（2）第二从动极调整同第一从动极。

（3）电动机构通电操作。手动调整完成后将机构和刀闸置于分、合的中间位置，然后合上电源，按动操作按钮，观察刀闸的动作方向，如果动作方向和按钮指示相反，按下停止按钮，可以把电机的进线中任意两根调整一下即可，如果刀闸分到位或合到位后电机不停，应检查限位开关是否失灵或两个限位开关位置是否接反。注意：电动操作前将机构和刀闸置于分合的中间位置，防止电机反转损坏设备和电机。

45. 简述 GW22（16）型隔离开关动静触头夹紧力不够的原因及处理方法。

答：（1）上导电管中的操作杆长度短或上导电管长。处理：将上导电管与中间接头处松开，向里拧入一些。

（2）滚子直径小。处理：更换滚子（外径 30）。

（3）静触杆直径小。处理：更换静触杆（直径 40）。

（4）夹紧弹簧调整不当。处理：重新调整夹紧簧。

46. 在 GW22（16）型隔离开关整体调试及试验中，传动装置死点位置如何调整？

答：（1）以手动进行三相联动分、合闸，检查其死点位置，如未达到要求，应检查主刀闸合闸是否到位。

（2）若未到位，适当缩短主刀闸水平连杆及短连杆。

（3）若主刀闸已合到底而仍未达到死点位置，则可适当缩短传动连杆来达到，同时检查合闸定位螺钉外露部分是否过长。

（4）质量标准。距限位螺钉 0 ~ 2mm。

47. 在 GW22（16）（22）型隔离开关整体调试及试验中，如何测量动、静触头的接触压力？

答：（1）以手力将导电折臂送入合闸位置，测量其触头的接触压力，测得的触头接触压力应符合规定。

（2）检查弹簧板末端轴销，能自动移至长孔中部或另一端，则压力符合要求；如接触压力不合格，可适当伸长或缩短传动连杆使之达到要求。

48. 简述 GW22（16）型隔离开关本体检修步骤。

答：（1）断开电动操动机构箱内电动机启动电源、加热器电源和有关电气连锁回路电源，断开继电保护回路和电压回路电源。

（2）采用专用作业车或梯子将每相连接导线用绳捆好，绳的另一端固定在基座上，拧下接线夹连接螺栓，将连接导线缓慢放下。

（3）拆除刀闸机构上部调角联轴器（或抱夹）的连接螺栓，使刀闸机构主轴与垂直传动杆脱离。

（4）拆除刀闸垂直传动杆上部连接套的定位螺栓，使刀闸机构主轴与垂直传动杆脱离。

（5）拆除垂直转动杆、主动拐臂、被动拐臂与三相水平传动杆的连接螺栓轴，取下水平传动杆。

（6）松开垂直传动杆主动拐臂上的 2 个定位螺栓，取下主动拐臂，取下圆头键。

（7）松开两边相轴下端的 U 形螺栓，取出被动拐臂和月形键。

（8）静触头装配的拆卸。

（9）静触头装配的拆卸安全注意事项。

（10）主刀闸的拆卸。

（11）绝缘子的拆卸。

（12）底座装配的拆卸。

49. 简述 GW22（16）型隔离开关静触头装配检修步骤。

答：（1）分解前应检查静触头装配各导电接触部分是否有过热、烧伤痕迹，铜芯铝绞线是否有散股、断股现象，接线板是否有开裂、变形，并做好记录，确定需更换的零部件。

（2）分别松开静触头杆两端夹块的 4 个紧固螺栓，取下夹块、铜铝过渡套及 2 个夹块。

（3）松开母线夹装配与导电板相连的 4 个螺栓，取下母线夹。分别松开导电板两端的 4 个螺栓，取下上夹板和下夹板及钢芯铝绞线（注意在此之前应将钢芯铝绞线环的两端头用铁丝绑扎紧，以防散股）。

（4）分解静触头装配时，要注意勿损伤导电接触面；导电接触面要有防护措施。

50. 简述 GW22（16）型隔离开关主刀闸的安装与调整方法。

答：（1）分别将组装好的主刀闸系统和传动装置吊至三相支柱绝缘子的上法兰盘上（吊装前，主刀闸系统应捆绑好），用水平仪测试水平。

（2）将接线底座与支持绝缘子用螺栓连接并紧固。

（3）在旋转绝缘子法兰与主刀闸接线座法兰之间置橡皮垫，根据实际情况，调整旋转绝缘子高度，然后固定与旋转绝缘子相连的螺栓。

（4）用手轻压动触头座，以便把转动座两边的调节拉杆拉出，再用一只手把住旋转绝缘子的伞裙并旋转，如旋转自如即可，否则需拧动旋转绝缘子下面的调整顶杆，使之达到要求，随后将调整顶杆的锁紧螺母拧紧，这时可把捆绑主刀闸的铁丝剪断。

（5）托起中间接头部分，用手力使主刀闸缓慢合闸，观察主刀闸是否垂直或水平，否则可用垫片在组合底座下进行调整。

（6）检查动、静触头相对位置，将主刀闸多次慢分、慢合，不要让动静触头夹紧，以进行观察和调整，直到符合要求时为止。GW22（16）－252 型隔离开关主刀闸与绝缘子的连接如图 3－18 所示。

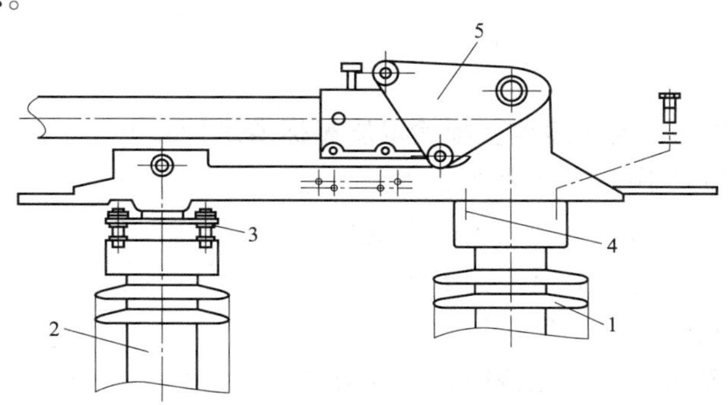

图 3－18　GW22（16）－252 型隔离开关主刀闸与绝缘子的连接

1—支持绝缘子；2—旋转绝缘子；3—M16 六角薄螺母；4—M16×60 六角螺栓；5—主刀闸

51. GW22（16）型隔离开关传动系统主要由哪些部分组成？

答：GW22（16）型隔离开关传动系统主要由竖拉杆、水平拉杆及传动底座等部分组成。

52. GW22（16）型隔离开关传动系统检修质量标准是什么？

答：（1）连臂轴应完整，连臂轴及衬套工作面无锈蚀。

（2）拉杆应完整、无损坏。

（3）各连接销应无磨损、变形。

（4）连接销与销孔配合间隙以 0.4 ~0.5mm 为宜。

（5）拉杆端头螺纹完好，无损伤。

（6）连接头或接叉无变形，内螺纹完好。

（7）接套无锈蚀、变形、焊缝完好。

（8）螺杆、螺母应完整，无锈蚀，公差配合适当。

（9）螺杆拧入接头的深度不应小于 20mm。

53. 简述 CJ7 电动操动机构各单元分解步骤。

答：（1）检查调角轴器、机构输出轴上的平键及防雨罩确已拆卸后，拧下上盖与机构箱间 4 个连接螺栓，取出上盖。

（2）拔出机构输出轴与辅助开关相连的拐臂连板两端的开口销，取下拐臂连板。

（3）拆出门控开关上的二次接线（拆卸前应做好记录），拧下机构箱与门控开关间的连接螺杆，取下门控开关。

（4）拆除分、合闸限位开关上的二次接线（拆卸前应做好记录），拧下减速器装配与分、合闸限位开关固定板的连接螺栓，取出分、合闸限位开关。

（5）拆除机构箱、减速器箱装配与二次元件装配相连的螺栓，取出二次元件装配。

（6）拆除减速箱装配与齿轮护罩相连的螺栓，取出齿轮护罩。

（7）拆除电动机与减速装配相连的 4 个螺栓，从机构箱中取出电动机，并放至检修平台上。

（8）拆下减速箱装配与机构箱相连的 4 个固定螺栓，将减速箱装配从机构箱中取出，放至检修平台上。

54. CJ7 电动操动机构的减速器装配检修质量标准是什么？

答：（1）各零件无损伤，零件表面清洁。

（2）轮齿及中心孔键槽无毛刺，表面无锈蚀。

（3）轴承及配合表面转动灵活，无卡涩。

（4）叉杆焊接无锈蚀，无变形。

（5）油杯、杯筒及盖等部件无锈蚀，无变形。

（6）滚轮无锈蚀，无变形。

（7）上下减速箱体无损伤，无锈蚀，表面完好。

（8）蝶形弹簧完好，无永久变形。

（9）位置开关动作正确，接触可靠。

（10）连接、固定螺栓（钉）及复合轴套无锈蚀。

（11）零部件装复位置和尺寸正确。

55. GW17（21）－252 型隔离开关主要由哪些部分组成？

答：GW17（21）－252 型隔离开关主要由静触头装配、主刀闸装配、转动绝缘子及支持绝缘子、组合底座装配、传动系统以及 CJ11 电动操动机构组成，如图 3－19 所示。

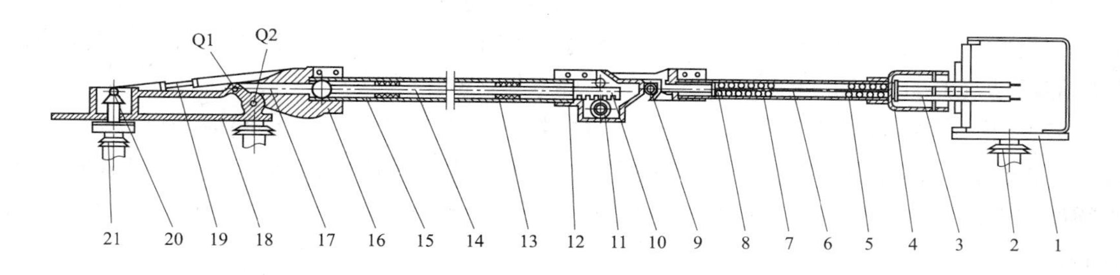

图 3－19　GW17－252 型隔离开关主刀闸结构图

1—静触头装配；2—支持绝缘子；3—动触片；4—动触头座；5—复位弹簧；6—顶杆；7—上导电管；8—夹紧弹簧；9—滚轮；10—齿条；11—齿轮；12—齿轮箱；13—平衡弹簧；14—操作杆；15—下导电管；16—转动座；17—丝杆装配；18—底座；19—平面双四连杆；20—相啮合的伞齿轮；21—旋转绝缘子

56. 在 GW17（21）型隔离开关整体调试及试验中，如何进行主刀闸手动慢分慢合试验？

答：（1）手动操动机构缓慢合闸及分闸，观察三相水平传动杆与拐臂板的连接轴销转动是否灵活，主刀闸系统动作是否灵活，有无卡涩，辅助开关切换位置是否正确；三相能同期是否符合要求。

（2）手动操作主刀闸进行分、合闸，若主刀闸与机构两者的终了位置不一致时，可改变连接器两连板间角度 θ（连接器改抱夹的，可松开抱夹，机构与主刀闸分、合闸位置对应后紧固抱夹螺栓）。

（3）合闸终止，检查三相主刀闸是否在同一水平线上。

（4）用手柄操作，使主刀闸分、合 2～3 次，当电动操动机构限位开关刚刚切换时，检查机构限位块与挡钉之间的间隙是否符合要求。

57. 在 GW17（21）型隔离开关整体调试及试验中，导电折臂宽度如何调整？

答：（1）分闸后断口距离小于规定值，是由于垂直传动杆与双四连杆的连接位置不当或摩擦法兰盘（联轴器）连接不当造成，此时应该重新调整垂直操动杆的焊接位置或改变联轴器的连接位置。

（2）分闸后断口距离大于规定值，应加长两偏心轴的距离，并保证三相合闸同期的要求。

58. 在 GW17（21）型隔离开关整体调试及试验中，如何测量动、静触头的接触压力？

答：（1）以手力将导电折臂送入合闸位置，测量其触头的接触压力，测得的触头接触压力应符合规定。

（2）检查弹簧板末端轴销，能自动移至长孔中部或一端，则压力符合要求；如接触压力不合格，可适当伸长或缩短传动连杆使之达到要求。

59. 在 GW17（21）型隔离开关整体调试及试验中，如何检查主刀闸操动机构变动功能？

答：（1）用手动合闸和分闸，当终点限位开关刚刚切换时，检查限位件与挡板之间的间隙，由此位置到终点位置，交流操动机构手柄应能摇动（4.8 ±1）圈，直流操动机构手柄应能摇动（8 ±1）圈。

（2）手动将主刀闸处于半分、半合位置，接通电源。慎重按下合闸或分闸按钮，随之按下急停按钮，模拟点动操作，注意观察主轴转向，确认正确的操动方向。如果方向相反，则须调整电动机的旋转方向，进行电动分、合操作，检查电动机转向与主刀闸分、合闸运动方向是否对应。

（3）手力及电动分、合闸 2 ~3 次，检查电动操动机构及主刀闸动作情况。

（4）以上各步均调整好后，操作电动机构电动机运转正常，正反向旋转自如，无异音。分、合闸停位准确，闭锁可靠。

（5）电动操作隔离开关分、合闸，并记录分、合闸时间；分、合闸时间符合各种型号的规定。

60. 简述 GW17 型隔离开关本体检修步骤。

答：（1）GW17 型隔离开关在分闸位置时，打开下导电杆外壁平衡弹簧调整窗盖板，将下导电杆内平衡弹簧完全放松。

（2）断开电动操动机构箱内电动机启动电源、加热器电源和有关电气连锁回路电源，断开继电保护回路和电压回路电源。

（3）采用专用作业车或梯子将每相连接导线用绳捆好，绳的另一端固定在基座上，拆除接线夹连接螺栓，将连接导线缓慢放下。

（4）拆除刀闸机构上部调角联轴器（或抱夹）的连接螺栓，使刀闸机构主轴与垂直传动杆脱离。

（5）拆除刀闸垂直传动杆上部连接套的定位螺栓（或抽出万向接头上的圆柱销），取下垂直传动杆。

（6）拆除垂直传动杆、主动拐臂、被动拐臂与三相水平传动杆的连接螺栓轴，取下水平传动杆。

（7）松开垂直传动杆主动拐臂上的 2 个定位螺栓，取下主动拐臂及圆头键。

（8）松开两边相轴下端的 U 形螺栓，取出被动拐臂和月形键。

（9）静触头装配的拆卸。

（10）静触头装配的拆卸安全注意事项。放置静触头的地面应铺草垫和塑料布，吊下后的静触头分相作标记；同时在整个检修过程中，应注意保护电气接触面。

（11）主刀闸的拆卸。

（12）绝缘子的拆卸。

（13）底座装配的拆卸。

61. GW17 型隔离开关主刀闸系统组装时应注意哪些问题？

答：（1）将接线底座固定在专用检修平台上。

（2）将转动座的内孔用 00 号砂纸砂光，用清洗剂清洗干净，立即涂上导电脂。

（3）将下导电杆拉杆装配等，按原拆卸时的逆顺序装复在接线底座上，齿条的齿面朝上导电杆分闸弯折方向。

（4）将下导电管的插入部分用 00 号砂纸砂光，用清洗剂清洗后，立即涂上导电脂，用专用工具楔开转动座的开口，将下导电管插入，紧固好夹紧螺栓，注意导电管上下不能颠倒，下部定位孔的位置相互对准转动座的顶丝孔，旋进定位螺钉，弹簧暂不预压。

（5）调节转动座两侧拉杆，使下导电管摆在垂直位置。扶住导电管，此时两个调节拉杆应等长，旋转拉杆装配上的固定套，使其 4 个螺孔对准下导电管上部的 4 个孔，并拧紧 4 个螺栓，但管内弹簧暂不预压，中间接头的连接接触面用 00 号砂纸砂光，用清洗剂清洗干净并立即涂导电脂。

（6）将中间接头的连接叉越过合闸位置一定角度，把中间接头的齿轮箱装入下导电杆上部，此时将连接叉向分闸方向转动（约 45°），边转动边把齿轮箱插入下导电管上部，齿轮箱的定位螺孔应对准导电管的上定位孔，同时观察连接叉的圆柱部分是否与下导电管基本上在一条直线上（为水平方向一条直线）。如果差别不大，可稍微上下移动齿轮箱；如果差别大，则应退出齿轮箱重新挂齿。如果导电管的定位孔已经对准齿轮箱的定位螺孔，而差别仍然很大，则松动下导电杆的下紧固螺栓，并将下导电管旋转约 20°后拧紧下导电管的下紧固螺栓，重新安装中间头部分，使之达到水平要求，然后拧紧紧固螺栓，重新配钻定位孔。

（7）拧紧下导电管的上、下定位螺钉。

（8）将连接叉上部与上导电管的下部的接触部分用 00 号砂纸砂光，用清洗剂清洗干净，用卫生纸抹干，并立即涂上导电脂。

（9）将上导电杆装配装入连接叉，使导电管的孔对准定位后，紧固夹紧螺栓和定位螺钉。

（10）使导电系统处于分闸位置，装复橡胶防雨罩和滚轮，滚轮上涂二硫化钼锂。

（11）慢慢抬起导电系统使其处于合闸位置检查。

（12）调节平衡弹簧压力，并测量分、合闸的操作力矩，同时比较两者之差值，如果达不到质量标准要求，则可能是：① 弹簧与导电管内壁严重摩擦，此时应重新放松、摆正和调节平衡弹簧；② 弹簧已经失效，应予以更换。

（13）拧紧平衡弹簧上部固定套的 4 个螺栓，注意将长的定位螺栓装在窗口处，装上下导电杆管壁上的窗口盖板，并涂上密封胶。

（14）检查所有螺栓是否紧固。将主刀闸分闸，并把上下导电杆捆绑在一起，等待吊装。

62. GW17 型隔离开关静触头装配装复质量标准是什么？

答：（1）各零部件完好，清洁。

（2）导电接触面平整，洁净。

（3）导电接触面应连接可靠。

（4）其接触处烧伤深度不大于 0.5mm。

（5）接线夹至静触头导电杆的回路电阻符合产品技术要求。

（6）所有连接件连接可靠。

63. 简述 GW17 型隔离开关主刀闸静触头装配的安装步骤。

答：（1）将组装好的静触头装配升至安装处下面。

（2）将组装好的单（双）静触头连同接地静触头装配一并吊起，装复在支持瓷套法兰上，紧固固定螺栓。

（3）装好接线夹，紧固安装螺栓。

64. 如何拆卸 CJ11 电动操动机构？

答：断开电动机电源及控制电源，拆下机构内二次元件装配接线端子上与进线电缆导线的固定螺钉，松开电缆线夹，从机构箱中抽出进线电缆，同时拆除与电动机相连的电源线，以上接线在拆卸前应做好记录，电缆抽出后应做好防潮措施，拆除机构箱，将机构拆除并移至检修平台。

65. CJ11 电动操动机构检修后装复要注意哪些问题？

答：（1）将已组装好的各部件装配按分解时的相反顺序装复。

（2）用手柄操作，检查传动部分动作是否灵活，有无卡涩。

（3）用手柄操作，使机构处于分、合闸位置时，检查位置开关与限位螺栓、辅助开关切换位置均是否对应，接触是否可靠。

（4）复核二次接线是否正确。

（5）检查行程开关通断是否可靠。

（6）更换密封条，检查机构密封情况。

（7）检查机构箱体通风、密封机驱潮措施是否良好，如密封填料失效应处理（或更换），然后除去机构箱体上锈蚀，刷防锈漆。

66. CS17－G 手力操动机构的检修质量标准是什么？

答：（1）手力操动机构框架、轴孔无锈蚀，防锈漆完好。

（2）机械闭锁拨杆无变形，无锈蚀。

（3）分、合闸手柄及转动轴无变形，无锈蚀。

（4）各零部件完好、清洁。

（5）转轴与轴套间配合间隙≤0.2mm。

（6）机构分、合闸时辅助开关相应的切换位置对应正确且动作可靠，接触良好。

（7）机构操作灵活、可靠。

（8）机构各连接件连接紧固、可靠。

67. 简述 CS9 手力操动机构检修装复步骤。

答：（1）装复前，用清洗剂清洗所有零部件，在辅助开关动、静触点上涂一薄层导电脂，更换密封圈。

（2）装复蜗轮、蜗杆时，应在蜗轮、蜗杆轴两端加入适量调节垫片，以防止分、合闸过程中蜗轮、蜗杆轴轴向窜动量过大。

（3）装复后，检查蜗轮中心平面与蜗杆轴轴线是否在同一平面上。检查蜗轮与蜗杆的轴线是否互相垂直。检查蜗杆端头是否漏装密封圈。检查机构动作是否灵活，有无卡涩。检查操动机构在分、合闸位置时与辅助开关相应的切换位置是否对应。蜗轮、蜗杆轮齿间涂二硫化钼锂。

（4）调整合格后，紧固机构上所有连接件螺栓。

68. S2DA（2）（T）－245 型户外隔离开关主要由哪些部分组成？

答：S2DA（2）（T）－245 型户外隔离开关（见图 3－20）是 AREVA 公司生产户外隔离开关。主要由支持底座、操动机构、绝缘子、传动机构和导电部分等部件组成。

图 3－20　S2DA（2）（T）－245 型户外隔离开关

69. 简述 S2DA（2）（T）－245 型户外隔离开关本体解体检修步骤。

答：（1）S2DA（2）（T）－245 型户外隔离开关本体由三个单相组成，各单相都由基座（或称为下部组件）、支柱绝缘子、出线座、导电臂、弧触头、弧触指、主触头及主触指等部分组成，两支柱绝缘 子相互平行地安装在基座两端的轴承座上，且与基座垂直。主导电部分分别安装在两支柱绝缘子上方，随支柱绝缘子作约 90°转动，使中间触头为转入式结构。

（2）分解时，先固定吊装工具及保险带固定杆（如现场条件许可时可使用吊车）。

（3）拆下隔离开关两端引线。

（4）拆下主刀闸交叉拉（连）杆及水平拉杆，使三相6柱支柱绝缘子处于孤立状态，注意做好对极柱、出线座以及左、右导电杆等位置的记录，必要时做好记号。

（5）按起吊方法用吊绳固定好导电臂及出线座，拆去出线座与支柱绝缘子间的紧固螺栓（出线座由4个M12×35螺栓固定于支柱绝缘子上，如图3－21所示），将导电杆连同出线座以及接地开关静触头一起吊下来。起吊时防止碰弯导电杆及接地开关静触头装配。

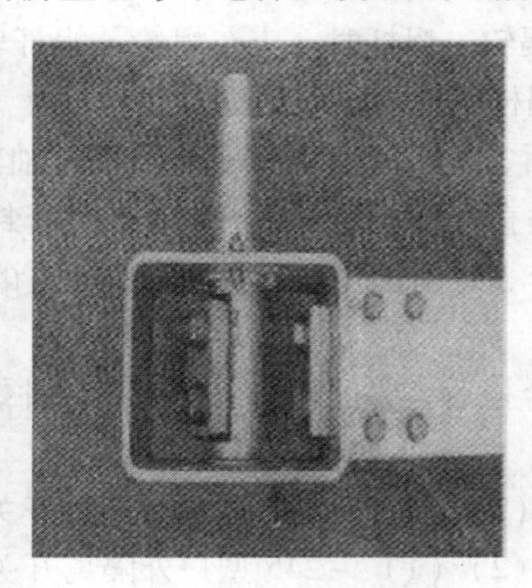

图3－21　S2DA（2）（T）－245型户外隔离开关出线座

（6）按起吊方法用吊绳固定好上节支柱绝缘子，拆除两节支柱绝缘子间的连接螺栓，将上节支柱绝缘子吊下，再用吊绳固定好下节支柱绝缘子，拆除下节支柱绝缘子与基座支柱绝缘子轴承座间的连 接螺栓（支柱绝缘子由4个M16×60螺栓固定于轴承座旋转盘上）。吊放支柱绝缘子时注意应将支柱绝缘子缓缓吊至地面平放在干净的木架内或其他软质材料上，或垂直放在放置平坦地面，并做好防碰倒措施。

（7）拆除基座与下端安装槽钢间的固定螺栓（2个M20×70），并将基座吊至地面。

（8）拆除支柱绝缘子轴承座与基座方管形钢体驱（从）动座及接地开关托架间的连接螺栓（M12×50）。

70. 在对S2DA（2）（T）－245型户外隔离开关进行检修过程中，如何对支柱绝缘子进行检查？

答：（1）支柱绝缘子检查分带电情况下的检查和检修状态下的检查。

（2）支柱绝缘子在带电情况下检查其是否有电晕和放电现象，对有明显异常的电晕和放电现象的应立即或尽快安排停电检查处理。此检查由值班运行人员在夜晚熄灯黑暗的环境下检查为宜。

（3）在停电检修中，检查支柱绝缘子瓷质部分是否清洁，有无裂纹，检查支柱绝缘子胶装接口处有无缺陷，检查水泥浇铸连接情况是否良好，对瓷质部分有裂纹、胶装接口处有缺陷、水泥浇铸连接情况不好或绝缘电阻不合格的支柱绝缘子应立即进行更换。对支柱绝缘子瓷质部分污垢进行清除，保证支柱绝缘子清洁。

（4）通过对比支柱绝缘子运行环境下的盐密，检查支柱绝缘子的爬距是否满足运行环境的污秽等级要求，如不满足需更换满足运行环境的污秽等级要求的大爬距支柱绝缘子。

（5）另外，对发生过闪络放电的支柱绝缘子或表面有明显闪络放电痕迹的支柱绝缘子，由于其表面绝缘性能下降很大，也应立即进行更换。

（6）采用超声波检测仪对支柱绝缘子进行探伤。

71. S2DA（2）（T）－245 型户外隔离开关所配操动机构主要由哪些部分组成？

答：S2DA（2）（T）－245 型隔离开关所配操动机构为 CS611 电动操动机构，主要由电动机、传动齿轮、蜗轮、蜗杆、转轴、辅助开关、电磁锁及电动机控制附件等组成。

72. 简述 S2DA（2）（T）－245 型户外隔离开关操动机构检修步骤。

答：（1）断开电动机电源及控制电源。

（2）松开变速箱上电动机侧的 4 个 M4 × 10 螺栓，打开变速箱护板，对变速齿轮添加 AREVA 公司专用的润滑脂，也可用二硫化铝鲤润滑脂替代。

（3）检查蜗轮蜗杆箱有无漏泊现象。如有，则需整体更换（AREVA 公司的该蜗轮蜗杆箱为全密封结构，出现渗漏或其他不可修复的问题时时，只可进行整体更换）。

（4）检查热继电器整定设置是否正确，电加热器是否能正常工作。

（5）检查机构箱密封是否良好，必要时更换密封条。

（6）电动操动机构的检修如果不影响机构箱检修就不要拆二次接线。如果必须拆除二次接线时，一定要核对图纸，并做好记号。二次回路工作后在做电动操作前应将刀闸摇至中间位置，防止电动分合闸因方向反向而过力矩。恢复后所有接线必须接触良好，热继电器整定值正确。

73. 简述 S2DA（2）（T）－245 型户外隔离开关传动系统检修步骤。

答：（1）检修时先拆下所有接头与轴销连接螺栓及主操作拐臂。

（2）清洗所有轴销、轴套，检查各轴销、轴套有无锈蚀变形、磨损等情况。对锈蚀变形、磨损严重的轴销、轴套应进行更换。

（3）清洗所有拉杆接头的轴套、轴销和螺纹，轴套内圈如有拉毛或毛刺现象应用砂纸打磨，所有转动部分加二硫化钼锂润滑脂。

（4）清洗主刀闸及接地开关操作拐臂轴承座，并涂适量二硫化钼锂润滑脂。

（5）检查底座槽钢，接地螺栓，机械闭锁板等元件，有无变形、磨损及伤痕。

74. 简述 S2DA（2）（T）－245 型隔离开关本体、接地开关整体调试与试验步骤。

答：（1）调整导电臂水平和阴性、阳性触头在合闸状态下的插入深度，即阳性触头与阴性触头根部中间的触头压紧铝板间的间隙，该间隙应为 8 ~ 38mm。由于 S2DA（2）（T）－245 型隔离开关导电臂长度不可调，导电臂水平和阴性、阳性触头在合闸状态下的插入深度不满足要求时，可通过在绝缘子下加垫片调整绝缘子垂直度来实现。

（2）使主刀闸合闸而接地开关分闸，注意检查机构的序列号与隔离开关上的相同，将电动机构和手动机构就位，然后将机构在分位将其输出轴与驱动座下面的传动轴连接。

（3）将各相主刀闸置于合位，连接三相传动连杆。保证主刀闸分、合闸角度为 90° ±4°。

如分合角度小于90°，可以加大拐臂中心距，反之减小中心距。

（4）进行一次慢合操作，检查阳性触头与阴性触头啃合时应位于中央。

（5）检查阳性弧触头在合闸操作结束时位于阴性弧触头的两个绝缘板之间，而不与阴性弧触头接触。否则，松开阴性弧触头在导电臂上的紧固螺栓并沿刀臂滑动阴性弧触头支架直到达到所需条件。

（6）隔离开关三相联动时，三相合闸应满足同步要求，各相主刀闸合闸不同时接触误差不超过20mm，如同期性不满足要求时，用改变水平连杆插入夹具的深度的方法保证三相同步。

（7）测量隔离开关主导电回路电阻值，如果测量值超过规定，则需检查导电回路的各固定螺栓是否松动以及中间触头的接触情况，直至处理到满足要求。

（8）安装S2DA（2）（T）－245型隔离开关的接地开关动臂：将隔离开关手动操作至分闸位置，将动臂插入其支撑轴后固定，注意让夹具滑动到动臂管体下部的校准孔后再固定。

（9）将三相接地开关均置于合位，连接接地开关的水平连杆。

（10）确保动触头到达垂直位置时正好位于静触头中心，否则可松开接地开关基座的紧固螺栓，直到动触头位于中心，然后再重新拧紧螺栓。

（11）检查动触头尖端和静触头外罩下部之间保持10～13mm间隙，如果不能达到，由于在静触头底盘上有特殊的开槽，可以通过拧松螺栓，调节静触头上升或下降直到要求高度，然后再重新拧紧螺栓。

（12）在合闸位置检查接地开关的两级控制杆到达了停滞位置，如果未能达到，可以在拧松固定球形接头的螺母后调节连杆，沿着操作杆的轴线移动球形接头。

（13）检查接地开关处于分闸位置时是否水平，并与带电部位保持足够的安全距离，如有必要，通过调节制动螺栓来进行调节。

（14）调整隔离开关接地开关三相合闸同步性（合闸不同时接触误差不超过20mm），如同时性不满足要求时，用调整水平连杆接头处带调整槽的盘片间加垫片的方法保证三相同步。

（15）检查主刀闸与接地开关的机械闭锁良好，不发生误动现象。

（16）操动机构带动辅助开关触头转动情况良好，在主刀阐或接地开关完全闭合或断开80%断口距离时发出相应的合闸与分闸信号。

（17）防氧化、防锈蚀及油漆处理。

75. 在S2DA（2）（T）－245型隔离开关本体、接地开关整体调整与试验过程中，如果主导电回路电阻值超标应如何处理？

答：如果测量值超过规定，则需检查导电回路的各固定螺栓是否松动以及中间触头的接触情况，直至处理到满足要求。

76. 在S2DA（2）（T）－245型隔离开关本体、接地开关整体调整与试验过程中，如果主刀闸分、合闸角度不满足要求应如何处理？

答：将各相主刀闸置于合位，连接三相连杆。保证主刀闸分、合闸角度为90°±4°。如分合角度小于90°，可以加大拐臂中心距，反之减小中心距。

77. S2DA（2）（T）－245型隔离开关主刀闸分、合不到位的原因是什么？如何进行处理？

答：（1）传动系统的轴套、轴销、拐臂轴承座锈蚀、变形、磨损或部分螺栓未紧固。处理传动系统故障的方法：主刀闸传动系统由主刀闸操作拐臂及其轴套座、传动拉杆、接头、轴套、轴销等部分组成。处理传动系统故障时，手动慢合、慢分隔离开关，观察各部分转动是否灵活，检查各部分是否锈蚀、变形、磨损，检查润滑油是否流失。轴套内圈如有拉毛或毛刺现象应用砂纸打磨，并加二硫化钼锂润滑脂。对锈蚀变形、磨损严重的轴销、轴套、轴承座应进行更换。

（2）操动机构转动不到位。如电动操动机构转动不到位，可作以下处理：先检查电动操动机构的控制行程的辅助开关是否存在错位、变形等现象而提前关闭电动机电动回路。

（3）基座转动不到位。基座转动不到位处理时，检查基座轴、轴承、轴承座有无倾斜、卡阻、锈死、机械变形、现象，如有则需进行校正。需将支柱绝缘子轴承座孤立时先拆除支柱绝缘子轴承座与基座方管形钢体驱（从）动座及接地开关托架间的连接螺栓（M12×50）。拆下底盖螺栓（M12×30），拆下底盖及其密封垫。拆下上密封装置与轴承座刀臂旋转盘间的6个螺栓（M6×12）。用专用工具从下部向上敲出转轴（转轴与刀臂旋转盘为一体）。取出下层轴承。用木掷头将上层轴承从转轴上敲下。检修时对进水、进灰的上下轴承座应在去除油泥、水分等杂质后进行清洗，并检查滚柱是否磨损及锈蚀等情况，检查轴承有无卡涩等现象。将轴承清洗干净甩掉汽油，等轴承晾干后，注入AREVA公司专用的润滑脂，条件不允许时可注入含二硫化钼锂润滑脂，注入的润滑脂应注满轴承内腔。按相反的顺序将以上部件复原。

（4）主刀闸变形。如主刀闸由于种种原因发生变形也会导致主刀闸分合不到位，特别是合闸不到位，此时可对变形的主刀闸进行整形或更换。

Chapter 4 | 第四章

全封闭组合电器（GIS[1]）检修

1. 什么是气体绝缘金属封闭开关设备？

答：气体绝缘金属封闭开关设备是指绝缘的获得至少部分通过绝缘气体而不是处于大气压力下空气的金属封闭开关设备。

2. 什么是 GIS（SF_6全封闭组合电器）？

答：GIS 是指将断路器、隔离开关、接地开关、电流互感器、电压互感器、避雷器、母线等单独元件连接在一起，并封装在金属封闭外壳内，与出线套管、电缆连接装置、汇控柜等共同组成，充以一定的 SF_6气体作为灭弧和绝缘介质，并且只有在这种形式下才能运行的高压电气设备。

3. GIS 如何分类？

答：（1）按安装场所分，可分为户内型和户外型两种。

（2）按结构型式分，根据充气外壳的结构形状，GIS 可以分为圆筒形和矩形两大类。圆筒形依据主回路配置方式还可分为单相一壳形（即分相形）、部分三相一壳形（又称主母线三相共筒形）、全三相一壳形和复合三相一壳形四种。矩形 GIS 又称 C－GIS，俗称充气柜，依据柜体结构和元件间是否隔离可分为箱形和铠装形两种。

（3）按绝缘介质分，可以分为全 SF_6 气体绝缘形（F－GIS）和部分气体绝缘形（H－GIS）两类。前者全封闭，而后者则有两种情况：一种是除母线外其他元件均采用气体绝缘，并构成以断路器为主体的复合电器；另一种则相反，只有母线采用气体绝缘的封闭母线，其他元件均为常规的敞开式电器。

（4）按主接线方式分，常用的有单母线、双母线、一倍半断路器、桥形和角形多种接线方式。

4. 解释型号“ZF10－126（L）/T”各个字符含义？

答：ZF 表示封闭式组合电器；10 表示设计序号；126 是设备额定电压；（L）表示配 SF_6 断路器；T 表示弹簧机构。

---

[1] GIS 系指六氟化硫气体绝缘全封闭组合电器，电压等级包括 72.5～500kV。

5. GIS 设备有什么优、缺点?

答：优点：

（1）采用 SF_6 断路器，电压等级高，容量大，灭弧能力强。

（2）占地面积和所占空间小。由于 SF_6 具有高的绝缘强度，各导电部分和各元件之间的距离，可大为缩小。

（3）检修周期长。由于 SF_6 断路器的良好开断性能，触头烧伤轻微，且 SF_6 气体绝缘性能稳定，无氧化问题，各组成元件又处于封闭的壳体内，所以检修周期长。

（4）现场安装和调试工作量小，安装方便、周期较短，维护量小。

（5）运行安全可靠。由于组合电器的组成元件均置于封闭的金属外壳之中，且外壳直接接地，工作人员无触电危险，运行安全。而外界的环境、气候条件和海拔高度等也影响不到壳体的内部，运行安全。

（6）全部元件封闭于容器内不受大气、环境污秽影响。

（7）外壳接地对内部带电体有屏蔽作用，没有无线电及静电干扰。

（8）重心较低，抗振能力较强，可以安装在室内或室外。

缺点：

（1）结构较复杂，要求设计制造、安装调试水平高。

（2）价格较贵，一次性投资较大。

（3）SF_6 气体对温室效应有一定的影响。

（4）当 SF_6 气体的杂质和湿度超标再遇电弧高温时，SF_6 气体会产生毒性。

（5）一旦 GIS 内部元件发生故障时，更换起来要比敞开式设备困难。

6. GIS 出线方式主要有哪几种方式?

答：（1）架空线引出方式。在母线筒出线端装设充气（SF_6）套管。

（2）电缆引出方式。母线筒出线端直接与电缆头组合。

（3）母线筒出线直接与主变压器对接。此时连接套管的一侧充有 SF_6 气体，另一侧是变压器，充有变压器油。

7. GIS 母线筒的主要结构形式有哪几种?

答：（1）全三相共箱式结构。不仅三相母线，而且三相断路器和其他电器元件都采用共箱筒体。

（2）不完全三相共箱式结构。母线采用三相共箱式，而断路器和其他电器元件采用分箱式。

（3）全分箱式结构，包括母线在内的所有电器元件都采用分箱式筒体。

8. 什么叫气室（气隔或隔室）? 什么是间隔?

答：GIS 内部相同压力或不同压力的各电器元件的气室间设置的使气体互不相通的密封间隔称为气室。

间隔是指功能单元的空间结构，常用其宽度和主要元件的布置方式来表征。间隔一般包括一个功能单元，有时按单元的功能称作进线间隔、出线间隔等。

9. GIS 气室划分应满足哪些要求？

答：（1）当间隔元件设备检修时，不应影响未检修间隔的正常运行。

（2）应将内部故障限制在故障隔室内。

（3）断路器宜设置单独隔室。

（4）主母线隔室划分应考虑气体回收装置的容量和分期安装的方便。

（5）连接在母线上的设备，如电压互感器、避雷器等应分隔。

（6）与 GIS 外连的设备应分隔。

10. GIS 内部绝缘结构分为哪几种基本类型？各部分作用是什么？

答：绝缘结构可分为纯 SF_6气体间隙绝缘、支持绝缘和引线绝缘三种。

SF_6气体间隙绝缘是设备中主要的绝缘结构，要求电场分布尽量均匀，一般都采用同轴圆柱结构，直径较小或具有棱角的部件，如触头等均需加上尺寸较大的屏蔽罩，导体拐弯部分也做成圆弧形等。

支持绝缘，即支柱绝缘子，作为固定高压导体的绝缘支持物。常用的有盆型绝缘子，用于形成气室；棒形绝缘子，作为导体的支持绝缘；夹形绝缘，主要用于母线筒，在支持母线处和绝缘子根部均带有屏蔽罩。

引线绝缘，主要有 SF_6—空气套管、SF_6—油套管、SF_6—电缆头三种。作为从 SF_6电力设备高压引出线绝缘用。

11. GIS 对气体监测系统有哪些要求？

答：（1）每个密封压力系统（气室）应设置密度监视装置，制造厂应给出补气报警密度值，对断路器室应给出闭锁断路器分、合闸的密度值。

（2）密度监视装置可以是密度表，也可以是密度继电器，并设置运行中可更换密度表（密度继电器）的自封接头或阀门。在此部位还应设置抽真空及充气的自封接头或阀门，并带封盖。当选用密度继电器时，还应设置真空压力表及在铭牌上有气体压力—温度曲线，在曲线上应标明气体额定值、补气值曲线。在断路器气室曲线图上还应标有闭锁曲线。各曲线应用不同颜色。

（3）密度监视装置可以按 GIS 的间隔集中布置，也可以分散在各气室附近。当采用集中布置时，管道直径要足够大，以提高抽真空的效率及真空极限。

（4）密度监视装置、压力表、自封接头或阀门及管道均应有可靠的固定措施。

（5）应有防止内部故障短路电流发生时在气体监测系统上可能产生的分流现象。

（6）气体监视系统的接头密封工艺结构应与 GIS 的主件密封工艺结构一致。

12. 对 GIS 的外壳和伸缩节有什么要求？

答：（1）外壳可以是钢板焊接、铝合金板焊接结构或铸铝结构，并按压力容器标准设计、制造和检验。

（2）GIS 的平面布置图及剖视图上，应标明伸缩节的位置和数量。伸缩节一般采用不锈钢波纹管结构，也可以是特殊的套筒结构（方便运行中整个间隔抽出来处理故障）。

（3）应标明 GIS 外壳局部拆装的部位。

（4）制造厂应根据伸缩节的使用目的、允许的位移量等来选定伸缩节的结构。

13. 对 GIS 的气室和防爆装置有什么要求？

答：（1）GIS 的间隔一次模拟图上应标明气室的具体部位，在设备上应有色标表示。

（2）每个气室应装有适当数量的吸附剂装置。

（3）每个气室应设防爆装置，但满足以下条件之一的也可以不设防爆装置：气室分隔的容积足够大，在内部故障电弧发生的允许时限内，压力升高为外壳承受所允许，而不会发生爆裂；或者制造厂和用户达成协议。

（4）防爆装置的防爆膜应保证在使用年限内不会老化开裂。

（5）制造厂应提供防爆装置的压力释放曲线。

（6）防爆装置的分布及保护装置的位置，应确保排出压力气体时，不危及巡视人员安全。

14. 对 GIS 的支撑和底架有什么要求？

答：（1）GIS 按运输拼装单元设置独立的支撑底架，并设置和标明起吊部位。在运输中需要拆装的部位，必要时应增设运输临时支撑。

（2）GIS 支撑底架结构若为固定不可调整式，在出厂前应予调整使之符合现场安装要求，在现场安装时不得再用垫块调整。

（3）电缆终端支撑底架应满足电缆现场施工的方便及电缆的固定。

（4）GIS 的所有支撑不得妨碍正常维修巡视通道的畅通。

（5）必要时应设置永久性的高层平台及扶梯，便于操作、巡视及维修。

15. 对 GIS 的接地有哪些要求？

答：（1）底架应设置可靠的使用于规定故障条件的接地端子，该端子有一紧固螺钉或螺栓用来连接接地导体。紧固螺钉或螺栓的直径应不小于 12mm。和接地系统连接的金属外壳部分可以看做接地导体。

（2）制造厂提供的 GIS 平面布置图或基础图上，应标明与接地网连接的具体位置及连接的结构。

（3）GIS 的接地线材料应为电解铜，并标明多点接地方式，并确保外壳中感应电流的流通以降低外壳中的涡流损耗。

（4）当采用单相一壳式钢外壳结构时，应采用多点接地方式，并确保外壳中感应电流的流通以降低涡流损耗。

（5）接地开关与快速接地开关的接地端子应与外壳绝缘后再接地，以便测量回路电阻，校验电流互感器变比，检测电缆故障。

16. 对 GIS 油漆有什么要求？

答：（1）制造厂应提供色标，供用户选择 GIS 外壳及箱体的油漆颜色。

（2）GIS 的接地、SF_6气体管道、压缩空气管道等油漆颜色应按有关标准分别表示，以便区分。

（3）对户外的 GIS 油漆应保证 8 ~ 10 年完好。

17. 对 GIS 二次回路及就地控制柜有什么要求？

答：（1）就地控制柜可以设在 GIS 底座上与 GIS 一同供货，也可以分开独立设置，当就地控制柜安装在 GIS 底座上，应考虑到 GIS 设备操作振动的影响。

（2）GIS 的全部二次线电缆应可靠固定，并全部在专用管道或专用托架中敷设。二次线进出接线盒或柜体部位应可靠封闭并固定。

（3）二次走线应与 GIS 的接地线保持一定距离，防止内部故障短路电流发生时在二次线上可能产生分流现象。

18. 户内 GIS 安装应该具备什么条件？

答：（1）户内 GIS 设备安装，必须在其安装场地的土建、通风、照明、装饰等工程均已施工完毕，并经验收合格后才能进行。

（2）GIS 宜在天气良好的条件下进行。安装现场的进出口应有防尘、防潮措施。工作人员保持个人清洁，安装人员需更换工作服、工作帽和工作鞋才能进入工作现场。

（3）安装现场应洁净无灰尘。

（4）现场环境温度应为 －5 ~ ＋40℃，湿度不大于 80%，湿度较大时，应有干燥空气措施。

19. 户外 GIS 安装应该具备什么条件？

答：（1）户外 GIS 安装必须在无风沙、无雨雪的天气下进行。作业现场应有防灰尘、雨水、风沙和污染气体等预防措施。

（2）现场环境温度应为 －5 ~ ＋40℃，湿度不大于 80%。湿度较大时，应尽可能在阳光充足的晴天进行。遇到雨天或有降水预报时，不应进行气体密封部件的作业。雨天或湿度较大的情况下禁止进行气室抽真空作业。

（3）安装现场应搭建临时防尘、防潮的安装作业间（室）。安装人员进入工作间时，应换工作服、工作帽和工作鞋。

（4）安装现场保持整洁干燥，无积水、尘土和污染气体。安装前应清扫现场地面，必要时在周围洒水，并根据地面的情况，铺上踏板或罩布，以防灰尘扬起。

（5）产品开箱不能在作业区内进行，应把开箱后的单元及零部件清理干净才能送入安装作业区。

20. GIS 的安装或检修对工作人员服装有什么要求？

答：GIS 内部清洁度要求很高，要严防施工过程中经人体带入杂物（头发、纤维等），并残留在设备内部。因此对工作人员的服装有相应要求：

（1）不能穿戴粗纤维松散性服装，要求用紧密型长纤维服装，服装上不能有纽扣和口袋，且不能有毛边露在外面。

（2）工作人员要戴能将头发罩住的工作帽，穿电工胶鞋，并戴医用口罩，如果是检修断路器气室，则要戴防毒面具和防护眼镜。

（3）设备在进行拼装对接时，不准戴棉手套。安装内部母线或部件时，当其表面已用无水酒精擦干净后，工作人员必须戴医用手套，不得用手直接触摸设备表面，否则必须重新清理。

（4）工作人员进入设备筒体内工作时，必须注意清洁度的要求，带入的工具必须清理干净，并用带子系在手腕上，防止遗忘在设备内。当内部安装工作完成后，必须经验收人员进行仔细验收，验收合格后才能对接拼装或加装密封。

21. GIS 现场交接试验项目有哪些？

答：（1）测量主回路的导电电阻。

（2）主回路的交流耐压试验。

（3）密封性试验。

（4）测 SF_6 气体含水量。

（5）封闭式组合电器内各元件的试验。

（6）组合电器的操动试验。

（7）气体密度继电器、压力表和压力动作阀的检查。

22. GIS 在线监测项目主要有哪些？

答：（1）导电性能监测。主要是监测接触状态是否良好，使用方法是通过各种温度传感器、X 射线诊断、气压监测等监测局部过热以及通过外部加速度传感器和计算机处理，检测触头接触状态是否良好，是否有接触电压变化，触头软化等现象。

（2）开断性能监测。主要内容是监测操作特性，如开断速度、行程、时间等参数及变化，也涉及触头、喷口烧损情况及接触状态、气体密度、累积开断电流的监测和计算机处理等项目。

（3）避雷器特性监测。主要是通过监测泄漏电流的增大判断避雷器的性能是否恶化。

（4）绝缘性能监测。这是 GIS 故障诊断和在线监测最重要的内容之一。这项工作除了较为简单的 SF_6 气体密度监视外，基本上就是局部放电检测。根据诊断对局部放电产生的物理化学现象的不同，局放检测方法分为声、电、光、化四种，而诊断价值最高的是前两者。

23. GIS 组合电器在哪些情况被评价为严重状态？

答：（1）运行巡视时发现内部存在放电声时。

（2）当断路器、隔离开关达到规定的开断次数，或累计开断电流达到规定的数值时。

（3）操动机构电机烧损或停电时。

（4）分合闸弹簧卡涩或机构传动部件脱落、有裂纹、紧固件松动时。

（5）基础有严重下沉或倾斜，影响设备安全运行时。

（6）操动机构机械特性试验、操作电压试验未通过时。

（7）辅助开关卡涩或接触不良时。

24. GIS 设备检修如何分类？各包括哪些项目？

答：按照工作性质内容及工作涉及范围，将 GIS 检修工作分为四类：A 类检修、B 类检修、C 类检修、D 类检修。其中 A、B、C 类是停电检修，D 类是不停电检修。

A 类检修是指 GIS 解体性检查、维修、更换和试验。检修项目包括：① 现场各部件的全面解体检修；② 返厂检修；③ 主要部件更换，如断路器、隔离开关及接地开关、电流互感器、避雷器、电压互感器、套管、母线；④ 相关试验。

B 类检修是指维持 GIS 气室密封情况下实施的局部性检修，如机构解体检查、维修、更换和试验。检修项目包括：① 主要部件处理，如断路器、隔离开关及（检修或快速）接地开关、电流互感器、避雷器、电压互感器、套管、母线；② 其他部件局部缺陷检查处理和更换工作；③ 相关试验。

C 类检修是指对 GIS 常规性检查、维护和试验。检修项目包括：① 按照 Q/GDW 168—2008《输变电设备状态检修试验规程》规定进行试验；② 清扫、检查、维护。

D 类检修是指对 GIS 在不停电状态下的带电测试、外观检查和维修。检修项目包括：① 带电测试；② 维修、保养；③ 检修人员专业检查巡视；④ 其他不停电的部件更换处理工作。

25. 在什么情况下需要对 GIS 进行分解检修？分解检修项目如何确定？

答：（1）GIS 设备在达到规定分解检修年限后（检修年限可以根据设备运行状况适当延长）；GIS 设备因内部异常或故障；以上情况需要对 GIS 进行分解检修。

（2）分解检修项目应根据实际运行状况并与制造厂协商后确定。同时，可依据以下因素进行确定：① 密封圈的使用年限、SF_6气体泄漏情况；② 断路器的开断次数、累计开断电流、断路器的操作次数、断路器机构的实际运行状况；③ 隔离开关的操作次数；④ 其他部件的运行状况；⑤ SF_6气体压力表计、压力开关、二次元器件运行状况。

26. 110kV 三相共箱式 GIS 解体检修作业前的检查有哪些？

答：检查项目包括：

（1）GIS 本体的外观检查。

（2）压力表、密度计、指示器、指示灯工作是否正常。

（3）GIS 各单元如断路器、隔离开关、电压互感器、电流互感器、避雷器本体及附件等是否正常。

试验项目包括：

（1）各气室漏气率测量。

（2）各气室水分测量。

（3）主回路电阻测量。

（4）各开关的机械特性测量。

（5）电流互感器、电压互感器伏安特性测量。

（6）工频耐压试验。

（7）局部放电测量。

（8）避雷器性能测量。

27. 110kV 三相共箱式 GIS 解体检修作业前的综合诊断项目有哪些？

答：110kV 三相共箱式 GIS 解体检修作业前的综合诊断项目有：绝缘性能、机械性能、二次元件性能、主回路导电性能、空气系统性能、SF_6气体密封性检测、SF_6气体性能检测。

28. GIS 检修时应注意哪些事项？

答：（1）检修时首先回收 SF_6 气体并抽真空，对气室内部进行通风。

（2）工作人员应戴防毒面具和橡皮手套，将金属氟化物粉末集中起来，装入钢制容器，并进行无害化处理，以防金属氟化物与人体接触中毒。

（3）检修中严格注意断路器内部各带电导体表面不应有尖角毛刺，装配中力求电场均匀，符合厂家各项调整、装配尺寸的要求。

（4）检修时还应做好各部分的密封检查与处理，瓷套应做超声波探伤检查。

29. ZF7－126 型 GIS 解体检修后如何进行调试？

答：（1）组合电器应安装牢靠，外表清洁完整，动作性能符合产品的技术规定。

（2）电器连接应可靠，且接触良好。

（3）操动机构的各部件螺栓应紧固，轴销及各传动部件转动灵活，机构箱内清洁。

（4）组合电器及其传动机构的联动应正常，无卡阻现象，分、合闸指示正确，辅助开关及电气闭锁应动作正确可靠。

（5）支架及接地引线应无锈蚀和损伤，接地应良好。

（6）密度继电器的报警、闭锁定值应符合规定，用检漏仪对组合电器进行 SF_6 漏气检查应无鸣叫，电气回路传动正确。

（7）SF_6气体漏气率和含水量应符合规定。

（8）油漆应完整，相色标志正确。

30. ZF7－126 型 GIS 解体检修后试验项目主要有哪些？

答：（1）GIS 内 SF_6气体的含水量（20℃体积分数，单位 μL/L）以及气体的其他检测项目。

（2）SF_6气体泄漏试验。

（3）辅助回路和控制回路绝缘电阻。

（4）耐压试验。

（5）辅助回路和控制回路交流耐压试验。

（6）断路器的速度特性。

（7）断路器的时间参量。

（8）分、合闸电磁铁的动作电压。

（9）导电回路电阻。

（10）分、合闸线圈直流电阻。

（11）SF_6气体密度监视器（包括整定值）检验。

（12）闭锁、防跳跃等的动作性能。

（13）GIS 中的电流互感器、电压互感器。

（14）检查放电计数器动作情况。

31. GIS 解体检修后会产生哪些有毒废物？如何处理？

答：下列物品应作有毒废物处理：真空吸尘器的过滤器及清洗袋、防毒面具的过滤器、全部抹布及纸，断路器或故障气室内的吸附剂、气体回收装置中使用过的吸附剂等，严重污染的防护服也视为有毒废物。处理方法：所有上述物品不能在现场加热或焚烧，必须用20% 浓度的氢氧化钠溶液浸泡 12h 以上，然后装入钢制容器内深埋。

32. GIS 故障后发生气体外逸时有哪些安全技术措施？

答：GIS 故障后发生气体外逸时，全体人员应立即迅速撤离现场，并立即投入全部通风设备，同时用相关SF_6气体监测设备同步进行检测。在SF_6气体监测设备显示SF_6气体浓度较高时，任何人员进入室内都必须穿防护衣、戴手套及防毒面具。浓度正常后进入室内虽可不用上述措施，但清扫设备时仍须采用上述安全措施。

33. 简述 GIS 各种局部放电检测法的优缺点。

答：（1）化学检测法：通过分析SF_6气体成分，可判断 GIS 内部放电状况的严重程度。缺点是不同类别局部放电敏感性不同、吸附剂和干燥剂可能会影响测量，无法定量测量。

（2）超声波检测法：优点是灵敏度高、抗电磁干扰、安装简单、定位准确并可识别缺陷类型，缺点是不易定量检测。

（3）超高频法：检测灵敏度高，抗干扰能力强。不易定量检测，对多元局部放电定位困难。

（4）脉冲电流法：可定量检测。由于 GIS 结构原因，检测比较困难。

34. GIS 为什么要进行耐压试验？

答：因 GIS 组合电器的充气外壳是接地的金属壳体，内部的带电体及壳体的间隙较小，一般运输到现场的组装充气，因内部有杂质或运输中内部零件移位，将改变电场分布。现场进行对地耐压试验和对断口间耐压试验能及时发现内部隐患和缺陷。

35. 当 GIS 的一个气隔并装工作结束后，为什么必须立即抽真空处理？

答：GIS 设备在并装过程中，气隔中的部件将暴露在大气中，因而可能吸附水分等杂质（包括附着在金属部件表面的杂质）。因此，一方面要尽可能地缩短暴露在空气中的时间，另一方面要在一个气隔并装结束后立即抽真空处理，真空度要达到67Pa以下。及时进行抽真空处理的脱水效果最佳。

36. 盆式绝缘子有哪两种？分别起什么作用？

答：一种为密封式绝缘子（隔离绝缘子，外观颜色为大红），另一种为通透式绝缘子（外观颜色为湖绿）。目前盆式绝缘子采用环氧树脂及其他添加料，并在高真空下浇铸而成，内部应无气泡和裂纹，成品要经局部放电试验鉴定。其作用为：

（1）固定母线及母线的插接式触头，使母线穿越盆式绝缘子才能由一个气室引到另一个气室。因此要有足够的机械强度。

（2）母线对地或相间（共箱式结构）的绝缘作用，因此要求有足够的绝缘水平。

（3）密封作用，要求有足够的气密性和承受压力的能力（密封式绝缘子）。

37. 对盆式绝缘子的绝缘性能具体有哪些要求？

答：由于盆式绝缘子是由环氧树脂和其他添加料浇注而成的，除了要满足相应的冲击和工频耐压水平，还必须考虑长期电压下的局部放电问题。大多数盆式绝缘子绝缘击穿事故是由局部放电发展而导致热击穿的。

制造厂必须把盆式绝缘子的局部放电测试作为一个主要试验项目，每个绝缘子都必须经过试验检查，因为在产品组装后不可能对每个绝缘子测量局部放电量，但对备品可按厂方技术要求进行试验检查。

38. GIS并装时，相邻气隔内已充有额定压力的SF_6气体时，间隔能否抽真空到67Pa?

答：GIS中的盆式绝缘子承受压力的能力，应该按一侧充有额定SF_6气体压力而另一侧真空度为67Pa的条件来决定的。制造厂认为，在短时间内上述状况是允许的，但应尽量避免长时间处于这种极端状态。因为盆式绝缘子两侧压力差很大时，容易引起SF_6气体泄漏。

39. GIS中波纹管的作用是什么？

答：波纹管一般作调整以适应地基的误差或机械加工的误差。运行中波纹管可用于吸收一定的地基沉降和机械振动以及热胀冷缩。

40. GIS波纹管安装前的外观检查工作有哪些？

答：（1）清扫波纹管装配表面的灰尘、污垢。

（2）检查波纹管装配外观无磕碰变形、无划伤现象。

（3）检查波纹管调节螺杆无变形，螺杆的螺纹无磕碰损坏现象。

（4）检查波纹管两侧与筒体对接法兰的紧固螺栓无松动和缺失现象。

41. 以平高ZF11－252kV GIS的螺杆调节式分相管母波纹管为例，说明波纹管调节注意事项。

答：（1）安装时，装有波纹管的气室没有充气，通过调节波纹管拉紧螺杆上的螺母位置，来调整对接法兰的前后、左右或上下高低，达到法兰对接吻合的目的。

（2）波纹管有一个轴向标称长度（L_0），技术条件规定：波纹管轴向长度可在规定范围内变化。调整波纹管长度（L_1）时不得超出这个范围，如图4－1和图4－2所示。

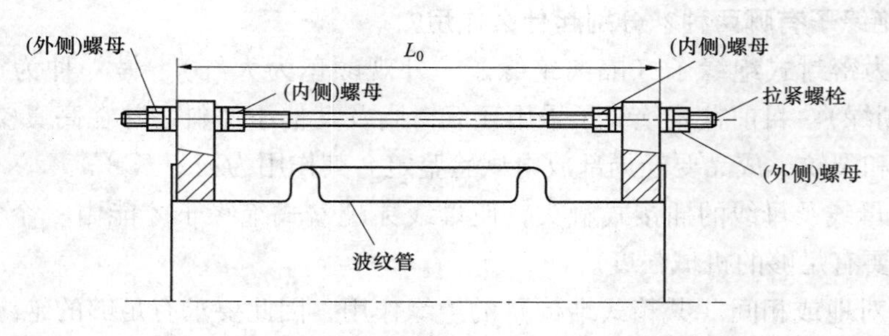

图4－1　波纹管处于标称状态

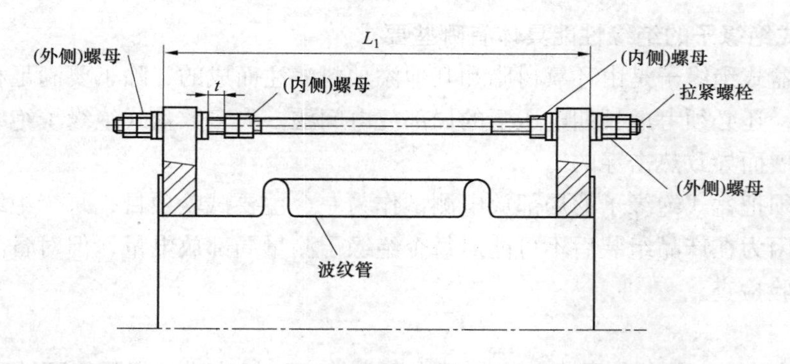

图4－2　波纹管处于工作状态

（3）电站工频耐压完成；TV、避雷器安装结束；各气室充入额定SF_6气压以后，带有拉紧螺杆的波纹管应将一端（水平放置的）或上端（垂直放置的）内侧双螺母松开一段距离（t），另一端或下一端螺母不动。

42. 什么是汇控柜？有什么作用？

答：汇控柜（就地控制柜或监控箱）：设备动作命令的输入与输出单元。汇控柜的主要作用是监视和控制作用。监控的主要内容包括气体压力监视、气体密度监视、状态监视、故障监视、电压监视、电流监视、控制等。

43. 什么是伸缩节？有什么作用？

答：伸缩节是用于相邻两个外壳间相接部分的连接，用来调节安装时的误差，吸收热伸缩及不均匀下沉等引起的位移，且具有波纹管等型式的弹性接头。

44. 图4－3为某型号伸缩节，写出各部件名称及作用。

答：1—过渡筒；2—导流排；3—套筒；4—调节螺杆；5—盆式绝缘子；6—电连接；7—导电管；8—导电块；9—螺栓；10—支座等。

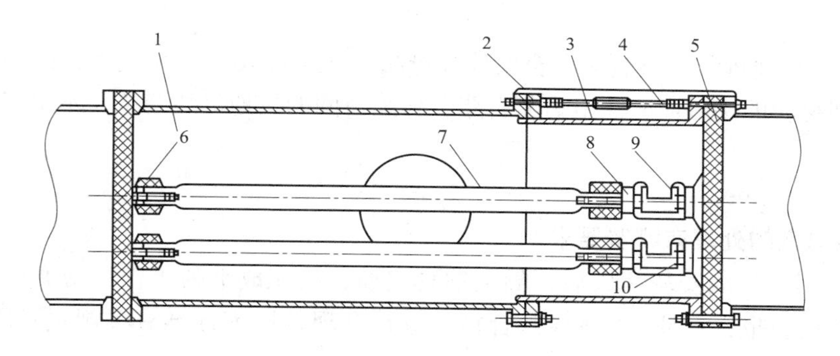

图 4－3　伸缩节结构图

过渡筒：为了使母线伸缩节的套筒在伸缩时有足够的裕度，又不会破坏母线筒体密封所设置的一段过渡母线筒。

导流排：连接套筒与母线筒之间的导体，一般采用铝排或铜牌，是外壳接地的导体。

调节螺杆：套筒与母线筒之间导电连接，也称接地排。

套筒：母线伸缩时外壳的伸缩部分。

支座：作为电连接和盆式绝缘子上预埋导体之间的伸长部分。

导电块：作为电连接和支座之间的过渡连接。

45. 在 GIS 哪些部位需考虑装设伸缩节？

答：（1）考虑 GIS 设备加工时的尺寸误差，以便安装调整的部位。

（2）土建基础有分接缝时，在该接缝两侧外壳之间连接处。

（3）必须考虑因温度变化而引起的热胀冷缩的影响（如在长母线筒上要设有伸缩节）。

46. 母线安装应符合哪些要求？

答：（1）母线就位前，应对外壳内壁、导体表面、绝缘支撑件进行检查和清理，法兰结合面应平整、无划伤。

（2）吊装母线应使用尼龙绳或有保护外套的吊索。

（3）导体表面和母线外壳内壁应光滑无毛刺，各母线段的长度应符合产品技术文件要求。

（4）母线隔室打开后，在空气中的暴露时间应符合产品技术文件的要求。

（5）清洁母线导体部件时，应使用产品技术文件要求的清洁。

（6）以插接方式连接的导体，在两段母线连接时，不得损伤插接结构及插接接触面。

（7）母线导体连接后，应对连接部位的接触电阻进行测试，测试值应符合产品技术文件要求。

（8）密封垫（圈）不得重复使用，密封脂不可涂抹到密封垫（圈）内侧。

（9）母线外壳螺栓连接，应用力矩扳手对角紧固。

（10）安装调整型伸缩节时，固定伸缩节两端的连接螺杆应按产品技术文件的要求预留胀缩移动间隙；固定型伸缩节其波纹管两端的连接螺杆，则应按产品技术文件的要求将螺母拧紧。

(11) 外壳接地母线的安装应符合设计和产品技术文件要求，并应无锈蚀和损伤，连接应牢靠；不同材质的接触面应涂电力复合脂，伸缩节间的接地母线跨接，不得影响伸缩节的膨胀收缩功能。

47. 母线隔室的处理有哪些要求?

答: (1) 封闭母线安装完成后，隔室抽真空前，应完成下列工作：密度继电器应经检验合格，并有检验报告；SF_6 气体检验合格，应符合现行国家标准有关规定；固定伸缩节；采取措施不得使真空泵在运行时中途停止。

(2) 对隔室抽真空及真空度保持时间应符合产品技术文件要求。

(3) 对隔室充 SF_6 气体过程中，当接近标称压力时，应缓慢充气直至标称压力时停止。

(4) 充气完成后隔室应进行检漏，其单个隔室年漏气率不应大于0.5%。

(5) 隔室内 SF_6 气体的含水量，应符合相关规定。

48. 对气体绝缘金属封闭开关设备（GIS）机构箱、汇控柜有何要求?

答: 气体绝缘金属封闭开关设备（GIS）机构箱、汇控柜不允许出现多根线头压接在一起的情况。机构箱、汇控柜门采用截面不小于 $4mm^2$ 的带黄绿护套的软铜线和机构箱、汇控柜本体连接。应带有升高座并配有长期投入的驱潮器，防止柜内凝露，同时安装应充分考虑检修空间要求。汇控柜内刀闸操作把手上应有防误操作盒。

49. GIS 隔离开关如何分类?

答: GIS 隔离开关通常分为两种类型：① 普通隔离开关，常配用电动机构，在无负荷电流、故障电流情况下进行分、合闸操作；② 快速隔离开关，常配用电动弹簧机构，除具有隔离线路的功能外，还具有切合母线转移电流的能力。在使用过程中，隔离开关又分为角形隔离开关和线形隔离开关，角形隔离开关主要用于主回路的直角拐弯隔离处；线形隔离开关主要用于主回路的直线隔离处。

50. 如何避免温度变化对气体绝缘金属封闭开关设备（GIS）的影响?

答: 组合电器本体应考虑热胀冷缩对设备的影响，通过使用合理的伸缩节及按照厂家要求调整安装尺寸、工艺，以避免温度变化对设备的影响。

51. 户外气体绝缘金属封闭开关设备（GIS）密封面和连接螺栓有什么特殊要求?

答: 户外气体绝缘金属封闭开关设备（GIS）密封面和连接螺栓必须采取防水防锈措施。

52. 对气体绝缘金属封闭开关设备（GIS）控制线缆有哪些要求?

答: 气体绝缘金属封闭开关设备（GIS）线缆固定盒应有防线缆损伤措施，户外设备间线缆固定盒底部应设排水孔。所有电缆采用槽盒敷设，本体和机构箱的电缆不得外露。所有电缆槽盒采用钢质热镀锌或铝制，并与本体颜色一致。电缆应采用铠装、阻燃屏蔽电缆。

53. GIS 接地开关如何分类？

答： GIS 接地开关通常分为两种类型：① 普通接地开关，常配用电动操动机构，用作正常情况下的工作接地；② 快速接地开关，常配用电动弹簧操动机构，除具有工作接地的功能外，还具有切合静电、电磁感应电流及关合峰值电流的能力。在使用过程中，接地开关又分为角形接地开关和线形接地开关，角形接地开关主要用于主回路的直角拐弯接地处；线形接地开关主要用于主回路的直线接地处。

54. SF_6全封闭组合电器如何与避雷器组合？

答：（1）66kV 及以上进线无电缆段，应在 SF_6全封闭组合的 SF_6管道与架空线路连接处，装设无间隙金属氧化物避雷器，其接地端应与管道金属外壳连接。

（2）进线段有电缆时，在电缆与架空线路连接处装设无间隙氧化锌避雷器，接地端与电缆的金属外皮连接。在 SF_6管道侧三芯电缆的外皮应与管道金属外壳相连接地。单芯电缆的外皮应经无间隙氧化锌避雷器接地。

55. GIS 外壳表面漆出现局部漆膜颜色加深、焦黑起泡是什么现象？如何处理？

答： 出现 GIS 局部有过热或有放电现象。这部分应立即停电，查找原因，进行检修。

56. GIS 设备气体密封注意事项有哪些？

答： GIS 的气体密封处理是安装工作的重要环节，密封性能的好坏直接影响着 GIS 可靠运行。密封面对接前，首先用吸尘器将壳体内部、密封面和螺纹孔内吸干净，用无毛纸或白稠布浸丙酮或无水酒精将密封面和密封槽擦拭干净，并仔细检查密封槽面有无划伤，密封圈擦拭干净，检查是否有缺陷，涂少量真空硅脂，放入密封槽内，在密封槽外涂一薄层气体密封胶，安装时要使两密封面平行的缓慢对接，注意观察不要让密封圈从密封槽内掉出，紧固螺栓时注意不要将产生的屑子落入密封面上。

57. 对 GIS 中 SF_6气体的检测有几种？分别有哪些检测（监控）方式？

答： 对 GIS 中 SF_6气体的检测主要包括气体压力（密度）检测、气体泄漏检测、气体水分检测、气体纯度检测及分解物检测等方面内容。其中气体压力（密度）检测采用在线检测（监控）方式，气体水分检测、气体纯度检测及分解物检测部分变电站采用在线检测（监控）方式，大部分变电站采用带电检测或停电检测方式，气体泄漏检测采用带电检测或停电检测方式。

58. 对 GIS、SF_6断路器等设备内 SF_6气体进行分解物测试时，判断设备缺陷的标准，国家电网公司是如何规定的？

答： 根据国家电网公司《电力设备带电检测技术规范（试行）》规定，SF_6气体分解物的浓度（等价为20℃时），正常范围：$SO_2 \leqslant 2\mu L/L$ 且 $H_2S \leqslant 2\mu L/L$。缺陷范围：$SO_2 \geqslant 5\mu L/$

L 或 $H_2S \geqslant 5\mu L/L$。

59. GIS 内部压力高于设备外部压力，为什么当 GIS 设备发生漏气故障后，水分会渗入设备中？

答：（1）虽然 GIS 内部压力高于设备外部压力，但是 SF_6气体中水蒸气分压力小于设备外部的水蒸气分压力，水蒸气由 GIS 设备的外部向其内部渗透。

（2）水蒸气的分子直径为 3.2×10^{-10}m，而 SF_6气体的分子直径为 4.56×10^{-10} m，水蒸气的分子直径小于 SF_6气体，水分仍可以钻进去。

60. 为什么不能用工频试验变压器对 GIS 中的电磁式电压互感器进行交流耐压试验？最好采用哪种方法对 TV 进行交流耐压试验？

答：工频试验变压器使用的是工频电源，试验频率为 50Hz，如果用来直接对 TV 进行交流耐压试验，会在 TV 铁芯中造成磁饱和，产生电流迅速增大，而电压增大很少的情况，损坏 TV。

对 TV 进行交流耐压试验时，试验频率一定要高于 TV 的工作频率，最好的方法是采用变频试验电源使用较高的电源频率在 TV 一次侧加压，进行交流耐压试验。

61. 对 GIS 设备进行局部放电检测的方法主要有几种？各有哪些优、缺点？

答：（1）电荷法的优点在于可以准确的测量其局部放电量；缺点在于易受环境干扰；不能进行在线检测；试验设备的容量较大要求较高；不能对放电进行定位。

（2）超高频法的优点在于抗干扰能力强；可以对缺陷定位；可以进行带电检测。缺点在于不能进行校准，确定实际真实的放电量。

（3）甚高频法的优点在于可以对缺陷定位；可以进行带电检测。缺点在于不能进行校准，确定实际真实的放电量；同时，抗干扰能力不如超高频法。

（4）超声法的优点在于抗干扰能力强；可以对缺陷定位；可以进行带电检测。缺点在于不能进行校准，确定实际真实的放电量；同时对有些缺陷不够灵敏。

62. GIS 主回路电阻测量的方法？

答：当接地开关导电杆与外壳绝缘时，可临时解开接地连接线，利用回路上的两组接地开关导电杆关合到测量回路上，用压降法测量，测量电流应为 100A。

若接地开关导电杆与外壳不能绝缘分隔时，按照制造厂提供的方法测量。

63. 当 GIS 任一间隔发出“补充 SF_6气体”信号，同时又发出“SF_6气室紧急隔离”（或“压力异常闭锁”）信号时，如何处理？

答：可能发生大量漏气情况，将危及设备安全。此间隔不允许继续运行，同时此间隔任何设备禁止操作，应立即汇报调度，并断开与该间隔相连接的开关，将该间隔和带电部分隔离。在情况危急时，运行人员可在值长带领下，先行对需隔离的气室内的设备停电，然后及时将处理情况向调度和上级汇报。

64. 为什么全封闭组合电器外壳应可靠接地？GIS外壳接地有什么特殊要求？

答：全封闭组合电器外壳受电磁场的作用会产生感应电势，能危及人身安全，故应有可靠的接地。GIS外壳接地要求：

（1）接地网应采用铜质材料，以保证接地装置的可靠性和稳定。而且所有接地引出端都必须采用铜排，以减小总的接地电阻。

（2）由于GIS各气室外壳之间的对接面均设有盆式绝缘子或者橡胶密封垫，两个筒体之间均需另设跨接铜排，且其截面需按照主接地网考虑。

（3）在正常运行，特别是在电力系统发生短路接地故障时，外壳上会产生较高的感应电动势。为此，要求所有金属筒体之间要用铜排连接，并应有多点与主接地网相连接，以使感应电势不危及人身和设备安全。

（4）一般GIS外壳需要几个点与主接地网连接，要由制造厂根据订货单位所提供的接地网技术参数来确定。

65. GIS设备采用铝壳体有什么好处？

答：铝壳体的优点是质量轻，可减小基础载荷，适合于楼上安装，最大间隔重量不超过10t，且铝壳体表面涡流损耗小，壳体温升几乎不受通流影响，同时也提高了设备的防腐性能。

66. GIS的状态监测技术有哪些？

答：GIS可以对SF_6气体进行监测，包括气体压力、泄漏、湿度、色谱分析等。还可以监测GIS断路器的主电流波形、触头每次开断电流值和时间。对于断路器的机械特性可以监测分、合闸线圈的电流。对于GIS绝缘特性，目前可采用UHF法和超声法对GIS内部的局部放电进行监测。

67. ZF7A－126型SF_6组合电器断路器电动操作不动作，如何进行处理？

答：（1）控制或电动机回路电压降低或失压：提供正常电压，检查控制电源是否正常。

（2）控制或电动机回路接线松动或断线：接好线，拧紧接线螺钉，更换断线的导线。

（3）控制或电动机回路的开关、接触器的触头接触不良或烧坏：清理、检修或更换有故障的触头或开关。

（4）接触器线圈断线或烧坏：检修或更换线圈。

（5）热继电器动作，切断了接触器线圈回路：卸下热继电器手动复位孔孔盖，按动热继电器复位按钮。必要时检查其动作原因并采取措施。

（6）由于SF_6压力低使压力开关不动作：检查SF_6压力是否正常，压力开关接触是否良好。

（7）外部连锁回路不通：检查有关的设备、元件的状态是否满足外部连锁条件。检查外部连锁回路及有关设备。元件的连锁开关及其触头是否完好，动作正常。

（8）闭锁杆处于闭锁位置：释放闭锁。

Chapter 5 第五章

高压开关柜[1]检修

1. 什么是高压开关柜?

答: 高压开关柜是金属封闭开关设备的简称。它由高压断路器、负荷开关、接触器、高压熔断器、隔离开关、接地开关、互感器及站用电变压器，以及控制、测量、保护、调节装置，内部连接件、辅件、外壳和支持件等不同电气装置组成的成套配电装置，其内空间主要以空气、或 SF_6 气体作为绝缘介质，用作接受和分配电网的三相电能。

2. 高压开关柜如何分类？目前常用的开关柜有哪几种形式?

答:（1）按断路器安装方式分为手车式（移开式、中置式）和固定式。

（2）按安装地点分为户内式和户外式。

（3）按照柜体功能分进线柜、出线柜、计量柜、刀闸柜、母联柜等。

（4）按柜体结构可分为金属封闭铠装式开关柜、金属封闭间隔式开关柜、金属封闭箱式开关柜和敞开式开关柜。目前常用的开关柜形式有金属封闭铠装式开关柜和金属封闭箱式开关柜两种。

3. 开关柜主要由哪些功能单元组成?

答: 开关柜通常用隔板分成 4 个不同功能单元，分别是母线隔室（母线室）；断路器隔室（断路器室）；电缆隔室（电缆室）；低压仪表隔室（低压仪表室）。

4. 高压开关柜的 LSC2 类、IAC 级分别是什么意思?

答:（1）LSC2 类是指具备运行连续性功能的高压开关柜，即当打开功能单元的任意一个可触及隔室时（除母线隔室外），所有其他功能单元仍可继续带电正常运行的开关柜。

（2）IAC 级是指经试验验证能满足在内部电弧情况下保护人员规定要求的高压开关柜。

5. 图 5 -1 是手车式开关柜面板图和剖面图，对应写出部件名称和各隔室名称。

答: 各隔室名称：A—母线室；B—断路器室；C—电缆室；D—低压室。

---

[1] 高压开关柜系指 6 ~ 40.5kV 金属封闭开关设备，简称开关柜；中置式开关（手车式开关柜或移开式开关柜），简称中置柜（手车柜）；中置柜以 KYN28 - 12 型开关柜出线柜为例，固定柜以 XGN66 - 12 型高压开关柜出线柜为例。

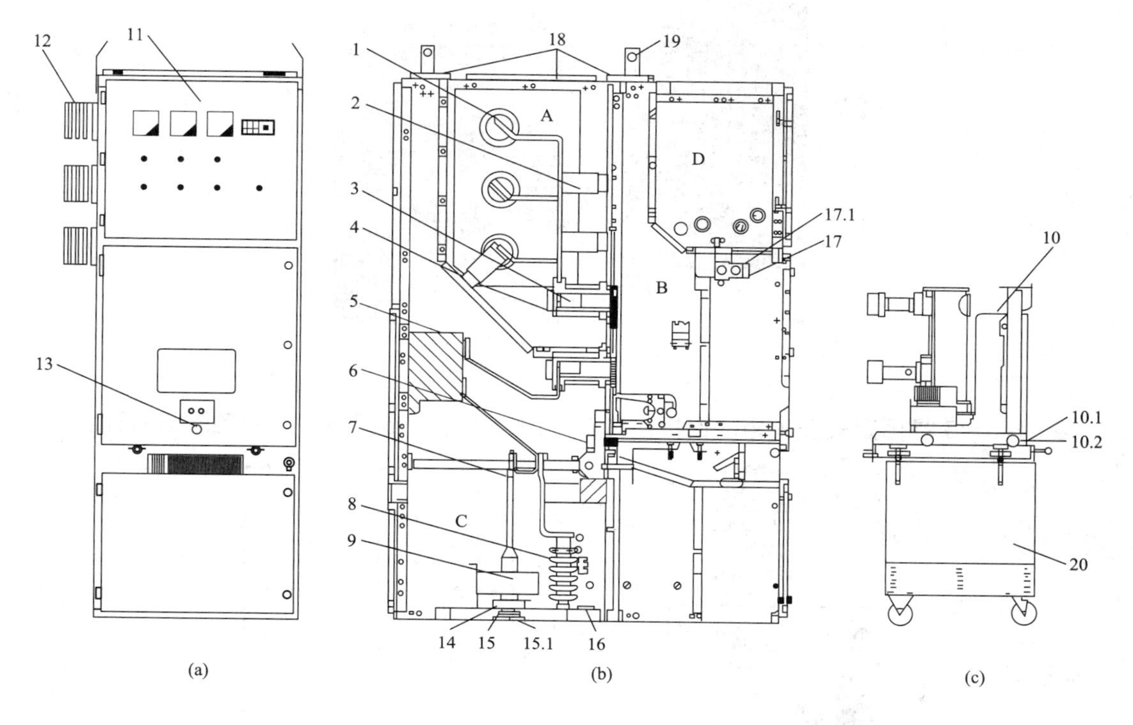

图 5－1　手车式开关柜面板图和剖面图

（a）面板图；（b）剖面图；（c）手车图

各部件名称：1—母线；2—绝缘子；3—静触头；4—触头盒；5—电流互感器；6—接地开关；7—电缆终端；8—避雷器；9—零序电流互感器；10—断路器手车；10. 1—滑动把手；10. 2—锁键（联到滑动把手）；11—控制和保护单元；12—穿墙套管；13—丝杆机构操作孔；14—电缆夹；15—电缆密封圈；15. 1—连接板；16—接地排；17—二次插头；17. 1—连锁杆；18—压力释放板；19—起吊耳；20—运输小车。

6. 手车式开关柜的断路器手车不同位置如何划分？

答：工作位置（接通位置）：手车和柜体处于接通位置。

试验位置：在此位置，在断路器两侧形成隔离断口，手车和柜体仍保持机械联系，辅助回路是接通的。

隔离位置：在此位置，在断路器两侧形成隔离断口，但是手车和柜体仍保持机械联系，辅助回路可以不断开。

移开位置：手车在柜体外，且与柜体脱离了机械和电气联系。

7. 图 5－2 是手车式开关柜地盘结构图，写出各部件名称。

答：各部件名称：1—底盘车隔离/试验位置限位器；2—合闸位连锁板；3—丝杠；4—底盘车与地刀连锁板；5—电气连锁位置开关；6—底盘车工作位置限位器。

图 5－2　手车式开关柜

8. 图 5－3 是固定式开关柜的面板图和剖面图，对应写出部件名称和各隔室名称。

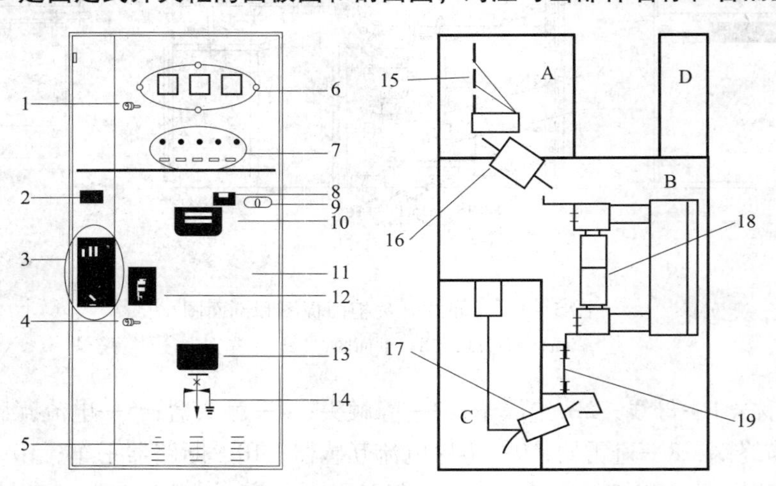

图 5－3　固定式开关柜的面板图和剖面图

答：各隔室名称：A—母线室；B—断路器室；C—出线室；D—低压室。

各部件名称：1—把手；2—铭牌；3—隔离开关操作面板；4—把手；5—换气窗；6—仪表；7—切换开关；8—来电显示；9—开关；10—观察孔；11—紧停按钮；12—分合闸指示；13—观察孔；14—接线图；15—母线；16—上（母线侧）隔离开关；17—下（线路侧）隔离开关；18—断路器；19—电流互感器（TA）。

9. 开关柜内的一次、二次电器元件通常包括哪些？

答：一次电器元件主要包括：电流互感器、电压互感器、接地开关、隔离开关、高压断路器、高压接触器、高压熔断器、带电显示器、绝缘件（如穿墙套管、触头盒、绝缘子、绝缘护套）、母线、电抗器、电容器等。二次电器元件主要包括测量装置、控制装置、保护装置、监测诊断装置、信号装置、连锁装置、通信系统等元件。

10. 什么是高压熔断器？主要功能是什么？

答：高压熔断器是指当电流超过规定值一定时间后，以它本身产生的热量使熔体熔化而开断电路的开关装置。熔断器是一种最简单的保护电器，串接在电路中，当电路发生短路或过负荷时，熔断器自动断开电路，使其他电气设备得到保护。

11. 新建或扩建站开关柜选型应注意哪些问题？

答：（1）新建变电站中40.5kV开关柜首选金属铠装式开关柜（XGN型），12kV及以下开关柜首选金属铠装中置式开关柜（KYN型）。

（2）扩建、改建变电站当柜体不需要拼接且空间不受限制时，应首选金属铠装式开关柜。当柜体需要拼接或受空间限制时，可选用间隔式开关柜或箱式开关柜。

（3）新建、扩建变电站中不得选用半封闭式高压开关柜，如GG1A、GBC等。

12. 高压开关柜局部放电的原因可能有哪些？

答：（1）绝缘件表面污秽、受潮和凝露。

（2）高压母线连接处及断路器触头接触不良。

（3）导体、柜体内表面上有金属突起，导致毛刺且较尖。

（4）柜体内有可以移动的金属微粒。

（5）开关元件内部放电缺陷。

13. 高压开关柜的局部放电数据为什么不能采用pC作为单位？

答：局部放电测量方法包括直接测量和间接测量，仅有直接测量可以采用校准程序转换为pC；地电波、UHF、超声波法、油色谱、SF_6分解物都属于间接测量，都不适合采用pC表示放电强度。

14. 高压开关柜对接地有什么要求？

答：（1）为了确保维护时的人员安全，规定或需要触及的主回路中的所有部件都应能事先接地，不包括与开关设备和控制设备分离后变成可触及的可移开部件。

（2）在最后安装时，应通过接地导体将各单元相互连接，相邻单元之间的连接应能承受接地回路的额定短时耐受电流和峰值耐受电流。

（3）当接地连接必须承受全部的三相短路电流值（如短路连接用于接地装置）时，这些连接应选用相应的尺寸。

（4）可抽出部件和可移开部件的接地，可抽出部件应接地的金属部分在试验位置和隔离位置以及所有的中间位置时均应保持接地，在所有位置，接地连接的载流能力不应小于对外壳的要求值。插入时，通常接地的可移开部件的金属部分应在主回路的可移开部件与固定触头接触之前接地。如果可抽出部件或可移开部件包括将主回路接地的其他接地装置，则应认为工作位置的接地连接时接地回路的一部分，具有相关额定值。

15. 开关柜如何安装接地？

答：（1）接地体（线）的连接应采用焊接，焊接牢固。接至电气设备的接地线，应用镀锌螺栓连接；有色金属接地线不能采用焊接时，可用螺栓连接。

（2）接地体引出线的垂直部分和接地装置焊接部位应作防腐处理。

（3）柜体的接地应牢固，柜体门应以裸铜软线与接地的金属构架可靠连接。

16. 新开关柜在安装前进行开箱验收检查的项目主要有哪些？

答：（1）检查厂家提供的安装使用说明书、合格证、出厂试验报告、安装图纸等文件资料是否齐全。

（2）检查零部件、附件及备件是否齐全。

（3）核对产品铭牌、产品合格证中技术参数是否与订货单相符，装箱单内容是否与实物相符。元件无损坏，外观无机械损伤，几何尺寸应符合设计要求。特别指出的是柜体的几何尺寸要实测，实测的项目主要是柜体的对角线和垂直度及柜顶的水平度，其误差应不大于1.5%，凡现场不能矫正的要通知供货单位或制造厂修复。

（4）打开包装箱后，产品外观表面无损伤、无锈蚀、漆层完整无脱落，手柄无扭斜变形，其内部的仪表、灭弧罩、瓷件等应无裂纹、伤痕、螺钉紧固无锈蚀，接地螺栓完整，紧固螺栓的平垫弹垫齐全。

（5）测量柜中带电部件之间、带电部件与地之间的电气间隙和爬电距离的值应符合规定。

（6）填写开箱检查记录和设备验收清单。

17. 简述手车式开关柜安装步骤。

答：（1）卸去开关柜吊装板及开关柜后封板。

（2）松开母线隔室顶盖板（泄压盖板）的固定螺栓，卸下母线隔室顶盖板。

（3）松开母线隔室后封板固定螺栓，卸下母线隔室后封板。

（4）松开断路器隔室下面的可抽出式水平隔板的固定螺栓，并将水平隔板卸下。

（5）在此基础上，依次于水平、垂直方向拼接开关柜，开关柜安装不平度不得超过2mm。

（6）当开关设备已完全拼接好时，可用M12的地脚螺栓将其与基础槽钢相连或用电焊与基础槽钢焊牢。

（7）如果一排开关设备排列较长（如10台以上），拼柜工作应从中间部位开始。

18. 手车式开关柜安装完成后，需要进行哪些调试？

答：（1）调整手车导轨，且应水平、平行，轨距应与轮距相配合，手车推拉应轻便灵活，无阻卡及碰撞现象。

（2）调整隔离静触头的安装位置应正确，安装中心线应与触头中心线一致，且与动触头（推进柜内时）的中心线一致；手车推入工作位置后，动触头与静触头接触紧密，动触头顶部与静触头底部的间隙应符合产品要求，接触行程和超行程应符合产品规定。

（3）调整手车与柜体间的接地触头是否接触紧密，当手车推入柜内时，其触头应比主触头先接触，拉出时应比主触头后断开。

（4）结合操动机构的试验，检查手车在工作和试验位置的定位是否准确可靠。在工作位置隔离动触头与静触头准确可靠接触，且能分合闸操作；在试验位置动、静触头分离，且能进行断路器分合闸操作。

（5）二次回路辅助开关的切换触点应动作准确，接触可靠，柜内控制电缆或导线束的位置不妨碍手车的进出，并应固定牢固。

（6）电气连锁装置、机械连锁装置及其之间的连锁功能的动作准确可靠，符合产品说明书上的各项要求。

（7）按规定项目进行电气设备的试验。

19. 开关柜安装调试完成后，如何进行验收？

答：（1）开关柜安装完成后应进行分、合闸操动机构机械性能，防误闭锁和连锁试验。不同元件之间设置的各种连锁均应进行不少于 3 次的试验，以检验其功能是否正确。

（2）设备安装水平度、垂直度在规定的合格范围内。

（3）所有辅助设施安装完毕，功能正常。

（4）柜门开闭良好，所有隔板、侧板、顶板、底板的螺栓齐全、紧固。

（5）开关操作顺畅，分合到位，机械指示正确，分、合闸位置明显可见。

（6）防误装置机械、电气闭锁应动作准确、可靠。

（7）外壳、盖板、门、观察窗、通风窗和排气口防护等级符合要求，有足够的机械强度和刚度。

（8）柜内照明齐全。

（9）柜的正面及背面各电器、端子排等编号、名称、用途及操作位置，标字清楚未有损伤脱色。

（10）带电部位的相间、对地、爬电距离、安全距离应符合产品的技术要求。同时检查柜中设备正常时不带电的金属部位及安装构架是否接地可靠。

（11）对照原理接线图仔细检查一次母线和二次控制操作线的接线是否正确、可靠、牢固，同时应用 1000V 绝缘电阻表测试二次线的绝缘电阻，一般应大于 10MΩ。互感器二次是否可靠接地。

（12）对于手车式开关柜还要按照安装完需要调试项目进行检查。

20. 高压开关柜的“五防”闭锁是如何规定的？

答：（1）防止电气误操作的简称，即防止误分、误合断路器。

（2）防止带负荷分、合隔离开关或带负荷推入、拉出金属封闭（铠装）式开关柜的手车。

（3）防止带电挂接地线或合接地开关。

（4）防止带接地线或接地开关合闸。

（5）防止误入带电间隔。其中“防止带负荷分、合隔离开关或带负荷推入拉出金属封闭（铠装）式开关柜的手车隔离插头”与上述（2）相对应，即手车开关在合闸位置不能推入或拉出。

21. 手车式高压开关柜对主回路有哪些强制性连锁要求?

答:(1)断路器、负荷开关或接触器只有处于分闸位置时才能抽出或插入。

(2)断路器、负荷开关或接触器只有处在工作位置、隔离位置、移开位置、试验位置或接地位置时才能操作。

(3)断路器、负荷开关或接触器只有在与自动分闸相关的辅助回路都已接通时才可以在工作位置合闸。相反地,断路器在工作位置处于合闸状态时辅助回路不能断开。

22. 固定式高压开关柜对主回路有哪些强制性连锁要求?

答:(1)应装设连锁以防止在规定条件以外操作隔离开关。只有相关断路器、负荷开关或接触器在分闸位置时才能操作隔离开关。但是,在双母线系统,若母线切换时不中断电流,则上述可以不考虑上述要求。

(2)只有相关的隔离开关处在合闸位置、分闸位置或接地位置(如果有)时,断路器、负荷开关或接触器才能操作。

(3)附加或替代连锁的规定,应根据制造厂与用户的协议。制造厂应提供与连锁的特性和功能相关的所有必要资料。

(4)接地开关与相关的隔离开关之间应加装连锁。

(5)对于因操作不正确而可能引起损坏,或在检修时用于建立隔离断口的主回路元件,应装设锁定装置(如加装挂锁)。

(6)如果回路通过接地开关串联的主开关装置(断路器、负荷开关或接触器)接地,则接地开关应与主开关装置连锁。且应采取措施以防主开关装置以外分闸,例如:通过断开脱扣回路或阻塞机构脱扣。

(7)如果有非机械连锁,则设计应使得在没有辅助电源时不会出现不适宜情况。但是,对于紧急控制,制造厂可给出没有连锁设施,手动操作的其他方法。在这种情况下,制造厂应明确地指明该设施,并规定操作程序。

23. 手车式开关柜如何实现“五防”要求?

答:(1)防止误分、误合断路器。在操作前和操作后,通过断路器的位置机械指示牌和位置电气指示灯判断断路器状态。

(2)防止带负荷操作隔离开关。断路器处于合闸状态时,手车不能推入或拉出,只有当手车上的断路器处于分闸位置时,手车才能从试验位置(冷备用位置)移向工作位置(运行位置),反之也一样。该闭锁功能是通过断路器手车底盘丝杠和合闸位置连锁板实现。

(3)防止带电合接地开关。只有当断路器手车在试验位置(冷备用位置)及线路停电时,接地开关才能合闸。

1)采用机械强制连锁(见图5-4)。

2)采用电气强制连锁。只有当接地开关下侧电缆不带电时,接地开关才能合闸。安装强制闭锁型带电指示器,接地开关安装闭锁电磁铁,将带电指示器的辅助触点接入接地开关闭锁电磁铁回路,带电指示器检测到电缆带电后闭锁接地开关合闸。

(4)防止接地开关合上时送电。接地开关位于合闸位置时,由于操作接地开关时按下

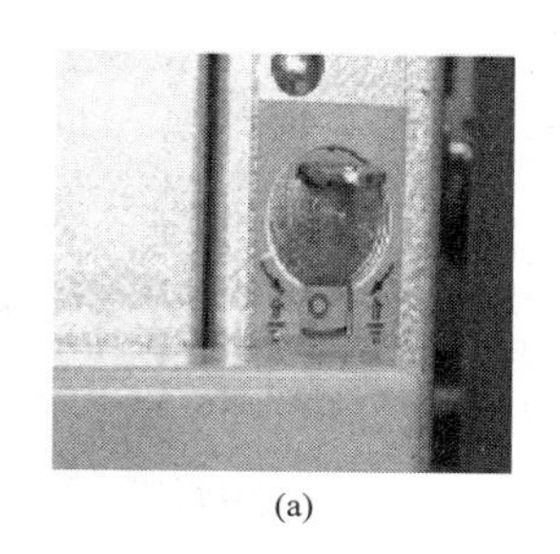

(a)

(b)

图5－4　机械强制连锁

（a）接地开关在分位；（b）接地开关在合位

了滑板，其传动机构带动柜内手车右导轨上的挡板挡住了手车移动的路线，同时挡板下方的另一块挡块顶住了手车的传动丝杆连锁机构，使手车无法移动；因而实现接地开关合闸时无法将手车移入工作位置（运行位置）的连锁功能（见图5－5）。

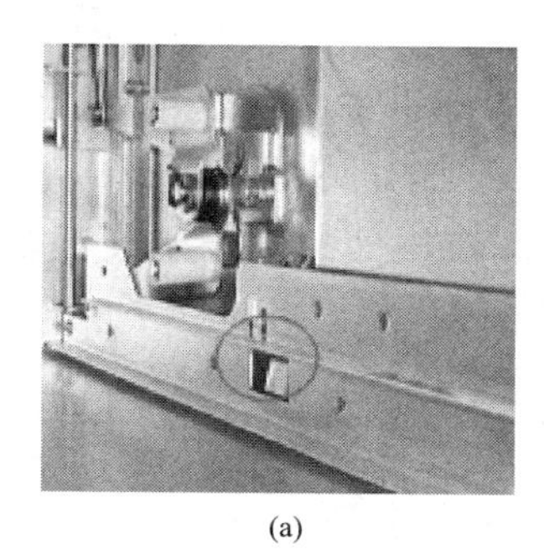

(a)

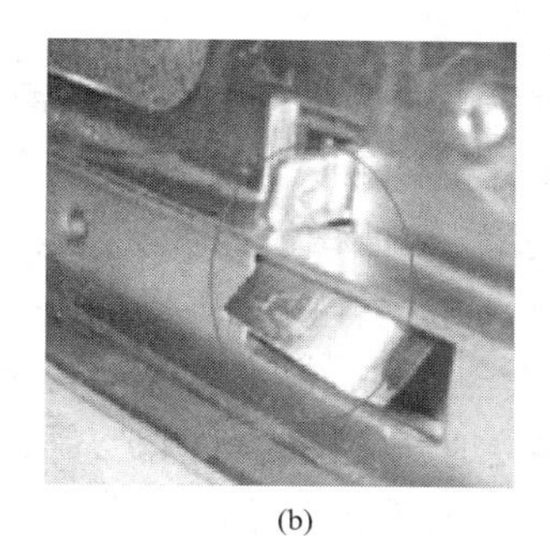

(b)

图5－5　接地开关连锁

（a）接地开关在分位接地开关联锁挡板的位置；（b）接地开关在合位接地开关联锁挡板的位置

（5）防止误入带电间隔。

1）断路器室门上的开门把手只有用专用钥匙才能开启。

2）断路器手车拉出后，手车室活门自动关上，隔离高压带电部分。

3）活门与手车机械连锁：手车摇进时，手车驱动器压动手车左右导轨传动杆，带动活门与导轨连接杆使活门开启，同时手车左右导轨的弹簧被压缩，手车摇出时，手车左右导轨的弹簧使活门关闭。

4）开关柜后封板只能用专用工具才能开启。

5）实现接地开关与电缆室门板的机械连锁。在线路侧无电且手车处于试验位置（冷备用位置）时合上接地开关，门板上的偏心锁钩（见图5－6）解锁，此时可打开电缆室门板。

6）检修后电缆室门板未盖时，接地开关传动杆被卡住，接地开关无法分闸。

（6）手车式开关柜有防误拔开关柜二次插头功能。手车式开关柜的二次线与手车的二次线联络是

图5－6　门板闭锁

通过手动二次插头来实现的。只有当手车处于试验位置（冷备用位置）时，才能插上和拔下二次插头。手车处于工作位置（运行位置）时，二次插头被锁钩（见图5－7）锁定，不能拔下。

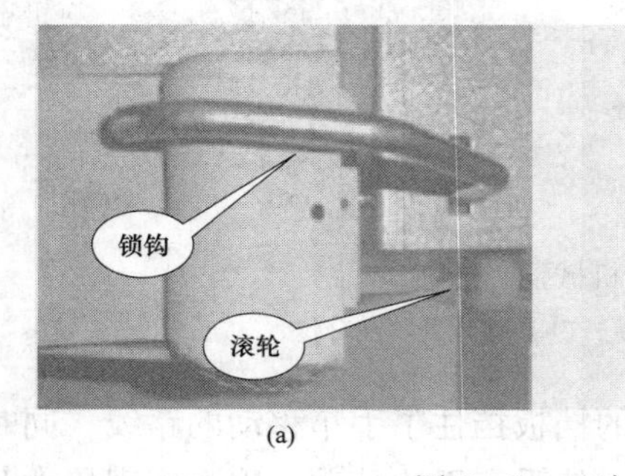

(a)

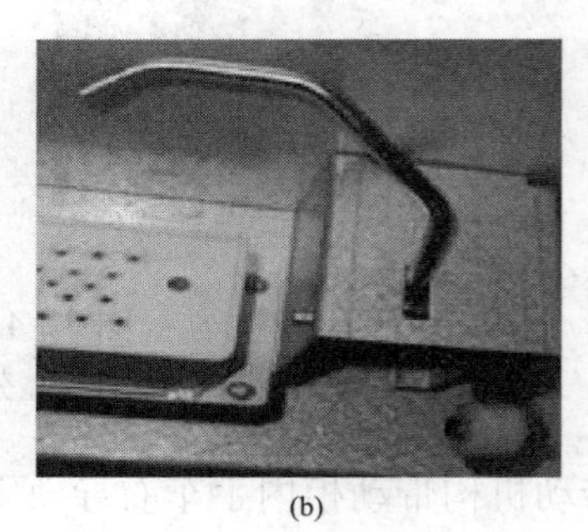
(b)

图5－7　二次插头闭锁

（a）断路器在工作位置；（b）断路器在试验位置

24. 如何检查手车式开关柜的“防止带电误合接地开关”的连锁功能？

答：（1）断路器手车处于试验位置或移开时，接地开关才能合闸。

（2）断路器手车在工作位置时，接地开关操动机构处的操作压板不能动作，接地开关无法合闸，可防止带电关合接地开关的误操作事故。

（3）接地开关合闸时，断路器不能合闸。接地开关分合闸指示。

1）通过观察接地开关操动机构状态指示标签来确认。若看到分闸指示标签则确定接地开关处于分闸状态：若看到合闸指示标签则确定接地开关处于合闸状态。

2）观察接地开关位置指示装置来确认。若看到绿色的分闸指示牌，则确定接地开关处于分闸状态：若看到红色的合闸指示牌，则接地开关处于合闸状态。

25. 开关柜对位置指示有什么要求？

答：（1）应提供表示主回路触头位置的清晰而可靠的指示。在就地操作时，应该能容易地核对位置指示器的状态。

（2）在分闸、合闸和接地（如果有的话）位置，位置指示器的颜色应符合规定。

（3）合闸位置应有标志，使用字符“I”或“合”。分闸位置应有标志，使用字符“O”或“分”。

26. 高压开关柜常见的故障类型有哪些？

答：（1）绝缘故障。包括绝缘部件、母线、电缆、避雷器、互感器等设备对地或相间发生击穿或沿面放电故障。

（2）操动机构故障。

1）操动机构电器部件损坏或接触不良。

2）操动机构机械部件损坏或锈蚀卡涩。

3）操动机构各部件配合不当。

（3）防误装置故障。包括五防损坏或配合不当、活门失灵、接地开关不能分合闸等。

（4）本体故障。

1）断路器、刀闸分合闸不到位。

2）主回路接触不良。

（5）附件故障。包括温湿控制器、带电显示器等设备附件损坏或故障。

27. 开关柜检修作业前要进行哪些检查？

答：（1）检查操作电源、电动机储能电源、闭锁电源、照明电源均在断开位置。

（2）检查断路器开关在试验位置且在分闸状态，电动机未储能。采用手动分合断路器一次确保开关在分闸位置未储能。

（3）检查接地（线挂好）刀闸应处在合闸状态。可在开关柜体后观察接地开关处于合闸位置。

（4）检查指示模拟指示器在分闸位置状态。

（5）检查表计一次电流表无指示，带电显示器无指示，储能、分、合闸指示灯无指示。

（6）检查控制电源与电机电源空开在断开位置。

（7）断路器分、合闸后的位置是否与试验和工作位置对应。

（8）手车处于试验位置时，接地开关操作孔上的滑板应能按动自如。

（9）接地开关联动的闭锁电磁铁应完好。

（10）活门与手车机械连锁正确。

（11）电缆室门板的机械连锁正确。

28. 开关柜强制性型式试验项目有哪些要求？

答：（1）绝缘试验。

（2）温升和回路电阻试验（试验电流为额定电流的1.1倍）。

（3）主回路和接地回路额定峰值、额定短时耐受电流试验。

（4）关合和开断能力试验。

（5）防护等级试验。

（6）机械操作试验。

（7）内部燃弧试验。

（8）电磁兼容性试验。

（9）防护等级试验。

（10）局部放电试验。

（11）人工污秽和凝露试验。

（12）开合电容器组试验（电容器组回路用断路器）。

29. 开关柜出厂试验项目有哪些要求？

答：（1）绝缘试验（包括辅助和控制回路）。

（2）主回路电阻试验。

（3）机械操作和机械特性试验（应随设备提供机械特性行程曲线）。

（4）开关柜局部放电试验。

（5）柜内绝缘件局部放电试验。

（6）SF_6 断路器漏气率和含水量的检验。

30. 采取哪些措施可以有效地减少开关柜内部发热？

答：应采取措施减少铜铝接触方式，切实改善铜铝接触不良的问题；对于采用导杆连接方式的穿柜套管要注意检查是否有过热痕迹，有条件时应改造为面—面接触并至少有两个螺栓压紧；穿柜式电流互感器如是单螺栓连接时要改进连接方式或更换。

31. 什么是防护等级？

答：按标准规定的检验方法，外壳对人（或畜）接近危位部件、防止固体异物进入或水进入所提供的保护程度。外壳提供的防护等级用 IP 代码以下述方式表示。

32. KYN 型开关柜的断路器手车在试验位置时摇不进，如何处理？

答：（1）检查断路器位置是否在分闸位。

（2）检查开关柜断路器室内柜体机构是否动作灵活无卡涩。

（3）检查手车轨道有无形变。

（4）检查接地开关是否在分闸位。

33. 检修 KYN 型开关柜，母线室检查项目有哪些？

答：检查项目包括母线的绝缘支撑，母线连接螺栓，母线热缩套。

34. 检修 KYN 型开关柜，断路器手车室的检查项目有哪些？

答：（1）目测检查手车内有无杂物（如金属粉末、掉落的螺栓等）手车室内壁有无烧蚀痕迹。

（2）检查触头盒及静触头，触头盒有无裂纹、放电烧蚀迹象；静触头固定是否牢固，有无氧化、烧蚀现象。

（3）检查活门连锁机构是否可靠，尼绒滚轮有无变形损坏，各个连接部位的轴销是否齐全有无损坏。

（4）检查手车导轨的平直度，有无变形现象。

（5）检查手车接地触头是否接地良好。

（6）检查加热器工作是否正常。

（7）检查各功能部件连锁是否正常。

35. 检修 KYN 型开关柜断路器手车的检查项目有哪些？

答：（1）对断路器本体及开关小车各部分进行外观检查。

（2）检查导电回路的连接是否紧固，触头与触臂连接螺栓是否紧固。

（3）测量动触头插入深度不小于 15mm。

(4) 检查小车滚轮转动是否灵活，有无形变。

(5) 检查推进机构的功能。

(6) 检查绝缘件是否清洁，状态是否良好有无变色、开裂现象。

(7) 检查推进机构与断路器脱扣装置间的连锁是否可靠。

(8) 检查梅花触头有无氧化、烧蚀。

(9) 检查触指是否松动，夹紧弹簧弹性是否良好。

36. 检修 KYN 型开关柜电缆室的检修项目有哪些?

答: (1) 首先在进行工作前应先对整个隔室进行外观检查，熟悉内部的基本情况，看内部有无掉落的螺栓、销钉等物品。

(2) 检查母线连接螺栓及设备固定螺栓有无松动、脱落现象。

(3) 检查接地开关的拉合情况，触头、触指有无烧蚀，弹簧弹性是否良好。

(4) 检查接地开关的传动部分转动是否灵活，连锁部分动作是否可靠。

(5) 检查各个转动关节的连接销钉是否齐全，固定的销钉的开口销、卡簧销有无脱落、丢失情况。

(6) 检查支持绝缘子、绝缘护套、热缩套有无放电烧蚀、开裂、脱落情况。

(7) 检查加热器工作是否正常。

(8) 检查电流互感器、避雷器等电器设备外观有无变色、开裂、烧蚀迹象。

37. 检修 KYN 型开关柜低压仪表室的检查项目有哪些?

答: (1) 检查信号、位置指示灯指示是否正确，有无损坏。

(2) 二次线线头是否松动、脱出，是否存在双压线头的现象，是否存在正电与负电在端子排上相邻布置的情况。

(3) 检查温湿度控制器能否正常工作。

38. 检修 XGN 型高压开关柜母线室的检查项目有哪些?

答: (1) 检查母线接头连接处，固定螺栓应紧固。

(2) 检查母线下引线接头连接处，固定螺栓应紧固。

(3) 检查固定母线绝缘子瓶及母线固定金具。

(4) 检查隔离开关静触头是否有烧伤。

(5) 检查隔离开关动触头是否有烧伤。

(6) 检查隔离开关触头的表面状况。

(7) 检查动、静触头是否同心。

(8) 检查动、静触头三相同期。

(9) 检查隔离开关固定螺栓。

(10) 检查母线穿柜绝缘管应无损伤，螺栓应固定牢固。

(11) 检查母线绝缘热缩套无破损，接头绝缘盒封闭可靠。

39. 检修 XGN 型高压开关柜断路器室的检查项目有哪些？

答：（1）检查电流互感器固定螺栓固定牢固。

（2）检查引线和电流互感器固定螺栓固定牢固。

（3）检查电流互感器二次引线，连接可靠，引线在柜体上固定牢固。

（4）检查引线和断路器接线座固定牢固。

（5）检查断路器固定部分固定牢固。

（6）断路器检查试验。

（7）检查断路器下面闭锁顶杆。

（8）检查机械闭锁装置。

（9）检查隔离开关机构圆盘转动灵活，操作顺序正确，各圆盘之间闭锁可靠，转动部分加机油润滑。

（10）检查隔离开关与机构之间连杆连接情况。

（11）检查开关的附件和辅助设备，也要检查绝缘保护板。

（12）检查开关装置、控制、连锁、保护、信号和其他装置的功能。

（13）检查各设备表面污秽情况。

（14）检查设备锈蚀情况。

（15）检查机械连锁顶杆的位置，动作是否灵活可靠。

（16）检查带电显示器固定牢固，二次线连接可靠，在柜体上固定牢固。

（17）检查开关室照明灯及照明开关。

（18）检查上、下观察窗玻璃清洁，玻璃固定牢固。

（19）检查断路器室门销挡片动作灵活，功能可靠。

（20）检查断路器室门把手，关闭开启灵活，封闭良好，锁具功能可靠。

40. 检修 XGN 型高压开关柜电缆室的检查项目有哪些？

答：（1）检查相标识。

（2）检查隔离开关拉合正常，三相同期合格，合闸插入深度合适，动、静触头表面良好。

（3）检查接地隔离开关接地铜排与柜内接地主母线之间连接可靠。

（4）检查接地桩连接可靠。

（5）检查电缆仓门五防锁，五防锁动作灵活，锁具固定牢固并功能可靠。

第六章 Chapter 6

其他变电设备检修

第一节 互感器基础知识

1. 电力系统用互感器是指什么？互感器的作用是什么？

答：电力系统用互感器是指将电网高电压、大电流的信息传递到低电压（100V 或 $100/\sqrt{3}$V）、小电流（5A 或 1A）二次侧的计量、测量仪表及继电保护、自动装置的一种特殊变压器。互感器主要包括电流互感器（TA）和电压互感器（TV）两种形式。

主要作用为：

（1）与测量仪表配合，对线路的电压、电流、电能进行测量。

（2）与继电保护装置配合，对电力系统及其设备进行保护。

（3）将测量仪表、继电保护装置与线路高电压隔离，保证运行人员和二次装置的安全。

（4）将线路电压与电流变换成统一的标准值，以利于仪表和继电保护装置的标准化。

2. 互感器基本组成部分包括什么？油浸式互感器采用金属膨胀器起什么作用？

答：互感器基本组成部分是绕组、铁芯、绝缘物和外壳。油浸式互感器的金属膨胀器的主体实际上是一个弹性元件，当互感器内变压器油的体积因温度变化而发生变化时，膨胀器主体容积发生相应的变化，起到体积补偿作用。保证互感器内油不与空气接触，没有空气间隙、密封好，减少变压器油老化。只要膨胀器选择得正确，在规定的量度变化范围内可以保持互感器内部压力基本不变，可以减少互感器事故的发生。

3. SF_6 气体绝缘式互感器有什么优点？

答：SF_6 气体绝缘式互感器是以 SF_6 气体作为主绝缘的互感器，主要有组合式（和 GIS 配套）和独立式两种。优点是：

（1）有防爆性能。

（2）安全可靠、使用寿命长。

（3）无绝缘老化问题。

（4）复合绝缘套管不易损坏，抗地震性能好，表面具有良好的憎水性能及良好的防污性能。

（5）若 SF_6 气体年漏率小于 0.5%，额定压力下至少 20 年不需要维修。

（6）SF_6 互感器装有密度继电器（提供可发信的触点），可达到远距离控制和监视。

（7）即使在零表压，也可在额定电压下运行。

4. 什么是电子式互感器？什么是光电式互感器？光电式与电磁式相比有什么特点？

答：电子式互感器是指一种装置，由连接到传输系统和二次转换器的一个或多个电流或电压传感器组成，用于传输正比于被测量的量，以供给测量仪器、仪表和继电保护或控制装置。

光电式互感器是指基于光电子技术和光纤传感技术的新一代互感器。主要有光电式电压互感器（OVT）和光电式电流互感器（OCT），与电磁式相比，无铁芯，不存在磁饱和问题，且电流越大，准确度越高；绝缘结构简单，可靠性高；动态响应好，可以满足暂态保护特性的需求；装置简单、轻便，易于安装，维护简单；抗电磁干扰能力强，便于远距离传输信息；实现了无油化，消除了充油装置可能造成的燃、爆危险。

5. 互感器哪些部位应可靠接地？

答：（1）分级绝缘的电压互感器，其一次绕组的接地引出端子；电容式电压互感器的电容分压器低压端子 N 必须通过载波回路绕组接地或直接接地。

（2）电容型绝缘的电流互感器，其一次绕组末屏的引出端子、铁芯引出接地端子。

（3）互感器的外壳。

（4）电流互感器的备用二次绕组端子应先短路后接地。

（5）倒装式电流互感器二次绕组的屏蔽罩的接地端子。

（6）应保证工作接地点有两根与主接地网不同地点连接的接地引下线。

（7）互感器的二次绕组均必须可靠保护接地且只允许一个接地点。

6. 互感器的二次绕组为什么必须接地？

答：互感器二次绕组接地的目的在于当发生一、二次绕组击穿时，降低二次系统的对地电位，接地电阻越小，对地电位越低，从而保证人身及设备安全。

7. 电压互感器与电流互感器的二次为什么不许互相连接，否则会造成什么后果？

答：电压互感器连接的是高阻抗回路，称为电压回路；电流互感器连接的是低阻抗回路，称为电流回路。如果电流回路接于电压互感器二次侧会使电压互感器短路，造成电压互感器熔断器熔断或电压互感器烧坏以及造成保护误动作等事故。如果电压回路接于电流互感器二次侧，则会造成电流互感器二次侧近似开路，出现高电压，威胁人身和设备安全。

8. 在哪些情况下，应立即将互感器停用？

答：（1）电压互感器高压熔断器连续熔断 2～3 次。

（2）高压套管严重裂纹、破损，互感器有严重放电，已威胁安全运行时。

（3）互感器内部有严重异音、异味、冒烟或着火。

（4）油浸式互感器严重漏油，看不到油位；SF_6 气体绝缘互感器严重漏气，压力表指示为零；电容式电压互感器分压电容器出现漏油时。

（5）互感器本体或引线端子有严重过热时。

（6）膨胀器永久性变形或漏油。

（7）压力释放装置已冲破。

（8）电流互感器末屏开路，二次开路，电压互感器接地端子 N（X）开路、二次短路，不能消除时。

（9）树脂浇注互感器出现表面严重裂纹、放电。

9. 互感器安装时应检查哪些内容？

答：（1）互感器的变比分接头的位置和极性应符合规定。

（2）二次接线板应完整，引线端子应连接牢固，标志清晰，绝缘应符合产品技术文件的要求。

（3）油位指示器、瓷套与法兰连接处、放油阀均应无渗油现象。

（4）隔膜式储油柜的隔膜和金属膨胀器应完好无损，顶盖螺栓紧固。

（5）气体绝缘的互感器应检查气体压力或密度符合产品技术文件的要求，密封检查合格后方可对互感器充 SF_6 气体至额定压力，静置 24h 后进行 SF_6 气体含水量测量并合格。气体密度表、继电器必须经核对性检查合格。

10. 互感器验收项目有哪些？

答：（1）设备外观完整无缺损。

（2）互感器应无渗漏，油位、气压、密度应符合产品技术文件的要求。

（3）保护间隙的距离应符合设计要求。

（4）油漆应完整，相色应正确。

（5）验收报告，施工图纸及设计变更说明文件，制造厂产品说明书、试验记录、合格证件及安装图纸等产品技术文件，备品、备件、专用工具及测试仪器清单。

11. 互感器检修对环境有哪些基本要求？

答：（1）互感器拆卸、安装过程中要求在无大风扬沙及其他污染的晴天进行，空气相对湿度不超过 75%，解体检修应在无尘且密封良好的室内进行。

（2）器身暴露在空气中的时间应不超过以下规定：空气相对湿度 ≤65% 时，器身暴露在空气中的时间应不大 8h，空气相对湿度在 65% ~75% 时，器身暴露在空气中的时间应不大于 6h。

（3）检修场地周围应无可燃爆炸性气体、液体或引燃火种，否则应采取有效的防范措施和组织措施。

（4）在现场进行互感器的检修工作，需做好防雨、防潮、防尘和消防措施，同时应注意与带电设备保持足够的安全距离，准备充足的施工电源及照明，安排好储油容器、拆卸附件的放置地点和消防器材的合理布置等。

（5）设备检修应停电，在工作现场布置好遮栏等安全措施。

（6）最大限度地减少对土地及地下水的污染，同时应最大限度地减少固体废弃物对环境的污染。

12. 简述互感器更换应注意的基本事项。

答：（1）互感器在运行中损坏需要更换时，应选用电压等级、变比与原来相同，极性正确，伏安特性或励磁特性相近的互感器，并经试验合格。

（2）电流互感器因变比变化而需要整组更换时，应注意重新审核保护定值以及计量、仪表倍率。

（3）整组更换电压互感器时，如二次与其他互感器需要并列运行的，应注意要检查接线组别并核对相位。

（4）更换二次电缆时，应考虑截面、芯数等必须满足要求，并对新电缆进行绝缘电阻测定，更换后应进行必要的核对，防止接错线。

13. 简述互感器受潮的现象、原因及处理方法。

答：互感器受潮主要表现为绕组绝缘电阻下降、介质损耗超标或绝缘油微水超标。原因可能是产品密封不良，使绝缘受潮，多伴有渗漏油或缺油现象，对老型号互感器，可以进行密封改造。

处理方法：应对互感器器身进行干燥处理，如轻度受潮，可用热油循环干燥处理，严重受潮者，则需要进行真空干燥。对老型号非全密封结构互感器，应进行更换或加装金属膨胀器。

14. 互感器漏油可能有哪些原因？如何处理？

答：互感器漏油可能是工艺不良或者部件质量不良造成。

工艺不良的处理：

（1）因密封垫圈压紧不均匀引起渗漏油时，可先将压缩量大的部位的螺栓适当放松，然后拧紧压缩量小的部位，调整合适后，再依对角位置交叉反复紧固螺母，每次旋紧约1/4圈，不得单独一拧到底。弹簧垫圈以压平为准，密封圈压缩量约为1/3。

（2）法兰密封面凸凹不平、存在径向沟痕或存在异物等情况导致渗漏时，应将密封圈取开，检查密封面，并进行相应处理。

（3）因装配不良引起的渗漏，如密封圈偏移或折边，应更换密封圈后重新装配。

部件质量不良的处理：

（1）膨胀器本体焊缝破裂或波纹片永久变形，应更换膨胀器。

（2）小瓷套破裂导致渗漏油，应更换小瓷套。

（3）铸铝储油柜砂眼渗漏油，可用铁榔头，样冲打砸砂眼堵漏。

（4）储油柜、油箱、升高座等部件的焊缝渗漏，可采用堵漏胶临时封堵处理，待大修解体时再予补焊。

（5）密封圈材质老化，弹性减弱，应更换密封圈，更换时在密封圈两面涂抹密封胶。

第二节　电压互感器

1. 电压互感器（TV）如何分类?

答:（1）按安装地点可分为户内式和户外式。

（2）按相数可分为单相式和三相式。

（3）按绕组数可分为双绕组、三绕组或四绕组式。

（4）按绝缘介质可分为干式、浇注式、油浸式以及 SF_6 绝缘等形式。

（5）按结构原理可分为电磁式和电容式。

（6）按电压变换原理分，有电磁式和电子式。电子式电压互感器（EVT），是指一种电子式互感器，在正常使用条件下，其二次电压实质上正比于一次电压，且相位差在联结方向正确时接近于已知相位角。

2. 电容式电压互感器与电磁式电压互感器比较，主要有哪些特点?

答:（1）通过电容分压器接入，对电力系统呈现容性。

（2）为提高准确度，接入补偿电抗，使互感器接近串联谐振。

（3）为消除和限制暂态过程中铁芯饱和而产生分次谐振，进而产生补偿电抗器和中间变压器过电压，须采取阻尼措施。

3. 国产电压互感器型号由哪几部分组成? 各部分含义是什么?

答: 电压互感器型号通常由四部分组成，各部分含义：

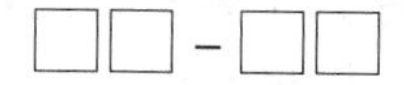

第一部分是产品型号字母组合，包含用途（如：J—电流互感器）、相数（如：D—单相，S—三相）、线圈外绝缘介质形式（如：省略—变压器油，Z—浇注式等）、结构特征及用途（如：B—三柱带补偿绕组式，W—五柱三绕组等）和油保护方式。其中，油保护方式分带不带金属膨胀器，不带用 N 表示。

第二部分是设计序号。

第三部分是电压等级（kV）。

第四部分是特殊使用环境代号。如：GY—高原地区用；W—污秽地区用等。

4. 什么是电压互感器的准确度级? 我国电压互感器的准确度级有哪些?

答: 测量用电容式（电磁式）电压互感器的准确级是以该准确级所规定的最大允许电压误差百分数来标示，它是额定电压和额定负载下的误差。单相测量用电容式电压互感器的标准准确级为 0.2、0.5、1.0、3.0。

保护用电容式（电磁式）电压互感器的准确级，以该准确级所规定的最大允许电压误差百分数来标示，它是5%额定电压到额定电压因数所对应电压的误差，其表示是在该数值后标以字母“P”。保护用电容式电压互感器的准确级为 3P 和 6P。

5. 什么是极性？互感器极性怎么定义？极性错误会有什么影响？

答：极性是指铁芯在同一磁通作用下，一次线圈和二次线圈将感应出电动势，其中两个同时达到高电位或同时为低电位的一端称为同极性端。对于电流互感器而言，一般采用减极性标示法来定同极性端，即先任意选定一次线圈端头做始端，当一次线圈电流瞬时由始端流进时，二次线圈电流流出的那一端就标为二次线圈的始端，这种符合瞬时电流关系的两端称为同极性端。对电压互感器而言，通常也采用减极性标示，按照规定，电压互感器的一次绕组的首段标为A，尾端标为X，二次绕组的首端标为a，尾端标为x，在接线中，A与a以及X与x均称为同极性端。极性错误，会引起继电保护装置误动作或影响电能计量的正确性。

6. 三相五柱式电压互感器的两组低压绕组各有什么用途？各侧电压的数值是多少？

答：其中一组为主绕组，接成星形并中性点接地，用以测量相电压和线电压，以及供给保护装置和电能表、功率表等所需要的电压。另一组为辅助绕组，接成开口三角形，供继电保护装置和检漏装置所需电压。

一次绕组电压为接入系统的线电压，主绕组相电压为100V，辅助二次绕组相电压为$100/\sqrt{3}$V。

7. 为什么110kV及以上电压等级电压互感器一次不装熔断器？

答：（1）电压互感器采用单相串级绝缘，裕度大。

（2）引线系硬连接，相间距离较大，引起相间故障的可能性较小。

（3）系统为中性点直接接地系统，每相电压互感器不可能长期承受线电压运行。

8. 电压互感器高压熔断器熔断的原因主要有哪些？

答：（1）系统发生单相间歇性电弧接地，引起电压互感器的铁磁谐振。

（2）熔断器长期运行，自然老化熔断。

（3）电压互感器本身内部出现单相接地或相间短路故障。

（4）二次侧发生短路而二次侧熔断器未熔断，也可能造成高压熔断器的熔断。

9. 电压互感器二次短路有什么现象及危害？为什么？

答：电压互感器二次短路会使二次线圈产生很大短路电流，烧损电压互感器线圈，以至会引起一、二次击穿，使有关保护误动作，仪表无指示。因为电压互感器本身阻抗很小，一次侧是恒压电源，如果二次短路后，在恒压电源作用下二次线圈中会产生很大短路电流，烧损互感器，使绝缘损害，一、二次击穿。失掉电压互感器会使有关距离保护和与电压有关的保护误动作，仪表无指示，影响系统安全，所以电压互感器二次不能短路。

电压互感器正常运行时，由于二次负载是一些仪表和继电器的电压线圈阻抗大，基本上相当于变压器的空载状态，互感器本身通过的电流很小，它的大小决定于二次负载阻抗的大小，由于TV本身阻抗小，容量又不大，当互感器二次发生短路，二次电流很大，二次保险熔断影响到仪表的正确指示和保护的正常工作，当保险容量选择不当，二次发生短路保险不能熔断时，则TV极易被烧坏。

10. 在带电的电压互感器二次回路上工作，应注意什么？

答：（1）防止电压互感器二次短路和接地，工作时应使用绝缘工具，戴绝缘手套。

（2）根据需要将有关保护停用，防止保护拒动和误动。

（3）接临时负荷时，应装设专用隔离开关和熔断器。

11. 为什么110kV电压互感器二次回路要经过其一次侧隔离开关的辅助触点？

答：110kV电压互感器隔离开关的辅助触点应与隔离开关的位置相对应，即当电压互感器停用（拉开一次侧隔离开关时），二次回路也应断开。这样可以防止另一条母线上带电的一组电压互感器向停电的一组电压互感器二次反充电，致使停电的电压互感器高压侧带电。

12. 油浸正立式互感器安装质量标准是什么？

答：（1）各连接处的金属接触面应除去氧化膜及油漆，涂导电膏并连接牢固。

（2）垂直安装，每个元件的中心轴线和安装点中心线垂直偏差不应大于该元件高度的1.5%。如果歪斜，可在法兰间加金属片校正，并将其缝隙用腻子抹平后涂漆处理。

（3）三相互感器安装后其引流线弧垂应一致并满足对周围物体安全距离要求。

（4）垫圈、螺母、弹簧垫圈应使用与互感器配套供应的紧固件。

（5）外壳接地良好符合安装图要求。

（6）按照交接试验标准要求的项目和标准进行试验，试验数据应和出厂值无明显差别。

13. 新装的电压互感器投入运行时，为什么要按操作顺序进行？为什么要进行定相？怎样定相？

答：新装的电压互感器投入运行前，应全面检查极性和接线是否正确，母线上装有两组互感器时，必须先并列一次侧，二次侧经定相检查没问题，才可以并列。因为如果一次不先并列，而二次先并列，由于一次电压不平衡将使二次环流较大，容易引起保险熔断，影响电压互感器正确工作，致使保护装置失去电源而误动作。所以必须按先一次、后二次的顺序操作。

电压互感器二次不经定相，两组互感器并列，会引起短路事故，烧损互感器，影响保护装置动作，所以二次必须定相。定相可用一块电压表比较两电压互感器的二次电压（A运－A新相，B运－B新相，C运－C新相），当电压表电压差值基本为0或接近0时，则证明两组电压互感器二次相位相符，可以并列。

14. 电压互感器接线时应注意什么？

答：（1）要求接线正确，连接可靠。

（2）电气距离符合要求。

（3）装好后的母线，不应使互感器的接线端承受机械力。

15. 电压互感器二次回路常见故障有哪些？对继电保护有什么影响？

答：电压互感器二次回路常见故障包括熔断器熔断，隔离开关辅助触点接触不良，二次接线松动等。故障的结果是使继电保护装置的电压降低或消失，对于反映电压降低的保护继电器和反映电压、电流相位关系的保护装置，如方向保护、阻抗继电器等可能会造成误动和拒动。

16. 运行中的电压互感器严重缺油有何危害？

答：电压互感器内部严重缺油，若此时同步发生油位指示器堵塞，出现假油位，会使互感器铁芯暴露在空气中，当雷击线路时，引起互感器内部绝缘闪络，致使互感器烧毁爆炸。

17. 停用电压互感器时应注意哪些问题？

答：（1）按继电保护和自动装置有关规定要求变更运行方式，防止保护误动。

（2）将二次回路主熔断器或自动开关断开，防止电压反送。

18. 电压互感器常见故障有哪些？如何处理？

答：（1）电压互感器本体故障：高压熔断器熔体连续熔断 2～3 次（指 10～35kV 电压互感器）；内部发热，温度过高；内部有放电声或其他噪声；电压互感器严重漏油、流胶或喷油；内部发出焦臭味、冒烟或着火；套管严重破裂放电，套管、引线与外壳之间有火花放电。电压互感器有上述故障之一时，应立即停用。

（2）电压互感器一次侧高压熔断器熔断。电压互感器在运行中，发生一次侧高压熔断器熔断时，运行人员应正确判断，汇报调度，停用自动装置，然后拉开电压互感器的隔离开关，取下二次侧熔丝（或断开电压互感器二次小开关）。在排除电压互感器本身故障后，调换熔断的高压熔丝，将电压互感器投入运行，正常后投上自动装置。

（3）电压互感器二次侧熔丝熔断（或电压互感器小开关跳闸）。在电压互感器运行中，发生二次侧熔丝熔断（或电压互感器小开关跳闸），运行人员应正确判断，汇报调度，停用自切装置。二次熔丝熔断时，运行人员应及时调换二次熔丝。若更换后再次熔断，则不应再更换，应查明原因后再处理。

19. 电磁式电压互感器谐振故障的现象及处理方法？

答：（1）故障现象。中性点非有效接地系统中，三相电压指示不平衡。一相降低（可为零），而另两相升高（可达线电压），或指针摆动，可能是单相接地故障或基频谐振。如三相电压同时升高，并超过线电压，则可能是分频或高频谐振。中性点有效接地系统，母线倒闸操作时，出现相电压升高并以低频摆动，一般为串联谐振现象。

（2）故障处理。操作前应有防谐振预案，准备好消除谐振措施。操作过程中，如发生电压互感器谐振，应采取措施破坏谐振条件以消除谐振。在系统运行方式和倒闸操作中，应避免用带断口电容的断路器投切带有电磁式电压互感器的空母线，运行方式不能满足要求时，应采取其他措施，例如更换为电容式电压互感器。对电容式电压互感器应注意可能出现自身铁磁谐振，安装验收时对速饱和阻尼方式要严格把关，运行中应注意对电磁单元进行认真检查，如发现阻尼器未投入或出现异常，互感器不得投入运行。

20. 测量相电压的电压互感器，其X端如果接地不良或根本没有接地，会产生悬浮高压而发生故障，其现象主要有哪些？

答：（1）当电源合闸时，电压表指示不稳定。

（2）沿绝缘支架击穿，甚至发生爆炸。从高压端A至击穿部位的绕组绝缘往往因过热而烧焦。

（3）接地不良点将出现电弧烧焦痕迹。

第三节　电流互感器

1. 电流互感器如何分类？

答：（1）按安装地点可分为户内式和户外式。

（2）按绝缘介质分干式、油浸式、浇注式、瓷绝缘式和气体绝缘式。

（3）按用途分测量用和保护用。

（4）按安装方式分贯穿式、支柱式、母线式、套管式。

（5）按二次绕组所在位置分正立式和倒立式。正立式的二次绕组装在产品上部；倒立式的二次绕组装在产品上部，属于一种新结构。

（6）按电流变换原理分，有电磁式和电子式。电子式电流互感器（ECT）在正常使用条件下，其二次转换器的输出实质上正比于一次电流，且相位差在联结方向正确时接近于已知相位角。

2. 倒立式电流互感器与正立式电流互感器比较有什么优缺点？

答：优点：当一次电流较大时，容易解决温升及短路电动力问题；当一次电流较小时，容易实现高准确度，且可以满足大的短路电流的要求；外绝缘瓷套径向尺寸小，制造工艺较好；不存在U形电流互感器一次绕组处在油箱底部分的绝缘容易受潮的薄弱环节，运行可靠性高。

缺点：质量集中于头部，重心高，抗震性能差，价格贵等。

3. 国产电流互感器的型号由哪几部分组成？各部分含义是什么？解释型号LFZB6－10的含义。

答：电流互感器型号通常由四部分组成，各部分含义：

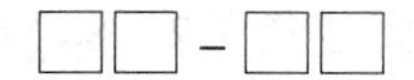

第一部分是产品型号字母组合：包含用途（如：L—电流互感器）、结构形式［如：F—贯穿式（复匝）M—母线式］、绕组外绝缘介质形式（如：C—瓷绝缘式，Z—浇注式）、结构特征及用途和油保护方式（如：B—带有保护级）。其中，油保护方式分带不带金属膨胀器，不带用N表示。

第二部分是设计序号。

第三部分是电压等级（kA）。

第四部分是特殊使用环境代号。如：GY—高原地区用；W—污秽地区用等。

LFZB6－10 表示设计序号为 6 的复匝贯穿式、浇注绝缘电流互感器，额定电压 10kV，并带有保护级。

4. 什么是电流互感器的准确度级？国内测量用和保护用电流互感器准确度级有哪些？

答：测量用电流互感器的准确级以该准确级在额定电流下所规定的最大允许电流误差百分数来标称。测量用电流互感器的标准准确级为 0.1、0.2、0.5、1、3、5，特殊用途的测量用电流互感器的标准准确级为 0.2S、0.5S。

保护用电流互感器的准确级是以其额定准确限值一次电流下的最大复合误差的百分比来标称，其后标以字母“p”（表示保护用）。保护用电流互感器的标准准确级为：5P 和 10P。

5. 电流互感器二次接线有几种方式？

答：电流互感器二次一般有五种接线方式，使用两个电流互感器时有 V 形接线和差接线；使用三个电流互感器时有星形接线、三角形接线、零序接线。

6. 运行中电流互感器二次侧为什么不允许开路？如何防止运行中的电流互感器二次侧开路？

答：运行中的电流互感器二次回路不允许开路，否则会在开路的两端产生高电压危及人身设备安全，或使电流互感器发热。

正常运行时，由于二次绕组的阻抗很小，一次电流所产生的磁动势大部分被二次电流产生的磁动势所补偿，总磁通密度不大，二次绕组感应的电动势也不大，一般不会超过几十伏。当二次回路开路时，阻抗无限增大，二次电流变为零，二次绕组磁动势也变为零，而一次绕组电流又不随二次开路而变小，失去了二次绕组磁动势的补偿作用，一次磁动势很大，全部用于励磁，合成磁通突然增大很多倍，使铁芯的磁路高度饱和，此时一次电流全部变成了励磁电流，在二次绕组中产生很高的电动势，其峰值可达几千伏甚至上万伏，威胁人身安全或造成仪表、保护装置、互感器二次绝缘损坏。另外，由于磁路的高度饱和，使磁感应强度骤然增大，铁芯中磁滞和涡流损耗急剧上升，会引起铁芯过热甚至烧毁电流互感器。所以运行中当需要检修、校验二次仪表时，必须先将电流互感器二次绕组或回路短接，再进行拆卸操作，并且二次回路不能装设熔断器。

7. 电流互感器为什么不允许长时间过负荷？

答：电流互感器过负荷，一方面可使铁芯磁通密度过饱和，使电流互感器误差增大，表计指示不正确，不容易掌握实际负荷；另一方面由于磁通密度增大，使铁芯和二次绕组过热，绝缘老化加快，甚至出现损坏等情况。

8. 为什么电流互感器二次侧只允许一点接地？

答：电流互感器二次回路中，只允许一点接地，而不允许多点接地，这是因为若有两点以上接地，就有可能引起分流，致使电气测量的误差增加或影响继电保护装置的正确动作。

9. 更换事故电流互感器时应考虑哪些因素？

答：在更换运行中的电流互感器一组中损坏的一个时，应选择与原来的变比相同，极性相同，使用电压等级相符；伏安特性相近，经试验合格的互感器，更换时应停电进行，还应注意保护的定值，仪表的倍率是否合适。

10. 电流互感器二次开路或接触不良有何现象？

答：（1）电流表指示不平衡，有一相（开路相）为零或较小。

（2）电流互感器有嗡嗡的响声。

（3）功率表指示不正确，电度表转动减慢。

（4）电流互感器发热。

11. 何为电流互感器的末屏接地？不接地会有什么影响？

答：在220kV及以上的电流互感器或60kV以上的套管式电流互感器中，为了改善其电场分布，使电场分布均匀，在绝缘中布置一定数量的均压极板—电容屏，最外层电容屏（即末屏）必须接地。如果末屏不接地，则因在大电流作用下，其绝缘电位是悬浮的，电容屏不能起均压作用，在一次通有大电流后，将会导致电流互感器绝缘电位升高，而烧毁电流互感器。

12. 电流互感器二次回路开路时，应如何处理？

答：（1）立即报告调度值班员，按继电保护和自动装置的有关规定退出有关保护。

（2）查明故障点，在保证安全的前提下，设法在开路处附近端子上将其短路，短路时不得使用熔丝。如不能消除开路，应考虑停电处理。

第四节　避　雷　器

1. 通常采用哪些防雷设备进行过电压保护？作用分别是什么？

答：通常采用避雷针、避雷线和避雷器进行过电压保护。避雷线（避雷针）的作用是防止直击雷，避雷针（线）高于被保护的物体，其作用是吸引雷电击于自身，并将雷电流迅速泄入大地，从而实现保护其附近的物体。避雷器的作用是限值过电压以保护电气设备。

2. 避雷器有哪几种类型？分别有哪些应用？

答：避雷器主要有保护间隙、管型避雷器、阀型避雷器、氧化锌避雷器等类型。保护间隙和管型避雷器主要用于限值大气过电压，一般用于配电系统，线路和发、变电站进线段的保护。阀型避雷器用于变电站的保护，在220kV及以下系统主要用于限值大气过电压，在超高压系统中还用来限制内过电压或作内过电压的后备保护。

3. 避雷器依据什么进行等级划分？应用在哪些场合？

答：避雷器的标准标称放电电流和系统额定电压是划分避雷器等级的主要依据。标称放电电流是用以划分避雷器等级的放电电流峰值，分为20、10、5、3、1kA五种。

（1）20kA系列用于系统额定电压为500kV，变电站只装有一组避雷器的场合。

（2）10kA系列分为Ⅰ、Ⅱ两级，Ⅰ级用于系统额定电压为500kV，变电站装有两组及以上避雷器的场合。Ⅱ级主要用于系统额定电压为330kV的系统。

（3）5kA系列分为Ⅰ、Ⅱ级。Ⅰ级主要用于系统额定电压为220kV的系统，Ⅱ级用系统额定电压为110kV的系统。

（4）3kA和1kA系列用于系统额定电压为3～63kV系统。

4. 什么是阀型避雷器？什么是无间隙金属氧化物避雷器？

答：阀型避雷器的基本元件是间隙和非线性电阻，间隙和非线性电阻元件（或阀片）相串联。间隙冲击放电电压低于被保护设备的冲击耐压强度。阀片电阻值与流过的电流有关，具有非线性特性，电流越大电阻越小。

无间隙金属氧化物避雷器是指由串联和（或）并联连接的非线性金属氧化物电阻片（阀片）构成而没有任何串联或并联放电间隙的避雷器。非线性金属氧化物电阻片是避雷器的一部分，具有非线性伏安特性。它在正常工频电压下呈高电阻，当大的放电电流通过时呈低电阻，从而限制了避雷器两端的电压。比较典型的有氧化锌避雷器。

5. 氧化锌避雷器有哪些基本电气参数？

答：（1）额定电压，避雷器两端之间允许施加的最大工频电压有效值。

（2）最大持续运行电压，允许持续加在避雷器两端的最大工频电压有效值。

（3）起始动作电压（参考电压）是指避雷器通过1mA工频电流峰值或直流电流时，其两端之间的工频电压峰值或直流电压。

（4）残压，指放电电流通过避雷器时，其两端之间出现的电压峰值。

（5）通流能力，表示阀片耐受通过电流的能力，通常用短持续时间（4/10μs）大冲击电流（10～65kV）作用2次和长持续时间（0.5～3.2ms）近似方波电流（150～1500A）多次作用来表征，国内大多用2ms方波电流值作为避雷器的通流容量。

6. 氧化锌避雷器的优点是什么？

答：（1）氧化锌避雷器的非线性好，非线性系数小，一般为0.01～0.04，故可不用串联间隙，具有结构简单，体积小等特点。

（2）一般避雷器内的串联间隙有一定的放电时延，氧化锌避雷器没有串联间隙，从而改善了避雷器的陡度响应特性，提高了对设备保护的可靠性。

（3）无工频续流，使能量大为减少，可承受多重雷，延长了工作寿命。

（4）通流能力大，提高了动作负载能力，可对大电容器组进行保护。

（5）由于无续流，可制作直流避雷器。

7. 氧化锌避雷器存在的主要问题是什么？

答：（1）由于氧化锌避雷器取消了串联间隙，在电网运行电压的作用下，其本体要流通电流，电流中的有功分量将使氧化锌阀片发热，继而引起伏安特性的变化，这是一个正反馈过程，长期作用的结果将导致氧化锌阀片老化，直至出现热击穿。

（2）氧化锌避雷器受到冲击电压的作用，阀片会在冲击电压能量的作用下发生老化。

（3）氧化锌避雷器内部受潮或绝缘支架绝缘性能不良，会使工频电流增加，功耗加剧，严重时可导致内部放电。

（4）氧化锌避雷器受到雨、雪及灰尘等环境污染，会由于氧化锌避雷器内外电位分布不同而使内部氧化锌阀片与外部瓷套之间产生较大电位差，导致径向放电现象发生，损坏设备。

8. 金属氧化物避雷器运行中劣化的征兆有哪几种？

答：金属氧化物避雷器在运行中劣化主要是指电气特性和物理状态发生变化，这些变化使其伏安特性漂移、热稳定性破坏、非线性系数改变、电阻局部劣化等。

一般情况下这些变化都可以从避雷器的如下几种电气参数的变化上反映出来：

（1）在运行电压下，泄漏电流阻性分量峰值的绝对值增大。

（2）在运行电压下，泄漏电流谐波分量明显增大。

（3）运行电压下的有功损耗绝对值增大。

（4）运行电压下的总泄漏电流的绝对值增大，但不一定明显。

9. 防止金属氧化物避雷器发生损坏事故的措施有哪些？

答：（1）提高产品质量、高度重视金属氧化物避雷器的结构设计、密封、总装环境等决定质量的因素。

（2）正确选择金属氧化物避雷器，这是保证其可靠运行的重要因素。

（3）加强监测，及时发现金属氧化物避雷器的缺陷。

10. 验收避雷器时，如何进行抽检？需要做哪些试验？

答：当供求两方在订货协议中规定进行验收试验时，应抽取供货避雷器数量的立方根较高整数进行下列试验：

（1）对于结构、名牌及其他附件检查有无缺少或损坏。

（2）在环境温度下（温度应作记录），在施加的工频电压等于持续运行电压时，测量整只避雷器，由于杂散电容的不同，所测电流不一定与实际运行条件下的电流相符。

（3）泄漏电流的阻性分量和全电流。

（4）在环境温度下（温度应作记录），测量整只避雷器的工频参考电压。

（5）如有可能，做整只或整节避雷器的标称放电电流的残压试验。否则只作等于或稍大于1%标称放电电流的残压试验。

（6）对于需要更改样品数量或试验型式，应由制造厂与用户双方协商。

11. 避雷器安装前应做哪些检查？

答：（1）采用瓷外套时，瓷件与金属法兰胶装部位应结合牢固、密实。并应涂有性能良好的防水胶，瓷套外观不得有裂纹、损伤；采用硅橡胶外套时，外观不得有裂纹、损伤和变形；金属法兰结合面应平整，无外伤或铸造砂眼，法兰泄水孔应通畅。

（2）各节组合单元应经试验合格，底座绝缘应良好。

（3）应取下运输时用以保护避雷器防爆膜的防护罩，或按产品技术文件要求执行；防爆膜应完好、无损。

（4）避雷器的安全装置应完整、无损。

（5）带自闭阀的避雷器宜进行压力检查，压力值应符合产品技术文件要求。

12. 安装避雷器有哪些要求？

答：（1）首先固定避雷器底座，然后由下而上逐级安装避雷器各单元（节）。

（2）避雷器在出厂前已经过装配试验并合格，现场安装应严格按制造厂编号组装，不能互换，以免使特性改变。

（3）带串、并联电阻的阀式避雷器，安装时应进行选配，使同相组合单元间的非线性系数互相接近，其差值应不大于0.04。

（4）避雷器接触表面应擦拭干净，除去氧化膜及油漆，并涂一层电力复合脂。

（5）避雷器应垂直安装，垂度偏差不大于2%，必要时可在法兰面间垫金属片予以校正。三相中心应在同一直线上，铭牌应位于易观察的同一侧，均压环应安装水平，最后用腻子将缝隙抹平并涂以油漆。

（6）拉紧绝缘子串，使之紧固，同相各串的拉力应均衡，以免避雷器受到额外的拉应力。

（7）放电计数器应密封良好，动作可靠，三相安装位置一致，便于观察。接地可靠，计数器指示恢复零位。

（8）氧化锌避雷器的排气通道应通畅，安装时应避免其排出气体，引起相间短路或对地闪络，并不得喷及其他设备。

13. SF_6全封闭组合电器如何与避雷器组合？有哪些要求？

答：（1）66kV及以上进线无电缆段，应在SF_6全封闭组合的SF_6管道与架空线路连接处，装设无间隙金属氧化物避雷器，其接地端应与管道金属外壳连接。

（2）进线段有电缆时，在电缆与架空线路连接处装设无间隙氧化锌避雷器，接地端与电缆的金属外皮连接。在SF_6管道侧三芯电缆的外皮应与管道金属外壳相连接地。单芯电缆的外皮应经无间隙氧化锌避雷器接地。

14. 氧化锌避雷器检修作业前的检查和试验项目有哪些？

答：（1）避雷器外部瓷套是否完整，检查瓷表面有无闪络痕迹。必要时必须进行超声波探伤试验，如有破损和裂纹者以及超声探伤试验不合格则不能使用。

（2）检查密封是否良好，配电用避雷器顶盖和下部引线的密封若是脱落或龟裂，应将避雷器拆开干燥后再装好。高压用避雷器若密封不良，应进行修理。

（3）检查引线有无松动、断线或断股现象。

（4）摇动避雷器检查有无响声，如有响声表明内部固定不好，应予以检修。

（5）对有放电计数器的避雷器，应检查外壳有无破损、计数器动作是否可靠，并记录下相应底数。

（6）避雷器各节的组合及导线与端子的连接，对避雷器不应产生附加应力。

（7）垂直安装的每个元件的中心轴线和安装点中心线垂直偏差不应大于该元件高度的1.5%。

（8）均压环应水平安装，不应歪斜。

（9）氧化锌避雷器应在检修前测量其直流1mA电压和75%直流1mA电压下的泄漏电流，测试数据满足规程要求。

15. 拆除氧化锌避雷器有哪些注意事项?

答:（1）拆下避雷器引流线必须固定绑扎牢靠，并与周围带电体保持安全距离（使用人字梯或斗臂车，视现场情况而定），一人进行拆线，一人监护，两人扶梯，两人负责地面工作。人力的安排视现场实际情况确定。

（2）拆除均压环，放置在预定地点，如均压环较重，应使用吊具，严防发生坠落或伤人。

（3）拆除计数器，放置在预定地点。

（4）固定吊装工具，可使用吊车，将绳套系好避雷器并用吊具轻微调紧。

（5）拆下底座和避雷器之间的紧固螺栓，用吊具将避雷器轻轻吊起并缓慢吊至预定地点的地面位置上。起吊过程应设专人监护，呼应一致，吊臂下严禁有人工作或穿越，起吊时尽可能降低起吊高度，多节避雷器应从上至下逐节拆除。

（6）拆除避雷器基座并放置预定位置。

16. 氧化锌避雷器整体更换后的试验项目有哪些?

答:（1）无间隙金属氧化锌避雷器整体更换后应进行的试验项目包括：绝缘电阻测量、运行电压下的全电流和阻性电流试验、直流参考电压试验、0.75倍直流参考电压下的漏电流试验、复合外套外观及憎水性检查、放电计数器动作试验等。

（2）带串联间隙金属氧化锌避雷器整体更换后应进行的试验项目包括：复合外套及支撑件外观及憎水性检查、直流1mA参考电压试验、0.75倍直流1mA参考电压下漏电流试验、支撑件工频耐受电压试验、间隙距离检查、绝缘电阻测量等。

（3）避雷器放电计数器动作试验。

（4）避雷器绝缘基座绝缘电阻试验。

（5）避雷器接地装置接地连通情况检查。可以使用万用表电阻档测量避雷器接地引下线与其他电气设备接地引下线间的电阻。也可采用其他有效检查接地连通情况的测试仪器进行测量。

17. 氧化锌避雷器常见故障类型有哪些?

答: 氧化锌避雷器常见故障类型主要有受潮、参数选择不当、结构设计不合理、操作不当、老化。这些故障轻则会造成避雷器绝缘下降、老化加快，重则会引起避雷器在运行电压下或过电压下爆炸损坏而危及系统安全运行。

18. 引起金属氧化物避雷器爆炸的原因有哪些？

答：（1）受潮。

（2）额定电压和持续运行电压取值偏低。

（3）结构设计不合理。

（4）参数选择不当。

（5）电网工作电压波动。

（6）操作不当。

（7）绝缘老化。

第五节　无功补偿装置、电容器、电抗器

1. 什么是无功补偿装置？

答：无功补偿装置是指在电力系统（包括用户）中安装的用于平衡无功功率的并联电容器装置、并联电抗器、同期调相机和动态无功补偿装置。

2. 为什么要对电力系统进行无功补偿？

答：绝大多数电力设备运行时，需要消耗无功功率，如果无功功率不足，会使得系统电压及功率因数降低，造成设备损坏，严重时出现电压崩溃、系统瓦解、大面积停电；另外，如果电网大量传输无功功率，会造成变压器、线路的电能损耗增加，影响正常供电。因此，需要对系统进行无功补偿。

3. 无功补偿设备的作用有哪些？

答：（1）改善电压和无功功率分布。调整系统节点电压，使之维持在额定值附近，保证电能质量；改变系统无功功率分布，降低功率、电压及电能损耗，提高系统运行经济性。

（2）调节负荷的平衡性。当正常运行中出现三相不对称运行时，会出现负序、零序分量，将产生附加损耗，使整流器纹波系数增加，引起变压器饱和等，经补偿设备可使不平衡负荷变成平衡负荷。

（3）改善功率因数。在用户处实行低功率因数限制，即采取就地无功补偿措施。

4. 无功补偿设备如何分类？

答：（1）无源补偿设备。有并联电抗器、并联电容器和串联电容器。这些装置可以是固定连接式的或开闭式的。无源补偿设备仅用于特性阻抗补偿和线路的阻抗补偿，如并联电抗器用于输电线路分布电容的补偿以防止空载长线路末端电压升高；并联电容器用来产生无功以减小线路的无功输送，减小电压损失；串联电容器可用于长线路补偿（减小阻抗）等。

（2）有源补偿装置。通常为并联连接式的，用于维持末端电压恒定。能对连接处的微

小电压偏移做出反应，准确地发出或吸收无功功率的修正量。如饱和电抗器作为内在固有控制，而同步补偿器和可控硅控制的补偿器作为外部控制的方式。

5. 电力系统配置无功补偿装置的基本原则是什么？

答：电力系统配置的无功补偿装置应在系统有功负荷高峰和负荷低谷运行方式下，保证分（电压）层和分（供电）区的无功平衡。无功补偿配置应根据电网情况，从整体上考虑无功补偿装置在各电压等级变电站、10kV 及以下配电网和用户侧配置比例的协调关系，实施分散就地补偿与变电站集中补偿相结合，电网补偿与用户补偿相结合，高压补偿与低压补偿相结合，满足电网安全、经济运行的需要。

6. 什么是并联电容器装置[1]？什么是静止无功补偿器（SVC）？

答：并联电容器装置是指由并联电容器和相应的一次及二次配套设备组成，并联连接于三相交流电力系统中，能完成独立投运的一套设备。

静止无功补偿器是指无运动元件，能够跟踪系统要求，可连续调节容性或感性无功功率的成套补偿装置。

7. 电容器在现场初次投入运行时，为什么有时候会发出“嗞嗞”声？

答：这是一种正常现象，一般电容器在出厂前均按工艺要求进行通电测试，通电测试的同时对杂质进行电气清除，大多数杂质会被清除。但是，当电容器在现场刚开始通电时，可能会发生杂质再生的过程，就会听到一种“嗞嗞”声，这是电容器在刚开始运行中的一种自愈合过程，持续几个小时后，这种声音就会自行消失。

8. 电容器一般配有哪些保护？

答：（1）外壳连接。金属外壳的电容器有固定电位的端子，该端子能承受外壳击穿时的故障电流。

（2）熔断器保护。没有内熔丝的电容器建议单独装设专用熔断器，有内熔丝的电容器建议取消外熔断器。

（3）继电保护。对于电容器组根据装设容量、网络构成等具体情况，可采用继电保护，如过电压保护、过电流保护、失压保护等；另外，为使电容器及时隔离出来，根据电容器组的接线方式可采用开口三角电压保护、中性线不平衡电流保护、相电压差动保护和桥式电流差动保护等。

（4）其他保护。如：为限制大气过电压和操作过电压，可采用氧化锌避雷器保护。

9. 什么是电力电容器的合闸涌流？如何限制涌流？

答：在电力电容器组和电源接通的很短时间里，流过电容器的电流称为合闸涌流。合闸涌流的幅值和波形均随时间衰减，一般持续时间 10μs 左右。在电容器上串联电抗器可以限

[1] 本书中电容器无特殊说明时均指高压电容器。

制涌流。一般在投入并联电容器时，希望过渡电压值限制在5% ~10%，其串联电抗器的规格应根据所允许的瞬间过渡电阻降低值来决定，应采用电抗值不变的空心电抗器。

10. 试述电力电容器安全操作规程。

答：（1）高压电容器组外露的导电部分，应有网状遮栏，进行外部巡视时，禁止将运行中电容器组的遮栏打开。

（2）任何额定电压的电容器组，禁止带电荷合闸，每次断开后重新合闸，须在短路三分钟后（即经过放电后少许时间）方可进行。

（3）更换电容器的保险丝，应在电容器没有电压时进行。故进行前，应对电容器放电。

（4）电容器组的检修工作应在全部停电时进行，先断开电源，将电容器放电接地后，才能进行工作。高压电容器应根据工作票，低压电容器可根据口头或电话命令。但应作好书面记录。

11. 电力电容器在安装前应检查哪些项目？

答：套管芯棒应无弯曲、滑扣；电容器引出钱端连接用的螺母、垫圈应齐全；电容器外壳应无显著变形、无锈蚀，所有接缝不应有裂纹或渗漏；支持瓷瓶应完好、无破损，倒装时应选用倒装支持瓷瓶；电容器（组）支架应无变形，加工工艺、防腐应良好，各种紧固件齐全，全部采用热镀锌制品；集合式并联电容器的油箱、储油柜（或扩张器）、瓷套、出线导杆、压力释放阀、温度计等应完好无损，油箱及充油部件不得有渗漏油现象。

12. 如何拆除并联补偿电容器？

答：（1）对电容器充分放电，放电应采用两相短接接地的方式。

（2）拆下并联补偿电容器引流线并固定绑扎牢靠。1 ~2 人进行拆线，一人监护，两人负责地面工作。人力的安排视现场实际情况确定。

（3）固定吊装工具，使用吊车，将绳套系好并联补偿电容器吊点并用吊具轻微调紧。

（4）拆下底座和并联补偿电容器之间的紧固螺栓，用吊具将并联补偿电容器轻轻吊起并缓慢吊至事先规划好的地面位置上。起吊过程应设专人监护，呼应一致，吊臂下严禁有人工作或穿越，起吊时尽可能降低起吊高度。

13. 安装电容器主要有哪些要求？

答：（1）电容器分层安装时，一般不超过三层，层间不应加设隔板。电容器母线对上层架构的垂直距离不应小于20cm，下层电容器的底部与地面距离应大于30cm。

（2）电容器构架间的水平距离不应小于0.5m。每台电容器之间的距离不应小于50mm。电容器的铭牌应面向通道。

（3）要求接地的电容器，其外壳应与金属架构共同接地。

（4）电容器应在适当部位设置温度计或贴示温蜡片，以便监视运行温度。

（5）电容器组应装设相间及电容器内元件故障保护装置或熔断器，高压电容器组容量600kW 及以上者，可装设差动保护或零序保护，也可分台装设专用熔断器保护。

（6）电容器应有合格的放电设备。

（7）户外安装的电容器应尽量安装在台架上，采用户外落地式安装的电容器组，应安装在变、配电所围墙内的混凝土地面上，底部与地面距离不小于0.4m。同时，电容器组应装置于高度不低于1.7m的固定围栏内，并有防止小动物进入的措施。

14. 电容器投入或退出运行有哪些规定？

答：正常情况下电容器的投入与退出，必须根据系统的无功分布及电压情况来决定，并按当地调度规程执行。一般根据厂家规定，当母线电压超过电容器额定电压的1.1倍，电流超过额定电流的1.3倍，应将电容器退出运行。

事故情况下，当发生下列情况之一时，应立即将电容器停下并报告调度：

（1）电容器爆炸。

（2）电容器接头过热或熔化。

（3）套管发生严重放电闪络。

（4）电容器喷油或起火。

（5）环境温度超过40℃。

15. 并联电容器定期维修时，应注意哪些事项？

答：（1）维修或处理电容器故障时，应断开电容器的断路器，拉开断路器两侧的隔离开关，并对并联电容器组完全放电且接地后，才允许进行工作。

（2）检修人员戴绝缘手套，用短接线对电容器两极进行短路后，才可接触设备。

（3）对于额定电压低于电网电压、装在对地绝缘构架上的电容器组停用维修时，其绝缘构架也应接地。

16. 电力电容器检修作业前的检查与试验项目有哪些？

答：（1）电力电容器外部瓷套是否完整，检查瓷表面有无闪络痕迹。如有破损和裂纹者应立即更换。

（2）检查密封是否良好，是否存在渗漏油，膨胀、鼓肚现象，若密封不良，应进行修理。

（3）检查引线有无松动、断线或断股现象。

（4）电容器组的接线正确，电压应与电网额定电压相符合。

（5）电力电容器各节的组合及导线与端子的连接，对电力电容器不应产生附加应力。

（6）新装电容器组投入运行前按其交接试验项目试验，并符合相关标准。

（7）电容器组三相间容量应平衡，其误差不应超过一相总容量的5%。

（8）各触点应该接触良好，外壳及构架接地的电容器组与接地网连接应牢固可靠。

（9）放电电阻的阻值和容量应符合规程要求，并经试验合格。

（10）与电容器组连接的电缆、断路器、熔断器等电气元件应完好并经试验合格。

（11）检查电容组安装处，通风设施是否合乎规程要求。

（12）集合式电容器还应进行油化验，测试数据满足规程要求。

17. 测量电容器时应注意哪些事项?

答:（1）用万用表测量时，应根据电容器的额定电压选择挡位。例如，电子设备中常用的电容器电压较低，只有几伏到十几伏，若用万用表 R×10k 档测量，由于表内电池电压为 12~22.5V，很可能使电容器击穿，故应选用 R×1k 档测量。

（2）对于刚从线路中拆下来的电容器，一定要在测量前对电容器进行放电，以防电容器中的残存电荷向仪表放电，使仪表损坏。

（3）对于工作电压较高，容量较大的电容器，应对电容器进行足够的放电，放电时操作人员应有防护措施以防发生触电事故。

18. 并联补偿电容器常见异常现象有哪些？如何进行处理?

答:（1）渗、漏油。它是一种常见的异常现象，主要原因是：出厂产品质量不良；运行维护不当；长期运行缺乏维修，以导致外皮生锈腐蚀而造成电容器渗、漏油。处理：若外壳渗、漏油不严重可将外壳渗漏处除锈、焊接、涂漆。

（2）电容器外壳膨胀，说明内部已出现严重的绝缘故障。应更换电容器。

（3）电容器温升高。应改善通风条件，如其他原因，应查明原因进行处理。如是电容器的问题应更换电容器。

（4）电容器绝缘子表面闪络放电。其原因是瓷绝缘有缺陷、表面脏污，应定期检查，清脏污，对分散式电容器，套管绝缘不能恢复时应更换电容器单元。

（5）异常声响。电容器在正常情况下无任何声响，发现有放电声或其他不正确声音，说明电容器内部有故障应立即停止电容器运行，进行检修或更换电容器。

（6）电容器额定电压选择不当。并联电容器一般都带有串联电抗器，由于电抗器电压和电容器电压电位相反，在母线电压一定的情况下，会造成电容器相间电压增大，因此在电容器选型订货时，必须按照串联电抗率选择合适额定电压的电容器。如果电容器额定电压选择较低，则由于电容器过压能力较弱，将大大降低电容器的使用寿命。

19. 高压电容器放电有何要求?

答:（1）电容器组每次从电网断开，其放电应自动进行。

（2）为了保护电容器组，自动放电装置应与电容器直接并联（中间无断路器、隔离开关等）。具有非专用放电装置的电容器组（如对于高压电容器组用的电压互感器），以及与电动机直接连接的电容器组，可以不再装设放电装置。

（3）在接触自网络断开的电容器的导电部分钱，即使电容器组已经自动放电，必须短接电容器的出线端，进行单独放电。

20. 电力电容器爆炸损坏原因可能有哪些?

答:（1）电容器内部元件击穿。主要是由于制造工艺不良引起的。

（2）电容器对外壳绝缘损坏。电容器高压侧引出线由薄铜片制成，如果制造工艺不良，边缘不平有毛刺或严重弯折，其尖端容易产生电晕，电晕会使油分解、箱壳膨胀、油面下降而造成击穿。另外，在封盖时，转角处如果烧焊时间过长，将内部绝缘烧伤并产生油污和气体，使电压大大下降而造成电容器损坏。

（3）密封不良和漏油。由于装配套管密封不良，潮气进入内部，使绝缘电阻降低；或因漏油使油面下降，导致极对壳放电或元件击穿。

（4）鼓肚和内部游离。由于内部产生电晕、击穿放电和内部游离，电容器在过电压的作用下，使元件起始游离电压降低到工作电场强度以下，由此引起物理、化学、电气效应，使绝缘加速老化、分解，产生气体，形成恶性循环，使箱壳压力增大，造成箱壁外鼓以致爆炸。

（5）带电荷合闸引起电容器爆炸。任何额定电压的电容器组均禁止带电荷合闸。电容器组每次重新合闸，必须在开关断开的情况下将电容器放电 3min 后才能进行，否则合闸瞬间因电容器上残留电荷而引起爆炸。为此一般规定容量在 160kvar 以上的电容器组，应装设无压时自动放电装置，并规定电容器组的开关不允许装设自动合闸。

（6）此外，还可能由于温度过高、通风不良、运行电压过高、谐波分量过大或操作过电压等原因引起电容器损坏爆炸。

21. 什么是电抗器？什么是并联电抗器？什么是限流电抗器？什么是中心点接地电抗器？什么是空心电抗器？

答：电抗器在电路中是用做限流、稳流、无功补偿、移相等的一种电感元件。并联电抗器是指接到电力系统中的相与地之间、相与中性点之间或相间的用以补偿电容电流的电抗器。限流电抗器是指串联在电力系统中用以限制系统故障电流的电抗器。中心点接地电抗器是指接到电力系统的中性点与地之间，能将系统接地故障时的线对地电流值限制到要求值以内的电抗器。空心电抗器是指绕组内部或外部均不含有用以控制磁通的铁磁材料的电抗器（通常为干式电抗器）。

22. 简述电抗器分类。

答：（1）按用途主要可分为两类：① 限流电抗器，用于限制系统的短路电流；② 补偿电抗器，用于补偿系统的电容电流。

（2）按电抗器的结构类型可分为三类：① 带铁芯的电抗器，称为铁芯电抗器；② 不带铁芯的电抗器，称为空芯电抗器；③ 除交流工作绕组外还有直流控制绕组的电抗器，称为饱和电抗器与自饱和电抗器。

23. 停电时干式电抗器检查的主要项目有哪些？

答：（1）检查导电回路接触是否良好，测量绕组直流电阻，与出厂或历史数据比较，并联电抗器变化不得大于 1%，串联电抗器（非叠装的）变化不得大于 2%。

（2）检查绝缘性能是否良好，绝缘电阻不能低于 2500MΩ。

（3）检查电抗器上下汇流排应无变形裂纹现象。

（4）检查电抗器绕组至汇流排引线是否存在断裂、松焊现象。

（5）检查电抗器包封与支架间紧固带是否有松动、断裂现象。

（6）检查接线桩头应接触良好，无烧伤痕迹，必要时进行打磨处理，装配时应涂抹适量导电脂。

(7) 检查紧固件应紧固无松动现象。

(8) 检查器身及金属件应无变色过热现象。

(9) 检查防护罩及防雨隔栅有无松动和破损。

(10) 检查支座绝缘及支座是否紧固并受力均匀。支座应绝缘良好，支座应紧固且受力均匀。

(11) 检查通风道及器身的卫生。必要时用内窥镜检查，通风道应无堵塞，器身应卫生无尘土、脏物，无流胶、裂纹现象。

(12) 检查电抗器包封间导风撑条是否完好牢固。

(13) 检查表面涂层有无龟裂脱落、变色，必要时进行喷涂处理。

(14) 检查表面憎水性能，应无浸润现象。

(15) 检查铁芯有无松动及是否有过热现象。

(16) 检查绝缘子是否完好和清洁，绝缘子应无异常情况、且干净。

24. 变电站装设限流电抗器的主要目的是什么?

答: 变电站的限流电抗器主要装于变压器的低压绕组侧，短路容量很大的变电站也有装于出线端的，其主要目的是：当线路或母线发生故障时，使短路电流限制在断路器允许的开断范围内。通常要限制在31.5kA以下，以便选用轻型断路器（如ZN型）。

25. 电抗器安装质量标准有什么要求?

答: (1) 电抗器应保持其应有的水平及垂直位置，固定应牢靠，油漆应完整。

(2) 电抗器的配置应使其铭牌面向通道一侧，并有运行编号。

(3) 电抗器端子的连接线应符合设计要求，接线应对称一致、整齐美观并标以相色。

(4) 电抗器与天棚、地面、墙壁、相邻电抗器之间的距离应满足安装图给出的距离。

(5) 垫圈、螺母、弹簧垫圈应使用与电抗器配套供应的紧固件。

(6) 在电抗器磁场影响范围内，防护围栏，接地线、基座与楼板内金属物体均不得形成闭合环路，以免造成环流损耗。

(7) 按照交接试验标准要求的项目和标准进行试验并试验规程要求，试验数据应和出厂值无明显差别。

26. 并联电抗器铁芯多点接地有何危害? 如何判断多点接地?

答: 正常时并联电抗器铁芯仅有一点接地。如果铁芯出现两点及两点以上的接地时，则铁芯与地之间通过两接地点会产生环流，引起铁芯过热。

判断铁芯是否出现两点或多点接地的方法是：可将原接地点解开后测量铁芯是否还有接地现象。

第六节　耦合电容器、阻波器、结合滤波器

1. 什么是耦合电容器? 有什么作用?

答: 耦合电容器是用来在电力网络中传递信号的高压电容器。耦合电容器的作用是使得

强电和弱电两个系统通过电容器耦合并隔离，提供高频信号通路，阻止工频电流进入弱电系统，保证人身安全。带有电压抽取装置的耦合电容器除以上作用外，还可抽取工频电压供保护及重合闸使用，起到电压互感器的作用。

2. 耦合电容器检修作业前的检查和试验项目有哪些?

答:（1）耦合电容器外部瓷套是否完整，检查瓷表面有无闪络痕迹。必要时必须进行超声波探伤试验，如有破损和裂纹者以及超声探伤试验不合格则应立即更换。

（2）检查密封是否良好，是否存在渗漏油，若密封不良，应进行修理。

（3）检查引线有无松动、断线或断股现象。

（4）检查末屏是否接地良好或有放电痕迹。

（5）耦合电容器各节的组合及导线与端子的连接，对耦合电容器不应产生附加应力。

（6）垂直安装的每个元件的中心轴线和安装点中心线垂直偏差不应大于该元件高度的1.5%。

（7）耦合电容器应在检修前测量其绝缘电阻、电容量、介质损耗，测试数据满足规程要求。

3. 耦合电容器常见故障类型有哪些?

答: 主要有电容芯受潮、密封不良、结构设计不合理、内部元件制造缺陷、绝缘浸渍剂成分不当等。这些故障轻则会造成耦合电容器绝缘下降、渗漏严重、内部放电、电容击穿短路、重则会引起耦合电容器在运行电压下爆炸损坏而危机系统安全运行。

4. 预防耦合电容器发生故障所采取的措施有哪些?

答:（1）提高产品质量，消除先天性缺陷。

（2）按规定的周期进行渗漏油检查，发现渗漏油时停止使用。

（3）按规定的周期测量电容值、$\tan\delta$、相间绝缘电阻、低压端对地绝缘电阻。测量结果应符合相关标准要求。

（4）可以开展带电测量电容电流、局部放电、交流耐压试验和色谱分析等测试项目。

（5）对新装的耦合电容器应选用“在运行温度下始终保持正压力”的产品。

（6）建议制造厂在电容器上加装油位指示器、压力释放装置，对扩张器、销子做等电位连接。出厂试验增加“局部放电测量”数据。

5. 交流电力系统中，阻波器是指什么?

答: 一种由电感型式的主线圈、调谐装置、保护元件组成的高压设备，串接在高压电力线的载波信号连接点与相邻的电力系统元件（如母线、变压器等）之间，或电力线分支点处。调谐装置跨接于主线圈两端，经适当调谐，可使它在一个或多个载波频率点或连续的载波频带内呈现较高阻抗，而工频阻抗则可忽略不计，以限制电力系统载波信号的功率损失。

6. 结合滤波器有什么作用?

答:结合滤波器是连接电力线载波机和耦合电容器之间的设备。它与耦合电容器或与电容式电压互感器和线路阻波器,通过高频电缆和高压输电线发送或接收电力线载波信号,实现传输通道与电力载波设备之间的阻抗匹配,实现高压设备与电力线载波设备之间的隔离,防止电力电流串入电力线载波设备,保证运行人员的人身安全,为电力线载波信号传输提供很小的插入衰减。

第七节 母　线

1. 什么是母线?母线有什么作用?

答:在变电站的各级电压配电装置中,将变压器、互感器、进出线、电抗器等大型电气设备与各种电器之间连接的导线称为母线。母线的作用是汇集、分配和传送电能,并可根据需要改变接线方式,使电力系统的运行方式灵活多变。

2. 母线如何分类?

答:(1)母线按所使用材料可分为铜母线、铝母线和钢母线。铜母线电阻率低、机械强度高抗腐蚀性强,但是储量较少,价格较贵;钢母线机械强度高,价格便宜,但是电阻率很大,损耗大。

(2)母线按截面形状可分为矩形、圆形、槽形和管形等。母线截面形状应保证集肤效应系数尽可能小,同时散热条件好,机械强度高,安装简单和连接方便。

(3)母线还可以分为软母线和硬母线,软母线指多股铜绞线或钢芯铝绞线。

3. 软母线常用的线夹有哪几种?软母线施工中如何配置设备线夹?

答:软母线常用的线夹有:

(1)耐张线夹,用于固定平装母线。

(2)T形线夹,用于主母线引至电气设备的引下线连接。

(3)设备线夹,用于母线或引下线与电气设备的出线端连接。

软母线施工中配置设备线夹,首先了解各种设备接线端子的大小、材质、形状和角度;根据断面图中各种设备的高度差,配合适当的设备线夹,要考虑美观。

4. 安装软母线两端的耐张线夹时有哪些基本要求?

答:(1)断开导线前,应将要断开的导线端头用绑线缠绕3~4圈扎紧,以防导线破股。

(2)导线挂点的位置要对准耐张线夹的大头销孔中心,包带缠绕在导线上,两端长度应能使线夹两端露出50mm,包带缠绕方向应与导线外层绞线的扭向一致。

(3)选用线夹要考虑包带厚度,线夹的船形压板应放平,U形螺栓紧固后,外露的螺扣应有3~5扣。

(4)母线较短时,两端线夹的悬挂孔在导线不受力时应在同一侧。

5. 硬母线接触面加工时，其截面减少值不应超过原截面的多少？

答：硬母线接触面加工后，其截面减少允许值为：铜母线应不超过原截面的3%，铝母线应不超过5%。

6. 铜母线接头表面为什么要搪锡？

答：铜母线接头表面搪锡是为了防止铜在高温下迅速氧化和电化腐蚀，避免接触电阻增加。

7. 为什么母线的对接螺栓不能拧得过紧？

答：螺栓拧得过紧，则垫圈下母线部分被压缩，母线的截面减小，在运行中，母线通过电流而发热。由于铝和铜的膨胀系数比钢大，垫圈下母线被压缩，母线不能自由膨胀，此时如果母线电流减小，温度降低，因母线的收缩率比螺栓大，于是形成一个间隙。这样接触电阻加大，温度升高，接触面就易氧化而使接触电阻更大，最后使螺栓连接部分发生过热现象。一般情况下温度低螺栓应拧紧一点，温度高应拧松一点。所以母线的对接螺栓不能拧得过紧。

8. 绝缘子串、导线及避雷线上各种金具的螺栓（销）的穿入方向有什么规定？

答：（1）垂直方向者一律由上向下穿。

（2）水平方向者顺线路的受电侧穿；横线路的两边线由线路外侧向内穿，中相线由左向右穿（面向受电侧），对于分裂导线，一律由线束外侧向线束内侧穿。

（3）开口销、闭口销、垂直方向者向下穿。

9. 为什么用螺栓连接平放母线时，螺栓由下向上穿？

答：连接平放母线时，螺栓由下向上穿，主要是为了便于检查。因为由下向上穿时，当母线和螺栓因膨胀系数不一样或短路时，在电动力的作用下，造成母线间有空气间隙等，使螺栓向下落或松动。检查时能及时发现，不至于扩大事故。同时，这种安装方法美观整齐。

10. 母线着色有什么意义？母线标示颜色有什么要求？

答：母线着色可以增强热辐射能力，有利于母线的散热。母线标示颜色应符合下列规定：

（1）三相交流母线：A相－黄色；B相－绿色；C相－红色；单相交流母线：从三相母线分支来的应与引出颜色相同。

（2）直流母线：正极－棕色，负极－蓝色。

（3）三相电路的零线或中性线及直流电路的接地中线均应为淡蓝色。

（4）金属封闭母线，母线外表面及外壳内表面应为无光泽黑色，外壳外表面应为浅色。

11. 刷母线相色标识有哪些规定？

答：（1）室外软母线、金属封闭母线外壳、管形母线应在两端做相色标识。

（2）单片、多片母线及槽形母线的可见面应涂相色。

（3）钢母线应镀锌，可见面应涂相色。

（4）相色涂刷应均匀，不易脱落，不得有起层、皱皮等缺陷，并应整齐一致。

12. 母线哪些地方不准涂刷相色？

答：（1）母线的螺栓连接处及支撑点处、母线与电器的连接处，以及距所有连接处10cm以内的地方。

（2）供携带式接地线连接用的接触面上，以及距接触面长度为母线的宽度或直径的地方，且不应小于50mm。

13. 母线的相序排列是怎样规定的？

答：（1）上、下布置时，交流母线应由上到下排列为A、B、C相，直流母线应E极在上、负极在下。

（2）水平布置时，交流母线应由盘后向盘面排列为A、B、C相，直流母线应由盘后向盘西排列为正极、负极号。

（3）由盘前后向盘面看，交流母线的引下线应从左至右排列为A、B、C相，直流母线应正披在左、负极在右。

14. 什么是母线伸缩节？母线伸缩节总截面有什么要求？

答：母线伸缩节是指母线相邻两段间连接的弹性接头，具有补偿因安装尺寸偏差、温度变化、基础不均匀沉降等引起尺寸变化的功能。母线伸缩节不得有裂纹、断股和折皱现象，母线伸缩节的总截面不应小于母线截面的1.2倍。

15. 为什么不直接连接电气设备中的铜铝接头？

答：如把铜和铝用简单的机械方法连接在一起，特别是在潮湿并含盐分的环境中（空气中总含有一定水分和少量的可溶性无机盐类），铜、铝这对接头就相当于浸泡在电解液内的一对电极，便会形成电位差（相当于1.68V原电池）。在原电池作用下，铝会很快地丧失电子而被腐蚀掉，从而使电气接头慢慢松弛，造成接触电阻增大。当流过电流时，接头发热，温度升高还会引起铝本身的塑性变形，更使接头部分的接触电阻增大。如此恶性循环，直到接头烧毁为止。因此，电气设备的铜、铝接头应采用非闪光焊接的“铜铝过渡线夹”后再分别连接。

16. 硬母线怎样连接？

答：硬母线的连接方法有螺栓连接、焊接两种，母线螺栓连接时要均匀拧紧，铝母线连接不能过分拧紧，过分拧紧易造成母线局部变形，接触面反而减少。

17. 母线搭接面的处理有什么要求？

答：（1）经镀银处理的搭接面可直接连接。

（2）铜与铜的搭接面，室外、高温且潮湿或对母线有腐蚀性气体的室内应搪锡，在干燥的室内可直接连接。

（3）铝与铝的搭接面可直接连接。

（4）钢与钢的搭接面不得直接连接，应搪锡或镀锌后连接。

（5）铜与铝的搭接面，在干燥的室内，铜导体应搪锡，室外或空气相对湿度接近100%的室内，应采用铜铝过渡板，铜端应搪锡。

（6）铜与钢搭接时，铜搭接面应搪锡，钢搭接面应采用热镀锌。

（7）金属封闭母线螺栓固定搭接面应镀银。

18. 导线接头的接触电阻有何要求？

答：（1）硬母线应使用塞尺检查其接头紧密程度，如有怀疑时应做温升试验或使用直流电源检查触点的电阻或触点的电压降。

（2）对于软母线仅测触点的电压降，触点的电阻值不应大于相同长度母线电阻值的1.2倍。

19. 矩形母形平弯、立弯、扭弯各90°时，弯转部分长度有何规定？

答：（1）母线平弯90°时：母线规格在50mm×5mm以下者，弯曲半径R不得小于2.5h（h为母线厚度）；母线规格在60mm×5mm以上者，弯曲半径不得小于1.5h。

（2）母线立弯90°时：母线在50mm×5mm以下者，弯曲半径R不得小于1.5b（b为母线宽度）；母线在60mm×5mm以上者，弯曲半径R不得小于2b。

（3）母线扭转（扭腰）90°时：扭转部分长度应大于母线宽度b的2.5倍。

20. 硬母线怎样进行调直？

答：（1）放在平台上调直，平台可用槽钢、钢轨等平整材料制成。

（2）应将母线的平面和侧面都校直，可用木锤敲击调直。

（3）不得使用铁锤等硬度大于铝带的工具。

21. 软母线导线进行液压压接时应按照哪些规定进行？

答：（1）压接用的钢模应与被压管配套，液压钳应与钢模匹配。

（2）扩径导线与耐张线夹压接时，应用相应的衬料将扩径导线中心的空隙填满。

（3）导线的端头伸入耐张线夹或设备线夹的长度应达到规定的长度。

（4）压接时应保持线夹的正确位置，不得歪斜，相邻两模间重叠不应小于5mm。

（5）压接时应以压力值达到规定值为判断用力合格的标准。

（6）压接后六角形对边尺寸应为压接管外径的0.866倍，当任何一个对边尺寸超过压接管外径的0.866倍加0.2mm时，应更换钢模。

（7）压接管口应刷防锈漆。

22. 在绝缘子上固定矩形母线有哪些要求？

答：（1）母线固定金具与支柱绝缘子间的固定应平整牢固，不应使其所支持的母线受到额外应力。

（2）交流母线的固定金具或其他支持金具不应成闭合铁磁回路。

（3）当母线平置时，母线支持夹板的上部压极应与母线保持1～1.5mm的间隙，当母线立置时，上部压板应与母线保持1.5～2mm的间隙。

（4）母线在支柱绝缘子上的固定死点，每一段应设置1个，并宜位于全长或两母线伸缩节中点。

（5）管形母线安装在滑动式支持器上时，支持器的轴座与管母线之间应有1～2mm的间隙。

（6）母线固定装置应无棱角和毛刺。

23. 母线常见故障有哪些？

答：（1）接头因接触不良，电阻增大，造成发热严重使接头烧红。

（2）支持绝缘子绝缘不良，使母线对地的绝缘电阻降低。

（3）当大的故障电流通过母线时，在电动力和弧光作用下，使母线发生弯曲，折断或烧伤。

第八节 中 性 点

1. 什么是电力系统中性点？接地方式有哪几种？

答：电力系统中性点是指三相系统作星形连接的变压器和发电机的中性点。目前，我国电力系统常见的中性点运行方式（即中性点接地方式）可分为中性点非有效接地和有效接地两大类。中性点非有效接地包括不接地、经消弧线圈接地和经高阻抗接地。中性点有效接地包括直接接地和经低阻抗接地。

2. 不同中性点运行方式有什么特点？使用范围有什么要求？

答：（1）中性点不接地系统，发生单相接地时，其他两条完好相对地电压升到线电压，是正常时的$\sqrt{3}$倍，对绝缘要求较高。主要使用于500V以下的三相三线制系统和3～60kV系统。

（2）中性点经消弧线圈接地系统相对于不接地系统，大大减少了单相接地故障时流过接地点的电流。主要应用于不适合采用中性点不接地的、以架空线为主体的3～60kV系统。

（3）中性点直接接地系统的优点：发生单相接地时，其他两完好相对地电压不升高，可降低绝缘费用，电压等级越高越显著；缺点：发生单相接地短路时，短路电流大，要迅速切除故障部分，供电可靠性较差，并且对附近通信线路产生电磁干扰。主要应用在110kV及以上的系统。

（4）中性点经阻抗接地系统，限制接地相的电流，减少对周围通信线路干扰。可应用于较小城市的配电网。

3. 什么叫中性点位移？什么叫中性点位移电压？

答：三相电路中，在电源电压对称的情况下，如果三相负载对称，根据基尔霍夫定律，不管有无中线，中性点电压都等于零；若三相负载不对称，没有中线或中线阻抗较大，则负载中性点就会出现电压，即电源中性点和负载中性点间电压不再为零，我们把这种现象称为中性点位移。电源中性点和负载中性点之间的电压，称为中性点位移电压。

4. 消弧线圈有哪几种补偿方式？普遍采用的是哪种方式？

答：消弧线圈有三种补偿方式：欠补偿方式、过补偿方式和全补偿方式。普遍采用的是过补偿方式。

5. 简述在10kV中性点绝缘系统中，常发生的因电磁式电压互感器铁芯饱和引发的铁磁谐振的基本原理。

答：正常状态下各相阻抗呈容性，如某相（如B、C相）励磁电流因瞬时电压升高，铁芯饱和，电感电流增大，B、C相阻抗变成感性的，感性阻抗与容性阻抗抵消，使总阻抗显著减小，若参数配合不当，总阻抗接近于零，将发生串联谐振，中性点位移电压升高，叠加到三相电源电势上，其结果常使两相对地电压升高，一相对地电压降低，这是基波谐振的表现形式。

6. 什么是大电流接地系统？什么是小电流接地系统？它们的划分标准是什么？

答：中性点直接接地系统（包括经小阻抗接地的系统）发生单相接地故障时，接地短路电流很大，所以这种系统称为大电流接地系统。采用中性点不接地或经消弧线圈接地的系统，当某一相发生接地故障时，由于不能构成短路回路，接地故障电流往往比负荷电流小得多，所以这种系统称为小电流接地系统。

大电流接地系统与小电流接地系统的划分标准是依据系统的零序电抗X_0与正序电抗X_1的比值X_0/X_1。我国规定：凡是$X_0/X_1 \leqslant 4 \sim 5$的系统属于大接地电流系统，$X_0/X_1 > 4 \sim 5$的系统属于小接地电流系统。

7. 采用中性点经消弧线圈接地运行方式的原理是什么？

答：中性点非直接接地系统发生单相接地故障时，接地点将通过接地线路对应电压等级电网的全部对地电容电流。如果此电容电流相当大，就会在接地点产生间隙性电弧，引起过电压，从而使非故障相对地电压极大增加。在电弧接地过电压的作用下，可能导致绝缘损坏，造成两点或多点接地短路，使故障扩大。装设消弧线圈，是利用消弧线圈的感性电流补偿接地故障时的容性电流，使接地故障电流减少，以致自动熄弧，保证供电。

8. 什么情况下单相接地故障电流大于三相短路故障电流？

答：当故障点零序综合阻抗小于正序综合阻抗时，单相接地故障电流将大于三相短路故障电流。例如：在大量采用自耦变压器的系统中，由于接地中性点多，系统故障点零序综合阻抗往往小于正序综合阻抗，这时单相接地故障电流大于三相短路故障电流。

9. 什么是电力系统的序参数？零序参数有何特点？

答：在对称的三相电路中，流过不同相序的电流时，所遇到的阻抗是不同的，然而同一相序的电压和电流间，仍符合欧姆定律。任一元件两端的相序电压与流过该元件的相应的相序电流之比，称为该元件的序参数（阻抗）。零序参数（阻抗）与网络结构，特别是和变压器的接线方式及中性点接地方式有关。一般情况下，零序参数（阻抗）及零序网络结构与正、负序网络不一样。

10. 500kV 电网中并联高压电抗器中性点加小电抗的作用是什么？

答：补偿导线对地电容，使相对地阻抗趋于无限大，抵消潜供电流纵分量，从而提高重合闸的成功率。并联高压电抗器中性点小电抗阻抗大小的选择应进行计算分析，以防止造成铁磁谐振。

第九节　接　地　装　置

1. 什么叫接地体（极）？什么是接地线？什么叫接地装置？什么是零线？

答：接地体是指埋入地中并直接与大地接触的金属导体。接地体分为水平接地体和垂直接地体。接地线是指电气设备、杆塔的接地端子与接地体或零线连接用的在正常情况下不载流的金属导体。接地是指将电力系统或建筑物电气装置、设施过电压保护装置用接地线与接地体连接。接地装置是指接地体和接地线的总和。零线是指与变压器或发电机直接接地的中性点连接的中性线或直流回路中的接地中性线。

2. 电气设备接地有哪几种？并解释各种接地含义？

答：电气设备接地可分为四种：工作接地、保护接地、防雷接地和检修接地。工作接地是指为保证电力设备和设施安全运行和满足正常故障要求而进行的接地。如电源中性点的直接接地或经消弧线圈接地以及防雷设备的接地等，工作接地要求的电阻值为 0.5～10Ω。保护接地是指电气装置的外壳接地，高压设备接地保护的接地电阻阻值要求 1～10Ω。防雷接地是指为了让强大的雷电流安全导入地中，以减少雷电流流过时引起的电位升高。防雷接地的电阻值为 1～30Ω。检修接地是指在检修设备和线路时，切断电源，临时将检修的设备和线路的导电部分与大地连接起来，以防止电击事故的接地。

3. 保护接地和保护接零有什么区别？

答：保护接地是指电气装置的外壳接地。其目的是防止电气装置的绝缘被击穿后使金属外壳带电，使人体有触电危险。如电动机外壳接地与油断路器的金属外壳接地。

保护接零是指低压系统中，将电气装置的金属结构部分与中性线连起来。当发生接地故障时，可使保护装置迅速动作而切断故障电流，确保人员不触电。

4. 接地和接零有什么技术要求?

答:（1）由同一台发电机、同一台变压器或同一段母线供电的低压线路，不宜同时采用接零和接地两种保护方式，否则当采取保护接地的设备发生单相接地故障时，采取保护接零的设备外露可导电部分将带上危险的电压。

（2）在中性点直接接地的低压电网系统中，所有设备的外壳宜作接零保护，接在保护地线（PE）上；N 线（中性线）与外壳绝缘。

（3）在中性点不直接接地的电网中，所有设备的外壳宜作接地保护。

（4）禁止在保护地线（PE）或保护中线（PEN）上装设熔断器或单独的断流开关。

（5）保护地线 PE 或保护中线 PEN 必须有足够的截面积，以保证故障时短路电流的通过，并满足机械强度对最小尺寸的要求。

5. 什么叫接地电阻? 什么叫工频接地电阻和冲击接地电阻? 如何换算?

答: 接地体或自然接地体的对地电阻和接地线电阻的总和，称为接地装置的接地电阻；接地电阻的数值等于接地装置对地电压与通过接地体流入地中电流的比值。工频接地电阻是指按通过接地体流入地中工频电流求得的电阻。冲击接地电阻是指按通过接地体流入地中的冲击电流求得的电阻。

冲击接地电阻 R_{ch}与工频接地电阻 R_E的关系为

$$R_{ch} = \alpha R_E$$

式中，α 为接地体的冲击系数，与冲击电流的幅值、土壤电阻率及接地体的形式、尺寸等有关。α 一般小于 1，对于伸长接地体来说，则 α 可能大于 1。

6. 电气装置中哪些部分必须接地? 哪些部分不必接地?

答: 为了保证安全必须将正常时不带电而故障时可能带电的电气设备的外露导电部分采用保护接地或保护接零的措施。

（1）电气设备的下列外露导电部分应予接地:

1）电动机、变压器、电器、手携式及移动式用电器具等的金属底座和外壳。

2）发电机中性点柜外壳、发电机出线柜外壳。

3）电气设备传动装置。

4）互感器的二次绕组。

5）配电、控制、保护用的屏（柜、箱）及操作台等的金属框架和底座，全封闭组合电气的金属外壳。

6）户内、外配电装置的金属构架和钢筋混凝土构架以及靠近带电部分的金属遮栏和金属门。

7）交、直流电力电缆接线盒、终端盒和膨胀器的金属外壳和电缆的金属护层，可触及穿线的钢管、敷设线缆的金属线槽、电缆桥架。

8）金属照明灯具的外露导电部分。

9）在非沥青地面的居民区，不接地、经消弧线圈接地和电阻器接地系统中，无避雷线架空电力线路的金属杆塔和钢筋混凝土杆塔，装有避雷线的架空线路的杆塔。

10）安装在电力线路杆塔上的开关设备、电容器等电气装置的外露导电部分及支架。

11）铠装控制电缆的金属护层，非铠装或非金属护套电缆闲置的1～2根芯线。

12）封闭母线金属外壳。

13）箱式变电站的金属箱体。

（2）电气设备的下列外露导电部分可不接地：

1）在非导电场所，例如有木质、沥青等不良导电地面及绝缘墙的电气设备。

2）在干燥场所，交流额定电压50V以下，直流额定电压120V以下电气设备或电气装置的外露导电部分，但爆炸危险场所除外。

3）安装在配电屏、控制屏和电气装置上的电气测量仪表、继电器和其他低压电器等的外壳，以及当发生绝缘损坏时，在支持物上不会引起危险电压的绝缘子金属底座等。

4）安装在已接地的金属构架上电气接触良好的设备，如套管底座等，但爆炸危险场所除外。

5）额定电压220V及以下的蓄电池室内的支架。

6）与已接地的机座之间有可靠电气接触的电动机和电器的外露导电部分，但爆炸危险场所除外。

（3）外部导电部分中可能有电击危险的地方应予接地，通常需要接地的部分如下：

1）建筑物内或其上的大面积可能带电的金属构架可能与人发生接触时，则应予以接地，以提高其安全性。

2）电气操作起重机的轨道和桁架。

3）装有线缆的升降机框架。

4）电梯的金属提升绳或缆绳，如已与电梯本体连接成导电通路的则可不接地。

5）变电站或变压器室以外的线间电压超过750V的电器设备周围的金属间隔、金属遮栏等类似的金属围护结构。

6）活动房屋或旅游车中的裸露的金属部分，包括活动房屋的金属结构、旅游车金属车架应接地。

7. 变电站接地网的维护测量有哪些要求？

答：根据不同作用的接地网，其维护测量的要求也不同，具体内容如下：

（1）有效接地系统电力设备接地电阻，一般不大于0.5Ω。

（2）非有效接地系统电力设备接地电阻，一般不大于10Ω。

（3）1kV以下电力设备的接地电阻，一般不大于4Ω。

（4）独立避雷针接地网接地，一般不大于10Ω。

8. 母线及线路出口外侧作业怎样装设地线？

答：（1）检修母线时，应根据线路的长短和有无感应电压等实际情况确定地线数量；检修10m及以下的母线，可以只装设一组接地线。

（2）在门型架构的线路侧进行停电检修，如工作地点与所装接地线的距离小于10m，工作地点虽在接地线外侧，也可不另装接地线。

9. 安装接地装置一般有哪些要求？

答：接地体宜避开人行道和建筑物出入口附近；与建筑物的距离应不小于1.5m，与独立避雷针的接地体之间的距离应不小于3m。接地体的上端埋入深度应不小于0.6m，并应埋在冻土层以下的潮湿土壤中。

电气设备及构架应该接地部分，都应直接与接地体或它的接地干线相连接，不允许把几个接地的部分用接地线串联起来，再与接地体连接。

不论所需的接地电阻是多少，接地体都不能少于2根。其间距离应不小于2.5m。

接地线位置应便于检查，并不妨碍设备的拆卸与检修。接地线的颜色标示符合有关要求。

接地装置各接地体的连接，要用电焊或气焊，不允许用锡焊，且不得有虚焊；一般焊接时，可用螺钉、铆钉连接，但必须防止锈蚀。

10. 接地装置在检修作业前的检查和试验项目有哪些？

答：（1）接地线是否折断、损伤或严重腐蚀。

（2）接地支线与接地干线的连接是否牢固。

（3）接地点土壤是否因外力影响而有松动。

（4）接地线、接地体及其连线处是否完好无损。

（5）检查全部连接点的螺栓是否有松动，并应加以紧固。

（6）挖开接地引下线周围的地面，检查地下0.5m左右地线受腐蚀的程度，腐蚀严重时应更换。

（7）检查接地线的连接卡及跨接线等的接触是否完好。

（8）人工接地体周围地面上，不应堆放及倾倒有强烈腐蚀性的物质。

11. 接地网的电阻过大可能会产生哪些危害？

答：接地网起着工作接地和保护接地的作用，当接地电阻过大时，可能会产生的危害：

（1）发生接地故障时，使中性点电压偏移增大，可能使非故障相和中性点电压过高，超过绝缘要求的程度而造成设备损坏。

（2）在雷击或雷电波袭击时，因为电流很大，会产生很高的残压，使邻近的设备遭受到回击，并降低接地网本身保护（架空输电线路及变电站电气设备）带电导体的耐雷水平，达不到设计的要求而损坏设备。

12. 接地装置异常现象有哪些？如何进行处理？

答：（1）接地体的接地电阻值增大。一般是因为接地体严重锈蚀或接地体与接地干线接触不良引起的，应更换接地体或紧固连接处的螺栓或重新焊接。

（2）接地线局部电阻值增大。因为连触点或跨接过渡线轻度松散，连接点的接触面存在氧化层或污垢引起电阻值增大，应重新紧固螺栓或清除氧化层和污垢后再拧紧。

（3）接地体露出地面。把接地体深埋，并填土覆盖、夯实。

（4）遗漏接地或接错位置。在检修中应重新安装时，应补接好或改正接线错误。

（5）接地线有机械损伤、断股或化学腐蚀现象。应更换截面积较大的镀锌或镀铜接地线，或在土壤中加入中和剂。

（6）连触点松散或脱落。发现后应及时紧固或重新连接。

13. 接地装置故障类型主要有哪些？

答：（1）接地装置腐蚀。

（2）接地装置断路。

（3）接地电阻不合格。

（4）接地装置热稳定性不合格。

14. 接地装置为什么会发生断路现象？

答：（1）电气设备与接地线、接地网的连接处有松动现象。

（2）接地线损伤、断股，固定螺丝有松动现象。

（3）对于移动式电气设备，接地线接触不好，有松动、脱落、断股现象。

15. 分析接地电阻值不合格的可能原因。

答：（1）接地装置焊接处开焊脱落。

（2）接地线与电气设备连接处、接地网连接螺丝松动或接触不良。

（3）接地线机械损伤，断线断股及严重腐蚀（截面积小于30%时）。

（4）接地体被雨水冲刷或动土挖掘露出地面。

（5）对于含有重酸、碱、盐和金属矿盐等化学成分的土壤地带，应定期对接地装置的地下500mm以上部位挖开地面进行检查，观察接地体的腐蚀程度。

（6）检查分析所测量的接地电阻值变化情况是否符合要求，并在土壤电阻率最大时进行测量，做好记录，便于分析比较。

（7）设备检修后，接地线未拉牢固、接地支线和接地干线之间连接不牢固。

16. 分析接地装置热稳定性不合格的原因。

答：（1）地网建设早，电网不断扩大。

（2）接地装置个别连接线截面积小，不满足要求。

（3）接地装置年长日久腐蚀严重。

（4）个别工程设计时，忽视校验接地装置的热稳定性。

Chapter 7 | 第七章

变电站直流系统检修

1. 什么是直流系统？主要作用是什么？

答：蓄电池、充电设备、直流柜、直流馈电柜等直流设备组成电力系统中变电站的直流电源系统，简称直流系统。

直流系统的作用：① 发电厂、换流站的直流系统在正常状态下为断路器跳/合闸、继电保护及自动装置、断路器跳闸与合闸、继电保护及自动装置、通信等提供直流电源；② 在站用电中断情况下，发挥其“独立电源”的作用——为继电保护及自动装置、断路器跳闸与合闸、通信、事故照明等提供电源。

2. 解释直流系统型号及含义，解释型号“GZDW31 - 200Ah/220/30A - M”含义。

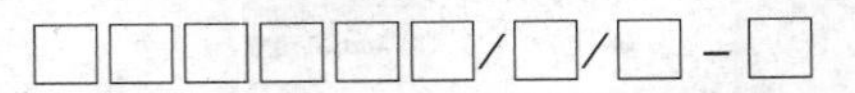

答：第一个字符表示柜；第二个字符表示直流电源；第三个字符表示电力系统；第四个字符表示充电装置种类；第五个字符表示设计序号；第六个字符表示蓄电池额定容量及组数（双蓄电池×2，用 Ah 表示）；第七个字符表示直流标称电压（V）；第八个字符表示直流额定电流（A）；第九个字符表示蓄电池种类（M—阀控式密封铅酸蓄电池，F—固定型防酸式铅酸蓄电池）。

“GZDW31 - 200Ah/220/30A - M”含义：G—柜式结构；Z—直流电源；D—电力系统用；W—微机型；31—设计序号表示单充电机、单蓄电池组、单母线；200Ah—蓄电池额定容量 200Ah；220—直流标称电压；30A—直流额定电流；M—阀控式密封铅酸蓄电池。

3. 什么是直流电源设备？直流电源如何分类？

答：直流电源设备是由充电装置、蓄电池、馈出回路、调压装置和相关的控制、测量、信号、保护、调节单元等设备组成，制造厂负责完成所有内部电气和机械的连接，用结构部件完整地组合在一起的一种组合体。直流电源按变换方式分为 AC/DC 和 DC/DC 两类，按输入输出电路是否隔离分为隔离型和非隔离型两类。

4. 直流系统操作电源主要有哪几种形式？

答：（1）蓄电池组直流电源。蓄电池一般分为酸性蓄电池或碱性蓄电池两种。前者维护比较复杂，但端电压高、冲击电流大；后者维护简便、寿命长，但电流较小。蓄电池是独立的电源，不会受电力网的影响。它具有电压稳定、使用方便和安全可靠等优点，并可根据需要选择容量（或形式）。目前电力系统主要应用的是铅酸蓄电池和少部分镉镍碱性蓄电池。

（2）带电容器储能的硅整流直流电源。由硅整流设备和储能电容器构成，将站用交流电源变为直流作为操作电源。

（3）复式整流直流电源。复式整流是指整流装置的交流电源不但由所用变压器或电压互感器供电，还有由反映短路电流的电流互感器供电，前者称为电压源，后者称为电流源。

5. 什么是开关电源？相比直流电源有什么特点？

答：广义地说，采用电力半导体件作为开关，实现对电能形式的变换和控制的变流装置都可称为开关电源，但一般来说，开关电源是指上述变流装置中的直流电源。开关电源是通过控制电力电子开关器件的导通比，也就是电力电子器件开通和关断的时间比例来调节或稳定输出的电源装置。电力电子器件一般采用 MOSFET 或 IGBT，控制一般采用开关电源专用控制集成电路。开关电源与相同功率的直流电源相比，具有效率高、可靠性高、输出直流技术性能好，稳压范围宽、体积小、质量轻等特点。

6. 什么蓄电池 GEL 技术？什么是蓄电池 AGM 技术？

答：GEL 技术是把硫酸与 SiO_2 溶胶混合，然后灌入电池壳内，几小时后充满隔板和极板及电池槽各个部分并固化，这种结构从宏观上看，是传统富液式电池加入胶体电介质。

AGM 技术是选用超细玻璃纤维隔膜吸收电解液，放置在正/负极板中间代替所有的隔板和包裹电极的物质。

7. 什么是铅酸蓄电池？简述其工作原理。

答：铅酸蓄电池是一种化学能源，含以稀硫酸为主的电解质、二氧化铅正极和铅负极的蓄电池。铅酸蓄电池的工作原理如下：

（1）充电。将蓄电池与直流电源连接进行充电，正极板上的硫酸铅变成棕褐色二氧化铅（PbO_2），在负极板上的氧化铅变成灰色绒状铅（Pb）。

（2）放电。将蓄电池与负载接通，硫酸在水中，部分分子分解为氢离子（H^+）和硫酸根离子（SO_4^{2-}），并且氢离子移向正极板，并发生化学反应

$$PbO_2 + 2H^+ + H_2SO_4 + 2e \longrightarrow PbSO_4 + 2H_2O$$

硫酸根离子移向负极板，并发生化学反应

$$Pb + SO_4^{2-} \longrightarrow PbSO_4 + 2e$$

充电和放电循环过程中的可逆化学反应式为

$$\underset{（正极）}{PbO_2} + H_2SO_4 + \underset{（负极）}{Pb} \longleftrightarrow \underset{（正极）}{PbSO_4} + 2H_2O + \underset{（负极）}{PbSO_4}$$

8. 铅酸蓄电池在充、放电过程中发生什么现象？

答：放电时，正极板由深褐色的二氧化铅逐渐变为硫酸铅，正极板的颜色变浅；负极板由灰色的绒状铅逐渐变为硫酸铅，负极板的颜色也变浅；电解液中的水分增加，浓度和密度

逐渐下降；蓄电池的内阻逐渐增加，端电压逐渐下降。

充电时，正极板由硫酸铅逐渐变为二氧化铅，颜色逐渐恢复为深褐色；负极板由硫酸铅逐渐变为绒状铅，颜色逐渐恢复成灰色；电解液中的水分减少，浓度和密度逐渐上升；充电接近完成时，正极板上的硫酸铅大部分恢复为二氧化铅，氧离子因找不到和它起作用的硫酸铅而析出，所以在正极板上产生了气泡，在负极板上，氢离子最后也因找不到和它起作用的硫酸铅而析出，所以在负极上也有气泡产生；蓄电池的内阻逐渐减小，而端电压逐渐升高。

9. 什么是蓄电池的自放电？产生的主要原因是什么？有何危害？

答：充足电的蓄电池虽未经使用，但经过一定时期后也会失去电量，此现象称为蓄电池的自放电。

产生自放电的主要原因首先是由于电解液及极板含有杂质，形成局部小电池，小电池两极又形成短路回路，短路回路内的电流引起自放电。其次，由于电解液上下密度不同，极板上下电动势的大小不等，因而在正负极板上下之间的均压电流也会引起蓄电池的自放电。自放电现象随电池的老化程度会加剧。

蓄电池的自放电会使极板硫化，通常铅酸蓄电池在一昼夜之内，由于自放电而使蓄电池容量减少0.5% ~1% 。

10. 什么是蓄电池浮充电、均衡充电？

答：浮充电是指在充电装置的直流输出端始终并接着蓄电池和负载，以恒压充电方式工作。正常运行时充电装置在承担经常性负荷的同时向蓄电池补充充电，以补偿蓄电池的自放电，使蓄电池组以满容量的状态处于备用。

均衡充电是指为补偿蓄电池在使用过程中产生的电压不均匀现象，使其恢复到规定的范围内而进行的充电。

11. 什么叫蓄电池初充电、充电终止电压、放电终止电压？

答：蓄电池初充电是指新的蓄电池在交付使用前，为完全达到荷电状态所进行的第一次充电。充电程序应参照制造厂家说明书进行。

充电终止电压是指以规定的恒电流充电，在充电步骤结束时达到的电压。充电终止电压可以用来确定充电过程的终止。

放电终止电压是指规定的放电终止时的电压。

12. 蓄电池室对照明有何规定？对室温及液温有何要求？

答：照明规定：

（1）蓄电池室照明应使用防爆灯，并至少有一个接在事故照明线上。

（2）开关、插座及熔断器应置于蓄电池室外。

（3）照明线应用耐酸碱的绝缘导线。

按厂家规定，蓄电池电解液的温度在15 ~35℃最为合适，室内应保持适当的温度，并保持良好的通风和照明。在没有取暖设备的地区，已经考虑了电池允许降低容量，则温度可以低于10℃，但不能低于0℃。

13. 如何进行铅酸蓄电池核对性充、放电？

答：核对性放电，采用10h的放电率进行放电，可放出蓄电池额定容量的50%～60%，终止电压为1.8V。但为了保证满足负荷的突然增加，当电压降至1.9V时应停止放电，并立即进行正常充电或者均衡充电。

正常充电时，一般采用10h放电率的电流进行充电，当两极板产生气泡和电池电压上升至2.4V时，再将充电电流减半继续充电，直到充电完成。

14. 铅酸蓄电池浮充电流的大小与哪些因素有关？

答：（1）电池的新旧程度。

（2）电解液的相对密度和温度。

（3）电池的绝缘情况。

（4）电池的局部放电大小。

（5）浮充时负载的变化情况。

（6）浮充前电池的状况。

15. 铅酸蓄电池极板发生短路有哪些现象？

答：充电时，产生气泡的时间比正常情况晚，电压低、电解液密度低，并且在充电后无变化，但电解液的温度却比正常情况高。放电时电压很快降到极限放电电压值，容量也有显著降低。

16. 什么是阀控式密封铅酸蓄电池？有什么特点？如何分类？

答：阀控式密封铅酸蓄电池是指带有阀的密封蓄电池，在电池内压超出预定值时允许气体逸出。这种电池或电他组在正常情况下不能添加电解质。阀是指允许气体仅朝一个方向流动的电池组件。阀具有特有的排气（即开启）压力和关闭压力。

正常使用时保持气密和液密状态，当内部气压超过预定值时，安全阀自动开启，释放气体，当内部气压降低后安全阀自动闭合，同时防止外部空气进入蓄电池内部，使其密封。蓄电池在使用寿命期间，正常使用情况下无需补加电解液。阀控式密封铅酸蓄电池解决了水分损耗的问题，并实现了密封和减少维护量，提高设备可靠性，减少环境污染，并且性价比高，质量稳定。

阀控式密封铅酸蓄电池为了不使电解液流动，采用了两种方法：

（1）使电解液胶体化。

（2）使电解液吸收于多孔基中。从而形成胶体式和吸液式（贫液式）两种。国内大多采用胶体式。

17. 阀控蓄电池的充放电制度有哪些要求？

答：（1）恒流限压充电。采用I_{10}电流进行恒流充电，当蓄电池组端电压上升到2.3～

2. 35V · N 限压值时，自动或手动转为恒压充电。

（2）恒压充电。在 2. 3 ~2. 35V · N 的恒压充电方式下，I_{10}充电电流逐渐减小，当充电电流减少至 0. 1I_{10}电流时，充电装置的倒计时开始启动，当整定的倒计时结束时，充电装置将自动或手动转为正常的浮充电方式运行。浮充电电压值宜控制在 2. 23 ~2. 38V · N。

（3）补充充电。为了弥补运行中因浮充电流调整不当造成的欠充，补偿不了阀控蓄电池自放电和爬电漏电所造成蓄电池容量的亏损，根据需要设定时间（一般为 3 个月）充电装置将自动地或手动进行一次"恒流限压充电—恒压充电—浮充电"过程，使蓄电池组随时具有满容量，确保运行安全可靠。补充充电应合理掌握，确在必要时进行，防止频繁充电影响蓄电池的质量和寿命。

18. 阀控密封式铅酸蓄电池在什么情况下需进行均衡充电？

答：（1）蓄电池已放电到极限电压后。

（2）以最大电流放电，超过了限度。

（3）蓄电池放电后，停放了 1 ~2 昼夜而没有及时充电。

（4）个别电池极板硫化，充电时密度不易上升。

（5）静止时间超过 6 个月。

（6）浮充电状态持续时间超过 6 个月。

19. 如何判断阀控密封式铅酸蓄电池放电完成？

答：（1）当蓄电池组在放电时，以放电端电压最低的一个电池为衡量标准，其端电压到达该放电小时率所对应的终了电压，这时为该蓄电池组的放电已经终了，必须立即停止该蓄电池组的放电。

（2）当阀控式蓄电池的放电量已经到达该放电小时率的标称额定容量时，就认为该蓄电池组的放电已经终了，并立即停止放电。

20. 什么是过放电，过放电对阀控式蓄电池有什么影响？

答：过放电是指蓄电池在放电终了时仍继续放电。过放电对阀控式蓄电池的影响：

（1）对电池极板的影响。造成电化学极化增大，极化电阻增大；同时电解液密度随着过放电的深入而迅速减小，导致电池内阻急剧增大。

（2）容易造成电池反极。蓄电池在运行中是串联成组的，当电池过放电时，整组电池中就会有某只甚至几只电池不能输出电能，而不能输出电能的电池又会吸收其他电池放出的电能。由于整组电池是由每只电池串联起来的，这样吸收电能的电池就会被反向充电，造成电极极板反极，导致整组电池的输出电压急剧下降；对电池而言，由于反极，在充电时正、负极板上所有的活性有效物质难以完全还原，使活性物质的有效成分减少，造成电池容量下降。

（3）过充电会使蓄电池温度很快升高，甚至会造成热失控，从而使电池失效。

21. 温度对阀控式蓄电池寿命有什么影响？

答：影响电池使用容量，影响电池充电效率，影响电池自放电速率，影响电池极板使用寿命。

22. 什么是核对性放电？为何阀控式蓄电池要进行核对性放电？如何对其进行核对性放电？

答：核对性放电是指在正常运行中的蓄电池组，为了检验其实际容量，将蓄电池组脱离运行，以规定的放电电流进行恒流放电，只要其中一个单体蓄电池放到了规定的终止电压，应停止放电。

长期处于限压限流的浮充电运行方式或只限压不限流的运行方式，无法判断蓄电池的现有容量、内部是否失水或干枯。通过核对性放电，可以发现蓄电池容量缺陷。

对于全站仅一组阀控式蓄电池组的核对性放电。不应退出运行，也不应进行全核对性放电，只允许用 I_{10}（10h 放电率的电流）放出其额定容量的 50%，在放电过程中，蓄电池组的端电压不应低于 2V · N。放电后，应立即用 I_{10} 电流进行限压充电—恒压充电—浮充电。反复放充 2 ~ 3 次，蓄电池容量可以得到恢复。若有备用蓄电池组时，该蓄电池可以替换进行全核对性放电。

对于两组蓄电池组的核对性放电。则一组运行，另一组退出运行进行全核对性放电。放电用 I_{10} 恒流，当蓄电池组端电压下降到 1.8V · N 时，停止放电。隔 1 ~ 2h 后，再用 I_{10} 电流进行恒流限压充电—恒压充电—浮充电。反复充放 2 ~ 3 次，蓄电池容量可以得到回复。若经过 3 次全核对性放充电，蓄电池组容量均达不到其额定容量的 80% 以上，则应更换。

核对性放电周期。新安装的蓄电池在验收时应进行，以后每 2 ~ 3 年应进行一次；运行了 6 年以后的宜每年进行一次；备用搁置的应每 3 个月进行一次补充充电。

23. 阀控蓄电池常见故障有哪些？如何处理？

答：（1）阀控蓄电池壳体异常。造成的原因有：充电电流过大，充电电压超过了 2.4V · N，内部有短路或局部放电、温升超标、阀控失灵。处理方法：减小充电电流，降低充电电压，检查安全阀体是否堵死。

（2）运行中浮充电压正常，但一放电，电压很快下降到终止电压值，原因是蓄电池内部失水干涸、电解物质变质。处理方法是更换蓄电池。

24. 硅整流电容储能直流电路由哪些部分组成？硅整流有什么优、缺点？

答：硅整流电容储能直流电路由充电回路、储能回路、放电回路和检测回路四部分组成。硅整流实用寿命长，维护工作量小；体积小，造价低。但是不能独立使用，需加补偿电容、自投装置、逆止阀、限流电阻、稳压、稳流和滤波装置等附件，二次回路复杂；并且受电网影响大，需具备较可靠的交流电源。

25. 为什么可控硅整流电路中要采取过电压保护措施？

答：在可控硅整流电路的交流输入端、直流输出端及元件上，都接有 RC 吸收网络或硒堆等过电压保护，因为可控硅的耐受过电压的能力较差，而在交流侧及直流侧会经常产生一些过电压，如电网操作过电压、雷击过电压、直流侧电感负载电流突变时感应过电压、熔断器熔断引起过电压和可控硅换向时过电压等，都有可能导致元件损坏或性能下降，所以要采取过电压保护措施。

26. 使用可控硅整流设备应注意哪些事项?

答:（1）投切可控硅充电机时，必须将可控硅调节电位器旋至最低，使输出的直流电压为零；投入后，调节电位器应由零到高缓缓调节。

（2）不准任意改变运行中可控硅充电机的运行状态，改变“手动—自动”、“稳压—稳流”运行状态时，必须在可控硅充电机停用时切换选择开关。

27. 可控硅整流装置输出电压异常如何处理?

答:（1）直流电压输出降低，经调压后仍不能升高时，应检查交流电压是否过低，整流元件是否损坏或失去脉冲，熔断器是否熔断，交流电源是否非全相运行。

（2）直流输出电压高，经调压后仍不能下降的，可能是由于直流负荷太小，小于允许值。此时应将全部负荷投入。

28. 在什么情况下，整流电路采用电容滤波和电感滤波？滤波效果有什么不同?

答:对于输出电流较小的电路，如控制电路等，一般采用电容滤波较为合适。对于输出电流较大的电路，一般采用电感滤波效果好。对于要求直流电压中脉动成分较小的电路，如精度较高的稳压电源，常采用电容电感滤波。

用电容器滤波输出电压较高，最大可接近整流后脉动电压的幅值。用电感滤波时，输出电压可接近整流后脉动电压的平均值。用电容电感滤波，当电容和电感足够大时，输出电压脉动更小。

29. 直流系统发生正极接地和负极接地时对运行有何危害?

答:直流系统发生正极接地时，有可能造成保护误动，因为电磁机构的跳闸线圈通常都接于负极电源，倘若这些回路再发生接地或绝缘不良就会引起保护误动作。直流系统负极接地时，如果回路中再有一点接地时，就可能使跳闸或合闸回路短路，造成保护装置和断路器拒动，烧毁继电器，或使熔断器熔断。

30. 直流系统为什么要装设绝缘监察装置?

答:发电厂和变电站的直流系统与继电保护、信号装置、自动装置以及户内配电装置的端子箱、操动机构等连接，直流系统比较复杂，发生接地故障的机会较多，当发生一点接地时，无短路电流流过，熔断器不会熔断，所以可以继续运行。但当另一点接地时，可能引起信号回路、继电保护等不正确动作，为此，直流系统应设绝缘监察装置。

31. 寻找直流接地点的一般原则是什么?

答:（1）对于两段以上并列运行的直流母线，先采用“分网法”寻找，拉开母线分段开关，判明是哪一段母线接地。

（2）对于母线上允许短时停电的负荷馈线，可采用“瞬间停电法”寻找接地点。
（3）对于不允许短时停电的负荷馈线，则采用“转移负荷法”寻找接地点。
（4）对于充电设备及蓄电池，可采用“瞬间解列法”寻找接地点。

32. 查找直流接地的注意事项有哪些？

答：（1）查找接地点禁止使用灯泡寻找的方法。
（2）用电压表检查时所用电压表的内阻不应低于2000Ω/V。
（3）当直流系统发生接地时禁止在二次回路上工作。
（4）处理时不得造成短路或另一点接地。
（5）查找和处理必须由两人进行。
（6）拉路前应采取必要措施防止直流失压可能引起的保护装置误动。

33. 变电站直流系统分成若干回路供电，各个回路不能混用，为什么？

答：在直流系统中，各种负荷的重要程度不同，所以一般按用途分成几个独立的回路供电。直流控制及保护回路由控制母线供电，开关合闸由合闸母线供电。这样可以避免相互影响，便于维护和查找、处理故障。

34. 直流母线电压监视装置有什么作用？母线电压过高或过低有何危害？

答：直流母线电压监视装置的作用是监视直流母线电压在允许范围内运行。当母线电压过高时，对于长期充电的继电器线圈、指示灯等易造成过热烧毁；母线电压过低时则很难保证断路器、继电保护可靠动作。因此，一旦直流母线电压出现过高或过低的现象，电压监视装置将发出预告信号，运行人员应及时调整母线电压。

35. 试述寻找接地点具体的试拉、试合步骤。

答：（1）拉、合临时工作电源、试验室电源、事故照明电源。
（2）拉、合备用设备电源。
（3）拉、合绝缘薄弱、运行中经常发生接地的回路。
（4）按先室外后室内的顺序、拉、合断路器合闸电源。
（5）拉、合载波室通信电源及远动装置电源。
（6）按先次要设备后主要设备的顺序拉、合信号电源、中央信号电源及操作电源。
（7）试解列充电设备。
（8）将有关直流母线并列后，试解列蓄电池，并检查端电池调节器。
（9）倒换直流母线。

36. 试述变电站直流系统的检修分类及检修项目。

答：A类检修：
（1）整体更换。
（2）主要单元或装置（蓄电池组、充电装置、馈线柜）整组更换。

（3）相关试验。

B 类检修：

（1）局部检修或更换。更换不合格单体蓄电池；更换故障充电模块；更换或现场检修监控装置；更换或现场检修绝缘监测装置。

（2）相关试验。

C 类检修：

（1）更换端子排、直流断路器（熔断器）等。

（2）单节电池活化处理。

（3）防酸隔爆帽等清洗。

（4）相关试验。蓄电池核对性充放电；充电装置特性试验；接地选线试验；绝缘监测装置试验；电压监测试验（直流断路器脱扣、熔断器熔断试验）；母线调压装置试验。

D 类检修：

（1）带电测试及维修。电池清扫；内阻测试；清扫、检查、维修。

（2）检查巡视。

37. 蓄电池在线监测设备有哪些功能？

答：监测运行蓄电池组中单只蓄电池端电压的装置，测量环境温度和蓄电池电流，测量单只蓄电池内阻。根据在线监测数据综合统计、分析、判断蓄电池组运行的状态和可靠性。可以避免蓄电池极端状况发生，如蓄电池开路、接触不良导致的放电电压降低等，从而保证直流系统的安全性和稳定性。

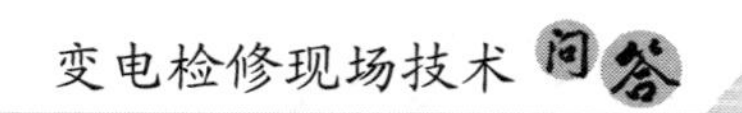

第八章 Chapter 8

电　气　试　验

第一节　电气试验基础知识

1. 高压试验现场应做好哪些现场安全措施?

答: 试验现场应装设遮栏或围栏，遮栏或围栏与试验设备高压部分应有足够的安全距离，向外悬挂“止步，高压危险!”的标示牌，并派人看守。被试设备两端不在同一点时，另一端还应派人看守。非试验人员不得进入试验现场。

2. 高压试验加压前应注意些什么?

答: 加压前必须认真检查试验接线，使用规范的短接线，表计倍率、量程、调压器零位及仪表的开始状态均正确无误，经确认后，通知所有人员离开被试设备，并取得试验负责人许可，方可加压，加压过程中应有人监护并呼唱。

3. 对现场使用的电气仪器仪表有哪些基本要求?

答:（1）要有足够的准确度，仪表的误差应不大于测试所需准确度等级的规定，并有定期检验合格证书。

（2）抗干扰的能力要强，即测量误差不应随时间、温度、湿度以及电磁场等外界因素的影响而显著变化，其误差应在规定的范围内。

（3）仪表本身消耗的功率越小越好，否则在测小功率时，会使电路工况改变而引起附加误差。

（4）为保证使用安全，仪表应有足够的绝缘水平。

（5）要有良好的读数装置，被测量的值应能直接读出。

（6）使用维护方便、坚固，有一定的机械强度。

（7）便于携带，有较好的耐振能力。

4. 介电系数在绝缘结构中的意义是什么?

答: 高压电气设备的绝缘结构大都由几种绝缘介质组成，不同的绝缘介质其介电系数也不同。介电系数小的介质所承受的电场强度高，如高压设备的绝缘材料中有气隙，气隙中空气的介电系数较小，则电场强度多集中在气隙上，常使气隙中空气先行游离而产生局部放电，促使绝缘老化，甚至绝缘层被击穿，引起绝缘体电容量的变化。因此，在绝缘结构中介电系数是影响电气设备绝缘状况的重要因素。

5. 影响绝缘电阻测量的因素有哪些？各产生什么影响？

答：（1）温度。温度升高，绝缘介质中的极化加剧，电导增加，绝缘电阻降低。

（2）湿度。湿度增大，绝缘表面易吸附潮气形成水膜，表面泄漏电流增大，影响测量准确性。

（3）放电时间。每次测量绝缘电阻后应充分放电，放电时间应大于充电时间，以免被试品中的残余电荷流经绝缘电阻表中流比计的电流线圈，影响测量的准确性。

6. 放电时间对绝缘电阻测量有什么影响？

答：每次测量绝缘电阻后应充分放电，放电时间应大于充电时间，以免被试品中的残余电荷流经绝缘电阻表中流比计的电流线圈，影响测量的准确性。

7. 交流电压作用下的电介质损耗主要包括哪几部分？怎么引起的？

答：（1）电导损耗。它是由泄漏电流流过介质而引起的。

（2）极化损耗。因介质中偶极分子反复排列相互克服摩擦力造成的，在夹层介质中，边界上的电荷周期性的变化造成的损耗也是极化损耗。

（3）游离损耗。气隙中的电晕损耗和液、固体中局部放电引起的损耗。

8. 影响介质绝缘强度的因素有哪些？

答：（1）电压的作用。除了与所加电压的高低有关外，还与电压的波形、极性、频率、作用时间、电压上升的速度和电极的形状等有关。

（2）温度的作用。过高的温度会使绝缘强度下降甚至发生热老化、热击穿。

（3）机械力的作用。如机械负荷、电动力和机械振动使绝缘结构受到损坏，从而使绝缘强度下降。

（4）化学的作用。包括化学气体、液体的侵蚀作用会使绝缘受到损坏。

（5）大自然的作用。如日光、风、雨、露、雪、尘埃等的作用会使绝缘产生老化、受潮、闪络。

9. 在小电容量试品的介质损耗因数 $\tan\delta$ 测量时，应注意哪些外界因素的影响？

答：（1）电力设备绝缘表面脏污。

（2）电场干扰和磁场干扰。

（3）试验引线的设置位置、长度。

（4）温度与湿度。

（5）周围环境杂物等。

10. 为什么介质的绝缘电阻随温度升高而减小？

答：绝缘材料电阻系数很大，其导电性质是离子性的，而金属导体的导电性质是自由电子性的，在离子性导电中，作为电流流动的电荷是附在分子上的，它不能脱离分子而移动。当绝缘材料中存在一部分从结晶晶体中分离出来的离子后，则材料具有一定的导电能力，当温度升高时，材料中原子、分子的活动增加，产生离子的数目也增加，因而导电能力增加，绝缘电阻减小。而在自由电子性导电的金属中，其所具有的自由电子数目是固定不变的，而且不受温度影响，当温度升高时，材料中原子、分子的运动增加，自由电子移动时与分子碰撞的可能性增加，因此，所受的阻力增大，即金属导体随温度升高电阻增大。

11. 什么是介质的吸收现象？

答：绝缘介质在施加直流电压后，常有明显的电流随时间衰减的现象，这种衰减可以延续到几秒、几分钟甚至更长的时间。特别是测量大容量电气设备的绝缘电阻时，通常都可以看到绝缘电阻随充电时间的增加而增加，这种现象称为介质的吸收现象。

12. 什么是吸收比？为什么要测量吸收比？

答：测量60s时的绝缘电阻值与15s时的绝缘电阻值之比称为吸收比。测量吸收比的目的是发现绝缘受潮。吸收比除反映绝缘受潮情况外，不能反映整体和局部缺陷。

13. 测量介质损耗角正切值有何意义？

答：测量介质损失角正切值是绝缘试验的主要项目之一。它在发现绝缘受潮、老化等分布性缺陷方面比较灵敏有效。在交流电压的作用下，通过绝缘介质的电流包括有功分量和无功分量，有功分量产生介质损耗。介质损耗在电压频率一定的情况下，与 $\tan\delta$ 成正比。对于良好的绝缘介质，通过电流的有功分量很小，介质损耗也很小，$\tan\delta$ 很小，反之则增大。因此通过介质损失角正切值的测量就可以判断绝缘介质的状态。

14. 为什么介质损失角正切值的大小是判断绝缘状况的重要指标？

答：绝缘介质在电压作用下都有能量损耗，如果损耗较大，会使介质温度不断上升，促使材料发热老化以至损坏，从而丧失绝缘性能而击穿。因此介质损失角正切值（$\tan\delta$）的大小对判断介质的绝缘状况有很大意义。

15. 电介质的 $\tan\delta$ 值表征的物理意义是什么？

答：电介质的 $\tan\delta$ 值称为介质损耗因数，表征的是电介质中流过电流的有功分量和无功分量的比值。对于均匀介质，它反映单位体积内的介质损耗，且与绝缘材料的结构、形状、几何尺寸等无关。

16. 现场用电桥测量介质损耗因数出现 $-\tan\delta$ 的主要原因是什么？

答：现场用电桥测量介质损耗因数出现 $-\tan\delta$ 的主要原因：

（1）标准电容器 C_N 有损耗，且 $\tan\delta_N > \tan\delta_X$。

（2）电场干扰。

（3）试品周围构架杂物与试品绝缘结构形成的空间干扰网络的影响。

（4）空气相对湿度及绝缘表面脏污的影响。

17. 介质损耗因数测量为什么通常不能发现大容量试品的局部缺陷？

答： 对于电容量较大的设备（如大、中型变压器，电力电容等），测量介质损耗因数只能发现整体分布性缺陷，因为局部集中性的缺陷所引起的损失增加只占总损失的极小部分，不足以使整台设备的介质损耗因数明显变化而被掩盖。因此不能从整体的介质损耗因数反映出来。

18. 为什么套管注油后要静置一段时间才能测量其 $\tan\delta$？

答： 检修注油后的套管，无论是采取真空注油还是非真空注油，总会或多或少地残留少量气泡在油中。这些气泡在试验电压下往往发生局部放电，因而使实测的 $\tan\delta$ 增大。为保证测量的准确度，对于非真空注油及真空注油的套管，一般都采取注油后静置一段时间且多次排气后再进行测量的方法，从而纠正偏大的误差。

19. 直流高电压试验有什么条件要求？

答： 试验宜在干燥的天气条件下进行。试品和周围的物体必须有足够的安全距离。试品表面应抹拭干净，试验场地应保持清洁。因为试品的残余电荷会对试验结果产生很大的影响，因此，试验前要将试品对地直接放电 5min 以上。

20. 绝缘电阻表的容量是怎样规定的？

答： 绝缘电阻表的容量即最大输出电流值对吸收比和极化指数测量有一定的影响。测量吸收比和极化指数时应尽量采用大容量的绝缘电阻表，即选用最大输出电流 1mA 及以上的绝缘电阻表，大型电力变压器宜选用最大输出电流 3mA 及以上的绝缘电阻表，以期得到较准确的测量结果。

21. 泄漏和泄漏电流的物理意义是什么？

答： 绝缘体是不导电的，但实际上几乎没有一种绝缘材料是绝对不导电的。任何一种绝缘材料，在其两端施加电压，总会有一定电流通过，这种电流的有功分量叫做泄漏电流，而这种现象也叫做绝缘体的泄漏。

22. 测量泄漏电流能发现哪些缺陷？

答： 能发现电力设备绝缘贯通的集中缺陷、整体受潮或有贯通的部分受潮以及一些未完全贯通的集中缺陷、开裂、破损等。

23. 解决表面泄漏引起正接线测量介质损耗减小的方法是什么？

答：（1）擦干净瓷套表面的脏污。

（2）在阳光下曝晒试品或加热烤干瓷套，变压器套管吹干中间三裙。

（3）高压线尽量水平拉远，不要贴近瓷套表面。

（4）改用末端加压法或常规法测量电磁式 TV。

（5）做变压器套管时一定要放在套管架上试验，不能斜靠在墙上或躺放在地上。

24. 过电压是怎样形成的？

答： 一般来说，过电压的产生都是由于电力系统的能量发生瞬间突变所引起的。如果是由外部直击雷或雷电感应突然加到系统里所引起的，叫做大气过电压或叫做外部过电压；如果是在系统运行中，由于操作故障或其他原因所引起系统内部电磁能量的振荡、积聚和传播，从而产生的过电压，叫做内部过电压。

25. 工频交流耐压试验的意义是什么？

答： 工频交流耐压试验是考验被试品绝缘承受工频过电压能力的有效方法，对保证设备安全运行具有重要意义。交流耐压试验时的电压、波形、频率和被试品绝缘内部中的电压的分布，均符合实际运行情况，因此能有效地发现绝缘缺陷。

26. 在工频交流耐压试验中，如何发现电压、电流谐振现象？

答： 在做工频交流耐压试验时，当稍微增加电压就导致电流剧增时，说明将要发生电压谐振。当电源电压增加，电流反而有所减小，这说明将要发生电流谐振。

27. 交流耐压试验一般有几种？

答： 交流耐压试验一般有工频耐压试验、感应耐压试验、雷电冲击电压试验、操作波冲击电压试验。

28. 什么叫“容升”？

答： 在进行交流耐压试验时，由于试验变压器所带的负荷基本上是容性的，其容性电流在调压器、试验变压器的漏抗 X_k 上将产生压降，造成实际作用到被试品上的电压值 U_{cx} 超过按变比计算的高压侧所应输出的电压值，即产生了“容升”。

29. 已知被试品的电容量为 C_x（μF），耐压试验电压为 U_{exp}（kV），做工频耐压试验，所需试验变压器的容量是多少？

答： 进行试品耐压试验所需试验变压器的容量为：$S \geqslant \omega C_x U_{exp} U_N \times 10^{-3}$，其中，$U_N$ 为试验变压器高压侧额定电压（kV）；C_x 为试品电容（μF）；U_{exp} 为试验电压（kV）；$\omega = 2\pi f$。

30. 现场局部放电测量有哪些抗干扰措施？

答：（1）在高压试验变压器输出端接低通滤波器。

（2）对测试回路加以屏蔽。

（3）采用平衡电路。

（4）用带通法测量。

31. 用油的气相色谱法分析变压器内部故障，故障类型大致分为哪几种？

答：故障类型大致包括裸金属过热、固体绝缘过热、局部放电、电弧放电。

32. 什么是电容型绝缘设备的热老化？

答：电容型绝缘设备（如高压套管、电流互感器、电容式电压互感器）既承受高电压又通过大电流，绝缘介质在高电压作用下的介质损耗以及电流的热效应，均使绝缘温度升高，加上油隙小，散热条件差，如果绝缘存在缺陷，绝缘中发出的热量会超出向周围介质散发的热量，则绝缘中的温度会不断升高，而产生的热量又不易散发出去，导致绝缘的热老化。

33. 判断绝缘老化可进行的试验项目有哪些？

答：油中溶解气体分析（CO、CO_2含量及其变化）、油酸值、油糠醛含量、油中含水量、绝缘纸或纸板的聚合度。

34. 表征电气设备外绝缘污秽程度的参数主要有哪几个？

答：主要有以下三个：

（1）污层的等值附盐密度。它以绝缘子表面每平方厘米的面积上有多少毫克的氯化钠来等值表示绝缘子表面污秽层导电物质的含量。

（2）污层的表面电导。它以流经绝缘子表面的工频电流与作用电压之比，即表面电导来反映绝缘子表面综合状态。

（3）泄漏电流脉冲。在运行电压下，绝缘子能产生泄漏电流脉冲，通过测量脉冲次数，可反映绝缘子污秽的综合情况。

35. 电气设备放电有哪几种形式？

答：放电的形式按是否贯通两极间的全部绝缘，可以分为：

（1）局部放电。即绝缘介质中局部范围的电气放电，包括发生在固体绝缘空穴中、液体绝缘气泡中、不同介质特性的绝缘层间以及金属表面的棱边、尖端上的放电等。

（2）击穿。击穿包括火花放电和电弧放电。根据击穿放电的成因还有电击穿、热击穿、化学击穿之划分。根据放电的其他特征有辉光放电、沿面放电、爬电、闪络等。

36. 电晕放电有哪些危害？

答：（1）气体放电过程中的光、声、热等效应以及化学反应等会引起能量损失。

（2）会出现放电脉冲现象，形成高频电磁波，引起干扰。

（3）电晕放电还能使空气发生化学反应，造成臭氧及氧化物，引起腐蚀作用。

37. 简述油中溶解气体分析判断故障性质的三比值法。其编码规则是什么？

答：用五种特征气体的三对比值，来判断变压器或电抗器等充油设备故障性质的方法称为三比值法。在三比值法中，对不同的比值范围，三对比值以不同的编码表示，其编码规则如表 8－1 所示。

表 8－1　　三比值法的编码规则

特征气体的比值	比值范围编码			说明
	$\frac{C_2H_2}{C_2H_4}$	$\frac{CH_4}{H_2}$	$\frac{C_2H_4}{C_2H_6}$	
<0.1	0	1	0	例如：$\frac{C_2H_2}{C_2H_4}=1\sim3$ 时，编码为 1 $\frac{CH_4}{H_2}=1\sim3$ 时，编码为 2 $\frac{C_2H_4}{C_2H_6}=1\sim3$ 时，编码为 1
0.1～1	1	0	0	
1～3	1	2	1	
>3	2	2	2	

38. 何谓悬浮电位？试举例说明高压电力设备中的悬浮放电现象及其危害。

答：高压电力设备中某一金属部件，由于结构上的原因或运输过程和运行中造成断裂，失去接地，处于高压与低压电极间，按其阻抗形成分压。而在这一金属上产生一对地电位，称为悬浮电位。悬浮电位由于电压高，场强较集中，一般会使周围固体介质烧坏或炭化。也会使绝缘油在悬浮电位作用下分解出大量特征气体，从而使绝缘油色谱分析结果超标。

39. 如何进行设备绝缘试验的综合判断？

答：对设备作绝缘试验后其结果是否合格，能否投入运行，作出正确判断的方法就是综合判断，即不能单纯依据某一次试验数据作出结论，而是要与相同类型设备，相同试验条件的试验结果进行比较，另外与该设备的历次试验结果比较，再与规程规定的数据比较，依据设备运行的情况，综合全面情况作出判断，这就是所说的综合判断。

第二节　试验方法及常见问题

1. 变压器试验的目的是什么？

答：验证变压器性能是否符合相关标准和技术规范的要求；发现制造上和运行中是否存在影响运行的各种缺陷（如短路、放电、局部过热等）。另外，通过试验数据分析，找出改进设计、提高工艺的途径。

2. 变压器进行绕组电阻试验的目的是什么？

答：变压器进行绕组电阻试验的目的是检查绕组回路是否有短路、开路或接错线，检查绕组导线焊触点、引线套管及分接开关有无接触不良，另处，还可核对绕组所用导线的规格是否符合设计要求。

3. 变压器上层油温的温度限值应为多少？

答：根据国家标准的规定，当变压器安装地点的海拔高度不超过1000m时，绕组温升的限值为65℃，上层油面温升的限值为55℃，变压器周围最高温度为40℃，因此，变压器运行时上层油温的最高温度不应超过95℃。为保证变压器油在长期使用条件下不致迅速的劣化变质，上层油面温度不易经常超过85℃。

4. 变压器绕组绝缘损坏的原因有哪些？

答：（1）线路短路故障和负荷的急剧多变，使变压器的电流超过额定电流的几倍或十几倍以上，这时绕组受到很大的电动力而发生位移或变形，另外，由于电流的急剧增大，将使绕组温度迅速升高，导致绝缘损坏。

（2）变压器长时间的过负荷运行，绕组产生高温，将绝缘烧焦，并可能损坏而脱落，造成匝间或层间短路。

（3）绕组绝缘受潮，这是因绕组浸漆不透，绝缘油中含水分所致。

（4）绕组接头及分接开关接触不良，在带负荷运行时，接头发热损坏附近的局部绝缘，造成匝间及层间短路。

（5）变压器的停送电操作或遇到雷电时，使绕组绝缘因过电压而损坏。

5. 变压器交接试验的目的是什么？

答：（1）检查变压器安装后的质量情况。电力变压器从工厂内试验合格后到投入电网运行，要经过一个复杂的运输和安装过程。经过这个过程之后的变压器的质量状况，与出厂试验相比较，会发现不同程度的变化，有时甚至可能发生破坏性的变化。为了验证这种变化的程度是否在不影响变压器安全运行的限度之内，国家标准规定要进行交接试验。

（2）建立变压器长期运行的初值基准。由于变压器安装后的质量状况与出厂时的状况有所不同，作为运行的比较基准，交接试验结果更为直接。所以，为运行建立基准是交接试验更为深远的目的。

6. 变压器交接试验的一般要求是什么？

答：根据GB 50150—2006《电气装置安装工程电气设备交接试验标准》，交接试验的一般要求有：

（1）温度范围10～40℃。

（2）在进行与温度和湿度有关的试验时，应同时测量被测设备周围的温度及湿度。绝缘试验应在良好的天气且被测设备及仪器周围温度不宜低于5℃，空气的相对湿度不宜高于80%的条件下进行。对于不满足上述温度、湿度条件下测得的试验数据，应进行综合分析，判断电气设备是否可以投入运行。

（3）对油浸式变压器，应将上层油温作为测试温度。

（4）在进行绝缘试验时，非被试绕组应予短路接地。

（5）用于极化指数测量时，绝缘电阻表短路电流不应低于2mA。

7. 变压器的例行试验项目有哪些?

答: 红外热像检测、油中溶解气体分析、绕组电阻、绝缘油例行试验、套管试验、铁芯绝缘电阻、绕组绝缘电阻、绕组绝缘介质损耗因数及电容量测量(20℃)、有载分接开关检查(变压器)、测温装置检查、气体继电器检查、冷却装置检查、压力释放装置检查。

8. 什么是变压器的短路电压百分数?它对变压器电压变化率有何影响?

答: 变压器的短路电压百分数是当被测绕组对中一侧短路,而另一侧通以额定电流时的电压,此电压占其额定电压百分比。实际上此电压是变压器通电侧和短路侧的漏抗在额定电流下的压降。同容量的变压器,其电抗越大,这个短路电压百分数也越大,同样的电流通过,电抗大的变压器,产生的电压损失也越大,故短路电压百分数大的变压器的电抗变化率也越大。

9. 为什么变压器短路试验所测得的损耗可以认为是绕组的电阻损耗?

答: 由于短路试验所加的电压很低,铁芯中的磁通密度很小,这时铁芯中的损耗相对于绕组中的电阻损耗可以忽略不计,所以变压器短路试验所测得的损耗可以认为是绕组的电阻损耗。

10. 导致变压器空载损耗和空载电流增大的原因主要有哪些?

答:(1)硅钢片间绝缘不良。

(2)磁路中某部分硅钢片之间短路。

(3)穿芯螺栓或压板、上轭铁和其他部分绝缘损坏,形成短路。

(4)磁路中硅钢片松动出现气隙,增大磁阻。

(5)线圈有匝间或并联支路短路。

(6)各并联支路中的线匝数不相同。

11. 为什么变压器合闸时有激磁涌流?它对变压器有何危害?

答: 在最不利的合闸情况下,铁芯中瞬时磁通密度最大值可达 2 倍的正常磁通密度值,这时铁芯的饱和情况将非常严重,使得铁芯的磁导率 μ 减小,变压器的激磁电抗大大减小,因而瞬变激磁电流的数值会很大。当铁芯里的磁通严重饱和时,由磁化特性决定的电流波形很尖,数值将达到正常稳态激磁电流的几十倍,或额定电流的 6~8 倍以上,这就是变压器激磁涌流的由来。

激磁涌流对变压器并无危险,因为合闸冲击电流衰减得很快,一般经过几个周波就可达到稳态数值,至多也不会超过 1s。不过对一台变压器,多次连续合闸充电也是有损坏的,因为大电流的多次冲击,线圈受机械力作用,可能逐渐使其固定件松动。

12. 变压器正式投入运行前做冲击合闸试验的目的是什么?

答:(1)带电投入空载变压器时,会产生励磁涌流,其值可超过额定电流,且衰减时间较长,甚至可达几十秒。由于励磁涌流产生很大的电动力,为了考核变压器各部的机械强度，需做冲击合闸试验，即在额定电压下合闸若干次。

（2）切空载变压器时，有可能产生操作过电压。对不接地绕组此电压可达 4 倍相电压；对中性点直接接地绕组，此电压仍可达 2 倍相电压。为了考核变压器绝缘强度能否承受须做开断试验，有切就要合，亦即需多次切合。

（3）由于合闸时可能出现相当大的励磁涌流，为了校核励磁涌流是否会引起继电保护误动作，需做冲击合闸试验若干次。每次冲击合闸试验后，要检查变压器有无异音异状。一般规定，新变压器投入，冲击合闸 5 次；解体检修后投入，冲击合闸 3 次。

13. 变压器突然短路有什么危害？

答：其危害主要表现在两个方面：

（1）变压器突然短路会产生很大的短路电流。持续时间虽短，但在断路器来不及切断前，变压器会受到短路电流的冲击，影响热稳定，可能使变压器受到损坏。

（2）变压器突然短路时，过电流会产生很大的电磁力，影响动稳定，使绕组变形，破坏绕组绝缘，其他组件也会受到损坏。

14. 变压器出口短路后可进行哪些试验项目？

答：（1）油中溶解气体色谱分析。

（2）绕组绝缘电阻。

（3）绕组直流电阻。

（4）频响绕组变形和短路阻抗试验。

（5）绕组电压比测试。

15. 简述测量变压器绝缘电阻和吸收比的意义。

答：测量变压器绝缘电阻和吸收比（或极化系数），是检查变压器绝缘状态的简便方法。对绝缘受潮、局部缺陷，如绝缘部件破裂、引出线接地等，均能有效地检出。经验表明，变压器的绝缘在干燥前后，其绝缘电阻变化倍数比介质损失变化倍数大得多。所以变压器在干燥过程中，主要是测量绝缘电阻和吸收比，以了解绝缘情况。

16. 对变压器进行工频耐压试验时，其内部发生放电有什么现象？

答：（1）电流表指示突然上升。

（2）电压升不上去或突然下降。

（3）试验时内部有放电声或冒烟等。

17. 根据变压器油的色谱分析数据，诊断变压器内部故障的原理是什么？

答：电力变压器绝缘多系油纸组合绝缘，内部潜伏性故障产生的烃类气体来源于油纸绝缘的热裂解，热裂解的产气量、产气速度以及生成烃类气体的不饱和度，取决于故障点的能量密度。故障性质不同，能量密度亦不同，裂解产生的烃类气体也不同，电晕放电主要产生氢，电弧放电主要产生乙炔，高温过热主要产生乙烯。故障点的能量不同，上述各种气体产生的速率也不同。这是由于在油纸等碳氢化合物的化学结构中因原子间的化学键不同，各种键的键能也不同。含有不同化学键结构的碳氢化合物有程度不同的热稳定性，因而得出绝缘油随着故障点的温度升高而裂解生成烃类的顺序是烷烃、烯烃和炔烃。同时，又由于油裂解生成的每一烃类气体都有一个相应最大产气率的特定温度范围，从而导出了绝缘油在变压器的各不相同的故障性质下产生不同组分、不同含量的烃类气体的简单判据。

18. 变压器绕组常见的匝间绝缘击穿短路原因有哪些？

答：（1）绝缘局部受潮引起匝间绝缘击穿。

（2）导线存在毛刺，尖角局部场强过高，引起局部放电损坏绝缘。

（3）包线绝缘缺陷。

（4）绕制换位式装压绕组不正确造成绝缘损伤。

（5）长期过负载发热引起绝缘老化破裂。

（6）绕组短路冲击电流引起的振动与变形而损坏匝绝缘。

（7）油面下降使绕组露出油面而造成匝绝缘击穿，大气过电压入侵等。

19. 为什么说进行变压器交流耐压试验时，被试绕组不短接是不允许的？

答：若被试绕组不短接，如图 8－1 所示，由于分布电容 C_1、C_2和 C_{12}的影响，在被试绕组对地及非试绕组中，将有电流流过，而且沿整个被试绕组流过的电流不等，越接近 A 端，电流越大，沿线匝存在着电位差。由于流过绕组的是电容电流，故越接近 X 端的电位越高，可能超过试验电压，在严重情况下，会损坏绝缘。所以试验时，必须将被试绕组短接。

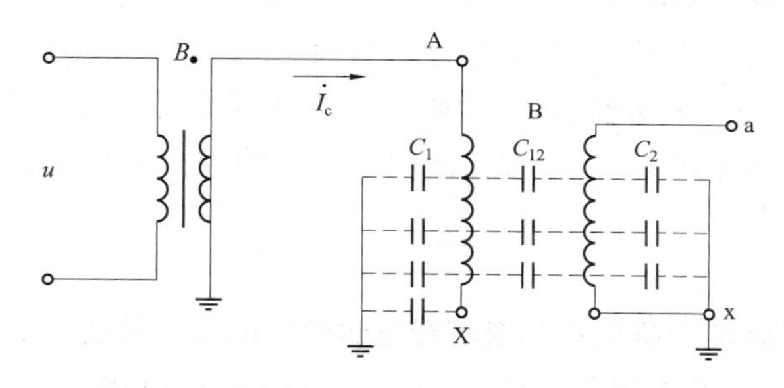

图 8－1　变压器交流耐压试验接线图

20. 变压器绕组连同套管的泄漏电流测试时应注意哪些事项？

答：（1）分级绝缘变压器试验电压应按被试绕组电压等级的标准，但不能超过中性点绝缘的耐压水平。

（2）高压引线应使用屏蔽线以避免引线泄漏电流对结果的影响，高压引线不应产生电晕。

（3）微安表应在高压端测量。

（4）负极性直流电压下对绝缘的考核更严格，应采用负极性。

（5）由于出厂试验一般不进行直流泄漏电流测量，直流泄漏电流值应符合有关标准规定，并为以后试验比较判断留存依据。

（6）如果泄漏电流异常，可采用干燥或屏蔽等方法加以消除。

21. 变压器空载试验为什么最好在额定电压下进行？

答： 变压器的空载试验是用来测量空载损耗的，空载损耗主要是铁耗。铁耗的大小可以认为与负载的大小无关，即空载时的损耗等于负载时的铁损耗，但这是指额定电压时的情况。如果电压偏离额定值，由于变压器铁芯中的磁感应强度处在磁化曲线的饱和段，空载损耗和空载电流都会急剧变化，所以空载试验应在额定电压下进行。

22. 对变压器进行感应耐压试验的目的和原因是什么？

答： 目的：

（1）试验全绝缘变压器的纵绝缘。

（2）试验分级绝缘变压器的部分主绝缘和纵绝缘。对变压器进行感应耐压试验的。

原因：

（1）由于在做全绝缘变压器的交流耐压试验时，只考验了变压器主绝缘的电气强度，而纵绝缘并没有承受电压，所以要做感应耐压试验。

（2）对半绝缘变压器主绝缘，因其绕组首、末端绝缘水平不同，不能采用一般的外施电压法试验其绝缘强度，只能用感应耐压法进行耐压试验。为了要同时满足对主绝缘和纵绝缘试验的要求，通常借助于辅助变压器或非被试相绕组支撑被试绕组把中性点的电位抬高。

23. 为什么变压器绝缘受潮后电容值随温度升高而增大？

答： 水分子是一种极强的偶极子，它能改变变压器中吸收电容电流的大小。在一定频率下，温度较低时，水分子呈现出悬浮状或乳脂状，存在于油中或纸中，此时水分子偶极子不易充分极化，变压器吸收电容电流较小，则变压器电容值较小。温度升高时，分子热运动使黏度降低，水分扩散并显溶解状态分布在油中，油中的水分子被充分极化，使电容电流增大，故变压器电容值增大。

24. 试述利用频率响应分析法检测变压器绕组变形的基本原理。

答： 在较高频率的电压作用下，变压器的每个绕组均可视为一个由线性电阻、电感（互感）、电容等分布参数构成的无源线性双口网络，其内部特性可通过传递函数 H（jω）描述，如图8－2所示。如果绕组发生变形，绕组内部的分布电感、电容等参数必然改变，导致其等效网络传递函数 H（jω）的零点和极点发生变化，使网络的频率响应特性发生变化。

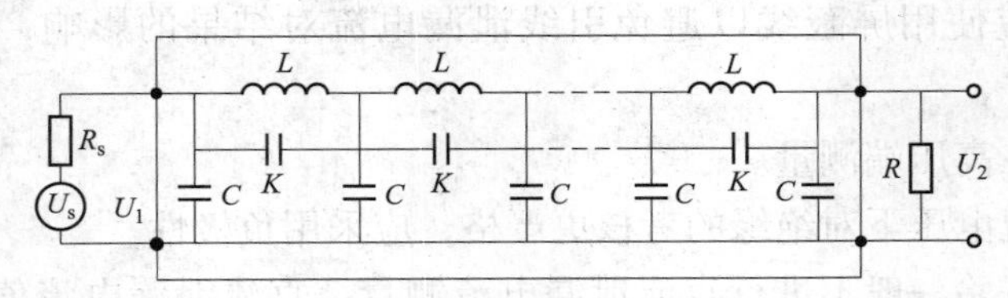

图8－2　频率响应分析法的基本检测回路

用频率响应分析法检测变压器绕组变形，是通过检测变压器各个绕组的幅频响应特性，并对检测结果进行纵向或横向比较，根据幅频响应特性的差异，判断变压器可能发生的绕组变形。

变压器绕组的幅频响应特性采用图8－2所示的频率扫描方式获得。连续改变外施正弦波激励源 U_s 的频率 f（角频率 $\omega=2\pi f$），测量在不同频率下的响应端电压 U_2 和激励端电压 U_1 的信号幅值之比，获得指定激励端和响应端情况下绕组的幅频响应曲线。图中：L、K 和 C 分别代表绕组单位长度的分布电感、分布电容及对地分布电容，U_1、U_2 分别为等效网络的激励端电压和响应端电压，U_s 为正弦波激励信号源电压，R_s 为信号源输出阻抗，R 为匹配电阻。

测得的幅频响应曲线常用对数形式表示，即对电压幅值之比进行如下处理

$$H(f)=20\log[U_2(f)/U_1(f)]$$

式中　$H(f)$——频率为 f 时传递函数的模 $|H(j\omega)|$；

$U_2(f)$，$U_1(f)$——频率为 f 时响应端和激励端电压的峰值或有效值 $|U_2(j\omega)|$ 和 $|U_1(j\omega)|$。

25. 为什么分级绝缘变压器只能采用感应耐压试验来考核绝缘？

答：（1）分级绝缘变压器绕组电压和对地绝缘，从首端到末端逐步降低，所以首末两端宜施加不同电压，不能采用一般的外施高压试验方法，只能采用感应耐压试验。

（2）感应耐压施加的电压近似于额定电压的两倍，若使用50Hz的电源施加于被试变压器一侧时，铁芯会饱和，必然使空载电流急剧增加，达到不允许的程度。为了使在试验试验电压下，铁芯不饱和，根据变压器感应电势公式 $E=4.44fWBS$，可知在绕组匝数、铁芯截面、磁感应强度不变的情况下，只有把频率提高到100～300Hz，才能满足试验要求。

26. 变压器的铁芯为什么要接地？

答：变压器在运行中，铁芯及夹件等金属部件均处在强电场之中，由于静电感应而在铁芯及金属部件上产生悬浮电位，这一电位会对地放电，这是不允许的，为此，铁芯及其夹件等都必须正确、可靠地接地（只有穿心螺栓除外）。

27. 变压器绝缘普遍受潮后，绕组的绝缘电阻吸收比和极化指数会怎样？

答：绕组的绝缘电阻吸收比和极化指数均变小。

28. 简述测量大型变压器绕组直流电阻时缩短稳定时间的方法。

答：（1）增大测量回路电阻法。

（2）回路电压突变法。

（3）全压恒流电源法。

（4）高压绕组助磁回路电流突变法。

（5）高低压绕组反向助磁法。

29. 测量变压器直流电阻时使用电流越大越好吗？为什么？

答：测量变压器直流电阻时使用电流不是越大越好，因为电流太大会造成铁芯饱和，时间一长使绕组温度变化引起直流电阻误差，同时铁芯饱和也造成剩磁使变压器冲击合闸时励磁涌流增大。

30. 测量变压器绝缘电阻或吸收比时，为什么要规定对绕组的测量顺序？

答：测量变压器绝缘电阻时，无论绕组对外壳还是绕组间的分布电容均被充电，当按不同顺序测量高压绕组和低压绝缘电阻时，绕组间电容发生的重新充电过程不同，会对测量结果有影响，导致附加误差。因此，为了消除测量方法上造成的误差，在不同测量接线时，测量绝缘电阻必须有一定的顺序，且一经确定，每次试验时均应按此顺序进行。这样，也便于对测量结果进行比较。

31. 测量变压器铁芯绝缘电阻主要目的是什么？如何判断？

答：测量铁芯绝缘电阻主要目的是检查铁芯是否存在多点接地，按这个目的要求：使用2500V 绝缘电阻表加压一分钟应无闪络或击穿现象，绝缘电阻值不低于100MΩ，绝缘电阻要求很低。但是铁芯绝缘电阻与变压器器身绝缘有一定的对应关系，如果铁芯绝缘电阻过低，应查明原因。

32. 变压器在运行中发生出口短路有何危害？

答：（1）短路电流产生的机械应力（电磁力）可达正常额定运行的千倍左右，有可能破坏绕组。

（2）短路电流下的铜损耗可达额定时的千倍左右，由于铜损耗突增，绕组温度上升非常迅速，如果不能在短时间内切除故障电流，则变压器有烧坏的可能。

33. 变压器做交流耐压测验时，非被测绕组为何要接地？

答：若非被试绕组没有接地则处于悬浮状态，当非被试绕组为低压绕组时，低压绕组处于高压绕组对地的电场之中，低压绕组对地将具有一定的电位。低压绕组对地的电压大小将取决于高、低压绕组间和低压绕组对地的电容大小。一般情况下，将出现低压绕组的电位高于试验电压，引起低压绕组的对地放电或绝缘损坏。

34. 剩磁对变压器哪些试验项目产生影响？

答：在大型变压器某些试验项目中，由于剩磁的影响，会出现一些异常现象，这些项目有：

测量变压比：由于变比测试时所使用的电压比电桥的工作电压都比较低，施加于一次绕组的电流也比较小，在铁芯中产生的工作磁通很低，有时可能抵消不了剩磁的影响，造成测得的电压比偏差超过允许范围。

测量直流电阻：剩磁会对充电绕组的电感值产生影响，从而使测量时间增长。

空载测量：在一般情况下，铁芯中的剩磁对额定电压下的空载损耗的测量不会带来较大的影响。主要是由于在额定电压下，空载电流所产生的磁通能克服剩磁的作用，使铁芯中的剩磁通随外施空载电流的励磁方向而进入正常的运行状况。但是，在三相五柱的大型产品进行零序阻抗测量后，由于零序磁通可由旁轭构成回路，其零序阻抗都比较大，与正序阻抗近似。在结束零序阻抗试验后，其铁芯中留有少量磁通即剩磁，若此时进行空载测量，在加压的开始阶段三相瓦特表及电流表会出现异常指示。

35. 变压器绕组连同套管的泄漏电流测试时应注意哪些事项？

答：（1）分级绝缘变压器试验电压应按被试绕组电压等级的标准，但不能超过中性点绝缘的耐压水平。

（2）高压引线应使用屏蔽线以避免引线泄漏电流对结果的影响，高压引线不应产生电晕。

（3）微安表应在高压端测量。

（4）负极性直流电压下对绝缘的考核更严格，应采用负极性。

（5）由于出厂试验一般不进行直流泄漏电流测量，直流泄漏电流值应符合有关标准规定，并为以后试验比较判断留存依据。

（6）如果泄漏电流异常，可采用干燥或屏蔽等方法加以消除。

36. 对电力变压器进行空载试验时，为什么能发现铁芯缺陷？

答：空载试验是测量变压器空载损耗和空载电流的，而导致损耗（P_0）和电流（I_0）的增大原因主要有：

（1）硅钢片间绝缘不良。

（2）某一部分硅钢片短路。

（3）穿心螺栓或压板、上轭铁以及其他部分的绝缘损坏而形成铁芯局部短路。

（4）硅钢片松动，甚至出现气隙。

（5）磁路接地不正确。

（6）采用了劣质的硅钢片。

（7）各种绕组缺陷等，由此可以看出，对电力变压器进行空载试验时是能够及时发现铁芯缺陷的。

37. 变压器绕组电阻三相不平衡系数偏大的常见原因有哪些？

答：变压器三相绕组电阻不平衡系数偏大，一般有以下几种原因：

（1）分接开关接触不良。这主要是由于分接开关内部不清洁，电镀层脱落，弹簧压力不够等原因造成。

（2）变压器套管的导电杆与引线接触不良，螺丝松动等。

（3）焊接不良。由于引线和绕组焊接处接触不良造成电阻偏大；多股并绕绕组，其中有几股线没有焊上或脱焊，此时电阻可能偏大。

（4）三角形接线一相断线。

（5）变压器绕组局部匝间、层、段间短路或断线。

38. 根据三相变压器分相空载试验测得的空载损耗，如何判断绕组或磁路缺陷？

答：（1）因 ab 和 bc 相的磁路完全对称，所测得的 ab、bc 相的损耗、应相等，二者偏差不大于 3% 。

（2）ac 相的磁路比 ab 或 bc 相磁路长，ac 相的损耗应较 ab 或 bc 相大。35～60kV 的变压器一般大 30% ～40% ，110～220kV 的变压器一般大 40% ～50% 。

（3）铁芯故障将使空载损耗增大，如某相短路后其他两相损耗均较小，则缺陷在被短路一相的铁芯上。

39. 变压器铁芯多点接地的主要原因及表现特征是什么？

答：变压器铁芯多点接地故障在变压器总事故中占第三位，主要原因是变压器在现场装配及安装中不慎遗落金属异物，造成多点接地或铁轭与夹件短路、芯柱与夹件相碰等。

变压器铁芯多点接地故障的表现特征有：

（1）铁芯局部过热，使铁芯损耗增加，甚至烧坏。

（2）过热造成的温升，使变压器油分解，产生的气体溶解于油中，引起变压器油性能下降，油中总烃大大超标。

（3）油中气体不断增加并析出（电弧放电故障时，气体析出量较之更高、更快），可能导致气体继电器动作发信号甚至使变压器跳闸。

在实践中，可以根据上述表现特征进行判断，其中检测油中溶解气体色谱和空载损耗是判断变压器铁芯多点接地的重要依据。

40. 变压器在运行中产生气泡的原因有哪些？

答：（1）固体绝缘浸渍过程不完善，残留气泡。

（2）油在高压作用下析出气体。

（3）局部过热引起绝缘材料分解产生气体。

（4）油中杂质水分在高电场作用下电解。

（5）密封不严、潮气反透、温度骤变、油中气体析出。

（6）局部放电会是油和纸绝缘分解出气体，产生新的气泡。

（7）变压器抽真空时，真空度达不到要求，保持时间不够；或者是抽真空时散热器阀门未打开，散热器中空气未抽尽。真空注油后，油中残留气体仍会形成气泡。

41. 当变压器的气体继电器出现报警信号时，首先考虑的原因和检测项目是哪些？

答：首先考虑的原因是：

（1）是否可能由于安装、检修以及校验气体继电器时残留的气体未放尽。

（2）变压器是否严重过负荷、超温升运行。

（3）是否有严重的穿越性出口短路故障。

首先考虑的试验项目是：

（1）油色谱分析。

（2）低电压阻抗试验。

（3）绕组电容量及介损试验。

（4）低压绕组直流电阻试验。

（5）铁芯对地绝缘。

（6）频响法绕组变形试验。

42. 变压器内部异常发热应如何分析？

答：当变压器内部出现异常发热时，有可能引起箱体局部温度升高。这种热谱图不具有环流形状。这类缺陷同时伴有变压器内部油的汽化，可采用红外诊断与色谱分析相结合的方法进行分析判断。

43. 变压器绕组常见的匝间绝缘击穿短路原因有哪些？

答：（1）绝缘局部受潮引起匝间绝缘击穿。

（2）导线存在毛刺，尖角局部场强过高，引起局部放电损坏绝缘。

（3）包线绝缘缺陷。

（4）绕制换位式装压绕组不正确造成绝缘损伤。

（5）长期过负载发热引起绝缘老化破裂。

（6）绕组短路冲击电流引起的振动与变形而损坏匝绝缘。

（7）油面下降使绕组露出油面而造成匝绝缘击穿，大气过电压入侵等。

44. 正常运行中的变压器本体内绝缘油的色谱分析中氢、乙炔和总烃含量异常超标的原因是什么？如何处理？

答：原因是分接开关油室和变压器本体油室之间发生渗漏。

处理方法：应停止有载分接开关的分接变换操作，对变压器本体绝缘油进行色谱跟踪分析，如溶解气体组分含量与产气率呈下降趋势，则判断为分接开关油室的绝缘油渗漏到变压器本体中。

将分接开关揭盖寻找渗漏点，如无渗漏油，则应吊出芯体，抽尽油室中绝缘油，在变压器本体油压下观察绝缘护筒内壁、分接引线螺栓及转轴密封等处是否有渗漏油。然后，更换密封件或进行密封处理，必要时对变压器进行吊罩检修。对有载分接开关放气孔或放油螺栓紧固，或更换密封圈（对变压器进行吊罩检修）。

45. 变压器运行中发现铁芯接地电流为2A，是否有故障？若有，可能是何种故障？会引起什么后果？采取何种手段做进一步的诊断？

答：可能是铁芯存在多点接地故障。

后果：（1）铁芯局部过热，使铁芯损耗增加，甚至烧坏。

（2）过热造成的温升，使变压器油分解，产生的气体溶解于油中，引起变压器油性能下降，油中总烃大大超标。

（3）油中气体不断增加并析出（电弧放电故障时，气体析出量较之更高、更快），可能导致气体继电器动作发信号甚至使变压器跳闸。在实践中，可以根据上述表现特征进行判断，其中检测油中溶解气体色谱和空载损耗是判断变压器铁芯多点接地的重要依据。

46. 在大型电力变压器现场局部放电试验和感应耐压试验为什么要采用倍频（nf_N）试验电源？

答：变压器现场局部放电试验和感应耐压试验的电压值一般都大大超过变压器的 U_N，将大于 U_N的 50Hz 电压加在变压器上时，变压器铁芯处于严重过饱和状态，励磁电流非常大，不但被试变压器承受不了，也不可能准备非常大容量的试验电源来进行现场试验。我们知道，变压器的感应电动势 $E=4.44WfBS$，当 $f=50n$Hz 时，E 上升到 nE，B 仍不变。因此，采用 n 倍频试验电源时，可将试验电压上升到 n 倍，而流过变压器的试验电流仍较小，试验电源容量不大就可以满足要求。故局部放电试验和感应耐压试验要采用倍频试验电源。

47. 为什么三绕组变压器常在低压绕组的一相出线上加装一只阀型避雷器，而当低压绕组连有 25m 及以上电缆时，则可不装阀型避雷器？

答：三绕组变压器低压侧有开路运行可能时，由于静电感应在低压侧产生的过电压会对低压绕组的绝缘有危害，故应在低压绕组的一相出线上加装一只阀型避雷器，以限制静电感应过电压，保护低压绕组的绝缘。而静电感应过电压的高低取决于低压绕组开路运行时对地电容的大小，若对地电容大，则静电感应的电压则降低，不会危急低压绕组的绝缘，所以当低压绕组连有 25m 及以上电缆时，相当于增大了绕组的对地电容，故可不装阀型避雷器。

48. 自然风冷变压器与强迫油循环变压器它们的油温与铜线温差的关系有何不同？

答：绝缘体也是热的不良散热体，油循环越好，油热量很容易降下，但是油与铜线仍有一定热阻。因此铜线与油的温度随油循环好而产生的温降越大，油自冷变压器定型时，可以由油温来监测铜线温度，一般铜油温差不超过 20°C，而强迫油循环冷却的变压器随油循环的方式及温度，铜油温差将变大，甚至可超过 30°C 以上，所以强迫油循环变压器一般不宜由油温来推断铜线温度。

49. 测量变压器局部放电时对耦合电容器的要求是什么？

答：对耦合电容器的要求在试验电压下无局部放电。

50. 变压器油色谱分析主要是分析哪些气体？

答：气体主要有甲烷、乙烷、乙烯、乙炔、一氧化碳、二氧化碳和氢。

51. 怎样对变压器进行校相？

答：应先用运行的变压器校对两母线上电压互感器的相位，然后用新投入的变压器向上一级母线充电，再进行校相，一般使用相位表或电压表，如测得结果为两同相电压等于零，非同相为线电压，则说明两变压器相序一致。

52. 试述电容型电流互感器高压介质损测量时，介质损 $\tan\delta$ 随电压 U 变化可能会出现的几种情况，并用 $\tan\delta$—U 特性曲线表示。

答： 电容型电流互感器介质损 $\tan\delta$ 随电压 U 变化的曲线如图 8－3 所示。

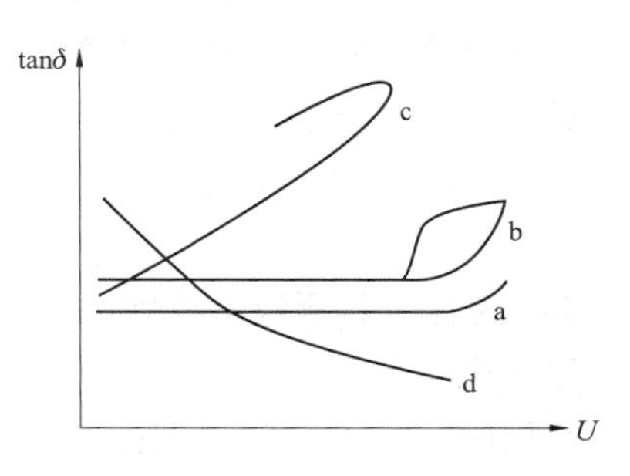

图 8－3　电容型电流互感器 $\tan\delta$—U 特性曲线

a 为良好绝缘的曲线。其 $\tan\delta$ 值不随试验电压的升高而偏大，只在接近额定电压时才略微增加。

b 为发生气隙局放的曲线。在试验电压未达到起始放电电压时，$\tan\delta$ 保持恒定，达到局放起始放电电压时，$\tan\delta$ 急剧增高，当逐步降低电压时，$\tan\delta$ 将高于各相应电压下的值，直到气隙放电熄灭，曲线又重合形成闭环。

c 为严重受潮绝缘的曲线。在较低的电压下，$\tan\delta$ 值就较大，随着电压的升高 $\tan\delta$ 值增大，这是由于绝缘受潮而使泄漏电流增大所致，当逐步降低电压时，由于 $\tan\delta$ 的增大使介质发热，致使 $\tan\delta$ 值不能降到原来相应电压下的值。

d 为绝缘中含有离子型杂质的曲线。$\tan\delta$ 随电压上升而下降，这是由于在交流电压作用下，离子在纸层间往复运动，当电压较低时，离子的运动速度慢，不会碰到纸，当电压升高后，离子运动速度加快，机械运动受到纸的阻拦，不再是间谐振动，表现在电流上为有功分量波形畸变，致使 δ 角减小。

通过 $\tan\delta$—U 曲线可以判断绝缘的状态及故障性质。

53. 110kV 及以上的互感器在试验中测得的介损 $\tan\delta$ 增大时，如何分析可能是受潮引起的？

答：（1）检查测量接线的正确性，QS1 电桥的准确性和是否存在外电场的干扰。

（2）排除电压互感器接线板和小套管的潮污和外绝缘表面的潮污因素。

（3）油的色谱分析中氢（H_2）的含量是否升高很多。

（4）绝缘电阻是否下降。

在排除上述因测量方法和外界的影响因素后，确知油中氢含量增高，且测得其绝缘电阻下降，则可判断其绝缘电阻下降是受潮引起的。否则应进一步查明原因。

54. 串级式电压互感器的介质损耗试验采用末端屏蔽法，有什么优点？

答： 末端屏蔽正接法测量，A 端加压，X 端接屏蔽，测量的绝缘部位为下铁芯柱一次绕组对二、三次绕组的端部绝缘，这个部位运行中电场强度很高，且容易受潮，因此，测量和监视这里的介损比较有效。由于 X 接屏蔽，完全消除了末端小套管及接线板受潮、脏污等对测量结果的影响。

55. 为什么测量 110kV 及以上高压电容型套管的介质损耗因数时，套管的放置位置不同，往往测量结果有较大的差别？

答：测量高压电容型套管的介质损耗因数时，由于其电容小，当放置不同时，因高压电极和测量电极对周围未完全接地的构架、物体、墙壁和地面的杂散阻抗的影响，会对套管的实测结果有很大影响。不同的放置位置，这些影响又各不相同，所以往往出现分散性很大的测量结果．因此测量高压电容型套管的介质损耗因数时，要求垂直放置在妥善接地的套管架上进行，而不应该把套管水平放置或用绝缘锁吊起来在任意角度进行测量。

56. 为什么要测量电容型试品末屏对地的绝缘电阻？

答：电容型套管和电流互感器一般由十层以上电容串联。进水受潮后，水分一般不易渗入电容层间或使电容层普遍受潮，因此，进行主绝缘试验往往不能有效地监测出其进水受潮。但是，水分的比重大于变压器油，所以往往沉积于套管和电流互感器外层（末层）或底部（末屏与法兰间）而使末屏对地绝缘水平大大降低，因此，进行末屏对地绝缘电阻的测量能有效地监测电容型试品进水受潮缺陷。

57. 电流互感器长时间过负荷运行会导致什么后果？

答：电流互感器不得长时间过负荷运行。否则，铁芯温度太高将导致误差，绝缘加速老化，甚至烧毁。电流互感器只允许在 1.1 倍额定电流下长时间运行。

58. 运行中的电容式电压互感器电压指示异常，是由什么原因造成的？

答：（1）主电容和分压电容的电容量明显变化造成电压比变化异常。

（2）中间变压器中一次或二次绕组匝间短路，造成中间变压器的变比异常。

59. 在分次谐波谐振时，过电压一般不会太高，但很容易破坏电压互感器，为什么？

答：因为产生分次谐波谐振时，尽管过电压一般不太高，但因其谐振频率低，引起电压互感器铁芯严重饱和，励磁电流迅速增大，所以易破坏电压互感器。

60. 为什么油纸电容型电流互感器的介质损耗因数一般不进行温度换算？

答：油纸绝缘的 $\tan\delta$ 与温度的关系取决于油与纸的综合性能，良好的绝缘油是非极性介质，油的 $\tan\delta$ 主要是电导损耗，它随温度升高而增大。而纸是极性介质，其 $\tan\delta$ 由偶极子的松弛损耗所决定，一般情况下，纸的 $\tan\delta$ 在 40～60℃的温度范围内随温度升高而减小。因此，不含导电杂质和水分的良好油纸绝缘，在此温度范围内其 $\tan\delta$ 没有明显变化，所以可不进行换算。若要换算，也不宜采用充油设备的温度换算方式，因为其不符合油纸绝缘的 $\tan\delta$ 随温度变化情况。

61. 为什么要测量电容型套管末屏对地绝缘电阻和介质损耗因素 $\tan\delta$？要求是多少？

答：（1）易发现绝缘受潮，66kV 及以上电压等级的套管均为电容型结构，其主绝缘是由若干串联的电容屏组成的，在电容芯外部充有绝缘油。当套管由于密封不良等原因受潮时，水分往往通过外层绝缘，逐渐侵入电容芯，也就是说，受潮是先从外层绝缘开始的，这是测量外层绝缘即末屏对地绝缘电阻和介质损耗因素 $\tan\delta$，显然能灵敏发现绝缘是受潮。

（2）通过对比主绝缘（导线对末屏）及外层绝缘（末屏对地）的绝缘电阻和 $\tan\delta$，有利于发现绝缘是受潮。电容型套管末屏对地绝缘电阻，应不小于 1000MΩ。当该绝缘电阻小于 1000MΩ 时，应测量末屏对地的介质损耗因素 $\tan\delta$，其值不大于 0.001 5。

62. 简述测量金属氧化物避雷器运行中的持续电流的阻性分量的意义。

答：当工频电压作用于金属氧化物避雷器时，避雷器相当于一台有损耗的电容器，其中容性电流的大小仅对电压分布有意义，并不影响发热，而阻性电流则是造成的金属氧化物电阻热的原因。

良好的金属氧化物避雷器虽然在运行中长期承受运行电压，但因流过的持续电流通常非常小，引起的热效应极微小，不致引起避雷器性能的改变。而在避雷器内部出现异常时，主要是阀片严重劣化和内壁受潮，此时避雷器阻性电流分量将明显增大，并可能导致热稳定破坏，造成避雷器损坏。

测量避雷器全电流能监测避雷器是否受潮，但是避雷器阀片劣化时阻性电流感受最灵敏，而阻性电流占全电流的比重比较小，反应不是很灵敏，因此需要监测避雷器的阻性电流。但这个持续电流阻性分量的增大一般是经过一个过程的，因此运行中定期监测金属氧化物避雷器的持续电流的阻性分量，是保证安全运行的有效措施。

63. 对 ZnO 避雷器，运行电压下的全电流和阻性电流测量能够发现哪些缺陷？

答：全电流的变化可以反省 MOA 的严重受潮、内部元件接触不良、阀片严重老化；而阻性电流的变化对阀片初期老化的反应较为灵敏。

64. 金属氧化物避雷器运行中劣化的征兆有哪几种？

答：金属氧化物在运行中劣化主要是指电气特性和物理状态发生变化，这些变化使其伏安特性漂移，热稳定性破坏，非线性系数改变，电阻局部劣化等。一般情况下这些变化都可以从避雷器的如下几种电气参数的变化上反映出来：

（1）在运行电压下，泄漏电流阻性分量峰值的绝对值增大。

（2）在运行电压下，泄漏电流谐波分量明显增大。

（3）运行电压下的有功损耗绝对值增大。

（4）运行电压下的总泄漏电流的绝对值增大，但不一定明显。

65. 为什么电力电缆直流耐压试验要求施加负极性直流电压？

答：进行电力电缆直流耐压时，如缆芯接正极性，则绝缘中如有水分存在，将会因电渗透性作用使水分移向铅包，使缺陷不易发现。当缆芯接正极性时，击穿电压较接负极性时约高 10%，因此为严格考查电力电缆绝缘水平，规定用负极性直流电压进行电力电缆直流耐压试验。

66. GIS 局部放电检测主要有哪几种方法，各有什么优缺点？

答：目前 GIS 局部放电检测主要有化学检测法、超声波检测法、超高频法和脉冲电流法，这些方法的优缺点如下：

（1）化学检测法：局部放电会使 SF_6 气体分解出 SOF_2、SO_2 和 F_2 等中间分解物，通过分析 SF_6 气体成分，可判断 GIS 内部放电状况的严重程度。缺点是不同类别局部放电敏感性不同、吸附剂和干燥剂可能会影响测量、无法定量测量。

（2）超声波检测法：采用声发射传感器，一般测取频率为 20～100kHz 的信号，优点是较灵敏（可以测到最小相当于 20pC 的放电）、抗电磁干扰、安装简单、定位准确并可识别缺陷的类型。缺点是不易定量检测。

（3）超高频法：超高频法是近几年出现的一种检测方法，其检测灵敏度高，抗干扰能力强，是目前较好的一种检测方法。缺点是不易定量检测，对多元局部放电定位困难。

（4）脉冲电流法：脉冲电流法是局部放电检测的经典方法。其最大的优点就是可以定量检测。对于 GIS，由于其结构原因，检测比较困难。

67. GIS 耐压试验前，需进行净化试验的目的是什么？

答：使设备中可能存在的活动微粒杂质迁移到低电场区，并通过放电烧掉细小微粒或电极上的毛刺，附着的尘埃，以恢复 GIS 绝缘强度，避免不必要的破坏或返工。

68. 为什么要研究不拆高压引线进行预防性试验？当前应解决什么难题？

答：电力设备的电压等级越高，其器身也越高，引接线面积越大，感应电压也越高，拆除高压引线需要用升降车、吊车，工作量大，拆接时间长，耗资大，且对人身及设备安全均构成一定威胁。为提高试验工作效率，节省人力、物力，减少停电时间，当前需要研究不拆高压引线进行预防性试验的方法。由于不拆引线进行预防性试验，通常是在变电站电力设备部分停电的状况下进行，将会遇到电场干扰强，测试数据易失真，连接在一起的各种电力设备互相干扰、制约等一系列问题。为此，必须解决以下难题：

（1）与被试设备相连的其他设备均能耐受施加的试验电压。

（2）被试设备在有其他设备并联的情况下，测量精度不受影响。

（3）抗强电场干扰的试验接线。

69. 需提前或尽快安排例行和或诊断试验的情况有哪些？

答：（1）巡检中发现有异常，此异常可能是重大质量隐患所致。

（2）带电检测显示设备设备状态不良。

（3）以往的例行试验有朝着注意值或警示值方向发展的趋势明显，或接近注意值或警示值。

（4）存在重大家族缺陷。

（5）经受了较为严重的不良工况，不进行试验无法确定其是否对设备状态构成实质性损伤。

70. GIS局部放电检测主要有哪几种方法？

答： 化学检测法、超声波检测法、超高频检测法和脉冲电流法。

71. 电力电缆绝缘试验中测试铜屏蔽层电阻和导体电阻比的目的是什么？

答：（1）需要判断屏蔽层是否出现腐蚀时，或者重做终端或接头后进行铜屏蔽层电阻和导体电阻比测试。

（2）在相同温度下，测量铜屏蔽层和导体的电阻，屏蔽层电阻和导体电阻之比应无明显改变。

（3）比值增大，可能是屏蔽层出现腐蚀；比值减少，可能是附件中的导体连触点的电阻增大。

72. 断路器的最低动作电压是指什么部位的端子上电压？

答： 断路器操动机构的分闸电磁铁和合闸接触器的最低动作电压，是指能使断路器正常动作的分闸电磁铁线圈和合闸接触器线圈端子上最低电压值。

73. 对电容量较大的试品进行交流耐压时，为什么要强调在试品上直接测量试验电压？

答： 由于被试品的电容量 C_x 和试验回路的等值漏抗 X_k 越大，则容升现象越明显，因此在进行较大电容量试品的交流耐压时，应在试品的端部进行直接测量，以免试品在试验中，受到过高电压的作用。

74. 为什么无激磁调压变压器倒分头后要测量绕组电阻？

答： 变压器在运行中，分接开关接触部位可能产生氧化膜，造成倒分头后接触不良，运行中发热甚至引起事故；分头位置不正，也会造成接触不良。所以无激磁调压变压器倒分接头后，必须测量直流电阻。

75. 高压输电线路投运前做哪些试验？

答： 在高压输电线路投运前，除了检查绝缘，核对相序之外还应测量输电线路的各种工频参数值，以作为计算系统短路电流、继电保护的整定、推算潮流分布情况和选择合理的运行方式等工作的实际依据。

76. 回路电阻大的断路器，应重点检查哪些部位？

答：（1）静坐头座与支座、中间触头与支座之间的连接螺丝是否上紧，弹簧是否压平，检查有无松动或变色。

（2）动触头静触头和中间触头的触指有无缺损，表面镀层是否完好。

（3）触指的弹力是否均匀合适，触指后面的弹簧有无脱落或退火、变色。

（4）对已损部件要更换掉。

77. 为什么在例行试验中，对并联电容器不进行极间耐压试验？

答： 耐压试验是电机、变压器、开关、电缆等电力设备进行预防性试验的重要项目之一。但对并联电容器来讲，却是例外。由于电容器极间的绝缘裕度特别小，进行耐压试验可能会造成绝缘的损坏和隐患。我国国标和 IEC 规定电容器的出厂耐压试验标准为：交流 2.15 倍额定电压；直流 4.3 倍额定电压，加压时间为 10s。而投入运行后，除交接时可进行极对外壳的交流耐压试验时，不宜再进行极间绝缘的定期耐压试验。

78. 如何利用单相电压互感器进行高压系统的核相试验?

答：在有直接电联系的系统（如环接）中，可外接单相电压互感器，直接在高压侧测定相位，此时在电压互感器的低压侧接入 0.5 级的交流电压表。在高压侧依次测量 Aa、Ab、Ac、Ba、Bb、Bc、Ca、Cb、Cc 间的电压，根据测量结果，电压接近或等于零者，为同相；约为线电压者，为异相，将测得值作图，即可判定高压侧对应端的相位。

79. 充油设备进行交流耐压试验，如何分析判断其试验结果?

答：按规定的操作方法，当试验电压达到规定值时，若试验电流与电压不发生突然变化，产品内部没有放电声，试验无异常，即可认为试验合格。对放电部位的确定，可通过放电声音和仪表的指示分析，作出如下分析判断：

（1）悬浮电位放电，仪表指示无变化，若属试品内部金属部件或铁芯没接地，出现的声音是“啪”声，这种声音的音量不大，且电压升高时，声音不增大。

（2）气泡放电，这种放电可分为贯穿性放电和局部放电两种。这种放电的声音很清脆，“当”、“当”像铁锤击打油箱的声音伴随放电声，仪表有稍微摆动的现象。产生这类放电的原因，多是引线包扎不紧或注油后抽真空或静放时间不够。这类放电是最常见的。

（3）内部固体绝缘的击穿或沿面放电，这种情况下，产生的放电声音多数是“嘭”、“嘭”的低沉声或者是“咝咝”的声音，伴随有电流表指示突然增大。另外，有些情况下，虽然试品击穿了，但电流表的指示也可能不变，造成这种情况的原因是回路的总电抗为 $X=|X_C-X_L|$，而试品短路时 $X_C=0$，若原来试品的容抗 X_C 与试验变压器漏抗之比等于 2，那么 X_C 虽然为零，但回路的 X 仍为 X_L，即电抗没变，所以电流表指示不变。

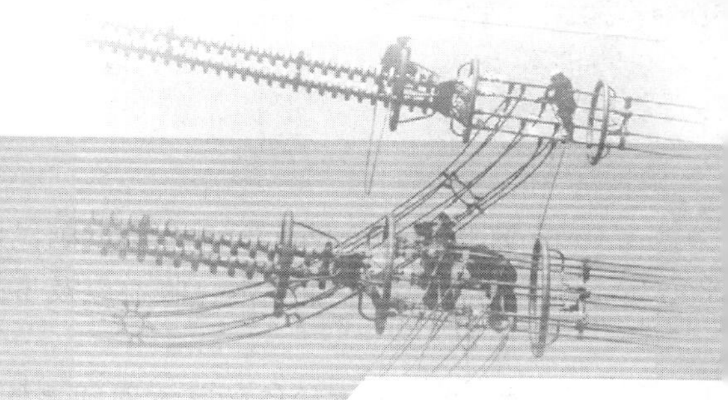

第九章 Chapter 9

状 态 检 修

1. 什么是检修？检修的目的和作用是什么？

答：检修是为保持或恢复设备的期望功能所进行的技术作业行为，通常包括检查、维护、修理和更新这四项任务，其中检查是为了确定和评估设备的实际状态；维护是为了保持设备的期望状态；修理是为了恢复设备的期望状态；更新是更换无法继续使用的设备。

2. 什么是定期检修？

答：定期检修是预防性检修的一种，在保证设备正常工作中确实起到了直接防止或延迟故障的作用，但这种不根据设备的实际状况，单纯按规定的时间间隔对设备进行相当程度解体的维修方法，不可避免地会产生“过剩”维修，不但造成设备有效利用时间的损失和人力、物力、财力的浪费，甚至会引发维修故障。

3. 什么是故障后检修？

答：对功能失效的设备或设备部件所进行的拆装、维护、调试、修理和更换。其特点是检修工作在故障发生后才进行。这种检修方式最适用于设备投资低且故障后果轻微的情况。

4. 什么是状态检修？

答：状态检修时企业以安全、环境、效益为基础，通过设备状态评价、风险分析、检修决策等手段开展设备检修工作，达到设备运行安全可靠、检修成本合理的一种设备检修策略。

5. 什么是状态评价？状态评价的原则是什么？

答：状态评价是指利用收集到的设备各类状态信息，依据相关标准，确定设备状态和发展趋势。设备状态的评价应该基于巡检及例行试验、诊断性试验、在线监测、带电检测、家族缺陷、不良工况等状态信息，包括其现象强度、量值大小以及发展趋势，结合与同类设备的比较，作出综合判断。

6. 请解释状态检修中安全、环境、效益三者概念的含义。

答：安全是指由于各种原因可能导致的人身伤害、设备损坏、运行可靠性下降、电网稳定破坏等危及电网安全、可靠运行的情况。

环境是指电网运行对社会、国民经济、环境保护等产生的影响。

效益是指企业成本、收益以及事故情况下可能造成的直接、间接经济损失等经济效益。

7. 开展状态检修的基本原则是什么？

答：（1）开展状态检修工作必须在保证安全的前提下，综合考虑设备状态、运行可靠性、环境影响以及成本等因素。

（2）实施状态检修必须建立相应的管理体系、技术体系和执行体系，明确状态检修工作对设备状态评价、风险评估、检修决策制定、检修工艺控制、检修绩效评估等环节的基本要求，保证设备运行安全和检修质量。

（3）开展状态检修应依据国家、行业相关设备技术标准，制定适应输变电设备状态检修工作的相关技术标准和导则。

（4）开展状态检修工作应遵循试点先行、循序渐进、持续完善的原则，制定工作长远目标和总体规划，分步实施。

（5）状态检修应体现设备全寿命成本管理思想，依据《国家电网公司资产全寿命管理指导性意见》，对设备的选型、安装、运行、退役四个阶段进行综合优化成本管理，并指导设备检修策略的制定。

8. 状态检修工作的核心是什么？

答：确定设备的状态，依据设备的状态开展相应的试验、检修工作。开展状态检修工作并不意味着简单的减少检修工作量、降低维修费用，而是将设备检修管理工作的重点由修理转移到管理上来，相应设备状态监控的管理工作要大力加强，通过强调管理和技术分析的作用，严格控制，细化分析，真正做到“应修必修，修必修好”。

9. 状态检修的基本流程有哪些？

答：包括设备信息收集、状态评价、风险评估、检修策略、检修计划、检修实施及绩效评估等七个环节。

10. 如何正确理解状态检修中周期的概念？

答：状态检修并不意味着绝对取消定期检修的概念。受设备结构、工作原理、零部件使用寿命等因素影响，各类电网设备均存在一定的使用寿命和维护周期。因此，设备最长检修周期不能超过其自身最薄弱环节的最长使用时间。设备最长检修周期应由设备制造商在产品说明书中进行明确。

11. 有人认为“状态检修就是延长周期”，这种说法对吗？

答：这种说法是错误的。盲目地无规范无标准地擅自延长周期是非常危险和错误的。简单地延长周期，可能会使状态不佳的设备处于失控状态。增加其发生运行事故的风险。设备检修和试验的周期可以调整，但必须依据设备状态来进行，而且必须是双向的，即对于那些状态良好、运行稳定的设备可以适当延长检修和试验的周期，而对于那些状态不佳、存在缺陷的设备则应缩短检修和试验的周期。

12. 与 DL/T 596《电力设备预防性试验规程》相比，Q/GDW 168—2008《输变电设备状态检修试验规程》有哪些变化？

答：（1）目标和内容不同：老规程目标是为了指导预防性试验，内容主要是针对各类电力设备的试验做了规定，而新规程目标是针对状态检修，内容上对对巡检、检查、功能确认和试验等方面都进行了规定。

（2）试验数据分析不同：老规程只提出了与注意值进行比较，而新规程提出了注意值、警示值等概念，并提出了纵横比分析和显著性差异分析法等不同的分析方法。

（3）试验项目不同：老规程对试验项目未进行分类，造成只要停电，试验项目基本要整个过一遍，而新规程规定了例行和诊断两类试验项目，减少了试验项目。

（4）设备状态信息来源不同：老规程的设备状态信息仅来源于试验数据，而新规程从巡检信息、试验数据、家族缺陷、运行经历等方面。

（5）试验周期不同：老规程采用定期试验，而新规程根据设备的运行工况可以对试验周期进行适当调整，并提出了轮试的概念。

13. 与 DL/T 596《电力设备预防性试验规程》相比，Q/GDW 168—2008《输变电设备状态检修试验规程》新增了对哪些设备的规定？

答：新增设备有：SF_6 绝缘变压器；SF_6 绝缘电磁式电压互感器和电流互感器；聚四氟乙烯缠绕绝缘套管和电流互感器；串联补偿装置；线路避雷器。

14. 状态检修将变电设备的检修分为哪几类？

答：状态检修将变电设备的检修分为 A、B、C、D 四类。

A 类是指设备的整体性检查、维修、更换和试验。

B 类是指设备局部性的检修，部件的解体检查、维修、更换和试验。

C 类是对设备常规性检查、维修和试验。

D 类是对设备在不停电状态下进行的带电测试、外观检查和维修。

15. 状态检修策略包含的内容是什么？如何根据设备状态实施检修策略？

答：状态检修策略包括年度检修计划制定、缺陷处理、试验、不停电的维修和检查等。

（1）正常状态检修策略：执行 C 类检修。根据设备实际状况，C 类检修可按照正常周期或延长一年执行。在 C 类检修之前，可以根据实际需要适当安排 D 类检修。

（2）注意状态检修策略：执行 C 类检修。如果单项状态量扣分导致评价结果为“注意状态”时，应根据实际情况提前安排 C 类检修。如果仅由多项状态量合计扣分导致评价结果为“注意状态”时，可按正常周期执行，并根据设备的实际情况，增加必要的检修或试验内容。注意状态的设备应适当加强 D 类检修。

（3）异常状态检修策略：根据评价结果确定检修类型，并适时安排检修。实施停电检修前应加强 D 类检修。

（4）严重状态检修策略：根据评价结果确定检修类型，并尽快安排检修。实施停电检修前加强D类检修。

16. 简述设备解体检修的适用原则。

答：（1）例行或诊断试验表明存在重大缺陷的设备。

（2）受重大家族缺陷警示，为消除隐患，需对核心部件或主体进行解体性检修的设备。

（3）依据设备技术文件之推荐或运行经验，需对核心部件或主体进行解体性检修的设备。

17. 状态评价实施动态管理原则，请简述在哪些情况下应进行设备评价。

答：（1）年度定期评价。

（2）停电例行试验后的评价。

（3）自上次评估以来，经历了新的不良工况。

（4）自上次评估以来，新出现了家族缺陷。

（5）自上次评估以来，巡检、带电检测出现异常。

18. 什么是设备状态量？状态量主要包括哪些？

答：直接或间接表征设备状态的各类信息，如数据、声音、图像、现象等。将状态量分为一般状态量和重要状态量。

状态量主要包括：铭牌参数、型式试验报告、订货技术协议、设备监造报告、出场试验报告、运输安装记录、交接验收报告等。

19. 什么是注意值？

答：状态量达到该数值时，设备可能存在或可能发展为缺陷。

20. 什么是警示值？

答：状态量达到该数值时，设备已存在缺陷并有可能发展为故障。

21. 什么是例行检查？

答：定期在现场对设备进行的状态检查，含各种简单保养和维修，如污秽清扫、螺丝紧固、防腐处理、自备表计校验、易损件更换、功能确认等。

22. 什么是巡检？设备巡检有哪些要求？

答：在设备运行期间，按规定的巡检内容和巡检周期对各类设备进行巡检，巡检内容还应包括设备技术文件特别提示的其他巡检要求。巡检情况应有书面或电子文档记录。在雷雨季节前，大风、降雨（雪、冰雹）、沙尘暴之后，应对相关设备加强巡检；新投运的设备、对核心部件或主体进行解体性检修后重新投运的设备，宜加强巡检；日最高气温35℃以上或大负荷期间，宜加强红外测温。

23. 什么是例行试验？

答：为获取设备状态量，评估设备状态，及时发现事故隐患，定期进行的各种带电检测和停电试验。需要设备退出运行才能进行的例行试验称为停电例行试验。

24. 什么是诊断性试验？

答：巡检、在线监测、例行试验等发现设备状态不良，或经受了不良工况，或受家族缺陷警示，或连续运行了较长时间，为进一步评估设备状态进行的试验。

25. 什么是家族性缺陷？什么是有家族缺陷设备？

答：经确认由于设计、和/或材质、和/或工艺共性因素导致的设备缺陷称为家族性缺陷。如出现这类设备，具有同一设计、和/或材质、和/或工艺的其他设备，不论当前是否可检出同类缺陷，在这种缺陷隐患被消除之前，都称为有家族缺陷设备。

26. 家族缺陷的认定条件是什么？

答：家族性缺陷的认定必须同时具备以下三个条件：

（1）国家电网公司系统或省公司系统较短时期内已发生多起类似缺陷。

（2）类似缺陷是由于同一种设计、同一种材质或者同一种制造工艺造成的。

（3）缺陷经过网省公司组织专家认定，报国家电网公司备案发布，具有明确的发生范围。

27. 什么是不良工况？简述属于变压器不良运行工况情况。

答：设备在运行中经受的、可能对设备状态造成不良影响的各种特别工况。

变压器不良运行工况包括：

（1）经历了出口或近区短路。

（2）有过热运行记录，且油中溶解气体分析有增加迹象。

（3）经历了侵入波、过励磁等，且油中溶解气体分析有增加迹象。其他有过励磁等。

28. 什么是初值和初值差？

答：指能够代表状态量原始值的试验值。初值可以是出厂值、交接试验值、早期试验值、设备核心部件或主体进行解体性检修之后的首次试验值等。初值差定义为：（当前测量值 - 初值）/初值 ×100% 。

29. 初值界定原则是什么？

答：（1）新设备投运以出厂值为初值。

（2）输变电设备在现场进行试验时，其试验数据受电磁场、接线方式等干扰或干扰较大，以投运后首次试验时的测量值为初值；试验数据不受电磁场、接线方式干扰或干扰较小，以出厂值或交接试验（解体检修后首次试验）时的测量值为初值。

30. 什么是轮试？轮试的优点是什么？

答：对于数量较多的同厂同型设备，若例行试验项目的周期为2年及以上，宜在周期内逐年分批进行，这一方式称为轮试。

轮试的优点是每年试验一部分，能起到抽样检验的重要作用。一旦当年轮试的部分出现异常，其余等待轮试的部分应尽快安排试验。

31. 例行试验和诊断性试验是如何规定的？

答：例行试验是为获取设备状态量，评估设备状态，及时发现事故隐患，定期进行的各种代电检测和停电试验。

诊断性试验是在例行试验异常、或受家族缺陷警示、或经历了较严重不良工况后，才需要进行的项目。

32. 注意值处置的原则是什么？

答：有注意值要求的状态量，若当前试验值超过注意值或接近注意值的趋势明显，对于正在运行的设备，应加强跟踪检测；对于停电设备，如怀疑属于严重缺陷，则不宜投入运行。

33. 警示值处置的原则是什么？

答：有警示值要求的状态量，若当前试验值超过警示值或接近警示值的趋势明显，对于运行设备应尽快安排停电试验；对于停电设备，消除此隐患之前一般不应投入运行。

34. 简述注意值与警示值的区别。

答：注意值是指状态量达到该数值时，设备可能存在故障或可能发展为缺陷。警示值是指状态量达到该数值时，设备已存在缺陷并有可能发展为故障。

35. 设备状态信息收集主要包括哪几类信息？

答：（1）投运前信息。

（2）运行信息。

（3）检修试验信息。

（4）家族性缺陷信息。

36. 什么样情况下需要进行诊断性试验？

答：诊断性试验是巡视、在线监测、例行试验等发现设备状态不良，或经受了不良工况，或受家族缺陷警示，或连续运行了较长时间，为进一步评估设备状态进行的试验。

37. 可以延迟试验的条件是什么？

答：（1）巡视中未见可能危及该设备安全运行的任何异常。

（2）带电测试显示设备状态良好。

（3）上次例行试验与其前次例行（或交接）试验结果相比无明显差异。

（4）没有任何可能危及设备安全运行的家族缺陷。

（5）上次例行试验以来，没有经受严重的不良工况。

38. 什么情况下需要提前安排试验？

答：有下列情形之一的设备，需提前或尽快安排例行或/和诊断性试验：

（1）巡检中发现有异常，此异常可能是重大质量隐患所致。

（2）带电检测（如有）显示设备状态不良。

（3）以往的例行试验有朝着注意值或警示值方向发展的明显趋势，或者接近注意值或警示值。

（4）存在重大家族缺陷。

（5）经受了较为严重不良工况，不进行试验无法确定其是否对设备状态有实质性损害。

如初步判定设备继续运行有风险，则不论是否到期，都应列入最近的年度试验计划，情况严重时，应尽快退出运行，进行试验。

39. 满足哪些条件的设备可认定为状态好的设备？

答：根据规程规定，满足下列各项条件的设备，可认定为状态好的设备：

（1）巡检中未见可能危及该设备安全运行的任何异常。

（2）带电检测显示设备状态良好。

（3）上次例行试验与其前次例行（或交接）试验结果相比无明显差异。

（4）没有任何可能危及设备安全运行的家族缺陷。

（5）上次例行试验以来，没有经受严重的不良工况。

40. 如何认定一台设备为状态不良的设备？

答：出现以下情形之一的设备，应认定为状态不良的设备：

（1）巡检中发现有异常，此异常可能是重大隐患所致。

（2）带电检测显示设备不良。

（3）以往的例行试验有朝着注意值或警示值方向发展的明显趋势，或者接近注意值或警示值。

（4）存在重大家族缺陷。

（5）经受了较为严重的不良工况，不进行试验无法确定其是否对设备状态有实质性损害。

41. 状态评价中，状态量是如何划分的？

答：状态量是直接或间接表征设备状态的各类信息，如数据、声音、图像、现象等，状态量分为一般状态量和重要状态量。状态量由原始资料、运行资料、检修资料、其他资料构成。

42. 状态量的构成包括哪些部分？

答：状态量主要由四部分构成：

（1）原始资料。原始资料主要包括铭牌参数、型式试验报告、订货技术协议、设备监造报告、出厂试验报告、运输安装记录、交接验收报告等。

（2）运行资料。运行资料主要包括运行工况记录信息、历年缺陷及异常记录、巡检情况、带电检测记录等。

（3）检修资料。检修资料主要包括检修报告、例行试验报告、诊断性试验报告、有关反措执行情况、部件更换情况、检修人员对设备的巡检记录等。

（4）其他资料。其他资料主要包括同型（同类）设备的运行、修试、缺陷和故障的情况、相关反措执行情况、其他影响设备安全稳定运行的因素等。

43. 设备状态信息可分为哪两大类？

答：电气设备状态信息分为静态信息和动态信息两类。设备的静态信息主要包括铭牌参数、出厂试验数据、安装调试记录、交接试验数据、历次检修试验数据、家族缺陷等一经确认不再变更的信息。设备的动态信息主要包括常规试验数据等经常会更新的信息。

44. 设备状态评价的具体内容是什么？

答：设备状态评价是对包括其现象强度、量值大小以及发展趋势，结合与同类设备的比较，作出综合判断。

45. 变压器诊断试验中，各试验项目的主要作用是什么？

答：变压器诊断试验中，诊断铁芯结构缺陷、匝间绝缘损坏可进行空载电流和空载损耗测量；诊断绕组是否发生变形可选择短路阻抗测量和绕组频率响应分析；验证绝缘强度或诊断是否存在局部放电缺陷时进行感应耐压和局部放电测量；对核心部件或主体进行解体性检修之后或怀疑绕组存在缺陷选择电压比试验；变压器运行声响、振动异常进行直流偏磁检测；诊断绝缘老化程度进行绝缘纸聚合度测量；对核心部件或主体进行解体性检修之后或重新进行密封处理后需进行整体密封性能检查。

46. 油浸式变压器（电抗器）状态评价导则中部件是如何规定的？变压器部件是如何划分的？

答：变压器（电抗器）上功能相对独立的单元称为部件。变压器部件分为本体、套管、分接开关、冷却系统及非电量保护五个部件。

47. 变压器（电抗器）状态评价分为几个部分？状态量权重分几级？权重系数如何规定？权重与状态量是如何对应的？评价结果其状态分几种状态？

答：变压器（电抗器）状态评价分为部件评价和整体评价两部分。

视对变压器（电抗器）安全运行的影响程度，状态量权重分别为权重1、权重2、权重3、权重4，其系数为1、2、3、4。权重1、权重2与一般状态量对应，权重3、权重4与重要状态量对应。

变压器（电抗器）的状态分为正常状态、注意状态、异常状态和严重状态四级。

48. 变压器（电抗器）评价中各部分评价的关系是什么？

答：变压器（电抗器）整体评价要综合部件的评价结果。

（1）所有部件评价为正常状态时，整体评价为正常状态。

（2）当任一部件状态为注意状态、异常状态或严重状态时，整体评价应为其中最严重的状态。

49. 在线监测技术在变压器状态检修中有哪些应用？

答：在线监测技术在变压器状态检修中主要有变压器红外监测、色谱在线监测、变压器局部放电监测、变压器器身振动在线监测、套管绝缘参数、铁芯对地电流的监测等。

50. 如何对变压器的状态进行评价？

答：变压器状态评价分为部件状态评价和整体状态评价两部分。

（1）变压器部件状态评价。变压器有许多功能相对独立的单元或部件，它们能否正常运行直接影响变压器的健康运行水平。变压器部件可分为本体、套管、分接开关、冷却系统以及非电量保护（包括轻重瓦斯、压力释放阀以及油温油位等）五个部件。所以对变压器的状态量的评价可按部件划分分别确定评价标准。变压器各部件的范围划分如表9－1所示。

表9－1　　变压器各部分部件的范围划分

部　件	评　价　范　围
本体	油枕密封元件（胶囊、隔膜、金属膨胀器）、压力释放阀、气体继电器、呼吸器、其他
套管	瓷套、接线板、其他
冷却系统	冷却装置控制系统、液压泵及电动机、风扇及电动机、油流指示器、其他
有载分接开关	呼吸器、机构、控制回路、电动机、位置指示器、其他
非电量保护装置	温度计、油位指示计、压力释放阀、气体继电器、其他

（2）变压器整体状态评价。变压器的整体评价应综合其部件的评价结果，当所有部件评价为正常状态时，整体评价为正常状态；当任一部件状态为注意状态、异常状态或严重状态时，整体评价应为其中最严重的状态。

（3）变压器状态量评价周期。

1）设备的状态评价分为定期评价和动态评价，定期评价在编制年度检修计划之前进行一次，一般在8月进行。动态评价在设备状态量（巡检、红外检测、高压试验、油化验等数据）及运行工况（系统短路冲击和过电压）发生异常时，对具体设备有针对性地进行。

2）新设备投运后（即经过投运前的全项目高压试验、各部位检查和投运后的巡检及红外检测）第40天进行一次初始评价。

3）停运6个月以上的备用设备重新停运后，并经巡检及红外检测，第10天进行一次评价。

4）对列入当年检修计划的设备，在检修前30天及检修完成后10天内各评价一次。

（4）变压器部件的状态评价方法。变压器（电抗器）部件的评价应同时考虑单项状态量的扣分和部件合计扣分情况，变压器各部件状态评价标准如表9－2所示。

表9－2　　变压器各部件状态评价标准

评价标准 部件	正常状态		注意状态		异常状态	严重状态
	合计扣分	单项扣分	合计扣分	单项扣分	单项扣分	单项扣分
本体	≤30	≤10	＞30	12～20	＞20～24	＞30
套管	≤20	≤10	＞20	12～20	＞20～24	＞30
冷却系统	≤12	≤10	＞20	12～20	＞20～24	＞30
分解开关	≤12	≤10	＞20	12～20	＞20～24	＞30
非电量保护	≤12	≤10	＞20	12～20	＞20～24	＞30

当任一状态量单项扣分和部件合计扣分同时达到表规定时，视为正常状态。

当任一状态量单项扣分或部件所有状态量合计扣分达到表规定时，视为注意状态。

当任一状态量单项扣分达到表规定时，视为异常状态或严重状态。

51. 变压器检修工作分为哪四类？各包含的内容是什么？

答：变压器检修工作分为A类检修、B类检修、C类检修、D类检修四类。

A类检修指吊罩、吊芯检查，本体油箱及内部部件的检查、改造、更换、维修，返厂检修，相关试验。

B类检修：

（1）B1（油箱外部主要部件更换）：套管或升高座、油枕、调压开关、冷却系统、非电量保护装置和绝缘油。

（2）B2（主要部件处理）：套管或升高座、油枕、调压开关、冷却系统、绝缘油。

（3）其他：现场干燥处理，停电时的其他部件或局部缺陷检查、处理、更换工作，相关试验。

C类检修：

（1）C1：按Q/GDW 168—2008《输变电设备状态检修试验规程》规定进行试验。

（2）C2：清扫、检查、维修。

D类检修：

（1）D1：带电测试（在线和离线）。

（2）D2：维修、保养。

（3）D3：带电水冲洗。

（4）D4：检修人员专业检查巡视。

（5）D5：冷却系统部件更换（可带电进行时）。

（6）D6：其他不停电的部件更换处理工作。

52. 请列出变压器例行试验项目和诊断性试验项目中注意值和警示值的试验项目。

答： 变压器例行试验项目中，油中溶解气体分析、铁芯绝缘电阻、绕组绝缘电阻和绕组绝缘介质损耗因数为注意值。变压器例行试验项目中，绕组电阻值为警示值。

变压器诊断性试验中，短路阻抗、局部放电、绝缘纸聚合度、铁芯接地电流值为注意值。电压比为警示值。

53. 根据设备评价结果，油浸式变压器的检修策略有哪些？

答："正常状态"检修策略：被评价为"正常状态"的变压器（电抗器），执行C类检修。根据设备实际状况，C类检修可按照正常周期或延长一年执行。在C类检修之前，可以根据实际需要适当安排D类检修。

"注意状态"检修策略：被评价为"注意状态"的变压器（电抗器），执行C类检修。如果单项状态量扣分导致评价结果为"注意状态"时，应根据实际情况提前安排C类检修。如果仅由多项状态量合计扣分导致评价结果为"注意状态"时，可按正常周期执行，并根据设备的实际状况，增加必要的检修或试验内容。注意状态的设备应适当加强D类检修。

"异常状态"检修策略：被评为"异常状态"的变压器，根据评价结果确定检修类型，并适时安排检修。实施停电检修前应加强D类检修。

"严重状态"检修策略：被评为"严重状态"的变压器，根据评价结果确定检修类型，并尽快安排检修。实施停电检修前应加强D类检修。

54. 电流互感器何时需要测量末屏介质损耗因数？

答： 末屏绝缘电阻使用1000V绝缘电阻表测量，应大于1000MΩ，不满足要求时，测量末屏介质损耗因数，测量电压2kV，介质损耗因数通常要求小于0.015。

55. 互感器状态信息资料有哪些？

答：（1）原始资料包括铭牌参数、订货技术协议、设备监造报告、出厂试验报告、运输安装记录、交接验收报告等。

（2）运行资料包括运行工况记录信息、历年缺陷及异常记录、巡检情况、不停电检测记录等。

（3）检修资料包括检修报告、例行试验报告、诊断性试验报告、有关反措执行情况、部件更换情况、检修人员对设备的巡检记录等。

（4）其他资料包括同型（同类）设备的运行、修试、缺陷和故障的情况、相关反措执行情况、其他影响互感器安全稳定运行的因素等。

56. 互感器状态是如何划分的？

答： 互感器状态的划分为正常状态、注意状态、异常状态和严重状态。

当任一状态量的单项扣分和合计扣分达到表9－3规定时，视为正常状态。

当任一状态量的单项扣分或合计扣分达到表9－3规定时，视为注意状态。

当任一状态量的单项扣分达到表9－3规定时，视为异常状态或严重状态。

表 9-3　　　　互感器状态

正常状态		注意状态		异常状态	严重状态
合计扣分值	单项扣分值	合计扣分值	单项扣分值	单项扣分值	单项扣分值
≤30	<12	>30	12~16	20~24	≥30

57. 对于电容式电压互感器分压电容器检测，有什么具体规定？

答：分压电容器检测，多节串联的应分节独立测量。电容量初值差不超过±2%，属于警示值。实际中如果测量值偏差明显大于其他同类设备，就应予以注意。

58. 互感器进行额定电压下的介质损耗因数测量，对增量的要求是什么？

答：进行额定电压下的介质损耗因数测量，对增量是在注意值基础上的允许增量，规程声明，增量之后依然要求小于注意值。

59. 如何对互感器状态进行评价？

答：电流互感器的状态评价分为部件状态评价和整体状态评价两部分。

（1）电流互感器部件状态评价。电流互感器部件分为本体、绝缘介质、引线三个部件。所以对电流互感器的状态量的评价可按部件划分分别确定评价标准。电流互感器各部件的范围划分如表 9-4 所示。

表 9-4　　　　电流互感器各部分部件的范围划分

部件	评价范围
本体	绕组、电容屏、瓷套、膨胀器、底座、二次接线盒
绝缘介质	绝缘油、SF_6气体
引线	连接端子、引流线、接地引下线

（2）电流互感器整体状态评价。电流互感器的整体评价应综合其部件的评价结果，当所有部件评价为正常状态时，整体评价为正常状态；当任一部件状态为注意状态、异常状态或严重状态时，整体评价应为其中最严重的状态。

（3）电流互感器状态量评价周期。

1）设备的状态评价分为定期评价和动态评价，定期评价在编制年度检修计划之前进行一次，一般在 8 月进行。动态评价在设备状态量（巡检、红外检测、高压试验、油化验等数据）及运行工况（系统短路冲击和过电压）发生异常时，对具体设备有针对性地进行。

2）新设备投运后（即经过投运前的全项目高压试验、各部位检查和投运后的巡检及红外检测）第 40 天进行一次初始评价。

3）停运 6 个月以上的备用设备重新停运后，并经巡检及红外检测，第 10 天进行一次评价。

4）对列入当年检修计划的设备，在检修前 30 天及检修完成后 10 天内各评价一次。

（4）电流互感器部件的状态评价方法。电流互感器部件的评价应同时考虑单项状态量的扣分和部件合计扣分情况，各部件状态评价标准如表 9-5 所示。

表 9-5　　　　电流互感器各部件状态评价标准

评价标准/部件	正常状态		注意状态		异常状态	严重状态
	合计扣分	单项扣分	合计扣分	单项扣分	单项扣分	单项扣分
本体	≤30	≤10	>30	12~16	20~24	≥30
绝缘介质	<20	≤10	>20	12~16	20~24	≥30
引线	≤12	≤10	>20	12~16	20~24	≥30

当任一状态量单项扣分和部件合计扣分同时达到表中正常状态规定分值时，视为正常状态。

当任一状态量单项扣分或部件所有状态量合计扣分达到表中注意状态规定分值时，视为注意状态。

当任一状态量单项扣分达到表中异常状态和严重状态规定分值时，视为异常状态或严重状态。

60. 互感器状态检修策略是什么？

答：检修策略以设备状态评价结果为基础，参考风险评估结果，在充分考虑电网发展、技术进步等情况下，对设备检修的必要性和紧迫性进行排序，并依据 Q/GDW 445—2010《电流互感器状态检修导则》等技术标准确定检修方式、内容，并制订具体检修方案。

（1）电流互感器检修工作分为 A 类检修、B 类检修、C 类检修、D 类检修四类。各地区应根据检修工作实际情况，对照分类原则确定检修类别。

（2）状态检修策略既包括年度检修计划的制订，也包括试验、不停电的维护等。检修策略应根据设备状态评价的结果动态调整。

（3）年度检修计划每年至少修订一次。根据最近一次设备状态评价结果，考虑设备风险评估因素，并参考厂家的要求，确定下一次停电检修时间和检修类别。在安排检修计划时，应协调相关设备检修周期，尽量统一安排，避免重复停电。

（4）对于设备缺陷，应根据缺陷的性质，按照有关缺陷管理规定处理。同一设备存在多种缺陷，也应尽量安排在一次检修中处理，必要时，可调整检修类别。C 类检修正常周期宜与试验周期一致。不停电的维护和试验根据实际情况安排。

（5）根据设备评价结果，制定相应的检修策略。

（6）新投运设备状态检修。新设备投运初期按 Q/GDW 168—2008《输变电设备状态检修试验规程》及其实施细则规定（66~110kV 的新设备投运后 1~2 年，220kV 及以上的新设备投运后 1 年），应安排例行试验，同时还应对设备及其附件（包括电气回路）进行全面检查，收集各种状态量，并进行一次状态评价。

（7）老旧设备的状态检修。对于运行 20 年以上的设备，宜根据设备运行及评价结果，对检修计划及内容进行调整。

（8）目前，检修运行单位主要是对互感器进行监视、维护、测试、有限的维修和更新，互感器一般不进行现场解体大修，因此对于达到注意状态和异常状态的，应适当缩短监视、测试周期，以加强监视和跟踪测试为主，一旦设备状态有突变的迹象，应立即安排停电处理或检修。达到异常状态的，应视情况轻重缓急尽快安排停电检修或更换。

61. 断路器部件是如何划分的？SF_6断路器状态量获取主要来自哪里？

答：断路器部件划分为本体、操动机构、并联电容、合闸电阻等四个部件。

SF_6 断路器状态量获取主要来自上次停电试验的数据；运行中巡视、带电检测；家族性的缺陷信息；关于部件的评价。

62. SF_6 高压断路器检修类别与常规意义上的检修是如何对应的？例行试验和 C 类检修周期的调整是怎样规定的？

答：C 类检修，即常规意义上的小修，其正常周期与例行试验周期一致。A 类和 B 类检修，即常规意义上的大修，A 类为整体大修，即机构和本体同时解体或返厂；B 类为部件大修。

例行试验周期调整最长不超过基准周期（3 年）的 1.5 倍，即 4.5 年。C 类检修还可以在正常周期的基础上再延长 1 年，距上次检修的时间间隔最多 5.5 年。

63. 断路器在线监测的项目和内容有哪些？

答：断路器在线监测的项目和内容有：

（1）灭弧室电寿命的监测与诊断动作次数，记录合分次数，过限报警。

（2）断路器机械故障的监测与诊断。

1）合分线圈电流波形监测，非正常报警。

2）合分线圈回路断线路监测。

3）监测行程，过限报警。

4）监测合分速度，过限报警。

5）机械振动，非正常报警。

6）液压机构打压次数、打压时间、压力。

7）弹簧机构弹簧压缩状态，电动机工作时间。

8）关键部分的机械振动信号。

9）合、分闸线圈电流和电压波形的测检。线圈电流波形中包含着许多操作系统的信息，如线圈是否接通、铁芯是否卡涩，脱扣是否有障碍等。

10）合、分闸机械特性，即速度、过冲、弹跳、撞击等，这些信息也可从振动波形中有所反映。

11）控制回路通断状态监测。这对因辅助开关不到位或接触不良造成的拒分、拒合故障有很好的监视作用。

12）操动机构储能完成状况。

（3）绝缘状态的监测。绝缘状态的监测内容包括气体断路器气体压力、过限报警、闭锁、局部放电。

（4）载流导体及接触部位温度的监测。

（5）SF_6 其他成分的监测。主要通过测量 SF_6 分解物判断内部的放电情况。

64. 断路器状态是如何划分的?

答: 正确判断断路器的状态是选择断路器检修策略的依据。断路器及其部件的状态分为正常状态、注意状态、异常状态和严重状态四种。

（1）正常状态。正常状态表示各状态量均处于稳定且良好的范围内，设备可以正常运行。

（2）注意状态。注意状态表示单项（或多项）状态量变化趋势朝接近标准限值方向发展，但未超过标准限值，或部分一般状态量超过标准值，仍可以继续运行，但应加强运行中的监视。

（3）异常状态。异常状态表示单项重要状态量变化较大，已接近或略微超过标准限值，在运行中应重点监视，并适时安排停电检修。

（4）严重状态。严重状态表示单项重要状态量严重超过标准限值，需要尽快安排停电检修。

65. 如何对断路器的状态进行评价?

答: 断路器状态的评价分为部件状态评价和整体状态评价两部分。

（1）断路器部件状态评价。断路器有许多功能相对独立的单元或部件，它们能否正常运行直接影响断路器的健康运行水平。根据 SF_6 高压断路器各部件的独立性，将断路器分为本体、操动机构（液压机构、弹簧机构、液压弹簧机构、气动机构等）、并联电容、合闸电阻四个部件。所以对断路器的状态量的评价可按部件划分分别确定评价标准。断路器各部件的范围划分如表 9－6 所示。

表 9－6　断路器各部件的范围划分

部件	评价范围
本体	高压引线及端子板连接、接地连接、基础及支架、瓷套、均压环、相间连杆、SF_6 压力表及密度继电器、密封件
操动机构	液压机构：分合闸线圈、储能电动机、机构箱、二次元件、端子排及二次电缆、油压力表、液压泵、阀、压力开关、工作缸、储压器、其他
	弹簧机构：分合闸线圈、储能电动机、机构箱、二次元件、端子排及二次电缆、合闸弹簧、分闸弹簧、弹簧机构操作、缓冲器、其他
	液压弹簧机构：动力模块、工作模块、储能模块、监视模块和控制模块、机构箱、二次元件、端子排及二次电缆、油压力表、其他
	气动机构：分合闸线圈、储能电动机、机构箱、二次元件、端子排及二次电缆、压力表、压力继电器、其他
并联电容	瓷套、电容器本体
合闸电阻	瓷套、合闸电阻本体

（2）断路器整体状态评价。断路器整体评价应综合其部件的评价结果。当所有部件评价为正常状态时，整体评价为正常状态；当任一部件状态为注意状态、异常状态或严重状态时，整体评价应为其中最严重的状态。

（3）断路器的状态评价周期。

1）设备的状态评价分为定期评价和动态评价，定期评价在编制年度检修计划之前进行一次，动态评价在设备状态量及运行工况发生异常时对具体设备有针对性地进行。

2）新设备投运后（即经过投运前的全项目高压试验、各部位检查和投运后的巡检及红外检测）第 40 天进行一次初始评价。

3）停运 6 个月以上的备用设备重新停运后，并经巡检及红外检测，第 10 天进行一次评价。

4）对列入当年检修计划的设备，在检修前 30 天及检修完成后 10 天内各评价一次。

（4）SF_6高压断路器部件的状态评价方法。SF_6高压断路器部件的评价应同时考虑单项状态量的扣分和该部件所有状态量的合计扣分情况，各部件状态评价标准如表 9－7 所示。

表 9－7　SF_6 高压断路器各部件状态评价标准

评价标准 / 部件	正常状态	注意状态		异常状态	严重状态
	合计扣分	合计扣分	单项扣分	单项扣分	单项扣分
断路器本体	<30	≥30	12～16	20～24	≥30
操动机构	<20	≥20	12～16	20～24	≥30
并联电容器	<12	≥12	12～16	20～24	≥30
合闸电阻	<12	≥12	12～16	20～24	≥30

当任一状态量单项扣分和部件合计扣分同时符合表中正常状态扣分规定时，视为正常状态。

当任一状态量单项扣分或部件所有状态量合计扣分达到表中注意状态扣分规定时，视为注意状态。

当任一状态量单项扣分符合表异常状态或严重状态扣分规定时，视为异常状态或严重状态。

66. 断路器状态检修策略是什么？

答：（1）SF_6高压断路器检修工作分为 A 类检修、B 类检修、C 类检修、D 类检修四类。其中 A、B、C 类是停电检修，D 类是不停电检修。

（2）状态检修策略既包括年度检修计划的制订，也包括试验、不停电的维护等。检修策略应根据设备状态评价的结果动态调整。

（3）年度检修计划的制订。年度检修计划每年至少修订一次。根据最近一次设备状态评价结果，考虑设备风险评估因素，并参考厂家的要求，确定下一次停电检修时间和检修类别。在安排检修计划时，应协调相关设备检修周期，尽量统一安排，避免重复停电。

（4）对于设备缺陷，应根据缺陷的性质，按照有关缺陷管理规定处理。同一设备存在多种缺陷，也应尽量安排在一次检修中处理，必要时，可调整检修类别。C类检修正常周期宜与试验周期一致。不停电的维护和试验根据实际情况安排。

（5）根据设备评价结果，制定相应的检修策略。

（6）新投运设备状态检修。新设备投运初期按Q/GDW 168—2008《输变电设备状态检修试验规程》规定（110kV的新设备投运后1～2年，220kV及以上的新设备投运后1年），应安排例行试验，同时还应对设备及其附件（包括电气回路）进行全面检查，收集各种状态量，并进行一次状态评价。

（7）老旧设备的状态检修实施细则。对于运行20年以上的设备，宜根据设备运行及评价结果，对检修计划及内容进行调整。

（8）断路器状态检修策略选择的注意事项。

67. 隔离开关状态是如何划分的?

答: 隔离开关及其部件的状态分为正常状态、注意状态、异常状态和严重状态。

（1）正常状态。正常状态指各状态量均处于稳定且良好的范围内，设备可以正常运行。

（2）注意状态。注意状态单项（或多项）状态量变化趋势朝接近标准限值方向发展，但未超过标准限值，仍可以继续运行，应加强运行中的监视。

（3）异常状态。异常状态指单项重要状态量变化较大，已接近或略微超过标准限值，应监视运行，并适时安排停电检修。

（4）严重状态。严重状态指单项重要状态量严重超过标准限值，需要尽快安排停电检修。

68. 如何对隔离开关的状态进行评价?

答: 隔离开关的状态评价分为部件状态评价和整体状态评价两部分。

（1）隔离开关部件状态评价。根据隔离开关各部件的独立性，将隔离开关分为导电回路、操动系统（电动、手动）、绝缘子、辅助部件四个部件，对隔离开关的状态量的评价可按部件划分分别确定评价标准。各部件的范围划分如表9－8所示。

表9－8　隔离开关各部件的范围划分

部件	评价范围
导电回路	进出线端子、软连接、出线座、导电臂、触头
操动系统	操动机构（电动、手动），传动部件（连杆、轴承、销、拐臂），机械闭锁
绝缘子	支柱绝缘子、旋转绝缘子
辅助部件	底座、支架、基础、电气闭锁装置

（2）隔离开关整体状态评价。隔离开关的整体评价应综合其部件的评价结果。当所有部件评价为正常状态时，整体评价为正常状态；当任一部件状态为注意状态、异常状态或严重状态时，整体评价应为其中最严重的状态。

（3）隔离开关状态量评价周期。

1）设备的状态评价分为定期评价和动态评价。定期评价在编制年度检修计划之前进行一次，一般在8月进行。动态评价在设备状态量（巡检、红外检测、高压试验等数据）及运行工况（系统短路冲击和过电压）发生异常时，对具体设备有针对性地进行。

2）新设备投运后（即经过投运前的全项目高压试验、各部位检查和投运后的巡检及红外检测）第40天进行一次初始评价。

3）停运6个月以上的备用设备重新停运后，并经巡检及红外检测，第10天进行一次评价。

4）对列入当年检修计划的设备，在检修前30天及检修完成后10天内各评价一次。

（4）隔离开关部件的状态评价方法。隔离开关部件的评价应同时考虑单项状态量的扣分和部件合计扣分情况，各部件状态评价标准如表9－9所示。

表9－9　　隔离开关各部件状态评价标准

部件＼评价标准	正常状态		注意状态		异常状态	严重状态
	合计扣分	单项扣分	合计扣分	单项扣分	单项扣分	单项扣分
导电回路	＜30	≤10	≥30	12～16	20～24	≥30
操动系统	＜20	≤10	≥20	12～16	20～24	≥30
绝缘子	＜12	≤10	≥20	12～16	20～24	≥30
辅助部件	＜12	≤10	≥20	12～16	20～24	≥30

当任一状态量单项扣分和部件合计扣分同时达到表9－9正常状态规定分值时，视为正常状态。

当任一状态量单项扣分或部件所有状态量合计扣分达到表9－9中注意状态规定分值时，视为注意状态。

当任一状态量单项扣分符合表9－9异常状态和严重状态规定分值时，视为异常状态或严重状态。

69. 隔离开关状态检修的策略是什么？

答：（1）隔离开关检修工作分为A类检修、B类检修、C类检修、D类检修四类。其中A、B、C类是停电检修，D类是不停电检修。

（2）由于隔离开关的停电检修可能直接造成对外供电损失，因此在选择隔离开关的检修策略时，应综合设备状态及供电可靠性进行综合评估，选择最佳检修策略。当然在隔离开关的选型订货初期，加大投资力度，选择合资或维护工作量少的产品，不失为保证隔离开关安全可靠稳定运行的一种更好的决策。

（3）年度检修计划的制订。年度检修计划每年至少修订一次，根据最近一次设备状态评价结果，考虑设备风险评估因素，并参考厂家的要求，确定下一次停电检修时间和检修类别。在安排检修计划时，应协调相关设备检修周期，尽量统一安排，避免重复停电。

（4）缺陷处理。对于设备缺陷，应根据缺陷的性质，按照有关缺陷管理规定处理。同一设备存在多种缺陷，也应尽量安排在一次检修中处理，必要时，可调整检修类别。C类检修正常周期宜与试验周期一致，不停电的维护和试验根据实际情况安排。

（5）根据设备评价结果，制定相应的检修策略。

（6）新投运设备状态检修。新设备投运初期按 Q/GDW 168—2008《输变电设备状态检修试验规程》及其实施细则规定，新设备投运后 1 ~ 2 年应安排例行试验，同时还应对设备及其附件（包括电气回路及机械部分）进行全面检查，收集各种状态量，并进行一次状态评价。

（7）老旧设备的状态检修。对于运行 20 年以上的设备，宜根据设备运行及评价结果，对检修计划及内容进行调整。

70. 在什么情况下需要测量隔离开关的主回路电阻？

答：红外热像检测发现异常；上一次测量结果偏大或呈明显增长趋势，且又有 2 年未进行测量；自上次测量之后又进行了 100 次以上分、合闸操作；对核心部件或主体进行解体性检修之后。测量电流取 100A 到额定电流之间任意一值。

71. 在线监测技术在避雷器状态检修中有哪些应用？

答：氧化锌避雷器的监测主要是测量它在运行电压下的泄漏电流，阀片的老化以及因避雷器结构不良引起的内部受潮，都反映为泄漏电流的增加，最后会因功率增大、发热而导致破坏和事故。

（1）氧化锌避雷器在线监测的项目：监测总泄漏电流、监测阻性电流分量。

（2）测试数据的判别：当全电流或阻性电流、有功损耗与初始值有明显差别时应安排停电测试。

72. 氧化锌避雷器状态是如何划分的？

答：氧化锌避雷器及其部件的状态分为正常状态、注意状态、异常状态和严重状态。

（1）正常状态。表示设备各状态量处于稳定且在规程规定的注意值、警示值等以内，可以正常运行。

（2）注意状态。设备的单项（或多项）状态量变化趋势朝接近标准限值方向发展，但未超过标准限值或部分一般状态量超过标准限值，仍可以继续运行，应加强运行中的监视。

（3）异常状态。单项重要状态量变化较大，已接近或略微超过标准限值，应监视运行，并适时安排检修。

（4）严重状态。单项重要状态量严重超过标准限值，需要尽快安排检修。

73. 如何对氧化锌避雷器的状态进行评价？

答：金属氧化锌避雷器的状态评价分为部件状态评价和整体状态评价两部分。

（1）氧化锌避雷器部件状态评价。氧化锌避雷器部件分为本体、均压环和接地连接以及在线检测装置（包括动作指示、泄漏电流指示表及绝缘底座）三个部件。各部件的范围划分如表 9 – 10 所示。

表 9－10　　　　氧化锌避雷器各部件范围划分

部件	评　价　范　围
本体	阀片、并联电容、瓷套、法兰
附件	底座、在线监测泄漏电流表、放电计数器
引线	均压环、高压引线、接地引下线

（2）氧化锌避雷器整体状态评价。氧化锌避雷器的整体评价应综合其部件的评价结果，当所有部件评价为正常状态时，整体评价为正常状态；当任一部件状态为注意状态、异常状态或严重状态时，整体评价应为其中最严重的状态。

（3）氧化锌避雷器状态量评价周期。

1）设备的状态评价分为定期评价和动态评价，定期评价在编制年度检修计划之前进行一次，一般在 8 月进行。动态评价在设备状态量（巡检、红外检测、高压试验等数据）及运行工况（系统短路冲击和过电压）发生异常时，对具体设备有针对性地进行。

2）新设备投运后（即经过投运前的全项目高压试验、各部位检查和投运后的巡检及红外检测）第 40 天进行一次初始评价。

3）停运 6 个月以上的备用设备重新停运后，并经巡检及红外检测，第 10 天进行一次评价。

4）对列入当年检修计划的设备，在检修前 30 天及检修完成后 10 天内各评价一次。

（4）氧化锌避雷器部件的状态评价方法。氧化锌避雷器部件的评价应同时考虑单项状态量的扣分和部件合计扣分情况，各部件状态评价标准如表 9－11 所示。

表 9－11　　　　氧化锌避雷器各部件状态评价标准

评价标准／部件	正常状态		注意状态		异常状态	严重状态
	合计扣分	单项扣分	合计扣分	单项扣分	单项扣分	单项扣分
本体	≤30	≤10	>30	12～20	24～30	>30
均压环和本地连接	≤20	≤10	>20	12～20	24～30	>30
在线检测装置	≤12	≤10	>20	12～20	24～30	>30

当任一状态量单项扣分和部件合计扣分同时达到上表规定时，视为正常状态。

当任一状态量单项扣分或部件所有状态量合计扣分达到上表规定时，视为注意状态。

当任一状态量单项扣分达到上表规定时，视为异常状态或严重状态。

74. 氧化锌避雷器检修工作分为哪四类？各包含的内容是什么？

答：氧化锌避雷器检修工作分为 A 类检修、B 类检修、C 类检修、D 类检修四类。其中 A、B、C 类是停电检修，D 类是不停电检修。

（1）A 类检修。A 类检修指氧化锌避雷器的整体（整节）更换和返厂检修、修后试验。

（2）B 类检修。B 类检修指氧化锌避雷器外部部件的维修、更换和试验。

（3）C 类检修。C 类检修指对氧化锌避雷器常规性检查、维修和试验。包括按规程进行的例行试验、检查、维护。

（4）D类检修。D类检修指对氧化锌避雷器在不停电状态下进行的带电测试、外观检查和维修。包括外观检查、检修人员专业巡视、带电检测。

75. 氧化锌避雷器状态检修策略是什么？

答：（1）氧化锌避雷器检修工作分为A类检修、B类检修、C类检修、D类检修四类。其中A、B、C类是停电检修，D类是不停电检修。

（2）年度检修计划每年至少修订一次，根据最近一次设备状态评价结果，考虑设备风险评估因素，并参考厂家的要求，确定下一次停电检修时间和检修类别。在安排检修计划时，应协调相关设备检修周期，尽量统一安排，避免重复停电。

（3）对于设备缺陷，应根据缺陷的性质，按照有关缺陷管理规定处理。同一设备存在多种缺陷，也应尽量安排在一次检修中处理，必要时，可调整检修类别。

（4）C类检修正常周期宜与试验周期一致，不停电的维护和试验根据实际情况安排。

（5）根据设备评价结果，制定相应的检修策略。

（6）新投运设备状态检修。新设备投运初期按Q/GDW 168—2008《输变电设备状态检修试验规程》及其实施细则规定，新设备投运后1～2年应安排例行试验，同时还应对设备及其附件（包括电气回路）进行全面检查，收集各种状态量，并进行一次状态评价。

（7）老旧设备的状态检修。对于运行20年以上的设备，宜根据设备运行及评价结果，对检修计划及内容进行调整。

76. 在GIS实施状态检修过程中，如何进行绩效评估？

答：绩效评估是在GIS状态检修工作开展过程中，依据国家电网公司《输变电设备状态检修绩效评估标准》，对执行体系的有效性、检修策略的适应性、工作目标实现程度、工作绩效等进行评估，确定GIS状态检修工作取得的成效，查找工作中存在的问题，提出持续改进的措施和建议。

（1）绩效评估工作由绩效评估小组每年组织一次。

（2）GIS状态检修绩效评估采用自评、检查、互查、审核相结合的方式。

（3）GIS状态检修绩效自评估主要采用分项和综合评分的方法，每年对GIS状态评价的有效性、检修策略的正确性、计划实施、检修效果、检修效益进行分项评估。

77. 如何判断110kV及以上电缆外护套破损进水？

答：对于110kV及以上电缆外护套绝缘电阻，采用1000V绝缘电阻表测量。用万用表测量绝缘电阻，然后调换表笔重复测量，如果调换前后的绝缘电阻差异明显，可初步判断护套已破损进水。

78. 电力电缆状态是如何划分的？

答：电力电缆及其部件的状态分为正常状态、注意状态、异常状态和严重状态。

（1）正常状态。正常状态表示设备运行数据稳定，所有状态量符合标准要求。

（2）注意状态。注意状态指设备的一个主状态量接近标准限值或超过标准限值，或几个辅助状态量不符合标准，但不影响设备运行。

（3）异常状态。异常状态表示设备的几个主状态量超过标准限值，或一个主状态量超过标准限值并几个辅助状态量明显异常，已影响设备的性能指标或可能发展成重大异常状态。异常状态时设备仍能继续运行。

（4）严重状态。严重状态表示设备的一个或几个状态量严重超出标准或严重异常，设备只能短期运行或立即停役。

79. 如何对电力电缆的状态进行评价？

答：电力电缆状态的评价分为部件状态评价和整体状态评价两部分。

（1）电力电缆部件状态评价。根据电力电缆各部件的独立性，将电力电缆分为电缆本体、电缆终端、电缆中间接头、辅助设施、电缆通道、接地系统六个部件。所以对电力电缆的状态量的评价可按部件划分分别确定评价标准，各部件的范围划分如表 9－12 所示。

表 9－12　　电力电缆各部件范围划分

部件	评 价 范 围
电缆本体	外护套绝缘、主绝缘
电缆终端	终端套管、设备线夹、支撑绝缘子、法兰盘
电缆中间接头	中间接头温度
辅助设施	终端支架、电缆抱箍、防火措施
电缆通道	电缆中间接头井、操作工井、电缆沟体、电缆隧道、电缆桥架、电缆线路保护区
接地系统	接地电缆、接地线、接地电流、接地体、接地电缆固定装置

（2）电力电缆整体状态评价。电力电缆整体评价应综合其部件的评价结果，当所有部件评价为正常状态时，整体评价为正常状态；当任一部件状态为注意状态、异常状态或严重状态时，整体评价应为其中最严重的状态。

（3）电力电缆状态量评价周期。

1）设备的状态评价分为定期评价和动态评价，定期评价在编制年度检修计划之前进行一次，一般在 8 月进行。动态评价在设备状态量（巡检、红外检测、高压试验、油化验等数据）及运行工况（系统短路冲击和过电压）发生异常时对具体设备有针对性地进行。

2）新设备投运后（即经过投运前的全项目高压试验、各部位检查和投运后的巡检及红外检测）第 40 天进行一次初始评价。

3）停运 6 个月以上的备用设备重新停运后，并经巡检及红外检测，第 10 天进行一次评价。

4）对列入当年检修计划的设备，在检修前 30 天及检修完成后 10 天内各评价一次。

（4）电力电缆部件的状态评价方法。电力电缆评价应同时考虑单项状态量的扣分和部件合计扣分情况，各部件状态评价标准如表 9－13 所示。

表 9－13　电力电缆各部件状态评价标准

部件 \ 评价标准	正常状态		注意状态		异常状态	严重状态
	合计扣分	单项扣分	合计扣分	单项扣分	单项扣分	单项扣分
电缆本体	≤30	≤10	>30	12～16	20～24	≥30
电缆终端	≤30	≤10	>30	12～16	20～24	≥30
电缆中间接头	≤30	≤10	>30	12～16	20～24	≥30
辅助设施	≤12	≤10	>20	12～16	20～24	≥30
电缆通道	≤12	≤10	>20	12～16	20～24	≥30
接地系统	≤12	≤10	>20	12～16	20～24	≥30

当任一状态量单项扣分和部件合计扣分同时达到表 9－13 规定时，视为正常状态。

当任一状态量单项扣分或部件所有状态量合计扣分达到表 9－13 规定时，视为注意状态。

当任一状态量单项扣分达到表 9－13 规定时，视为异常状态或严重状态。

80. 电力电缆检修工作分为哪四类？各包含的内容是什么？

答：电力电缆检修工作分为 A 类检修、B 类检修、C 类检修、D 类检修四类。其中 A、B、C 类是停电检修，D 类是不停电检修。

（1）A 类检修。A 类检修指电力电缆的整体更换和试验。

（2）B 类检修。B 类检修指电力电缆的附件检修，如部件维修、更换和试验。主要包括电缆头、接地箱更换等。

（3）C 类检修。C 类检修指对电力电缆常规性检查、维护和试验。主要包括预防性试验、清扫、维护，电缆附件、避雷器的检查，金具、接头紧固修理等。

（4）D 类检修。D 类检修指对电力电缆在不停电状态下进行的带电测试、外观检查和维修。主要包括外观目测检查、红外测试、检修人员专业巡视、带电检测等。

81. 电力电缆状态检修的策略是什么？

答：（1）电力电缆检修工作分为 A 类检修、B 类检修、C 类检修、D 类检修四类。其中 A、B、C 类是停电检修，D 类是不停电检修。

（2）年度检修计划每年至少修订一次，根据最近一次设备状态评价结果，考虑设备风险评估因素，并参考厂家的要求，确定下一次停电检修时间和检修类别。在安排检修计划时，应协调相关设备检修周期，尽量统一安排，避免重复停电。

（3）对于设备缺陷，应根据缺陷的性质，按照有关缺陷管理规定处理。同一设备存在多种缺陷，也应尽量安排在一次检修中处理，必要时，可调整检修类别。

（4）C 类检修正常周期宜与试验周期一致，不停电的维护和试验根据实际情况安排。

（5）根据设备评价结果，制定相应的检修策略。

82. 在线监测技术在电力电缆状态检修中有哪些应用?

答：电力电缆在线监测的主要项目包括绝缘监测和温度监测，绝缘监测的内容主要有绝缘电阻、介质损耗、局部放电；温度监测主要是利用红外热像仪或温度传感器监测本体、附件在运行状态下的温度，因此相比绝缘监测更容易和方便。通过开展电缆的在线监测可以实时掌握电缆的绝缘受潮、老化、内部放电、过热等故障信息，为准确判断电缆的运行状态和选择检修策略提供依据。

83. 何种情况下需进行一次现场污秽度评估?

答：每 3 年；附近 10km 范围内发生了污闪事故；附近 10km 范围内增加了新的污染源；降雨量显著减少的年份；出现大气污染与恶劣天气相互作用所带来的湿沉降（城市和工业区及周边地区尤其要注意）。

84. 在什么情形下，要对瓷质支柱绝缘子进行超声探伤检查?

答：有下列情形之一，对瓷质支柱绝缘子及瓷护套进行超声探伤检查：若有断裂、材质或机械强度方面的家族缺陷，对该家族瓷件进行一次超声探伤抽查；经历了 5 级以上地震后要对所有瓷件进行超声探伤。本测试项目目的是防止绝缘子影响系统及检修人员安全。

85. 各类设备状态信息维护的工作时限如何要求?

答：(1) 家族性缺陷信息在公开发布一个月内，应完成生产管理信息系统中相关设备状态信息的变更和维护。

(2) 投运前信息应由基建或物资部门在设备投运后一周内移交生产技术部门，并于一个月内录入生产管理信息系统。

(3) 运行信息应即时录入生产管理信息系统。

(4) 检修试验信息应在检修试验工作结束后一周内录入生产管理信息系统。

(5) 设备及其主要元部件发生变更后，应在一个月内完成生产管理信息系统中相关信息的更新。

86. 设备动态评价工作时限要求如何规定?

答：(1) 新投运设备应在 1 个月内组织开展首次状态评价工作，并在 3 个月内完成。

(2) 运行缺陷评价随缺陷处理流程完成；家族性缺陷评价在上级家族性缺陷发布后 2 周内完成。

(3) 不良工况评价在设备经受不良工况后 1 周内完成。

(4) 检修（A、B、C 类检修）评价在检修工作完成后 2 周内完成。

(5) 重大保电活动专项评价应在活动开始前至少提前 2 个月完成；电网迎峰度夏、度冬专项评价原则上在 4 月底和 9 月底前完成。

87. 设备定期评价工作时限要求如何规定?

答：(1) 每年 8 月 1 日前，地市公司完成电网设备状态检修综合报告，其中 220kV 及以上电网设备状态检修综合报告上报网省公司复核。

（2）每年8月底前，网省公司完成地市公司上报状态检修综合报告的复核并反馈复核意见，完成异常和严重状态的500（330）kV及以上四类主设备状态检修综合报告的编制并上报国家电网公司。

（3）每年9月底前，国家电网公司完成上报设备状态检修综合报告的复核，并反馈复核意见。

Chapter 10 第十章

带电检测与在线监测

1. 什么是带电检测?

答: 一般采用便携式检测设备，在运行状态下，对设备状态量进行的现场检测，其检测方式为带电短时间内检测，有别于长期连续的在线监测。

2. 什么是在线监测?

答: 在不停电的情况下，对电力设备状况进行连续或周期性地自动监视检测。

3. 简述带电检测实施原则。

答: 带电检测的实施，应以保证人员、设备安全、电网可靠性为前提，安排设备的带电检测工作。在具体实施时，应根据本地区实际情况（设备运行情况、电磁环境、检测仪器设备等），依据规范，制定适合本地区的实施细则或补充规定。

4. 简述带电检测的缺陷定位原则。

答: 电力设备互相关联，在某设备上检测到缺陷时，应当对相邻设备进行检测，正确定位缺陷。同时，采用多种检测技术进行联合分析定位。

5. 带电检测是否可取代停电检测?

答: 带电检测是对常规停电检测的弥补，同时也是对停电检测的指导。但是带电检测也不能解决全部问题，必要时、部分常规项目还是需要停电检测。所以应以带电检测为主，辅以停电检测。

6. 带电局部放电检测中对于缺陷如何判定?

答: 带电局部放电检测中缺陷的判定应排除干扰，综合考虑信号的幅值、大小、波形等因素，确定是否具备局部放电特征。

7. 带电检测技术如何与设备状态评价相结合?

答: 状态检测是开展设备状态评价的基础，为消隐除患、更新改造提供必要的依据。同时，状态评价为较差的设备、家族缺陷设备等是下一周期状态检测的重点对象。最终目的都是尽最大可能控制设备故障停电风险、减少事故损失。

8. 带电检测技术如何与电网运行方式结合？

答：同一电网在不同运行方式下存在不同的关键风险点，阶段性的带电检测工作应围绕电网运行方式来展开，对关键设备适度加强测试能有效防范停电、电网事故。

9. 带电检测时，对环境温度和湿度有何要求？

答：进行检测时，环境温度一般应高于+5℃；室外检测应在良好天气进行，且空气相对湿度一般不高于80%。

10. 什么是高频局部放电技术？

答：高频局部放电检测技术是指对频率介于3～30MHz区间的局部放电信号进行采集、分析、判断的一种检测方法。

11. 什么是超声波检测？

答：超声波检测技术是指对频率介于20～200kHz区间的声信号进行采集、分析、判断的一种检测方法。

12. 何谓接地电流测量？

答：通过电流互感器或钳形电流表对设备接地回路的接地电流进行检测。

13. 何谓 SF_6 气体泄漏成像法检测？

答：通过利用成像法技术（如激光成像法、红外成像法），可实现 SF_6 设备的带电检漏和泄漏点的精确定位。

14. 简述电压致热类缺陷定义。

答：设备长时间带有额定电压的设备由于介电强度降低、绝缘劣化、电场分布不均等所导致的设备局部或整体发热。

15. 如何对老旧设备进行局部放电带电检测？

答：带电高频局部放电检测需从末屏引下线抽取信号，很多老旧设备没有末屏引下线，不能有效进行带电检测，可以在工作中结合停电安装末屏端子箱和引下线，为带电检测创造条件。从末屏抽取信号时，尽量采用开口抽取信号，不影响被检测设备的安全可靠运行。

16. 如何对带电局部放电测量中的干扰分类？

答：周期性干扰：

（1）连续的周期性干扰信号：如广播、电力系统中的载波通信，手机通信，高频保护信号，谐波，工频干扰等等，其波形一般是正弦形。

（2）脉冲型周期性干扰信号：例如可控硅整流设备在可控硅开闭时产生的脉冲干扰信号。其特点是该脉冲干扰周期性地出现在工频的某相位上。

（3）脉冲型随机干扰：高压输电线的电晕放电，相邻电气设备的内部放电，以及雷电，开关继电器的断、合，电焊操作等无规律的随机性干扰。旋转电机电刷和滑环间的电弧等。

17. 变压器带电检测包括哪些项目？

答：（1）红外热像检测。

（2）油中溶解气体分析。

（3）高频局部放电检测。

（4）铁芯接地电流测量。

18. 带电检测导则中电流互感器带电检测项目有哪些？

答：带电检测项目：红外热像检测、高频局部放电检测、相对介质介质损耗因数、相对电容量比值。

19. 高压电缆带电检测项目有哪些？

答：（1）红外热像检测。

（2）外护层接地电流。

（3）电缆终端及中间接头高频局部放电检测。

（4）电缆终端及中间接头超高频局部放电检测。

（5）电缆终端及中间接头超声波局部放电检测。

20. 氧化锌避雷器在线监测（带电测试）的主要方法？

答：（1）全电流法（现有在线监测仪）：MOA 老化或受潮时，阻性电流增加，从而全电流随之增加，可以根据这一特征来判断 MOA 的运行状况。

（2）阻性电流三次谐波法：将全电流经带通滤波器检出三次谐波分量，根据 MOA 的总阻性电流与三次谐波阻性分量的一定的比例关系来得到阻性电流峰值。

（3）谐波电流补偿法。

（4）容性电流补偿法：就是在全电流 I_x 中把 I_C 抵消掉，得到阻性电流 I_R 的方法。

21. GIS 超高频局部放电检测的原理及测试方法是什么？

答：GIS 中局部放电波形有很陡的上升前沿，脉冲的持续时间只有几个纳秒，但在气室中的谐振时间达到毫秒数量级，使得在气室中多次谐振的频率最高可达 1.5GHz 以上；GIS 的同轴结构相当于一个良好的波导，信号在其内部传播时衰减很小。超高频放电脉冲的特征参数主要有信号的幅值、放电起始点和脉冲间隔，都可用于缺陷的识别。超高频放电信号频谱范围一般为 500～2000MHz，通过检测超高频电磁波信号可实现对电力设备局部放电类型的判别和定位。

在检测前应尽量排除环境的干扰信号。检测中对干扰信号的判别可综合利用超高频法典型干扰图谱、频谱仪和高速示波器等仪器和手段进行。进行局部放电定位时，可采用示波器（采样精度至少 1GHz 以上）等进行精确定位，必要时也可通过改变电气设备一次运行方式进行。

（1）新设备投运、A类检修后1周内完成。

（2）适用于非金属法兰绝缘盆子，带有金属屏蔽的绝缘盆子可利用浇注开口进行检测；其他结构参照执行。

（3）异常情况应缩短检测周期。

22. 电容型设备相对介损和电容量带电检测的主要原理是什么？

答：电容型相对介损和电容量带电检测“相对测量法”通过测量引线直接串联在两只同相电容设备的末屏接地线上的电流传感器，测量参考电流 I_n 和被测电流 I_x，计算两者的介损差值和电容量的比值，通过比较介损差值和电容量的比值的变化趋势，发现设备的劣化情况。其原理如下（见图10－1和图10－2）：C_x 的介损为 $\tan\delta_x$，C_n 的介损为 $\tan\delta_n$，要求得 C_x、C_n 的介损差值（即 $\tan\delta_x-\tan\delta_n$），则可根据在小角度范围内存在公式：$\tan A-\tan B=\tan(A-B)$，得到 $\tan\delta_x-\tan\delta_n=\tan(\delta_x-\delta_n)$。在线检测仪通过分析流入的电流 I_x 和 I_n 角度差，取正切值，即为两设备的介损差值。而两电流的大小的比值，即为电容量的比值，即 $C_x/C_n=I_x/I_n$，输入参考设备的电容量和介损值，就可以求的被测设备的电容量和介损值。

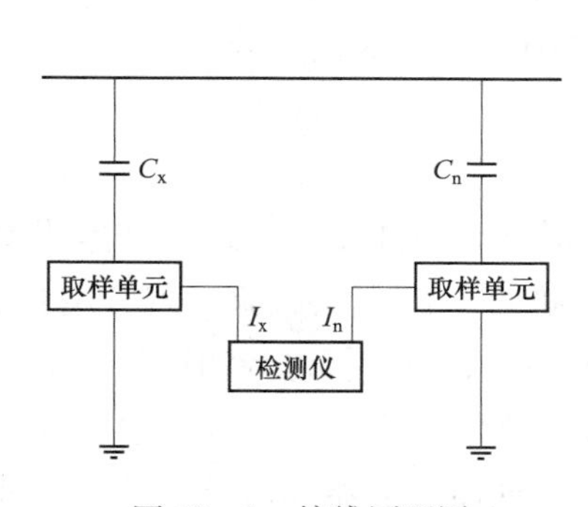

图10－1　接线原理图

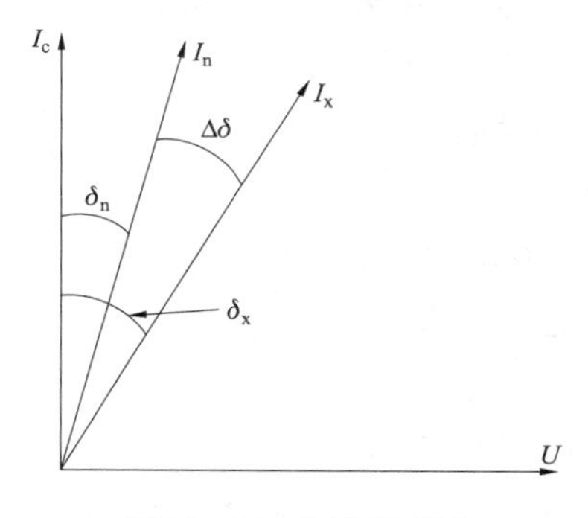

图10－2　向量原理图

23. 对于110kV油浸式电流互感器相对介质损耗因数的判断标准是什么？

答：（1）正常：初值差≤10%。

（2）异常：初值差>10%且≤30%。

（3）缺陷：初值差>30%。

24. 对套管“相对介质损耗因数”带电检测项目的标准要求是什么？

答：（1）正常：初值差≤10%。

（2）异常：初值差>10%且≤30%。

（3）缺陷：初值差>30%。

25. 影响介损带电测试结果的因素是什么？

答：（1）温度的影响。

（2）湿度及表面状况的影响。

（3）系统运行电压的影响。

（4）电压互感器角误差对测量结果的影响。

（5）现场 CVT 取样方式对介损测量的影响。

（6）变电站电场干扰对测试结果的影响。

26. 当怀疑变压器内部有局部放电时，应该怎么办？

答：当怀疑变压器内部有局部放电时，应比较其他检测方法，如油中溶解气体分析，特高频法局部放电检测，超声波检测等方法对该设备进行综合分析。

27. 试述高频局部放电检测为“缺陷”的标准要求。

答：（1）电测试结果：具有典型局部放电的检测图谱且放电幅值较大。

（2）图谱特征：放电相位图谱具有明显 180°特征，且幅值正负分明。

（3）放电幅值：大于 500mV，并参考放电频率。

28. 国家电网公司对变压器油中溶解气体分析的测试周期是如何规定的？

答：（1）330kV 及以上：3 个月；220kV：半年；110kV 及 66kV：1 年。

（2）投运后。

（3）必要时。

对于 66kV 及以上设备，除例行试验外，新投运、对核心部件或主体进行解体性检修后重新投运的变压器，在投运后的第 1、4、10、30 天各进行一次本项试验。若有增长趋势，即使小于注意值，也应缩短试验周期。烃类气体含量较高时，应计算总烃的产气速率。取样及测量程序参考 GB/T 7252《变压器油中溶的气体分析和判断导则》，同时注意设备技术文件的特别提示。当怀疑有内部缺陷（如听到异常声响）、气体继电器有信号、经历了过负荷运行以及发生了出口或近区短路故障时，应进行额外的取样分析。

29. 变压器在什么情况下应进行额外的油中溶解气体分析？

答：当怀疑有内部缺陷（如听到异常声响）、气体继电器有信号、经历了过负荷运行以及发生了出口或近区短路故障时，应进行额外的取样分析。

30. 变压器绕组变形在线监测的方法有哪些？

答：短路电抗在线测试法，振动信号分析法。

31. 为什么避雷器在线检测阻性电流比检测全电流灵敏？

答：在交流电压作用下，避雷器的全电流包含阻性电流和容性电流。正常运行下，流过避雷器的主要电流为容性电流，阻性电流只占很小一部分，约为 10% ~20%。但当阀片老化、避雷器受潮、内部绝缘部件受损以及表面严重污秽时，容性电流变化不多，而阻性电流却大大增加，所以检测阻性电流比检测全电流灵敏。

32. 为什么要测试阻性电流?

答：判断氧化锌避雷器是否发生老化或受潮，通常以观察正常运行电压下流过氧化锌避雷器阻性电流的变化，即观察阻性泄漏电流是否增大作为判断依据。当氧化锌避雷器处于合适的荷电率状况下时，阻性泄漏电流仅占总电流的10% ~20%，因此，仅仅以观察总电流的变化情况来确定氧化锌避雷器阻性电流的变化情况是困难的，只有将阻性泄漏电流从总电流中分离出来，才能清楚地了解它的变化情况。

33. 简述MOA运行中持续电流检测周期。

答：(1) 35kV及以上：投运后半年内测量1次，运行1年后每年雷雨季前测量1次。

(2) 全电流发现异常时。

(3) 其他必要时。

34. 对MOA，运行电压下的全电流和阻性电流测量能够发现哪些缺陷?

答：全电流的变化可以反省MOA的严重受潮、内部元件接触不良、阀片严重老化；而阻性电流的变化对阀片初期老化的反应较为灵敏。

35. 对避雷器阻性电流测试结果的缺陷判断依据是什么?

答：测量运行电压下的全电流、阻性电流或功率损耗，测量值与初始值比较，不应有明显变化，当阻性电流增加一倍时，必须停电检查。当阻性电流初值差达到+50%时，适当缩短监测周期。

36. 对避雷器"运行中持续电流检测"带电检测项目的周期要求是什么?

答：(1) 35kV及以上金属氧化物避雷器：投运后半年内测量1次，运行1年后每年雷雨季前测量1次。

(2) 必要时。

37. 带电检测金属氧化物避雷器阻性电流时，通常会遇到哪些影响?

答：(1) 谐波电压对检测阻性电流的影响。

(2) 避雷器相间杂散电容对检测阻性电流的影响。

(3) 底部检测对识别上部阀片老化及受潮的有效性问题。

38. 电力设备带电检测技术规范中对避雷器运行中持续电流检测有哪些要求?

答：测量时应记录环境温度，相对湿度和运行电压，应注意瓷套表面状况的影响及相间干扰影响。

39. 目前对金属氧化物避雷器在线检测的主要方法有哪些?

答：(1) 用交流或整流型电流表监测全电流。

(2) 用阻性电流仪损耗仪监测阻性电流及功率损耗。

(3) 用红外热摄像仪监测温度变化。

40. 对 GIS、SF_6断路器等设备的 SF_6 气体进行分解物测试时，判断设备缺陷的标准是如何规定的？

答：对 SF_6气体分解物在 20℃（μL/L）时的浓度，正常范围：$SO_2 \leqslant 2$ 且 $H_2S \leqslant 2$。缺陷范围：$SO_2 \geqslant 5$ 或 $H_2S \geqslant 5$。

41. GIS 超高频局部放电检测“峰值检测数据”的定义是什么？

答：检测 50Hz 周期的相位角与局部放电信号的峰值和放电速率的关系。

42. 暂态地电压检测的原理是什么？

答：局部放电发生时，在接地的金属表面将产生瞬时地电压，这个地电压将沿金属的表面向各个方向传播。通过检测地电压实现对电力设备局部放电的判别和定位。

43. 为什么要进行开关柜局放检测？

答：局部放电会引起高压电气设备的损坏；绝缘故障、缺陷是破坏性的；绝缘系统故障很难在例行维护中被发现；确定局部放电现象是否存在；避免供电损失；减少人力、物力的投入、增加经济效益和社会效益；对设备状态进行评估；提高安全性。

44. 开关柜局部放电的原因有哪些？

答：（1）绝缘件表面污秽、受潮和凝露。

（2）高压母线连接处及断路器触头接触不良。

（3）导体、柜体内表面上有金属突起，导致毛刺且较尖。

（4）柜体内有可以移动的金属微粒。

（5）开关元件内部放电缺陷。

45. 开关柜的局部放电数据为什么不能采用 pC 作为单位？

答：局部放电测量的技术路线：直接测量和间接测量，仅有直接测量可以采用校准程序转换为 pC，对应的检测传感器有检测阻抗和 HFCT，执行的标准为 IEC－60270 标准；地电波、UHF、超声波法、油色谱、SF_6分解物都属于间接测量，都不适合采用 pC 表示放电强度。

46. 开关柜暂态地电压检测的周期及缺陷判断如何规定？

答：每个站所有开关柜检测时应使用同一设备进行。有异常情况时可开展长时间在线监测，采集监测数据进行综合判断。

（1）新设备投运后 1 周内应进行一次检测。

（2）相对值：被测设备数值与环境数值（金属）差。

（3）异常情况可开展长时间在线监测。缺陷判断依据：

1）正常：相对值≤20dB。

2）异常：相对值＞20dB。GIS 局部放电检测主要有哪几种方法？

47. 为什么电力设备绝缘带电测试要比停电预防性试验更能提高检测的有效性?

答: 停电预防性试验一般仅进行非破坏性试验，其试验电压一般小于 10kV。而带电测试则是在运行电压下，采用专用仪器测试电力设备的绝缘参数，它能真实地反映电力设备在运行条件下的绝缘状况，由于试验电压通常远高于 10kV（如 110kV 系统为 64 ~ 73kV，220kV 系统为 127 ~ 146kV），因此有利于检测出内部绝缘缺陷。另一方面带电测试可以不受停电时间限制，随时可以进行，也可以实现微机监控的自动检测，在相同温度和相似运行状态下进行测试，其测试结果便于相互比较，并且可以测得较多的带电测试数据，从而对设备绝缘可靠地进行统计分析，有效地保证电力设备的安全运行。因此带电测试与停电预防性试验比较，更能提高检测的有效性。

48. 带电检测与成熟的在线监测技术相比较有哪些优缺点?

答: 带电检测与成熟的在线监测技术相比较，前者在技术层面上劣于后者，但前者具有投资小见效快的特点，更容易建立技术及管理人员的信心，适合当前的电力管理模式。同时在检测设备维护成本方面，前者与后者相比较几乎可以忽略不计。同时，任何一项在线监测技术都可以转化为带电检测技术，而部分带电检测技术转化为在线监测是很难实现的。

49. 对于 66kV 及以上设备，除例行试验外，新投运、对核心部件或主体进行解体性检修后重新投运的变压器，在投运后多久进行油中溶解气体色谱分析试验?

答: 对于 66kV 及以上设备，除例行试验外，新投运、对核心部件或主体进行解体性检修后重新投运的变压器，在投运后的第 1、4、10、30 天各进行一次油中溶解气体色谱分析试验。

50. 油色谱在线监测油样分析计算测量误差如何计算?

答: 误差 =（在线监测装置测量数据 - 实验室气相色谱仪测量数据）/实验室气相色谱仪测量数据 × 100% 。

51. 根据色谱在线监测数据与带电检测数据的测量误差限值的大小，可将在线监测装置分为 A 级、B 级和 C 级，叙述 A 级标准中氢气和乙炔要求。

答: 氢气：绝对误差值不超过 ± 2μL/L，或低浓度范围内，测量误差限值不超过 ±30% ，乙炔：绝对误差值不超过 0. 5μL/L，低浓度范围内，测量误差值不超过 ±30% 。

52. 对在线监测进行电磁兼容性能指标进行考核时，应考虑哪些方面?

答:（1）静电放电抗扰度。

（2）电快速瞬变脉冲群抗扰度。

（3）浪涌。

（4）射频场感应的传导骚扰抗扰度。

（5）工频磁场抗扰度。

（6）脉冲磁场抗扰度。

（7）阻尼振荡磁场抗扰度。

（8）电压暂降、短时中断抗扰度。

（9）射频电磁场辐射抗扰度。

53. 红外热像技术对电力系统有何作用？

答：对电力系统中具有电流、电压致热效应或其他致热效应的带电设备进行检测和诊断。

54. 电力设备热状态异常有哪两种？对电力设备进行红外检测与故障诊断的基本原理是什么？

答：热状态异常有两种：一种是设备比正常温度偏高，另一种是设备比正常温度偏低。红外检测与故障诊断的基本原理就是通过探测被诊断设备的红外辐射信号，从而获得设备的热状态特征，并根据这些热状态特征及其规律，做出设备有无故障及故障属性和严重程度的诊断。

55. 红外线波段一般分为哪几个子波段？电力系统进行红外检测通常利用哪个波段的红外线？

答：近红外线：0.75～3.0μm；

中红外线：3.0～6.0μm；

远红外线：6.0～15.0μm；

极远红外线：15～1000μm；

电力系统通常利用8.0～14.0μm的远红外线。

56. 采用红外线测温仪测量运行中设备的温度，有什么优点？

答：（1）因为是非接触式测量，十分安全。

（2）不受电磁场的干扰。

（3）比蜡式温度准确。

（4）对高架构设备测量安全、方便、省力。

57. 电力设备内部电流致热缺陷判定应注意哪些问题？

答：（1）虽然是电流致热，但应考虑内部过热点散热条件的影响，体积大油量多的判定缺陷的严重程度要严于体积小油量少的，不能使用同样缺陷判定标准。

（2）区分设备结构及运行条件。SF_6开关要求的运行条件要严于油开关。

（3）设备线夹区分内部结构。压接线夹属于压接质量不良，接触不好。支持线夹、耐张线夹为导线不断引连接，导致过热的原因是导线断股，危险程度要高于其他内部电流致热缺陷。

（4）直接金属连接的内部过热，热量能较顺利传导、扩散到外表面，危急程度掌握要宽松一些。

58. 电力变压器红外检测的关键部位有哪些？

答：（1）变压器套管与引线导体连接部位。

（2）变压器套管将军帽内连接部位。

（3）变压器套管内部油位。

（4）变压器套管整体绝缘。

（5）变压器瓦斯继电器（本体及有载）。

（6）邻近箱体内连接部位（指套管下连接部分）。

（7）变压器箱体。

（8）变压器油枕（本体及有载）。

（9）变压器散热排。

（10）变压器箱体连接螺丝及短路环。

（11）变压器循环油泵、散热排风扇电机。

（12）变压器风控箱低压回路。

（13）变压器铁芯接地及本体接地体。

59. 论述电流互感器局部放电导致本体严重过热的必要条件。

答：互感器由于干燥不彻底、抽真空保持时间不够、电容纸有杂质、电容纸未按设计使用、制作工艺质量有缺陷等原因都会使互感器运行中电容屏间出现不可自愈的局部放电。这种放电早期容量很小，不会使互感器本体温度上升到引起检测人员注意的程度，高压试验一般也不会出现介损增大的参数。当互感器电容屏间的局部放电达到一定规模，形成广泛的持续性放电时，局部放电产生的热量会使互感器温度有明显升高，对应于互感器温升3K的局部放电强度，互感器油色谱氢气含量可达10 000μL/L以上，总烃达到1000μL/L以上，甚至流离的氢气由于压力增大，导致互感器油位异常。

60. 电压致热检测，热像图拍摄有什么要求？

答：电压致热检测红外热像图拍摄应符合以下要求：

（1）拍摄前按现场情况进行仪器参数设备，包括时间、辐射率、环境温度、测试距离、测温范围（如果仪器无自动设置功能）。辐射率设置在0.92，拍摄过程中不再调整。测试距离设置在12m，拍摄过程中不再调整。测温范围设置在环境温度的－20～＋80℃。如测试中仪器显示超出测温范围，应按实际情况放宽测温范围。关闭可见光拍摄功能（如有）。

（2）检测环境条件，环境温度不低于5℃，湿度不大于85%，无风、雨雪、雾，日落后2h或无日光辐射的阴天或日出前。特殊条件下检测应记录环境条件，在分析时修正和考虑。

（3）尽可能将同间隔的三相设备拍摄于同一张热像图上，如本间隔只有一台此类设备，应将相邻间隔同类设备拍摄到同一张热像图上。热像图设备布局应尽可能将设备放大，去掉不必要的部分。三相设备应互不遮挡，可以斜向排列设备。

（4）无论目视设备是否本体温度有异常，均应进行拍摄。

（5）有异常发热的设备，应在不同角度多拍摄几张热像图。

（6）较大设备，如110kV干式电抗、电容器组等应从多个角度完成整体各部分的检测和拍摄，电抗器内部也应进行检测。

（7）拍摄时记录各热像图所对应的设备，供分析时核对。

61. 陈述固体绝缘设备电压致热缺陷的发热特点。

答：固体绝缘设备电压致热检测发热的原因多为绝缘材料与金属线芯出现缝隙，进水或受潮，沿缝隙表面沿面树枝状放电，发展成贯穿性放电，绝缘被彻底破坏。有时也存在固体绝缘材料中有气泡或杂质导致的局部放电。固体绝缘材料与金属缝隙的沿面放电会有较长的过热热像图，而固体绝缘材料中因气泡或杂质导致的局部放电影响范围极小，只在局部形成相对较的热点。

62. 红外诊断可以检查互感器哪些故障？

答：（1）互感器外部连接不良、内部受潮、缺油、油质劣化故障。

（2）电容式电压互感器中间变压器、补偿电抗器、避雷器、线圈故障。

（3）电流互感器一次引线与外壳非正常接触、一次内连接不良、二次开路、铁芯饱和、二次线圈老化故障。

63. 电压致热检测对热像仪的技术要求除测温偏差达到规定标准外，还应有哪些要求？

答：进行电压致热检测，要在一个红外图像上拍摄 3 台或 2 台设备进行相对位置温差比较，除按常规要求热像仪达到规定的测试温度偏差外，要求热像仪同距离红外热像图上各点感测到的温度应有最小的偏差，不应影响到缺陷分析判定，测试距离对检测温度影响较小，至少在同间隔内设备斜向拍摄时，测得的设备表面温度不应受到距离影响。

64. 简述降低电压致热红外检测外部干扰的措施。

答：进行电压致热检测，排除外部干扰的主要措施是：首先是尽可能减少被检测物体外部热源的反射，尤其是日光辐射所形成的反射和室内检测灯光的反射。室外设备红外检测要在日落后 2h 日光辐射积存的热量散去之后进行，或在无日光辐射的日间是出前进行。其次是减小空气对热量散射的影响，尽可能在空气对热量折射小的条件下进行检测，方法是控制空气热量获取的来源，即无红外检测安排在无日光辐射、室内照明光线的条件下进行。再次是减小被检测设备的背景辐射的影响，选择背景温度比被检测设备温度低的条件拍摄设备的红外热像图。

65. 简述红外测试仪器参数设定对测量结果的影响。

答：（1）目标物体的辐射系数 ε。辐射率对测量结果的影响和环境温度的大小有关。当环境温度高于目标物体温度时，辐射率设置偏高，测量结果偏高；反之，偏低。当环境温度低于目标物体温度时，辐射率设置偏高，测量结果偏低；反之，偏高。

（2）反射温度（环境温度）。反射（环境温度）温度设置偏高，测量结果偏低；反之，偏高。

（3）大气温度。大气温度设置偏高，测量结果偏低；反之，偏高。

（4）大气相对湿度。大气相对湿度设置偏高，测量结果偏高；反之，偏低。

（5）测量距离。测量距离设置偏高，测量结果偏高；反之，偏低。

（6）大气穿透率 τ。大气穿透率设置偏高，测量结果偏高；反之，偏低。

66. 红外检测隔离开关时应重点检查导电部分的哪些部位？为什么这些部位容易发热？

答：应重点检查导电部分的接线端子处、触指与触头的接触处。

接线端子处：有的隔离开关靠过渡触头与引线连接，过渡触头的夹紧螺栓如果松动可引起过渡触头与导电杆的接触不良；引线的接线端子与开关的连接端子连接不良、过渡连接铜带因锈蚀或折断造成通流面积下降等也是发热的常见原因。

触指与触头的接触处：隔离开关触指的尾部有一个定位端子，触指与触指座的接触是靠弹簧来拉紧的，隔离开关闭合时，触指被触头顶起，尾部与触指接触，当弹簧性能减弱时，一方面造成触指与触头的接触压力下降而发热，另一方面触指尾部可能窜位，定位端不易入槽，使触指与触指座接触不良而发热。

另外，通过红外检测还能够发现绝缘支柱局部缺陷和表面防污闪涂层的均匀程度。

67. 简述用于诊断设备过热缺陷的判断方法。

答：（1）表面温度判断法。主要适用于电流致热型和电磁效应引起发热的设备。根据测得的设备表面温度值，对照 GB/T 11022 中高压开关设备和控制设备各种部件、材料及绝缘介质的温度和温升极限的有关规定。

（2）相对温差判断法。主要适用于电流致热型设备，特别是对小负荷电流致热型设备，采用相对温差判断法可降低小负荷缺陷的漏判率。

（3）同类比较判断法。根据同组三相设备、同相设备之间及同类设备之间对应部位的温差进行比较分析。

（4）图像特征判断法。主要适用于电压致热型设备。根据同类设备的正常状态和异常状态的热谱图像，判断设备是否正常。注意应尽量排除各种干扰因素对图像的影响，必要时结合电气试验或化学分析结果，进行综合判断。

（5）实时分析判断法。在一段时间内使用红外仪器连续检测某被测设备，观察设备温度随负载、时间等因素变化的方法。

（6）档案分析判断法。分析同一设备不同时期的温度场分布，找出设备致热参数的变化，判断设备是否正常。

68. 分析热像图特征，给出原因分析及处理建议。

对某耦合电容器进行红外检测时发现，Li1 和 Li2 有较大温差，图像（见图 10－3）左侧为 Li1。

Li1 最高温度：17.7℃

Li2 最高温度：20.7℃

Li1 最低温度：13.3℃

Li2 最低温度：13.9℃

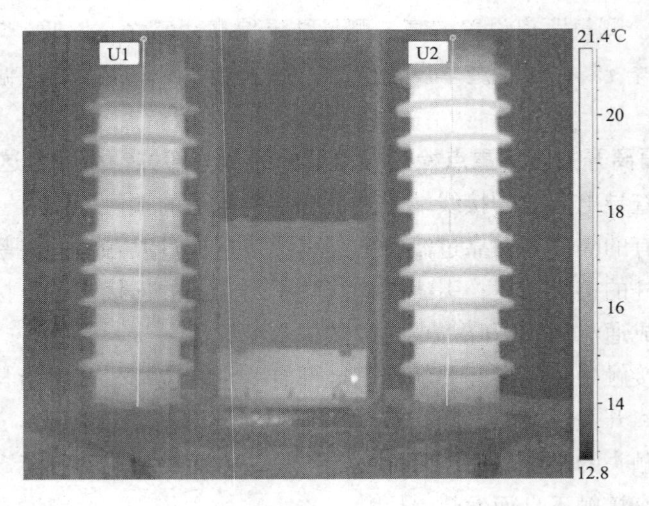

图 10－3　某耦合电容器红外检测图像

答：热像图特征：以整体温升偏高或局部过热，且发热符合自上而下逐步的递减的规律，温差达到3K。

原因分析：介损偏大，电容量变化、老化或局部放电。

建议措施：进行介损测量，确定缺陷性质。

69. 指出图 10－4 拍摄过程中存在的不当之处？

答：(1) 辐射率设置错误，辐射率应设为 0.90。

(2) 温度范围设置错误，根据图像热点温度，温度范围设置过大。

(3) 选择区域（方框）测量工具时，未设置最高温自动追踪。

(4) 图像角度选择不当。故障点（相）应尽量置于图像的中心位置。对于本图，在图像角度改变不了的情况下，应将方框置于故障点位置，以便得出故障点温度及温升。

(5) 时间设置不正确。

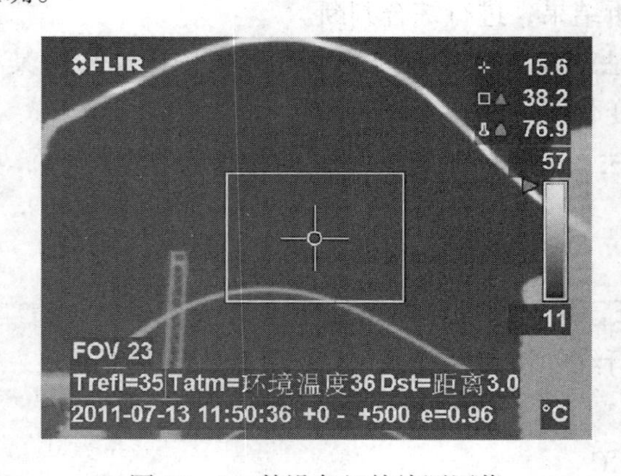

图 10－4　某设备红外检测图像

70. 分析以下热像图（见图10－5）并完成分析报告。

图10－5为某变电站66kVⅡ号主变压器一次套管热像图，拍摄时间2010年8月20日21∶30，图像右侧为A相，A相最高热点64.7℃，B相23.2℃;℃，C相47.5℃。检测时一次负荷电流85A，最大负荷一次电流90A。

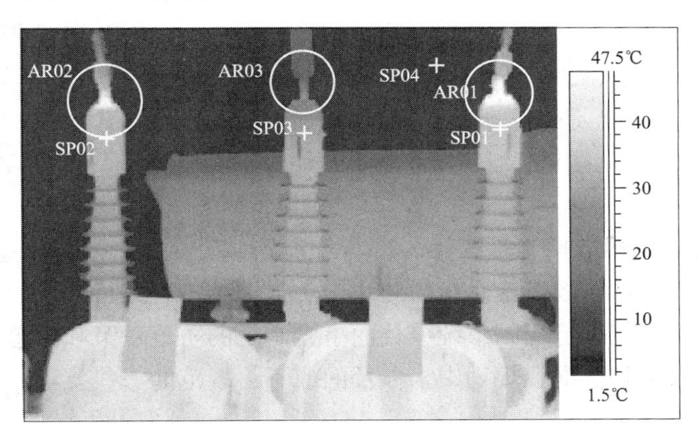

图10－5　某变电站66kVⅡ号主变压器一次套管热像图

答：（1）B相套管上部温度最低，以B相为参考体。AB相套管端头最大同位置温差41.5K；BC相套管端头最大同位置温差21.3K。

（2）变压器66kV套管A、C相上端头均为内部过热，其主要发热点在屏蔽罩内，为变压器绕组引线与柱头的连接处过热。

结论：

（1）变压器A、C相变压器柱头与引线连接处过热，为变压器套管内部电流致热性缺陷。

（2）虽然A、C相套管柱头的同位置温差最大只有41.5K，实测外部表面最高温度64.7℃，但其内部的最高热点温度将比此温度高30～45K，并且经常发生此部位放电过热造成柱头与引线被电弧烧熔的现象，给缺陷处理带来麻烦。

（3）此缺陷定为重要缺陷。

（4）建议安排停电计划进行处理。

（5）对套管端头发热缺陷进行红外检测跟踪，跟踪周期为10天。如实测温度（折算到一次负荷电流85A时）继续升高，应考虑将检试时间再提前。

（6）安排大负荷下进行红外检测，如实测表面温度超过80℃，宜采取降负荷措施。

Chapter 11 | 第十一章

反事故措施

1. 国家电网公司反事故措施是指什么?

答: 国家电网公司反事故措施是指为防止由于电网结构、运行方式、继电保护状况，以及由于人员过失及恶劣气候造成的系统事故而事先制定的防范对策和紧急处理办法。通常简称反措。反措条款通常是标准、规划中未涉及的或不易规范的一些要求。

2. 加强施工机械安全管理应注意什么?

答: 应重点落实对老旧机械设备分包单位机械、外租机械的管理要求，掌握大型施工机械工作状态信息，监理单位要严格现场准入审核。施工企业要落实起重机械安装拆卸的安全管理要求，严格按规定流程开展作业。

3. 加强运行安全管理应做些什么?

答: 严格执行“两票三制”，落实好各级人员安全职责，并按要求规范填写两票内容，确保安全措施全面到位。

强化缺陷设备监测、巡视制度，在恶劣天气、设备危急缺陷情况下开展巡检、巡视等高风险工作，应采取措施防止雷击、中毒、机械伤害等事故发生。

4. 110kV 及以上电压等级变压器在出厂和投产前，为什么要用频响法测试绕组变形和做低电压短路阻抗测试?

答: 当变压器在运行中发生近区短路事故后，通过在低电压条件下进行的短路阻抗测试、频响法测试绕组变形，并与该变压器在出厂和投运前所做绕组变形测试的原始参数进行对比，可判断绕组是否发生变形及其变形程度。因此，110kV 及以上电压等级变压器在出厂和投产前，需用频响法测试绕组变形和做低电压短路阻抗测试以留原始记录。

5. 大型电力变压器在运输前，为什么要安装三维冲击记录仪?

答: 大型电力变压器在运输前安装三维冲击记录仪，是为了监测大型变压器在运输过程中发生的冲撞，对变压器造成损伤的程度。

6. 为什么每年至少应对大型电力变压器进行一次红外成像测温检查?

答: 红外测温作为一种非常有效的监督手段，可以有效地发现变压器运行中存在的问题，如线夹接触不良、介质损耗升高、油路堵塞等。因此对大型电力变压器每年至少应进行一次红外成像测温检查。

7. 对大型电力变压器实施防雨、防振措施的重点部位有哪些？

答：对大型电力变压器实施防雨、防振措施的重点部位包括压力释放阀、气体继电器、油流速动继电器。

8. 如何排除外界不可靠因素对变压器本体保护的影响？

答：变压器本体保护宜采用就地跳闸方式，即将变压器本体保护通过较大启动功率的中间继电器的两副触点分别直接接入断路器的两个跳闸回路，以排除电缆迂回带来的直流接地、对微机保护引入干扰和二次回路断线等不可靠因素的影响。

9. 对10kV线路，为什么在变电站出口2km内宜采用绝缘导线？

答：变电站出口架空线使用绝缘导线可减少近区短路的几率，2km以外由于线路阻抗的影响，短路电流对变压器的冲击已经大为减小，一般不会造成变压器短路损坏事故。

10. 在变压器运行中，如何防止因检修工作造成重瓦斯误动？

答：变压器在运行中对相关部件进行检修工作时，应先将变压器本体重瓦斯保护切换为信号方式，其他主、后备保护不得退出运行。在检查、试验及处理工作结束后，再将变压器本体重瓦斯保护恢复为跳闸方式。

11. 若压力释放阀的动作触点接跳闸回路，应采取哪些防误动的措施？

答：由于压力释放阀的中间转接盒易受潮，故应将压力释放阀接入信号回路。如将其动作触点接入跳闸回路，应将同一设备上两台压力释放装置的动作触点互相串联并做好防潮、防误动措施。

12. 对早期的薄绝缘、铝线圈且投运时间超过20年的老旧变压器，是否适合进行涉及器身的大修？

答：早期的薄绝缘、铝线圈且投运时间超过20年的老旧变压器，因制造工艺水平低、绝缘老化等原因，已经到了事故多发期。若存在绝缘严重下降、绕组严重变形等情况，不宜进行涉及器身的大修。这是因为，在大修中处理，反而容易因为受潮和机械紧固等因素，导致变压器事故。另外，此类变压器的损耗普遍较大，当绕组严重变形、绝缘严重受损时，从运行经济性的角度考虑，已不适合大修。

13. 变压器在运输和存放时，如何确保其密封良好？

答：充气运输的变压器运到现场后，必须密切监视气体压力是否保持在0.01～0.03MPa，压力过低时要补干燥气体，使压力满足要求。现场放置时间超过6个月的变压器应注油保存，并装上储油柜和胶囊，严防进水受潮。

14. 停运时间超过6个月的变压器在重新投入运行前，如何确保状态良好？

答：停运时间超过6个月的变压器在投运前，为了检查变压器在长期存放后的健康状况，应按预试规程要求进行有关试验，防止由于长时间不运行发生绝缘受潮。

15. 对于铁芯、夹件通过小套管引出接地的变压器，对其接地引线的连接位置有何要求？

答：铁芯、夹件通过小套管引出接地的变压器，应将接地引线引至适当位置，以便在运行中监测接地线中是否有环流，当运行中出现环流异常变化，应尽快查明原因，严重时应采取措施及时处理。

16. 为什么应特别注意变压器冷却器潜油泵负压区出现的渗漏油？

答：变压器油泵的入口管段、出油管，冷却器进油口附近油流速度较大的管道以及变压器顶部等部位，由于油泵的吸持力，可能会出现负压，使水分和空气进入变压器内部。因此，此类部位的渗漏应引起特别注意。

17. 为什么新安装和大修后的变压器应严格按照有关标准或厂家规定真空注油和热油循环？

答：新安装和大修后的变压器在现场安装时可能有空气或水进入，使变压器器身的绝缘性能、耐电强度降低，从而导致绝缘击穿事故的发生。因此新安装和大修后的变压器应严格按照有关标准或厂家规定真空注油和热油循环。

18. 为什么应保证变压器油枕密封胶囊或隔膜的完好性？

答：油枕胶囊是使变压器内部的变压器油与外界空气相互隔绝的设备，是防止油品氧化受潮的手段。变压器胶囊一旦开裂绝缘油就和大气相通，容易受潮。即使在吸湿器良好尚能防潮的情况下，也会导致变压器油中含气量增加，影响变压器的安全运行。因此对装有密封胶囊或隔膜的大容量变压器，应严格按照制造厂说明书规定的工艺要求进行注油，防止空气进入，并结合大修或停电对胶囊和隔膜的完好性进行检查。

19. 对于选择变压器所用潜油泵的转速、轴承有何要求？

答：应选择转速不大于1500r/min的低速油泵，以防在运行中出现油流带电及放电。变压器潜油泵宜采用D、E级轴承，禁止使用无铭牌、无级别的轴承，以降低运行中磨损的概率。

20. 厂家提供的变压器新油应具备什么条件？

答：应由厂家提供新油的无腐蚀性硫、结构簇、糠醛及油中颗粒度报告。

21. 为什么运行中变压器在切换潜油泵时应逐台进行？

答：逐台投入及切除潜油泵是为避免多台潜油泵同时投运、切除，造成油流速度和油箱压力突变，导致变压器本体瓦斯保护误动、变压器跳闸，延时间隔应在30s以上。

22. 作为备品的110（66）kV及以上套管在存放期间及安装使用前有哪些具体规定？

答：《国家电网公司十八项电网重大反事故措施》中规定作为备品的110（66）kV及以上套管，应竖直放置。如水平存放，其抬高角度应符合制造厂要求，以防止电容芯子露出油面受潮。对水平放置保存期超过一年的110（66）kV及以上套管，当不能确保电容芯子全部浸没在油面以下时，安装前应进行局部放电试验、额定电压下的介损试验和油色谱分析。

23. 变压器套管在运行和检修时，应注意什么？

答：电容式套管在最低环境下不应出现负压，应避免频繁取油样分析而造成其负压。运行人员正常巡视应检查记录套管油位情况，注意保持套管油位正常。套管渗漏油时，应及时处理，防止内部受潮损坏。

加强套管末屏接地检测、检修及运行维护管理，每次拆除末屏后，应检查末屏接地状况。在变压器投运时和运行中开展套管末屏接地状况带电测量。

24. 为什么要对变压器强油循环风冷却器进行水冲洗？如何进行？

答：由于强油循环风冷却器在运行中一直有风扇进行强制通风，会将灰尘、飞虫和杨柳絮等吹向冷却器散热管，将其缝隙堵塞，造成冷却器的散热效率降低，影响变压器使用效率。因此，每1～2年应对强油循环风冷却器进行一次冲洗，并宜安排在大负荷来临前进行。

25. 为什么要保证强油循环的冷却系统工作电源供电的可靠性？

答：强油循环的冷却系统失电后，会造成变压器内部温升过高，导致绝缘老化，降低其耐电强度。为防止双路电源出现故障，应装有自动切换装置并进行定期切换试验。另外信号装置的好坏直接影响故障发现的及时性，故信号装置应齐全可靠。

26. 新安装的变压器分接开关应注意些什么？

答：新购有载分接开关的选择开关应有机械限位功能，束缚电阻应采用常接方式。

有载分接开关在安装时应按出厂说明书进行调试检查。要特别注意分接引线距离和固定状况、动静触头间的接触情况和操作机构指示位置的正确性。新安装的有载分接开关，应对切换程序与时间进行测试。

27. 为什么无励磁分接开关在改变分接位置后，必须测量使用分接的直流电阻和变比，合格后才能投运？

答：长时间使用的分接开关触点，由于电流、热和化学等因素的作用，会生成氧化膜，容易使触点接触不良。通过转动触点，有利于磨掉氧化膜。另外，新安装或大修后的无励磁分接开关，若操作杆安装不到位，易造成无励磁分接开关烧毁。因此无励磁分接开关在改变分接位置后，必须测量使用分接的直流电阻和变比。

28. 为什么测量变压器直流电阻前，须对有载分接开关进行全程切换？

答：有些变压器的有载分接开关长期不用，有的分接开关经常只在很少几个分接位置上运行。这些长期使用或不用的触点会产生氧化膜和污垢。为避免氧化膜、污垢对试验和运行的影响，需要利用切换的方法对其加以清除。

29. 对变压器抽真空应选用哪些种类的真空计，不能使用哪种真空计，为什么？

答：对变压器抽真空宜使用数字式或指针式真空计，不能使用麦氏真空计。因为麦式真空计中的水银有可能进入器身。水银为电的良导体，极易导致变压器绝缘强度下降，造成故障。

30. 为防止 GIS（包括 HGIS）、SF_6 断路器事故，在选型上应执行哪些反措要求？

答：（1）加强对 GIS、SF_6断路器的选型、订货、安装调试、验收及投运的全过程管理。应选择具有良好运行业绩和成熟制造经验生产厂家的产品。

（2）新订货断路器应优先选用弹簧机构、液压机构（包括弹簧储能液压机构）。

（3）GIS 在设计过程中应特别注意气室的划分，避免某处故障后劣化的 SF_6气体造成 GIS 的其他带电部位的闪络，同时也应考虑检修维护的便捷性，保证最大气室气体量不超过 8h 的气体处理设备的处理能力。

（4）为便于试验和检修，GIS 的母线避雷器和电压互感器应设置独立的隔离开关或隔离断口；架空进线的 GIS 线路间隔的避雷器和线路电压互感器宜采用外置结构。

（5）220kV 及以上电压等级 GIS 应加装内置局部放电传感器。

31. GIS（包括 HGIS）设备在安装方式上应执行哪些反措要求？

答：用于低温（最低温度为 -30℃及以下）、重污秽 E 级或沿海 D 级地区的 220kV 及以下电压等级 GIS，宜采用户内安装方式。

32. 为防止 GIS（包括 HGIS）、SF_6 断路器事故，断路器二次回路为什么不应采用 RC 加速设计？

答：二次回路 RC 设计，指的是分闸线圈与一个 RC 并联部件串联，在分闸回路带电时，电容器 C 相当于通路，分闸线圈短时获得很大的电流，快速启动分闸铁芯动作，此种设计对二次设备及直流系统要求较高，运行中常出现因直流原因或二次回路原因发生拒动，故障率较高，因此不采用。

33. 为防止 GIS（包括 HGIS）、SF_6断路器事故，在监造、验收阶段应执行哪些反措要求？

答：（1）GIS、SF_6断路器设备内部的绝缘操作杆、盆式绝缘子、支撑绝缘子等部件必须经过局部放电试验方可装配，要求在试验电压下单个绝缘件的局部放电量不大于 3pC。

（2）断路器、隔离开关和接地开关出厂试验时应进行不少于 200 次的机械操作试验，以保证触头充分磨合。200 次操作完成后应彻底清洁壳体内部，再进行其他出厂试验。

（3）SF_6密度继电器与开关设备本体之间的连接方式应满足不拆卸校验密度继电器的要

求。密度继电器应装设在与断路器或 GIS 本体同一运行环境温度的位置，以保证其报警、闭锁触点正确动作。

34. GIS 设备现场安装时，应注意什么？

答：GIS、罐式断路器及 500kV 及以上电压等级的柱式断路器现场安装过程中，必须采取有效的防尘措施，如移动防尘帐蓬等，GIS 的孔、盖等打开时，必须使用防尘罩进行封盖。安装现场环境太差、尘土较多或相邻部分正在进行土建施工等情况下应停止安装。

35. SF_6开关设备现场进行抽真空处理时应注意些什么？

答：应采用出口带有电磁阀的真空处理设备，且在使用前应检查电磁阀动作可靠，防止抽真空设备意外断电造成真空泵油倒灌进入设备内部。并且在真空处理结束后应检查抽真空管的滤芯是否有油渍。为防止真空度计水银倒灌进行设备中，禁止使用麦氏真空计。

36. 针对 SF_6密度继电器，应执行哪些反措要求？

答：（1）SF_6密度继电器与开关设备本体之间的连接方式应满足不拆卸校验密度继电器的要求。

（2）密度继电器应装设在与断路器或 GIS 本体同一运行环境温度的位置，以保证其报警、闭锁触点正确动作。

（3）220kV 及以上 GIS 分箱结构的断路器每相应安装独立的密度继电器。

（4）户外安装的密度继电器应设置防雨罩，密度继电器防雨箱（罩）应能将表、控制电缆接线端子一起放入，防止指示表、控制电缆接线盒和充放气接口进水受潮。

37. GIS 设备中的避雷器和电压互感器安装有何要求？

答：为便于试验和检修，GIS 的母线避雷器和电压互感器应设置独立的隔离开关或隔离断口；架空进线的 GIS 线路间隔的避雷器和线路电压互感器宜采用外置结构。

38. 气体绝缘金属封闭开关设备（GIS）导通绝缘子盆和隔离绝缘子盆分别使用什么颜色进行标示？

答：气体绝缘金属封闭开关设备（GIS）导通绝缘子盆使用淡湖绿色（BG05）标示，隔离绝缘子盆使用红色（R03）标示。

39. 对气体绝缘金属封闭开关设备（GIS）刀闸和开关交流电机电源应分开采取哪些措施？

答：气体绝缘金属封闭开关设备（GIS）刀闸和开关交流电机电源应分开，每个刀闸分别单独设置空开。

40. 为了便于检修，在气体绝缘金属封闭开关设备（GIS）应采取哪些安保措施？

答：气体绝缘金属封闭开关设备（GIS）落地母线间隔之间应根据实际情况设置巡视

梯。在组合电器顶部布置的机构应加装检修平台。

41. 检修试验中为什么要将断路器的缓冲器作为检查的重点？

答：当分合闸缓冲器失油、调整不当，会失去或改变缓冲性能，缓冲器与断路器失去缓冲配合，断路器分合闸操作均会对内部部件造成较大振动冲击，多次振动冲击后造成连接部件松动、机械强度下降、机械寿命降低，严重时可能损坏灭弧室内部部件，使断路器开断失败。

42. 当断路器液压机构打压频繁或突然失压时应如何处理？

答：当断路器液压机构打压频繁或突然失压时应申请停电处理。在设备停电前，严禁人为启动油泵，防止因慢分使灭弧室爆炸。

43. 对断路器辅助开关有何要求？

答：应加强断路器辅助开关的检查维护，防止由于松动变位、节点转换不灵活、切换不可靠等原因造成开关设备拒动。

44. 为什么电容器组的真空断路器应进行高压大电流老炼处理？

答：电容器组运行中需频繁的投切，因此开关应选用开断时无重燃及适合频繁操作的开关。真空断路器在投切电容器组时易发生重燃，产生重燃过电压，损坏电容器组。真空断路器经过整体大电流老炼处理可烧掉内部金属毛刺等异物，有效降低重燃发生概率。如果只有真空泡的老炼报告，而没有真空断路器整体老炼报告则应在安装现场进行高压大电流老炼处理。

45. 防止敞开式隔离开关、接地开关事故，在设计、制造阶段有何要求？

答：（1）隔离开关和接地开关必须选用符合国家电网公司《关于高压隔离开关订货的有关规定（试行）》完善化技术要求的产品。

（2）220kV 及以上电压等级隔离开关和接地开关在制造厂必须进行全面组装，调整好各部件的尺寸，并做好相应的标记。

（3）隔离开关与其所配装的接地开关间应配有可靠的机械闭锁，机械闭锁应有足够的强度。

（4）同一间隔内的多台隔离开关的电机电源，在端子箱内必须分别设置独立的开断设备。

46. 敞开式隔离开关在基建阶段应注意的问题有哪些？

答：（1）应在绝缘子金属法兰与瓷件的胶装部位涂以性能良好的防水密封胶。

（2）新安装或检修后的隔离开关必须进行导电回路电阻测试。

（3）新安装的隔离开关手动操作力矩应满足相关技术要求。

47. 隔离开关检修时，应重点进行哪些方面的检查？

答：（1）对不符合国家电网公司《关于高压隔离开关订货的有关规定（试行）》完善化技术要求的 72.5kV 及以上电压等级隔离开关、接地开关应进行完善化改造或更换。

（2）加强对隔离开关导电部分、转动部分、操动机构、瓷绝缘子等的检查，防止机械卡涩、触头过热、绝缘子断裂等故障的发生。隔离开关各运动部位用润滑脂宜采用性能良好的二硫化钼锂基润滑脂。

48. 如何预防 GW6 型隔离开关运行中“自动脱落分闸”？

答：为预防 GW6 型等类似结构的隔离开关运行中“自动脱落分闸”，在检修中应检查操动机构蜗轮、蜗杆的啮合情况，确认没有倒转现象；检查并确认隔离开关主拐臂调整应过死点；检查平衡弹簧的张力应合适。

49. 隔离开关运行巡视时，应重点检查哪些现象？

答：在运行巡视时，应注意隔离开关、母线支柱绝缘子瓷件及法兰无裂纹，夜间巡视时应注意瓷件无异常电晕现象。

50. 在隔离开关倒闸操作过程，有何注意事项？

答：在隔离开关倒闸操作过程中，应严格监视隔离开关动作情况，如发现卡滞应停止操作并进行处理，严禁强行操作。

51. 在运行中如何防止隔离开关过热？

答：定期用红外测温设备检查隔离开关设备的接头、导电部分，特别是在重负荷或高温期间，加强对运行设备温升的监视，发现问题应及时采取措施。

52. 对处于严寒地区的隔离开关如何维护？

答：对处于严寒地区、运行 10 年以上的隔离开关，应结合例行试验对瓷瓶法兰浇装部位防水层完好情况进行检查，必要时应重新复涂防水胶。防止进水冻裂。

53. 为防止开关柜事故，在选型上有何要求？

答：高压开关柜应优先选择 LSC2 类（具备运行连续性功能）、“五防”功能完备的产品；开关柜应选用 IAC 级（内部故障级别）产品；用于电容器投切的开关柜必须有其所配断路器投切电容器的试验报告，且断路器必须选用 C2 级断路器。

54. 防止开关柜事故，其外绝缘应满足哪些条件？

答：（1）空气绝缘净距离：≥125mm（对 12kV），≥300mm（对 40.5kV）。

（2）爬电比距：≥18mm/kV（对瓷质绝缘），≥20mm/kV（对有机绝缘）。

（3）如采用热缩套包裹导体结构，则该部位必须满足上述空气绝缘净距离要求。

（4）如开关柜采用复合绝缘或固体绝缘封装等可靠技术，可适当降低其绝缘距离要求。

55. 什么是IAC级开关柜？对IAC级开关柜有何要求？

答：开关柜应选用IAC级（内部故障级别）产品，制造厂应提供相应型式试验报告（报告中附试验试品照片）。选用开关柜时应确认其母线室、断路器室、电缆室相互独立，且均通过相应内部燃弧试验，燃弧时间为0.5S及以上内部故障电弧允许持续时间应不小于0.5s，试验电流为额定短时耐受电流，对于额定短路开断电流31.5kA以上产品可按照31.5kA进行内部故障电弧试验。封闭式开关柜必须设置压力释放通道。

56. 用于电容器投切的开关柜有何特殊要求？

答：用于电容器投切的开关柜必须有其所配断路器投切电容器的试验报告，且断路器必须选用C2级断路器。用于电容器投切的断路器出厂时必须提供本台断路器分、合闸行程特性曲线，并提供本型断路器的标准分、合闸行程特性曲线。条件允许时，可在现场进行断路器投切电容器的大电流老炼试验。

57. 高压开关柜内一次接线有何要求？

答：高压开关柜内一次接线应符合《国家电网公司输变电工程通用设计110kV～500kV变电站分册（2011年版）》要求，避雷器、电压互感器等柜内设备应经隔离开关（或隔离手车）与母线相连，严禁与母线直接连接。其前面板模拟显示图必须与其内部接线一致，开关柜可触及隔室、不可触及隔室、活门和机构等关键部位在出厂时应设置明显的安全警告、警示标识。柜内隔离金属活门应可靠接地，活门机构应选用可独立锁止的结构，可靠防止检修时人员失误打开活门。

58. 对高压开关柜内使用绝缘件有何要求？

答：高压开关柜内的绝缘件（如绝缘子、套管、隔板和触头罩等）应采用阻燃绝缘材料。

59. 对高压开关柜配电室有何要求？

答：（1）应在开关柜配电室配置通风、除湿防潮设备，防止凝露导致绝缘事故。

（2）开关柜设备在扩建时，必须考虑与原有开关柜的一致性。

60. 防止开关柜事故，在基建阶段应注意的问题有哪些？

答：（1）基建中高压开关柜在安装后应对其一、二次电缆进线处采取有效封堵措施。

（2）为防止开关柜火灾蔓延，在开关柜的柜间、母线室之间及与本柜其他功能隔室之间应采取有效的封堵隔离措施。

（3）高压开关柜应检查泄压通道或压力释放装置，确保与设计图纸保持一致。

61. 防止开关柜事故，在运行中应注意的问题有哪些？

答：（1）手车开关每次推入柜内后，应保证手车到位和隔离插头接触良好。

（2）每年迎峰度夏（冬）前应开展超声波局部放电检测、暂态地电压检测，及早发现开关柜内绝缘缺陷，防止由开关柜内部局部放电演变成短路故障。

（3）加强开展开关柜温度检测，对温度异常的开关柜强化监测、分析和处理，防止导电回路过热引发的柜内短路故障。

（4）加强带电显示闭锁装置的运行维护，保证其与柜门间强制闭锁的运行可靠性。防误操作闭锁装置或带电显示装置失灵应作为严重缺陷尽快予以消除。

（5）加强高压开关柜巡视检查和状态评估，对用于投切电容器组等操作频繁的开关柜要适当缩短巡检和维护周期。当无功补偿装置容量增大时，应进行断路器容性电流开合能力校核试验。

62. 基建阶段的电压互感器试验应注意什么？

答：110（66）~500kV 互感器在出厂试验时，局部放电试验的测量时间延长到5min。

对电容式电压互感器应要求制造厂在出厂时进行 $0.8U_{1n}$、$1.0U_{1n}$、$1.2U_{1n}$及 $1.5U_{1n}$的铁磁谐振试验（注：U_{1n}指额定一次相电压，下同）。

电磁式电压互感器在交接试验时，应进行空载电流测量。励磁特性的拐点电压应大于 $1.5U_m/\sqrt{3}$（中性点有效接地系统）或 $1.9U_m/\sqrt{3}$（中性点非有效接地系统）。

对于220kV 及以上等级的电容式电压互感器，其耦合电容器部分是分成多节的，安装时必须按照出厂时的编号以及上下顺序进行安装，严禁互换。

63. 油浸式互感器的选型原则有哪些？

答：（1）油浸式互感器应选用带金属膨胀微正压结构型式。

（2）所选用电流互感器的动热稳定性能应满足安装地点系统短路容量的要求，特别要注意一次绕组串并联时的不同性能。

（3）电容式电压互感器的中间变压器高压侧不应装设 MOA。

64. 事故抢修安装的油浸式互感器，静放时间应为多长？

答：500kV 油浸式互感器静放时间应大于36h，110~220kV 油浸式互感器静放时间应大于24h。

65. 基建阶段的电流互感器试验应注意什么？

答：电流互感器的一次端子所受的机械力不应超过制造厂规定的允许值，其电气连接应接触良好，防止产生过热故障及电位悬浮。互感器的二次引线端子应有防转动措施，防止外部操作造成内部引线扭断。

已安装完成的互感器若长期未带电运行（110kV 及以上大于半年；35kV 及以下一年以上），在投运前应按照 DL/T 393—2010《输变电设备状态检修试验规程》进行例行试验。在交接试验时，对 110（66）kV 及以上电压等级的油浸式电流互感器，应逐台进行交流耐受电压试验，交流耐压试验前后应进行油中溶解气体分析。油浸式设备在交流耐压试验前要保证静置时间，110（66）kV 设备静置时间不小于 24h，220kV 设备静置时间不小于 48h，

330kV 和 500kV 设备静置时间不小于 72h。

电流互感器运输应严格遵照设备技术规范和制造厂要求，220kV 及以上电压等级互感器运输应在每台产品（或每辆运输车）上安装冲撞记录仪，设备运抵现场后应检查确认，记录数值超过 5g 的，应经评估确认互感器是否需要返厂检查。电流互感器一次直阻出厂值和设计值无明显差异，交接时测试值与出厂值也应无明显差异，且相间应无明显差异。

66. 电流互感器运输中应注意什么？

答： 出厂试验时各项试验包括局部放电试验和耐压试验必须逐台进行。制造厂应采取有效措施，防止运输过程中内部构件振动移位。用户自行运输时应按制造厂规定执行。110kV 及以下互感器推荐直立安放运输，220kV 及以上互感器必须满足卧倒运输的要求。运输时 110（66）kV 产品每批次超过 10 台时，每车装 10g 振动子 2 个，低于 10 台时每车装 10g 振动子 1 个；220kV 产品每台安装 10g 振动子 1 个；330kV 及以上每台安装带时标的三维冲撞记录仪。到达目的地后检查振动记录装置的记录，若记录数值超过 10g 一次或 10g 振动子落下，则产品应返厂解体检查。运输时所充气压应严格控制在允许的范围内。

67. 对隔膜上有积水的互感器应如何处理？

答： 对隔膜上有积水的互感器，应对其本体和绝缘油进行有关试验，试验不合格的互感器应退出运行。绝缘性能有问题的老旧互感器，退出运行不再进行改造。

68. 对电流互感器的接线端子有何要求？

答： 电流互感器的一次端子所受的机械力不应超过制造厂规定的允许值，其电气联结应接触良好，防止产生过热性故障、防止出现电位悬浮。互感器的二次引线端子应有防转动措施，防止外部操作造成内部引线扭断。末屏接地应良好，对结构不合理、截面偏小、强度不够的末屏应进行改造。

69. 对 110（66）kV 及以上电压等级的油浸式电流互感器在交接试验前有何要求？

答： 在交接试验时，对 110（66）kV 及以上电压等级的油浸式电流互感器，应逐台进行交流耐受电压试验，交流耐压试验前后应进行油中溶解气体分析。油浸式设备在交流耐压试验前要保证静置时间，110（66）kV 设备静置时间不小于 24h、220kV 设备静置时间不小于 48h、330kV 和 500kV 设备静置时间不小于 72h。

70. 如运行中互感器的膨胀器异常，应怎么处理？为什么？

答： 如运行中互感器的膨胀器异常伸长顶起上盖，应立即退出运行。当互感器出现异常响声时应退出运行。当电压互感器二次电压异常时，应迅速查明原因并及时处理。膨胀器异常伸长顶起上盖或出现异常响声表明互感器存在内部故障，二次电压异常表明 CVT 可能发生自身铁磁谐振或电容单元元件击穿故障，应立即进行检查分析，防止严重故障的发生。

71. SF_6 电流互感器运行中应注意什么?

答: 运行中应巡视检查气体密度表，产品年漏气率应小于 0.5%。若压力表偏出绿色正常压力区时，应引起注意，并及时按制造厂要求停电补充合格的 SF_6新气。一般应停电补气，个别特殊情况需带电补气时，应在厂家指导下进行。补气较多时（表压小于 0.2MPa），应进行工频耐压试验。交接时 SF_6气体含水量小于 250μL/L。运行中不应超过 500μL/L（换算至 20℃），若超标时应进行处理。设备故障跳闸后，应进行 SF_6气体分解产物检测，以确定内部有无放电。避免带故障强送再次放电。对长期微渗的互感器应重点开展 SF_6气体微水量的检测，必要时可缩短检测时间，以掌握 SF_6电流互感器气体微水量变化趋势。

72. 防止避雷器事故技术措施有哪些?

答:（1）对金属氧化物避雷器，必须坚持在运行中按规程要求进行带电试验。当发现异常情况时，应及时查明原因。35kV 及以上电压等级金属氧化物避雷器可用带电测试替代定期停电试验，但对 500kV 金属氧化物避雷器应 3 ~5 年进行一次停电试验。

（2）严格遵守避雷器交流泄漏电流测试周期，雷雨季节前后各测量一次，测试数据应包括全电流及阻性电流。

（3）110kV 及以上电压等级避雷器应安装交流泄漏电流在线监测表计。对已安装在线监测表计的避雷器，有人值班的变电站每天至少巡视一次，每半月记录一次，并加强数据分析。无人值班变电站可结合设备巡视周期进行巡视并记录，强雷雨天气后应进行特巡。

73. 完善防误操作的技术措施有哪些?

答:（1）新、扩建变电工程及主设备经技术改造后，防误闭锁装置应与主设备同时投运。

（2）断路器或刀闸闭锁回路不能用重动继电器，应直接用断路器或隔离开关的辅助触点；操作断路器或隔离开关时，应以现场状态为准。

（3）防误装置电源应与继电保护及控制回路电源独立。

（4）采用计算机监控系统时，远方、就地操作均应具有防止误操作闭锁功能。利用计算机实现防误闭锁功能时，其防误操作规则必须经本单位电气运行、安监、生技部门审核，经主管领导批准并备案后方可投入运行。

（5）成套高压开关柜五防功能应齐全、性能良好。开关柜出线侧宜装设具有自检功能的带电显示装置，并与线路侧接地开关实行连锁；配电装置有倒送电源时，间隔网门应装有带电显示装置的强制闭锁。

（6）同一变压器三侧的成套 SF_6组合电器（GIS \ PASS \ HGIS）隔离开关和接地开关之间应有电气连锁。

74. 为防止接地网和过电压事故，设计阶段有何要求?

答:（1）在输变电工程设计中，应认真吸取接地网事故教训，并按照相关规程规定的要求，改进和完善接地网设计。

（2）对于 110kV 及以上重要变电站，当站址土壤和地下水条件会引起钢质材料严重腐蚀时，宜采用铜质材料的接地网。

（3）在新建工程设计中，应结合所在区域电网长期规划考虑接地装置（包括设备接地引下线）的热稳定容量，并提出有接地装置的热稳定容量计算报告。

（4）在扩建工程设计中，除应满足新建工程接地装置的热稳定容量要求以外，还应对前期已投运的接地装置进行热稳定容量校核，不满足要求的必须在现期的基建工程中一并进行改造。

75. 为防止接地网和过电压事故，施工阶段有何要求？

答：（1）变压器中性点应有两根与主地网不同干线连接的接地引下线，并且每根接地引下线均应符合热稳定校核的要求。主设备及设备架构等宜有两根与主地网不同干线连接的接地引下线，并且每根接地引下线均应符合热稳定校核的要求。连接引线应便于定期进行检查测试。

（2）施工单位应严格按照设计要求进行施工，预留设备、设施的接地引下线必须经确认合格，隐蔽工程必须经监理单位和建设单位验收合格，在此基础上方可回填土。同时，应分别对两个最近的接地引下线之间测量其回路电阻，测试结果是交接验收资料的必备内容，竣工时应全部交甲方备存。

（3）接地装置的焊接质量必须符合有关规定要求，各设备与主地网的连接必须可靠，扩建地网与原地网间应为多点连接。

（4）对于高土壤电阻率地区的接地网，在接地电阻难以满足要求时，应采用完善的均压及隔离措施，方可投入运行。对弱电设备应有完善的隔离或限压措施，防止接地故障时地电位的升高造成设备损坏。

76. 为防止接地网和过电压事故，对运行维护有何要求？

答：（1）对于已投运的接地装置，应根据地区短路容量的变化，校核接地装置（包括设备接地引下线）的热稳定容量，并结合短路容量变化情况和接地装置的腐蚀程度有针对性地对接地装置进行改造。对于变电站中的不接地、经消弧线圈接地、经低阻或高阻接地系统，必须按异点两相接地校核接地装置的热稳定容量。

（2）接地引下线的导通检测工作应 1~3 年进行一次，应根据历次测量结果进行分析比较，以决定是否需要进行开挖、处理。

（3）定期（时间间隔应不大于 5 年）通过开挖抽查等手段确定接地网的腐蚀情况。如发现接地网腐蚀较为严重，应及时进行处理。铜质材料接地体地网不必定期开挖检查。

（4）清扫作为辅助性防污闪措施，可用于暂不满足防污闪配置要求的输变电设备及污染特殊严重区域（如：硅橡胶类防污闪产品已不能有效适应的粉尘特殊严重区域）的输变电设备。

77. 防止雷电过电压事故的措施有哪些？

答：（1）除 A 级雷区外，220kV 及以上线路应全线架设双地线，110kV 线路应全线架设地线。

（2）经常空充的35～220kV线路，应在线路断开点附近采取防雷保护措施，如加装间隙或避雷器。对经常开路运行而又带有电压的柱上断路器或隔离开关的两侧均应加装避雷器保护。

（3）对于雷害事故多发的线路，应通过雷电观测等手段掌握雷电活动规律，找出线路重雷区和易击点，采取综合防雷措施，提高线路耐雷水平。可以采取的措施主要包括降低杆塔接地电阻、增加绝缘子片数、架设耦合地线等，对于山区易击段、易击点的杆塔可以采取安装线路避雷器的措施，对于同塔双回线可以采取不平衡绝缘措施。

（4）加强避雷线运行维护工作，定期打开部分线夹检查，保证避雷线与杆塔接地点可靠连接。

（5）严禁利用避雷针、变电站构架和带避雷线的杆塔作为低压线、通信线、广播线、电视天线的支柱。

78. 敞开式变电站什么情况下应在110～220kV进出线间隔入口处加装金属氧化物避雷器？

答：（1）变电站所在地区年平均雷暴日大于等于50或者近三年雷电监测系统记录的平均落雷密度大于等于3.5次/（km^2·a）。

（2）变电站110～220kV进出线路走廊在距变电站15km范围内穿越雷电活动频繁（平均雷暴日数大于等于40日或近三年雷电监测系统记录的平均落雷密度大于等于2.8次/（km^2·a）的丘陵或山区。

（3）变电站已发生过雷电波侵入造成断路器等设备损坏。

（4）经常处于热备用运行的线路。

79. 如何降低土壤电阻率较高地段杆塔的接地电阻？

答：采用增加垂直接地体、加长接地带、改变接地形式、换土或采用接地模块等措施。

80. 如何防止110kV及以上电压等级断路器断口均压电容与母线电磁式电压互感器发生谐振过电压？

答：为防止110kV及以上电压等级断路器断口均压电容与母线电磁式电压互感器发生谐振过电压，可通过改变运行和操作方式避免形成谐振过电压条件。新建或改造工程应选用电容式电压互感器。

81. 防止变压器过电压的措施有哪些？

答：切合110kV及以上有效接地系统中性点不接地的空载变压器时，应先将该变压器中性点临时接地。为防止在有效接地系统中出现孤立不接地系统并产生较高工频过电压的异常运行工况，110～220kV不接地变压器的中性点过电压保护应采用棒间隙保护方式。对于110kV变压器，当中性点绝缘的冲击耐受电压≤185kV时，还应在间隙旁并联金属氧化物避雷器，间隙距离及避雷器参数配合应进行校核。间隙动作后，应检查间隙的烧损情况并校核间隙距离。对于低压侧有空载运行或者带短母线运行可能的变压器，宜在变压器低压侧装设避雷器进行保护。

82. 如何防止中性点非直接接地系统发生由于电磁式电压互感器饱和产生的铁磁谐振过电压？

答：为防止中性点非直接接地系统发生由于电磁式电压互感器饱和产生的铁磁谐振过电压，可采取以下措施：

（1）选用励磁饱和点较高的，在 $1.9U_m/\sqrt{3}$电压下，铁芯磁通不饱和的电压互感器。

（2）在电压互感器（包括系统中的用户站）一次绕组中性点对地间串接线性或非线性消谐电阻、加零序电压互感器或在开口三角绕组加阻尼或其他专门消除此类谐振的装置。

（3）10kV 以下用户电压互感器一次中性点应不接地。

83. 防止弧光接地过电压事故有哪些？

答：（1）对于中性点不接地的 6～35kV 系统，应根据电网发展每 3～5 年进行一次电容电流测试。当单相接地故障电容电流超过 DL/T 620—1997《交流电气装置的过电压保护和绝缘配合》规定时，应及时装设消弧线圈；单相接地电流虽未达到规定值，也可根据运行经验装设消弧线圈，消弧线圈的容量应能满足过补偿的运行要求。在消弧线圈布置上，应避免由于运行方式改变出现部分系统无消弧线圈补偿的情况。

（2）对于装设手动消弧线圈的 6～35kV 非有效接地系统，应根据电网发展每 3～5 年进行一次调谐试验，使手动消弧线圈运行在过补偿状态，合理整定脱谐度，保证电网不对称度不大于相电压的 1.5%，中性点位移电压不大于额定电压的 15%。

（3）对于自动调谐消弧线圈，在定购前应向制造厂索取能说明该产品可以根据系统电容电流自动进行调谐的试验报告。自动调谐消弧线圈投入运行后，应根据实际测量的系统电容电流对其自动调谐功能的准确性进行校核。

84. 为防止输变电设备污闪事故，在设计与基建阶段应注意的问题有哪些？

答：（1）新建和扩建输变电设备应依据最新版污区分布图进行外绝缘配置。中重污区的外绝缘配置宜采用硅橡胶类防污闪产品，包括线路复合绝缘子、支柱复合绝缘子、复合套管、瓷绝缘子（含悬式绝缘子、支柱绝缘子及套管）和玻璃绝缘子表面喷涂防污闪涂料等。选站时应避让 d、e 级污区；如不能避让，变电站宜采用 GIS、HGIS 设备或全户内变电站。

（2）污秽严重的覆冰地区外绝缘设计应采用加强绝缘、V 形串、不同盘径绝缘子组合等形式，通过增加绝缘子串长、阻碍冰棱桥接及改善融冰状况下导电水帘形成条件，防止冰闪事故。

（3）中性点不接地系统的设备外绝缘配置至少应比中性点接地系统配置高一级，直至达到 e 级污秽等级的配置要求。

（4）加强绝缘子全过程管理，全面规范绝缘子选型、招标、监造、验收及安装等环节，确保使用伞形合理、运行经验成熟、质量稳定的绝缘子。

85. 为防止输变电设备污闪事故，在运行阶段应注意的问题有哪些?

答: (1) 电力系统污区分布图的绘制、修订应以现场污秽度为主要依据之一，并充分考虑污区图修订周期内的环境、气象变化因素，包括在建或计划建设的潜在污源，极端气候条件下连续无降水日的大幅度延长等。

(2) 外绝缘配置不满足污区分布图要求及防覆冰（雪）闪络、大（暴）雨闪络要求的输变电设备应予以改造，中重污区的防污闪改造应优先采用硅橡胶类防污闪产品。

(3) 应避免局部防污闪漏洞或防污闪死角，如具有多种绝缘配置的线路中相对薄弱的区段，配置薄弱的耐张绝缘子，输、变电结合部等。

(4) 加强零值、低值瓷绝缘子的检测，及时更换自爆玻璃绝缘子及零、低值瓷绝缘子。

(5) 使用防污闪涂料与防污闪辅助伞裙。

(6) 清扫作为辅助型防污闪措施。

86. 防污闪涂料与防污闪辅助伞裙的使用应遵循哪些原则?

答: (1) 绝缘子表面涂覆“防污闪涂料”和加装“防污闪辅助伞裙”是防止变电设备污闪的重要措施，其中避雷器不宜单独加装辅助伞裙，宜将防污闪辅助伞裙与防污闪涂料结合使用。

(2) 宜优先选用加强 RTV－Ⅱ型防污闪涂料，防污闪辅助伞裙的材料性能与复合绝缘子的高温硫化硅橡胶一致。

(3) 加强防污闪涂料和防污闪辅助伞裙的施工和验收环节，防污闪涂料宜采用喷涂施工工艺，防污闪辅助伞裙与相应的绝缘子伞裙尺寸应吻合良好。

(4) 在重粉尘污染等冰闪、雨闪高发地区，可考虑对母线、主变压器回路瓷套等关键设备加装增爬裙。一般，110kV 设备不超过 2 片，220kV 设备不超过 4 片。

(5) 新建站内大型瓷套一般不加装增爬裙，水平布置的绝缘子串不考虑加装增爬裙，未涂敷防污闪涂料的避雷器不加装增爬裙，其他设备绝缘配置到位时一般不加装增爬裙。

87. 并联电容器装置用断路器选型应注意什么?

答: 所选用断路器型式试验项目必须包含投切电容器组试验。断路器必须为适合频繁操作且开断时重燃率极低的产品。如选用真空断路器，则应在出厂前进行高压大电流老炼处理，厂家应提供断路器整体老炼试验报告。

交接和大修后应对真空断路器的合闸弹跳和分闸反弹进行检测。12kV 真空断路器合闸弹跳时间应小于 2ms，40.5kV 真空断路器小于 3ms；分闸反弹幅值应小于断口间距的 20%。一旦发现断路器弹跳、反弹过大，应及时调整。

88. 室内为什么宜选用铁芯电抗器?

答: 干式空芯电抗器的漏磁很大，如果安装在户内，会对安装在同一建筑物内的通信、继电保护设备产生很大的电磁干扰。

89. 并联电容器组内的放电线圈有何反措要求？

答：放电线圈首末端必须与电容器首末端相连接。新安装放电线圈应采用全密封结构。对已运行的非全密封放电线圈应加强绝缘监督，发现受潮现象应及时更换。

90. 并联电容器组内的避雷器有何反措要求？

答：电容器组过电压保护用金属氧化物避雷器接线方式应采用星形接线，中性点直接接地方式。电容器组过电压保护用金属氧化物避雷器应安装在紧靠电容器组高压侧入口处位置。选用电容器组用金属氧化物避雷器时，应充分考虑其通流容量的要求。

91. 并联电容器组内的保护有何反措要求？

答：采用电容器成套装置及集合式电容器时，应要求厂家提供保护计算方法和保护整定值。电容器组安装时应尽可能降低初始不平衡度，保护定值应根据电容器内部元件串并联情况进行计算确定。500kV 变电站电容器组各相差压保护定值不应超过 0.8V，保护整定时间不宜大于 0.1s。

92. 并联电容器组内的干式电抗器有何反措要求？

答：新安装干式空芯电抗器时，不应采用叠装结构，避免电抗器单相事故发展为相间事故。干式空芯电抗器应安装电容器组首端，在系统短路电流大的安装点应校核其动稳定性。干式空芯电抗器出厂应进行匝间耐压试验，当设备交接时，具备条件时应进行匝间耐压试验。

93. 并联电容器组内的外熔断器有何反措要求？

答：应加强外熔断器的选型管理工作，要求厂家必须提供合格、有效的型式试验报告。型式试验有效期为五年。户内型熔断器不得用于户外电容器组。交接或更换后外熔断器的安装角度应符合产品安装说明书的要求。及时更换已锈蚀、松弛的外熔断器，避免因外熔断器开断性能变差而复燃导致扩大事故。安装五年以上的户外用外熔断器应及时更换。

94. 电容器设备交接验收时，应加强哪些工作？

答：生产厂家应在出厂试验报告中提供每台电容器的脉冲电流法局部放电试验数据，放电量应不大于 50pC。电容器例行试验要求定期进行电容器组单台电容器电容量的测量，应使用不拆连接线的测量方法，避免因拆装连接线条件下，导致套管受力而发生套管漏油的故障。对于内熔丝电容器，当电容量减少超过铭牌标注电容量的 3% 时，应退出运行，避免电容器带故障运行而发展成扩大性故障。对用外熔断器保护的电容器，一旦发现电容量增大超过一个串段击穿所引起的电容量增大，应立即退出运行，避免电容器带故障运行而发展成扩大性故障。

95. 串补电容器组验收时，应注意哪些工作？

答：电容器组不平衡电流应进行实测，且测量值应不大于电容器组不平衡电流告警定值的 20% 。电容器之间的连接线应采用软连接。光纤柱内光缆长度小于 250m 时，损耗不应超过 1dB；光缆长度为 250 ~ 500m 时，损耗不应超过 2dB；光缆长度为 500 ~ 1000m 时，损耗不应超过 3dB。串补平台上各种电缆应采取有效的一、二次设备间的隔离和防护措施，如电磁式电流互感器电缆应外穿与串补平台及所连接设备外壳可靠连接的金属屏蔽管；电缆头制作工艺应符合要求；应尽量减少电缆长度；串补平台上采用的电缆绝缘强度应高于控制室内控制保护设备采用的电缆强度；接入串补平台上测量及控制箱的电缆应增加防扰措施。

96. 串补装置中的电容器组有哪些要求？

答：串补电容器应采用双套管结构。电容器绝缘介质的平均电场强度不宜高于 57kV/mm。单只电容器的耐爆容量应不小于 18kJ，电容器的并联数量应考虑电容器的耐爆能力。串补电容器应满足 GB 6115. 1—2008《电力系统用串联电容器　第 1 部分：总则》放电电流试验要求。电容器组接线宜采用先串后并的接线方式。

Chapter 12 第十二章

相 关 知 识

第一节 电 力 系 统

1. 什么是电力系统和电力网？

答：把由发电、输电、变电、配电、用电设备及相应的辅助系统组成的电能生产、输送、分配、应用的统一整体称为电力系统；把由输电、变电、配电设备及相应的辅助系统组成的联系发电与用电的统一整体称为电力网，简称电网。

2. 区域电网互联的意义与作用是什么？

答：（1）可以合理利用能源，加强环境保护，有利于电力产业的可持续发展。

（2）可装置大容量、高效力火电机组、水电机组和核电机组，有利于降低造价，节约能源，加快电力建设速度。

（3）可以利用时差、温差，错开用电高峰，利用各地区用电的非同时性进行负荷调整，减少备用容量和装机容量。

（4）可以在各地域之间互供电力、互通有无、互为备用，可减少事故备用容量，加强抵抗事故能力，提高电网安全性和可靠性。

（5）能承受较大的冲击负荷，有利于改善电能质量。

（6）可以跨流域调节水电，并在更大范围内进行水火电经济调度，获得更大的经济效益。

3. 我国输电电压是如何分类的？

答：交流输电电压一般分高压、超高压和特高压。就我国而言，交流高压电网指的是110kV 和 220kV 电网；超高压电网指的是 330、500kV 和 750kV 电网；特高压电网指的是1000kV 电网。高压直流指的是 ±500kV 及以下直流系统；特高压直流指的是 ±800kV 直流系统。

4. 电能质量主要包括哪些方面？

答：电能质量主要包括电压质量、频率质量和供电可靠性三个方面，具体内容包括频率偏差、电压偏差、电压波动与闪变、三相不平衡、暂时或瞬态过电压、波形畸变、电压暂降与短时间中断以及供电连续性等。

5. 什么是电压偏差？国标有哪些要求？电压偏差有什么危害？调整措施有哪些？

答：电压偏差是指系统某一节点的实际电压与系统标称电压（额定电压）之差值。该电压偏差可以用有效值或标幺值（以标称电压为基值）表示。电压偏差与无功功率的不平衡和供配电网架结构等因素相关。国标要求：35kV 及以上供电电压正、负偏差绝对值之和不超过标称电压的 10%；20kV 及以下三相供电电压偏差为标称电压的 ±7%；220V 单相供电电压偏差为标称电压的 +7%、-10%。

电压偏差会导致电气设备的性能和效率下降，乃至影响其使用寿命；过电压会危及电气设备的绝缘性能，甚至损坏设备；电压偏低，会导致输电功率的静态稳定极限过低，出现小扰动时易不稳定；在系统缺乏无功电源情况下，运行电压低，有可能造成电压不稳，导致电网崩溃。

调整措施有发电机调压、改变变压器分接头调压、改变电网参数（R 和 X）调压、配置充足的无功功率（主要无功补偿设备有并联电容、并联电抗、同步调相机、静止补偿器等）。

6. 供电设备、用电设备和电力网的额定电压之间是什么关系？

答：用电设备的额定电压与电力网的额定电压相等，某一级的额定电压是以用电设备的额定电压为中心而定；发电机的额定电压等于连接电网额定电压的 1.05 倍；变压器一次绕组额定电压一般与连接电网额定电压相等，但与发电机直接相连者等于发电机额定电压；变压器二次绕组额定电压一般等于连接电网额定电压的 1.1 倍，但空载变压器或经短线路与用户相连或小阻抗变压器其二次绕组额定电压等于连接电网额定电压的 1.05 倍。

7. 什么是频率偏差？有哪些要求？

答：频率偏差是指系统频率的实际值和标称值之差。电力系统正常运行条件下频率偏差限值为 ±0.2Hz；当系统容量较小时，偏差限值可以放宽到 ±0.5Hz。

8. 什么是电压三相不平衡？有哪些要求？三相不平衡有什么危害？

答：电压三相不平衡是指三相电压在幅值上不同或相位差不是 120°，或兼而有之。电网正常运行时，负序电压不平衡度不超过 2%，短时不得超过 4%。

三相不平衡的危害：在不平衡电压下，感应电动机的定子和转子铜损增加，发热加剧，使得最大转矩和过载能力降低；变压器处于不平衡负载下运行会由于此路不平衡而造成附加损耗；产生负序分量引起保护装置发生误动作，危及电网安全；干扰计算机系统，增加输电线损耗。

9. 什么是变电站？变电站如何分类？

答：变电站（变电站）是电力系统的一部分，它集中在一个指定的地方，主要包括输电或配电线路开关及控制设备的终端、建筑物和变压器。通常包括电力系统安全和控制所需的设施（例如保护装置）。

变电站分类：

（1）根据变电站在电力系统的地位和作用分成枢纽变电站、中间变电站、地区变电站和终端变电站。

（2）按照电压变化方式分升压变电站和降压变电站。

（3）按照电压等级分，包括1000、750、500、330、220、110、66、35、10、6.3kV等电压等级的变电站。

10. 什么是电气一次设备？什么是电气二次设备？

答：电气一次设备是指直接生产、输送、分配和使用电能的设备，均称为一次设备，如发电机、变压器、断路器、隔离开关、母线、电力电缆和输电线路等。

电气二次设备是指对一次设备的工作进行控制、保护、监察和测量的设备的统称。如互感器（也可算一次设备）、测量表计、继电保护和自动装置、操作电器和直流电源设备。

11. 电气一次设备主要包括哪些类型？

答：（1）生产和转换电能的设备，如变换电压、传输电能的变压器，将电能变成机械能的电动机等。

（2）接通和断开电路的开关设备，如用在不同条件下开闭和切换电路的高低压断路器、接触器、熔断器、负荷开关、隔离开关等。

（3）限制短路电流或过电压的设备，如限制短路电流的电抗器、限制过电压的避雷器等。

（4）载流导体，如传输电能的软、硬导体及电缆等。

（5）接地装置。

12. 什么是电气设备的额定电流？

答：电气设备的额定电流（铭牌中的规定值）是指在一定的基准环境和条件下，允许长期通过设备的最大电流值，此时设备的绝缘和载流部分的长期发热温度不会超过规定的允许值。

13. 什么是电气设备的额定电压？如何划分？

答：电气设备的额定电压是电气设备所在系统的最高电压。额定电压的标准值如下：范围Ⅰ（额定电压252kV及以下）3.6kV－7.2kV－12kV－24kV－40.5kV－72.5kV－126kV－252kV；范围Ⅱ（额定电压252kV以上）363kV－550kV－800kV－1100kV。

14. 什么是一次回路？什么是二次回路？

答：对于交流一次回路和二次回路，一般可以用互感器作为它们的分界，也就是说，与互感器一次绕组处于同一回路的电气回路称为一次回路，即属于一次系统；连接在互感器二次绕组端的电气回路称为二次回路，属于二次系统。因此，电气二次系统就是由互感器二次侧交流供电的全部交流回路和由直流电源的正极到负极的大部分直流回路。

15. 二次回路如何分类？

答：按照二次回路电源的性质分为交流回路和直流回路，交流回路又可分为交流电流回路和交流电压回路。交流电流回路由电流互感器二次侧供电的全部回路组成。交流电压回路，由电压互感器二次侧及三相五柱电压互感器开口三角侧供电的全部回路组成。直流回路，从直流操作电源的正极到负极，包括直流控制、操作及信号等全部回路组成。

按照二次回路的用途分为断路器控制回路、信号回路、测量和监视回路、继电保护回路和自动装置回路等。

16. 对二次回路操作电源有哪些基本要求？

答：（1）应保证供电的可靠性，最好装设独立的直流操作电源，以免交流系统故障时，影响操作电源的正常供电。

（2）应具有足够的容量，以保证正常运行时，操作电源母线电压波动范围小于 ±5% 额定值；事故时的母线电压不低于 90% 额定值。

（3）波纹系数小于 5% 。

（4）使用寿命、维护工作量、设备投资、布置面积等应合理。

17. 电气二次回路安装的一般要求有什么？

答：（1）配电盘内的配线应排列整齐，接线正确牢固，做到与安装接线图一致。

（2）导线与电器的连接，必须加垫圈或花垫，所有连接配线用的螺钉、螺帽、垫圈等配件，应使用铜质的。

（3）导线与电气元件采用螺栓连接、插接、焊接或压接式终端附件时，均应牢固可靠。

（4）盘、柜内的导线不应有接头，导线芯线应无损伤。

（5）电缆芯线和所配导线的端部均应套上异型软白塑料号头，并标有打号机打印好的编号，编号应正确，字迹清晰且不易脱色。

（6）在盘、柜内的配线及电缆芯线应成排成束、垂直或水平、有规律地配置，不得任意交叉连接。其长度超过 200mm 时，应加塑料扎带或螺旋形塑料护套。

（7）绝缘导线穿过金属板时，应装在绝缘衬管内，但导线穿绝缘板时，可直接穿过。

（8）所有与配电盘相连接的电缆，在与端子排相连接前，都应用电缆卡子固定在支架上，使端子不受任何机械应力。

（9）用于连接箱、柜门上的电器、控制台板等可动部件的导线应符合下列要求：应采用多股软导线，敷设长度应有适当余量；线束应有外套螺旋塑料管等加强绝缘层。

（10）对盘、柜内的二次回路配线以及电缆截面要求：电流回路应采用电压不低于 500V，截面不小于 $2.5mm^2$ 的铜芯绝缘导线，其他回路截面积不应小于 $1.5mm^2$；对于电子元件回路、弱电回路采用锡焊连接时，在满足载流量和电压降以及有足够机械强度的情况下，可采用截面积不小于 $0.5mm^2$ 的绝缘导线。

（11）由电缆头至端子排的电缆芯线全长应套上塑料软管。

18. 二次回路的检修内容有哪些?

答:（1）清扫二次回路内的积灰。

（2）检查二次回路上各元件的标志、名称是否齐全。

（3）检查光各种按钮、转换开关、弱电开关的动作是否灵活，触点接触有无压力和烧伤。检查胶木外壳应无裂纹，按钮应无碳化现象。

（4）检查光子牌、插头、灯座、位置指示器是否完好。

（5）检查各表计、继电器以及自动装置的界限端子螺钉有无松动。

（6）检查电压、电流互感器二次引线端子是否紧固，有无锈蚀，接地是否良好，电压互感器的熔断器是否正常。

（7）配线是否整齐，固定卡子有无脱落。

（8）测量绝缘电阻是否符合规定。二次交流回路内每个电气连接回路不得小于1MΩ；全部直流系统不得小于0.5MΩ。

（9）检查断路器及隔离开关的辅助触点，有无烧伤、氧化现象，接触有无卡涩和死点。

（10）检查交直流接触器的触点有无烧伤，并要求触点与灭弧罩保持一定间隙，并联电阻无过热等。

（11）检查二次交直流控制回路的熔断器（或空气开关）是否完好。

（12）母线连接处是否发热、三相电压是否平衡。

19. 对于新安装、大修以及更换后二次回路，必须进行哪些电气试验？怎样进行测试？

答: 对于新安装、大修以及更换后二次回路，必须进行绝缘电阻试验和交流耐压试验。

（1）绝缘电阻试验。绝缘电阻测定范围应包括所有电气设备的操作、保护、测量、信号等回路，以及这些回路中的接触器、继电器、仪表、电流和电压互感器的二次线圈等。测试可以分段进行：直流回路，是熔断器（空气开关）隔离的一段；交流电流回路，是由一组电流互感器连接的所有保护和测量回路组成，或由一组保护装置的数组电流互感器回路组成；交流电压回路，是一组或一个电压互感器连接的回路；测试结果应符合相关规定，若不符合，应找出原因并进行处理。

（2）交流耐压试验。当绝缘电阻试验合格后，应进行回路的交流耐压试验，在试验之前，必须将回路中的所有接地线拆除，以及断开电压互感器二次绕组、蓄电池及其他直流电源，凡试验电压低于1000V的部件、仪表等皆与系统完全断开。交流耐压的数值为1000V，持续时间1min，无异常现象视为合格。对于不重要的回路可用2500V绝缘电阻表试验，持续时间1min。

20. 什么是电力系统短路故障？短路有哪几种类型？

答: 短路是指电力系统正常运行情况以外的一切相与相之间或相与地之间的短接。在电力系统正常运行时，除中心点外，相与相或相与地之间都是绝缘的。如果由于某种原因使其绝缘破坏而构成了通路，就称电力系统短路故障，短路种类主要有三相短路、两相短路、单相接地短路和两相接地短路等四种，三相短路属对称短路，其他属不对称短路。

21. 短路的主要原因是什么？有什么危害？

答：短路的主要原因是电气设备载流部分的绝缘损坏。短路点的电弧可能烧坏电气设备，短路电流使设备发热甚至损坏设备；在导体内引起很大的机械应力，可能造成设备变形等损坏；系统电压大幅下降，对用户影响很大；产生不平衡电流及磁通，造成对通信的干扰，并危及人身和设备安全；破坏系统稳定，甚至使电力系统瓦解，引起大面积停电。

22. 短路电流产生的电动力对导体和电器运行有什么影响？

答：（1）载流部分可能因电动力而振动，或因电动力所产生的应力大于其材料允许应力而变形，甚至使绝缘部件（如绝缘子）或载流部件损坏。

（2）电气设备的电磁绕组，受到巨大的电动力作用，可能使绕组变形或损坏。

（3）巨大的电动力可能使开关电器的触头瞬间解除接触压力，甚至发生斥开现象，导致设备故障。

23. 短路类型对断路器的开断有什么影响？

答：断路器开断电力系统短路电流时，弧隙恢复电压的最大值受两方面因素的影响：一方面是弧隙电压恢复过程的性质，即恢复过程是周期性的还是非周期性的；另一方面是开断瞬间工频恢复电压 U_0的大小。而这两方面的因素又都决定于电路参数。

实际上，开断瞬间工频恢复电压值 U_0除了受电路参数的影响外，不同的短路形式也会产生明显的影响。

断路器开断单相短路电流时，电流过零的瞬间，工频恢复电压值 U_0近似等于电源电压最大值。

因为在三相交流电路中，各相电流过零时间不同，所以当断路器开断中性点不直接接地系统中三相短路时，电弧电流过零也有先后。先过零的一相电弧先熄灭，此相称为首先开断相。首先开断相触头间的工频恢复电压为相电压的1.5倍，加重了断路器的开断难度。

当断路器开断中性点直接接地系统中的三相接地短路或开断两相短路时，工频恢复电压的最大值为相电压的1.3倍。

24. 电力系统过电压分几类？其产生原因及特点是什么？

答：电力系统过电压主要分以下四种类型：大气过电压、工频过电压、操作过电压、谐振过电压。产生的原因及特点：

（1）大气过电压：由直击雷引起，特点是延续时间短暂，冲击性强，与雷击运动强度有直接关联，与设备电压等级无关。因此，220kV 以下系统的绝缘水平往往由预防大气过电压决定。

（2）工频过电压：由长线路的电容效应及电网运行方式的突然改变引起，特点是持续时间长，过电压倍数不高，一般对设备绝缘影响不大，但在超高压、远距离输电决定绝缘水平时起重要作用。

（3）操作过电压：由电网内开关操作引起，特点是具有随机性，但最不利情况下过电压倍数较高。因此，330kV 及以上超高压系统的绝缘水平往往由防止操作过电压决定。

（4）谐振过电压：由系统电容及电感回路组成谐振回路时引起，特点是过电压倍数高、持续时间长。

25. 什么是污闪？如何防止套管外绝缘污闪？

答：污闪是由于各种污秽物沉降在电气设备瓷件和绝缘子表面上，当它吸收了潮湿空气中的水分后，会使绝缘子的绝缘强度急剧下降，承受不住工作电压而发生绝缘闪络。

防止套管外绝缘污闪。应定期对套管进行清扫，防止污秽闪络和大雨时闪络。对变压器套管外绝缘不仅要满足与所在地区污秽等级相适应的爬电比距要求，也应对伞裙形状提出要求，重污区可选用大小伞结构瓷套。在严重污秽地区运行的变压器，可考虑在瓷套上加装硅橡胶辅助伞裙套（也称增爬裙）或采用涂防污闪涂料等措施。

26. 电力设备污闪事故的发生与什么因素有关？

答：（1）瓷质污秽程度。

（2）大气条件。

（3）绝缘瓷件的结构造型。

（4）表面爬距。

27. 变配电设备防止污闪事故的措施有几种？

答：变配电设备污闪主要是发生在瓷绝缘物上，防止污闪事故发生的措施有下列几种：

（1）根治污染源。

（2）把电站的电力设备装设在户内。

（3）合理配置设备外绝缘。

（4）加强运行维护，如清扫等。

（5）采取其他专用技术措施，如在电瓷绝缘表面涂涂料等。

28. 预防户内配电装置事故有哪些技术措施？

答：（1）对配电室防风、防雨情况专项检查并制定整改计划。对配电室高位布置百叶窗进行封堵，设计部门在今后设计中应避免高位布置百叶窗的设计方案，防止风雨天气时雨水进入配电室危及设备安全。

（2）加强配电室的通风管理。对通风条件较差的配电室及无人值班变电站配电室可加装带温湿度控制器的轴流风机加强通风，保证在潮湿天气时室内空气流通。

（3）加强配电室内设备管理工作。有计划地对配电室内支瓶设备尤其是侧装支瓶积灰情况进行重点检查和清扫。

（4）加强设备巡视管理。严格按照有关规定巡视设备，保证巡视次数和巡视质量。加强特殊天气对配电室等处的特巡工作，发现故障隐患及时消除。

29. 预防变电站防风偏放电有哪些技术措施？

答：（1）立即开展变电站风偏放电隐患排查工作，根据排查结果按照下述原则制订整改措施：

1）对所辖变电站存在的风偏放电隐患部位，尤其是3/2接线方式的主变压器进线间隔及具有双层架构横梁的新型配电装置的易放电处，将单引线改为双分裂引线，改造时要注意引线弧垂及挂点位置。

2）对变电站内合成绝缘子悬挂引线部位进行整改。整改应以单根引线改双分裂引线和调整引线弧垂为重点，辅以引线加分布式配重、合成绝缘子加配重、使用倒装式支持绝缘子、改V形串等措施。

3）拆除变电站内架构上距离引线较近的照明灯具等附属物，对架构上其他附属物加强固定。

4）对局部引线过长部位要采取减少引线长度、增加固定点、调整悬挂点等措施，避免风摆造成放电。

（2）今后，设计部门在变电站设计中应避免采取上述两种类型的配电装置方案。如确需使用，应将上述两个位置引线设计为双分裂引线。

（3）新建变电站施工时要严格按照图纸施工，控制好引线弧垂和挂点位置。工程投产验收时要对各处引线的弧垂进行检查，发现问题立即整改，不得带缺陷投产。设计应在图纸中标明引线及挂点的详细信息，注明施工注意事项，同时应根据该地区最大风速计算核实最大风偏时的带电距离。

第二节　智　能　电　网

1. 什么是坚强智能电网？

答：坚强智能电网是以特高压电网为骨干网架、各级电网协调发展的坚强网架为基础，以通信信息平台为支撑，具有信息化、自动化、互动化特征，包含电力系统的发电、输电、变电、配电、用电和调度六大环节，覆盖所有电压等级，实现“电力流、信息流、业务流”的高度一体化融合，具有坚强可靠、经济高效、清洁环保、透明开放和友好互动内涵的现代电网。

2. 智能电网的主要特征是什么？

答：（1）坚强。在电网发生大扰动和故障时，仍能保持对用户的供电能力，而不发生大面积停电事故；在自然灾害、极端气候条件下或外力破坏下仍能保证电网的安全运行；具有确保电力信息安全的能力。

（2）自愈。具有实时、在线和连续的安全评估和分析能力，强大的预警和预防控制能力，以及自动故障诊断、故障隔离和系统自我恢复的能力。

（3）兼容。支持可再生能源的有序、合理接入，适应分布式电源和微电网的接入，能够实现与用户的交互和高效互动，满足用户多样化的电力需求并提供对用户的增值服务。

（4）经济。支持电力市场运营和电力交易的有效开展，实现资源的优化配置，降低电网损耗，提高能源利用效率。

（5）集成。实现电网信息的高度集成和共享，采用统一的平台和模型，实现标准化、规范化和精益化管理。

（6）优化。优化资产的利用，降低投资成本和运行维护成本。

（7）互动。用户将和电网进行自适应交互，成为电力系统的完整组成部分之一。

（8）优质。提供21世纪所需要的优质电能，用户的电能质量将得到有效保证。

（9）协调。实现电力系统标准化、规范化、精细化管理，进一步促进电力市场化。

3. 什么是智能变电站？

答：智能电网中的智能变电站是由先进、可靠、节能、环保、集成的设备组合而成，以高速网络通信平台为信息传输基础，自动完成信息采集、测量、控制、保护、计量和监测等基本功能，并可根据需要支持电网实时自动控制、智能调节、在线分析决策、协同互动等高级应用功能的变电站。

4. 智能变电站基本技术原则有哪些？

答：（1）智能变电站设备具有信息数字化、功能集成化、结构紧凑化、状态可视化等主要技术特征，符合易扩展、易升级、易改造、易维护的工业化应用要求。

（2）智能变电站的设计及建设应按照DL/T 1092三道防线要求，满足DL 755三级安全稳定标准；满足GB/T 14285继电保护选择性、速动性、灵敏性、可靠性的要求。

（3）智能变电站的测量、控制、保护等装置应满足GB/T 14285、DL/T 769、DL/T 478、GB/T 13729的相关要求，后台监控功能应参考DL/T 5149的相关要求。

（4）智能变电站的通信网络与系统应符合DL/T 860标准。应建立包含电网实时同步信息、保护信息、设备状态、电能质量等各类数据的标准化信息模型，满足基础数据的完整性及一致性的要求。

（5）宜建立站内全景数据的统一信息平台，供各子系统统一数据标准化规范化存取访问以及和调度等其他系统进行标准化交互。

（6）应满足变电站集约化管理、顺序控制等要求，并可与相邻变电站、电源（包括可再生能源）、用户之间的协同互动，支撑各级电网的安全稳定经济运行。

（7）应满足无人值班的要求。

（8）严格遵照《电力二次系统安全防护总体方案》和《变电站二次系统安全防护方案》的要求，进行安全分区、通信边界安全防护，确保控制功能安全。

5. 高压设备智能化基本技术特征有哪些？

答：高压设备智能化基本技术特征有测量数字化、控制网络化、状态可视化、功能一体化、信息互动化。

6. 什么是智能组件？

答：智能组件是指由若干智能电子装置集合组成，承担主设备的测量、控制和监测等基本功能；在满足相关标准要求时，智能组件还可承担相关计量、保护等功能。可包括测量、控制、状态监测、计量、保护等全部或部分装置。

7. 什么是智能电子装置（IED）?

答：智能电子装置是一种带有处理器、具有以下全部或部分功能的一种电子装置：

（1）采集或处理数据。

（2）接收或发送数据。

（3）接收或发送控制指令。

（4）执行控制指令，如具有智能特征的变压器有载分接开关的控制器、具有自诊断功能的现场局部放电监测仪等。

8. 什么是监测功能组?

答：监测功能组实现对一次设备的状态监测，是智能组件的组成部分。监测功能组设一个主IED，承担全部监测结果的综合分析，并与相关系统进行信息互动。

9. 什么是智能设备?

答：智能设备是指一次设备和智能组件的有机结合体，具有测量数字化、控制网络化、状态可视化、功能一体化和信息互动化特征的高压设备，是高压设备智能化的简称。

10. 为什么在智能电网建设中提出智能一次设备的概念?

答：（1）电网的基础设施是一次设备，建设统一坚强的智能电网，离不开坚强而智能的一次设备。

（2）一次设备的智能化和信息化是实现智能电网信息化的关键，而采用标准的数字化、信息化接口，实现融合在线监测和测控保护技术于一体的智能化一次设备则是这样就能实现整个智能电网信息流一体化的需求。

（3）一次设备智能化满足智能电网运行管理的需求。智能化一次设备通过先进的状态监测手段、可靠的评价手段和寿命的预测手段来判断一次设备的运行状态，并且在一次设备运行状态异常时对设备进行故障分析，对故障的部位、严重程度和发展趋势做出的判断，可识别故障的早期征兆，并根据分析诊断结果在设备性能下降到一定程度或故障将要发生之前进行维修。通过传统型一次设备智能化建设，可以实时掌握变压器等一次设备的运行状态，为科学调度提供依据；可以对一次设备故障类型及寿命评估做出快速有效的判断，以指导运行和检修，降低运行管理成本，减小新生隐患产生几率，增强运行可靠性。

（4）对于大规模分布式发电的接入，对传统的电力系统一次设备提出了更高的要求，而智能化一次设备是满足这种需求的有效途径。

11. 智能变电站对一次设备有哪些功能要求?

答：（1）一次设备应具备高可靠性，外绝缘宜采用复合材料，并与运行环境相适应。

（2）智能化所需各型传感器或/和执行器与一次设备本体可采用集成化设计。

（3）根据需要，电子式互感器可集成到其他一次设备中。

12. 智能化设备具有哪些基本特点？

答：（1）现场参量处理数字化。

（2）电器设备的多功能化。

（3）电器设备的网络化。

（4）实现分布式管理和控制。

（5）组成真正全开放式系统。

（6）可靠性增强。

13. 什么是断路器的“智能操作”？什么是同步操作？

答：断路器“智能操作”是指动触头从一个位置到另一个位置的自适应控制的转换。同步操作是指使开关在电流或电压的过零点进行分、合闸操作。

14. 实现断路器的智能操作有什么意义？

答：（1）使断路器实际操作大多是在较低速度下开断，从而减小断路器开断时的冲击力和机械磨损，减少机械故障和提高可靠性，提高断路器的操作使用寿命，在工程上有较大的经济效益。

（2）可以实现有关检测、保护、控制、通信等高压开关设备一般智能化功能。

（3）智能操作理论的深入研究将涉及断路器的性能、自适应控制的原理与装置、系统工作状态的信号处理和自动识别等一系列新内容，不仅对断路器的发展具有理论上的意义，还有利于一些新兴学科在高压电力设备中得到应用和发展。

（4）实现定相合闸，降低合闸操作过电压，取消合闸电阻，进一步提高可靠性。

（5）能改变现有的试探性自动重合闸的工作方式，实现自适应自动重合闸，即在任何短路故障开断后，如果故障仍存在，则拒绝重合，只有待故障消除后才能重合，从而提高重合闸的成功率，减小短路冲击。

（6）实现选相分闸，控制实际燃弧时间，使断路器起弧时间控制在最有利于燃弧的相位角，不受系统燃弧时差要求的限制，从而提高断路器实际开断能力。

15. 变电站智能化改造的基本原则有哪些？

答：（1）安全可靠原则。变电站智能化改造应严格遵循公司安全生产运行相关规程规定的要求，不得因智能化改造使变电站的安全可靠水平下降。

（2）经济实用原则。变电站智能化改造应结合变电站重要程度、设备型式、运行环境、场地布置等实际情况，从充分发挥资产使用效率和效益角度出发，以提高生产管理效率和电网运营效益为目标，务求经济、实用。

（3）标准先行原则。变电站智能化改造应按照公司智能电网建设的统一部署和智能变电站技术功能要求，在统一标准后推进，并在试点工作中及时对相关标准进行更新和完善。

（4）因地制宜原则。变电站智能化改造应在总体技术框架下，因网因地制宜，制定有针对性、切实可行的实施方案。

16. 变电站智能化改造验收对智能组件柜的布置有什么技术要求？

答：（1）对于新造开关设备，智能组件宜与汇控柜合并。

（2）对于已运行开关设备的智能化改造，智能组件可以和汇控柜合并或独立。

（3）原则上按照开关设备间隔设置智能组件，但根据工程实际，可以由多个独立的物理设备实现智能组件的功能，各独立物理设备的安装位置可灵活布置。

17. 变电站智能化改造验收对智能组件柜的标示有什么要求？

答：（1）智能组件柜应有铭牌。

（2）需在智能组件柜门内侧提供各智能电子装置（IED）的网络拓扑图、相关的电气接线图。

（3）智能组件柜内每个 IED 都应有铭牌，铭牌应与图纸相符。

（4）应提供柜内各 IED 的质量证明文件、产品说明、运行环境要求及主要技术参数，进口的 IED 还应提供中文使用说明书。

（5）所有铜母线连接处做防腐处理，裸露部分均喷黑漆，贴色标。

（6）柜内的配线须按设计图纸相序分色。柜内的电源母线，应有颜色分相标志。颜色标识要求：L1（A 相）黄；L2（B 相）绿；L3（C 相）红；N（零线）淡蓝；PE（保护地）黄/绿。

18. 变电站智能化改造后如何对变压器进行验收？

答：（1）本体、有载调压装置、冷却装置的传感器及接口密封。检查，应完整无缺陷，接口处密封良好无渗漏。

（2）有载调压装置。应能正确接收动作指令，动作可靠，位置指示正确，连接线缆牢固可靠，防护措施良好。

（3）冷却装置。控制方式灵活，可靠接收动作指令，联动正确。

（4）油温、油位、气体压力。测量指示正确，紧固方式牢固可靠，变送器输出信号正常，线缆连接可靠，防护措施完好。

（5）铁芯接地电流监测传感器。安装可靠，接地良好。

（6）绕组光纤测温传感器。紧固方式可靠，绝缘满足要求，信号线缆连接可靠，防护措施完好。

（7）局放传感器。安装牢固可靠，接口处密封良好，功能正常。

（8）电气试验。符合相关规程要求，操动及联动试验正确。

19. 变电站智能化改造后如何对开关设备进行验收？

答：（1）气体压力、水分传感器。安装牢固可靠，绝缘满足要求，密封良好，输出信号正常，防护措施完好。

（2）局放传感器。安装牢固可靠，绝缘满足要求，密封良好，输出信号正常，防护措施完好。

（3）分合闸线圈电流监测传感器。安装牢固可靠，不影响回路的电气性能，输出信号正常，防护措施完好。

（4）储能电机工作状态监测传感器。安装牢固可靠，不影响回路的电气性能，输出信号正常，防护措施完好。

（5）位移传感器。安装牢固可靠，不影响回路的电气性能，输出信号正常，防护措施完好。

（6）红外测温传感器。安装牢固可靠，绝缘满足要求，输出功能正常。

（7）电气试验。符合相关规程要求，操动及联动试验正确，分、合闸指示位置正确。

20. 变电站智能化改造后如何对电子式互感器及合并单元进行验收？

答：（1）互感器试验。极性、准确度试验、零漂及暂态过程测试应满足 GB/T 20840 和 GB/T 22071 相关要求。

（2）电子式互感器工作电源。加电或掉电瞬间，互感器正常输出测量数据或关闭输出；在 80% ~115% 额定电压范围内正常输出测量数据；工作电源在非正常电压范围内不输出错误数据，导致保护系统的误判和误动。

（3）电子式互感器与合并单元通信。无丢帧。

（4）电磁干扰。在过电压及电磁干扰情况下应正常输出测量数据。

（5）合并单元输出数据。IEC 60044 扩充 FT3 报文格式应正确，DL/T 860—9—2 报文应与模型文件一致，输出无丢帧。

（6）合并单元同步及延时。同步对时、守时精度满足要求，采样数据同步小于 1μs，采样报文传输抖动延时小于 10μs。

（7）合并单元模拟量输入采集（小信号、常规 TV、TA）。模拟量输入采集准确度检验（包括幅值、频率、功率、功率因数等交流量及相角差）及过载能力应满足要求；模拟量输入暂态采集准确度应满足要求。

（8）电子式互感器。安装牢固可靠，信号线缆引出处密封良好，极性正确，输出功能正常。

21. 什么是智能家居？

答：智能家居又称智能住宅。通俗地说，它是融合了自动化控制系统、计算机网络系统和网络通信技术于一体的网络化智能化的家居控制系统。智能家居将让用户有更方便的手段来管理家庭设备，比如，通过触摸屏、无线遥控器、电话、互联网或者语音识别控制家用设备，更可以执行场景操作，使多个设备形成联动；另一方面，智能家居内的各种设备相互间可以通信，不需要用户指挥也能根据不同的状态互动运行，从而给用户带来最大程度的高效、便利、舒适与安全。

22. 智能家居有哪些主要功能？

答：（1）家庭联网功能。通过智能家居控制器的 HUB 功能，可接入电脑组建家庭局域网，并可同时使用一个账号上宽带网，节省费用。支持家庭网络综合布线，避免今后增加电脑却没布线的烦恼，特别适合远程购物、远程教学及远程医疗、家庭办公、娱乐和未来信息家电上网的需求。

（2）短信收发功能。通过液晶控制面板可以显示接收网络短消息，也可通过手机接收智能家居控制器发送的状态信息，并向其发送各种控制指令。利用这个平台更好地享受网络运营商和社区管理者提供的各种个性化增值服务（该功能需要网络支持），如免费的股票信息与公共信息查询（如天气、交通）等。

（3）防盗报警功能。通过接入各种红外探头、门磁开关，并可根据需要随时布防撤防，相当于安装了电子保笼、电子窗和电子防盗门，可以快速探知并警告闯入的不法分子，保卫人们的生命和财产安全。

（4）防灾报警功能。通过接入烟雾探头、瓦斯探头和水浸探头，全天候 24 小时监控可能发生的火灾、煤气泄漏和溢水漏水，并可在发生报警时联动关闭气阀、水阀，为家庭构建坚实的安全屏障。

（5）求助报警功能。通过智能家居控制器的求助功能，接入各种求助按钮，使得家中的老人小孩在遇到紧急情况时可通过启动求助按钮快速进行现场报警和远程报警，及时获得各种帮助。

（6）场景控制功能。通过无线遥控器或液晶控制面板，可快速启动各种灯光场景，如起居、就寝、会客、就餐、晚会，甚至夜间入厕，还可以利用家庭控制软件设计属于自己的灯光场景和名字，并下载给智能家居控制器。

（7）定时控制功能。通过无线遥控器或液晶控制面板操作，设计家电的定时启停计划，如利用夜间电费比白天便宜的情况，实施热水器定时开启的设备运行计划，达到节约电费的目的。

（8）远程控制功能。利用电话或手机可在办公室或其他地点进行远程控制家庭电器开关及布撤防等，如下班前利用电话打开家里的空调，回到家后便可享受温暖如春的环境。

（9）联动控制功能。可以方便设计各种联动控制方案，如煤气泄漏时，联动打开排风扇；回到家时，联动开启门厅灯光等，所有的联动控制均可以通过液晶控制面板操作启动。

23. 什么是智能小区？

答：智能小区是为了适应分布式电源广泛应用、居民家用电动汽车及储能装置迅猛发展，满足居民客户对供电服务日趋多样的需求，提高家庭用能综合利用效率，综合运用现代信息、通信、计算机、自动控制等先进技术，支持小型光伏发电、风力发电等可再生能源和电动汽车、储能装置接入电网、双向结算和信息发布，实现居民小区能效智能管理、供电安全可靠、服务双向互动，服务国家“三网融合”战略实施，促进资源优化配置，创建低碳、节能、环保、智能的现代居住示范区。

第三节 倒 闸 操 作

1. 什么是电力系统倒闸操作？

答：电力系统倒闸操作是指对断路器和隔离开关所进行的投入与退出的操作，包括对相关的继电保护及安全自动装置等所进行的投入与退出的操作。断路器和隔离开关是电力系统中的开合元件，通过操作可以改变电气设备的运行状态和电力系统的运行方式（包括事故处理）。

倒闸操作是电力系统运行中一项经常进行的重要工作，如果发生差错，会造成电力系统或人身事故，甚至导致电力系统瓦解或人员伤亡，因而必须规定严密的制度。

2. 什么是操作票制度？如何正确执行操作票制度？

答：（1）填写操作票是进行各项倒闸操作必不可少的一个重要环节，操作票是进行具体操作的依据，它把经过深思熟虑制订的操作项目记录下来，从而根据操作票面上填写的内容依次进行有条不紊的操作。因此填写操作票、执行操作票制度是防止误操作的主要组织措施之一。

（2）正确执行操作票制度：

1）预发命令和接收任务。

2）填写操作票。

3）审核批准。

4）考问和预想。

5）正式接受操作命令。

6）模拟预演。

7）操作前准备。

8）核对设备。

9）高声唱票复诵实施操作。

10）检查设备、监护人逐项勾票。

11）操作汇报，做好记录。

12）评价、总结。

3. 什么是工作票制度？工作票是如何分类的？

答：工作票制度是在电气设备上工作保证安全的组织措施之一，所有在电气设备上的工作，均应填用工作票或事故应急抢修单。

工作票分为三大类：第一种工作票、第二种工作票和带电作业工作票。

4. 什么是工作间断、转移制度？

答：工作间断制度：规定当天的工作间断时，工作班人员应从工作现场撤出，所有安全措施保持不变，工作票仍由工作负责人执存，间断后继续工作无需通过工作许可人许可，而对隔天间断的工作在每日收工后应清扫工作地点，开放封闭的通路，并将工作票交回值班员，次日复工时应得到工作许可人的许可，取回工作票。工作负责人必须事前重新认真检查安全措施是否符合工作票的要求，并召开现场站班会后，方可工作，若无工作负责人或专责监护人带领，工作人员不得进入工作地点。

工作转移指的是在同一电气连接部分，用同一工作票依次在几个工作地点转移工作时，全部安全措施由值班员在开始许可工作前，一次做完。因此，同一张工作票内的工作转移无需再办理转移手续。但工作负责人在每转移一个工作地点时，必须向工作人员交待带电范围，安全措施和注意事项，尤其应该提醒工作条件的特殊注意事项。

5. 操作票中一般包括哪些内容?

答:（1）应拉合的设备（断路器、隔离开关、接地开关等），验电，装拆接地线，安装或拆除控制回路或电压互感器回路的熔断器，切换保护回路和自动化装置及检验是否确无电压等。

（2）拉合设备（断路器、隔离开关、接地开关等）后检查设备的位置。

（3）进行停、送电操作时，在拉、合隔离开关，手车式开关拉出、推入前，检查断路器确在分闸位置。

（4）在进行倒负荷或解、并列操作前后，检查相关电源运行及负荷分配情况。

（5）设备检修后合闸送电前，检查送电范围内接地开关已拉开，接地线已拆除。

6. 在什么情况下可以不用操作票?

答:（1）事故应急处理。

（2）拉合断路器（开关）的单一操作。上述操作在完成后应做好记录，事故应急处理应保存原始记录。

7. 电气设备有哪些运行状态?

答:（1）运行状态：指设备相应的断路器和隔离开关（不含接地开关）在合上位置。

（2）热备用状态：指电气设备的断路器及相应的接地开关断开，断路器两侧相应隔离开关处于合上位置。

（3）冷备用状态：指电气设备的断路器及其两侧隔离开关在断开位置，接地开关在断开位置，设备处于完好状态，随时可以投入运行。

（4）检修状态：指电气设备的断路器和隔离开关（不含接地开关）均处于断开位置，并按《国家电网公司电力安全工作规程》要求做好安全措施。

8. 电力系统倒闸操作的内容有哪些?

答:（1）电力线路的停送电操作。

（2）发电机的启动、并列和解列操作。

（3）电力变压器的停送电操作。

（4）网络的合环和解环操作。

（5）中性点接地方式的改变和消弧线圈的调整操作。

（6）母线倒换操作。

（7）继电保护和自动装置使用状态的改变。

（8）接地线的安装和拆除操作等。

9. 试述倒闸操作的步骤和一般程序。

答:（1）操作步骤:

准备阶段：

1）接受命令票；

2）审查命令票；

3）填写操作票；

4）审查操作票；

5）向上级或调度汇报准备就绪。

执行阶段：

1）接受操作命令；

2）模拟预演；

3）现场操作；

4）操作质量检查；

5）向上级或调度汇报操作完毕。

（2）送电操作的一般程序：

1）检查设备上装设的各种临时安全措施和接地线确已完全拆除；

2）检查有关的继电保护和自动装置确已按规定投入；

3）检查断路器确在分位；

4）合上断路器操动机构、控制电源回路的熔断器和开关；

5）合上电源侧隔离开关；

6）合上负荷侧隔离开关；

7）合上断路器；

8）检查送电后负荷、电压应正常。

（3）停电操作的一般程序：

1）检查有关表计指示是否允许拉闸；

2）断开断路器；

3）检查断路器确在分位；

4）拉开负荷侧隔离开关；

5）拉开电源侧隔离开关；

6）拉开断路器操动机构（控制回路）熔断器；

7）拉开断路器控制回路熔断器；

8）按检修工作票要求布置安全措施。

10. 在电气设备上工作，保证安全的技术措施有哪些？

答：（1）停电。将检修设备停电，必须把有关的电源完全断开，即断开断路器，打开两侧的隔离开关，形成明显的断开点，并锁住操作把手。

（2）验电。停电后，必须检验已停电设备有无电压，以防出现带电装设接地线或带电合接地开关等恶性事故的发生。

（3）接地。当验明设备确实已无电压后，应立即将检修设备接地并三相短路。对于可能送电至停电设备的各方面或可能产生感应电压的停电设备都要装设接地线或合上接地开关，即做到对来电侧而言，始终保证工作人员在接地线的后侧。

（4）悬挂标示牌和装设遮栏。工作人员在验电和装设接地线后，应在一经合闸即可送电到工作地点的断路器和隔离开关的操作把手上，悬挂“禁止合闸，有人工作!”的标示牌，或在线路断路器和隔离开关的操作把手上悬挂“禁止合闸，线路有人工作!”的标示牌。

部分停电的工作，应设临时遮栏，用于隔离带电设备，并限制工作人员的活动范围，防止在工作中接近高压带电部分。

在室内、外高压设备上工作时，应根据情况设置遮栏或围栏。各种安全遮栏、标示牌和接地线等都是为了保证检修工作人员的人身安全和设备安全运行而作的安全措施，任何工作人员在工作中都不能随便移动和拆除。

11. 防止误操作的措施有哪些？

答：组织措施是指电气运行人员必须树立高度的责任感和牢固的安全思想，认真执行操作命令和操作命令复诵制度、操作票制度、操作监护制度、操作票管理制度等。在执行倒闸操作任务时，注意力必须集中，严格遵守操作规定，以免发生错误操作。

技术措施就是采用防误操作闭锁装置，即达到“五防”的要求。

12. 防误装置应实现的“五防”功能有哪些？“五防”功能的实现应采取哪些措施？

防误装置应实现的“五防”功能有：

答：（1）防止误分、误合断路器。

（2）防止带负荷拉、合隔离开关。

（3）防止带电挂（合）接地线（合接地开关）。

（4）防止带接地线（接地开关）合开关（隔离开关）。

（5）防止误入带电间隔。

“五防”功能除“防止误分、误合断路器”现阶段因技术原因可采取提示性措施外，其余“四防”功能必须采取强制性防止电气误操作措施。

强制性防止电气误操作措施指在设备的电动操作控制回路中串联以闭锁回路控制的接点或锁具，在设备的手动操控部件上加装受闭锁回路控制的锁具，同时尽可能按技术条件的要求防止走空程操作。

13. 倒闸操作现场应具备什么条件？

答：（1）所有电气一次、二次设备必须标明编号和名称，字迹清楚、醒目，设备有分合指示、旋转方向指示、切换位置指示，以及区别相位的漆色。

（2）设备应达到防误要求，如不能达到，需经上级部门批准。

（3）控制室内要有和实际电路相符的电气一次系统模拟图。

（4）要有合格的操作工具、安全用具和设施等。

（5）要有统一的、确切的调度术语、操作术语。

（6）要有合格的操作票，还必须根据设备具体情况制订有现场运行规程、操作注意事项和典型操作票。

（7）值班人员必须经过安全教育、技术培训，熟悉业务和有关规章、规程规范制度，经评议、考试合格、主管领导批准、公布值班资格（正、副值）名单后方可承担一般操作和复杂操作，接受调度命令，进行实际操作或监护工作。

14. 倒母线的操作原则是什么？

答：（1）倒母线前要切换继自装置的电源，要考虑母差保护的使用（互联压板、无选择刀闸、电压闭锁切换压板等）。

（2）检查母联断路器在合位（如果是分列运行，则应先倒成并列运行方式），拉开母联断路器操作直流。

（3）倒母线要先合后拉。

（4）拉母联断路器前要检查停电母线的所有负荷都已倒出，并检查母联断路器负荷表计为零。

（5）要防止电磁式母线电压互感器与母联断路器断口电容产生谐振。可带线路停送母线或在停母线前先停电压互感器，送母线后再送电压互感器。

（6）分清是热倒母线还是冷倒母线。

15. 倒闸操作有哪些要求？

答：（1）倒闸操作前，必须了解系统的运行方式、继电保护及自动装置等情况，并应考虑电源及负荷的合理分布以及系统运行的情况。

（2）在电气设备复役前必须检查有关工作票、安全措施拆除情况，如拉开接地开关或拆除接地线及警告牌和临时遮栏，恢复常设遮栏。此外还应检查断路器、隔离开关均在断开位置。工作票全部收回，办理好工作票终结手续，汇报调度并等待送电。

（3）倒闸操作前应考虑继电保护及自动装置定值的调整，以适应新的运行方式的需要，防止因继电保护及自动装置误动或拒动而造成事故。

（4）备用电源自动投入装置、自动励磁装置必须在所属设备停运前退出运行，在所属主设备送电后投入运行。

（5）在进行电源切换时，必须先将备用电源投入装置停用，操作结束后再进行调整。

（6）在同期并列操作时，应注意防止非同期并列。若同步指针在零值晃动，则不得进行并列操作。

（7）在倒闸操作过程中应注意分析表计指示。如倒母线时应注意电源分布的功率平衡，并尽量减少通过母联断路器的电流。

（8）在下列情况下，应将断路器的操作电源切断，即取下直流操作回路熔断器。

1）检修断路器；

2）在二次回路及保护装置上工作；

3）在倒母线操作过程中拉合母线隔离开关，必须先取下母联断路器的操作回路熔断器，以防止在拉合隔离开关时母联断路器跳闸而造成带负荷拉、合隔离开关；

4）操作隔离开关前应先检查断路器在分闸位置，以防止在操作隔离开关时断路器在合闸位置而造成带负荷拉、合隔离开关。

（9）操作中应用合格的安全工具，如验电笔，以防止因安全工具不合格，在操作时造成人身和设备事故。

16. 隔离开关操作的安全技术有哪些？

答：（1）在合闸操作时，无论是用手动操作或用绝缘棒操作，都要迅速、果断地进行。在操作终了时，不应有撞击现象。在合闸操作的过程中，即使是发生电弧，在任何情况下也不应将已经合上或将要合上的闸刀拉开。否则会使弧光扩大，甚至造成设备损坏和人身触电灼伤事故。

（2）在进行拉闸操作时，应缓慢进行。通常将闸刀从固定触头的闸口中拉出，当闸刀刚刚脱离闸口，若未发生异常的弧光，即可将闸刀全部拉开；若出现强烈的电弧，应立即将闸刀合上，然后停止操作，查明原因。

（3）用绝缘棒操作单相的隔离开关时，不论隔离开关采用并列排列或者垂直排列，一般都是先拉开中间一相闸刀，然后再拉开两边相的闸刀。合闸操作则采取相反的程序，即先合上两边的或顶上与底下的闸刀，然后再合上中间一相闸刀。当室外进行拉闸操作时，在中间一相拉开后，如隔离开关为并行排列时应先拉开背风的一相，最后拉开迎风的一相。若隔离开关为垂直排列时，应先拉开上面的一相，最后拉开下面的一相。

17. 断路器操作的安全技术有哪些？

答：（1）在进行断路器分、合闸操作时，不论是什么操动机构，都应有足够的操作能源。

（2）在断路器分闸以后，如果还要将两侧的隔离开关拉开，操作前应在断路器的操作把手上悬挂“禁止合闸”的警告牌，然后到安装该断路器的处所，检查分、合闸指示器和其他能表示断路器分、合闸状态的部件，确认断路器已断开后方可操作隔离开关。

（3）停电拉闸操作应按照断路器—负荷侧隔离开关—电源侧隔离开关的顺序依次进行，送电合闸操作应按与上述相反的顺序进行，严禁带负荷拉合隔离开关。

（4）在下列情况下应将断路器的操作电源断开。

1）检修断路器；

2）在二次回路及保护装置上工作；

3）在倒母线操作过程中拉合母线隔离开关，必须先取下母联断路器的操作回路熔断器，以防止在拉合隔离开关时母联断路器跳闸而造成带负荷拉、合隔离开关；

4）操作隔离开关前应先检查断路器在分闸位置，以防止在操作隔离开关时断路器在合闸位置而造成带负荷拉、合隔离开关。

18. 验电装设接地线操作的安全技术有哪些？

答：验电操作的安全技术：

（1）高压验电时，操作人员必须戴绝缘手套，穿绝缘鞋。

（2）验电时必须使用电压等级合适，试验合格的接触式验电器。

（3）雨雪天不得进行室外直接验电。

（4）验电前，先在有电的设备上检查验电器，应确认验电器良好。

（5）在停电设备的各侧（如断路器的两侧，变压器的高压、中压、低压三侧等）以及需要短路接地的部位，分相进行验电。

（6）验电器的伸缩式绝缘棒长度应拉足，验电时手应握在手柄处不得超过护环，人体应与被验电设备保持安全距离。

挂、拆接地线操作的安全技术：

（1）装设接地线应由两人进行（经批准可以单人装设接地线的项目及运行人员除外）。必须使用合格接地线。

（2）挂接地线时，必须先验电，验明设备无电压后，立即将停电设备接地并三相短路，操作时，先装接地端，后挂导体端，接地线应接触良好，连接应可靠。

（3）所装接地线与带电部分应考虑接地线摆动时仍符合安全距离的规定。

（4）拆除接地线时，先拆导体端，再拆接地端。

（5）装、拆接地线均应使用绝缘棒和戴绝缘手套。人体不得碰触接地线或未接地的导线，以防止感应电触电。

19. 高压断路器在备用、检修状态下有什么要求?

答：（1）断路器由运行状态转换热备用状态时，相应的控制电源、保护电源、信号电源均不应退出。

（2）断路器停电，线路转为检修状态时，线路电压互感器二次熔断器退出运行，相应的控制电源、保护电源、信号电源均不需退出。如线路电压互感器检修，其二次侧应装设一相小地线。

（3）断路器转检修，相应的控制电源、动力电源应退出。当工作涉及二次回路时，相应的保护电源、信号电源等均应退出运行。弹簧机构和液压机构应释放储能，以免检修时引起人员伤亡。检修后的断路器必须放在分开位置上，以免送电时造成带负荷合隔离开关的误操作事故。

（4）断路器检修前，应停用断路器启动失灵保护连片；在断路器改为冷备用时投入。

20. 断路器操作后的位置检查如何进行?

答：断路器操作后的位置检查，应通过断路器红绿灯指示、电流表（电压表、功率表）指示，断路器（三相）机械位置指示以及各种遥测遥信信号的变化等方面判断，至少应有2个及以上元件指示位置已同时发生对应变化，才能确认该断路器已操作到位。遥控操作的断路器，应检查监控机内断路器状态指示及遥测、遥信信号，当所有指示均已同时发生对应变化，才能确认该断路器操作到位。以上检查项目应填写在操作票中作为检查项。装有三相表计的断路器应检查三相电流基本平衡。

21. 用手动或绝缘拉杆操作隔离开关时，有哪些要求?

答：用绝缘棒拉合隔离开关或经传动机构拉合隔离开关时，均应戴绝缘手套；雨天操作室外高压设备时，绝缘棒应有防雨罩，还应穿绝缘靴。

（1）无论用手动或绝缘棒操作隔离开关分闸时，都应果断而迅速。先拔出定位销子再进行分闸，当刀片刚离开定触头时应迅速，以便迅速消弧；但在分闸终了时要缓慢些，防止操动机构和支持绝缘子损坏，最后应检查定位销子已销牢。

（2）不论用手动或绝缘棒操作隔离开关合闸时，都应迅速而果断。先拔出定位销子再进行合闸，开始可缓慢一些，当刀片接近刀嘴时要迅速合上，以防止发生弧光。但在合闸终了时要注意用力不可过猛，以免发生冲击而损坏瓷件，最后应检查定位销子已销牢。

22. 在不能用或没有断路器操作的回路中，允许用隔离开关进行哪些操作？

答：（1）拉、合 220kV 及以下空母线。

（2）拉、合励磁电流不超过 2A 的空载变压器和电容电流不超过 5A 的空载线路。

（3）拉、合无接地指示的电压互感器以及变压器中性线上的消弧线圈。

（4）拉、合无雷雨时的避雷器。

（5）拉、合变压器中性点接地开关。

（6）同一个变电站内同一电压等级的环路中可进行隔离开关解合环操作，但环路中的所有断路器应暂时改为“非自动”。例如：正常倒母线操作；断路器跳合闸闭锁，用旁路开关代路的操作过程中，用隔离开关拉、合旁路断路器与被代路断路器间的环路电流；拉合 3/2 接线方式的母线环流。

（7）通过计算或试验，主管单位总工程师批准的其他专项操作。

必须利用隔离开关进行特殊操作时，应尽可能在天气好、空气湿度小和风向有利的条件下进行。

23. 误合误分隔离开关时，应如何处理？

答：（1）若刚一拉错隔离开关，刀口上就发现电弧时应急速合上；若隔离开关已全部拉开，不允许再合上，若是单极隔离开关，操作一相后发现拉错，而其他两相不应继续操作。

（2）若合错隔离开关，甚至在合闸时产生电弧，也不允许再拉开，否则将会造成三相弧光短路。

24. 解锁操作应注意哪些事项？

答：应严格履行解锁申请和批准手续，解锁操作前应认真核对设备编号和闭锁钥匙以及设备实际状态，方可进行操作。

25. 当断路器分合闸时，发生非全相运行应如何处理？

答：（1）尽快使系统恢复三相对称运行。

1）尽可能使故障断路器三相全断开或全合上。具体的做法是：① 合闸时，断路器出现一相或两相未合上，再断开，保持三相全断开。② 拉闸时，断路器出现一相或两相未断开，应将已断开相再合上，保持三相全合上。

2）为了减小三相不平衡电流的影响，条件允许时也可采取以下措施：① 故障发生在联络线的断路器上，应调整两系统的出力，尽量减小联络线的功率交换，保持电流不平衡度最小。② 如果允许故障断路器所带的线路停电，则可将线路对端的断路器断开。

（2）按照设备及接线的不同情况，故障断路器的切除可选择下列方法之一。

1）对 3/2 断路器接线的线路，可断开与故障断路器相邻的断路器，必要时再断线路对端的断路器。

2）经旁路母线使旁路断路器与线路故障断路器并联后，用故障断路器线路侧隔离开关拉环路，最后拉开母线侧隔离开关切除故障断路器。

3）将母联断路器或分段断路器与故障断路器串联，由母联断路器或分段断路器切除故障断路器。

26. 怎样对电气设备位置进行间接检查？

答：判断时，应有两个及以上指示，且所有指示均已同时发生对应变化，才能确认该设备已操作到位。

27. 如何防范电动隔离开关操作后发生自分闸的后果？

答：若隔离开关电动机等回路异常或人为误碰，可能造成隔离开关自分闸而导致事故，因此电动隔离开关操作后，应及时断开隔离开关控制电源。

28. 如何防范验电时站位不合适造成的后果？

答：验电时，应根据现场情况站在便于操作和安全的地方，不能使验电器或绝缘杆的绝缘部分过分靠近设备架构，以免造成绝缘部分被短接。

29. 220kV 线路断路器合闸前，为什么要测试保护通道？

答：线路停电检修，保护通道可能工作，因此在断路器合闸前，两侧值班人员必须测试高频保护通道正常或检查光纤纵差保护“通道异常”灯灭后，方可合闸。

30. 主变压器向母线充电时，在操作方面有哪些要求？

答：（1）用变压器向 220、110kV 母线充电时，变压器中性点必须接地。

（2）用变压器向不接地或经消弧线圈接地系统的母线充电时，应防止出现铁磁谐振或母线三相对地电容不平衡而产生的异常过电压；如有可能产生铁磁谐振，应先带适当长度的空线路或采用其他消谐措施。

31. 对于运行中的双母线，将一组母线上的部分或全部断路器倒至另外一条母线时，在倒闸操作方面有哪些规定？

答：运行中的双母线，将一组母线上的部分或全部断路器（包括热备用）倒至另一组母线时（冷倒除外），应确保母联断路器及其隔离开关在合闸状态。

（1）对微机型母差保护，在倒母线操作前应作出相应切换（如投入互联或单母线方式压板等），要注意检查切换后的情况（指示灯及相应光字牌亮），然后短时将母联断路器改非自动。倒母线操作结束后应自行将母联断路器恢复为自动、母差保护改为与一次方式相一致。

（2）操作隔离开关时，应遵循“先合、后拉”的原则（即热倒）。其操作方法有两种：一种是“先合上全部应合的隔离开关、后拉开全部应拉的隔离开关”，另一种是“先合上一组应合的隔离开关、后拉开相应的一组应拉的隔离开关”。具体采用哪一种方法，应视母线长短及设备布置方式等而定。

（3）在倒母线操作过程中，要严格检查各回路母线侧隔离开关的位置指示情况（应与现场一次运行方式相一致），确保保护回路电压可靠；对于不能自动切换的，应采用手动切换，并做好防止保护误动作的措施，即切换前停用保护，切换后投入保护。

32. 在倒母线后，拉开母联断路器之前应注意哪些事项？

答：母线停电倒母线操作后，在拉开母联断路器之前，应再次检查回路是否已经全部倒至另一组运行母线上，并检查母联断路器电流为零。

33. 如何防止母线倒闸操作过程中的谐振过电压？

答：（1）对110kV及以上母线可能出现谐振的变电站，在母线和母线电压互感器同时停电时，待停母线转为空母线后，应先拉母线电压互感器隔离开关，后拉母联断路器；母线和母线电压互感器同时恢复运行时，母线和母线电压互感器转冷备用后，先对母线送电，后送母线电压互感器（对母线电压互感器应详细检查，确认无接地）。

（2）在母线停送电操作过程中，应尽量避免两个断路器同时热备用于该母线。

（3）35kV及以下母线停送电操作时，一般采用带一条线路停送电来防止谐振过电压。

34. 倒母线时，母联断路器未改成非自动，会产生什么后果？

答：在倒母线过程中，若出现母联偷跳，可能造成用隔离开关进行解合环操作而导致事故，另外若母差保护不是强制互联，一条母线故障跳闸，可能造成用隔离开关合故障母线，因此倒母线前应先断开母联断路器控制电源或取下保险，取保险时，应先取下正极，后取下负极。

35. 母线送电，漏投或忘停充电保护，会产生什么后果？

答：无充电保护，若合于故障母线时，只能依靠母差保护跳开母联断路器切除故障，不如充电保护更灵敏、快速。忘停充电保护，充电保护容易误动，造成正常设备停电。

36. 电力变压器停、送电操作应注意哪些事项？

答：一般变压器充电时应投入全部继电保护，为保证系统的稳定，充电前应先降低相关线路的有功功率。变压器在充电或停运前，必须将中性点接地开关合上。

一般情况下，220kV变压器高、低压侧均有电源时，送电时应由高压侧充电，低压侧并列；停电时则先在低压侧解列。

环网系统的变压器操作时，应正确选取充电端，以减少并列处的电压差。变压器并列运行时，应符合并列运行的条件。

37. 简述变压器停电操作步骤。

答：变压器停电时应先断开负荷侧断路器，后断开电源侧断路器。当两侧或三侧均有电源时，应先停低压侧，再停中压侧，最后停高压侧。

（1）变压器停电前应先核对未停电变压器是否会过负荷。如果可能过负荷，应联系调度转移负荷。如果不能转移负荷，应作好变压器过负荷运行的应对措施。如开启变压器的全部冷却器、监视好变压器负荷、油温和绕组温度、监视设备接头、变压器及冷却装置的运行状况等。

（2）如果变压器低（中）压侧母线不停电，应将低（中）压侧负荷倒至另一台变压器带。

（3）如果变压器与低压母线同时停电，还应先倒出所用电。

（4）如果变压器中性点接有消弧线圈的，停电前应先倒出消弧线圈。

（5）合上变压器中性点直接接地开关（先投入中性点过流保护）。

（6）依次拉开变压器低压侧断路器和中性点直接接地的中压侧、高压侧断路器。

（7）拉开变压器低压侧、中压侧、高压侧断路器两侧隔离开关。

（8）停用变压器保护联跳运行中的母联或分段断路器连接片。

（9）如果断路器检修，要停用启动失灵保护连接片，拉开直流控制电源和动力电源。

（10）根据工作的需要布置安全措施。要注意连接消弧线圈的变压器中性点要装设单相地线。

38. 线路停送电操作的顺序是什么？操作时应注意哪些事项？

答：线路停电操作顺序是：拉开线路两端断路器，线路侧隔离开关，母线侧隔离开关，线路上可能来电的各端合接地开关（或挂接地线）。

线路送电操作顺序是：拉开线路各端接地开关（或拆除接地线），合上线路两端母线侧隔离开关、线路侧隔离开关，合上断路器。

注意事项：

（1）防止空载时线路末端电压升高至允许值以上。

（2）投入或切除空线路时，应避免电网电压产生过大波动。

（3）避免发电机在无负荷情况下投入空载线路产生自励磁。

39. 对联络线路停电操作有哪些规定？

答：分三步进行：两侧运行—两侧热备用—两侧冷备用—两侧检修，恢复送电时与此相反。为安全起见，在操作过程中，一般不要一侧由检修转热备用，一侧仍在检修状态。

40. 单母线分段接线一段母线由运行转检修的操作步骤是什么？

答：（1）检查主变压器的负荷分配，必要时重新分配主变压器负荷。

（2）将站用电先倒出。

（3）先后拉开各电容器（电抗器）断路器、线路断路器、主变压器或分段断路器。

（4）先后拉开各电容器、电抗器、线路、站用变二次、一次、分段、主变压器断路器两侧隔离开关，TV 二次、一次。

（5）线路检修或线路出口隔离开关检修，则联系调度，在各线路出口验电、挂地线（合接地开关）。

（6）检修设备与主变压器间、分段断路器、电容器要挂地线，站用变压器二次要挂地线。

（7）断路器检修，要拉开其控制电源和动力电源。

41. 母联串带的操作原则是什么？

答：（1）发现断路器故障不能继续运行的，应立即采取措施。断路器带负荷开断时可能发生爆炸或拉弧的（如 SF_6断路器气体压力超过允许值、真空断路器真空泡失去真空、油断路器漏油看不见油位等），应立即限制其拉合。

此时，没有失灵保护的，应拉开断路器操作直流。有失灵保护的，且线路断路器控制电源与保护电源分开的应立即拉开操作控制电源；线路断路器控制电源与保护电源没有分开的禁止拉开操作控制电源，应将线路断路器机械闭锁，此时该断路器启动失灵保护压板应投入良好，应检查失灵保护运行正常，失灵保护跳该母线断路器压板投入良好（母差保护带失灵的检查母差保护），线路保护电源禁止拉开。

（2）新线路投运，线路重合闸不投。

（3）将被带线路（主变压器）留在一条母线上，其他所有元件倒至另一条母线。倒母线要注意保护的使用。

（4）如果需要短时间串带运行的母联断路器保护应改为带线路定值并投入（没有线路保护的投入母联过流保护）。

（5）因断路器故障而采用母联串带方式的，可以短时间串带运行，也可以用母联断路器停电。母联断路器切开后拉开线路断路器两侧隔离开关，将母线倒为双母线正常运行方式。

（6）因新线路投入而串带操作，线路保护经相位测定正确后投入，停用母联线路保护，将母线倒为双母线正常运行方式。

42. 叙述母联兼旁路转代线路的操作步骤。

答：（1）转代操作。

1）将母线倒至能转代线路的那一条母线。

2）母联断路器改为旁路热备用。旁路保护定值改为被转代线路定值。

3）旁路转代线路。

（2）停止转代操作。

1）旁路停止转代。

2）退出线路保护，旁路断路器改为母联热备用。

3）倒为双母线方式。

第四节　管　理　知　识

1. 什么是电力企业管理？

答：电力企业管理包括经营管理和生产管理，以生产活动为对象的管理属于生产管理，以经营活动为对象的管理属于经营管理。

2. 什么是全面质量管理？

答：全面质量管理是运用科学管理方法，努力提高检修质量，实现标准化、现代化和完善化的要求，做到优质、高效、低耗，使主设备完好率达到95%以上，满足长期安全经济运行的要求。

3. 什么是标准化？标准化基本原理和形式是什么？

答：标准化是指为了在一定范围内获得最佳秩序，对现实问题或潜在问题制定共同使用和重复使用的条款的活动。

标准基本原理包括统一原理、简化原理、协调原理、优化原理和阶梯原理。形式包括简化、统一化、系列化、通用化组合化、模块化。

4. 标准化体系建设的主要目标和总体思路是什么？

答：主要目标：应用国际标准体系和先进管理工具，建设与公司业务体系和管理流程高度融合、有机统一的标准体系，建立协同高效的标准化组织体系和工作机制，制定并实施科学先进的公司标准，实现技术标准全业务覆盖、管理标准全流程覆盖、工作标准全岗位覆盖，为建设世界一流电网、国际一流企业奠定坚实的管理基础。

总体思路：以公司发展战略目标为统领，按照“统一规划、统一标准、融合业务、有序推进”的原则，建设基于业务体系和管理流程的公司标准体系，统一技术、管理和工作标准，实现业务与标准的唯一对应、环环相扣和全面覆盖；健全标准化组织体系，统一标准化建设的组织和领导，明确分工，落实责任；建立标准化工作体系，健全工作机制，统一标准制修订和发布流程，持续改进完善，实现公司业务和管理的规范化、标准化和精益化；积极参与国际、国家和行业标准制定，积极参与标准化组织活动，提高公司影响力和在能源领域的话语权。

5. 标准化体系建设的主要内容是什么？

答：（1）建立统一规范的基础标准体系。

（2）建立统一规范的技术、管理和工作标准体系。

（3）建立协调高效的标准化运作机制。

6. 简述在国家电网公司统一标准体系下，各基层单位建立标准执行体系的必要性。

答：依据国家电网公司统一标准体系建设原则，各单位应在省公司标准体系下，结合本单位工作实际和自身管理需要，在部室、支撑实施机构、班组三个层级建立统一贯彻落实省公司标准体系的“标准执行体系”，对省公司标准细化、展开或制定严于省公司标准的要求，构建完整的管理系统，确保省公司标准体系的有效执行和落实，为省公司标准的改进和提升提供支撑和保障。

7. “5S管理”包括哪五个方面？并分别简述其含义。

答：“5S管理”包括整理、整顿、清扫、清洁、素养。

（1）“整理”指对现场的物品，区分要用和不要用的，不要用的应清除掉，长期不用的应放进仓库。

（2）“整顿”指把要用的东西留下来，依照规定按“三定原则”（定物、定位、定量）摆放整齐，明确标示。

（3）“清扫”指清除工作场所内的脏污，将看得见和看不见的地方清扫干净，并防止污染的发生。

（4）“清洁”指将前3S实施的做法制度化、规范化，并贯彻执行及维持成果，继续保持场所及设备等的清洁。

（5）“素养”指每位员工依规定行事，养成好习惯，工作主动积极，形成良好的企业文化。

8. 现场标准化作业指导书编制应遵守哪些一般原则？

答：（1）体现对现场作业的全过程控制，体现对设备及人员行为的全过程管理，包括设备验收、运行检修、缺陷管理、技术监督、反措和人员行为要求等内容。

（2）现场作业指导书的编制应依据生产计划。生产计划的编制应根据现场运行设备的状态，如缺陷异常、反措要求、技术监督等内容，应实行刚性管理，变更应严格履行审批手续。

（3）应在作业前编制，注重策划和设计，量化、细化、标准化每项作业内容。做到作业有程序、安全有措施、质量有标准、考核有依据。

（4）针对现场实际，进行危险点分析，制定相应的防范措施。

（5）体现分工明确，责任到人，编写、审核、批准和执行应签字齐全。

（6）围绕安全、质量两条主线，实现安全与质量的综合控制。优化作业方案，提高效率、降低成本。

（7）一项作业任务编制一份作业指导书。

（8）应规定保证本项目作业安全和质量的技术措施、组织措施、工序及验收内容。

（9）以人为本，贯彻安全生产健康环境质量管理体系的要求。

（10）概念清楚、表达准确、文字简练、格式统一。

（11）应结合现场实际由专业技术人员编写，由相应的主管部门审批。

9. 设备检修为什么要推行现场作业标准化？

答：近年来，随着电力体制改革的不断深化和电网的持续迅猛发展，电网设备大幅增加，科技含量不断提升。在新的形势下如何适应电网运行、检修及维护管理的需要，显得尤为重要，为此国家电网公司开展了关于在作业现场引入标准化作业的活动。它的意义在于在安全生产中突破原先的“人管人”、“人带人”的工作组织模式，从深化生产基础管理入手，狠抓生产系统的整章建制，引进“细节决定成败”、“风险预拽”等安全生产新理念，强化实施规范化管理和标准化作业，遥步在检修维护、运行管理、保护调试等各项现场工作中建立一种新的安全及质量指导方式、作业沈程，构建各类标准化工作的框架，使标准化作业进入作业有程序、安全有措施、质量有标准、考核有依据。使现场人员行为走向规范，即每个员工都能按照规定的标准程序进行工作，使作业流程E1趋优化，减少作业中的随意性，从而提高劳动效率，实现工作程序化、作业标准化的目标。

10. 什么是现场标准化作业的全过程控制？

答：现场标准化作业全过程控制是针对现场作业过程中每一项具体的操作，按照电力安全生产有关法律法规、技术标准、规程规定的要求，对电力现场作业活动的全过程进行细化、量化、标准化，保证作业过程处于“可控、在控”状态，不出现偏差和错误，以获得最佳秩序与效果。同时通过不懈的努力，实现从传统经验型管理到标准化、科学化管理，从注重结果到过程控制，从“师傅带徒弟”传授式的现场作业方式到量化细节的流程化作业方式的三个转变，最终使安全生产步入可控、能控、在控的良性发展轨道。

11. 全面推进“三集五大”体系建设有何重大意义？

答：建设“三集五大”体系是坚强智能电网发展的迫切需要。“十二五”期间，随着特高压骨干网架总体形成和智能电网全面建设，国家电网生产力水平将实现质的提升，对提高大电网驾驭能力，加强专业化、精益化管理提出了更高要求。推进“三集五大”体系建设，是公司遵循生产关系适应生产力发展要求，加快构建新型电网管理体制机制的重要实践；是公司建立现代企业管理制度和管理体系，加快建设世界一流电网的迫切需要。

建设“三集五大”体系是推进公司科学发展的根本要求。由于历史原因形成的公司管理体制和机制，层级多、链条长、效率低，无法适应电网日新月异发展的要求，导致执行力衰减、管理成本增加，已成为制约“两个转变”的主要障碍。推进“三集五大”体系建设，整合优化公司业务管理体系，加强核心资源管控，实现集约化、扁平化、专业化管理，是与时俱进，开拓创新，破解公司发展难题，推动公司向现代企业转型，打造具有一流创新能力、发展能力、服务能力、国际竞争力的现代企业的根本要求。

建设“三集五大”体系是实现公司战略目标的必由之路。近年来，公司大力推进“两个转变”，加快建设“一强三优”现代公司，实现了跨越发展。面向未来，公司确定了“两个一流”的愿景。实现这一目标，必须贯彻落实科学发展观，深化“两个转变”，建立科学的管理体系，实现公司科学发展、创新发展和可持续发展。

12. 深化“三集”管理和建设“五大”体系有哪些要求？

答：（1）深化“三集”管理。以提高价值创造能力和经营管理绩效为目标，对人、财、物以及科研、信息、品牌、法律、媒体等资源实施集中管控、统一运作、优化配置，发挥规模和协同效应，提高发展质量和效益。

（2）建设“五大”体系。以标准化为基础、信息化为支撑，建立包含各专业、贯穿各层级、覆盖各级电网的大规划体系。建立总部、省公司、地（市）县公司科学分工、分层承担电网建设任务的大建设体系。建立国调分调一体化，输变电设备运行集中监控与电网调度高度融合的大运行体系。建立检修专业化和运维一体化、按电压等级运维检修电网设备的大检修体系。建立市场营销、客户服务和计量检定配送省级集约、24 小时面向客户的大营销体系。

13. “大检修”体系建设的总体思路是什么？

答：以强化设备全寿命周期管理、提高供电可靠性为主线，以生产精益化为重点，以技术管理创新为支撑，精简规范组织架构，创新生产管理方式，优化调整业务流程，统筹配置生产资源，做强做精核心运检业务，积极拓展外包检修业务，构建集约化、扁平化、专业化的“大检修”体系。

14. “大检修”体系建设的主要目标是什么？

答：统筹公司人力、技术、装备资源，有效利用社会资源，实施检修专业化和运维一体化，全面深化状态检修，建立按电压等级由各级检修公司（工区）承担电网设备运维检修任务的生产体系，实现资源集约化、组织扁平化、业务专业化、管理精益化。

15. 我国发展特高压电网的主要目标是什么？

答：发展特高压电网的主要目标有三个：一是大容量、远距离从发电中心向负荷中心输送电能；二是超高压电网之间的强互联、形成坚强的互联电网，目的是更加有效地利用整个电网内各种可以利用的发电资源，提高各个互联电网的可靠性和稳定性；三是在已有的、强大的超高压电网之上覆盖一个特高压输电网，目的是把送端和受端之间的大容量输电任务从原来的超高压电网转到特高压输电上来，以减少超高压电网的网损，提高电网的可靠性，使整个电力系统能够扩大覆盖范围，并更加经济、可靠地运行。

16. 国家特高压电网应具备哪些基本功能？

答：（1）网架可为实现跨大区、跨流域水火电互济、全国范围内能源资源优化配置提供充分支持以满足我国国民经济发展的需求。

（2）应满足大容量、远距离、高效率、低损耗地实现“西电东送、南北互供”的要求。

（3）应满足我国电力市场交易灵活的要求，促进电力市场的发展。

（4）应具有坚强的网络功能，具有电网的可扩展性，可灵活地适应远景能源流的变化。

（5）网架结构应有效解决目前500kV电网存在的因电力密度过大引起的短路电流过大、输电能力过低和安全稳定性差等系统安全问题。

17. 节约用电的主要方式有哪些？节约用电的主要途径有哪些？

答：节约用电的主要方式有管理节电、结构节电和技术节电三种方式。节约用电的主要途径是改造或更新用电设备，推广节能新产品，提高设备运行效率。

18. 建设和弘扬统一的企业文化的总体目标是什么？

答：培育符合社会主义先进文化前进方向、具有国家电网特色的优秀企业文化；公司统一的企业文化深入人心，促进高素质的领导干部和员工队伍建设，干部员工贯彻落实公司党组决策部署的执行力不断增强；企业文化全面落地，促进和谐企业建设，为构建科学的“三集五大”管理体系提供坚强保证；企业文化激励导向作用充分发挥，公司的凝聚力、向心力，干部员工的战斗力不断增强，为“三集五大”体系建设提供强大动力。

19. 建设和弘扬统一的企业文化的主要措施是什么？

答：实施企业文化传播工程，增强企业文化的穿透力、影响力、震撼力，传播公司统一的企业文化；实施企业文化落地工程，推进统一的企业文化与公司各项工作有机融合；实施企业文化评价工程，推进企业文化管理工作持续改进。

第十三章 Chapter 13

基 础 知 识

第一节 机 械 基 础

1. 什么是尺寸？什么是公称尺寸？什么是实际尺寸？什么是极限尺寸？什么是零线？

答： 尺寸是指以特定单位表示线性尺寸值的数值。尺寸由特定数字和长度单位组成，包括直径、半径、宽度和中心距等，但不包括用角度表示的角度量。

公称尺寸是指由设计人员根据零件使用要求，通过计算或结构等方面的要求确定的尺寸。通过公称尺寸，应用上下极限偏差可计算出零件的极限尺寸。

实际尺寸是指通过测量后获得的某一零件的尺寸。在测量过程中总有测量误差存在，因此实际尺寸并不一定是尺寸的真值。

极限尺寸是指尺寸要素允许的尺寸的两个极端（尺寸要素允许的最大尺寸即上极限尺寸，尺寸要素允许的最小尺寸即下极限尺寸）。零线是指在极限与配合图解中，表示公称尺寸的一条直线，以其为基准确定偏差和公差。

公称尺寸、上极限尺寸、下极限尺寸和零线见图 13－1。

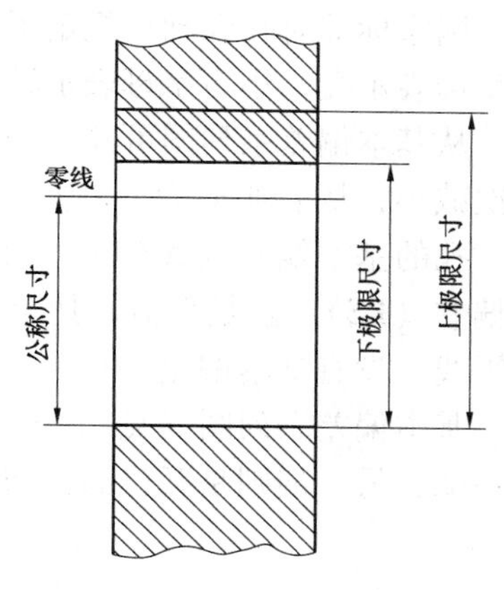

图 13－1 公称尺寸、上极限尺寸、下极限尺寸和零线

2. 什么是互换性？

答： 互换性是指相同规格的零部件，任取其中一件，不需作任何挑选、修配，就能进行装配，并能满足设备使用性能要求的一种特性。高压开关设备的零部件基本上都是按照互换性原则生产的，可以按专业化分工，采用高效率的自动化生产线生产加工，给高压开关设备的制造和维修带来了很大便利。

3. 什么是尺寸偏差？什么是实际偏差？什么是极限偏差？

答： 尺寸偏差是指某一尺寸（实际尺寸或极限尺寸）减其基本尺寸所得的代数差。实际偏差是指实际尺寸减其公称尺寸所得的代数差。极限偏差是指极限尺寸减其公称尺寸的代数差（上极限偏差，孔用 ES 表示，轴用 es 表示；下极限偏差，孔用 EI 表示，轴用 ei 表示），如图 13－2 所示。

4. 什么是基本偏差?

答: 基本偏差是用来确定公差带相对于零线位置的上偏差或下偏差，一般指靠近零线的偏差。当公差带位于零线上方时，其基本偏差为下偏差；位于零线下方时，其基本偏差为上偏差，如图 13－2 所示。

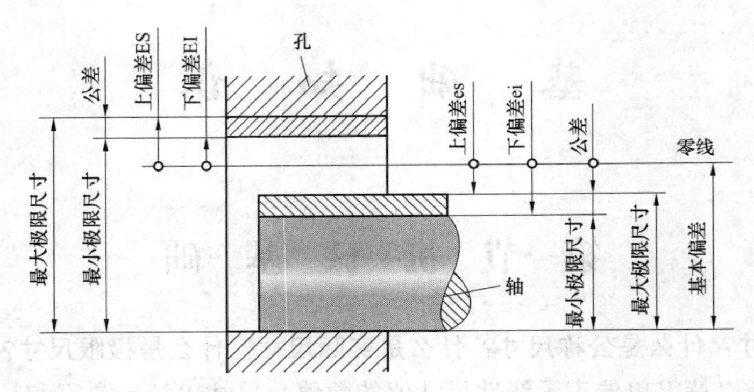

图 13－2　轴和孔的配合示意图

国家标准对孔和轴均规定了 28 个不同的基本偏差。基本偏差代号用拉丁字母表示，大写字母表示孔，小写字母表示轴。图 13－3 是孔和轴的 28 个基本偏差系列图。

从基本偏差系列图可知，轴的基本偏差从 a 到 h 为上偏差（es），且是负值，其绝对值依次减小；从 j 到 zc 为下偏差（ei），且是正值，其绝对值依次增大。

孔的基本偏差从 A 到 H 为下偏差（EI），且是正值，其绝对值依次减小，从 J 到 ZC 为上偏差（ES），且是负值，其绝对值依次增大；其中 H 和 h 的基本偏差为零。JS 和 js 对称于零线，没有基本偏差，其上，下偏差分别为 +IT/2 和 －IT/2。

基本偏差系列图（见图 13－3）只表示了公差带的各种位置，所以只画出属于基本偏差的一端，另一端则是开口的，即公差带的另一端取决于标准公差（IT）的大小。

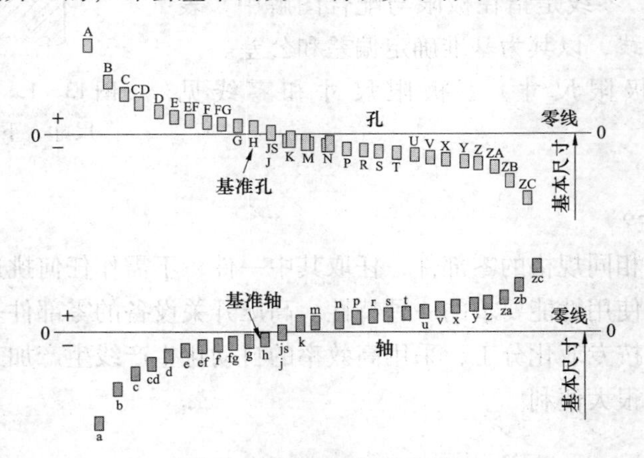

图 13－3　基本偏差系列图

注：基本偏差代号：28 =26 拉丁字母 －5（I、O、Q、W、L）+7（CD、EF、FG、JS、ZA、ZB、ZC），孔大写、轴小写。

5. 什么是加工误差和公差？什么是尺寸公差？

答: 加工误差是指把零件加工后几何参数（尺寸、形状和位置）所产生的差异。如果要使得零件具有互换性，就必须允许零件几何参数有一个变动量，也就是允许加工误差有一个范围，这个允许的变动量称为公差，包括尺寸公差和几何公差。

尺寸公差是指零件尺寸允许的变动范围。即最大极限尺寸和最小极限尺寸的代数差的绝对值，也等于上偏差和下偏差的代数差的绝对值。

6. 什么是标准公差？

答：标准公差是指国标规定的，用于确定公差带大小的任一公差。代号为 IT。标准公差分为 20 级，即 IT01，IT00，IT1，…，ITI8。尺寸精确程度从 IT01 到 ITI8 依次降低。实际工作中，可运用查表法来获得某一公称尺寸下某标准公差等级所对应的标准公差值。

7. 什么是公差原则？独立原则的含义是什么？

答：公差原则是指确定、处理几何公差和尺寸公差之间关系的原则，包括独立原则、包容原则、最大实体要求、最小实体要求。

独立原则是指图样给定的几何公差与尺寸公差之间相互无关系，各自独立，分别满足要求的公差原则。独立原则主要是用来保证机器的特征要求，如运转特性、啮合特性、密封性能等，它是标注几何公差和尺寸公差相互关系遵循的基本原则。当零件的尺寸公差与几何公差相互独立时，可以分别检验，互不影响，所以设计中多数采用独立原则。

8. 什么是公差带？什么是公差代号？

答：《公差与配合》规定公差带由标准公差和基本偏差两个要素组成。标准公差确定公差带的大小，而基本偏差确定公差带的位置，如图 13－4 所示。

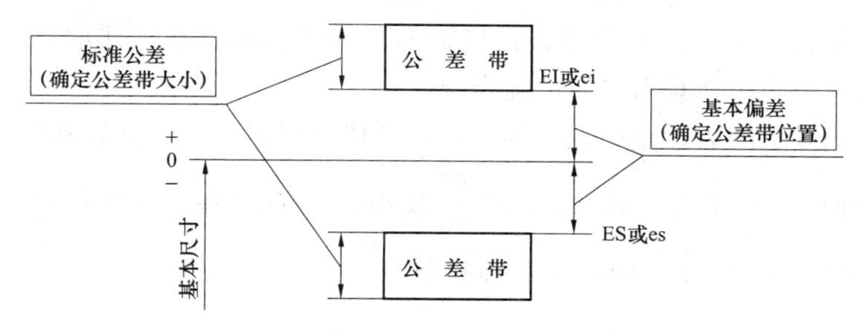

图 13－4　标准公差和基本偏差图

孔、轴的公差带代号由基本偏差代号和公差等级代号组成。例如 ϕ50H7、ϕ60f6 等。即：

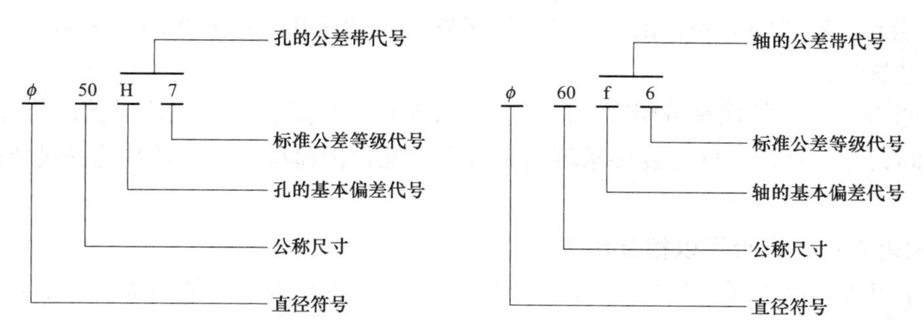

在实际应用中，如果零件图上给出了公差代号，可先根据工程尺寸查阅标准，得出轴或孔的基本偏差值，然后再查阅标准得出标准公差值，再用公式计算出另一个极限偏差。

9. 什么是配合？什么是基孔制？什么是基轴制？

答：配合是指在机械装配中，公称尺寸相同的相互结合的孔和轴公差带之间的关系。配合的前提必须是孔和轴的公称尺寸相同。

基孔制是基本偏差为一定的孔的公差带，与不同基本偏差的轴的公差带形成各种配合的一种制度。基孔制配合中的孔称为基准孔，用 H 表示。基准孔下偏差为基本偏差，且数值为零。

基轴制是基本偏差为一定的轴的公差带，与不同基本偏差的孔的公差带形成各种配合的一种制度。基轴制配合中的轴称为基准轴，用 h 表示。基准轴的上偏差为基本偏差，而且数值等于零。

10. 什么是配合公差？

答：配合公差是指允许间隙的变动量，它等于最大间隙与最小间隙之代数差的绝对值，也等于互相配合的孔公差带与轴公差带之和。

11. 什么是间隙配合？什么是过盈配合？什么是过渡配合？什么是配合代号？

答：间隙配合是指孔的公差带完全在轴的公差带之上，即具有间隙的配合（包括最小间隙等于零的配合）。

过盈配合是指孔的公差带完全在轴的公差带之下，即具有过盈的配合（包括最小过盈等于零的配合）。

过渡配合是指在孔与轴的配合中，孔与轴的公差带互相交迭，任取其中一对孔和轴相配，可能具有间隙，也可能具有过盈的配合。

配合代号在图样上的表示是用孔、轴公差带的代号组成，写成分数形式。分子为孔的公差代号，分母为轴的公差代号。例如，$\phi 65\,\frac{H7}{f6}$或 $\phi 65H7/f6$。在配合代号中，只要出现“H”时即为基孔制配合，出现“h”时即为基轴制配合。

12. 如何确定配合的类别？

答：（1）当孔、轴有相对移动或转动时，必须选择间隙配合。相对移动选取间隙较小的配合，相对转动选取间隙较大的配合。

（2）当孔、轴之间无键、销、螺钉等连接件，只能靠孔、轴之间的配合来实现传动时，必须选择过盈配合。

（3）过渡配合的特性是可能产生间隙，也可能产生过盈，但间隙或过盈的量相对较小。当零件之间无相对运动、同心度要求较高，且不靠配合传递动力时，常常选择过渡配合。

13. 误差与偏差是否可以相互代替？

答：不可以。因为误差是指测量结果和真实值的接近程度，一般用来表示准确度。偏差是指在真实值不知道的情况下，各测定值与测定结果的平均值之间的接近程度，一般用来表示精密度。

14. 零件图上的公差标注有几种形式？

答：（1）极限偏差标注方法。在工厂的实际生产图样中常见，例如，$\phi18_{0}^{+0.018}$ mm。当偏差不为零时，必须标注正负号，如图 13－5（a）所示。

（2）标注公差带代号。一般采用专用量具（如塞尺、环规等）检验，以适应大批量生产的需要，因此不需标注偏差数值，例如 ϕ18H7，如图 13－5（b）所示。

（3）同时标注公差代号和极限偏差。一般适用于产量不定的情况，它既便于专用量具检验，又便于通用量具检验，这时极限偏差应加上圆括号，例如 $\phi65K7\left(\begin{smallmatrix}+0.004\\-0.019\end{smallmatrix}\right)$，如图 13－5（c）所示。

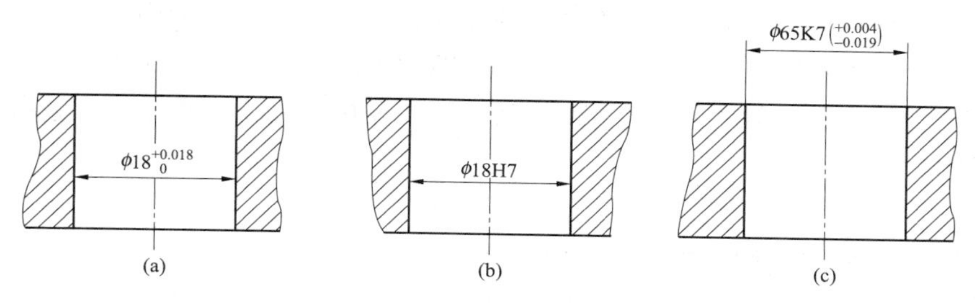

图 13－5　零件图上的标注方法

15. 举例说明装配图上的配合代号应如何标注。

答：基孔制的标注方法如图 13－6 所示，机座孔、衬套和轴的配合，衬套外表面与机座孔的配合为过渡配合 ϕ70H7/m6，衬套内表面与轴的配合为间隙配合 ϕ60H7/f7。

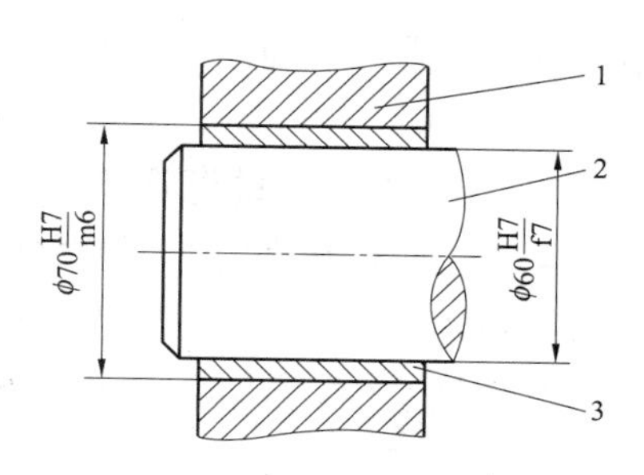

图 13－6　基孔制的标注方法

1—机座；2—轴；3—衬套

基轴制的标注方法如图 13－7 所示，活塞轴销和活塞上的孔配合，其相对静止，配合要求紧些，为过渡配合 ϕ30M6/h5；活塞轴销与连杆孔要有小角度的相对移动，要求小间隙配合 ϕ30G6/h5。如果采用基孔制，则活塞轴销就需加工成阶梯轴［见图 13－7（b）］，既不利于加工也不利于装配，所以用基轴制配合较合理。

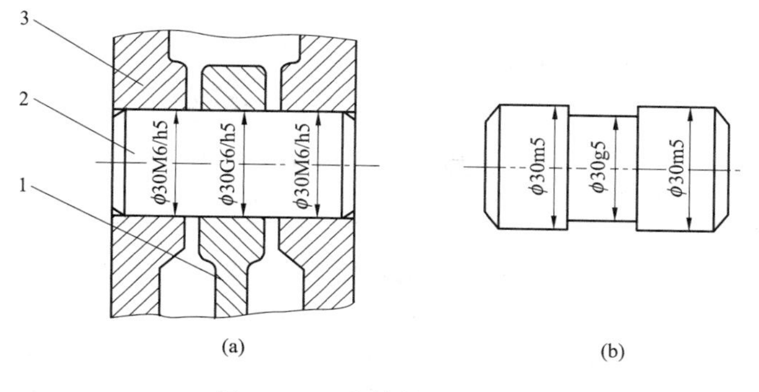

图 13－7　基轴制的标注方法

1—连杆；2—活塞轴销；3—油塞

16. 什么是几何要素？什么是几何公差带？

答：机械零件的形体都是由若干个点、线、面构成的，这些构成零件的点、线、面等特定部位统称为零件的几何要素。

几何公差带和尺寸公差带一样，是由一个或几个理想的几何线或面所限定的，由线性公差值表示其大小的区域，是限定工件几何误差变动的区域。所不同的是，尺寸公差是一个平面区域，而几何公差通常是一个空间区域，有时也可能是一个平面区域，即变动区域是由点、线、面组成的区域。

17. 几何公差如何分类？

答：国家标准规定，几何公差分形状、方向、位置和跳动公差四大类，共 19 个项目，其中形状公差包括直线度、平面度、圆度、圆柱度、线轮廓度和面轮廓度等 6 个项目；方向公差包括平行度、垂直度、倾斜度、线轮廓度和免轮廓度等 5 个项目；位置公差包括位置度、同心度、同轴度、对称度、线轮廓度和面轮廓度等 6 个项目；跳动公差包括圆跳动和全跳动 2 个项目。

18. 什么是表面粗糙度？对零件使用性能有什么影响？

答：表面粗糙度是指零件被加工表面上具有较小的间距和峰谷组成的围观几何形状误差，一般是由所采用的加工方法和其他因素形成的。

对零件的摩擦和耐磨性、配合性质、耐腐蚀性、疲劳强度、接触刚度、结合面密封性能、外观质量和表面涂层的质量等使用性能均有影响。

19. 表面粗糙度的评定参数有哪些？零件表面粗糙度可用哪些方法测量？

答：表面粗糙度的评定参数包括轮廓算数平均偏差 Ra 和轮廓最大高度 Rz。测量方法有比较法和光切法。比较法是人为视觉感觉同样板比较判断粗糙度大小。光切法是用光切显微镜（双管显微镜）测量，可以得出评定参数 Ra 和 Rz。

20. 解释粗糙度代号的含义。

答：粗糙度符号示意图如图 13－8 所示。

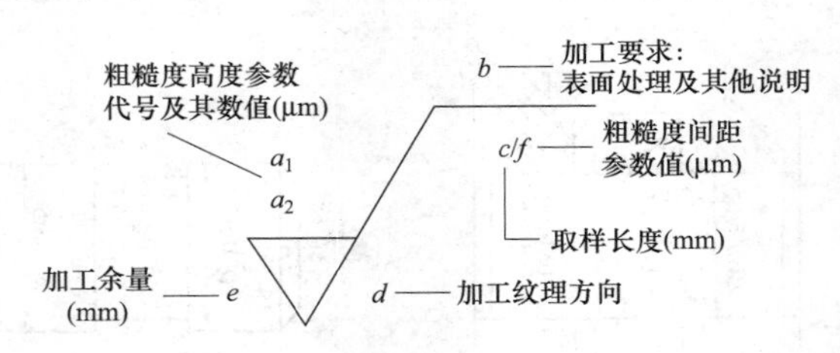

图 13－8　粗糙度符号示意图

a_1、a_2—粗糙度高度参数代号及其数值（单位为 μm）；b—加工要求、镀覆、涂覆、表面处理或其他说明等；c—取样长度（单位为 mm）或波纹度（单位为 μm）；d—加工纹理方向符号；e—加工余量（单位为 mm）；f—粗糙度间距参数值（单位为 mm）或轮廓支承长度率

21. 零件表面粗糙度要求的简化标注方法有哪些?

答: 如果在工件的多数或全部表面具有相同的表面粗糙度要求时，则可统一标注在图样的标题栏附近。此时，表面粗糙度符号后面应在圆括号内给出无任何其他标注的基本符号或给出不同的表面结构要求（不同的表面结构要求应直接标注在图形中），如图 13－9 所示。

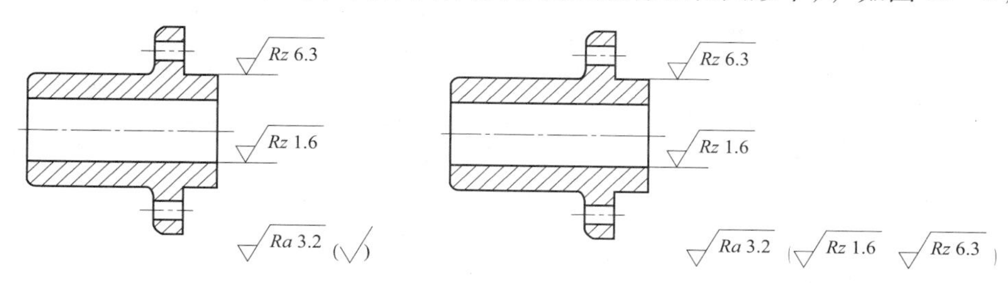

图 13－9　零件表面粗糙度标注方法

当多个表面具有相同的表面粗糙度要求或图纸空间有限时，可用带字母的完整符号，以等式的形式在图形或标题栏附近，对有相同表面粗糙度的表面进行简化标注，如图 13－10 所示。

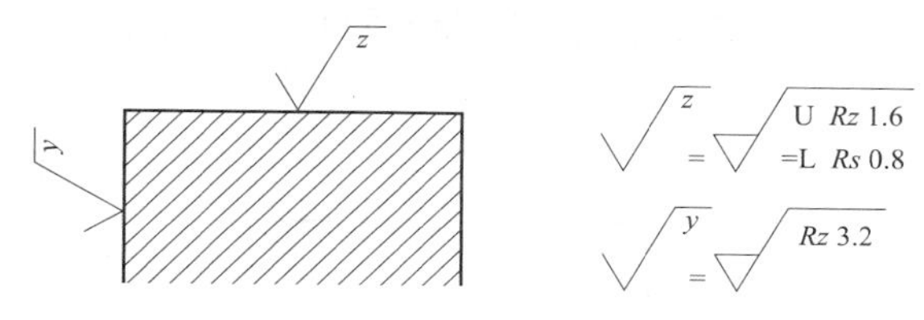

图 13－10　零件表面粗糙度简化标注方法

对于多个表面共同的表面粗糙度要求时也可以用下列等式的简化形式给出，如图 13－11 所示。

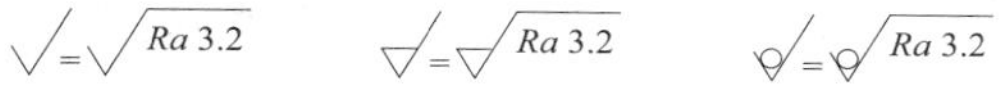

$\sqrt{} = \sqrt{Ra\ 3.2}$　　$\sqrt{} = \sqrt{Ra\ 3.2}$　　$\sqrt{} = \sqrt{Ra\ 3.2}$

图 13－11　标注简化形式

22. 什么是游标卡尺？有何特点?

答: 游标卡尺（见图 13－12）是一种常用的量具，游标卡尺由主尺和副尺（又称游标）组成。主尺与固定卡脚制成一体；副尺与活动卡脚制成一体，并能在主尺上滑动。游标卡尺有 0.02、0.05、0.1mm 三种测量精度。游标卡尺具有结构简单、使用方便、精度较高、测量尺寸范围大等特点，可以用来测量零件的外径、内径、长度、宽度、厚度、深度和孔距等。

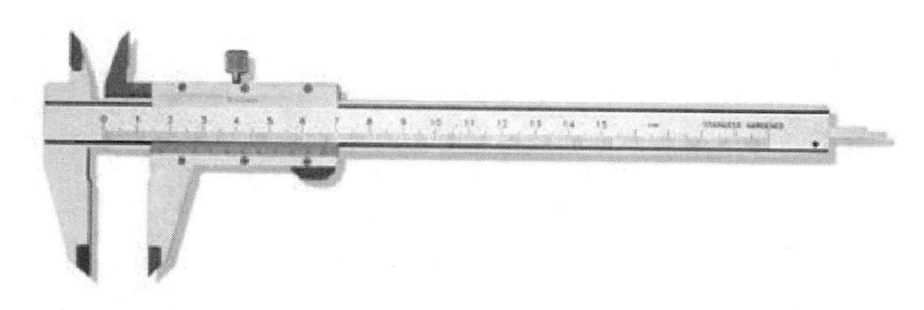

图 13－12　游标卡尺

23. 解释游标卡尺的精度。

答： 游标卡尺是利用主尺刻度间距与副尺刻度间距读数的（见图 13－13）。以 0.02mm 精度游标卡尺为例，主尺的刻度间距为 1mm，当两卡脚合并时，主尺上 49mm 刚好等于副尺上 50 格，副尺每格长为 0.98mm。主尺与副尺的刻度间相差为 0.02mm（1mm－0.98mm），因此它的测量精度为 0.02mm（副尺上直接用数字刻出）。

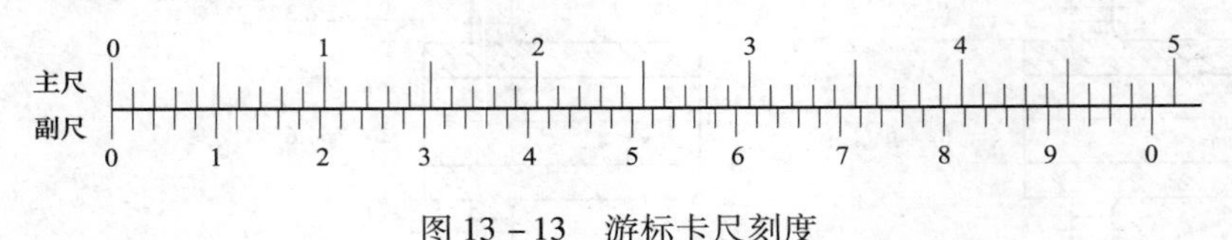

图 13－13　游标卡尺刻度

24. 简述游标卡尺的读数原理。

答：（1）在主尺上读出副尺零线以左的刻度，该值就是最后读数的整数部分，图 13－14 所示为 33mm。

（2）副尺上一定有一条与主尺的刻线对齐，在刻尺上读出该刻线距副尺的格数，将其与刻度间距 0.02mm 相乘，就得到最后读数的小数部分，图 13－14 所示为 0.24mm。

（3）将所得到的整数和小数部分相加，就得到总尺寸为 33.24mm。

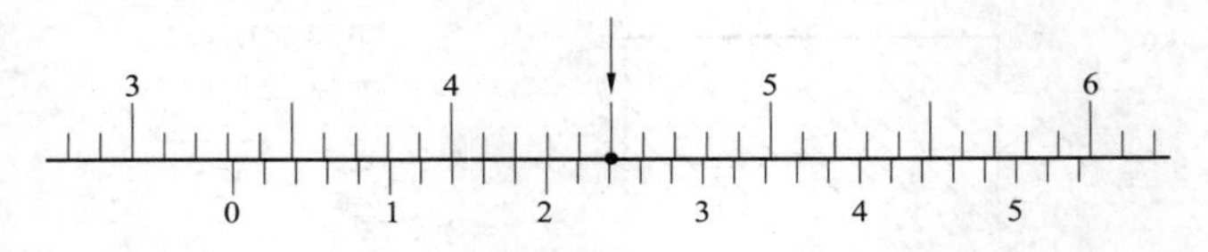

图 13－14　游标卡尺读数原理示意图

25. 什么是千分尺？以外径千分尺为例说明其读数原理。

答： 千分尺（见图 13－15）是指用微分筒读数的示值为 0.001mm 的量尺。千分尺的形式和规格繁多，按用途和结构可分外径千分尺、内径千分尺、深度千分尺和壁厚千分尺等，下面以外径千分尺为例说明。

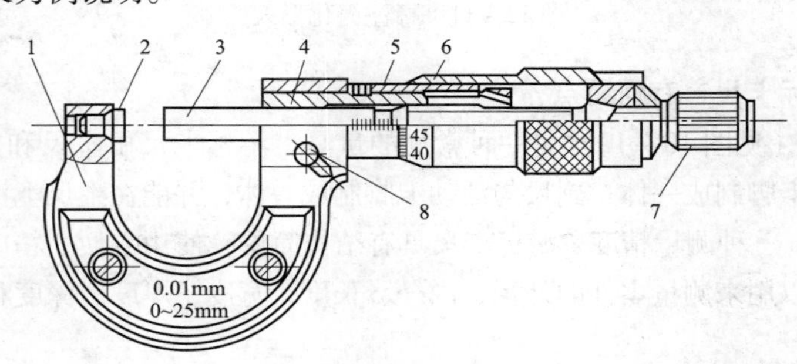

图 13－15　千分尺示意图

1—尺架；2—砧座；3—测量微杆；4—螺纹套；5—固定套管；
6—微分筒；7—测力装置；8—锁紧手柄

外径千分尺（又名螺旋测微器）是依据螺旋放大的原理制成的，即螺杆在螺母中旋转一周，螺杆便沿着旋转轴线方向前进或后退一个螺距的距离，沿轴线方向移动的微小距离，就能用圆周上的读数表示出来。螺旋测微器的精密螺纹的螺距是0.5mm，可动刻度有50个等分刻度，可动刻度旋转一周，测微螺杆可前进或后退0.5mm，因此旋转每个小分度，相当于测微螺杆前进或退后0.5/50 =0.01mm。可见，可动刻度每一小分度表示0.01mm，所以以螺旋测微器可准确到0.01mm。由于还能再估读一位，可读到毫米的千分位，故又名千分尺。

26. 如何使用千分尺测量？

答：（1）测量前，要擦净工件被测表面，以及千分尺的砧座端面和测微螺杆端面。

（2）测量时，先转动微分筒，使测微螺杆端面逐渐接近工件被测表面，再转动棘轮，直到棘轮打滑并发出“嗒嗒”声，表明两测量端面与工件刚好贴合或相切并满足测量力的要求，然后读出测量尺寸值。

（3）读出固定套筒上刻线露出在外面的刻线数值，中线之上为整毫米数值，中线之下为半毫米数值。

（4）再读出微分筒上从零刻线开始第 X 条刻线与固定套筒上基准线对齐的数值，X 乘以其测量精度值0.01mm，即为读数不足0.5mm的小数部分。

（5）把整数和小数相加，即为所测的实际尺寸。

（6）退出时，应反转活动套筒，使测微螺杆端面离开工件被测表面后将千分尺退出。

千分尺读数示意图如图13－16所示。

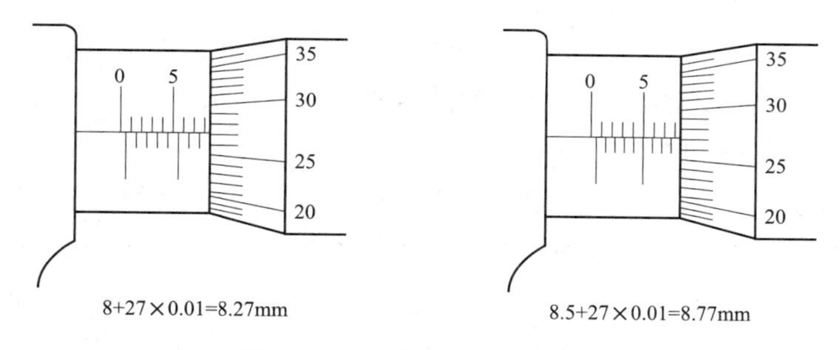

图13－16　千分尺读数示意图

27. 什么是弹性、冲击韧度和疲劳强度？

答：弹性是指材料受外力作用时产生变形，当外力去除后能恢复其原来形状的性能。冲击韧度是指带缺陷的试件在冲击破坏时断裂面上所吸收的能量，是评定材料塑性变形和抵抗冲击能力的一种实用指标。疲劳强度是指金属材料在无限多次交变载荷作用下使用，而不被破坏的最大应力称为疲劳强度或疲劳极限（实际中，不可能作无限多次交变载荷试验）。

28. 什么是强度？什么是塑性？什么是硬度？

答：强度是指材料在外力作用下抵抗变形和断裂的能力。塑性是指材料在某种给定载荷下产生永久变形而不破坏的能力。硬度是指材料局部抵抗硬物压入其表面的能力。

29. 钢的热处理工艺的特点是什么？

答：钢的热处理是指通过对钢件加热、保温和冷却的处理方法，来改善其内部组织结构，以获得所需要性能的一种加工工艺。钢的普通热处理工艺有退火、正火、淬火和回火：

退火：将工件加热到工艺预定的某一温度，根据材料和工件尺寸采用不同的保温时间，然后进行缓慢冷却，目的是使金属内部组织达到或接近平衡状态，获得良好的工艺性能，或为进一步淬火作组织准备。

正火：将工件加热到工艺预定的某一温度，使钢的组织完全转变为奥氏体，经保温一段时间后，在空气中冷却到室温的工艺方法。正火的冷却速度比退火稍快，过冷度稍大，得到的组织更细，强度、硬度更大，常用于改善材料的切削性能，有时用于对一些要求不高的零件作为最终热处理。

淬火：将工件加热到临界温度以上，保温一段时间，然后在水、油或其他无机盐油、有机水溶液等淬冷介质中快速冷却。淬火后钢件变硬，但同时变脆。其目的是提高钢的硬度和耐磨性，使结构零件获得良好的综合力学性能。

回火：在钢件淬火后必须经过回火。回火就是将淬火钢重新加热到工艺预定的某一温度（低于临界温度），经保温后再冷却到室温的热处理工艺。回火目的在于消除内应力，降低钢件的脆性，稳定钢件的组织和尺寸。

30. 钢的表面热处理主要包括哪两类方法？

答：（1）表面淬火。是指工件表面迅速加热到淬火温度，而不等热量传到中心就迅速冷却。为了使淬火工件的表面耐磨，钢中的碳的质量分数应大于0.3%。表面淬火中加热工件的方法主要有感应加热和火焰加热两种。

（2）化学热处理。是将工件置于化学介质中加热保温，使工件表面渗入某种元素以改变其化学成分组织和力学性能的热处理工艺。常用的有渗碳和渗氮两种。渗碳是使化学介质中分解出的活性碳原子渗入工件表面，提高表面组织中的碳的质量分数，使工件表面层具有高的硬度和耐磨性，而心部仍保持原来的组织和性能。渗氮是使化学介质分解出的活性氮原子，渗入工件表面形成氮化层，形成比渗碳更高的表面硬度、耐磨性、热硬性和疲劳强度。

31. 在电力系统中，主要采用的传动方式有哪几种？

答：主要机械传动、液压传动、气压传动和电气传动等传动方式。其中机械传动和液压传动方式应用较多。

32. 机械传动在电力系统中有哪些运用？举例说明。

答：（1）改变运动速度。如开关设备操动机构中的减速装置。

（2）改变运动方式。例如隔离开关操动机构，其输出运动形式为回转运动，经过拐臂、连杆等传动系统改变为直线运动。

（3）传递动力。在断路器操动机构中，由电动机输出的动力通过链传动、齿轮传动等传到断路器本体上。

33. 链传动有什么优缺点？主要应用在哪些场合？

答：优点：由于链传动是具有中间挠性件的啮合传动，没有弹性滑动及打滑现象，所以平均传动比恒定不变。链条装在链轮上不需要很大的张紧力，对轴的压力小。链传动中两轴的中心距较大，最大可达5～6m。链传动能在较恶劣的环境（如油污、高温、多尘、潮湿、易燃及有腐蚀的条件）下工作。

缺点：由于链条绕上链轮后形成折线，因此链传动相当于一对多边形的间接传动，其瞬间传动比是变化的，所以在传动平稳性要求高的场合不能采用。链条与链轮工作时磨损较快，使用寿命较短，磨损后引起的链条节距增大、链轮齿形变瘦从而极易造成跳齿甚至脱链。链传动由于平稳性差，故有噪声。安装时对两轮轴线的平行度要求较高。无过载保护作用。

主要用于两轴相距较远、传动功率较大且平均传动比又要求保持不变、工作条件恶劣的场合。

34. 齿轮传动有什么优缺点？

答：优点：由于采用合理的齿形曲线，所以齿轮传动能保证两轮瞬时传动比恒定，传递运动准确可靠。适用的传动比率和圆周速度范围较大。传动效率较高，一般圆柱齿轮的传动效率可达98%，适用寿命较长。结构紧凑，体积小。

缺点：当两传动轴之间的距离较大时，若采用齿轮传动结构就会复杂，所以齿轮传动不适用于距离较远的传动。没有过载保护作用。在传递直线运动时，不如液压传动和螺旋传动平稳。制造和安装精度要求高、成本高。

35. 螺旋传动有什么优缺点？

答：优点：具有结构简单、工作连续、平稳、无噪声、承载能力大、传动精度高、易于自锁等优点。缺点：磨损大，效率低。

36. 气压传动有什么优点？气动系统中储气罐的作用是什么？

答：气压传动的优点是空气作为工作介质，较易取得，处理方便；便于中远距离输送；动作迅速，反应快；工作环境适应性好。储气罐的作用是消除压力波动，保证输出气流的连续性，储存一定数量的压缩空气，调节用气量或以备发生故障和临时需要应急使用，并进一步分离压缩空气中的水分和油分。

37. 润滑油的主要作用是什么？

答：减摩抗磨，降低摩擦阻力以节约能源，减少磨损以延长机械寿命，提高经济效益；冷却，要求随时将摩擦热散发；密封，要求防泄漏、防尘、防窜气；抗腐蚀防锈，要求保护摩擦表面不受油变质或外来侵蚀；清洁冲洗，要求把摩擦面积垢清洗排除；应力分散缓冲，分散负荷和缓冲击及减震；动能传递，用于液压系统和遥控马达及摩擦无级变速等；润滑作用，防止产生干摩擦。

38. 什么是润滑脂？主要作用是什么？

答：润滑脂俗名黄油，是由润滑油、稠化剂（胶溶剂）在加入可改善性能的添加剂制成的一种半固体润滑剂。主要优点是具有填充、润滑、防锈、密封、缓冲与减振作用。主要缺点是黏性大、内摩擦阻力较大、启动阻力大，冷却散热性能差，供脂换脂不如油方便。

39. 使用虎钳时应注意什么？

答：（1）工件尽量夹在钳口中部，以使钳口受力均匀。

（2）夹紧后的工件应稳定可靠，便于加工，不产生变形。

（3）夹紧工件时，一般只允许靠手的力量来扳动手柄，不能用手锤敲击手柄或随意套上长管子扳手柄，以免丝杠、螺母或钳身受损。

（4）避免在活动钳身的光滑表面进行敲击作业，以免降低配合性能。

（5）加工时用力方向尽量朝向固定钳身。

40. 什么是研磨？

答：研磨是在磨具和工件之间置以研磨剂，并使研具和工件产生复杂的相对运动，磨料从工件上切除很薄金属的光整加工过程。

41. 蜗杆传动有什么特点？常用于什么场合？

答：蜗杆传动（见图 13－17）的优点：结构紧凑，传动比大，传动平稳无噪声，可以实现自锁。

缺点：传动效率低，为了减少摩擦，提高耐磨性和胶合能力，蜗轮往往采用贵重金属，成本高，互换性较差。主要用于传动比大而传递功率较小的场合。

图 13－17　蜗杆传动

42. 螺纹连接为什么要防松？防松方法主要包括哪些？

答：连接用的螺纹标准体都能满足自锁条件，在静载荷作用下，连接一般是不会自动松脱的，但是在冲击、振动或变载荷作用下，或者当温度变化很大时，螺纹自锁性能就会瞬时减小或消失，当这种现象多次重复出现时，将使连接逐渐松脱，甚至会造成重大事故。因此必须考虑螺纹连接的防松措施。

螺纹连接常用的防松方法主要有利用摩擦防松、利用机械防松和永久防松三种。其中利用摩擦防松有双螺母、弹簧垫圈和自锁螺母等；利用机械防松有开口销、槽形螺母止动垫片、花垫、串联钢丝等；永久防松有端铆、冲点、黏合等。

43. 齿轮安装为什么要有侧隙？斜齿轮正确安装条件是什么？

答：侧隙是为了补偿齿轮加工误差，便于润滑，防止齿轮因温升膨胀而卡死。斜齿轮正确安装条件是模数相等，螺旋角相反，压力角相等。

44. 滚动轴承损坏的原因可能是什么？损坏后产生什么现象？

答：滚动轴承损坏可能是由于轴承间隙过小，润滑不良，轴承内有脏物，超重或超载及由于装配不正确造成。滚动轴承损坏后，工作时将产生剧烈振动，发出异常的噪声或温升增快。

45. 如何检查锉削平面的平直度？

答：（1）用直尺作透光检查。将直尺搁在平面上，如没有透光的空隙，说明表面平正；如有均匀的空隙，说明表面锉得较平，较粗糙；如露出不均匀的透光空隙，说明表面锉削高低不平。

（2）用涂色法检查。将与工件平面配合的零件表面（或标准平面）涂一层很薄的涂料，然后将它们互相摩擦，工件上未留下颜色的地方就是要锉去的地方，如颜色呈点状均匀分布，说明锉削平整。

46. 在手锯上安装锯条时应注意什么？

答：（1）必须使锯齿朝向前推的方向，否则不能进行正常锯割。

（2）锯条的松紧要适当，锯条太松锯割时易扭曲而折断；太紧则锯条承受拉力太大，失去应有的弹性，也容易折断。

（3）锯条装好后检查其是否歪斜、扭曲，如有歪斜、扭曲应加以校正。

47. 钢锯条折断的原因有哪些？

答：（1）锯条装得太紧或太松。

（2）锯割过程中强行找正。

（3）压力太大，速度太快。

（4）新换锯条在旧锯缝中被卡住。

（5）工件快锯断时，掌握不好速度，压力没有减小。

48. 使用砂轮时应遵守哪些规定？

答：（1）应站在砂轮机侧面，以防砂轮片破裂飞出伤人。

（2）禁止使用没有防护罩的砂轮。

（3）使用砂轮研磨时，应戴防护眼镜或使用防护玻璃。

（4）用砂轮研磨时应使火星向下。

（5）不准用砂轮的侧面研磨。

（6）在砂轮机上磨削时，压力不可过大或过猛。

（7）不准在砂轮机上磨软金属。

49. 使用电钻或冲击钻时应注意哪些事项？

答：（1）外壳要接地，防止触电。

（2）经常检查橡皮软线绝缘是否良好。

（3）装拆钻头要用钻锭，不能用其他工具敲打。

（4）清除油污，检查弹簧压力，更换已磨损的电刷，当发生较大火花时要及时修理。

（5）定期更换轴承润滑油。

（6）不能戴手套使用电钻或冲击钻。

50. 钻孔时有哪些原因会导致钻头折断？

答：（1）钻头太钝。

（2）转速低而压力大。

（3）切屑堵住钻头。

（4）工件快钻通时进刀量过大。

（5）工件松动及有缺陷等原因，都可能导致钻头折断。

51. 使用钻床时应注意哪些事项？

答：（1）把钻眼的工件安设牢固后才能开始工作。

（2）清除钻孔内金属碎屑时，必须先停止钻头的转动，不准用手直接清除铁屑。

（3）使用钻床时不准戴手套。

52. 采用直流电源施焊时，如何选择正接法和反接法？

答：采用直流电源施焊时，焊件与电源输出端正、负极的接法称为极性。极性有正接和反接两种。正接是指焊件接电源正极，焊条接电源负极的接线法。反接是指焊件接电源负极，焊条接电源正极的接线法。选用原则：

（1）碱性焊条手弧焊采用反接。因为碱性焊条手弧焊采用正接时，电弧燃烧不稳定，飞溅很大，电弧声音很暴躁，并且容易产生气孔。使用反接时，电弧燃烧稳定，飞溅很小，而且声音较平静均匀。同理，埋弧焊使用直流电源施焊时，采用反接。

（2）钨极氩弧焊焊接钢、黄铜时采用正接。因为阴极的发热量远小于阳极，所以用直流正接焊接时，钨极因发热量小，不易过热，同样大小直径的钨极可以采用较大的电流，钨极寿命长；焊件发热量大，熔深大，生产率高。而且，由于钨极为阴极，热电子发射能力强，电弧稳定而集中。

53. 电焊机在使用前应注意哪些事项？

答：（1）新或久未用电焊机，经常由于受潮使绕组间、绕组与机壳间的绝缘电阻大幅度降低，在开始使用时容易发生短路和接地，造成设备和人身事故。因此在使用前应用绝缘电阻表检查其绝缘电阻是否合格。

（2）启动新电焊机前，应检查电气系统接触器部分是否良好，检查正常后，可在空载下启动试运行。确认无电气隐患时，方可在负载情况下试运行，最后才能投入正常运行。

（3）直流电焊机应按规定方向旋转，对于带有通风机的要注意风机旋转方向是否正确，应使风由上方吹出，以达到冷却电焊机的目的。

第二节　起　重　搬　运

1. 什么是起重机械？变电检修常用起重机械有哪些？

答： 起重机械是指以间歇周期的工作方式，通过起升、变幅、回转、行走四大机构完成重物的运输及吊装的机械设备。变电检修常用起重机械主要有：

（1）千斤顶（顶升器）：用刚性顶举件作为工作装置，通过顶部托座或底部托爪在小行程内顶升重物的轻小简易起重设备。

（2）起重葫芦：由装在吊架上的驱动装置、传动装置、制动装置以及挠性卷放，或夹持装置带动取物装置升降的轻小简易起重设备。

（3）卷扬机（绞车）：由人力或机械动力驱动卷筒、卷绕绳索来完成牵引工作的装置。

（4）工程起重机：工程起重机包括汽车起重机、全路面起重机、履带起重机、轮胎起重机、随车起重机、塔式起重机、桅杆起重机、缆索式起重机和施工升降机等。

2. 什么是起重吊装索具？列举常用索具。

答： 索具是指为了实现物体挪移系结在起重机械与被起重物体之间的受力工具，以及为了稳固空间结构的受力构件。索具主要有金属索具和合成纤维索具两大类。常用索具有尼龙绳、钢丝绳、套环（三角圈）、卸扣（卸夹）、定滑轮、动滑轮、导向滑轮、地锚、滚杠、三脚架和撬杠等。

3. 起重工艺名词术语有哪些？

答：（1）静载荷：物体在静止状态下所承受的载荷。

（2）动载荷：物体在运动过程中受到震动等因素影响下，所承受的载荷。

（3）计算载荷：被吊物体质量与吊索具质量之和，以及综合考虑到动载系数、不均衡载荷系数的影响后，通过计算所得的载荷。

（4）安全系数：进行工程设计时，为了防止因材料的缺陷和工作的偏差，或外力突增等因素所引起的后果，给予一定的安全值考虑，这一安全的倍数值称为安全系数。

（5）起重量：被吊物体或被移运物体的实际质量。

（6）起升高度：吊具允许最高位置的垂直距离。

（7）起升速度：稳定运动状态下，额定载荷的垂直位移速度。

（8）幅度（回转半径）：空载时吊具垂直中心线至回转中心之间的水平距离。

（9）吊装角：被吊物件达到就位高度时，主滑轮组与桅杆之间夹角为吊装角（一般吊装角 $\alpha \leqslant 30°$）。

（10）装卸方法：设备、构件或货物通过装卸机械，或其他起重机械装到运输工具上或卸到某一指定地点的方法。

（11）搬运方法：设备、构件或货物通过搬运机械从某一地点移动至某一指定地点的方法。常采用拖排、滚杠、钢丝绳、滑车组、卷扬机等工具来完成。

（12）分片吊装：设备或构件由数片分构（部）件组成，在整体吊装受到限制情况下而进行分片吊装。

(13) 整体吊装：设备或构件已经装配成整体后所进行吊装的过程。

(14) 分段吊装：设备总体或构架由分段组合而成，在进行安装就位时，采用分段吊装。

(15) 提吊法（提升法）：设备或构件通过一定的起重机械和工具，使其按一定的方位和要求进行起吊、滑移、提升等过程，就位于规定的位置上。

(16) 顶升法：设备或构件通过液压顶升或机械顶升机构，再结合一定的起重工具，使其达到安装就位的目的。

(17) 单吊点：设备或构件在起重吊装中只有一个主要受力吊装点，称为单吊点吊装。

(18) 双吊点：设备或构件在起重吊装中有两个主要受力吊装点，称为双吊点吊装。

(19) 试吊：设备或构件在吊装准备工作全部完成后，在正式吊装前进行一次试验性的吊装，以检查准备工作是否完善。

(20) 吊装就位：将设备或桅杆等吊装件平稳安放在基础上或预定的位置上。

(21) 找正：在纵向和横向校正设备或构件安装的位置偏差。

(22) 找平：校正设备或构件，使其平整地安置于基础上。

4. 起重安全名词术语主要包括哪些?

答: (1) 超载使用：超过额定载荷使用。

(2) 高处作业：凡在作业基准面 2m 及以上的作业。

(3) 吊装指挥：在现场担负指挥吊装作业者。

(4) 吊装令：下达允许正式起吊的指令或指挥吊装作业的指令。

(5) 起重信号：指挥起重作业的信号。

(6) 手势信号：用规定的手势传递的信号。

(7) 哨声信号：用规定的哨声传递的信号。

(8) 旗语信号：用指挥旗表达的信号。

(9) 高处坠落：坠落的垂直距离大于 2m。

(10) 限位装置：阻止机构或设备超越极限位置的装置。

(11) 制动装置：使设备运动部分减速、停止或防止原位移动的装置。

5. 起重挂索的安全作业要领是什么?

答: (1) 往吊钩上挂索时，吊索不得有扭花，不能相压，以防压住吊索绳扣，结头超过负载能力被拔出而造成事故。

(2) 挂索时注意索头顺序，便于作业后摘索。

(3) 吊索在吊伸的过程中，不得用手扶吊索，以免被拉紧的吊索夹手。

(4) 挂索前应使起重机吊钩对准吊物重心位置，不得斜吊拖拉。

(5) 起吊时，作业人员不能站在死角，尤其是在车内时，更要留有退让余地。

6. 怎样解起重绳索?

答: (1) 吊钩放稳后再松钩、解索。

（2）若吊物下面有垫木或有可抽绳间隙时，可用人工抽索和解索。也可采用备用索具抽头绳的方法。

（3）一般情况下，不允许用起吊钩硬性拽拉绳索，这样很可能拉断绳索，乃至拖垮货物或损坏包装；也可能因绳索抽出时，绳索弹出造成机械或人身伤亡事故。

（4）若吊运钢材、原木、电杆等不怕挤伤的货物时，可以摘下两根索头后，用吊钩提升的方法直接从货件下抽出绳索，但不能斜拉侧拽。

7. 麻绳子或棉纱绳在不同状态下的允许荷重是怎么规定的？

答：（1）麻绳子（棕绳）或棉纱绳，用做一般的允许荷重的吊重绳时，应按 $1kg/mm^2$ 计算。

（2）用作捆绑绳时，应按其断面积 $0.5kg/mm^2$ 计算。

（3）麻绳、棕绳或棉纱绳在潮湿状态下，允许荷重应减一半。

（4）涂沥青纤维绳在潮湿状态，应降低20%的荷重使用。

8. 固定连接钢丝绳端部有什么要求？

答：（1）选用夹头时，应使U形环内侧净距比钢丝绳直径小1～3mm，如果太大则卡不紧，容易发生事故。

（2）上夹头时，一定要将螺栓拧紧，直到绳被压扁1/4～1/3为止；在绳受力后再紧一次螺栓。

（3）U形部分与绳头接触，夹头要顺序排列。如U形部分与主绳接触，则主绳被压扁受力后容易产生断丝。

（4）在最后一个受力卡子后面大约500mm处，再安装一个卡头，并将绳头放出一个安全弯，当受力的卡头滑动时，安全弯首先被拉直，立即采取措施处理。

9. 捆绑操作的要点是什么？

答：（1）捆绑物体前，应根据物体的形状、重心的位置确定适当的绑扎点。一般情况下，构件或设备都设有专供起吊的吊环。未开箱的货件常标明吊点位置，搬运时，应该利用吊环，并按照指定吊点起吊。起吊竖直细长物件时，应在重心两侧的对称位置捆绑牢固，起吊前应先试吊，如发现倾斜，应立即将物件下落，重新捆绑后再起吊。

（2）捆绑物体还必须考虑起吊时吊索与水平面要有一定的角度，一般以60°为宜。角度过小吊索所受的力过大；角度过大，则需很长的吊索，使用不方便；同时，还要考虑吊索拆除是否方便，重物就位后，不应将吊索压住或卡住。

（3）捆绑有棱角的物体时，应垫木板、旧轮胎、麻袋等物，以免使物体棱角和钢丝绳受到损伤。

10. 简述起重工的“五步”工作法。

答：（1）实地勘察，即“看”。

（2）了解情况，即“问”。

（3）制订方案，即“想”。

（4）方案实施，即“干”。

（5）总结阶段，即“收”。

11. 起重运输工作中，选用工具和机具，必须具备哪三个条件？

答：（1）具有一定强度，在受到荷重后不被破坏。

（2）具备一定的刚度，有足够的抵抗变形的能力，在受到荷重后，变形（伸长、压短或弯曲等）能保持在允许范围内。

（3）要求有足够的保持原有形状平衡的能力，即应具备一定的稳定性。

12. 简述起重机械使用的安全事项。

答：（1）参加起重的工作人员应熟悉各种类型的起重设备的性能。

（2）起重时必须统一指挥，信号清楚，正确及时，操作人员按信号进行工作，不论何人发紧急停车信号都应立即执行。

（3）除操作人员外，其他无关人员不得进入操作室，以免影响操作或误操作。

（4）吊装时无关人员不准停留，吊车下面禁止行人或工作，必须在下面进行的工作应采取可靠安全措施，将吊物垫平放稳后才能工作。

（5）起重机一般禁止进入带电区域，征得有关单位同意并办理好安全作业手续，在电气专业人员现场监护下，起重机最高点与带电部分保持足够的安全距离时，才能进行工作，不同电压等级有不同的距离要求（满足相关规程要求）。

（6）汽车起重机必须在水平位置上工作，允许倾斜度不得大于3°。

（7）各种运移式起重机必须查清工作范围、行走道路、地下设施和土质耐压情况，凡属于无加固保护的直埋电缆和管道，以及泥土松软地方，禁止起重机通过和进入工作，必要时应采取加固措施。

（8）悬臂式起重机工作时，伸臂与地夹角应在起重机的技术性能所规定的角度范围内进行工作，一般仰角不准超过75°。

（9）起重机在坑边工作时，应与坑沟保持必要的安全距离，一般为坑沟深度的1.1～1.2倍，以防塌方而造成起重机倾倒。

（10）各种起重机严禁斜吊，以防止钢丝绳卷出滑轮槽外而发生事故。

（11）在起吊物体上严禁载入上下，或让人站在吊物上做平衡重量。

（12）起重机起吊重物时，一定要进行试吊，试吊高度小于0.5m，试吊无危险时，方可进行起吊。

（13）荷重在满负荷时，应尽量避免离地太高，提升速度要均匀、平稳，以免重物在空中摇晃，发生危险，放下时速度不宜太快，防止到地碰坏。

（14）起吊重物不准长期停放在空中，如悬在空中，严禁驾驶人离开，而做其他工作。

（15）起重机在起吊大的或不规则构件时，应在构件上系以牢固的拉绳，使其不摇摆、不旋转。

13. 使用卡环有哪些注意事项?

答: 卡环又称卸卡、卸扣等，常用千斤绳与千斤绳之间，千斤绳与滑车组等的固定或千斤绳与各种设备（材料件）的连接。

（1）卡环在使用时，必须注意作用在卡环上的受力方向，即一般只准承受拉力，如果不符合受力要求使用时，会使卡环允许承受荷重大为降低，卡环正确和错误使用的示意图。

（2）不得超负荷使用，在某一工程开始时，对新增卡环和已经用过的卡环，先要外观检查，检查丝扣有无损坏，一般情况下，可将卡环挂在空中，用铁锤敲打，声音清脆都为合格，如发现疲劳裂纹或永久变形时，应予以报废。在条件许可的情况下，可作无损探伤和130% 的静负荷试验。

（3）卡环表面光滑，不应有毛刺、裂纹、尖角、夹层等缺陷，不得利用焊接补强法焊接卡环的缺陷。

（4）卡环在使用时，螺帽或轴的螺纹部分应拧紧，螺纹部分应预先清洗干净，并稍加润滑油。

（5）使用时，应考虑轴销拆卸方便，以防拉出落下伤人。

（6）不允许在高空将拆除的卡环向下抛摔，以防伤人，以及卡环碰撞变形和内部产生不易发觉的损伤与裂纹。

（7）工作完毕后，要将卡环收回擦干净放在干燥处，以防表面生锈影响使用。

14. 钢丝绳及麻绳的保管存放有什么要求?

答:（1）钢丝绳（麻绳）需在通风良好、不潮湿的室内保管，要放置在架上或悬挂好。

（2）钢丝绳应定期上油，麻绳受潮后必须加以干燥，在使用中应避免碰到酸碱液或热体。

15. 简述钢丝绳安全使用和保管方法。

答:（1）选用钢丝绳，应根据规范进行核算，不准超负荷使用。

（2）要正确地开卷，不准许有金钩出现。

（3）使用前必须对钢丝绳详细检查。

（4）使用中使之逐渐受力，不能受冲击力或使其剧烈振动，防止张力突然增大。

（5）使用后的钢丝绳应盘绕好，存放在干燥的木板上并定期检查、上油和保养。

（6）钢丝绳穿用的滑车，其轮缘不应有破裂现象，轮槽应大于钢丝绳的直径。

（7）钢丝绳在机械运动中不要与其他物体摩擦。

（8）钢丝绳禁止与带电的金属接触，以免引起触电事故或电弧烧坏钢丝绳。如在带电地区工作时，应采取绝缘措施，在接近高温的物体上使用，则必须采取隔温措施。

16. 采用滚杠搬运设备时应注意哪些事项?

答:（1）滚杠下面最好铺设道木，以防设备压力过大，使滚杠陷入泥土中。

（2）当设备需要拐弯前进时，滚杠必须依拐弯方向放成扇形面。

（3）放置滚杠时必须将头放整齐，否则长短不一，使滚杠受力不均匀，易发生事故。

（4）摆置或调整滚杠时，应将四个指头放在滚杠筒内，以免压伤手。

（5）搬运过程中，发现滚杠不正时，只能用大锤锤打纠正。

（6）卷扬机司机和参加搬运全体人员注意力应高度集中，听从统一指挥。

17. 搬运设备撬起（下落）设备时，有哪些步骤？

答：（1）将设备一端撬起，垫上枕木，另一端同样做。

（2）重复进行操作，逐渐把设备垫高。

（3）若一次垫不进一枕木，可先垫一小方子（稳定），再垫进枕木。

（4）要将设备从枕木上落下，用类似方法，按与上述相反的步骤操作进行即可。

18. 什么是重心？在起重时为什么应使吊钩和重心在同一条垂线上？

答：重心是物体各部分重力合成作用的中心。在起吊重物时，如果吊钩和重心不在同一垂线上，可能导致倾斜和拖拉重物现象，造成索具受力分配不均或超负荷，也可能使设备摆动、碰撞及倾倒。

19. 如何选择千斤顶的顶升位置？

答：（1）千斤顶的施力点应选择在有足够强度的部位，防止顶起后造成施力点变形或破坏。

（2）应使用设备上设置的顶点。

（3）使用多台千斤顶时，顶升点应对称于重心线。

（4）对于底座为矩形平面的物体，当两端各用一台千斤顶时，顶升点应在重心线两侧对称于重心线的位置上。

20. 使用千斤顶应注意哪些事项？

答：（1）不要超负荷使用。顶升高度不要超过套筒或活塞上的标志线。

（2）千斤顶的基础必须稳定可靠，在松软地面上应铺设垫板以扩大承压面积，顶部和物体的接触处应垫木板，以避免物体损坏和滑落。

（3）操作时应先将物体稍微顶起，然后检查千斤顶底部的垫板是否平整，千斤顶是否垂直。顶升时应随物体的上升在物件的下面垫保险枕木。油压千斤顶放低时，只需微开回油门，使其缓慢下放，不能突然下降，以免损坏内部密封。

（4）如有几台千斤顶同时顶升一个物件，要统一指挥，注意同时升降，速度基本相同，以免造成事故。

21. 简述电动葫芦的主要优点。

答：（1）在结构上体积小、质量轻，全机封闭便于安装。

（2）全部用密闭于黄油箱中的齿轮传动，主要用滚动轴承，传动机构不另设离合器，减少故障。

（3）不用任何控制机件，自动刹车，起重量越大，制动力越大。

（4）操作方便，用手一按按钮，即可控制启闭。

（5）钢丝绳利用导索夹圈，准确的卷绕在卷筒上，不论钢丝绳如何松弛，卷筒上钢丝绳不会松动、重叠、绞乱。

（6）吊钩位置或钢丝绳在卷筒上卷绕圈数，有终点限制开关自动控制，安全可靠。

22. 使用滑轮组应注意哪些事项？

答：（1）使用滑轮组应严格按照滑轮出厂允许使用负荷吊重，不得超载，如滑轮没有标注允许使用负荷时，可按公式进行估算，但此类估算只允许在一般吊装作业中使用。

（2）滑轮在使用前应检查各部件是否良好，如发现滑轮和吊钩有变形、裂痕和轴定位装置不完善等缺陷时，不得使用。

（3）选用滑轮时，滑轮直径大小、轮槽的宽窄应与配合使用的钢丝绳直径相适应。如滑轮直径过小，钢丝绳将会因弯曲半径过小而受损伤；如滑轮槽太窄钢丝绳过粗，将会使轮槽边缘受挤而损坏，钢丝绳也会受到损伤。

（4）在受力方向变化较大的作业和高空作业中，不宜使用吊钩式滑轮，应选用吊环式滑轮，以免脱钩。使用吊钩式滑轮，必须采用铁线封口。

（5）滑轮在使用过程中应定期润滑，减少轴承磨损和锈蚀。

23. 油浸电容式套管在起吊、卧放和运输时要注意什么问题？

答：（1）起吊速度要缓慢，避免碰撞其他物体。

（2）直立起吊安装时，应使用法兰盘上的吊耳，并用麻绳绑扎套管上部，以防倾倒。不能吊套管瓷裙，以防钢丝绳与瓷套相碰处损坏。

（3）竖起套管时，应避免任一部位着地。

（4）套管卧放及运输时，应放在专用箱内。安装法兰处应有两支撑点，上端无瓷裙部位设一支撑点，必要时尾部也要设支撑点，并用软物将支撑点垫好，套管在箱中应固定，以免运输中损伤。

24. 吊装电气绝缘子时应注意哪些事项？为什么？

答：（1）未装箱的瓷套管和绝缘子在托运时，应在车辆上用橡皮或软物垫稳，并与车辆相对固定，以免碰撞或摩擦造成损坏；竖立托运时应把瓷管上中部与车辆四角绑稳。

（2）对于卧放运输的细长套管，在竖立安装前必须将套管在空中翻竖，在翻竖的过程中，套管的任何一点都不能着地。

（3）起吊用的绑扎绳子应采用较柔的麻绳，如所吊的绝缘子较重而必须用钢丝绳起吊时，绝缘子的绑扎处用软物包裹，防止损坏绝缘子。

（4）起吊升降速度应尽量缓慢、平稳，如果采用的吊装起重机的升降速度较快，可在起重机吊钩上系挂链条葫芦，借以减慢起吊速度，在安装就位过程中进行短距离的升降。

（5）对于细长管、套管、绝缘子（变压器套管，电压互感和避雷器等）的吊耳在下半部位置时，吊装时必须用麻绳子把套管和绝缘子上部放牢，防止倾倒。

25. 在工地上怎样二次搬运无包装的套管或绝缘子?

答:(1)利用车轮放倒运输时，应在车上用橡皮或软物垫稳，并与车轮相对捆绑牢固、垫好以减少震动，以免自相碰撞或与车轮摩擦造成损坏。

(2)利用车轮竖立运输时，应把绝缘子上、中、下与车轮的四角用绳索捆牢，并注意避开运输线路中所有的空中障碍物，以免造成倾斜和撞坏。

(3)利用滚动法竖立搬运时。应将瓷件与拖板之间牢固连接，并在瓷件顶端用木棒撑在拖板上，用麻绳将木棒和绝缘子绑紧，在拖板下的滚杠应比一般拖运多而密，防止前后摇晃而发生倾倒。

26. 变压器、大件电气设备运输应注意哪些事项?

答:(1)了解两地的装卸条件，并制订措施。

(2)对道路进行调查，特别对桥梁等进行验算，制订加固措施。

(3)应有防止变压器倾斜翻倒的措施。

(4)道路的坡度应小于15°。

(5)与运输道路上的电线应有可靠的安全距离。

(6)选用合适的运输方案，并遵守有关规定。

(7)停运时应采取措施，防止前后滚动，并设专人看护。

27. 电容器的搬运和保存应注意什么?

答:(1)搬运电容器时应直立放置，严禁搬拿套管。

(2)保存电容器应在防雨仓库内，周围温度应为 -40 ~ +50℃，相对湿度不应大于95%。

(3)户内式电容器必须保存于户内。

(4)在仓库中存放电容器应直立放置，套管向上，禁止将电容器相互支撑。

28. 人力搬运肩抬重物时应注意什么?

答:(1)抬杠人之间的身高相差不应太多。

(2)抬杠时，重物离地面高度要小。

(3)应使用合格的麻绳或白棕绳，绳结要牢靠。

(4)抬杠要长，行走时人和重物的最小距离应大于350mm。

(5)行走时要由一人喊号进行，步调一致，跨步要小。

(6)抬运细长物件时，抬结点应系在重物长的1/5 ~1/4 处。

29. 使用电动卷扬机应注意什么?

答:(1)电动卷扬机应安装在视野宽广，便于观察的地方，尽量利用附近建筑物或锚使其固定，固定后卷扬机不应发生滑动或倾覆。

(2)卷扬机前面第一个转向轮中心线应与卷筒中心线垂直，并与卷筒相隔一定距离(应大于卷筒宽的20倍)，才能保证钢丝绳绕到卷筒两侧时倾斜角不超过1°30′，这样钢丝绳在卷筒上才能按顺序排列，不致斜绕和互相错叠挤压。起吊重物时，卷扬机卷筒上钢丝绳余留不得小于3圈。

（3）操作前应检查减速箱的油量，检查滑动轴承是否已注黄油。

（4）开车前先空转一圈，检查各部分零件是否正常，制动装置是否安全可靠。

（5）卷扬机的电气控制器要紧靠操作人员，电气开关及转动部分必须有保护罩，钢丝绳应从卷筒下方卷入，卷扬机操作时周围严禁站人，严禁任何人跨越钢丝绳。

30. 选用临时地锚时应注意什么？

答：（1）要知道所需用地锚的实际拉力的大小。

（2）了解所选用的被当作地锚的物体本身的稳定性及所允许承受的水平或垂直拉车。

（3）如必须用拉力较大的地锚，使用前要征得现场设计代表的许可或根据其本身结构所能承受的拉力进行验算，确无问题后方能使用。

（4）活动的设备严禁选作地锚。

（5）选用建筑物件地锚时，施工中要有防护措施，严禁损坏。

第三节　电　工　基　础

1. 什么是电压？

答：静电场或电路中两点之间的电位差称为电压。其数值等于单位正电荷在电场力的作用下，从一点移动到另一点所作做的功。以字母 U 表示，基本单位为伏（V）。

2. 什么是电流？什么电流强度？什么是交流电流？什么是正弦电流？

答：电流是指电荷的有规律运动。电流强度是表示电流大小的一个物理量，指单位时间穿过导体截面积的电荷，以字母 I 表示，基本单位为安（A）。习惯上把电流强度简称电流。

交流电流是指对时间作周期性变化而直流分量为零的电流。正弦电流是指随时间按正弦规律变化的交流电流。

3. 什么是电阻？什么是电阻率？什么叫电阻的温度系数？

答：电阻是指将电荷在导体内定向运动所受到的阻碍作用。以字母 R 或 r 表示，基本单位为欧姆（Ω）。

电阻率又叫电阻系数或比电阻。是衡量物质导电性能好坏的一个物理量，以字母 ρ 表示，单位为 $\Omega \cdot mm^2/m$。在数值上等于用该物质做的长 $L = 1m$，截面积 $S = 1mm^2$ 的导线在温度为20℃时的电阻值。电阻和导线长度、导线截面积以及电阻率的关系：$R = \rho \dfrac{L}{S}$。

电阻的温度系数表示电阻的电阻率随温度而变化的物理量，其数值等于温度每升高1℃时，每欧姆导体电阻的增加值，通常以字母 α 表示，单位为1/℃。在0～100℃范围内金属导体的电阻与温度之间的关系为

$$R_2 = R_1 + \alpha R_1 (t_2 - t_1)$$

式中 R_1——初始温度为 t_1 时的电阻值；

R_2——温度升高为 t_2 时的电阻值；

α——导体电阻温度系数。

4. 什么是电感？什么是电容？

答： 线圈中通过一定数量变化电流时，其产生自感电势的能力，称为线圈的电感量。简称为电感，也是自感与互感的统称，基本单位为亨利（H）。电容是指电容器容纳电荷能力大小的一个物理量，基本单位是法拉（F）。

5. 什么是感抗、容抗、电抗、阻抗？他们的基本单位是什么？

答： 感抗是指电感元件在电路中对交流电流引起的阻碍能力。容抗是指电容元件在电路中对交流电流引起的阻碍能力。电抗是指电容和电感元件在电路中对交流电流引起的阻碍能力的总称。阻抗是指电阻、电容和电感元件在电路中对交流电引起的阻碍能力的总称，基本均欧姆（Ω）。

6. 什么是波阻抗？

答： 电磁沿线路单方向传播时，行波电压与行波电流绝对值之比称为线路的波阻抗，又称特征阻抗，用 $Z_C = \sqrt{\frac{L_0}{C_0}}$ 表示，其中 L_0、C_0 分别表示单位长度线路电感和电容。比如：220kV 电压等级输电线路 1 分裂的波阻抗参考值为 375Ω、2 分裂的波阻抗参考值为 310Ω。

7. 什么是有效值？

答： 在规定时间间隔内一个量的各瞬时值的平方的平均值的平方根。对于周期量，时间间隔为一个周期。正弦交流电流的有效值等于其最大值的 $\sqrt{2}/2$ 倍。

8. 在正弦状态下，什么是有功功率？什么是无功功率？什么是视在功率？什么是功率因数？

答： 有功功率（平均功率）是指交流电瞬时功率在一个周期内的平均值。用字母 P 表示，基本单位为瓦（W）。在电路中指电阻部分所消耗的功率，对电动机来说是指其出力。

无功功率是指含有储能元件的二端网络与外电路之间往返交换能量的最大速率。用字母 Q 表示，基本单位为乏（var）。在电力系统中，无功功率通常指感性无功功率。

视在功率是指任一二端网络端口电压有效值与端口电流有效值的乘积，用字母 S 来表示，基本单位为伏安（VA）。

功率因数是指二端网络的有功功率 P 与视在功率 S 的比值，用字母 λ（$\cos\varphi$）表示。

9. 什么是磁通？什么是磁阻？什么是磁滞？

答： 磁通是指磁感应强度与垂直于磁场方向的面积的乘积，以字母 φ 表示，单位为麦克斯韦（Mx）。磁阻与电阻的含义相仿，是表示磁路对磁通具有阻碍作用的物理量，以符号

R_m表示，单位为1/亨（1/H）。磁滞是指铁磁体在反复磁化的过程中，磁感应强度的变化总是滞后于其磁场强度的现象。

10. 磁力线的主要特性是什么？

答：（1）磁力线的方向在磁铁外部是从北极N到南极S，而在磁铁的内部则是由南极S到北极N。

（2）磁力线是不会相互交叉的封闭曲线。

（3）磁力线线条密表示磁场强；相反，线条疏表示磁场弱。

11. 什么是磁滞回线？并依据图13－18描述磁滞现象。

答：当铁芯线圈中通有交变电流（大小和方向都变化）时，铁芯就受到交变磁化，在铁芯反复交变磁化的情况下，表示铁磁体的磁感应强度B与磁场强度H变化关系的闭合曲线称为磁滞回线。

当铁磁物质中不存在磁化磁场时，H和B均为零，如图13－18中$B-H$曲线的坐标原点0。随着磁化场H的增加，B也随之增加，但两者之间不是线性关系。当H增加到一定值时，B不再增加（或增加十分缓慢），这说明该物质的磁化已达到饱和状态。H_m和B_m分别为饱和时的磁场强度和磁感应强度（对应于图中a点）。如果再使H逐渐退到零，则与此同时B也逐渐减少。然而H和B对应的曲线轨迹并不沿原曲线轨迹$a0$返回，而是沿另一曲线ab下降到B_r，这说明当H下降为零时，铁磁物质中仍保留一定的磁性，这种现象称为磁滞，B_r称为剩磁。将磁化场反向，再逐渐增加其强度，直到$H=-H_c$，磁感应强度消失，这说明要消除剩磁，必须施加反向磁场矫顽力（H_c）。它的大小反映铁磁材料保持剩磁状态的能力。综上所述，当磁场按$H_m \to 0 \to -H_c \to -H_m \to 0 \to H_c \to H_m$次序变化时，$B$所经历的相应变化为$B_m \to B_r \to 0 \to -B_m \to -B_r \to 0 \to B_m$。于是得到一条闭合的$B-H$曲线，称为磁滞回线。

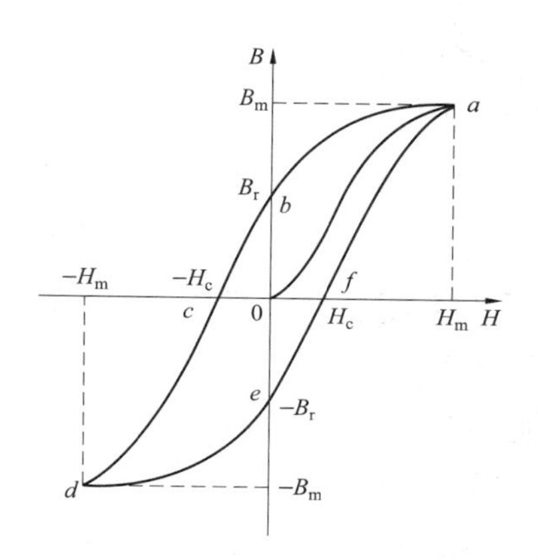

图13－18　铁磁材料的磁滞回线

12. 什么是集肤效应？有什么应用？

答：集肤效应是指由于导体中交流电流的作用，靠近导体表面处的电流密度大于导体内部电流密度的现象，也叫趋肤效应。比如：为了有效利用导体材料，保证良好散热，大电流母线常做成管形；其次，在高压输配电线路中，利用钢芯铝绞线代替铝绞线，这样既能节省铝导体，又增加了导线的机械强度。

13. 什么是电路？电路有几种工作状态？电路有什么作用？

答：电路是指电流的通路，它是为了某种需要由某些电工设备或元件按一定方式组合起来的。电路通常由电源、负载和中间环节三部分组成。

电路有短路、断路、通路三种工作状态。电路的作用，一是实现电能的传输和转换；二是传递和处理信号。

14. 什么是对称三相电源？什么是相序？如何变换相序？

答：三相对称电源是指由三个等幅值、同频率、初相位依次相差120°的正弦电压源连接成星形（Y）或三角形（△）组成的电源。三相依次称为A相、B相和C相，任何一相均在相位上超前于后一相120°。

相序是指三相对称电源的各相电压经过同一量值（例如极大值）的先后次序。三相电压依次为：$u_A=\sqrt{2}U\cos(\omega t)$，$u_B=\sqrt{2}U\cos(\omega t-120°)$，$u_C=\sqrt{2}U\cos(\omega t+120°)$。

三相之间互差120°电角度，任意将两条电源线对调，则相序变反，电机反转。若再对调两条电源线则相序又变回原来的相序。通俗地讲，假如ABC为正转相序，CAB和BCA同样为正转相序，则BAC、CBA和ACB三种都是反转相序。

15. 什么是相量？什么是相量图？画出三相变压器一、二次绕组Yd1接线组别图及电压的相量图。

答：相量是指表示正弦量的复数量，其辐角等于初相，其模等于方均根值或振幅。

例如：在三相对称电源中，A相电压的瞬时值表达式：$u_A=\sqrt{2}U\sin(\omega t+\varphi)$，其相量可以表示为：$\dot{U}_A=U\angle\varphi=U\cos\varphi+jU\sin\varphi=Ue^{j\varphi}$。相量图是指相量在复平面上的图形（见图13－19）。如下图：相量$\dot{U}_A$在复平面上用有向线段表示，有向线段的长度为复数的模，即U，有向线段与实轴正方向的夹角为复数$\dot{U}_A$的幅角，即φ。

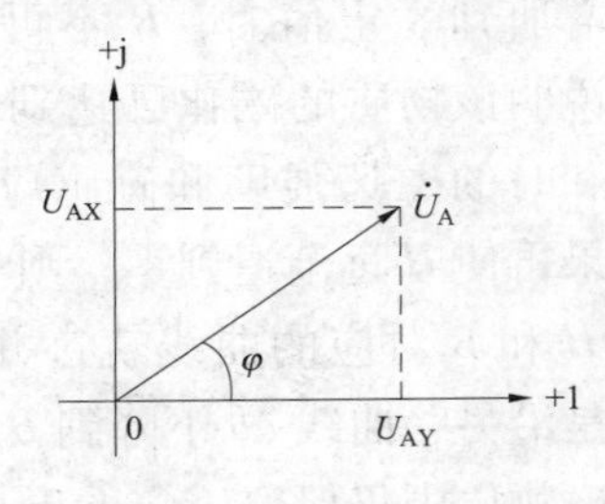

图13－19　复平面图

三相变压器一、二次绕组Yd1接线图及电压相量图如图13－20所示。

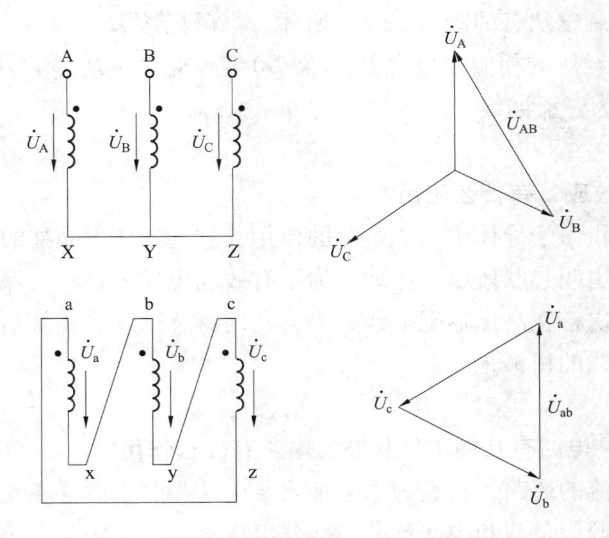

图13－20　Yd1接线图及电压相量图

16. 串联电阻电路有哪些特点？并联电阻电路有哪些特点？

答：串联特点：各电阻中的电流相等；各电阻上电压降之和等于总电压；电路中的总电阻等于各个分电阻之和；各电阻上电压降与各电阻成正比。

并联特点：并联电阻两端承受同一电压；并联电路的总电流等于各分电流之和；并联电阻的等效电阻的倒数等于各支路电阻倒数之和；并联电路的各支路对总电流有分流作用。

17. 什么是谐振？什么是线性谐振？

答：谐振是指振荡回路的固有自振频率与外加电源频率相等或接近时出现一种周期性或准周期性的运行状态，其特征是某一个或几个谐波幅值将急剧上升。复杂的电感、电容电路可以由一系列的自振频率，而非正弦电源则含有一系列的谐波，因此，只要某部分电路的自振频率与电源的谐振频率之一相等（或接近）时，这部分电路就会出现谐振。

线性谐振是指在由恒定电感、电容和电阻组成的回路中所产生的谐振，这是电力系统中最简单的谐振形式。

18. RLC 串联电路谐振的条件是什么？串联谐振有什么特点？

答：RLC 串联电路（见图 13－21）谐振的条件是：$\omega_0=\frac{1}{\sqrt{LC}}$或$f_0=\frac{1}{2\pi\sqrt{LC}}$。谐振频率又称为电路的固有频率，它是由电路的结构和参数决定的。串联谐振频率（角频率ω_0或者频率f_0）只有一个，是由串联电路的L、C参数决定的，而与串联电阻无关。但是串联电阻有控制和调节谐振电流和电压幅度的作用。

串联谐振特点是谐振时电路中电流达到最大值；电容和电感串联部分的支路相当于短路，电路呈现纯电阻性，即谐振阻抗$Z_0=R$；电容和电杆上可能出现超过电源电压很多倍的高电压，所以又称串联谐振为电压谐振；电容、电感和电源频率三个量中，不论改变哪一个量，都可以使电路满足谐振条件而发生谐振，也可以使三者之间的关系不满足谐振条件而达到消除谐振的目的。

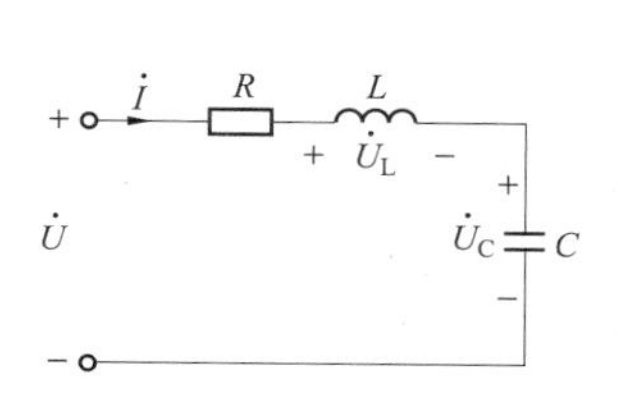

图 13－21　RLC 串联电路

19. GLC 并联谐振的条件是什么？并联谐振有什么特点？

答：GLC 并联电路（见图 13－22）谐振的条件是：$\omega_0=\frac{1}{\sqrt{LC}}$或$f_0=\frac{1}{2\pi\sqrt{LC}}$。并联谐振特点是电压取得最大值；电容和电感并联部分相当于开路，电路呈现纯电导性，即谐振导纳$Y_0=G$；电容和电感中可能出现超过电源电流很多倍的大电流，所以并联谐振又称为电流谐振；电容、电感和电源频率三个量中，不论改变哪一个量，都可以使电路满足谐振条件而发生谐振，也可以使三者之间的关系不满足谐振条件而达到消除谐振的目的。

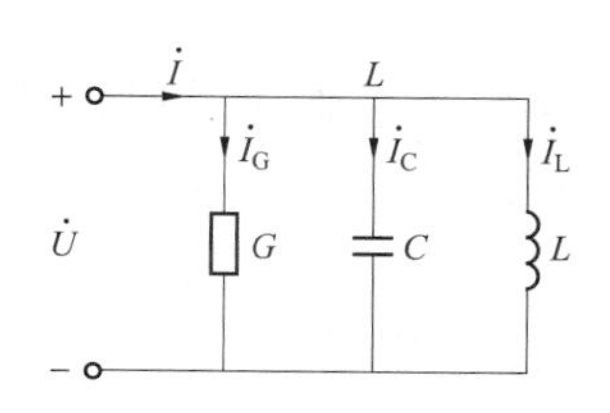

图 13－22　GLC 并联电路

20. 什么是非线性谐振？

答：非线性谐振是指电力系统中，由于变压器、电压互感器、消弧线圈等铁芯电感的磁路饱和作用而激发引起持续性的较高幅值的铁磁谐振过电压，它具有与线性谐振过电压完全不同的特点和性能。

铁磁谐振可以是基波谐振、高次谐波谐振，也可以是分次谐波谐振。其表现形式可能是单相、两相或三相对地电压升高，或因低频摆动引起绝缘闪络或避雷器爆炸；或产生高值零序电压分量，出现虚幻接地现象和不正确的接地指示；或者在电压互感器中出现过电流，引起熔断器熔断或互感器烧毁；还可能使小容量的异步电动机发生反转等现象。

21. 单相负载如何接到三相电路上？

答：在三相四线制供电系统中，对于电灯或其他单相负载，其额定电压为220V，因此，接在火线与中线之间，不能接在两火线之间，否则将损坏负载。通常电灯负载是大量使用的，但不能集中接在一相内，而应均匀分配在各相之中，使三相负载保持平衡。

22. 现有两线圈 A、B，$P_A=40W$，$P_B=40W$，它们的额定电压均是 $U_1=110V$，是否可以将它们串接在 $U_2=220V$ 的电源上，为什么？

答：不可以。因为

$$R_A=\frac{U_1^2}{P_A}=\frac{110^2}{40}=303\Omega$$

$$R_B=\frac{U_1^2}{P_B}=\frac{110^2}{60}=202\Omega$$

A、B 两灯泡串联在220V 电源上，根据电阻串联分压公式，得

$$U_A=\frac{R_A}{R_A+R_B}U_2=\frac{303}{505}=132V$$

$$U_B=\frac{R_A}{R_A+R_B}U_2=\frac{202}{505}=88V$$

由计算可知，灯泡 A 所分得电压大于灯泡的额定电压（132V >110V）；灯泡 B 却相反（88V <110V）。因此，不可以串接在220V 电源上。若一旦接入，瞬间灯泡 A 会很亮，灯泡 B 亮度不足；并且，灯泡 A 灯丝可能被烧毁，电路断开。

23. 如何使用万用表测量电阻？

答：（1）确保已切断待测电路电源（不能带电测电阻），并将所有电容器放电。

（2）将旋转开关旋至电阻挡。

（3）将黑表笔插入 COM 插孔。红表笔插入电阻测试（Ω）插孔。

（4）将表笔探头跨接到被测元件或电路的两端。

（5）察看读数，并注意单位欧姆（Ω、kΩ、MΩ 等）。

（6）测完后，开关应打至 OFF 挡位。

24. 数字绝缘电阻表的使用及注意事项是什么？

答：（1）测量前要先切断被测设备的电源，并将设备的导电部分与大地接通，进行充分放电，以保证安全。

（2）用数字绝缘电阻表测量过的电气设备，也要及时接地放电，方可进行再次测量。

（3）测量前要先检查绝缘电阻表是否完好，即在绝缘电阻表未接上被测物之前，打开电源开关，检测绝缘电阻表电池情况，如果绝缘电阻表电池欠压应及时更换电池，否则测量数据失真。

（4）将测试线插入接线柱“线（L）和地（E）”，选择测试电压，断开测试线，按下测试按键，观察数字是否显示无穷大。将接线柱“线（L）和地（E）”短接，按下测试按键，观察是否显示“0”。如液晶屏不显示“0”，表明数字绝缘电阻表有故障。

（5）必须正确接线。数字绝缘电阻表上一般有三个接线柱，分别标有L（线路）、E（接地）和G（屏蔽）。其中L接在被测物和大地绝缘的导体部分，E接被测物的外壳或大地，G接在被测物的屏蔽上或不需要测量的部分，接线柱G是用来屏蔽表面电流的。

（6）接线柱与被测物间连接的导线不能用双股绝缘线或绞线，应使用单股线分开单独连接，避免因绞线绝缘不良而引起误差。

（7）为获得正确的测量结果，被测设备的表面应用干净的布或棉纱擦拭干净。

（8）应在读数后首先断开测试线，然后再停止测试，在绝缘电阻表和被测物充分放电以前，不能用手触及被试设备的导电部分。

（9）测量具有大电容设备的绝缘电阻，读数后不能立即断开绝缘电阻表，否则已被充电的电容器将对绝缘电阻表放电，有可能烧坏绝缘电阻表。

（10）测量设备的绝缘电阻时，还应记下测量时的温度、湿度、被试物的有关状况等，以便于对测量结果进行分析。

第四节　电　机　基　础

1. 什么是旋转电机？什么是异步电机？什么是异步电动机？

答：旋转电机是指依靠电磁感应而运行的电气装置，它具有能作相对旋转运动的部件．用于转换能换。异步电机是指一种交流电机，其负载时的转速与所接电网频率之比不是恒定值。异步电动机是异步电机的一种，异步电动机是由定子和转子两个基本部分组成，在定子和转子之间有一个很小的空气隙。

2. 什么是同步转速？解释“异步”由来。

答：同步转速是指按电机供电系统的频率和电机本身的极数所决定的转速，即 $n_1=60f/p$，n_1为同步转速，f为供电系统的频率，p为电机本身的极数。

异步电动机转子旋转的转速 n 不能等于定子旋转磁场转速 n_1，因为如果 $n=n_1$，转子绕组和气隙旋转磁通密度之间就没有相对运动，转子绕组中就没有感应电动势和感应电流，也就不能产生推动转子转动的电磁转矩，所以说，异步电动机运行的必要条件是转子转速 n 和同步转速 n_1之间存在差异，一般转子转速略小于同步转速，这是“异步”的由来。

3. 什么叫电角度？电角度与机械角度是什么关系？

答：电角度是指转子每转一圈，定子和转子绕组中的感应电动势或感应电流变化的角度。机械角度是指机械每转一圈所对应的机械或几何角度。电角度与机械角度的关系为：$\alpha = p \times \left(\frac{360°}{Q}\right)$，$Q$ 表示定子内表面圆周上的槽数，p 表示磁极对数，α 表示电角度。

4. 异步电动机有哪些分类形式？

答：异步电动机按定子相数分为单相异步电动机、两相异步电动机和三相异步电动机。按转子结构分为绕线型异步电动机和鼠笼型异步电动机，后者又包括单鼠笼异步电动机、双鼠笼异步电动机和深槽异步电动机。

5. 异步电动机有何优缺点？

答：主要优点有结构简单、容易制造、价格低廉、运行可靠、坚固耐用、运行效率较高和具有适用的工作特性。缺点是功率因数较差，运行时，必须从电网吸收滞后性的无功功率，功率因数总是小于1。

6. 绕线型异步电动机和鼠笼型异步电动机相比，具有哪些优缺点？

答：绕线型异步电动机优点是可以通过集电环和电刷，在转子回路中串入外加电阻，以改善启动性能，并可通过改变外加电阻在一定范围内调节转速。但是，绕线型相比鼠笼型异步电动机结构复杂，价格较贵，运行的可靠性较差。

7. 电机保护如何分类？

答：（1）电保护，包括欠电压、过电压、过载、断相、短路、堵转和漏电等。

（2）热保护，主要有双金属片式和热敏电阻式两种，它们都能直接被埋置在绕组中或轴承中，目前热敏元件应用较广。

（3）机械保护，主要有过转速保护盒过转矩保护，前者采用离心式调节器，后者则借助安全销或转差离合器实现。

8. 什么是三相异步电动机的机械特性、固有机械特性和人为机械特性？

答：三相异步电动机的机械特性是指在定子电压、频率和参数固定的条件下，电磁转矩 T 与转速 n（转差率 s）之间的函数关系。转差率是指同步转速与电动机转子转速二者之差与同步转速的比值。

固有机械特性是指在电压、频率均为额定值不变，定、转子回路不串入任何电路元件条件下的机械特性。人为机械特性是指降低定子端电压或者在转子回路串入三相对称电阻等。

9. 三相异步电动机是怎样转起来的？

答：当三相交流电流通入三相定子绕组后，产生一个旋转磁场，该磁场会切割转子导体产生感应电动势，进而在转子导体中产生感应电流（电磁感应原理）。带感应电流的导体在磁场中便会发生运动。由于转子内导体总是对称布置的，因而导体上产生的电磁力正好方向相反，从而形成电磁转矩，使转子转动起来。

10. 什么是电动机额定功率？如何选择额定功率？

答：电动机额定功率是指输出的轴机械功率，用 MW 值表示。电动机额定功率应满足负载的功率要求，同时要考虑负载特性与运行方式。

（1）应依据反映负载变化规律的负荷曲线，确定经济负载率。

（2）应根据负载的类型和重要性确定适当的备用系数。具有长期连续运行或稳定负载的电动机，应使电动机的负载率接近综合经济免载率。

（3）年运行时间大于 3000h、负载率大于 60% 的电动机，应优先选用能效指标符合 GB 18613 中节能评价值的省能电动机。

11. 如何选择电动机类型？

答：（1）电动机选择前应充分了解被拖动机械的负载特性，该负载对启动、制动、调速无特殊要求时应选用笼型异步电动机，同时要考虑电机节能性。

（2）负载对启动、制动、调速有特殊要求时，所选择的电动机应满足相应的堵转矩与最大转矩要求，所选电动机应能与调速方式合理匹配。

（3）应依据电动机的工作是否处于易燃、易爆、粉尘污染、腐蚀性气体、高温、高海拔、高湿度、水淋和潜水工作环境。选择相应的防护类型、外壳防护等级和电动机的绝缘等级。

（4）拖动高精度加工机械和有静音环境要求的电动机，应按要求选用有精确速度控制、低振动和低噪声设计的电动机。

（5）应依据负载要求，选择具有合适的安装尺寸与连接方式的电动机。

12. 安装电动机有哪些注意事项？

答：（1）电动机应当由专门的安装技术人员进行安装。

（2）电动机的供电电压应符合额定电压的要求，运行各阶段电压应保持均衡。

（3）电动机安装应特别注意连接轴的对准。电动机安装场地与位置的确定应充分考虑运行管理的方便，预留必要的检修空间或场地，应保持适当通风。并应考虑监控测点布置和测试仪器仪表的安装要求。

（4）电动机安装（包括检修、改造更换）完毕，必须进行安装结果测试，检验测试安装后（或改造更换后）电动机的空载特性，包括机械性能、振动测量、效率与功率因数、电气安全指标等，同时应做好安装测试记录。

13. 电动机维护包括哪些内容？

答：（1）轴承监测与校准。应经常性地检查电动机轴承的运行情况，作好电动机轴定位，及时对电动机转轴的偏移进行校准。应特别关注直接耦合的电动机转轴的偏移。轴承监测可使用红外成像仪测量轴承温度、使用振动传感器检测电机振动。

（2）润滑。应按照厂家的规定对电动机轴承和变速箱保持良好润滑。

（3）清洗。电动机应保持清洁，去除碎屑。

（4）修正电压失衡。对电动机负载状态下每一相位的电源线电压应进行经常性测量并予以记录。线间电压存在明显失衡时应予以纠正。

（5）校正电源电压。电压波动超过其允许电压范围应及时进行校正。

（6）监控和维护机械传输系统。应按照厂家的规定对电动机连接和耦合设备、皮带和传动齿轮进行经常性检查和维护，及时更换旧部件和皮带，以确保电动机可靠和有效运行。

14. 电动机检修有哪些基本要求？

答：（1）线圈拆除。拆除电动机线圈进行修理时，应将铁芯加热到恰好能够拆除绝缘材料的温度，减少损伤，防止铁芯温度过高，并应防止拆除过程中对铁芯的损伤。

（2）线圈安装。替换的新线圈应与原电动机使用的线圈具有相同的尺寸、绝缘特性和线圈形式。安装这些线圈应尽可能接近原来的结构。

（3）轴承定位。安装轴承时应避免对轴承的损伤，并确保将轴承对准电动机的轴承室或轴承座。

15. 在什么情况下需要对电动机进行更换？更换或改造电动机有哪些基本要求？

答：在以下情况下需要更换电动机：

（1）电动机当前的状况和效率。若电动机已被修理过数次或已经破旧，应在其失效前予以更换；若电动机状态良好，可对其进行修理或作为备用；如果电动机很新且效率较高，则只需修理。

（2）新替换电动机的成本和有效性。当较小型电动机的维修成本较高时，应以高效产品替代；如果是大型电动机或专用电动机，不易替代的，则应制定电动机维修计划。

更换时的基本要求：

（1）当电动机处于非经济运行状态，采取更换或改造措施时，必须满足被拖动机械负载的要求，使电动机运行的负载率在接近综合经济负载率。使更新或改造后电动机的综合功率损耗小于原电动机的综合功率损耗。

（2）应根据工作环境、拖动负载更换电动机，在国家现行系列产品中合理选择。

（3）电动机更换应使用寿命周期成本分析方法进行经济性的检验。

16. 电机负载运行时，所带负载是否越大越好？电机的温升是怎么规定的？

答：若不考虑机械强度，并且在额定范围内，电机负载运行时，所带负载即输出功率越大越好。但是，输出功率越大、损耗功率越大，温度越高。如果电机内耐温最薄弱的绝缘材料（如漆包线），超出承受限度，绝缘材料寿命急剧缩短，甚至会烧毁。这个温度限度，称为绝缘材料的允许温度，绝缘材料的允许温度，即电机的允许温度；绝缘材料的寿命，一般也就是电机的寿命。

环境温度随时间、地点而异，设计电机时规定取40℃为我国标准环境温度。因此绝缘材料或电机的允许温度减去40℃即为允许温升。

不同绝缘材料的允许温度不同，按照允许温度的高低，电机常用的绝缘材料为A、E、B、F、H五种。按环境温度为40℃计算，这五种绝缘材料及其允许温度和允许温升如表13－1所示。

表13－1　绝缘材料的允许温度和温升　（℃）

等级	绝缘材料	允许温度	允许温升
A	经过浸渍处理的棉、丝、纸板、木材等，普通绝缘漆	105	65
E	环氧树脂、聚酯薄膜、青壳纸，三酸纤维，高度绝缘漆	120	80
B	用耐热性能的有机漆作黏合剂的云母、石棉、和玻璃纤维组合物	130	90
F	用耐热优良的环氧树脂黏合或浸渍的云母、石棉和玻璃纤维组合物	155	115
H	用硅有树脂黏合或浸渍的云母、石棉或玻璃纤维组合物，硅有橡胶	180	140

17. 什么是软起动器？软起动器的应用范围有哪些？如何实现电动机软起动？

答：软起动器是一种用来控制鼠笼型异步电动机的设备，集电机软起动、软停车、轻载节能和多种保护功能于一体的电机控制装置。原则上，对于笼型异步电动机，凡不需要调速的各种场合都可适用，软起动器特别适用于各种泵类负载或风机类负载等需要软起动与软停车的场合。电动机软起动实现，使电机输入电压从零以预设函数关系逐渐上升，直至起动结束，输入电压变为全电压，即为软起动，在软起动过程中，电机起动转矩逐渐增加，转速也逐渐增加。

18. 软起动与传统减压起动方式相比，有哪些优点？

答：（1）无冲击电流。软起动器在起动电机时，使电机起动电流从零线性上升至设定值。对电机无冲击，提高供电可靠性，平稳起动，减少对负载机械的冲击转矩，延长机器使用寿命。

（2）有软停车功能，即平滑减速，逐渐停机，可以克服瞬间断电停机的弊病，减轻对重载机械的冲击，减少设备损坏。

（3）起动参数可调，根据负载情况及电网继电保护特性选择，可自由地无级调整至最佳的起动电流。

19. 什么是变频器？软起动器与变频器的主要区别是什么？

答：变频器是指将电压和频率固定不变的交流电变换为电压或频率可变的交流电的装置。变频器是用于需要调速的地方，其输出不但改变电压而且同时改变频率；软起动器实际上是个调压器，用于电机起动时，输出只改变电压不改变频率。变频器具备所有软起动器功能，价格较高，结构较复杂。

20. 三相异步电动机的定子绕组和转子绕组没有电路上的直接联系，为什么当负载转矩增加时，定子电流和输入功率会自动增加？

答：异步电动机原、副绕组没有电路的联系，但是，存在磁耦合，通过电磁感应作用，异步电动机把电能转变成机械能通过转子输出，所以，负载转矩增加时，转子电流增大，同时，定子电流和输入功率也相应增大。

21. 三相异步电动机的3根电源线断一根，为什么不能起动？而在电动机运行过程中断一根电源线，为什么能继续转动？

答：正常运行的三相异步电动机，在断一根电源线后，电机仍能继续工作，因为此时，三相异步电动机相当于起动后的单相电机，存在着脉动磁场。停止的三相异步电动机的3根电源线断一根，则不能够产生起动转矩，则不能起动。

22. 电动机温升过高可能有哪些原因？应如何处理？

答：（1）如因电源电压过低而出现温升过高时，可用电压表测量负载及空载时的电压，如负载时电压降过大，即应换用较粗的电源线以减少线路压降，如果是空载电压过低则应调整变压器供电电压。

（2）如果故障原因是电动机过载，则应减轻负载、并改善电动机的冷却条件（例如用鼓风机加强散热）或换用较大容量电动机，以及排除负载机械的故障和加润滑脂以减少阻力。

（3）若电源电压超出规定标准，则应调整供电变压器分接头，以适当降低电源电压。

（4）如果启动频繁或正、反转次数过多，则适当减少电动机的启动及正、反转次数，或者更换能适应于频繁启动和正、反转工作性质的电动机。

（5）定子绕组短路或接地故障，可用万用表、短路侦查器及绝缘电阻表找出故障确切位置后，视故障情况分别采取局部修复或绕组整体更换。

（6）鼠笼转子断条故障可用短路侦查器结合铁片、铁粉检查，找出断条位置后作局部修补或更换新转子。绕线转子绕组断线故障可用万用表检测，找出故障位置后重新焊接。

（7）仔细检查电动机的风扇是否损坏及其固定状况，认真清理电动机的通风道，并且隔离附近的高温热源和不使其受阳光强烈曝晒。

（8）用锉刀细心锉去定、转子铁芯上硅钢片的突出部分，以消除相擦。如轴承严重损坏或松动则需要换轴承，若转轴弯曲，则需拆出转子进行转轴的调直校正。

23. 异步电动机启动电流大会造成哪些不良影响？降低启动电流的方法有哪些？

答：异步电动机启动电流大会造成不良影响：对电动机本身，由于电压太低，当负载较重时，可能无法启动；对同一台配电变压器供电的其他负载有影响，比如其他异步电动机停转、电灯变暗等；使电动机过热而加速绕组绝缘老化；过大的电磁力冲击使电动机定子绕组端部变形。降低启动电流的方法主要有：降低异步电动机电源电压（比如自耦降压、Y－△启动等）；增加异步电动机定、转子阻抗。

24. 电机运转时，轴承温度过高，可能有哪些原因？如何检查轴承是否运转正常？

答：电机轴承常见故障：滚动轴承发热和出现不正常杂声（轴承内润滑油过多或过少，滚珠磨损、轴承与轴配过松或过紧、轴承与端盖配合过紧或过松）。滑动轴承发热、漏油

（轴颈与轴瓦间隙太小、润滑油路不畅通、润滑油不合格、油箱油位太高、轴承挡油盖封不好）。

检查轴承是否运转正常的方法主要有听声音和测温度。听轴承运转声音可用细细铁棍或螺钉旋具，如果听到的是均匀的“沙沙”声，轴承运转正常；如果听到“咝咝”的金属碰撞声，则可能是轴承缺油；如果听到“咕噜、咕噜”的冲击声，可能是轴承中有滚珠被砸碎。测量轴承温度用温度计，滚动轴承应不超过95℃，滑动轴承应不超过80℃。

25. 如何从异步电动机的不正常振动中判断故障原因?

答:（1）电动机的安装基础不平衡。

（2）电动机的皮带轮或联轴器不平衡。

（3）转轴的轴头弯曲或皮带轮、联轴器偏心。

（4）电动机的转子不平衡。

（5）电动机风扇不平衡。

（6）因机械加工原因或轴承磨损造成定、转子气隙不均匀，运行时转子被单边磁拉力拉向一侧使转轴弯曲，从而产生异常振动。

（7）定子绕组连接错误或局部短路造成三相电流不平衡而引起振动。

（8）电动机绕线转子绕组短路从而引起振动。

26. 分析电动机绝缘电阻过低或外壳带电的原因及处理方法。

答:（1）绕组受潮，绝缘老化，接线板有污垢或引出线碰接线盒外壳，可以将绕组进行干燥处理，去除污垢或更换绕组。如果有可能加装漏电保护器。

（2）电源线与接地线接错，纠正接线。

（3）直流电机电枢槽部或端部绝缘损坏，可以用低压直流电源测量片间电压，找出接地点。

27. 分析电动机的空载电流偏大的原因。

答:（1）电动机的电源电压偏高。

（2）定子绕组星形接法误接为三角形接法，或者应串联的线圈组错接成并联。

（3）电动机的定、转子铁芯轴向错位，致使铁芯有效长度减小。

（4）定子绕组每相串联匝数不够或线圈节距嵌错。

（5）电动机轴承严重损坏或转轴弯曲而造成定、转子相擦。

28. 分析电动机三相电流不平衡的原因。

答:（1）三相电源电压不平衡而导致的三相电流不平衡。

（2）电动机绕组匝间短路。

（3）绕组断路（或绕组并联支路中一条或几条支路断路）。

（4）定子绕组部分线圈接错。

（5）电动机三相绕组的匝数不相等。

29. 为什么鼠笼式异步电动机转子绕组对地不需绝缘而绕线式异步电动机转子绕组对地则必须绝缘？

答：鼠笼式异步电动机转子可以看作一个多相绕组，相数等于一对极的导条数，每相匝数等于1/2匝，由于每相转子感应电势很小，并且硅钢片电阻远大于铜或铝的电阻，所以绝大部分电流从导体流过，不需要对地绝缘。

绕线式转子绕组中，相数和定子绕组相同，每相的匝数较多，转子每相感应电势很大，这时若对地不绝缘就会产生对地短路甚至烧毁电机。

30. 交流接触器频繁操作时为什么会过热？

答：交流接触器启动时，由于铁芯和衔铁之间的空隙大，电抗小，可以通过线圈的激磁电流大，往往大于工作电流的十几倍，如频繁启动，使激磁线圈通过很大的启动电流，因此，引起线圈产生过热现象，严重时会将烧毁线圈。

第五节　绝　缘　材　料

1. 什么是电介质？什么是绝缘材料？

答：电介质是指能够被电场极化的物质，在特定频带内，时变电场在其内给定方向上产生的传导电流密度分矢量值远小于在该方向上的位移电流密度的分矢量值。绝缘材料是指用于防止导电元件之间导电的材料。

2. 固体绝缘材料有什么作用？常用的有哪几种？

答：固体绝缘材料一般在电气设备中起隔离、支撑等作用。常用的有绝缘漆和胶、塑料类、复合材料、天然纤维和纺织品、浸渍织物、云母、陶瓷，以及各类绝缘纸、各类木质绝缘件等。

3. 叙述固体绝缘材料的导电特性。

答：当对固体绝缘材料施加一定的直流电压后，会流过及其微弱的电流，主要由三部分组成：瞬时充电电流，绝缘材料相当于一个电容器，在开始施加直流电瞬间，电容器相当于短路，电流初始值较大，随时间增加而逐渐衰减为零；吸收电流，由电介质极化等原因产生，随时间增加衰减为零；泄漏电流，由材料内部带电质点导电而产生，是一个流过电介质稳定不变的电流。

4. 在工程上常用哪些方法来提高固体介质的击穿强度？

答：（1）通过精选材料、改善工艺、真空干燥、强化浸渍等方法，清除固体介质中的杂质、气泡、水分，并使电介质尽量均匀密实。

（2）改进绝缘设计，采用合理的绝缘结构，改善电极形状和表面粗糙度，尽量使电场分布均匀。

（3）用液体电介质浸渍固体绝缘材料，既能改善电场分布，又可以改善散热条件。

（4）改善运行条件，注意防潮、防污、加强散热冷却等。

5. 液体绝缘材料有什么作用？常用的有哪几种？

答：液体绝缘材料用以隔绝不同电位导电体，填充固体材料内部或极间的空隙，以提高其介电性能，并改进设备的散热能力。例如，在油浸纸绝缘电力电缆中，不仅显著地提高绝缘性能，还增强散热作用；在电容器中提高介电性能，增大单位体积的储能量；在开关中除绝缘作用外，更主要起灭弧作用。常用的液体绝缘材料包括：矿物绝缘油、合成绝缘油（硅油、十二烷基苯、聚异丁烯、异丙基联苯、二芳基乙烷等）、植物绝缘油等。

6. 矿物绝缘油按用途主要分哪几类？用于哪些电气设备？主要起什么作用？

答：矿物绝缘油是从石油原油中经不同程度的精制提炼而得到的一种中性液体。按用途分为变压器油、断路器油、电容器油和电缆油等。主要应用：

（1）用于电力变压器，起绝缘和冷却作用；用于互感器，起绝缘和浸渍作用；主要有10号、25号、45号变压器油。

（2）用于油断路器，起灭弧和绝缘作用。

（3）用于油浸纸电容器，用油浸润电容纸，填充绝缘间隙，提高绝缘强度和电容量。主要有1号和2号两个牌号。

（4）用于高压电缆，起填充、浸渍作用，以清除电缆内部的气体，提高绝缘能力。

7. 电力用油维护与处理主要有哪些方式？

答：（1）再生处理：用化学与物理方法清除油品内的溶解和不溶解的杂质，以重新恢复或接近油品原有的性能指标。

（2）固体吸附剂处理：将油品通过固体颗粒吸附剂进行净化的方法。一般用于除去油中杂质和水分，常用固体吸附剂为白土、硅胶、活性氧化铝、分子筛等。

（3）真空处理：使油品在真空容器内将油喷成薄层或雾状，以减少油中含水量和含气量的方法。

（4）热虹吸器：油浸变压器上用的一种净油器，内装硅胶或其他吸附剂，能在设备运行时借热虹吸作用使油自动循环净化。

（5）隔膜密封装置：一种安装在变压器的油膨胀器（油枕）内的橡胶隔膜装置。此装置能将油密封，使其与外界空气和水分隔绝，可防止油质劣化。

8. 变压器油中油泥生成后，对变压器有哪些影响？

答：油泥是一种树脂状的部分导电物质，能适度的溶解在油中，但最终会从油中沉淀出来，黏附在绝缘材料、变压器的壳体边缘的内壁上，沉积在循环油道、冷却散热片等地方，加速固体绝缘的破坏，降低变压器吸收冲击负荷的能力，引起变压器线圈局部过热，使变压器的工作温度升高，降低设备出力。

9. 变压器油油质劣化的基本因素有哪些？如何防止变压器油质劣化？

答：变压器油油质劣化的基本因素有：氧的存在、催化剂的存在、加速剂的影响、运行温度的影响、纤维素材料的作用。防止路劣化的措施主要有：在油中添加抗氧化剂、采用密封式储油柜、安装净油器等。

10. 气体绝缘材料有什么特点？常用的有哪几种？

答：气体绝缘材料用以隔绝不同电位导电体，其特点是具有较高的电离场强和击穿场强，击穿后能迅速恢复绝缘性能，化学稳定性好，不易燃、不易爆、不易老化，无腐蚀性，不易放电分解，并且比热容大，导热性、流动性较好。例如，交、直流输线路的架空导线间、架空导线对地间均由空气绝缘。常用的气体绝缘材料有：空气、氮气、六氟化硫等。

11. 什么是SF_6气体？描述SF_6气体的特性。

答：SF_6气体分子由一个硫原子和六个氟原子构成，六个氟原子以共价键的形式和硫原子结合成一个中性分子，其原子量为146，大约是空气的五倍，即密度约是空气的五倍。图13－23为SF_6气体分子结构图。

在常温下，SF_6气体是无色、无味、无毒并且透明的惰性气体，非常稳定，通常情况下很难分解；既不溶于变压器油也不溶于水，不燃烧。热稳定性良好，化学性质不活泼。在500℃以上炽热状态下不分解，在800℃以下很稳定。在250℃时与金属钠反应。没有腐蚀性，不腐蚀玻璃。

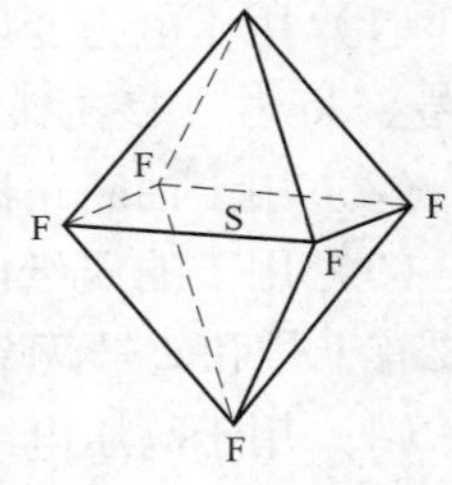

图13－23　SF_6气体分子结构图

12. 解释SF_6气体的热化学性与强负电性。

答：SF_6气体有优良的灭弧特性主要是由于SF_6气体具有优良的热化学特性，以及SF_6气体分子有很强的负电性。

（1）热化学性：SF_6气体有良好的热传导特性。由于SF_6气体有较高的导热率，电弧燃烧时，弧芯表面具有很高的温度梯度，冷却效果显著，所以电弧直径比较细，有利于灭弧。同时，SF_6在电弧中热游离作用强烈，热分解充分，弧芯存在着大量单体的S、F及其离子和电子等，电弧燃烧过程中，注入弧隙的能量比空气和油等作灭弧介质的开关低得多。因此，触头材料烧损较少，电弧比较容易熄灭。

（2）强负电性：SF_6气体分子或原子生成负离子的倾向性强。由电弧电离所产生的电子，被SF_6气体和由它分解产生的卤族分子和原子强烈的吸附，负离子与正离子极易复合还原为中性分子和原子。因此，弧隙空间导电性的消失过程非常迅速。弧隙电导率很快降低，从而促使电弧熄灭。SF_6气体的强负电性决定了它具有很高的绝缘性能。在比较均匀的电场中，压力为0.1MPa时，其绝缘强度约为空气的2～3倍；在0.3MPa时绝缘强度可达绝缘油的水平，这个比率随着压力的增大还会增大。

13. SF_6气体主要有哪些缺点？

答：（1）SF_6气体密度较大，当人吸入高浓度SF_6时可出现呼吸困难、喘息、皮肤和黏膜变蓝、全身痉挛等窒息症状。

（2）SF_6气体在电弧作用下的分解物是有害的，对环境有很大的影响。为了保证使用的安全性，对其管理、回收、处理等都比较严格。

（3）SF_6气体的纯度和杂质是影响其绝缘和灭弧性能的重要指标，对纯度、杂质和水分含量的控制特别严格，处理方法复杂，难度大。工作区域最高允许含量 1000μL/L。

（4）SF_6气体的绝缘性能受电场强度均匀程度的影响较大。

14. 影响 SF_6气体击穿场强的因素有哪些？

答：（1）电极表面缺陷的影响。随着间隙中宏观电场不均匀程度的增大，SF_6气体的击穿场强急剧下降，SF_6气体对电极表面缺陷引起的微观电场不均匀十分敏感。主要原因是当电场强度增大时，空气的电力系数增加得缓慢，而 SF_6的有效电离系数增长很快。另外，由于面积效应，电极表面积越大，击穿场强越低，并且，电极表面越光滑和气压越高，面积效应越显著。

（2）导电微粒的影响。导电微粒包括固定导电微粒和自由导电微粒，对于固定导电微粒，可采用加电压“老炼”（用强电场或火花消除微粒）的方法加以消除。

（3）固体介质的影响。固体介质的沿面放电常常是气体绝缘设备中绝缘的薄弱环节，如固定介质表面有污秽或凝露，放电电压就会大大降低。

15. 什么是绝缘漆？按用途分可分为哪几类？各有什么用途？

答：绝缘漆是指由漆基（合成树脂或天然树脂）、溶剂、稀释剂、填料等组成，它是一种能在一定条件下固化绝缘硬膜或绝缘整体的重要绝缘材料。按用途可分为浸渍漆、漆包线漆、覆盖漆、硅钢片漆和防电晕漆。浸渍漆主要用于浸渍电机或其他电器的线圈或绝缘零部件，以填充其间隙；漆包线漆主要用于漆包线芯的涂覆绝缘；覆盖漆用于涂覆经浸渍处理的线圈和绝缘零部件，提高表面绝缘强度；硅钢片漆用于涂覆硅钢片，以降低铁芯的涡流损耗，增强防锈和耐腐蚀能力；防电晕漆一般由绝缘清漆和非金属导体（如炭黑、石墨等）粉末混合而成，主要用作高压线圈防电晕的涂层，如用于大型高压电机中电压较高的线圈的端部。

16. 浇注绝缘有什么特点？主要用于哪些设备？

答：浇注绝缘特点包括：对被浇注结构的适应性强，整体性好，耐潮、导热、电气性能优良，浇注工艺简单，容易实现自动化生产；浇注胶黏度大，一般加有填料。主要用于浇注电缆接头、套管、20kV 及以下电流互感器、10kV 及以下电压互感器、某些干式变压器及密封电子元件。

17. 什么是绝缘纤维制品？有什么特点？

答：绝缘纤维制品包括绝缘纸，绝缘纸板、纸管和各种纤维织物等绝缘材料，制造这类制品常用的纤维有植物纤维、无碱纤维和合成纤维。植物纤维具有一定的机械性能，但吸湿性强、耐热性差、易极化所以使用时常与绝缘油组合或经一定的浸渍处理，以提高其综合性能。无碱纤维是指不含钾、钠氧化物的玻璃纤维，具有耐热性、耐腐蚀性好、吸湿性小、抗拉强度高等优点，但较脆、柔性较差、密度大、伸缩性差、对人体皮肤有刺激。合成纤维是指用化合物合成高聚物制成的化学纤维，其制品兼备前两种纤维的优点。

18. 什么是绝缘电工层压制品？主要有哪些种类？

答：绝缘电工层压制品是以有机纤维或无机纤维作底材，浸或涂以不同的胶黏剂，经热压或卷制而成的层状结构绝缘材料。其性能取决于底材和胶黏剂的性质及其成型工艺，根据使用要求，层压制品可制成具有优良电气性能、机械性能和耐热、耐油、耐霉、耐电弧、放电晕等制品。绝缘电工层压制品可分为层压板、层压管和棒、电容套管芯三类。

19. 什么是电工用塑料？具有什么特点？

答：电工用塑料一般是由合成树脂、填料和各种添加剂等配制而成的高分子材料，可以在一定温度和压力下用模具加工成各种形状。电工用塑料质量轻，电气性能优良，有足够的硬度和机械强度。常用于制造电气设备中的各种绝缘零部件，以及作为电线电缆的绝缘和护套材料。比如以石棉、玻璃纤维为主要填料的三聚氰胺甲醛塑料适于制造防爆电机电器、电动工具、高低压电器的绝缘零部件，以及灭弧罩等耐弧部件。

20. 绝缘材料耐热等级如何划分？

答：温度通常是对绝缘材料和绝缘结构老化起支配作用的因素。绝缘材料耐热等级划分如表 13－2 所示。

表 13－2　　绝缘材料耐热等级

耐热等级	耐热温度（℃）	应用情况
B	130	国内应用较多
F	155	应用较少，推广阶段
H	180	应用较少，推广阶段
200	200	发展方向
220	220	发展方向
250	250	发展方向

21. 什么是绝缘电阻？什么是表面电阻率？什么是体积电阻率？影响电阻率的因素有哪些？

答：绝缘电阻是指在规定条件下，用绝缘材料隔开的两个导电元件之间的电阻。表面电阻率是反映电介质表面导电能力，其值较小，易受环境影响；体积电阻率反映电介质内部导电能力，其值较大，通常所说电阻率是指体积电阻率。影响电阻率的因素有温度、湿度、杂质和电场强度。绝缘电阻随着温度的升高，其电阻率呈指数下降，随湿度的增大而降低，随着杂质增加下降，随着电场强度的增强下降。

22. 什么是电介质的极化？极化的基本形式有哪些？

答：在外电场下，电介质表面产生感应电荷（束缚电荷），称为电介质的极化。按电介质的物理结构分，极化的基本形式包括电子位移极化、离子位移极化、转向极化、空间电荷极化四种。

23. 什么是介电常数？

答：介电常数 ε 表征电介质的极化性能。它是由基于真空中库仑定律的关系式得出，即

$$F=\frac{1}{4\pi\varepsilon_0}\cdot\frac{|Q_1Q_2|}{r^2}$$

式中：F 是分别带有 Q_1 和 Q_2 电荷的两个粒子在相距为 r 时其间力的值；ε_0 是真空时介电常数，又称绝对介电常数。其准确值为 $8.854\ 187\ 817\times10^{-12}$ F/m；ε_r 是相对介电常数，无量纲，通常简称为介电常数。气体的介电常数基本略大于 1，液体的介电常数一般为 1.8 ~ 2.8，非极性固体介电常数一般为 2.0 ~ 2.5，极性固体一般大于 3。

24. 什么是介质损耗？什么是介质损耗角？

答：介质损耗是指极化的物质从时变电场吸收的功率（引起电介质发热的能量），不包括由于物质电导率所吸收的功率。介质损耗角是指电介质在正弦电压作用下的电流和电压相量图中，总电流与总电容电流之间的夹角，即 δ；通常用戒指损耗角的正切 $\tan\delta$ 来表征介质损耗的大小，即介质中总的有功电流与总的无功电流之比，即 $\tan\delta=I_r/I_c$。

25. 什么是老化？影响老化的因素有哪些？

答：电气设备中的绝缘材料在运行过程中，由于受到各种因素的长期作用，会发生一系列不可逆的变化，从而导致其物理、化学、电和机械等性能的劣化，这种不可逆的变化通称为老化。影响老化的因素包括物理作用（如电、热、光、机械力、辐射等）、化学作用（如带电气体、臭氧、盐雾、酸、碱、潮湿等）和生物作用（如微生物、霉菌等）。

26. 防止老化的措施有哪些？

答：（1）在绝缘材料制作过程中加入防老化剂，一般常用的为酚类和胺类，其中酚类使用更普遍。

（2）户外使用的绝缘材料，可以添加紫外线吸收剂，以吸收紫外线，或用隔层隔离，以免阳光直接照射。

（3）在湿热带使用的绝缘材料，可以加入防霉剂。

（4）加强高压电气设备的防电晕、防局部放电措施。

27. 什么是电老化？什么是热老化？

答：电老化是指绝缘材料在电场的长时间作用下，物理、化学性能发生变化，最终导致介质被击穿的过程。电老化主要有三种类型：电离性老化（交流电压）；电导性老化（交流电压）；电解性老化（直流电压）。

热老化是指电介质在较高温度下，发生热裂解、氧化分解、交联以及低分子挥发物的逸出，导致电介质失去弹性、变脆、发生龟裂，机械强度降低，也有些介质表现为变软、发

粘、失去定形，同时，介质电性能变坏。

28. 什么是破坏性放电？破坏性放电针对不同介质有什么区别？

答：固体、液体、气体或组合介质在高电压作用下，介质强度丧失的现象。破坏性放电时，电极间的电压迅速下降到零或接近于零。

破坏性放电发生在液体或气体介质中叫做火花放电；发生在气体或液体中的固体介质表面时叫做闪络；破坏性放电贯穿固体介质时叫做击穿。

29. 什么是局部放电？

答：导体间绝缘介质内部所发生的局部击穿的一种放电。该放电可能发生在绝缘内部或邻近导体的地方。

30. 什么是击穿？什么是击穿电压？什么是电气强度？

答：当加于固体电介质上的电压增大到某一临界值，介质内部结构被破坏而失去绝缘能力，称为击穿，这个电压称为击穿电压，介质被击穿时的电场强度称为电气强度。

31. 什么是表面放电？什么是闪络？什么是尖端放电？

答：（1）表面放电是指在绝缘表面上方或沿着绝缘表面的局部放电。

（2）闪络是指沿绝缘介质表面发生的破坏性放电。

（3）电荷在导体表面分布的情况取决于导体表面的形状。曲率半径越小的地方电荷越密集，形成的电场越强，就会使空气发生电离，在空气中产生大量的电子和离子。在一定的条件下会导致空气击穿而放电，这种现象称为尖端放电。

32. 什么是电气间隙？什么是爬电距离？

答：电气间隙是指两个带电部件之间，或带电部件与地（或接地物体）之间的空气距离。爬电距离是指在绝缘子正常施加运行电压的导电部件之间沿其表面的最短距离或最短距离之和；水泥或其他非绝缘的胶合材料表面不能计入爬电距离；若在绝缘子的绝缘件上施有高阻层，该绝缘件视为有效绝缘表面，其表面距离计入爬电距离。绝缘穿透距离是指绝缘的厚度。

33. 什么是绝缘子？什么是零值绝缘子？什么是支柱绝缘子？什么是套管？

答：绝缘子是指供承受电位差的电器设备或导体电气绝缘和机械固定用的器件。零值绝缘子是指在运行中绝缘子两端的电位分布接近零或等于零的绝缘子。支柱绝缘子是指用作带电部件刚性支持并使其对地或另一带电部件绝缘的绝缘子。套管是指供一个或几个导体穿过诸如墙壁或箱体等隔断，起绝缘和支持作用的器件，固定到隔断上的装置（法兰或紧固器件）也是套管的一部分，导体可以是套管的固定构成部件，也可以穿入套管的中心管。

34. 绝缘子发生闪络放电现象的原因是什么？如何处理？

答：（1）绝缘子表面和瓷裙上有污秽，受潮以后耐压强度降低，绝缘子表面形成放电回路，使泄漏电流增大，当达到一定值时，造成表面击穿放电。

（2）绝缘子表面落有污秽，不严重，由于电力系统中发生某种过电压，在过电压的作用下使绝缘子表面闪络放电。

（3）绝缘子发生闪络放电后，绝缘子表面绝缘性能下降很大，应立即更换，并对未闪络放电绝缘子进行清洁处理。

35. 高压绝缘子的污秽闪络电压为何较低？

答：当大气湿度较高时，绝缘子表面形成一层导电水膜，电导电流增大引起表面发热，整个表面发热并不均匀，电流密度较大处被烘干，场强增大引起局部放电，从而导致沿面放电，污秽使这种现象更为严重，使闪络电压显著降低。

36. 绝缘子在什么情况下容易损坏？

答：（1）安装不标准、不合理，使绝缘子受力情况不规范而损坏。

（2）自然环境如气温骤热、骤冷以及受冰雹袭击。

（3）表面不清洁，绝缘子表面积秽严重，遇有雨雾天气引起闪络，可能使绝缘子损坏。

（4）电网短路时，导线电流大，引起电动力加大，造成绝缘子损坏。

（5）绑扎不牢，风摇导线，磨损绝缘子瓷釉，使绝缘子损坏。

第六节　电 气 识 绘 图

1. 什么是电气图？有什么作用？

答：电气图是电气工程图的简称，采用标准图形符号和文字符号表示实际电气工程的安装、接线、功能、原理和供配电关系等的简图。电气图的格式与机械制图基本相同，一般由电路、技术说明和标题栏三部分组成。对于电力系统来说，主要用于运维人员和检修人员通过图纸了解设备和系统原理、结构和性能，组织指导生产、操作、维护检修和排除故障。

2. 电气图中的电路指的是什么？

答：电路通常由主电路和辅助电路组成。主电路是电源向负荷输送电能的部分，一般包括发电机、变压器、断路器、接触器、熔断器和负载等。辅助电路是实现对主电路进行控制、保护、检测和指示等功能的部分。

3. 电气图如何分类？

答：按照表达形式和用途不同，各种形式的电气图都从某一方面或某些方面反映电气产品、电气系统的工作原理、连接方法和系统结构。一般来说，电气图分为功能类图、位置类图、接线类图（表）、项目表、说明文件5类。

功能类图指电气图样是具有某种特定功能的图样，这类图包括概略图、功能图、逻辑功能图、电路图、端子功能图、程序图、功能表图、顺序表图和时序图9种。

位置类图指主要用来表示电气设备、元件、部件及连接电缆等的安装敷设的位置、方向和细节等的电气图样，这类图包括平面图、安装图、安装简图、装配图和布置图5种。

接线类图是指主要用来说明电气设备之间或元部件之间的接线的。包括接线图（表）、单元接线图（表）、互连接线图（表）、端子线图（表）和电缆图（表）5种。

项目表主要用来表示该项目的数据、规格等表格，属于电气图的附加说明文件范畴，包括元件设备表和备用元件表2种。

说明文件主要是通过图表难于表示而又必须说明的信息和技术规范的相关文件。主要包括安装说明文件、试运转说明文件、维修说明文件、可靠性和可维修性说明文件、其他说明文件5种。

4. 常用的电气图有哪几种？

答：每一种电气装置、电气设备，所配备的图表，主要看实际需要，同时还取决于设备的复杂程度等条件。对于用电设备来说，电气图主要是主电路图和控制电路图；对于供配电设备来说，电气图主要是指一次回路和二次回路图。但要表示清楚一项电气工程或一种电气设备的功能、用途、工作原理、安装和使用方法等，只有这两种图是不够的。这里着重列举六种常用的电气图。

（1）系统图或框图（概略图）。系统图或框图就是用符号或带注释的概略表示系统或分系统的基本组成、相互关系及其主要特征的一种简图。例如，电动机供电系统图和某变电站供电系统图（见图13－24和图13－25）。

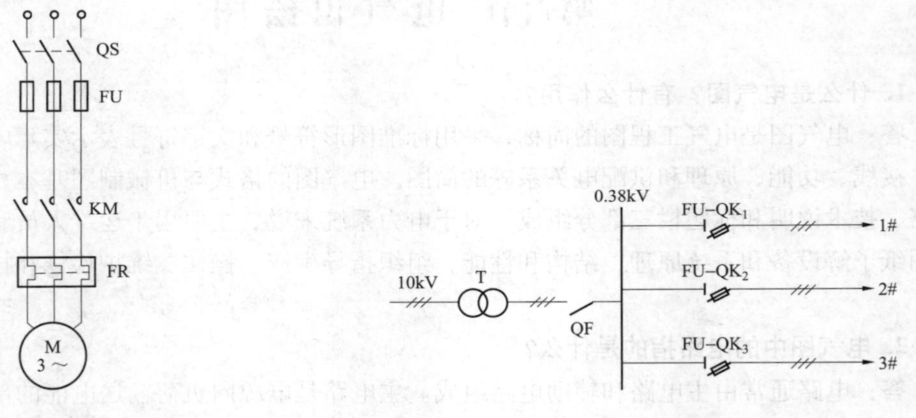

图13－24　电动机供电系统图　　　　图13－25　某变电站供电系统图

（2）电路图。通常是指按工作顺序用图形符号从上到下、从左到右排列，详细表示电路、设备或成套装置的全部组成和连接关系，而不考虑其实际位置的一种简图。其目的是便于详细理解设备工作原理、分析和计算电路特性及参数，这种图通常称为电气原理接线图。

如图13－26所示，电动机控制线路原理图表示了系统的主电路和控制线路关系。

（3）接线图。接线图主要用于表示电气装置内部元件之间及其与外部其他装置之间的连接关系，它是便于制作、安装及维修人员接线和检查的一种简图或表格。能清楚表示各元件之间的实际位置和连接关系。图13－27为电动机控制线路的主电路接线图。

（4）电气平面图。电气平面图是表示电气工程项目的电气设备、装置和线路的平面布置图。

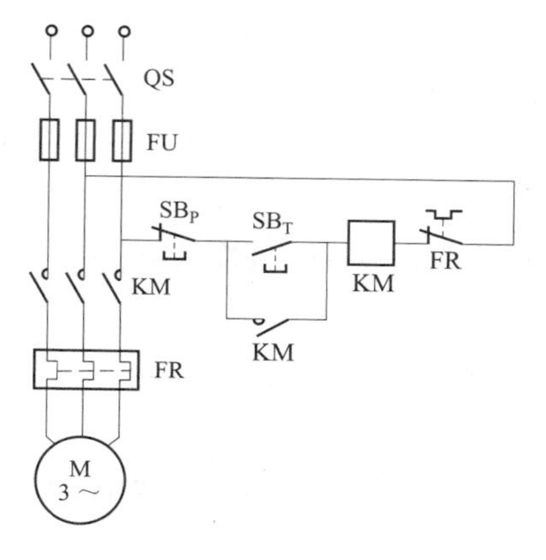

图 13－26　电动机控制线路原理图

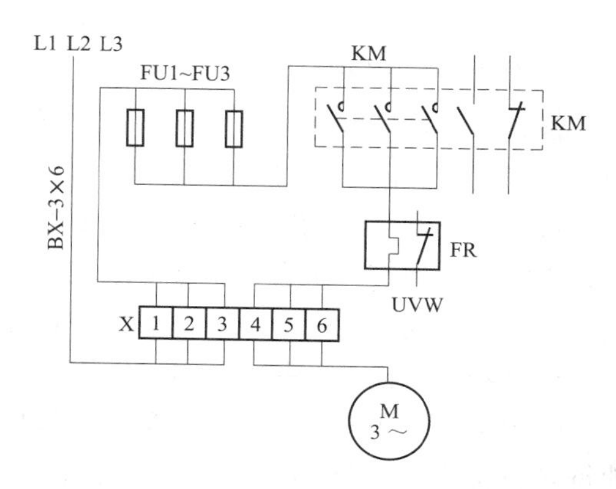

图 13－27　电动机控制线路的主电路接线图

（5）设备元件和材料表。设备元件和材料表就是把成套装置、设备中各组成部分和相应数据列成表格，来表示各组成部分的名称、型号规格和数量等，便于读者阅读，了解各元器件在装置中的功能和作用，从而读懂装置的工作原理。它是电气图的重要组成部分，可以置于图中某一位置，也可单列一页。

（6）产品使用说明书上的电气图。生产厂家往往随产品使用说明书附上电气图，供用户了解该产品的组成和工作过程及注意事项，以达到正确使用、维护和检修的目的。

5. 绘制电气接线图遵循的原则是什么?

答:（1）必须保证电气原理图中各电气设备和控制元件动作原理的实现。

（2）电气接线图只表明电气设备和控制元件之间的相互连接线路。

（3）电气接线图中的控制元件位置要依据它所在实际位置绘制。

（4）电气接线图中各电气设备和控制元件要按照国家标准规定的电气图形符号绘制。

（5）电气接线图中的各电气设备和控制元件，其具体型号可标在每个控制元件图形旁边，或者画表格说明。

（6）实际电气设备和控制元件结构都很复杂，画接线图时，只画出接线部件的电气图形符号。

6. 绘制、识读电气控制线路原理图的原则是什么?

答:（1）原理图一般分电源电路、主电路、控制电路、信号电路及照明电路绘制。

（2）原理图中，各电器触头位置都按电路未通电未受外力作用时的常态位置画出，分析原理时，应从触头的常态位置出发。

（3）原理图中，各电器元件不画实际的外形图，而采用国家规定的统一国标符号画出。

（4）原理图中，各电器元件不按它们的实际位置画在一起，而是按其线路中所起作用分画在不同电路中，但它们的动作却是相互关联的，必须标以相同的文字符号。

（5）原理图中，对有直接电联系的交叉导线连触点，要用小黑点表示，无直接电联系的交叉导线连触点则不画小黑圆点。

7. 什么是图形符号?

答: 图形符号包括符号要素、一般符号、限定符号和方框符号四种基本形式，在电气图中，一般符号和限定符号最为常用。

符号要素是具有确定含义的最简单的基本图形，通常表示项目的特性功能，不能单独使用，必须和其他符号组合在一起形成完整的图形符号。

一般符号是表示一类元器件或设备特征的一种广泛使用的简单符号，也成为通用符号，是各类元器件或设备的基本符号。图 13 – 28 为电阻器的图形符号。

限定符号是用来提供附加信息的一种加在其他符号上的符号，不能单独使用，必须和其他符号组合使用。图 13 – 29 为可变电阻器图形符号。

图 13 – 28　电阻器的图形符号

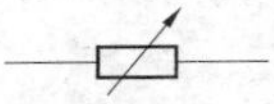

图 13 – 29　可变电阻器图形符号

8. 什么是文字符号?

答: 文字符号是以文字形式作为代码，表明项目种类和设备特征、功能、状态和概念的。文字符号的字母应采用拉丁字母大写，优先采用单字母符号。文字符号一般形式: "基本文字符号" + "辅助文字符号" + "数字符号"。

9. 电气识图的基本要求是什么?

答: (1) 掌握电气图图形符号和文字符号。

(2) 掌握电气图的绘制特点。

(3) 掌握涉及电气图的有关标准和规程。

(4) 结合基础知识识图。

(5) 结合电路元件的结构、原理和特点识图。

(6) 结合典型电路识图。

(7) 结合有关资料识图。

10. 电气识图的基本步骤是什么?

答: (1) 了解说明书。了解电气设备说明书，目的是了解电气设备总体概况及设计依据，了解图纸中未能表达清楚的各项事宜，了解电气设备的机械结构、电气传动方式、对电气控制的要求、设备和元器件的布置情况，以及电气设备的使用操作方法及各种开关、按钮的作用。

(2) 理解图纸说明。看图纸说明，弄清楚设计的内容和安装要求，了解图纸的大体情况，抓住看图的要点，如图纸目录、技术说明、电气设备材料明细表、元件明细表、设计和安装说明书等，这有助于从整体上理解电气设备的情况。

(3) 掌握系统图和框图。由于系统图和框图只是概略表示系统或分系统的基本组成、相互关系及主要特点，因此紧接着就要详细看电路图，才能清楚它们的工作原理。系统图和框图多采用单线图，只有某些380/220V低压配电系统图才部分的采用多线图表示。

（4）熟悉电路图。电路图是电气图的核心，看电气图时，首先要分清主电路和辅助电路、交流电路和直流电路，其次是按照先看主电路、后看辅助电路的顺序进行识读图。

（5）清楚电路图和接线图的关系。接线图是以电路图为依据的，因此要对照电路图来看接线图。

11. 如何阅读二次回路图？

答：（1）先交流、后直流。

（2）交流看电源、直流找线圈。

（3）先找线圈、再找触点，每个触点都查清。

（4）先上后下、先左后右，屏外设备不能掉。

（5）安装图纸要结合展开图。

12. 根据操动机构的控制原理图（见图13－30）描述储能、合闸和分闸过程？

答：（1）储能过程。当机构处于未储能、分闸状态时，行程开关CK常闭触点接通，这时一旦组合开关HK闭合，中间继电器ZJ1线圈接通，ZJ1的常开触点闭合，电机与电源接通，合闸弹簧开始储能，储能完成后，行程开关CK常闭触点打开，切断中间继电器ZJ1的线圈从而切断了电机电源，使电机停转。行程开关还装有一对常开触点，可供储能信号指示用。

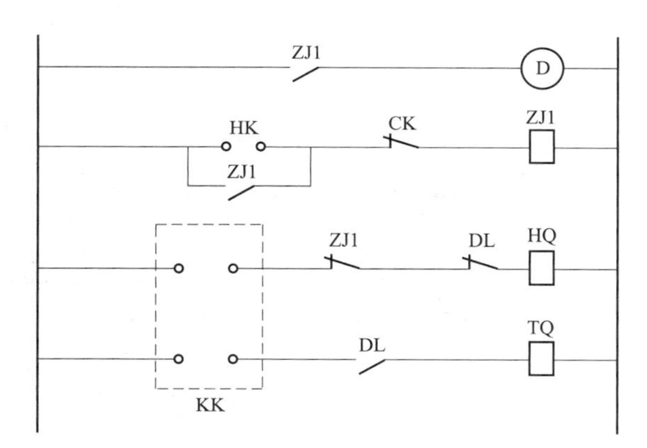

图13－30　弹簧操动机构的典型控制原理图

HK—组合开关；ZJ1—中间继电器；CK—行程开关；KK—控制开关；
HQ—合闸电磁铁线圈；TQ—分闸电磁铁线圈；DL—辅助开关

（2）合闸过程。合闸弹簧储能结束以后，中间继电器ZJ1的常闭触点接通，这时如果机构处于分闸位置，只要控制开关KK投向合的位置，合闸电磁铁线圈HQ通电，机构进行合闸操作。在合闸过程中辅助开关常闭触点断开，切断合闸电磁铁电源，在合闸弹簧储能过程中，中间继电器ZJ1的常闭触点打开，这时即使控制开关KK投向合的位置，合闸电磁铁线圈HQ也不能通电，以避免误操作。机构的辅助开关的另一组常开触点可供合闸信号指示用。

（3）分闸过程。机构合闸后，辅助开关 DL 的常开触点闭合，这时如果控制开关 KK 投向分的位置，分闸电磁铁线圈 TQ 通电，机构进行分闸操作。分闸完成后，辅助开关常开触点打开，切断分闸电磁铁线圈电源。机构的辅助开关的另一组常闭触点可供分闸信号指示。

13. 什么是电气主接线？什么是电气主接线图？

答：电气主接线是由多种电气设备通过连接线，按其功能要求组成的接受和分配电能的电路，也称电气一次接线或电气主接线。用规定的设备文字和图形符号将各电气设备，按连接顺序排列，详细表示电气设备的组成和连接关系的接线图，称为电气主接线图。电气主接线图一般画成单线图（即用单相接线表示三相系统），但对三相接线不完全相同的局部则画成三线图。

14. 电气主接线有哪些基本要求？

答：（1）保证必要的供电可靠性和电能质量。一般从以下 3 方面对主接线的可靠性进行定性分析：① 断路器检修时是否影响供电；② 设备或线路故障或检修时，停电线路数量的多少和停电时间的长短，以及能否保证对重要用户的供电；③ 有没有使发电厂或变电站全部停止工作的可能性等。

（2）具有一定的运行灵活性。

（3）操作应尽可能简单、方便。

（4）应具有扩建的可能性。

（5）技术上先进，经济上合理。

15. 图 13－31 是什么形式的主接线？分析图中 QS9、QS10 的作用。

答：（1）主接线形式为扩大内桥接线。

（2）QS9、QS10 构成跨条。

（3）当出线断路器检修时，为避免线路长时间停电，在退出断路器之前，通过倒闸操作合上 QS9 和 QS10。

（4）QF3 检修时，为避免线路 L1 和 L2 之间失去联系，先使 QS9、QS10 合上。

（5）采用 QS9、QS10 串联，是避免它们本身检修时造成 L1、L2 全部停电。

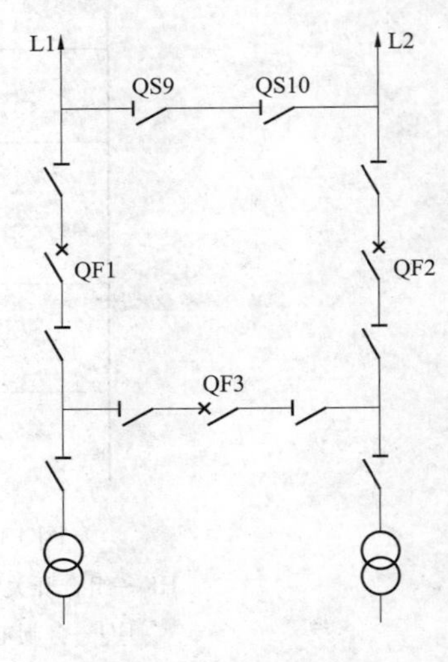

图 13－31　主接线图

16. 试画出复合连锁控制具有过载保护的三相电动机的正反转接线原理图。

答：复合连锁控制具有过载保护的三相电动机的正反转接线原理图如图 13－32 所示。

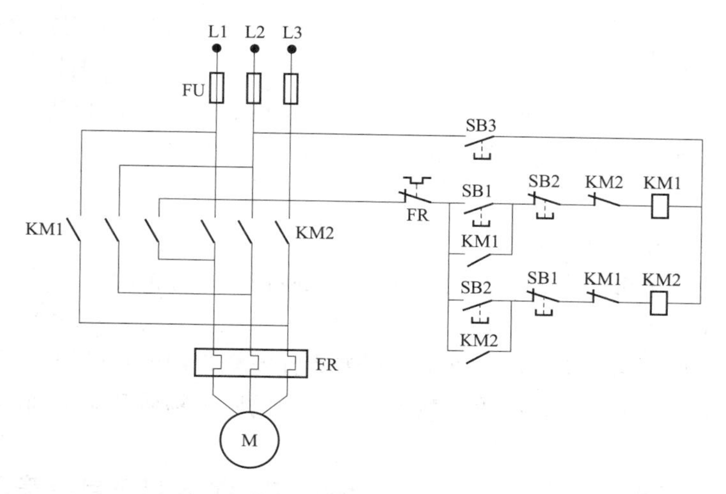

图 13－32　复合连锁控制具有过载保护的三相电动机的正反转接线原理图

FR—具有延时动作的限流保护器件；FU—熔断器；SB1（SB2、SB3）—按钮；KM1、KM2—交流接触器

第七节　安　全　知　识

1. 什么是电气事故？

答：由电流、电磁场、雷电、静电和某些电路故障等直接或间接造成建筑设施、电气设备毁坏，人、动物伤亡，以及引起火灾和爆炸等后果的事件。

2. 何谓电气安全？它包括哪些方面？

答：电气安全是指电气产品质量，以及安装、使用、维修过程中不发生任何事故，如人身触电死亡、设备损坏、电气火灾、电气爆炸事故等。电气安全包括人身安全与设备安全两方面。人身安全是指电工及其他参加工作人员的人身安全；设备安全是指电气设备及其附属设备、设施的安全。

3. 什么是安全帽？安全帽使用有哪些注意事项？

答：安全帽是指对人头部受坠落物及其他特定因素引起的伤害起防护作用的帽。由帽壳、帽衬、下颏带、附件组成。附件包括眼面部防护装置、耳部防护装置、主动降温装置、电感应装置、颈部防护装置、照明装置、警示标志等。

使用安全帽应注意：佩戴安全帽前，应检查各部件齐全、完好后方可使用；高空作业人员佩带安全帽，要将颏下系带和后帽箍拴牢，以防帽子滑落与被碰掉；热塑性安全帽可用清水冲洗，不得用热水浸泡，不得用暖气片、火炉烘烤，以防帽体变形；严格执行有关安全帽使用期限的规定，不得使用报废的安全帽。

4. 什么是安全带？安全带如何分类？安全带永久性标志有哪些？

答：安全带是指防止高处作业人员发生坠落或发生坠落后将作业人员安全悬挂的个体防

护装备。按照使用条件的不同，安全带分为围杆作业安全带、区域限制安全带、坠落悬挂安全带。安全带的永久性标志包括产品名称、本标准号、产品类别（围杆作业、区域限制或坠落悬挂）、制造厂名、生产日期（年、月）、伸展长度、产品的特殊技术性能（如果有）、可更换的零部件标识应符合相应标准的规定。

5. 使用安全带有哪些注意事项？

答：（1）使用安全带前应进行外观检查，有无破损变形等情况。

（2）安全带应采用高挂低用方式。

（3）安全带应挂在结实牢固的构件上，或专为挂安全带用的钢丝绳上。

（4）安全带不宜接触高温、明火、酸类及有锐角的坚硬物质和化学药品。

6. 什么是安全距离？在设备不停电时，500、220kV 及以下电压等级如何规定安全距离？

答：安全距离是指防止人体触及或接近带电体，防止车辆或其他的物体碰撞或接近带电体等造成的危险，在其间所需保持的一定空间距离。安全距离要求：10kV 及以下是 0.70m；20、35kV 是 1.00m；66、110kV 是 1.50m；220kV 是 3.00m；500kV 是 5.00m。

7. 保证安全工作的组织措施和技术措施有哪些？

答：保证安全工作的组织措施：工作票制度、工作许可制度、工作监护制度、工作间断、转移和终结制度。保证安全工作的技术措施：停电，验电，接地，悬挂标示牌和装设遮栏（围栏）。

8. 低压回路停电的安全措施有哪些？

答：（1）将检修设备的各方面电源断开取下熔断器，在开关或刀闸操作把手上挂“禁止合闸，有人工作！”的标示牌。

（2）工作前应验电。

（3）根据需要采取其他安全措施。

9. 电力生产现场的高低压设备如何划分？

答：高压电气设备：电压等级在 1000V 及以上者；低压电气设备：电压等级在 1000V 以下者。

10. 什么是一个电气连接部分？

答：所谓一个电气连接部分是指电气装置中，可以用隔离开关同其他电气装置分开的部分。

11. 哪些设备是运用中的电气设备？

答：运用中的电气设备，是指全部带有电压、一部分带有电压或一经操作即带有电压的电气设备。

12. 在运用中的高压设备上工作分为哪三类？

答：（1）全部停电的工作，系指室内高压设备全部停电（包括架空线路与电缆引入线在内），并且通至邻接高压室的门全部闭锁，以及室外高压设备全部停电（包括架空线路与电缆引入线在内）。

（2）部分停电的工作，系指高压设备部分停电，或室内虽全部停电，而通至邻接高压室的门并未全部闭锁。

（3）不停电工作是指：① 工作本身不需要停电并且不可能触及导电部分的工作。② 可在带电设备外壳上或导电部分上进行的工作。③ 在高压设备上工作，应至少由两人进行，并完成保证安全的组织措施和技术措施。

13. 检修地点需要停电的设备有哪些？

答：（1）检修的设备。

（2）与工作人员在进行工作中正常活动范围的距离小于《国家电网公司电力安全工作规程（变电部分）》表4－1规定的设备。

（3）在35kV及以下的设备处工作，安全距离虽大于《国家电网公司电力安全工作规程（变电部分）》表4－1规定，但小于《国家电网公司电力安全工作规程（变电部分）》表2－1规定，同时又无绝缘隔板、安全遮栏措施的设备。

（4）带电部分在工作人员后面、两侧、上下，且无可靠安全措施的设备。

（5）其他需要停电的设备。

14. 电力生产作业人员应具备哪些基本条件？

答：（1）经医师鉴定，无妨碍工作的病症（体格检查每两年至少一次）。

（2）具备必要的电气知识和业务技能，且按工作性质，熟悉《国家电网公司电力安全工作规程（变电部分）》的相关部分，并经考试合格。

（3）具备必要的安全生产知识，学会紧急救护法，特别要学会触电急救。

15. 电力生产发现有违反安规的情况应如何处理？

答：任何人发现有违反本规程的情况，应立即制止，经纠正后才能恢复作业。各类作业人员有权拒绝违章指挥和强令冒险作业；在发现直接危及人身、电网和设备安全的紧急情况时，有权停止作业或者在采取可能的紧急措施后撤离作业场所，并立即报告。

16. 《国家电网公司电力安全工作规程（变电部分）》规定的标示牌有哪几种？

答：（1）“禁止合闸，有人工作！”

（2）“禁止合闸，线路有人工作！”

（3）“禁止分闸！”

（4）“止步，高压危险！”

（5）“从此进出！”

（6）“在此工作！”

（7）“从此上下！”

（8）“禁止攀登，高压危险！”

17. 在室内和室外高压设备上工作安全隔离措施有哪些基本要求？

答：（1）在室内高压设备上工作，应在工作地点两旁及对面运行设备间隔的遮栏（围栏）上和禁止通行的过道遮栏（围栏）上悬挂“止步，高压危险！”的标示牌。

（2）在室外高压设备上工作，应在工作地点四周装设围栏，其出入口要围至临近道路旁边，并设有“从此进出！”的标示牌。工作地点四周围栏上悬挂适当数量的“止步，高压危险！”标示牌，标示牌应朝向围栏里面。若室外配电装置的大部分设备停电，只有个别地点保留有带电设备而其他设备无触及带电导体的可能时，可以在带电设备四周装设全封闭围栏，围栏上悬挂适当数量的“止步，高压危险！”标示牌，标示牌应朝向围栏外面。禁止越过围栏。

（3）在室外构架上工作，则应在工作地点邻近带电部分的横梁上，悬挂“止步，高压危险！”的标示牌。在工作人员上下铁架或梯子上，应悬挂“从此上下！”的标示牌。在邻近其他可能误登的带电构架上，应悬挂“禁止攀登，高压危险！”的标示牌。

（4）在工作地点设置“在此工作！”的标示牌。

18. 工作票的有效期如何规定？工作票的延期如何规定？

答：（1）工作票的有效期规定：第一、二种工作票和带电作业工作票的有效时间，以批准的检修期为限。

（2）工作票的延期规定：第一、二种工作票需办理延期手续，应在工期尚未结束以前由工作负责人向运行值班负责人提出申请（属于调度管辖、许可的检修设备，还应通过值班调度员批准），由运行值班负责人通知工作许可人给予办理。第一、二种工作票只能延期一次。带电作业工作票不准延期。

19. 工作票由谁填写？应如何收执？

答：（1）工作票填写：工作票由工作负责人填写，也可以由工作票签发人填写。

（2）工作票收执：工作票一份应保存在工作地点，由工作负责人收执；另一份由工作许可人收执，按值移交。工作许可人应将工作票的编号、工作任务、许可及终结时间记入登记簿。

20. 哪些设备同时停、送电，可使用同一张工作票？

答：（1）属于同一电压、位于同一平面场所，工作中不会触及带电导体的几个电气连接部分。

（2）一台变压器停电检修，其断路器也配合检修。

（3）全站停电。

21. 工作票的“双签发”是指什么？

答：承发包工程中，工作票可实行“双签发”形式。签发工作票时，双方工作票签发人在工作票上分别签名，各自承担本规程工作票签发人相应的安全责任。

22. 工作票签发人应具备哪些基本条件？应承担哪些安全责任？

答：工作票的签发人应是熟悉人员技术水平、熟悉设备情况、熟悉本规程，并具有相关工作经验的生产领导人、技术人员或经本单位分管生产领导批准的人员。工作票签发人员名单应书面公布。

安全责任：

（1）工作必要性和安全性。

（2）工作票上所填安全措施是否正确完备。

（3）所派工作负责人和工作班人员是否适当和充足。

23. 工作负责人应具备哪些基本条件？

答：工作负责人（监护人）应是具有相关工作经验，熟悉设备情况和本规程，经工区（所、公司）生产领导书面批准的人员。工作负责人还应熟悉工作班成员的工作能力。

24. 变更工作负责人时要履行哪些手续？

答：非特殊情况不得变更工作负责人，如确需变更工作负责人应由工作票签发人同意并通知工作许可人，工作许可人将变动情况记录在工作票上。工作负责人允许变更一次。原、现工作负责人应对工作任务和安全措施进行交接。

25. 工作负责人在哪些情况下可以参加工作？

答：工作负责人在全部停电时，可以参加工作班工作。在部分停电时，只有在安全措施可靠，人员集中在一个工作地点，不致误碰有电部分的情况下，方能参加工作。

26. 工作许可手续完成后，工作负责人、专责监护人应向工作班成员交待什么？

答：工作许可手续完成后，工作负责人、专责监护人应向工作班成员交待工作内容、人员分工、带电部位和现场安全措施，进行危险点告知，并履行确认手续同，工作班方可开始工作。

27. 工作班成员的安全责任有哪些？

答：（1）熟悉工作内容、工作流程，掌握安全措施，明确工作中的危险点，并履行确认手续。

（2）严格遵守安全规章制度、技术规程和劳动纪律，对自己在工作中的行为负责，互相关心工作安全，并监督《国家电网公司电力安全工作规程（变电部分）》的执行和现场安全措施的实施。

（3）正确使用安全工器具和劳动防护用品。

28. 变更工作班成员时要履行哪些手续?

答: 需要变更工作班成员时，应经工作负责人同意，在对新的作业人员进行安全交底手续后，方可进行工作。

29. 现场检修工作时要移动或拆除遮栏时应满足哪些条件?

答:（1）无论高压设备是否带电，工作人员不得单独移开或越过遮栏进行工作。

（2）如因工作原因必须短时移动或拆除遮栏（围栏）、标示牌，应征　得工作许可人同意，并在工作负责人的监护下进行。完毕后应立即恢复。

30. 什么是事故应急抢修工作，事故应急抢修是否需要工作票?

答: 事故应急抢修工作是指电气设备发生故障被迫紧急停止运行，需短时间内恢复的抢修和排除故障的工作。事故应急抢修可不用工作票，但应使用事故应急抢修单。对于非连续进行的事故修复工作，应使用工作票。

31. 什么是变电检修现场作业“六禁”?

答:（1）严禁无票、无资质人员作业。

（2）严禁人员擅自变更安全措施。

（3）严禁超越工作许可范围作业。

（4）严禁检修现场失去安全监护。

（5）严禁无防范措施登高作业。

（6）严禁检修作业人员酒后工作。

32. 待用间隔有哪些安全措施要求?

答: 待用间隔（母线连接排、引线已接上母线的备用间隔）应有名称、编号，并列入调度管辖范围。其隔离开关（刀闸）操作手柄、网门应加锁。

33. 检修现场哪些部位应设置永久性隔离挡板?

答: 室内母线分段部分、母线交叉部分及部分停电检修易误碰有电设备的，应设有明显标志的永久性隔离挡板（护网）。

34. 高压设备发生接地时，在故障点周围勘察应注意什么?

答: 高压设备发生接地时，室内不准接近故障点 4m 以内，室外不准接近故障点 8m 以内。进入上述范围人员应穿绝缘靴，接触设备的外壳和构架时，应戴绝缘手套。

35. 对高压设备的防误闭锁装置退运有什么规定?

答: 高压电气设备都应安装完善的防误操作闭锁装置。防误操作闭锁装置不得随意退出运行，停用防误操作闭锁装置应经本单位分管生产的行政副职或总工程师批准；短时间退出防误操作闭锁装置时，应经变电站站长或发电厂当班值长批准，并应按程序尽快投入。

36. 哪些情况应加挂机械锁？

答：（1）未装防误操作闭锁装置或闭锁装置失灵的刀闸手柄、阀厅大门和网门。

（2）当电气设备处于冷备用时，网门闭锁失去作用时的有电间隔网门。

（3）设备检修时，回路中的各来电侧刀闸操作手柄和电动操作刀闸机构箱的箱门。

（4）机械锁要 1 把钥匙开 1 把锁，钥匙要编号并妥善保管。

37. 如何判断电气设备已操作到位？

答：电气设备操作后的位置检查应以设备实际位置为准，无法看到实际位置时，可通过设备机械位置指示、电气指示、带电显示装置、仪表及各种遥测、遥信等信号的变化来判断。判断时，应有两个及以上的指示，且所有指示均已同时发生对应变化，才能确认该设备已操作到位。以上检查项目应填写在操作票中作为检查项。

38. 装卸高压熔断器时有哪些安全措施？

答：装卸高压熔断器，应戴护目眼镜和绝缘手套，必要时使用绝缘夹钳，并站在绝缘垫或绝缘台上。

39. 什么是安全电压？安全电压一般是多少？什么叫接触电压？

答：国际电工委员会认为：不危及人身安全的电压称为安全电压。我国规定电压的上限是 42（额定供电电压）~50V（设备空载电压）。

接触电压是指人体同时触及接地电流回路两点时呈现的电位差。

40. 什么是安全电流？安全电流一般是多少？

答：从确保人身安全的观点出发，工频电流流经人体电流的大小和持续时间，应小于引起心室纤维性颤动的电流值和持续时间。对大多数人而言，工频电流人体可以忍受的极限值是 5~30mA，所以，对工频电流，我国规定的安全电流允许值是 30mA；对于高空或水面作业，因触电可能导致作业人员摔死或溺死，此时安全允许电流以不引起强烈痉挛的 5mA 为宜。

41. 电流通过人体不同部位时有什么危害？

答：电流通过心脏会引起心房震颤或心脏停止跳动，使血液循环中断，造成死亡；电流通过脊髓会使人的肢体瘫痪。因此，电流通过人体的途径从手到脚最危险，尤其是左手到脚，其次是手到手，再次是从脚到脚。

42. 什么是触电？触电方式主要有哪几种？

答：触电是指人体接触设备带电体，导致电流通过人体，造成各种伤害人体的感觉，并危及生命。主要有三种形式：单线触电、双线触电、跨步电压触电。

（1）单线触电方式：人站在地面或其他接地体上，身体其他部分触及某一相带电体所形成的触电。其危害程度与电网中性点是否接地有直接联系。

（2）双线触电方式：人体两处同时触及两相带电体时的触电。

（3）跨步电压触电方式：人进入接地电流的散流场时的触电。由于散流场内地面上的电位分布不均匀，人的两脚间电位不同，这两个不同电位的电位差称为跨步电压。

43. 发现有人触电时怎么办？

答：（1）可以不经许可，即行断开有关设备的电源，但事后应立即报告调度（或设备运行管理单位）和上级部门。

（2）触电人在高处触电，要注意防止落下跌伤。在触电人脱离电源后，根据受伤程度迅速送往医院或急救。

44. 触电急救时需注意的事项有哪些？

答：（1）不得使用金属或潮湿的物品作为救护工具。

（2）未采取任何绝缘措施，救护人员不得触及电击者的皮肤和潮湿衣服。

（3）在脱离电源的过程中，救护人员最好用一只手操作，以防自身电击。

（4）当电击者站立或位于高处时，应采取措施防止脱离电源时摔跌。

（5）夜晚发生电击事故时，应考虑切断电源后的临时照明。

45. 触电伤员好转以后应如何处理？

答：如触电伤员的心跳和呼吸经抢救后均已恢复，可暂停心肺复苏法操作。但心跳恢复的早期有可能再次骤停，应严密临护，不得麻痹，要随时准备再次抢救。初次恢复后，神志不清或精神恍惚、躁动者应设法使伤员安静。

46. 杆上或高处有人触电，应如何抢救？应注意什么？

答：（1）发现杆上或高处有人触电，应争取时间及早在杆上或高处开始进行抢救。

（2）救护人员登高时应随身携带必要绝缘工具及牢固的绳索等，并紧急呼救。

（3）救护人员应在确认触电者已与电源隔离，且救护人员本身所涉环境在安全距离内无危险电源时，方能接触伤员进行抢救。

（4）应注意防止发生高空坠落。

47. 高压验电有什么要求？

答：（1）必须使用电压等级与之相同且合格的验电器，在检修设备进出线两侧各级分别验电。

（2）验电前，应先在有电设备上进行试验，保证验电器良好。

（3）高压验电时必须戴绝缘手套。

（4）对无法进行直接验电的设备、高压直流输电设备和雨雪天气时的户外设备，可以进行间接验电，即通过设备的机械指示位置、电气指示、带电显示装置、仪表及各种遥测、遥信等信号的变化来判断。

（5）表示设备断开和允许进入间隔的信号、经常接入的电压表等，如果指示有电，则禁止在设备上工作。

48. 遇有电气设备着火时怎么办？

答：（1）应立即将有关设备电源切断，然后进行救火。

（2）对带电设备使用干式灭火器或二氧化碳灭火器等灭火，不得使用泡沫灭火器。

（3）对注油的设备应使用泡沫灭火器或干沙等灭火。

（4）变电站控制室内应备有防毒面具，防毒面具要按规定使用，并定期进行试验，使其经常处于良好状态。

49. 在带电设备附近使用喷灯时应注意什么？

答：（1）使用喷灯时，火焰与带电部分的距离：① 电压在10kV及以下者不得小于1.5m；② 电压在10kV以上者不得小于3m。

（2）不得在带电导线、带电设备、变压器、油断路器（开关）附近以及在电缆夹层、隧道、沟洞内对火炉或喷灯加油及点火。

50. 什么是可燃物的爆炸极限？

答：可燃气体或可燃粉尘与空气混合，当可燃物达到一定浓度时，遇到明火就会发生爆炸。遇明火爆炸的最低浓度叫爆炸下限；最高浓度叫爆炸上限。浓度在爆炸上下限都能引起爆炸。这个浓度范围叫该物质的爆炸极限。

51. 如何安全使用酒精灯？

答：（1）不能在点燃的情况下添加酒精。

（2）两个酒精灯不允许相互点燃。

（3）熄灭时应用灯罩盖灭。

（4）酒精注入量不得超过灯容积的2/3。

52. 遇到哪些情况不能用水灭火？

答：（1）没有切断电源的电器着火。

（2）凡遇水分解，产生可燃气体和热量的物质着火。

（3）比水轻且不与水混溶的易燃液体着火。

53. 装有SF_6设备的配电装置室和SF_6气体实验室，强力通风装置装设有什么要求？在低位区应安装哪些仪器？

答：（1）装有SF_6设备的配电装置室和SF_6气体实验室，应装设强力通风装置，风口应设置在室内底部，排风口不应朝向居民住宅或行人。

（2）在 SF_6配电装置室低位区应安装能报警的氧量仪和 SF_6气体泄漏报警仪。

54. 在打开的 SF_6电气设备上工作的人员，应具备什么条件？

答：在打开的 SF_6电气设备上工作的人员，应经专门的安全技术知识培训，配置和使用必要的安全防护用具。

55. 从 SF_6气体钢瓶引出气体时，当瓶内压力降至多少时应停止引出气体？

答：从 SF_6气体钢瓶引出气体时当瓶内压力降至 9.8×10^4Pa（1 个大气压）时，即停止引出气体，并关紧气瓶阀门，盖上瓶帽。

56. 发生设备防爆膜破裂时，应如何处理？

答：发生设备防爆膜破裂时，应停电处理，并用汽油或丙酮擦拭干净。

57. 在户外变电站和高压室内如何正确搬动梯子、管子等长物？

答：在户外变电站和高压室内搬动梯子、管子等长物，应两人放倒搬运，并与带电部分保持足够的安全距离。

58. 使用中的氧气瓶和乙炔气瓶应如何放置？

答：使用中的氧气瓶和乙炔气瓶应垂直放置并固定起来，氧气瓶和乙炔气瓶的距离不得小于 5m，气瓶的放置地点不准靠近热源，应距明火 10m 以外。

59. 什么是一级、二级动火区？哪些情况禁止动火？

答：一级动火区是指火灾危险性很大，发生火灾时后果很严重的部位或场所。二级动火区是指一级动火区以外的所有防火重点部位或场所以及禁止明火区。

以下情况禁止动火：

（1）压力容器或管道未泄压前。

（2）存放易燃易爆物品的容器未清理干净前。

（3）风力达 5 级以上的露天作业。

（4）喷漆现场。

（5）遇有火险异常情况未查明原因和消除前。

60. 在变电站内使用起重机械时所安装的接地线应符合哪些要求？

答：在变电站内使用起重机械时，应安装接地装置，接地线应用多股软铜线，其截面应满足接地短路容量的要求，但不得小于 $16mm^2$。

61. 使用单梯工作时，有哪些安全注意事项？

答：（1）使用单梯工作时，梯与地面的斜角度约为 60°。

（2）梯子的支柱应能承受作业人员及所携带的工具、材料攀登时的总重量。

62. 何为高处作业？在哪些恶劣天气下，应停止露天高处作业？

答：（1）凡在坠落高度基准面2m及以上的高处进行的作业，都应视作高处作业。

（2）在6级及以上的大风以及暴雨、雷电、冰雹、大雾、沙尘暴等恶天气下，应停止露天高处作业。

63. 如何装设接地线？哪些情况可不另行装接地线？

答：（1）装设接地线应先接接地端，后接导体端，接地线应接触良好，连接应可靠。拆接地线的顺序与此相反。

（2）在门型构架的线路侧进行停电检修，如工作地点与所装接地线的距离小于10m，工作地点虽在接地线外侧，也可不另装接地线。

参 考 文 献

[1] 张全元. 变电运行现场技术问答. 北京：中国电力出版社，2005.

[2] 华东电业管理局. 高压断路器技术问答. 北京：中国电力出版社，2003.

[3] 国家电网公司人力资源部. 国家电网公司生产技能人员职业能力培训专用教材（变电检修）. 北京：中国电力出版社，2010.

[4] 电力行业职业技能鉴定指导中心. 职业技能鉴定指导书（变电检修）第二版. 北京：中国电力出版社，2009.

[5] 国家电网公司. 国家电网公司生产技能人员职业能力培训规范　第14部分：变电检修. 北京：中国电力出版社，2008.

[6] 贾文贵. 电工基础. 北京：水利电力出版社，1992.

[7] 秦曾煌. 电工学. 北京：高等教育出版社，2004.

[8] 上海超高压输变电公司. 变电设备检修. 北京：中国电力出版社，2008.

[9] 陈化钢. 电力设备预防性试验技术问答. 北京：中国水利水电出版社，2007.

[10] 何晓英. 电力系统无功电压管理及设备运行维护. 北京：中国电力出版社，2011.

[11] 郭贤珊. 高压开关设备生产运行实用技术. 北京：中国电力出版社，2008.

[12] 陈天翔. 电气试验. 北京：中国电力出版社，2008.

[13] 李显民. 电气制图与识图. 北京：中国电力出版社，2010.

[14] 西南电业管理局试验研究所. 高压电气设备试验方法. 北京：水利电力出版社，1984.

[15] 操敦奎，许维宗，阮国方. 变压器运行维护与故障分析处理. 北京：中国电力出版社，2009.

[16] 李发海，朱东起编著. 电机学. 北京：科学出版社，2003.

[17] 陈化钢，张开贤，程玉兰. 电力设备异常运行及事故处理. 北京：中国水利水电出版社，1998.

[18] 朱德恒，严璋，谈克雄，等. 电气设备状态检测与故障诊断技术. 北京：中国电力出版社，2009.

[19] 河北省电力公司. 输变电工程生产验收常见问题200例. 北京：中国电力出版社，2011.

[20] 国家电网公司. 国家电网公司电力安全工作规程（变电部分）. 北京：中国电力出版社，2009.

[21] 国家电网公司生产技术部. 国家电网公司设备状态检修规章制度和技术标准汇编. 北京：中国电力出版社，2008.

[22] 国家电网公司. 国家电网公司十八项电网重大反事故措施. 北京：中国电力出版社，2012.

[23] 国家电网公司. 输变电设备检修规范. 北京：中国电力出版社，2005.